NASA Systems Engineering Handbook

NASA 系统工程手册

（第 2 版）

朱一凡　王　涛　黄美根　编译

電子工業出版社

Publishing House of Electronics Industry

北京 • BEIJING

内 容 简 介

系统工程是分析解决复杂系统的论证、设计、生产和使用中评价决策和权衡优化问题的有效方法和手段。系统工程不仅有完整的理论方法和技术手段构成的科学体系，而且在像航天系统这种经费预算多、研制周期长、运行使用风险高的复杂系统中的具体应用又体现出多样性和复杂性。如何有效地利用系统工程理论和方法针对复杂系统进行组织管理并达到预期目的，需要对系统工程思想有深刻的理解和丰富的工程实践经验。美国国家航空航天局（NASA）的系统工程手册是对其多年系统工程实践经验的总结，本书编译自该手册2016年的版本，主要包括三部分内容：第一部分（第 1～3 章）结合航天产品的寿命周期介绍由多个系统工程流程构成的航天产品设计开发和控制管理的系统工程引擎；第二部分（第 4～6 章）针对系统工程引擎中设计流程和管理流程的每个流程，详细介绍流程实施的过程和指南；第三部分（第 7～8 章）介绍在开展系统工程工作时应当把握的关键技术和相关标准。

本书部分章节的阅读需参考“NASA 项目寿命周期系统工程视图——飞行和地面系统工程流程”完整尺寸图，读者可登录 www.hxedu.com.cn（华信教育资源网）搜索本书免费下载，或发送电子邮件到 chenwk@phei.com.cn 索取。

本书内容翔实、图文并茂，许多问题的阐述结合实例，部分具体操作还在附录中给出了参考样板。本书可以作为工业领域产品开发和系统工程组织管理实践的有益读本，供从事产品研发与项目管理的人员参考阅读；也可以作为高等学校系统工程专业或相近专业高年级本科生、研究生的学习用书。

图书在版编目（CIP）数据

NASA 系统工程手册 / 朱一凡，王涛，黄美根编译. —2 版. —北京：电子工业出版社，2021.7
ISBN 978-7-121-41394-0

Ⅰ. ①N… Ⅱ. ①朱… ②王… ③黄… Ⅲ. ①航空工程－技术手册②航天系统工程－技术手册
Ⅳ. ①V37-62②V57-62

中国版本图书馆 CIP 数据核字（2021）第 115557 号

责任编辑：陈韦凯　　文字编辑：康　霞
印　　刷：北京虎彩文化传播有限公司
装　　订：北京虎彩文化传播有限公司
出版发行：电子工业出版社
　　　　　北京市海淀区万寿路 173 信箱　　邮编：100036
开　　本：787×1 092　1/16　印张：30.5　字数：800.3 千字
版　　次：2012 年 11 月第 1 版
　　　　　2021 年 7 月第 2 版
印　　次：2025 年 2 月第 8 次印刷
定　　价：99.00 元

凡所购买电子工业出版社图书有缺损问题，请向购买书店调换。若书店售缺，请与本社发行部联系，联系及邮购电话：（010）88254888，88258888。

质量投诉请发邮件至 zlts@phei.com.cn，盗版侵权举报请发邮件至 dbqq@phei.com.cn。

本书咨询联系方式：chenwk@phei.com.cn，（010）88254441。

序

我国航天事业经过 50 多年的发展，取得了举世瞩目的成就。在钱学森等老一辈科学家的带领下，我国航天系统工程伴随着中国航天事业的发展而逐步成长、成熟。航天系统工程是运用系统工程的理论和方法对航天工程从需求论证到设计研制、生产制造，以及运行维护等全寿命过程所进行的技术和管理活动的统称，主要关注并解决复杂工程系统总体权衡与优化问题，在“两弹一星”“载人航天”“北斗”等大型复杂工程的建设实践中得到充分运用，对保障我国航天工程的顺利实施、增强我国综合实力、带动科技进步、促进经济发展发挥了重大作用。

我国正处于由航天大国向航天强国迈进的关键时期，航天工程的使命任务更加多样化，系统功能越来越复杂，需要进一步探索航天系统工程规律，提升现代宇航能力，积极推动航天事业科学发展。中国卫星导航系统管理办公室一直致力于促进航天系统工程理论和方法在北斗卫星导航系统建设和应用实践中的运用。2012 年底北斗卫星导航系统将完成区域系统建设，提供覆盖亚太地区的导航服务，2020 年将建成全球卫星导航系统。面对前所未有的系统规模、高可靠高质量的应用服务要求、日趋激烈的国际竞争，迫切需要进一步研究航天系统工程理论和方法，有力保障北斗卫星导航系统建设和应用的顺利实施。

在中国卫星导航系统管理办公室的支持下，由国防科技大学系统工程系组织开展了《NASA 系统工程手册》的翻译、出版工作。该书是 NASA 对航天系统工程管理方法、技术和经验的最新概括和总结，反映了 NASA 在航天系统工程领域积累的成功经验。书中介绍的航天系统工程技术和管理方法，对我国航天工程组织实施具有积极的借鉴意义。

中国科学院院士

孙家栋

译者序

20世纪后半叶，在钱学森先生创导下，系统工程如雨后春笋般蓬勃发展，在我国的社会发展和经济建设中得到广泛应用并发挥了积极作用。而随着系统工程理论和方法的日渐丰富，以及系统工程技术在社会、经济和军事领域应用的不断深入，对于如何利用系统工程有效解决复杂系统问题，还存在不少认识误区和实践偏差。甚至某些时候复杂的系统工程成为了某些部门回避困难的借口。实际上，在系统的设计研发过程中，系统工程不仅仅是对于系统预测、评价和优化等技术的应用，更多情况下是从宏观上和整体上分析系统，在系统集成设计框架下采用专门技术解决具体问题，寻求系统整体最优的理念和过程。系统工程的实践过程是长期和复杂的，其核心作用在于将所涉及的人员、技术和资源有机地结合在一起，以最有效的方式达到系统目标，而这一点恰恰就是系统工程实践中的困难所在。

美国国家航空航天局（NASA）曾经组织过多个大型复杂航天系统项目，有着丰富的经验积累和理论沉淀；“阿波罗”载人登月工程和天地往返运输系统（“航天飞机”）就是系统工程应用的成功典范。《NASA系统工程手册》是对系统工程应用实践经验的总结，该手册结合系统全寿命周期，对系统寿命周期各个阶段对应的系统工程流程，以及各个系统工程流程中的系统工程管理技术进行了详细说明。可以说，这本手册对于系统前期论证和产品设计开发过程中的系统工程方法运用和实践具有极高的借鉴和参考价值。

复杂的航天系统各项工程都有各自的具体问题，解决问题的手段和途径也不尽相同，但利用系统工程方法解决系统问题的思路是相通的。《NASA系统工程手册》一公布，就引起了“北斗”卫星导航专项管理办公室的极大关注。在“北斗”卫星导航专项管理办公室的鼓励和支持下，我们组织力量对《NASA系统工程手册》进行了翻译，希望这项工作能够对像“北斗”卫星导航工程这样的复杂系统工程项目中的产品设计和项目管理起到辅助作用。由于手册中涉及的学科专业知识广泛、工程历史背景繁杂，翻译中难免有不准确和不精致之处，敬请读者批评指正。

在本手册的翻译过程中，得到了许多同行和专家的指导和帮助，在此表示感谢！感谢“北斗”卫星导航专项管理办公室的领导对本手册的翻译给予的支持和协作；感谢电子工业出版社工业技术出版分社的徐静社长和陈韦凯编辑为本手册的顺利翻译、出版在版权联系和文稿编辑方面付出的努力和给予的指导；感谢王维平教授、郭波教授对于本手册翻译的理解和鼓励，以及总体上的把关和具体事务上的支持。

前　　言

自从 1995 年 NASA/SP-6105《系统工程手册》首次发布，以及 2007 年该手册的第 1 次修订版发布以来，系统工程作为美国国家航空航天局（NASA）的基础学科经历了快速而持续的进展。这些进展包括实施国际标准化组织（ISO）的 9000 系列标准，运用基于模型的系统工程（MBSE）来改进产品的开发与交付，并且适时地更新 NASA 技术规程要求文件 NPR 7123.1。那些由 NASA 一体化行动团队（NIAT）、哥伦比亚号事故调查委员会（CAIB）提交的报告，以及后来的迪亚兹报告[①]中得出的系统工程方面的经验教训，已经体现在归档资料中；来自其他无人使命任务，如起源号探测器[②]和火星勘测轨道飞行器[③]的经验教训，以及来自地面操作运行任务和航天企业商业空间飞行事故的经验教训，皆有所记录。基于这些报告，NASA 首席工程师办公室（OCE）倡议改善整个 NASA 机构的系统工程基础建设，使 NASA 系统工程的开发更加高效和实用，并能够生产出高质量的产品，成功完成使命任务。这本手册的更新是 NASA 首席工程师办公室发起的全 NASA 机构系统工程建设倡议的一部分。

1995 年，SP-6105 的最初发布为 NASA 雇员带来了系统工程的基本概念，使他们认识到 NASA 系统及其环境的本质。2007 年，手册的修订版（第 1 版）完成并发布。在将 NASA 系统工程手册 2007 修订版（第 1 版）更新为第 2 版时，来自 NASA 各部门的作者带来了丰富的信息，不仅扩展了早期版本的内容，而且增加了许多新的章节，在保持了 SP-6105 原有理念的基础上，更新了 NASA 机构的系统工程知识体系，为体会和洞察当前 NASA 最佳实践经验提供了指导，并使手册保持与 NASA 的系统工程政策相一致。其中的信息可以作为 NASA 大型系统工程团体中成员的相关参考资料[④]。

---

① 迪亚兹报告：由时任戈达德空间飞行中心主任的阿尔•迪亚兹（Al Diaz）牵头的团队，针对 CAIB 提交的哥伦比亚号航天飞机事故调查报告进行评估后给出的评估报告。报告的题目为“A Renewed Commitment to Excellence – an Assessment of the NASA Agency-wide Applicability of the Columbia Accident Investigation Board Report”，该报告发布于 2004 年 1 月 30 日。

② 起源号（Genesis）探测器，其目的是观察太阳风，收集太阳风粒子样本并将其送回地球。Genesis 探测器于 2001 年 8 月 8 日发射，2004 年 9 月 8 日返回大气层，坠毁在美国犹他州，绝大部分样本采集器损毁。

③ 火星勘测轨道飞行器（Mars Reconnaissance Orbiter）于 2005 年 8 月 12 日发射，2006 年 3 月 10 日进入火星轨道，其使命任务是寻找火星表面存在水源的证据，与已经在环火星轨道上或在火星表面的火星环球探测者号（Global Surveyor）、火星快车号（Mars Express）、2001 火星奥德赛号（2001 Mars Odyssey）、漫游者号火星探测车（两部）共同执行对火星的探测使命。由于火星环球探测者号和一部漫游者号火星探测车 2015 年 7 月在工作中出现异常，NASA 被迫于 2019 年 2 月 13 日宣布该项使命任务结束。

④ NASA 在 2016 年发布了《NASA 系统工程手册》的第 2 次修订版，与此同时配套出版了一套上、下两卷《系统工程扩展指南》（NASA/SP-2016-6105-SUPPL），该指南是对手册在内容上的扩充，其中有相当一部分内容与手册中的内容重复，为此在组织翻译时将手册和指南的内容进行了统一整理，合编为现在的《NASA 系统工程手册（第 2 版）》译本。

本手册的更新延续了之前版本的修订方法：自顶向下地兼容更高级别的 NASA 机构的政策和自底向上地融合来自 NASA 基层从业人员的指导意见。这种方法提供了从 NASA 内部获得最佳实践经验的机会，通过将工程/项目信息与已建立的 NASA 系统工程流程相关联，可以交流最佳实践经验中的应用原则及可选的方法途径，而不是寻求为完成特定任务所适用的特定方法。本手册所包含的是 NASA 独有的系统工程实践的顶级实现方法。用于更新本手册的材料有许多来源，包括 NPR、NASA 各中心系统工程手册和流程，其他机构最佳实践经验，以及 NASA 外部的系统工程教科书和指南。

本手册由 8 章组成。其中，第 1 章是引言；第 2 章是对系统工程基础的讨论；第 3 章讨论 NASA 工程/项目的寿命周期；第 4 章介绍从概念探索到方案设计的系统设计流程；第 5 章介绍从方案实施到最终产品的实现流程；第 6 章讨论与系统开发流程横向关联的技术管理流程；第 7 章讨论项目技术管理的相关专题；第 8 章讨论与系统工程相关的其他专题，这些专题在 NASA 机构中尚未形成最佳实践经验，但是可以作为系统工程实践者的参考和资料来源。此外还补充有若干附录，针对各章中的主题提供了大纲、示例和进一步的说明信息。本手册广泛使用注解框和图形，用于定义、提炼、说明和扩展各个章节中的概念。

最后，应该指出的是，本手册为开展良好的系统工程实践提供了顶层指导，但它并不试图以任何方式成为一个指令性文件。

NASA/SP-2016-6105《系统工程手册》第 2 次修订版正式取代了 2007 年 12 月发布的 NASA/SP-2007-6105《系统工程手册》第 1 次修订版。

编译者

目　　录

第 1 章 引　言

1.1 本手册的目的

本手册的意图是，为 NASA 全体员工提供关于系统工程的最基本的指导和信息。本手册给出系统工程的基本描述，便于其在整个 NASA 机构中得到应用。本手册的目的是，提升整个 NASA 机构中的共同认知和一致理解，推动系统工程实践。本手册的观点和数据是从 NASA 的特定角度给出的。

本手册应当与 NPR 7123.1《系统工程流程与要求》共同实施，同时与 NASA 各中心为实施系统工程而自行开发的手册和指令性文件共同实施。对于在 NASA 支持下开展的各类与系统工程相关的训练实践，本手册可作为相应的参考书。

1.2 本手册的适用范围

本手册的描述范围限定于基础概念，以及对流程、工具和技术的一般说明。本手册描述系统工程的最佳实践经验及如何避免发生错误的经验，这些经验应当纳入各类大大小小的 NASA 工程和项目的开发与实施中。NASA 系统的工程开发需要一系列系统化和专业化的流程，在工程和项目的寿命周期中，这些流程递归和迭代地应用于系统的设计、开发、运行、维护和退役处置全过程中。本手册的适用范围包括各类系统工程相关工作，它们可能由 NASA 机构内的管理人员和工程师实施，或由承包商的管理人员和工程师实施。

本手册可应用于 NASA 所有规模的空间飞行项目，以及应用于工程和项目的研究与开发。手册中的全部 17 个流程均可应用于所有项目，只是对于不同类型、不同规模和复杂度的项目，流程中工作事项的数量、文档资料的详细程度、时间的长短会有相应变化。此处的“文档资料”包括纸质文件和电子文件，包括模型、图片、图形及其他反映必要信息的适当形式。

NASA 各中心自行开发了许多手册和指令性文件，还发行了教材，能够为进一步的学习提供帮助。对于与信息技术项目相关的系统工程指南，可以参考 NASA 首席信息官办公室发布的《信息技术系统工程手册》2.0 版。对于软件项目里程碑评审准则方面的指南，可以参考 NASA-HDBK-2203《NASA 软件工程手册》。

第 2 章　系统工程基础

NASA 将“系统工程”定义为一种用于系统设计、实现、技术管理、运行使用和退役处置的有条理的、多学科的方法。“系统”是由元素组成的，这些元素共同工作，从而形成必要的能力，满足系统需求。元素包括为达到这个目的而需要的所有硬件、软件、设备、设施、人员、流程和规程，也就是产生系统结果所需的全部事物。系统结果包括系统的品质、性质、特性、功能、行为和实效。系统作为整体所产生的价值主要来自各组成部分的相互联系和相互作用关系，而且远远超过各组成部分的单独贡献的和。系统工程是进行技术决策时查看系统“全貌”的途径，是在确定的运行使用环境下和规划的系统寿命周期中，在费用、进度和其他约束条件下，达到利益相关者所提出的在功能、物理和使用方面性能需求的途径。它还是能够支持对系统寿命周期费用进行控制的方法论。简而言之，系统工程是一种有逻辑的思维方法。

系统工程是一门科学和艺术，在通常具有相反作用的约束条件下，开发能够满足系统需求的可行系统。系统工程是一门综合的、整体的学科，通过相互比较来评价和权衡结构设计师、电子工程师、机械工程师、电力工程师、人因工程师及其他相关学科学者的贡献，形成一致的、不会被单一学科观点左右的系统整体。

系统工程方法面对相互对立的利益和多样的甚至冲突的约束，寻求安全和平衡的设计方案。系统工程师必须提高自身技能，在设法使得可行系统方案需要满足的目标不断清晰的同时，为了优化系统整体而非单一子系统的设计方案，明确并关注所需要开展的评估工作。了解何时何地对方案进行审查是一门艺术。有此技能的人员通常称为“系统工程师”，他们还可能拥有其他头衔，如责任工程师、技术负责人、首席工程师等，本手册使用“系统工程师”这个术语。

系统工程师的具体角色和职责会随着项目的不同发生相应变化，这些差异体现在项目的规模和复杂度，以及寿命周期的阶段划分上。针对大型项目，可能需要一个或多个系统工程师；而针对小型项目，则有可能由项目负责人亲自担任此项工作。但是，无论安排谁承担这些职责，系统工程师需要做的工作都应当得到履行。能被称为系统工程师是因为他们的实际角色和职责是多样的，角色和职责不同的系统工程师有不同的头衔。系统工程师的职责是确保系统开发遵循合适的系统工程方法，系统在技术上能够实现规定的需求。系统工程师负责监督项目的技术团队开展系统工程活动，对各项任务进行指导、交流、监督和协调。系统工程师还负责审查和评价项目的技术进展状况，确保系统及各个子系统的系统工程流程能够正常发挥作用，推进系统从概念到产品的转化。技术团队应整体参与到系统工程流程之中。

系统工程师的关键作用通常体现在引导系统运行使用构想（ConOps）的开发，据此形成系统架构，确定系统边界，定义和分配系统需求，评价与权衡系统设计方案，平衡系统之间的技术风险，定义和评估系统接口，对系统的验证和确认活动进行全面监督，还有许多其他任务。通常，系统工程师牵头系统的技术规划工作，并且在编制项目的各类技术规划文档、需求/技术规格文档、系统验证和确认文档、证明材料及其他技术文档等任务中负主要责任。

总的来说，系统工程师所擅长的是，使复杂系统在组织、费用和技术方面的相互作用保持平衡的科学和艺术。如果能够准确而及时地获取技术活动的费用和进度信息，在工程保障和项目规划与控制（PP&C）方面，系统工程师与后勤保障部门有相同的关键程度。系统工程注重于折中和权衡，采纳广泛的跨学科的系统观点，而不是单一学科的观点。系统工程注重于观察“系统全貌”，不仅要确保设计正确的系统（满足需求），还要确保正确的系统设计（使达到运行使用目标和满足利益相关者期望成为可能）。

系统工程在项目的组织管理中发挥着重要作用。项目管理包含三个主要目标：管理项目的技术开发工作、管理项目的技术团队、管理项目的费用和进度，如图 2.0-1 所示，这三个目标相互关联。如同在 NPR 7120.5《NASA 空间飞行工程项目管理要求》中所讨论的那样，项目管理的职责是在特定的费用、质量和进度条件约束下，规划、监督和指导为满足客户和其他利益相关者的需要、目的和目标所需开展的诸多活动。同样地，NPR 7120.8《NASA 科学研究与技术开发类工程和项目管理要求》中指出，工程或项目的领导者（如管理人员）负责科学研究与技术开发类工程或项目的规划和论证、实施和应用两个宏观阶段的工作；NPR 7120.7《NASA 信息技术与 NASA 内部基础设施工程和项目管理要求》中指出，针对系统工程需求方面的工作，项目管理者应参考 NPR 7123.1《NASA 系统工程流程和要求》。图 2.0-1 中的系统工程区域关注的焦点是在技术、费用、进度三个方面做出决策需要体现的技术性特征；系统工程同时关注如何向项目管理者报告这些特征。项目管理者负责确保项目在费用和进度的限度范围内，最终能够交付系统。这些职责中存在重叠是自然的，其中，系统工程师重点关注系统在工程开发方面的成功（满足技术、费用、进度约束），而项目负责人则根据费用和进度的约束明确对工程开发可选方案的限制，确保系统能够成功交付。这些就是图 2.0-1 中系统工程和项目规划与控制重叠的领域。图 2.0-1 是解释这一构想的概念性示意图。注意图中作为项目管理两个基石的系统工程和项目规划与控制相互重叠的区域。在该区域中，系统工程为其输入技术性内容，而项目规划与控制为其输入工程、费用和进度方面的内容。

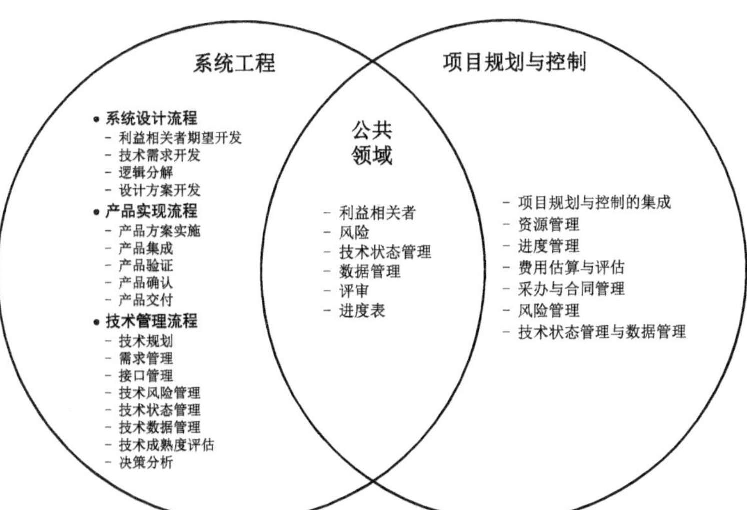

图 2.0-1　在项目全局管理背景下的系统工程

本手册关注的是图 2.0-1 中的系统工程部分，其中的实践活动/流程来源于 NPR 7123.1《NASA 系统工程流程和要求》。本手册的后续各章将对各个流程做更为详细的介绍，而本章的后续各节只做总体介绍①。

2.1 通用技术流程与系统工程引擎

NPR 7123.1《NASA 系统工程流程和要求》中包括三组通用的技术流程：系统设计流程、产品实现流程及技术管理流程。三组技术流程及它们之间的交互和数据流关系被称为系统工程引擎，如图 2.1-1 所示。系统工程引擎中的流程用于目标产品的开发和实现。本章介绍 NPR 7123.1 中要求的 17 个通用技术流程的应用背景知识。系统设计流程、产品实现流程和技术管理流程将分别在第 4 章、第 5 章和第 6 章中详细介绍。图 2.1-1 所示的第 1～9 个流程描述实施一个项目时应执行的任务，第 10～17 个流程是与实施这些流程相关联的工具。

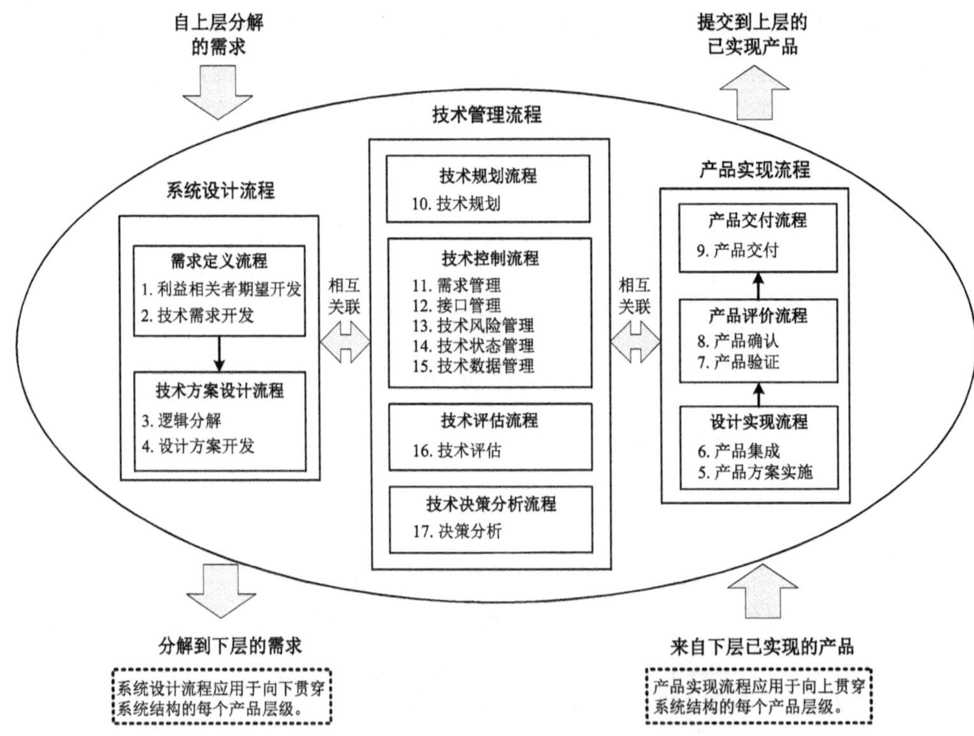

图 2.1-1 系统工程引擎（源自 NPR 7123.1）

- **系统设计流程**：图 2.1-1 中给出了系统设计流程中的四项内容。该流程主要用于开发利益相关者期望并确定控制基线，生成技术需求并确定控制基线，分解技术需求并建立逻辑模型和行为模型，将技术需求转换为设计方案使之满足已确定控制基线的利益相关者期望。这些流程内容应用于系统结构中各个层级每个分支上的产品。系统结构自顶向下分解，一直分解到可制造、可购买或可重用的底层产品。系统结构中的所有其他产品通过底层产品的设计方案实施或集成而获得。

① NASA 的系统工程师有机会参加 NASA 内部工程网络的系统工程实践社区，该内部社区的网站有很多对系统工程师有用的资源，包括各类工作产品的文档模板和 NASA 系统工程引擎流程所需的里程碑评审时汇报课件的模板。

- **产品实现流程**：产品实现流程应用于系统结构中每一个可运行使用产品/使命任务产品，自底层产品到高层的集成产品。流程内容包括每个产品设计方案（通过购买、编码、制造和重用而获取）的实现，包括验证和确认产品，并将相应产品作为寿命周期阶段的一项功能产品交付到更高的产品层级中，从而满足更高层级设计方案，同时满足利益相关者的期望。
- **技术管理流程**：技术管理流程用于建立和调整/变更项目的技术规划，管理通过接口进行的内部交流和与其他系统的交流，根据计划和需求对系统产品和产品服务的进展做出评估，控制项目的技术实施过程及辅助决策过程直到项目的完成。

系统工程引擎中的流程以迭代方式和递归方式应用。根据 NPR 7123.1 中的定义，“迭代”是指“将流程应用于同一个（系列）产品，纠正所发现的需求不相符问题或其他需求偏差”，而“递归”是指为了增加系统的价值“在系统结构中将流程重复应用于下一层级系统产品的设计及应用于上一层级目标产品的实现”。“递归同时又可以是将同一流程重复应用于寿命周期下一阶段的系统结构中，以完善系统定义并满足当前阶段成功实施的评定准则。”第 2.3 节“运用系统工程引擎的示例”将进一步解释这些概念。在将初始的系统构想分解到足够详细层次而获得足够具体信息的过程中，通用技术流程反复迭代和递归应用，技术团队根据此过程中获得的信息可以实施产品的开发。随后通用技术流程反复迭代和递归应用于将最低层最小的产品集成到更高层更大的产品过程中，直到完成系统或产品整体的组装、验证、确认和交付。

AS9100《航空航天质量管理》是为航空航天领域商业活动开发的，被广泛接受并标准化的质量管理体系。某些 NASA 中心选择认证 AS9100 质量体系并要求其承包商遵从 NPR 7123.1 要求。表 2.1-1 给出 17 个 NASA 系统工程流程与 AS9100 中相关要求的对应关系。

表 2.1-1　17 个 NASA 系统工程流程与 AS9100 中相关要求的对应关系

系统工程流程	AS9100 要求
利益相关者期望开发	客户需求
技术需求开发	产品实现的规划
逻辑分解	设计和开发的输入
设计方案开发	设计和开发的输出
产品方案实施	生产过程控制
产品集成	生产过程控制
产品验证	验证
产品确认	确认
产品交付	产品控制权的转移；交付后保障；产品保养
技术规划	产品实现的规划；需求评审；指标度量、分析和改进
需求管理	设计和开发的规划；采购
接口管理	技术状态管理
技术风险管理	风险管理
技术状态管理	技术状态管理；可辨识性与可追踪性；不相容产品的控制

续表

系统工程流程	AS9100 要求
技术数据管理	文件归档的控制；记录归档的控制；设计和开发变更的控制
技术评估	设计和开发评估
决策分析	指标度量、分析和改进；数据分析

2.2 按照项目阶段概述系统工程引擎

图 2.2-1 给出项目各个阶段（从 A 前阶段到阶段 F）如何使用系统工程引擎的概念描述。图 2.2-1 所示的是一个简化概念框图。更详细的框图可参见与本手册配套的该图招贴版[①]。

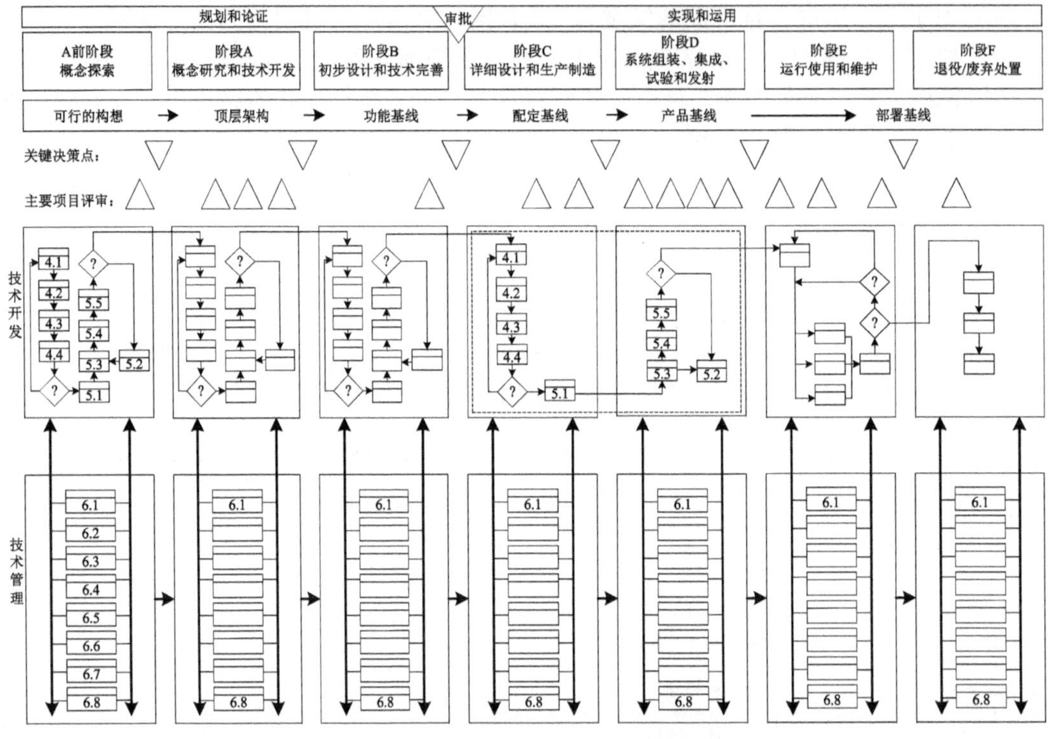

图 2.2-1　与本手册配套的 NASA 飞行和地面系统项目寿命周期流程招贴图的简化概念框图

图中上方部分显示项目从可行的构想到系统部署的推进过程，可以作为系统成熟度的参照，其中给出对应于水平方向数个方框的项目各阶段及相应的活动，还描绘项目开发过程中的关键决策点（KDP）和主要项目评审。图中中间部分沿水平方向列出的方框，描绘每个项目阶段中的技术开发流程（图 2.1-1 中第 1～9 个流程）。系统工程引擎从 A 前阶段到阶段 D 循环 4 次。需要注意的是，阶段 C 和阶段 D 反映 NASA 技术管理将一个技术开发流程分成两部分，从而确保更紧密的管理控制。阶段 C 和阶段 D 共同的系统工程引擎用短画线方框标出。项目一旦进入运行使用阶段（阶段 E）并在退役/废弃处置阶段（阶段 F）终止，技术工作也就相应

① 与图 2.2-1 相应的 NASA 飞行和地面系统项目寿命周期流程的完整贴图可以通过登录华信教育资源网(http://www.hxedu.com.cn)搜索本书下载，或发送电子邮件到 nasasehdbk@phei.com.cn 索取。

地转移到最后两个项目阶段的活动中。图中下方部分描绘每个项目阶段中8个技术管理流程（图2.1-1中第10～17个流程）的实施。系统工程引擎的技术管理流程从A前阶段到阶段F将循环7次。

图2.1-1中系统工程引擎的每一个模块都标记了与本手册第4章、第5章和第6章中对应的小节标号。例如，技术开发流程中的“利益相关者期望开发”流程模块将在4.1节做详细讨论。

2.3 运用系统工程引擎的示例

为了帮助了解系统工程引擎是如何应用的，本节给出一个示例。相关讨论围绕工程和项目寿命周期的各阶段展开，关于寿命周期的内容将在第3章中进行更深入的讨论。在第3章中将描述NPR 7120.5所定义的用于NASA空间飞行工程和项目的寿命周期的概念。项目寿命周期的阶段划分见表2.3-1。

表2.3-1 项目寿命周期的阶段划分

阶 段		目 的	典型结果
概念阶段	**A前阶段** 概念探索	广泛收集关于使命任务的建议和方案，从中确定新的工程和项目可选方案建议。确定所期望系统的可行性，开发使命任务构想，草拟系统顶级需求，评估系统在性能、费用和进度方面的可行性，辨识潜在技术要求和范围	以仿真结果、分析结论、研究报告、数学模型和工程初样形式表示的可行系统概念
工程规划和论证阶段	**阶段A** 概念研究和技术开发	确定所建议新系统的可行性和迫切性，并建立与NASA战略规划相兼容的初始控制基线。开发完成使命任务构想和系统顶级需求，确定系统需要开发的技术，制定工程/项目的技术管理计划	（1）以仿真结果、分析结论、工程模型和工程初样形式表示的系统概念定义； （2）选用的权衡研究方法
	阶段B 初步设计和技术完善	足够详细地给出项目定义，建立能够达到使命任务要求的初始控制基线。提出系统结构中目标产品（及配套产品）的需求，生成系统结构中每个目标产品的初步设计方案	以工程初样、权衡研究结果、技术规范、接口文档及物理原型形式表示的目标产品
实现和运用阶段	**阶段C** 详细设计和生产制造	完成系统及其关联子系统，包括操控系统的详细设计，进行硬件制造和软件编码。生成系统结构中每个目标产品的详细设计方案	（1）目标产品详细设计方案； （2）目标产品组件的生产制造和软件开发
	阶段D 系统组装、集成、试验和发射	进行系统（含硬件、软件和人因系统）的组装和集成，同时给出集成产品能够满足系统需求的可信度。系统发射并准备投入运行使用。实施系统目标产品的生产、组装、集成和试验，并交付使用	在相关配套产品支持下可运行使用的系统目标产品
	阶段E 运行使用与维护	执行系统使命任务，实现最初确定的需求并且维持对需求的保障。执行使命任务的运行使用计划	所期望的系统
	阶段F 退役/废弃处置	执行阶段E中制定的系统退役/废弃处置计划，对反馈的数据和样本进行分析	产品终止使用

进行寿命周期的阶段划分，可以描述项目中不同产品从初始概念，到产品成型，再到最终退役/废弃处置的逐渐发展和成熟的过程。图2.1-1所示的系统工程引擎覆盖寿命周期所有的阶段。

在A前阶段，系统工程引擎用于开发初步概念；清晰定义人员、硬件和软件在实现使命任务目标中的特定作用；标定系统功能边界和性能边界；初步/概要地开发/制定系统关键顶层需求集；定义一个或多个初步的系统运行使用构想（ConOps）场景；通过迭代运用模型、样机、仿真或其他手段实现这些初步概念；验证并确认这些初步概念和最终产品将能够满足系统的关键顶层需求和运行使用构想。系统运行使用构想必须包括所有典型的运行使用场景，以及已知的非预设场景。开发一个可用的完备的运行使用场景集，必须考虑那些重要的可能出现系统功能障碍和性能降级的运行使用场景。对于在早期开发的运行使用构想，其重要性不应被低估。随着系统需求变得更加详细和包含更加复杂的信息，对于系统的利益相关者和用户来说，理解系统需求变得更加艰难；也就是说，有形地展现最终产品变得更加困难了，而运行使用构想可用于检查确认需求的缺失和冲突。

注意，在A前阶段开发初步概念的工作时，并不需要开发在最终产品上执行的正式验证和确认程序，而只是进行方法上的通查，确保在A前阶段提出的系统构想能够满足利益相关者可能的需求和期望。系统构想的开发应向下延展，直达需要达到的最低层级，以确保系统构想是可行的并且能够将风险降低到满足项目要求的水平。理论上，这个流程可以向下推进到每个系统的元器件层级，但是，这样做将消耗大量的时间和资金。也许只要达到某个比元器件更高的层级，就能够使设计人员准确地判定系统构想在项目中实现的可行性，这正是A前阶段的目的。

在阶段A，系统工程引擎继续递归应用。在本阶段的应用中提取A前阶段开发和确认的系统构想和初步关键需求，将其充实为确定了控制基线的系统需求和运行使用构想集。在本阶段，应当对高风险的关键领域进行建模仿真分析，确保所开发的系统构想和需求是良性的，并明确在随后的阶段中需要使用的验证和确认工具及技术。

在阶段B，系统工程引擎仍被递归应用，来进一步完善将要开发的产品树中所有产品的需求和设计，并且进行系统构想的确认和验证，确保系统设计方案能够满足系统需求。本阶段不仅需要对面向运行使用的设计方案和使命任务场景进行评价，而且需要对设计方案在技术性能和费用方面的可行性进行评估。

阶段C再次使用系统工程引擎图中左侧的系统设计流程，最终更新确定所有的需求，完成运行使用构想验证，开发产品结构树中最低层级产品的详细设计方案并开始制造。

阶段D使用系统工程引擎图中右侧的产品实现流程，递归进行目标产品的设计方案实施、集成、验证和确认，并最终将目标产品交付给用户。

在阶段E和阶段F使用系统工程引擎的技术管理流程，用于监测产品实效、控制产品技术状态，在系统运行使用、工程维护和退役处置方面做出相关决策。现有系统的任何新增能力或能力升级都将作为新项目重新使用系统工程引擎来进行开发。

2.3.1 系统工程引擎详细示例：空间运输系统（航天飞机）

为展示在阶段A如何使用系统工程引擎，这里给出一个详细示例——NASA的空间运输系统（STS）。这个例子将简要说明在系统工程引擎中系统工程流程的应用方式，但并不详细到足以实际建造高度复杂的飞行器。通过系统工程引擎的递归应用，每个步骤都能够获取越来越多的细节。在示例中使用图2.3-1中的图标来标示所使用系统工程引擎中流程的位置。图中的序号与图2.1-1所示的系统工程引擎中的流程标号相对应。这项设计工作一旦成熟，将开发出一个产品分解结构（PBS），用于确定项目需要获取的产品；设计示例同时展示项目最终产品是如何逐步分解为更小部件的。关于产品分解结构的更多信息参见 4.3.2.1 节。基本上，层级的编号越大，产品在产品分层结构中的层级就越低，而产品信息也就变得更详细（如从机箱细化到电路板，再细化到元器件）。

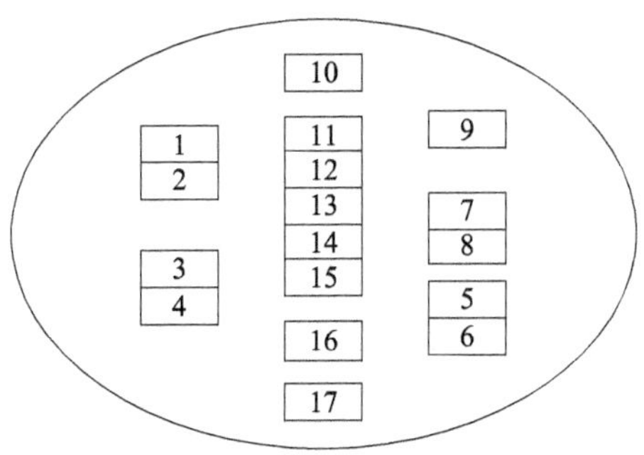

图 2.3-1　系统工程引擎循次图

2.3.2　示例说明

2.3.2.1　A 前阶段示例

NASA 经过研究确认需要一个空间运输系统，负责像“卡车”一样将大量的设备运送到近地球轨道（LEO）。参考前面所述项目寿命周期划分，该项目首先进入 A 前阶段。在这个阶段，首先进行若干概念研究，并结合利用建模仿真、工程试样、理论分析及其他类似手段，确定开发这种“空间卡车”是可行的。为简单起见，假设已经通过概念模型证明了此构想的可行性，并且已经开发出初始的系统运行构想，初步明确了与系统有交互关系的人员角色、职责、数量和技能，能够确保全面运行效果。系统工程引擎流程和框架便可应用于这些模型的设计和实现。

随后该项目进入阶段 A 的活动，完善 A 前阶段的概念方案并定义所选定方案的系统需求。详细示例从阶段 A 开始，并且展示系统工程引擎如何运用。正如本节示例导言中所述，类似的流程也应用于项目的其他阶段。需要注意，在阶段 A，系统构想和本阶段所花费的时间总长对于完全理解现实中这些构想如何实现非常重要。例如，图 2.3-2 显示了对航天飞机项目的初步设想及其最终实际效果。吸收参与运行使用的人员作为概念开发团队的成员有助于确定实际的寿命周期需求。

项目的初步设想

项目的实际效果

图 2.3-2　航天飞机项目的初步设想和实际效果

2.3.2.2 阶段 A 示例：系统设计步骤

1）第一次流程运用

在 A 前阶段开发出初步系统构想和关键系统需求之后，产品进入系统工程引擎的第 1 个流程，确定产品（空间运输系统）的利益相关者，以及他们想要的是什么。在 A 前阶段，这些需求和期望可能是一些非常普通的想法，如“航天飞机的基本任务是将货物运送到近地球轨道并部署在空间站上”。在阶段 A 的此刻运用系统工程引擎，这些普通想法将被细化并获得一致同意。在 A 前阶段生成的运行使用构想同样将被细化并获得一致同意，确保所有的利益相关者对于产品（空间运输系统）的真实期望有相同的意见。细化后的利益相关者期望被转化为合规的需求陈述（对应系统工程引擎的第 2 个流程）；关于如何构成良好的需求陈述，更多信息可参见附录 C。例如，该阶段的需求可能是“固体火箭助推器只有在使用完之后才能与轨道飞行器/外部燃料箱正常分离”。本阶段的后续步骤和后续阶段将对需求进行改进，使之符合可实际生产制造的规范。还应注意到，所有的技术管理流程（图 2.3-1 系统工程引擎中编号为 10～17 的流程）在当前步骤及后续步骤的活动中也会运用到，确保相应的计划、控制、评估和决策得到使用和维护，确保相互竞争的利益和学科之间达到必要的平衡。这些流程对设计会产生显著影响并可能产生额外的需求（如风险管理、接口控制和人因系统集成活动），因此不能被忽视。尽管为了简化，本示例后续部分不再提及技术管理流程，但它们依然在发挥作用。

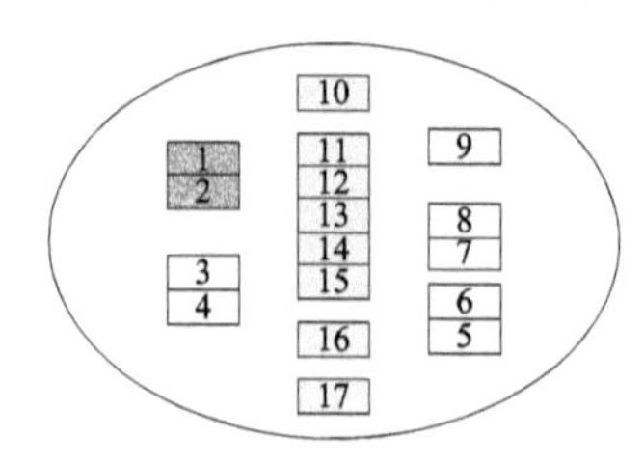

接下来，使用前期开发的系统需求和运行使用构想，建立逻辑分解模型/框图（对应系统工程引擎的第 3 个流程），将需求转变为可视的形式，同时显示它们的关系。最终，这些框图、需求和运行使用构想文档被用来开发一个或多个可行的设计解决方案（对应系统工程引擎的第 4 个流程）。注意在当前时刻，显然这只是系统工程引擎的第一次运用，所开发的设计解决方案并未详细到足以实际建立任何系统。因此，设计方案可归纳为如下描述：“为实现这个空间运输系统，经过权衡研究，最佳选择是建造一个由三个部分组成的系统：（1）运载航天员和货物的可重用轨道器；（2）大型外部燃料箱；（3）能够为发射提供额外动力的可翻新重用的两个返回式固体火箭助推器。”当然，实际设计方案应该会有更为详细、明确的描述。图 2.3-3 对此进行了描绘。

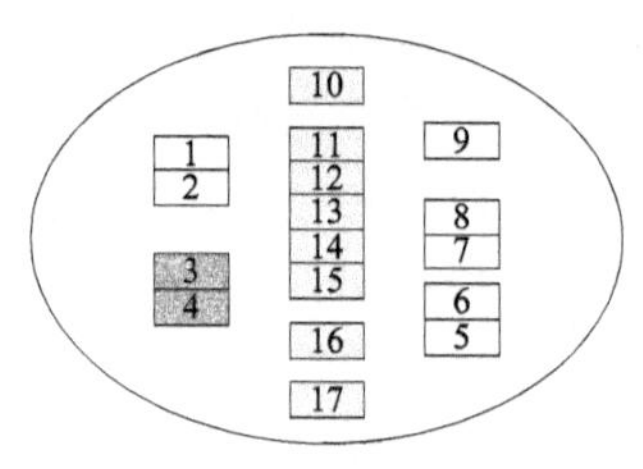

所以，经过第一步工作，产品第一层可能看起来类似于图 2.3-4。其他配套产品也有可能出现在产品结构树中，但为了简化本示例仅展示主要产品。

同样，这一设计解决方案还未详细到足以建立这些产品的原型或模型的水平。这里的系统需求、运行使用构想、功能图和设计解决方案仍处于非常高的概要层次。注意：图 2.3-1 中系统工程引擎右侧的系统工程流程（产品实现流程）此时还未涉及。在应用系统工程引擎图中右侧流程之前，设计方案首先要保证系统处在可实际建造、编码或重用的水平上。为此开始第二次执行图 2.3-1 中的左侧流程。

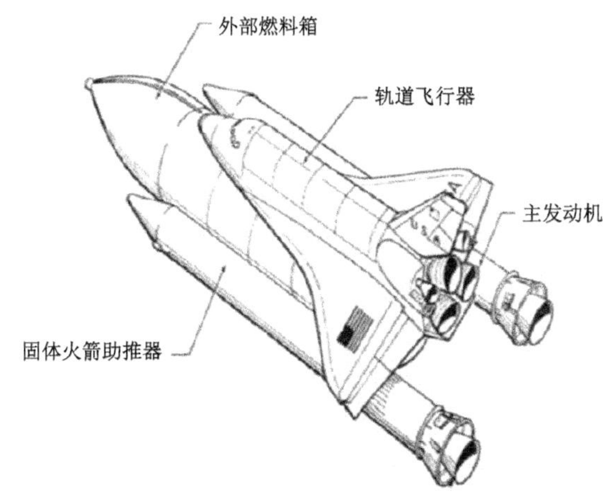

图 2.3-3 航天飞机初始架构构想

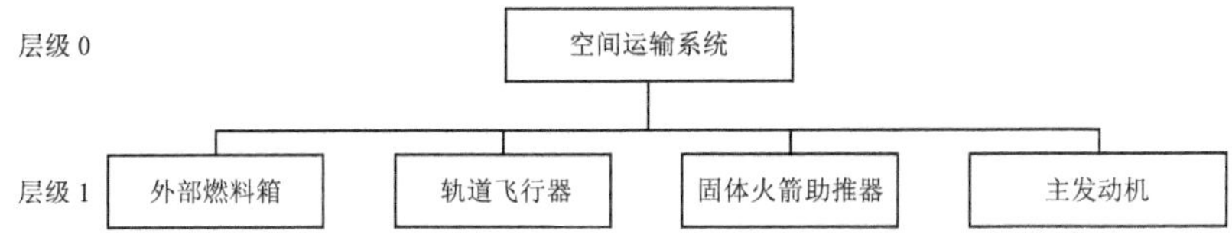

图 2.3-4 产品层级划分，第 1 层：系统工程引擎第一次递归运用

2）第二次流程运用

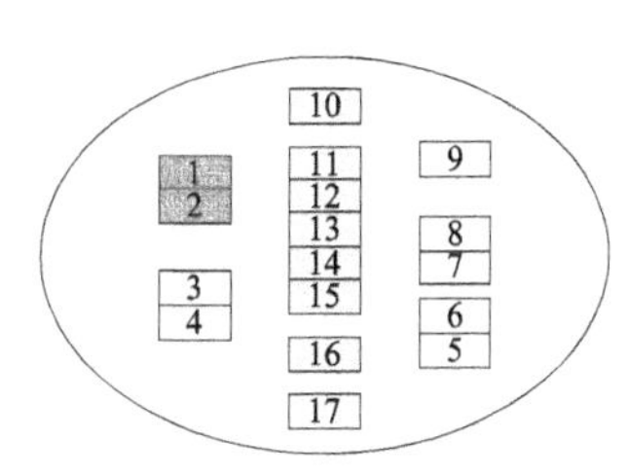

系统工程引擎是完全递归的。也就是说，图 2.3-4 中第 1 层的四个组件都可以认为自身是一个独立产品，而系统工程引擎可以应用于其中任何一个。例如，将外部燃料箱看作一个目标产品，可以从系统工程引擎第一个流程重新开始。而此时只需关注外部燃料箱，确定利益相关者和他们对外部燃料箱的期望（对应系统工程引擎的第 1 个流程）。当然，主要利益相关者应包括第 1 层中需求的提出者和作为目标产品的空间运输系统的拥有者，但也会出现其他新的利益相关者。此时产生了外部燃料箱的需要、目标和目的（NGO），也称目标要求（对应系统工程引擎的第 2 个流程）。例如，目标要求之一可能是“外部燃料箱为轨道飞行器主发动机存储和提供低温推进剂”，这又引出一个外部燃料箱如何运转的新的运行使用构想。第 1 层应用到（分配给）外部燃料箱的需求将继续“向下分解”并需得到确认。通常，其中某些需求过于笼统而不能设计实现，必须再次进行分解和分配。在这些派生的需求基础上，还需加上来自利益相关者期望的新的需求，以及技能、安全、质量、可维护性、地面加工处理等方面的应用标准。

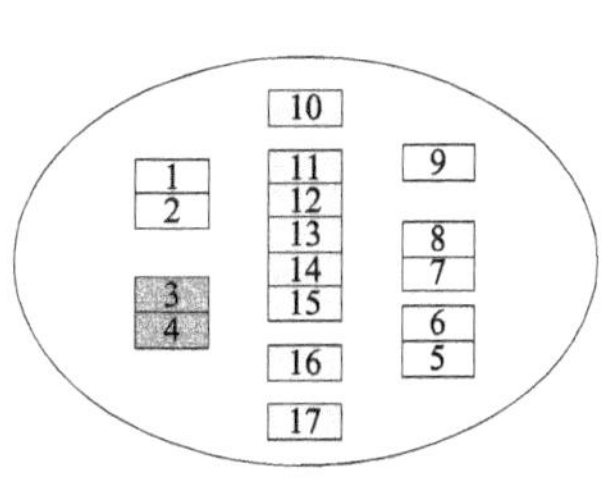

随后，明确外部燃料箱的需求和运行使用构想，开发出产品功能框图（对应系统工程引擎的第 3 个流程），这点与第一次递归运用中的空间运输系统相同。最终，这些框图、需求和运行使用构想文档被用于开发外部燃料箱的可行设计方案（对应系统工程引擎的第 4 个流程）。在这一步中，同样没有足够的细节来真正建造外部燃料箱或建立其原型。此时的设计方案可以概括为“为建造此外部燃料箱，权衡研究结果表明，最佳选择

是使用低温推进剂，需要两个燃料箱用于盛放液氢和液氧，需要铝制外部结构安装燃料箱及相关仪器设备，外部结构需覆盖泡沫材料。”这样，面向外部燃料箱的第 2 层产品树可能如图 2.3-5 所示。

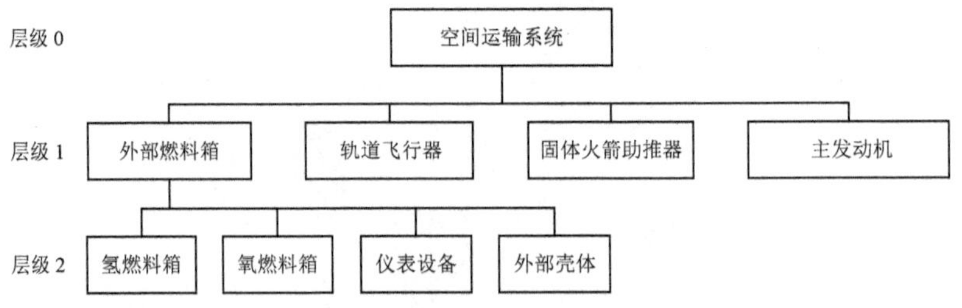

图 2.3-5　产品层级划分，第 2 层：外部燃料箱概念化产品分解结构示例

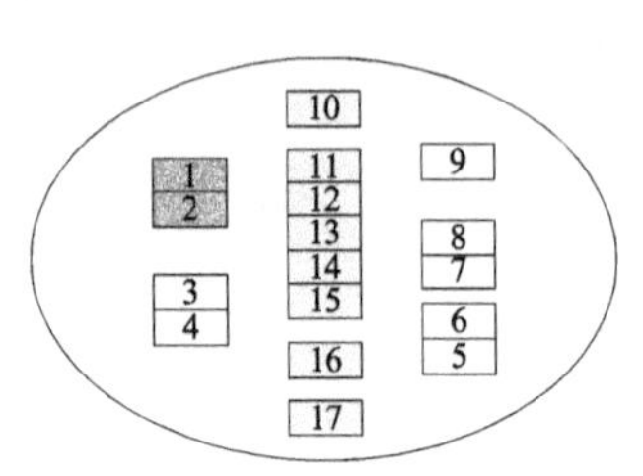

按照类似的方式，轨道器也将进行系统工程引擎的第二次递归运用，确定利益相关者和他们的期望，开发目标要求，并为轨道飞行器生成运行使用构想。一个轨道器目标要求的例子可能是“轨道飞行器需要最多能运送 65000 磅货物到近地球轨道”。适合轨道器的第一层需求将被“向下分解”和确认；由此派生的新需求和附加要求（包括与其他组件的接口）将被添加到需求集。对于轨道飞行器，一个可能的附加或派生需求是“轨道舱需要最多能容纳 7 名航天员”。

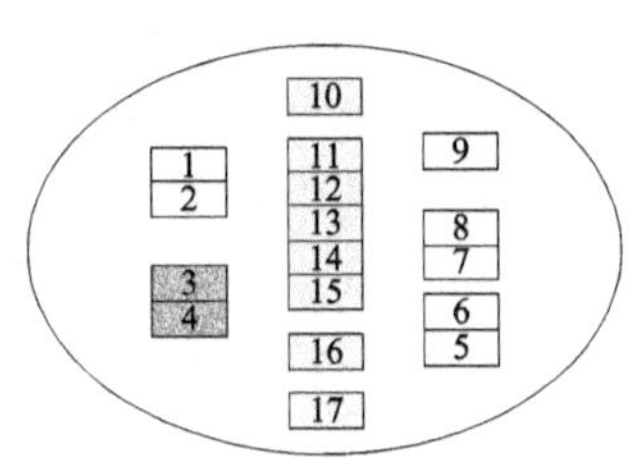

随后，根据轨道器的需求和运行使用构想开发功能框图，生成一个或多个轨道器设计方案。与外部燃料箱一样，在这一步中不会有足够的细节真正建造轨道器或建立轨道器的复杂模型。轨道飞行器设计方案可归纳为“为建立此轨道飞行器将需要一个有翼飞行器，配备热防护系统、飞航电子系统、指挥/导航和控制系统、推进系统和环境控制系统等。”因此，轨道器组件的第 2 层产品树可能如图 2.3-6 所示。

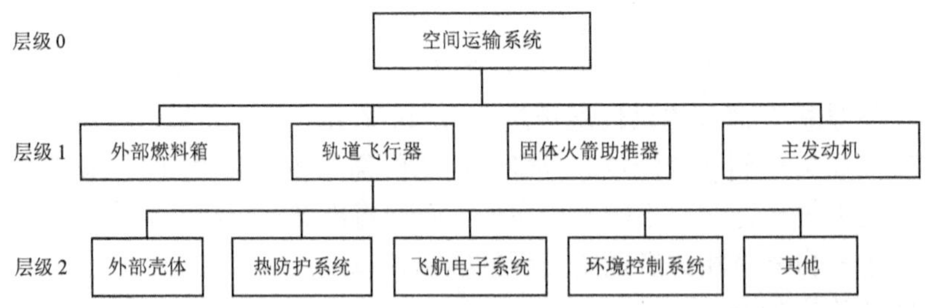

图 2.3-6　产品层级划分，第 2 层：轨道飞行器概念化产品分解结构示例

同样，固体火箭助推器也可以被看作目标产品，并像针对外部燃料箱与轨道飞行器所做的那样，通过系统工程引擎的运用产生一个第 2 层的设计方案。

3）第三次流程运用

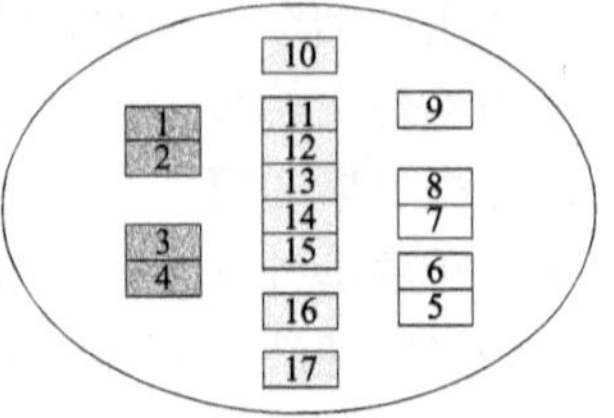

第 2 层中的每个组件又可被认为是目标产品，并且进行系统工程引擎的再一次递归运用，确定利益相关者，产生运行使用构想，向下分配需求，产生新的需求和派生的需求，开发功

能图表和设计解决方案。以飞航电子系统为例，第 3 级产品树可能如图 2.3-7 所示。

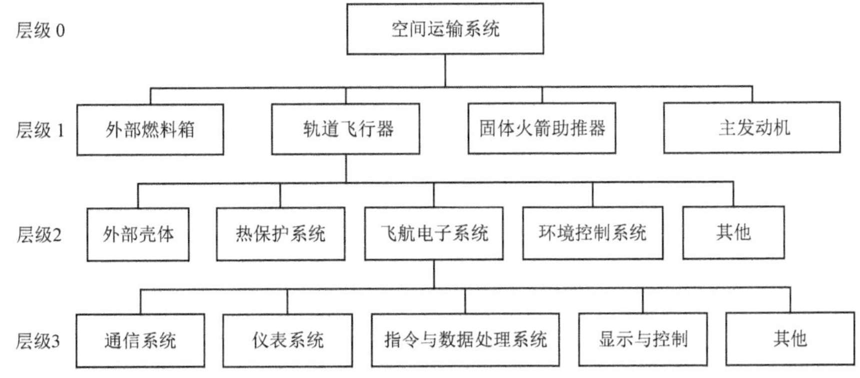

图 2.3-7 产品层级划分，第 3 层：轨道飞行器飞航电子系统概念化产品分解结构示例

4）第四次直到第 *n* 次流程运用

递归运用针对各层级上每个产品（模型）持续进行，直到产品树的底层，形成阶段 A 的所有递归运用过程。注意：某些项目中，当给定成本和进度限制时，在阶段 A 中递归实施相应流程直到最小组件可能并不现实。所需要做的只是判断在进行需求分解时，只要系统设计在本层级的、与费用、技术和进度相关的一阶 *n* 维权衡空间中收敛，便可以停止需求向下分解。这往往不是靠直觉的，这需要具备经验知道什么时候在恰当的层级停止。

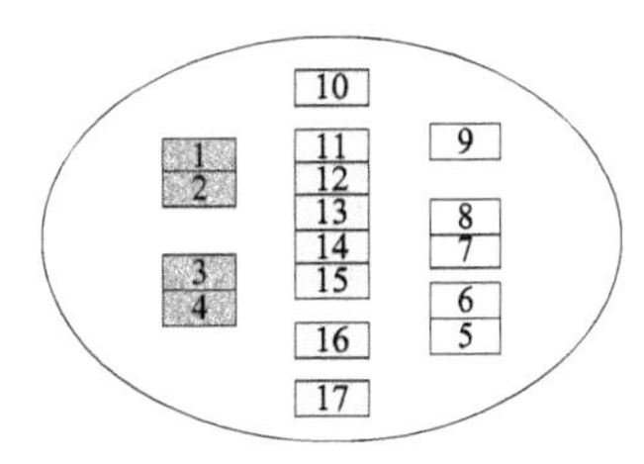

在这种情况下，必须根据工程技术经验判断可行的产品层级。需要注意的是，根据产品的复杂性，可行的最低层级可能有所不同。例如，对于某个产品可能会递归到第 2 层，而对于更复杂的产品，可能递归到第 8 层。这也意味着产品树上的不同分支达到最低层需要不同的时间。因此，对于确定的工程或项目，产品可能需要在不同层级和阶段开发。对于本例的阶段 A，图 2.3-8 给出完全通过系统工程引擎的系统设计流程而得到的空间运输系统产品层级图。完成这么多次递归后，产品树中的每个产品都有了相应的系统需求、运行使用构想，系统也生成了顶层的概念架构、功能架构和物理架构。注意：这些只是对目标产品的初步设计，尚没有进行细化。细化需要在系统寿命周期后期完成。至此，足够的概念化设计工作已经完成，至少确保在后续的递归运用过程中高风险的需求能够达到。

2.3.2.3 阶段 A 示例：产品实现步骤

在阶段 A 中完成主要产品的需求开发和概念设计之后，需要对产品进行检查以确保它们是可以实现的。需注意的有两类产品，第一类产品是将实际交付给最终用户的“目标产品”；第二类产品称为“阶段产品”。阶段产品是在特殊的寿命周期阶段产生的，是项目推进和最终产品开发所必要的。例如，在 A 前阶段，所建立的模型可能是个内充泡沫的物理样机，或是个非实材的制造模型，或是个交互式计算机模型；制造这些模型的目的是帮助某些概念的形象化。这些原理模型不是“最终目标产品”，而是“阶段产品”。对于阶段 A 中的示例，可能需要建立关键概念的计算机模型进行仿真，以证明产品是可以实现的。这些模型就是示例中的阶段产品。

现在的重点转移到系统工程引擎右侧的流程，即产品实现流程，这是从产品的最低层开始的向上递归应用。

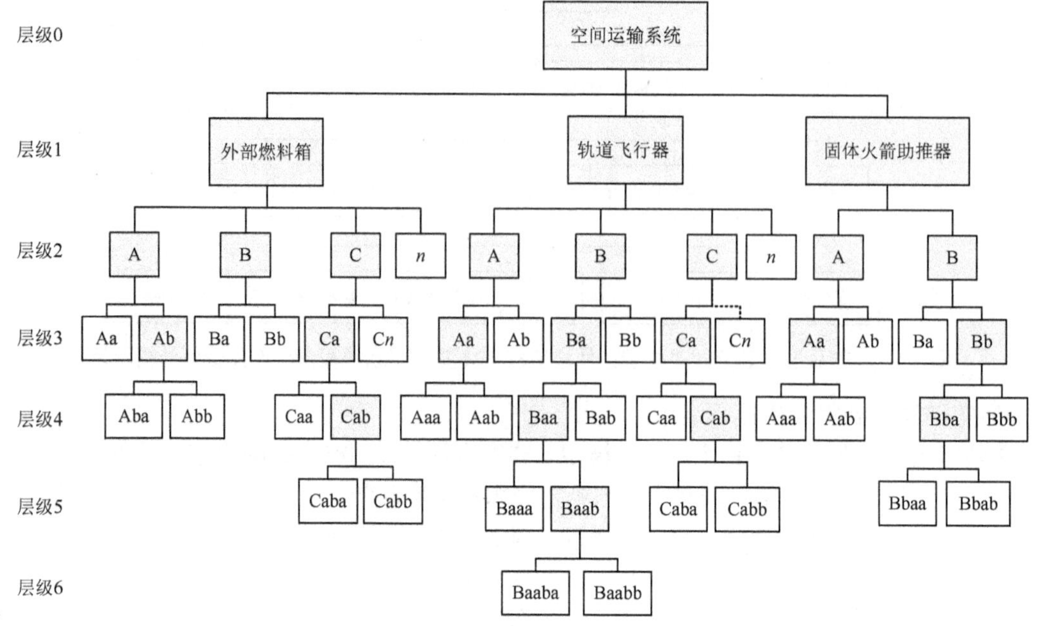

注：未加阴影的矩形框表示位于底层的末端产品。

图 2.3-8　产品层级划分：系统工程引擎左侧系统设计流程的完整递归运用结果

1）第一次流程运用

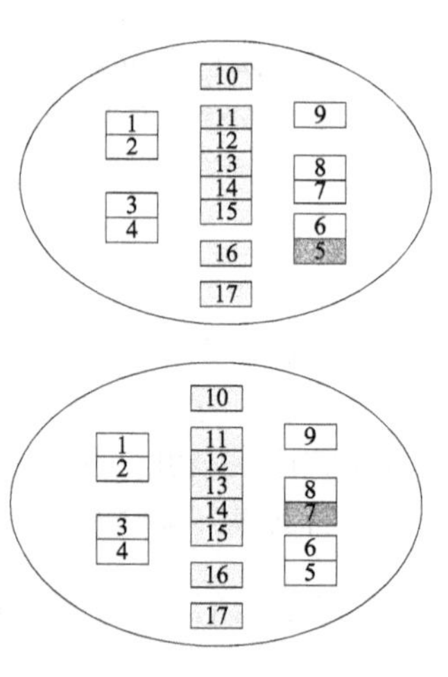

产品树中，每个底层（图 2.3-8 中无阴影部分）的阶段产品（如前面提到的计算机模型）都是独立实现的（可以购买、建造、编码或重用，对应系统工程引擎的第 5 个流程）。在本例中，假设外部燃料箱产品模型 Aa 是购买现货产品；产品 Aba 重用其他项目的模型，而产品 Abb 是一个必须在组织内部设计和开发的模型。需注意的是，这些模型是在系统工程引擎后续步骤中需要组装和集成到更大模型产品的组成部分。也就是说，为了实现外部燃料箱中产品 Ab 的模型，需要首先建立产品 Aba 和 Abb 的模型，然后进行集成。这一过程反映了系统工程引擎的实现部分。同样，其他无阴影的底层模型产品也在这一次递归运用中实现。这些模型将有助于系统工程实践者了解和计划实现目标产品的方法，并确保实施方法的可行性。

随后，每个实现的底层模型（阶段产品）被用于验证目标产品能否满足产品需求（对应系统工程引擎的第 7 个流程），这些需求是在 2.3.2.2 节的产品系统设计流程递归运用环节中通过实施技术需求开发流程而明确的。这表明通过产品试验、定量分析、外观检视和功能演示，该产品被证明能够满足所分配、派生或自生的“需要”陈述，即产品能够被“正确制造”。每个无阴影底层模型产品都需要验证。注意，在阶段 A 的递归运用中，所做的并不是目标产品的正式验证。不过，使用分析、仿真、模型或其他手段能够证明需求是否合理（可验证），以及证明概念设计满足需求的程度。这里还允许开发关键领域的验证技术规程草案。当然，需要进行

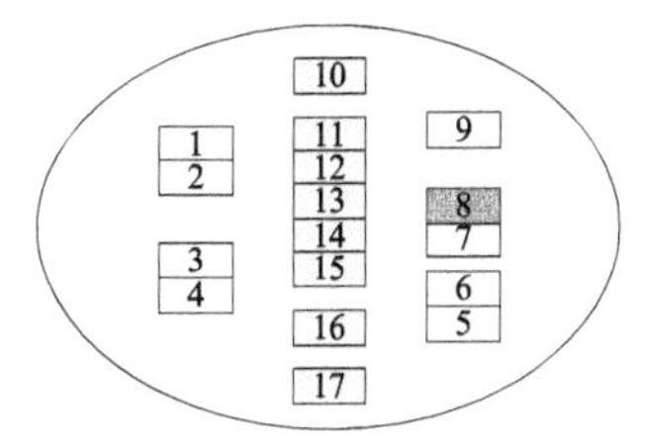

正式验证的是阶段产品（模型）能否满足模型的需求。

在完成阶段产品（模型）验证，并在此基础上制定完成目标产品的验证计划后，模型需要进行确认（对应系统工程引擎的第 8 个流程）。也就是说，执行附加的产品试验、定量分析、外观检视或功能演示，以确保阶段产品和目标产品的概念化设计将有可能满足利益相关者的期望。这将回溯到前面所述产品系统设计流程递归运用中的运行使用构想，运行使用构想是在实施利益相关者期望开发流程中通过与利益相关者协商获得的。模型确认有助于确保在这一层级上项目“建造正确”产品。

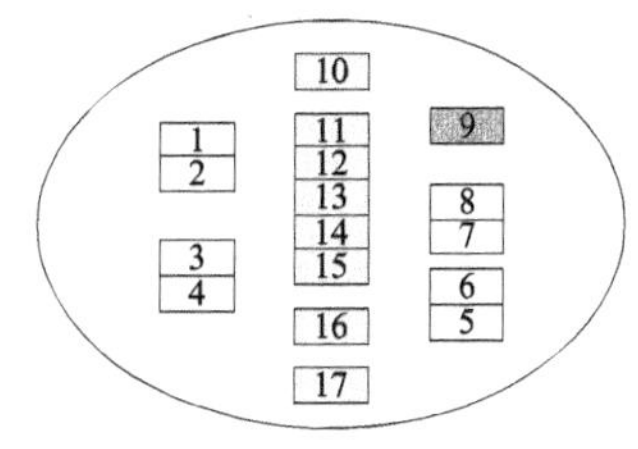

在完成阶段产品（模型）验证和确认，并据此制定完成目标产品验证和确认计划之后，便可着手准备把模型提交到上一层级（对应系统工程引擎的第 9 个流程）。根据模型提交过程的复杂性和安全性需求等，提交形式包括装箱货运、网络传输或随身携带到上一层级的试验室。只要可能，每个底层产品模型都应做好准备工作并提交到上一层级进行集成。

2）第二次流程运用

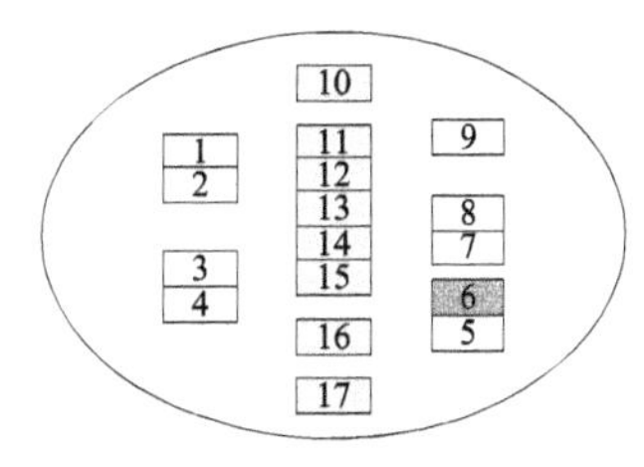

目前，所有底层目标产品的模型（阶段产品）已经被实现、验证、确认和交付，可以开始将它们集成到上一层产品中（对应系统工程引擎的第 6 个流程）。以外部燃料箱为例，在第 4 层实现的产品 Aba 和 Abb 的模型可以集成为第 3 层产品 Ab 的模型。注意产品实现流程只是在底层的产品发生过。在产品集成中，系统工程引擎将再次递归运用，后续各个层级也是如此，通过递归运用系统工程引擎中的产品集成流程，把已实现的产品集成为新的上一层级产品。集成低一层级的阶段产品将产生较高一层级的阶段产品。这种集成流程也可用于实现顶层目标产品的集成。

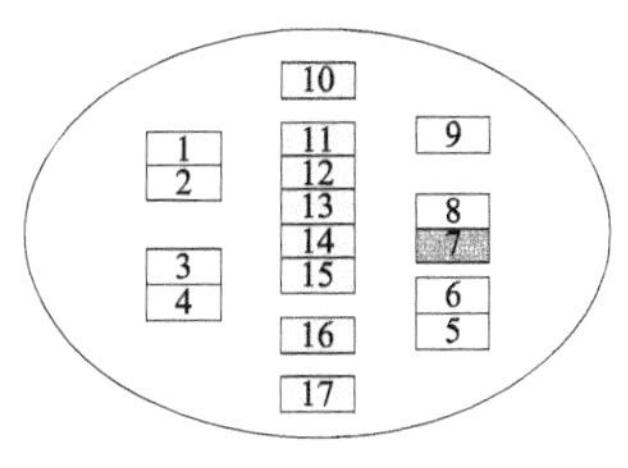

较高层级的新的阶段产品（模型）集成后（如形成第 3 级产品 Ab），必须证明该层级新产品满足所分配、派生或自生的需求（对应系统工程引擎的第 7 个流程）。对于这个集成产品模型来说，应当满足在前述系统设计递归运用中由技术需求开发流程确定的需求，包括分配需求、派生需求和自生需求，确保集成产品的正确制造（组装）。要注意，仅验证集成过程中的组件部分（即单个模型）不足以认定集成后的产品能够正常运行。这样可能会引发各方面的问题，如接口方面的需求不完整、设计期间的错误假设等。确定集成产品完好的唯一方法是在每个层级实施验证和确认活动。验证集成阶段产品所获得的知识也可用于制定最终顶层产品的验证计划。

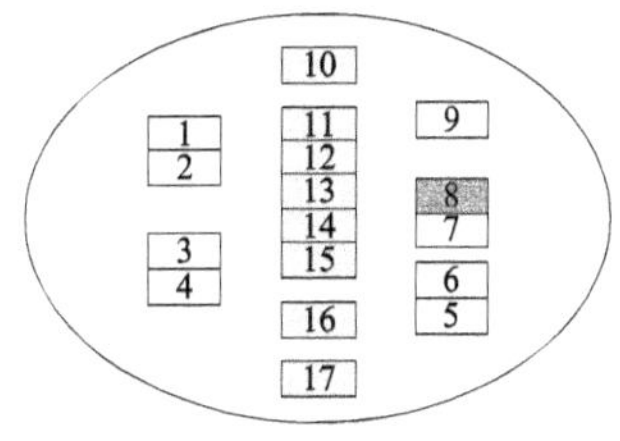

同样，在完成集成阶段产品的验证后，需要确认其能够满足运行使用构想文件中所明确的对该层级产品模型的期望（对应系统工程引擎的第 8 个流程）。即使此时构成集成产品的组件部分已经通过确认，也必须对集成产品自身的进行确认，如此才能保证项目建造了“正确”的集成产品。这里的确认信息同样将有助于制定最终顶层产品的确认活动计划。

当前层级的集成阶段产品模型（如第 3 层产品 Ab）已准备好提交到上一层级（本示例中为第 2 层）。与第一次递归运用中的产品相同，集成阶段产品已根据其需求/要求做好准备并运送或提交（对应系统工程引擎的第 9 个流程）。在本示例中，外部燃料箱的第 3 层集成产品 Ab 的模型被提交到第 2 层产品 A 的模型所有者手中。这个阶段的产品移交工作有助于制定最终顶层产品的交付活动计划。

3）第三次直到第 *n* 次流程运用

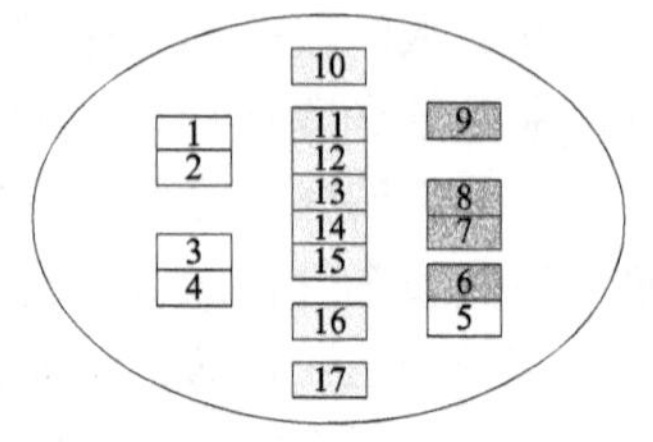

与第二次递归运用的方法类似，第 3 层产品模型经过集成、实现、验证、确认，完成到上一层级的移交。在本示例中，外部燃料箱第 3 层集成阶段实现的产品 Ab 和 Aa 的模型，经过集成形成第 2 层阶段产品 A。需注意，第 3 层产品 Aa 是最低层产品，之前没有经历产品集成流程。它可能在某个较早时刻已经实现，等待着产品 Ab 的实现。完成移交的产品 Aa 可能已经安全存储，直到产品 Ab 可用；也可能 Aa 的获取需花费较长时间而 Ab 在某个较早时刻已经完成，并等待购买的 Aa 到达从而共同完成集成。产品树分支的长度不必转换为相应的时间长度。这就是为什么在项目最早阶段做出良好规划如此关键的原因。

4）最终的流程运用

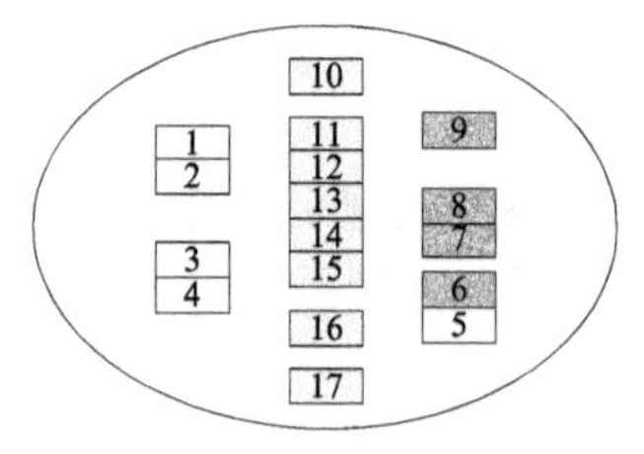

在某个时刻，所有第一层级阶段产品的模型都将分别被用于确保阶段 A 中提出的系统需求和构想能够得以实施、集成、验证、确认和交付。本示例中，第一层单元被定义为外部燃料箱、轨道飞行器和固体火箭助推器。通过系统工程引擎的前一次递归运用，已经显示这些单元能够成功地实现、集成、验证和确认。这些产品最终将以系统需求、运行使用构想、概念化功能设计和物理设计的控制基线形式进入寿命周期的阶段 B，并得以进一步完善。在后续的阶段中，这些产品将真正以实物形式实现。在项目各个阶段中，每个产品的主要特征都将通过关键系统工程文档传承下去。

2.3.2.4 系统工程引擎在阶段 B 到阶段 D 的运用示例

阶段 B 开始进行目标产品的初步设计。系统工程引擎的递归步骤以类似阶段 A 中详细讨论的方式来重复执行。在这个阶段，阶段产品可能是该产品的原型。开发原型的目的是通过有计划的验证和确认流程来确保在最终航天飞行器建造之前，设计方案能接近满足所有的需求和期望。相比于在航天飞行器实际建造和进行合格检验时找到错误并更正，在原型中找到各类错误并做出更正要更加容易且花费更少。原型包括但不限于物理样机、交互式人因集成计算机模型和非真实材料制造的模型（或测试组件）。

与前面几个阶段以分析、构想和原型的方式研究目标产品有所不同，阶段 C 和阶段 D 直接针对目标产品开展工作。在阶段 C 中，递归运用系统工程引擎的左侧流程进行详细设计。在阶段 D 中，递归运用系统工程引擎右侧流程最终实现产品，并进行正式验证和确认。在阶段 D 完成系统工程引擎的最后一步递归运用之后，得到完整实现的目标产品——空间运输系统，并可随时交付发射使用。用于保障的基础设施（如发射设施、任务控制系统、通信中继和经过培训的地面操作人员）也被交付。

2.3.2.5 系统工程引擎在阶段 E 到阶段 F 的运用示例

即使在寿命周期的阶段 E（使用和维护阶段）和阶段 F（退役废弃/处置阶段），继续进行良好的系统工程实践和运用系统工程引擎也极度重要，系统工程引擎的技术管理流程也仍在使用。在项目的运行使用阶段，多数活动仍在进行中。除了监控产品的日常使用，还有必要监督或管理系统的各个方面。早期开发阶段提出的关键技术性能指标在这里继续发挥作用（技术性能指标在第 6.7.2 节进行描述）。这些重要的监测指标能确保产品按照设计方案和预期运行。系统技术状态仍在控制范围内，技术状态管理流程仍在执行，仍然在通过决策分析流程进行决策。事实上，所有技术管理流程仍在应用中。

在本例的讨论中，术语“系统管理”专指系统运行使用过程中的技术管理方面。系统管理包括系统日常运行使用的监控、感知并处理发生的异常，以及发现并处理与系统相关的其他技术问题。

除系统管理和系统运行使用外，还可能需要系统或部件的定期翻新、修理、清洁、清理、配送或其他相关活动。此时，使用术语“维护工程”表示上述活动。

同样，所有技术管理流程仍然适用于这些活动。图 2.3-9 表示这三个活动在最终产品的运行使用周期内同时发生和连续发生的模型。系统工程流程中的某些部分需要不断进行，甚至在系统不再运行而停用、退役和处置后仍在进行。这符合系统工程“自始至终”掌控系统全寿命周期的基本原则。

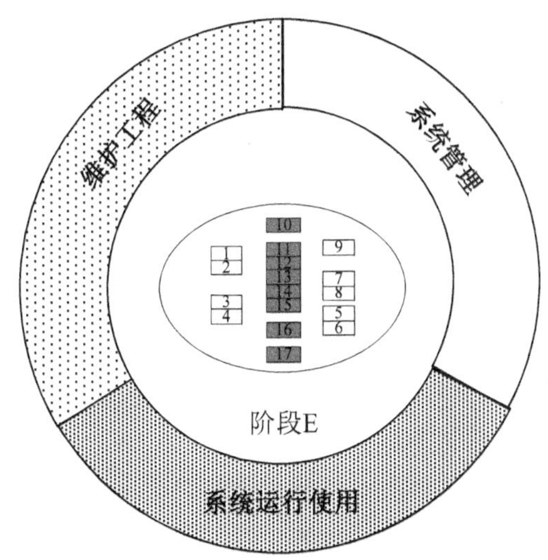

图 2.3-9 在产品运行使用阶段（阶段 E）的典型系统工程活动模型

然而，如果在本阶段开发新产品，或需要做出影响产品设计和验证的变更，或需要对现有产品进行升级，系统工程引擎中的产品开发流程就需要从头开始。也就是说，产品升级需要做的第一件事还是确定利益相关者和他们的期望。完整的系统工程引擎仅用于新产品开发，如图 2.3-10 所示。需注意，虽然在图中系统工程引擎只显示一次，但对升级产品却是按产品层次递归调用的，如同前面产品示例详细说明所描述的那样。

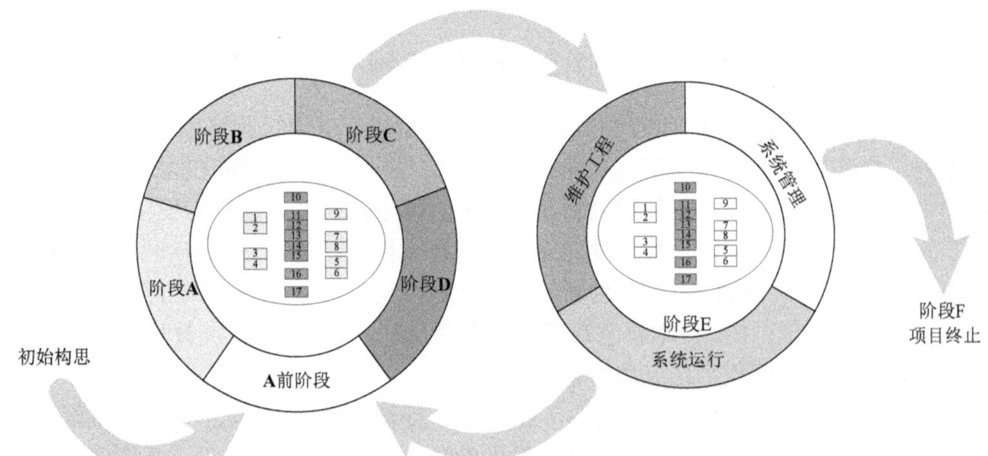

图 2.3-10　新产品或升级产品重新进入系统工程引擎设计周期

2.4　产品验证和产品确认之间的区别

从流程角度来看，产品验证流程和产品确认流程的性质类似，但它们却有着根本不同的目标：

- 产品验证是为了证明产品符合要求，即针对产品性能通过产品试验、定量分析、外观检视及功能演示（或它们的组合）来证明产品满足每个按“系统需要……”形式陈述的需求。
- 产品确认则是为了证明产品能够在预设的环境中实现预期的目标，即针对产品性能通过产品试验、定量分析、外观检视及功能演示来证明产品满足客户和其他利益相关者的期望。

验证试验与已批准的需求集相关，并且能够在产品寿命周期的不同阶段实施。被批准的技术规范、设计图纸、部件清单及其他技术状态资料用于确立该产品的技术状态控制基线，这些技术状态控制基线在后续阶段可能需要修正。没有经过控制基线验证和相应的技术状态控制，后续阶段的修正代价高昂且可能导致严重的性能问题。

产品确认与运行使用构想文件相关。目标产品的确认试验在真实条件（或仿真条件）下进行，目的是在特定用户将产品用于使命任务运行时，确定产品的有效性和适用性。产品确认工作可以在产品开发的每一个阶段进行，通过阶段产品（如模型）实施，而不仅仅在交付阶段针对最终产品进行。

在产品设计进展到不同的阶段时，可能需要采用不同的验证和确认方法。工程和项目的最终成功与在产品设计过程中产品确认工作的频率和力度相关，特别是与在 A 前阶段和阶段 A 进行的产品确认工作相关，此时更正产品的设计方向仍然可能会带来效费比方面的益处。通常是不断提出如下问题：“我们是在为用户和其他利益相关者制造正确的产品吗？” 产品验证和确认的方法基于工程技术进行判断选择，这种判断的目标在于表明产品是否符合系统需求或是否像运行使用构想中计划和描述的那样能够有效运行。

2.5 费用和效能方面的考虑

系统工程的目标是在充分考虑性能、费用、进度和风险等方面因素的基础上，实现系统的设计、建造及运行使用，使得系统能够以最为经济有效的方式安全达到其目的。

一个经济有效的和安全的系统必须能够在效能和费用之间取得特定的平衡。这种因果关系是不确定的，因为通常会存在多个设计方案能够满足效费比的约束条件。将每个可能的设计方案看作效能和费用权衡空间内的一个点。如果画出在当前技术条件下设计所能达到的最大效能与费用的函数关系曲线，通常会得到如图 2.5-1 所示的图形。图中，纵坐标（纵轴）代表效能尺度，横坐标（横轴）代表费用尺度。换言之，曲线描述出在当前的技术条件下能够实现的设计方案的费用效能包络情况。

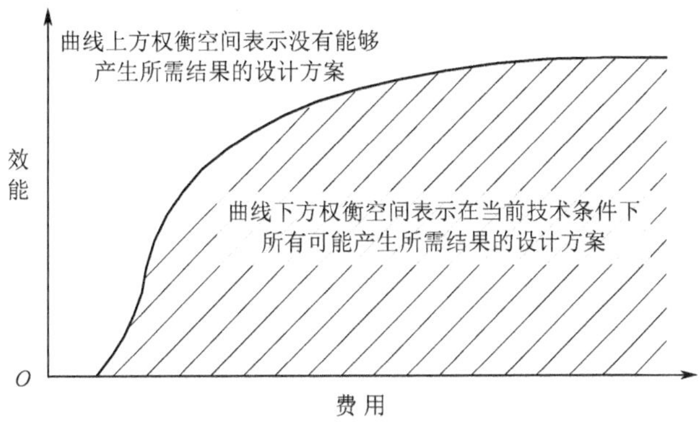

图 2.5-1 有效设计方案的包络线

曲线上方的点是当前技术条件下不能达到的，也就是说，它们代表的设计方案是不可行的（其中某些点在未来技术进一步发展之后可能会变成可行的点）。包络线以下的点是可行的，但与费用和效能对应点刚好落在包络线上的设计方案相比处于劣势。包络线上的点代表的设计被称为经济有效的解决方案（或称高效方案、非劣解）。

系统的费用、效能和费效比

- **费用:**

  系统的费用是指设计、建造、运行和处置一个系统所需资源的价值。由于资源的形式多种多样（NASA 工作人员和承包商的工作，系统消耗的材料和能源，信息技术开销，风洞、厂房、办公室、计算机等设施，以及用户、维护人员和测控人员的费用），因而使用统一货币形式（如指定年代的美元币值）衡量资源的价值将会非常方便。需注意，对于一项工程，对于NASA，或对于公众来说，衡量价值的费用指标可能不在一个维度上。例如，即使对投资和效能进行了平衡，由于工程上的原因（如工期要求），投资在硬件上的比例也可能高于投资在软件上的比例，也可能反过来。

- **效能:**

  系统的效能是系统能够实现目标程度的定量度量。效能的度量通常在很大程度上依赖于单个系统组件（包括硬件、软件和人因组件）或集成组件的性能。在开发过程中，持续对系统运行构想进行验证可能是达成集成系统的计划目标的关键因素。需注意，整个使命任务的效能可以分解为多个使命任务的目标或单个目标中多个可接受的目标变量，如复杂使命任务应包括预设场景、非预设场景或应急场景。

- **费效比:**
  系统的费效比是项目或工程在可用预算内达成目标相对费用和效能产出的比值。

设计权衡研究是系统工程流程的重要部分，通常是试图在不同费用和效能组合的设计选择中寻找更好的设计方案。当设计方案权衡研究的起点在包络线以内时，可选的设计方案满足：或是在整体效能不减的条件下可以降低费用，或是在保持费用不增的情况下可以增加效能，即逐渐趋向于包络线。对于这种“双赢”的情况，系统工程师就很容易做出决定。像缩小子系统的尺寸，便可减轻质量这样“双赢”的设计虽不常见，但绝非罕见。而当设计方案权衡研究中需要在效能和费用之间做出权衡，或在相同费用下进行效能权衡（在水平方向趋向包络线）时，做出决定会更加困难。

系统工程师面临的困境

对于每一个经济有效的解决方案:
- 保持风险不变，减少成本，性能一定会降低。
- 保持成本不变，减小风险，性能一定会降低。
- 保持性能不变，减少成本就会造成风险增大。
- 保持性能不变，减小风险就会造成成本增加。

在这种情况下，进度往往是一种关键资源，因而进度起到一种成本的作用。

不确定性的存在，使寻找最佳成本效益设计方案的过程变得更为复杂，如图 2.5-2 所示。在解决不确定性问题之前，一个特定系统设计方案将会有什么实现结果是不可精确预知的。因此，设计方案反映到项目的费用和效能最好使用概率分布描述，而不是使用单值点描述。这种概率分布可以理解为一种“云”，在最大可能取值处“云”的厚度最大；而距离最大可能取值处越远，“云”的厚度就越薄，如图 2.5-2 中的设计方案 A 所示。不确定性很小的设计方案对应的分布结果，是高密度和高度紧凑的“云”，如图 2.5-2 中的设计方案 B 所示。对于存在风险的设计方案，有很大可能会产生令人不满意的结果，如图 2.5-2 中的设计方案 C 所示。此类风险表现为在所期望的包络线上高密度分布区域之外的一个附加的低效能、高成本对应的“云”。当然，这里所谓“云”的包络线不会像图中那样界线明显，而是更加模糊，而如此清晰的边界线可看作在某一置信水平下的包络线，即达到相应效能指标的特定概率值。

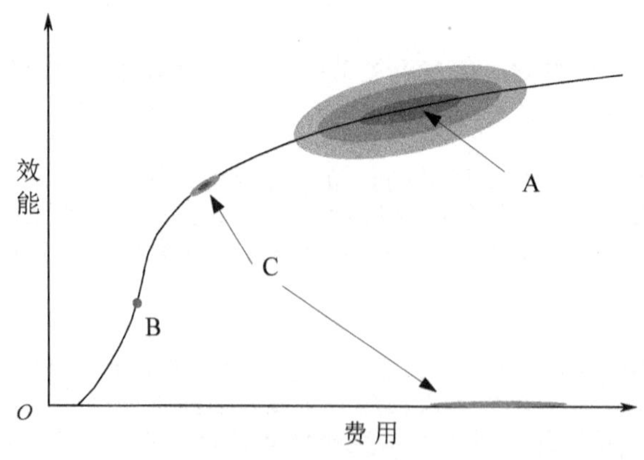

注：A、B、C分别对应不同风险模式的设计方案。

图 2.5-2　含有不确定性的多个设计方案的结果估计

对于效能和费用的描述方法可能有许多种。以 Echo 系列气球[①]（约 1960 年）为例，它除完成作为通信卫星的主要任务外，还需要获取电磁环境和大气阻力的科学数据。此外，气球卫星 Echo 作为最早能被肉眼看见的卫星，本身就具有无可估量的效应，但这在空间竞赛的初期并不被认可。又如 Sputnik[②]（1957 年），作为事实上的第一颗人造卫星，其效能体现在多个方面。对于有限资源，如资金、人员、设施等，其相应的使用属性可以归为费用的支出进行度量。进度可以作为效能指标，也可以作为费用指标，还可以作为约束条件。火星探索的使命任务如果错过发射窗口就必须等待约两年后的另一次机会——这是个非常清晰的进度约束实例。

需注意，在将成本效益（根据图 2.5-1）描述为两者的优化比率时，“成本”是系统的全寿命周期费用。

通常，工程/项目分为设计开发和运行使用两个阶段，设计开发完成之后启动系统寿命周期的运行使用阶段（阶段 E）。如果没有运行使用构想与系统开发之间持续流畅的沟通，设计和开发管理者也许就只能基于设计和生产的成本效益进行决策，而无法考虑由此带来的运行使用费用。有效地应用人因系统集成流程（见 2.6 节），并且在系统设计和开发早期辨识和驾驭运行使用中的关键性能参数，会有助于控制寿命周期费用。关于划分系统设计开发和运行使用两个阶段的更多内容将在 7.1 节“合同形式外包的工程”中加以讨论。

图 2.5-3 显示存在一种趋势，一个工程或项目的寿命周期费用在设计和开发的早期便已“锁定”。从费用曲线可以明显看出，发现并确定问题越晚，在寿命周期后段的花费越多。反过来说，产品性能未达标的问题在项目寿命周期中发生得越晚，能够节省的费用就越少。这幅出自美国国防采办大学的图，给出了寿命周期费用决定于早期系统构想和设计方案的示例。实际中的工程项目多种多样，但它们所对应的费用曲线图形及其中表达的信息是近似的。例如，图中显示在设计过程中仅开支约 15%的寿命周期总费用，而设计结果则将固化 75%的寿命周期费用。这是因为系统的设计方式将决定系统在试验、制造、集成、运行和维护过程中可能需要花费的费用。如果在设计中不考虑这些因素，则将给寿命周期后期带来极大的费用风险。同时要注意，在寿命周期的后续阶段更改设计方案将会使费用增加。如果直到项目验证时才进行产品试验和分析，任何发现的问题都可能会因需要重新设计和重新验证而产生可观的费用。

某些情况下，在固定预算和固定风险范围内寻找可能的最大效能较为合适；而在其他情况下，寻求给定效能和风险下可能的最低费用也许更适合。对于这些情况，问题是如何指定效能水平或如何确定费用水平。工程实践中，这些指标可以根据性能和费用要求来确定，这样问题就适当地转换为，略微放松效能要求能否使得系统费用显著减少，或增加少许资源消耗能否生产出一个更加有效的系统。当然，通常高质量系统工程始终能认识到近期决策对项目战略性结果的影响，也就是权衡决策对于寿命周期成本的影响。

在确定系统的费效比时，考虑系统全寿命周期的运行使用费用和设计开发费用（参见本手册 6.1.2.2 节）非常重要。系统失败或无效对寿命周期费用产生的影响不可忽视，必须加以考虑才能完整描述系统寿命周期费用。实施故障管理有助于通过减少宕机时间、维修次数，减小灾难性失败风险，以及提高工程寿命周期的收益来管理寿命周期费用。故障管理的技术和方法在本手册 7.7 节有更加详细的叙述。

---

① 气球卫星 Echo：世界上第一个被动通信实验卫星系统，由两颗金属化的低地球轨道气球卫星组成，充当微波信号的无源反射器。两颗气球卫星分别在 1960 年和 1964 年由雷神火箭在卡纳维拉尔角发生升空。

② Sputnik：苏联发射的人类第一颗人造卫星（“伴侣号”），于 1957 年 10 月 4 日由苏联的 R7 火箭在乌克兰拜科努尔航天中心发射升空。

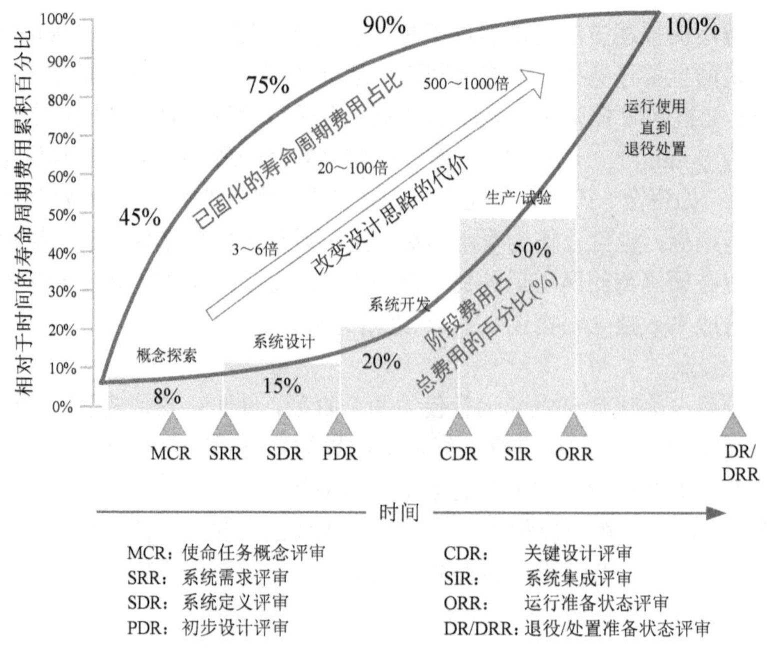

图片来自 INCOSE-TP-2003-002-04，2015

图 2.5-3　早期阶段决策对寿命周期费用的影响

技术团队可能不得不在属性描述各不相同的众多设计方案之间进行选择。目前，已经开发出多种分析方法，可以用来帮助确定属性参数的选择和量化对属性相对价值的主观评价。有了这些方法之后，属性的权衡就可以采用定量评估。但是，经常会发生属性并不兼容的情况，而最终又可能需要在属性多样性的情况下做出决策。对于这种复杂的决策分析问题，可以借助某些决策分析技术（参见本手册 6.8 节）。为了能够帮助决策者做出最为经济有效的选择，系统工程师通常应当牢记那些做出决策时可能用到的信息。

2.6　系统工程流程中的人因系统集成

NPR7123.1 在开篇便提到，“系统论方法可运用于系统的所有组成要素（包括硬件、软件、集成了人类的系统——人因系统）”。简言之，系统工程方法必须同等地综合运用于三类关键要素的设计和集成：硬件、软件和人因系统。如此看来，人类这个要素是系统集成和系统工程流程中必须考虑和处理的。在 NPR7123.1 中，“系统”的定义是宽泛的，即系统是“能够共同作用实现功能的元素的组合，这种组合可以产生为满足需求而需要的能力。这里的元素包括所有为达到系统目的所需的硬件、软件、设备、设施、人员、流程和技术规程。”（引自 NPR 7120.5）

一直以来，工程开发都是为了服务和满足人类的需要。考虑有人参与的背景条件，其中系统的开发、交付和运行应该是每个系统工程师思维中自然能够想到的。

如此产生一个新的增长领域——人因系统集成（HSI），其应该满足如下条件：

- 系统中包括硬件、软件和人，所有这些都与环境交互并运行在环境之中。
- 系统需考虑“人类因素”，包括所有与系统交互的人员——最终用户（如宇航员、航天机组乘员）、维修人员、地面控制人员、后勤保障人员等。

- 人因系统集成需考虑来自所有与人相关的专业（如人因工程、宜居性、可生存性、人本安全性、人工评分等），并且需为工程/项目系统工程和管理流程提供综合的人因输入。
- 工程/项目系统工程和管理流程应尽可能早地（在 A 前阶段）明确人因系统集成需求，以确保系统设计和开发周期中关键路径上的系统人类因素已经被适当地考虑。

图 2.5-3“早期阶段决策的寿命周期费用影响”在人类因素方面的作用等同于在硬件和软件方面的作用，也就是说，如果任何系统与人类的交互不被有意识地看作系统设计的一部分，那么早期的工程决策可能会导致高昂的、出乎意料的运行使用费用。例如，设计者可能假设“我们可以训练运行使用人员来适应我们的系统设计”，因而没有设计一个对预期的用户群而言更加直观的系统运行使用方式。

正如 NPR 7123.1 和本手册附录 B 中所定义的，人因系统集成是一个跨学科的管理流程和技术流程的综合，侧重于将人类的能力和局限性集成到系统采办和开发过程中，从而提高人因系统设计水平，降低寿命周期费用，优化系统的整体性能。人因系统集成流程能够与 NASA 系统工程全面集成。人因系统集成将系统中对人类因素的考虑映射到系统工程引擎中的需求开发流程、利益相关者期望开发流程、逻辑分解流程、系统设计与实现流程及其他流程，与在硬件和软件方面的考虑映射到这些流程中相同。

在工程/项目实践中及早规划人因系统集成，开发工程性的人因系统集成计划是个好主意；人因系统集成计划可以是系统工程管理计划的一部分，或是系统工程管理计划的一个独立子集。关于人因系统集成计划的撰写可参见本手册附录 R 给出的参考提纲，这份提纲显示人因系统集成计划应该包括计划好的目标、指标、标准、交付产品、流程，特别是对于负责工程/项目人因系统集成实现人员的角色和职责。人因系统集成应该由熟悉人因系统集成的人员及系统设计和开发中考虑的人类因素进行管理。这些对人因系统集成负责的人员在项目/工程寿命周期进展中更新人因系统集成计划，使其保持最新状态。

关于作为系统工程流程一部分的人因系统集成的更多信息，可参见本手册 7.9 节“系统工程流程中的人因系统集成”。

2.7 系统工程师的任职能力模型

表 2.7-1 给出了对系统工程师任职能力模型的概要总结。对于一个成功的系统工程师，最重要的特征是具备能够领导技术团队的能力。系统工程既是一门科学，又是一门艺术。遵循 NPR 的规则和平衡系统需求、能力、预算是系统工程的科学部分。系统工程的艺术部分包括能够洞察系统全貌、超越当前的指标看清全局目标，以及领导能力高强的技术团队。

在开发新的系统或服务过程中，技术负责人在解决问题时，在与技术团队成员沟通或与不太懂技术的利益相关者沟通时，需要在创新能力、宽泛的技术知识、天资和技能之间找到平衡。一个好的技术负责人能够激发团队中的成员达到最佳状态，为全局目标贡献个人的智慧，正确地干工作，而不仅仅是干好工作。

NASA 为系统工程师和其他技术专家提供领导力培训。

每种任职能力都相应地划分为四个层次等级：

- 团队成员/技术工程师；

- 团队负责人/子系统负责人；
- 工程系统工程师；
- 首席工程师。

表 2.7-1　NASA 系统工程师任职能力模型

任职能力领域	任职能力	能力描述
SE 1.0 系统设计	SE 1.1 利益相关者期望开发与管理	引导并确定系统用例、应用场景、运行使用构想和利益相关者期望。内容包括辨识出利益相关者，建立流程保障策略，建立效能评价指标（MOE）体系、确认并固化利益相关者对其期望的陈述、获取客户和其他利益相关者对该项期望陈述的认可，同时使用已明确的利益相关者期望陈述作为产品实现过程中产品确认活动的控制基线
	SE 1.2 技术需求开发	将利益相关者期望控制基线转换为单一的、定量的、可度量的技术需求陈述，陈述以“系统需要能……”语句形式表达，据此用于确定系统设计方案。内容包括分析需要解决的技术问题范围，明确影响设计方案的约束，明确系统性能需求，确认因此得出的技术需求陈述，为每个效能指标（MOE）定义相应的性能指标（MOP），以及定义相应的技术性能指标（TPM），以此作为评估技术进展的依据
	SE 1.3 系统逻辑分解	将定义好的一组系统技术需求转换为一组系统逻辑分解模型，以及由此派生出的与这些模型相应的一组针对更低层级系统的，用于作为设计方案技术工作输入的技术需求。内容包括对功能、时间、行为、数据流、对象和其他模型的分解与分析。分解内容还包括将系统需求分配到这些分解后的模型，解决所暴露出的这些模型之间派生需求的冲突，建立一个涵盖需求分配各个层级的系统架构，确认各层级所派生的需求
	SE 1.4 设计方案开发	将分解后的模型及派生的需求转换为一个或多个系统设计方案，采用决策分析流程对每一个备选方案进行分析，选定一个满意的能够满足系统技术需求的方案。为描述所选定的方案，应建立一套完整的技术数据资料。内容包括针对选定的设计方案生成一个完整的设计方案描述，开发一组用于系统“制造”“采购”“重用”的技术规范，并启动系统产品和相应配套产品的开发及采办流程
SE 2.0 产品实现	SE 2.1 产品方案实施	通过购买、制造或重用来获取一个特定的产品，从而满足系统设计需求。内容包括准备产品设计方案实施策略，通过建造或编码来生产产品，评估供应商提供的技术信息，检查所购买、建造或重用的产品，准备进行产品的集成，编写产品技术保障文档
	SE 2.2 产品集成	将低层级的、经过确认的目标产品进行组装或集成，制造出所需的更高层级的产品。内容包括准备产品的集成策略、制定并实施详细的集成计划、获得需要集成的目标产品、证实这些目标产品已具备集成条件、准备相关的集成环境，以及准备编写产品技术保障文档
	SE 2.3 产品验证	证明目标产品符合其被赋予的技术需求。内容包括为产品验证工作做好准备、实施产品验证活动、对验证结果进行分析（包括发现产品的异常并给出更正异常的纠错行动建议）、准备产品的验证报告、提交验证报告作为目标产品符合其被赋予技术需求的证据
	SE 2.4 产品确认	证实一个已经通过验证的目标产品在指定的环境中以指定的方式运行使用时，能够满足利益相关者的期望，并且确保任何在确认过程中发现的产品异常能够在产品正式交付之前得到解决。内容包括为产品确认工作做好准备、实施产品确认活动、对确认的结果进行分析（包括发现产品的异常并给出更正异常的纠错行动建议）、准备产品的确认报告、提交确认报告作为产品符合利益相关者期望控制基线的证据
	SE 2.5 产品交付	将通过验证和确认的产品交付到系统产品结构中更高一个层级的客户手中。内容包括为进行产品交付做好准备、产品交付前对目标产品和配套产品的交付完备性进行评价、准备可交付的产品（包括做好产品运输、储存、保管的准备）、准备交付场所，同时生成与产品同时交付所需的归档资料

续表

任职能力领域	任职能力	能力描述
SE 3.0 技术管理	SE 3.1 技术规划	为每一项公共技术流程的应用和管理做出规划，与此同时，对满足项目目标所需开展的技术工作进行辨识、定义和规划。内容包括为每一项公共技术流程准备和更新规划策略、确定来源于技术工作的可交付的工作产品、确定技术报告需求、确定各项技术评审的启动条件和顺利完成评审的判断准则、确定用于评审产品和流程的度量指标、确定关键技术事件、明确交叉领域的互操作性和协同性需求、明确数据管理的方法、确定在规划工作中需要处理的技术风险、确定能够采用的技术工具和工程技术方法、明确获取和维护所需相关技术专业知识的方法。规划内容还包括准备系统工程管理计划（SEMP）及其他技术规划文档、获得利益相关者对技术规划文档的认可、发布经审批的技术工作指令性文件
	SE 3.2 需求管理	管理产品的需求，提供需求的双向可追溯性及管理需求变更，以便能够建立涵盖系统产品全寿命周期的需求控制基线。内容包括为需求管理准备和更新相应策略、选择一个适当的需求管理工具、在建立需求管理技术规程的同时对技术团队的成员进行培训、对利益相关者期望及需求的可追溯性进行审核、管理利益相关者期望及需求的变更、针对利益相关者期望及需求的变更开展交流
	SE 3.3 接口管理	建立并使用正式的接口管理流程，维护系统内部接口和外部接口定义，维护目标产品和配套产品的兼容性。内容包括为接口管理做好技术规程方面的准备、辨识出所有接口、生成并维护接口管理资料、管理接口的变更、传播接口信息、进行接口控制
	SE 3.4 技术风险管理	以不间断的方式检查系统在技术上出现偏离所制定规划的风险，并在其发生之前定位潜在的技术问题。规划、引用、实施那些必要的横跨产品或项目寿命周期的风险控制活动，从而消除风险影响而达成技术目标。内容包括为技术风险管理开发相应的策略、定位技术风险并进行技术风险评估、为消除/缓解技术风险做好准备、监控每一项技术风险的当前状态、在达到设定的条件时实施技术风险消除/缓解方案和启动应急行动计划
	SE 3.5 技术状态管理	在不同的时间点上确定产品的技术状态，从整体上控制产品技术状态的变更，维护产品技术状态的一致性和可追溯性，在产品的全寿命周期过程中保存并维护产品的技术状态记录。内容包括建立产品技术状态管理的策略和机制、确定产品技术状态的控制基线、维护产品技术状态归档资料并进行产品技术状态审核
	SE 3.6 技术数据管理	在产品的全寿命周期中辨识并控制与产品关联的数据，获取、处理和发布在系统产品的开发、管理、运行、保障和退役过程中所需的数据，管理或删除数据记录，分析数据用途，获取技术数据反馈并据此管理合同规定的技术工作，评估所搜集的相关技术数据和信息，维护技术数据的一致性和安全性，有效地管理那些用于定义、描述、分析和特征化产品寿命周期的权威性数据，同时确保产品数据和寿命周期管理流程、最佳实践经验、互操作方法、系统方法论及可追溯性方面连贯的、反复的有效应用。内容包括建立技术数据的管理策略和机制，针对所存储的技术数据及相应的元数据，维护这些数据的状态、来历和版本更新，提供经批准的可发布的数据服务，为经授权的团体提供技术数据服务，并收集和存储所需的技术数据
	SE 3.7 技术评估	监控技术工作的进展情况，并为系统设计、产品实现和技术管理工作提供当前状态信息保障。内容包括开发技术评估策略和机制，对技术工作的作用价值进行评估，对产品的质量进行评估，跟踪并修正技术评估的度量指标，同时开展技术评审、同行评审和寿命周期评审活动
	SE 3.8 技术决策分析	评估技术决策问题，确定技术决策的判断准则，找出备选方案，对备选方案进行分析并选定适用的备选方案。该项工作贯穿系统寿命周期，用于论证备选的决策方案，评价它们在系统健康和安全方面、技术方面、费用和进度方面的影响。内容包括建立指针并据此确定适用正式分析流程的技术问题、定义评价决策备选方案的判断准则、确定需要处理的决策备选方案、选择评价方法、选定所推荐的解决方案、将评价结果和相关影响及纠错行动方面的建议形成报告并提交

第3章　NASA 工程/项目寿命周期

NASA 在大型系统管理中的一个最基本概念是工程/项目的寿命周期，把工程或项目中需要实施完成的所有事项划分为若干个明显的阶段，并由关键决策点进行区分。关键决策点是指决策机构确定工程/项目为转入寿命周期下一阶段（或下一个关键决策点）是否准备就绪的时刻点。定义寿命周期阶段之间的边界，可以为系统提供确定该边界是“通过”还是“暂缓通过”的自然决策点。做出相关决策的处置权应当在约定时间内移交到下一阶段。一项工程或项目若未能通过关键决策点评审，可能有两种处理方式：一是“归零”去处理阻碍通过关键决策点的缺陷和问题，然后重新进行评审；二是可能被终止。

所有系统起源于对其必要性的认识或对其机遇的发现，并通过多个不同的开发阶段达成最终的项目成果。在与系统工程相关的分析和优化活动中，最有决定性的影响产生于系统的早期阶段；这些可能影响成本的决策活动将在系统开发过程中持续进行，直到系统寿命周期的终结。

将工程/项目寿命周期划分为阶段，意味着将整个过程分解成更易管理的若干部分来进行组织。随着工程/项目寿命周期的推进，管理者能够逐渐清晰地了解在管理和预算约束环境下相应时间点上系统的进展。

对于 NASA 的工程/项目，在下列管理文件中分别给出了寿命周期的定义：

- 对于空间飞行项目，由 NPR 7120.5《NASA 空间飞行工程和项目管理要求》定义；
- 对于信息技术项目，由 NPR 7120.7《NASA 信息技术和机构内基础架构工程和项目管理要求》定义；
- 对于 NASA 科研与技术开发项目，由 NPR 7120.8《NASA 科学研究与技术开发工程和项目管理要求》定义；
- 对于软件项目，由 NPR 7150.2《NASA 软件工程要求》定义。

例如，NPR 7120.5 将 NASA 寿命周期阶段定义为“规划和论证”与“实现和运用”两个宏观阶段。对于空间飞行系统项目，NASA 寿命周期的上述两个宏观阶段又划分为以下 7 个递进阶段。项目的寿命周期阶段具体划分为：

1）宏观阶段 0：工程规划和论证准备

（1）A 前阶段：概念探索。

2）宏观阶段 1：工程规划和论证

（2）阶段 A：概念研究和技术开发。

（3）阶段 B：初步设计和技术完善。

3）宏观阶段 2：工程实现和运用

（4）阶段 C：详细设计和制造。

（5）阶段 D：系统组装、集成、试验和发射。

（6）阶段 E：运行与维护。

（7）阶段 F：退役/废弃处置。

信息技术类项目有类似的阶段划分，在 NASA 首席信息官办公室制定的《信息技术系统工程手册》中进行讨论。NASA 对高度专业化信息技术和非高度专业化信息技术进行了区分。高度专业化信息技术的定义在附录 B“专用术语表”中定义；根据工程或项目的内容，应当遵从 NPR 7120.5《NASA 空间飞行工程和项目管理要求》或遵从 NPR 7120.8《NASA 科学研究与技术开发工程和项目管理要求》。

图 3.0-1、图 3.0-2 和图 3.0-3 分别描述了三种类型 NASA 空间飞行工程的寿命周期，图 3.0-4 描述了 NASA 非工程项目的寿命周期。在这些图中明确了可用于划分阶段的关键决策点和评审点。

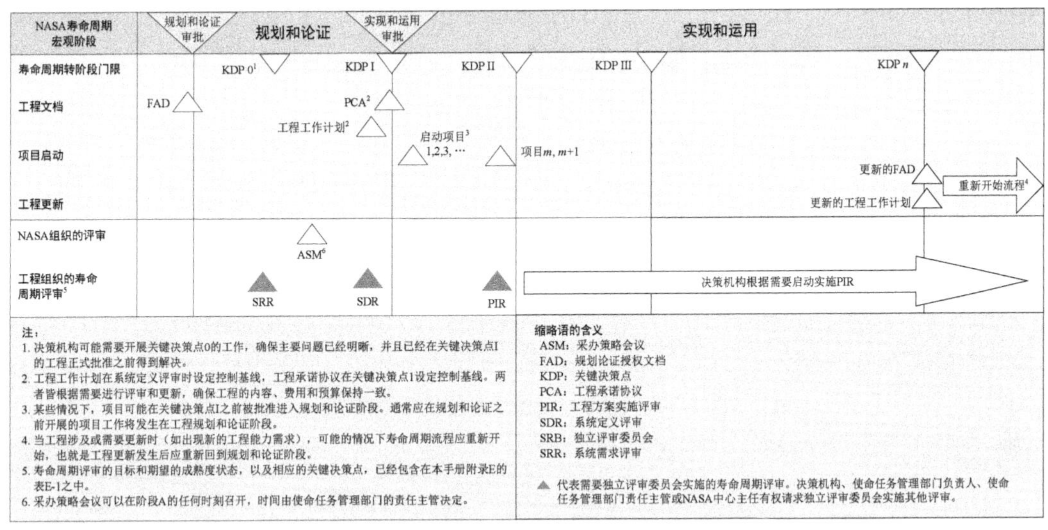

图 3.0-1 NASA 非耦合和松耦合工程的寿命周期

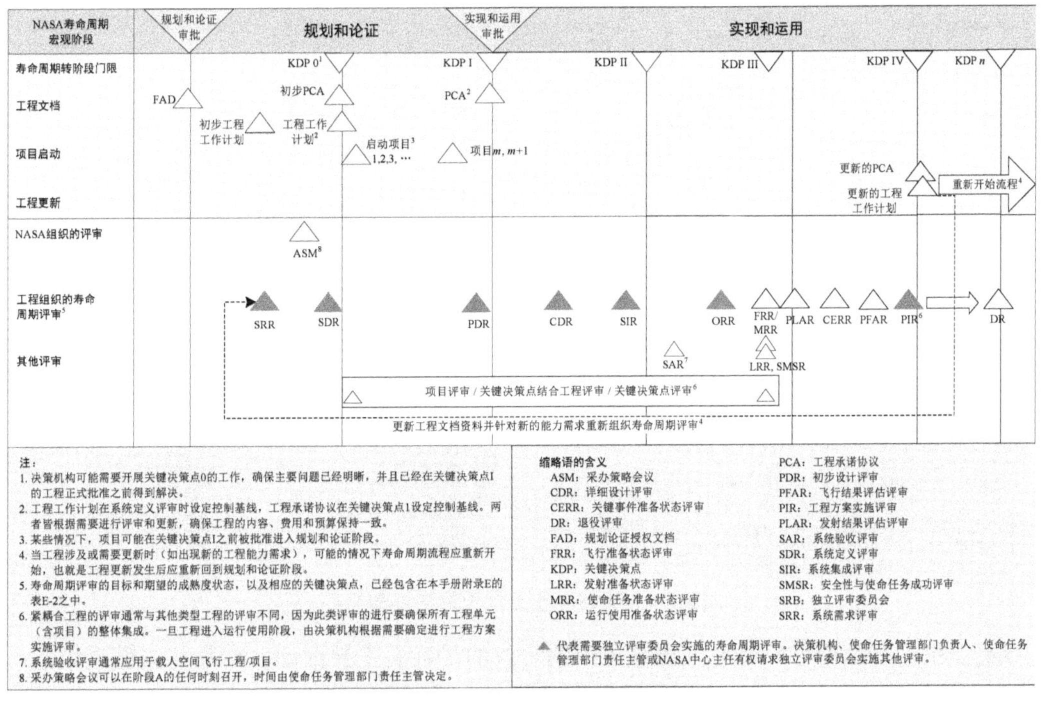

图 3.0-2 NASA 紧耦合工程的寿命周期

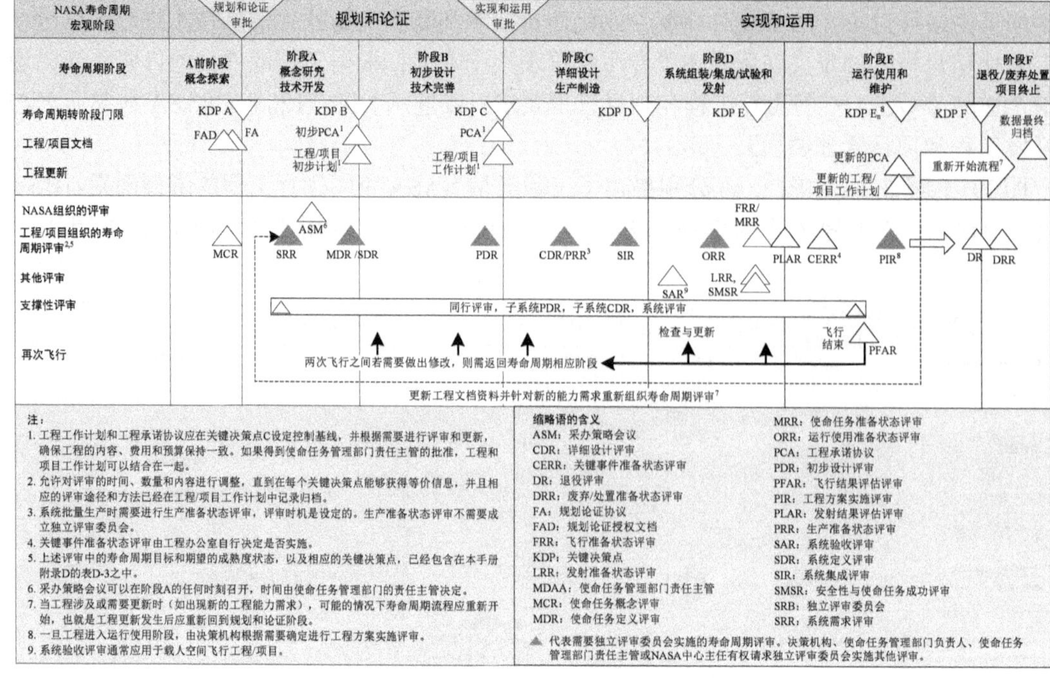

图 3.0-3　NASA 单项目工程的寿命周期

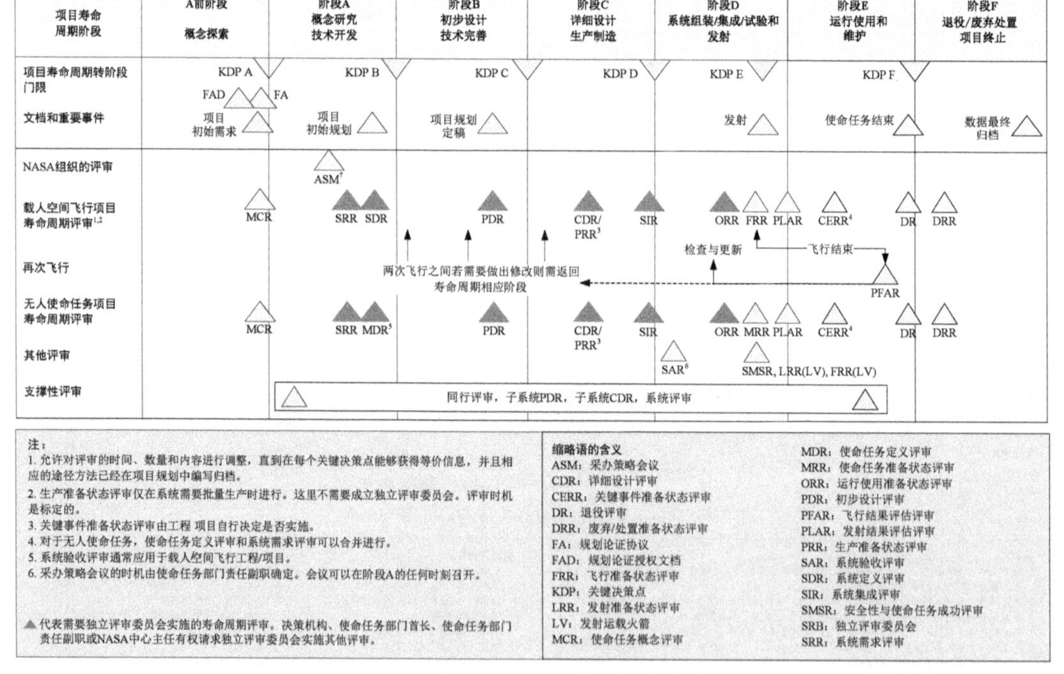

图 3.0-4　NASA 非工程项目的寿命周期

3.1 节和 3.2 节阐述 NASA 工程寿命周期阶段的目标、主要活动、产品和关键决策点；3.3 节至 3.9 节阐述 NASA 项目寿命周期阶段的目标、主要活动、产品和关键决策点；3.10 节描述伴随及影响 NASA 工程/项目负责人和系统工程师开展工作的预算周期。

关于工程/项目寿命周期的更多指导信息，可参见 SP-2014-3705《NASA 空间飞行工程和项目管理手册》。表 3.0-1 取自 NPR7123.1，该表给出了在产品寿命周期中正在持续开发和不断成熟的主要系统工程产品的产品成熟度表示方式。

表 3.0-1 系统工程产品成熟度（来自 NPR 7123.1）

	规划和论证阶段				实现和运用阶段					
产品 非耦合/松耦合	KDP 0		KDP I	定期 KDP						
产品 紧耦合工程	KDP 0			KDP I	KDP II		KDP III		定期 KDP	
产品 非工程项目及单项目工程	A 前阶段	阶段 A		阶段 B	阶段 C		阶段 D		阶段 E	阶段 F
	KDP A	KDP B		KDP C	KDP D		KDP E		KDP F	
	MCR	SRR	MDR/SDR	PDR	CDR	SIR	ORR	FRR	DR	DRR
利益相关者辨识	**基线	更新	更新	更新						
系统概念定义	**基线	更新	更新	更新	更新					
效能指标定义	**批准									
费用和进度	预设	更新	更新		更新	更新	更新	更新	更新	更新
系统工程管理计划[①]	初步	**基线	**基线	更新	更新	更新				
需求	初步	**基线	更新	更新	更新					
技术性能指标定义			**批准							
架构定义			**基线							
需求向下层分配			**基线							
标志性技术指标趋势			**预设	更新	更新	更新				
设计方案定义			初步	**初步	**基线	更新	更新			
接口定义			初步	基线	更新	更新				
方案实施计划			初步	基线	更新					
集成计划			初步	基线	更新	**更新				
验证和确认计划			初步	基线	更新	更新				
验证和确认结果						**预设	**初步	**基线		
运输准则和指令					预设	最终	更新			
运行使用计划				基线	更新	更新	**更新			
运行使用技术规程					初步	基线	**更新	更新		
（飞行/应用）认证							初步	**最终		
退役计划				初步	初步	初步	**基线	更新	**更新	
退役/废弃处置计划				初步	初步	初步	**基线	更新	更新	**更新

注：** 该项为评审时必须提供的产品。

① 对于 NASA 的非工程项目、紧耦合工程和单项目工程，系统工程管理计划在进行系统需求评审时便确定控制基线；而对于非耦合及松耦合工程，相应的控制基线在使命任务定义评审或系统定义评审时确定。

3.1 工程规划和论证阶段

在工程规划和论证阶段，需要展现并证明该项工程经济有效且能够满足 NASA 机构和使命任务管理部门的目标，从而确定工程的立项。NASA 下达工程规划论证授权文件，批准工程负责人启动新立项工程的规划工作，并进行必要的分析工作，从而形成合理的工程规划文件。责任系统工程师负责进行工程寿命周期本阶段的技术规划和概念开发。规划工作包括确定需要进行的主要技术评审及相应的评审启动条件和成功完成评审的判定准则。这些主要技术评审包括系统需求评审、系统定义评审和工程定义评审，以及强制性的工程管理专家委员会的评审（详见图 3.0-1～图 3.0-4 中完整列出的评审），它们决定了在关键决策点 I 对工程的审批。关于工程规划和论证阶段所需要门户产品的概要说明，可参阅 NASA 强制性指令文件（如针对空间飞行工程的 NPR 7120.5、针对信息技术类项目的 NPR 7120.7，以及针对科学研究和技术开发项目的 NPR 7120.8）。所有类型的工程规划和论证阶段是相同的，涉及一个或多个在关键决策点 I 需要进行的工程评审，由此最终做出批准工程开始进入实现和运用阶段的决策。

空间飞行工程类型

非耦合工程

非耦合工程是指在一个宽泛的主题下和/或在通用工程实施构想下组成的工程，这样的主题和构想，如针对通过商机公告或 NASA 研究项目公告方式遴选的成本封顶的项目，提供多次空间飞行试验的机会。在非耦合工程中，每个项目相对于其他项目都是独立的。

松耦合工程

松耦合工程是指通过属于不同范围内的多个空间飞行项目组成特定目标的工程。其中，每个单独的项目都有一系列使命任务目标；同时，还需要在规划和论证阶段开发工程整体在架构上和技术上的协同策略，能够使工程在整体上获益。例如，将火星轨道飞行器的设计目标定为在轨运行 1 火星年以上，并需要携带通信系统为当前和未来的火星着陆器提供保障。

紧耦合工程

紧耦合工程是指含有多个项目的工程。每个项目执行使命任务的一部分，没有一个项目能够单独实现完整的使命任务。通常，NASA 的多个中心将参与到工程中。每个项目都可能在不同的中心进行管理。此类工程还可能包括来自其他机构或国际合作伙伴的参与。

单项目工程

单项目工程是指 NASA 花费大量资源投入，同时还有多个其他组织/机构参与的，往往具有较长开发和运行使用寿命的工程。此类工程经常将工程管理方法和项目管理方法结合在一起，并进行剪裁而形成归档文件资料。

空间飞行工程规划和论证

目的

确定所有建设的工程经济有效，使之确实能够满足 NASA 和使命任务管理部门的目标。

空间飞行工程典型活动及产品

- 明确工程的利益相关者和用户；
- 基于用户的期望开发工程需求并将需求分配到初始项目；
- 明确 NASA 的风险分类；
- 确定并批准工程采办策略；
- 开发与其他工程的接口；
- 启动工程中多个项目的交互关联技术的开发工作；
- 得出初始成本估算，并基于项目的寿命周期费用批准工程预算；

- 开展 NPR 7120.5 中规定的工程规划和论证必要的技术活动；
- 满足 NPR 7123.1 中详细规定的工程规划和论证评审启动条件/顺利通过评审的判定准则；
- 展望工程在产品运行使用阶段能带来的益处和用途的清晰前景，并将其写入运行使构想文档。

需进行的评审

- 使命任务构想评审；
- 系统需求评审；
- 系统定义评审。

3.2 工程实现和运用阶段

在工程实现和运用阶段，在使命任务管理部门责任主管的参与下，工程负责人与工程中各个项目的负责人共同工作，推进实施以高成本效益为目标的工程工作计划。在经费的约束下，工程评审确保该项工程持续有助于达成 NASA 机构和主管部门的目标。关于工程实现和运用阶段所需要门户产品的概要说明可参阅 NASA 强制性指令文件，如针对空间飞行工程的 NPR 7120.5。根据工程的类型，工程寿命周期有两种不同的实现和运用途径。每种实现和运用途径都有不同的主要评审类型。对于系统工程师来说，了解自己的项目归类于哪种工程类型是十分重要的，如此才能确定技术工作的范围和技术资料需求，从而可组织相关的评审。

对于非耦合工程和松耦合工程（见图 3.0-1），实现和运用阶段仅要求大约两年进行一次相应工程进展状况评审和工程实施情况评审，以此评估工程绩效，并提出进行关键决策点评审的正式建议。单项目工程和紧耦合工程的情况比较复杂。对于单项目工程，图 3.0-3 所示的在实现和运用阶段进行的工程评审，与非工程项目寿命周期内直到阶段 D 的项目评审（见图 3.0-4）具有相同的含义（但不是完全翻版）。一旦系统开始运行使用，单项目工程同样进行两年一次的伴随性工程进展状况评审/工程实施情况评审，作为关键决策点评审的依据。在紧耦合工程（见图 3.0-2）的实现和运用阶段，工程评审与项目评审紧密联系，确保项目能够恰当地集成到更大的系统中。一旦系统开始运行使用，紧耦合工程同样进行两年一次的工程进展状况评审/工程实施情况评审/关键决策点评审，用于评估工程绩效和批准工程继续推进。

空间飞行工程的实现和运用

目的

推进工程和工程所属项目的实施，确保工程在经费约束下持续有助于达成 NASA 的目标和目的。

典型活动及产品

- 通过直接分派或竞争流程（如发布投标指南、商机公告）启动项目。
- 监控工程的论证、审批、实施、集成、运行及最终退役处理。
- 根据资源和需求的变更对工程进行调整。
- 根据 NPR 7120.5 开展工程实现和运用阶段必要的技术活动。
- 满足 NPR 7123.1 中规定的工程实现和运用阶段各类评审启动条件/顺利通过评审的判定准则。

需进行的评审

- 工程进展情况评审/工程实施情况评审（仅针对非耦合工程或松耦合工程进行）。
- 与项目寿命周期内直到阶段 D 的评审（见图 3.0-4）含义相同（但不重复）（仅针对单项目工程和紧耦合工程进行）。

3.3 项目 A 前阶段：概念探索

A 前阶段的目的是创造出关于使命任务的广泛构想和备选方案，从中可以选择确定新的工程/项目。在 A 前阶段，一个研究与提案团队负责大范围地分析使命任务构想，使其在满足技术、费用和进度方面约束的同时，能够有助于达成工程及使命任务主管部门的目标。A 前阶段的工作可能包括在高风险和高技术开发领域的专项检查。这些先期的研究，通常伴随与客户和其他潜在利益相关者的交互，这种交互能帮助团队确定有前景的使命任务构想。关键利益相关者（包括客户）由此确定，而对项目的期望正是来自他们。如果能发现可行的构想，可以选择其中一个或多个进入阶段 A 做进一步开发。通常系统工程师会深入地参与各个构想选项的开发与评估。

空间飞行工程的 A 前阶段：概念探索

目的

为完成使命任务提出广泛的构想和方案，从而可以选定新的工程/项目。确定所需系统的可行性，开发使命任务构想，草拟系统级的需求，评估性能、费用和进度方面的可行性，确定可能需要开发的技术和范围。

典型活动及产品

- 评审和确定客户所有最初需求及工作范围，可能包括：
  - 使命任务；
  - 科学技术；
  - 顶层系统。
- 辨识并确定用户和其他利益相关者：
  - 辨识出寿命周期每个阶段的关键利益相关者；
  - 获取诸如要求、目的和目标形式的期望并确定控制基线；
  - 定义效能指标。
- 开发运行使用构想并确定控制基线：
  - 确定并执行备选方案的权衡分析；
  - 对可能的使命任务做初步评估。
- 确定风险分类等级。
- 确定最初的技术风险。
- 确定（技术团队、航天机组、地面人员）在执行任务并达成目标过程中的职责及应接受的培训。
- 开发系统计划：
  - 撰写系统工程管理计划初稿；
  - 撰写技术研发计划并确定控制基线；
  - 初步明确系统验证和确认的途径。
- 准备工程/项目建议书，可能包括：
  - 使命任务判定和目标；
  - 运行使用构想，能够展示对工程成果如何经济有效地满足使命任务目标的清晰理解；
  - 高层级工作分解结构；

- ○ 寿命周期费用、进度和风险方面的粗略估计；
- ○ 技术评估和技术成熟度策略。
- 满足 NPR 7123.1 规定的使命任务概念评审启动条件/顺利通过评审的判定准则。

需要进行的评审

- 使命任务概念评审。
- 非正式的建议书评审。

对于受 NPR 7120.5 强制约束的项目，如果资源不足以满足整个使命任务完成，则通过需求降准选项能够定义系统可以实现什么。选项可能是携带更少仪器、不那么雄心壮志的使命任务规划，仅完成部分目标或使用能力较弱但更便宜的技术。需求降准选项还可能反映出在硬件故障导致部分飞船结构损失的情况下，使命任务能完成到的程度。例如，在着陆器损毁之后利用轨道器能够做什么。经过需求降准的使命任务，其成功的判断准则会相应缩减。

在开发与工程目的要求或利益相关者其他期望相关的文档时，应进行需求降准选项的开发。项目团队开发出一组初步的使命任务需求降准选项作为使命任务构想评审的门户产品，但这些需求降准选项不需确定控制基线也不用维护。它们只是存放在相关文档资料中以备在寿命周期的后期需要时使用。

在 A 前阶段精确地定义所有利益相关者和用户是重要的，这可以确保使命任务目标和运行使用构想满足最终用户的要求和期望。此外，预估技术团队的组成并确定那些独有的设施和人员需求也是重要的。

预先研究可能持续多年，并通常集中在建立使命任务目标、论证顶层的系统需求及开发运行使用构想上。概念设计可能已经开发完成，用于演示验证工程的可行性并支撑工程上的各项估算。概念探索强调立项的可行性和迫切性而非最优化。可选的分析和设计手段在深度和数量上是有限的，但应当对每一项选择在全寿命周期（直到运行使用和退役/废弃处置）的适用性进行评价。在 A 前阶段，需要开发出能够说明所论证的工程将用于处理什么问题、该项工程将如何处理这些问题、如何使得解决方案可行且经济有效等内容的工程开发前景，成熟地开发一个清晰的工程开发前景非常重要。

3.4 项目阶段 A：概念研究和技术开发

阶段 A 的目的是针对所建议立项工程，开发可靠的使命任务架构/系统架构，该架构在满足项目资源等方面约束的情况下，能够与工程的期望和需求相适应。阶段 A 开展的活动是为了完整地开发使命任务构想及其控制基线，安排或确保所需的技术开发责任到位，并明确为实现系统整体功能特性或实现系统自主开发所需依赖的人员要求。这项工作，以及与利益相关者的良好交互，能够帮助建立和完善使命任务构想及工程对所属项目的需求。在阶段 A，系统工程师会深入地参与架构的开发与评估，以及参与将需求分配到架构中各个元素的活动。

在阶段 A，通常由工程管理办公室或非正式的项目管理办公室筹建项目开发团队，负责处理完善在 A 前阶段开发的使命任务构想，确保项目的合理性和实用性，使其能够在 NASA 的预算中得到充分保证。开发团队的工作集中于分析使命任务需求并建立使命任务架构。此时的活动是正式的，重点转向优化概念设计。工作面更加深入并考虑众多备选方案。使命任务目的和目标是不变的，项目在系统需求、顶层系统架构，以及运行使用构想方面的定义更加明确。

系统（必要时包括工程样机和物理模型）的概念设计和分析已经开展，较之 A 前阶段展示出更多的工程技术细节。技术风险的识别更加详细，而技术开发需求则成为焦点。系统工程管理计划在阶段 A 确定控制基线，说明 NASA 系统工程需求和 NPR 7123.1 中的实践经验如何在工程寿命周期中得到处理和应用。

在阶段 A，工作重点在于将系统功能分配到特定的硬件、软件和人员。在与主题专家协同努力获取更经济有效的设计方案过程中，以及在系统与子系统之间进行反复迭代的权衡分析过程中，系统的功能需求和性能需求及系统架构和设计方案变得更加稳固。确定全寿命周期费用的方法（系统级效费模型）得到改进，可以用于对每个不同备选方案的费用及影响进行比较。权衡研究应在系统设计决策之前而非在此之后进行。阶段 A 的主要产品包括一个已获认可的系统及其主要末端产品的功能控制基线。项目开发团队需依据 NPR 2810.1 和联邦信息处理标准第 199 号出版物确定保密等级并采取保密措施。阶段 A 的工作还包括制定各种工程技术计划及管理计划，以准备对项目的后续流程（如验证流程和运行使用流程）实施管理。

空间飞行工程的阶段 A：概念研究和技术开发

目的

确定所提议新系统开发的可行性和迫切性，并建立与 NASA 战略规划相兼容的初始控制基线。开发最终的使命任务构想、系统级需求，确定需要开发的系统技术并制定工程/项目的技术管理计划。

典型活动及产品

- 根据需要，评审并更新在 A 前阶段已确定控制基线的文档。
- 根据计划监控工程进展。
- 开发顶层的系统需求和约束并确定控制基线，包括内部的和外部的接口需求、综合后勤与维修保障需求、系统软件整体功能特性需求。
- 将系统需求转化为功能并分配到较低层级。
- 对需求进行确认。
- 为各项计划设定控制基线：
    - 系统工程管理计划；
    - 人因系统集成计划；
    - 控制计划，如风险管理计划、技术状态管理计划、数据管理计划、安全性和使命任务质量保证计划、软件开发和管理计划；（参见 NPR 7150.2）
    - 其他相关的和特殊的计划，如履行环境法的文档资料、采办监控计划、污染物控制计划、电磁干扰/电磁兼容控制计划、可靠性计划、质量控制计划、部件管理计划、后勤保障计划。
- 初步开发产品验证与确认计划。
- 建立人员适航计划，并进行初步评价。
- 开发使命任务架构并确定控制基线：
    - 开发软试样、工程试样和模型，找出高风险构想并降低风险；
    - 演示并证明设计方案能达到的可信度和可行性；
    - 实施并完成权衡研究；
    - 启动人机交互方面的研究。
- 启动环境评估/国家环境政策法案流程。
- 初步开发轨道碎片评估方案。（NASA-STD-8719.14 要求）
- 实施技术管理：
    - 给出技术成本范围估算值，开发系统级的效费分析模型；

- ○ 定义工作分解结构；
- ○ 编制系统任务说明；
- ○ 获取系统工程工具和模型；
- ○ 建立技术资源估算机制。
- 辨识、分析风险并更新风险评估结论。
- 根据需要开展 NPR 7120.5 中要求的阶段 A 的技术活动。
- 满足 NPR 7123.1 中规定的阶段 A 的评审启动条件/顺利通过评审的判定准则。

需要进行的评审

- 系统需求评审。
- 使命任务定义评审/系统定义评审。

3.5 项目阶段 B：初步设计和技术完善

阶段 B 的目的是促使项目开发团队完成技术开发、完成工程原型开发、完成对现有硬件和软件的评估、完成在项目论证协议中及在初步设计方案中设定的其他风险缓解活动。项目需要证明：（1）应在规划和论证阶段开发的计划、技术、费用和进度方面的控制基线已经设定且不再改变；（2）初步设计方案与系统需求相符合；（3）项目在进入阶段 C 之前已经足够成熟；（4）费用和进度方面的安排是恰当的，能够在可接受的风险条件下保证使命任务成功。阶段 B 的结论就是项目承担方与 NASA 主管部门共同承诺，在给定的费用和进度约束下实现项目的目标。对于全寿命周期费用大于两亿五千万美元的项目，需要向美国国会及美国政府行政事务和预算管理办公室（简称预算管理办公室）做出承诺。这项承诺是 NASA 的底线承诺。系统工程师在阶段 B 的工作是确保初步设计方案能够使各不相同的系统共同工作、相互匹配，看上去能满足客户的期望和应用需求。

在阶段 B，主要活动是（根据 NPR 7120.5 和 NPR7123.1）建立项目的初始控制基线，包括“飞行单元和地面单元的项目顶层性能需求正式转化为完整的系统和子系统设计规范集”及“相应的初步设计方案”。技术需求应该充分详细，据此能建立项目进度和费用的可靠估算。还应注意到，阶段 B 的作用就是在技术状态控制条件下，最终确定和处理顶层需求及顶层需求向下层的分解；对于商机公告类型的项目尤为如此。尽管在阶段 A 就应当确定需求控制基线，在阶段 A 后期和阶段 B 早期进行的权衡研究和分析仍然可能导致系统需求的变更和完善。

在阶段 B，根据初始目的/目标和运行使用构想对所确定的设计思路进行确认是重要的。寿命周期的所有方面都应考虑到，包括设计方案决策对培训的影响、运行使用资源管理、人类因素、安全性、宜居性与环境、可维护性和可保障性。

阶段 B 的控制基线由覆盖项目技术和商务方面的不断修订的控制基线汇总组成，包括系统（含子系统）需求和技术规格、设计方案、验证与运行使用计划等控制基线的技术部分，以及进度和费用计划、业务管理计划等。控制基线的确定意味着技术状态管理规程的实施（参见 6.5 节）。

阶段 B 在一系列的初步设计评审后结束，评审包括系统顶层初步设计评审和需要时针对底层级末端产品的初步设计评审。初步设计评审将需求的不断细化反映到设计方案中（参见 4.4.1.2 节和图 4.4-2 中关于持续细化的内容）。初步设计评审中揭示的设计问题需要解决，从而使详细设计能在明确的设计规范下启动。从这一点看，几乎所有控制基线变更都期望反映设计方案的持续细化，而不是做出根本上的变更。如图 2.5-1 中所表明的，在阶段 B 及其之后发生的设计方案显著变更会产生极其昂贵的代价。

空间飞行工程的阶段 B：初步设计和技术完善

目的

足够详细地给出项目定义，建立能够满足使命任务需求的初始控制基线。开发系统结构底层产品及配套产品需求，针对每个系统结构底层产品生成初步设计方案。

典型活动及产品

- 评审并更新在之前阶段已确定控制基线的文档。
- 根据计划监控工程进展。
- 开发初步设计方案：
  - 寻求并确定一个或多个可行的初步设计方案，包括内部接口和外部接口的设计；
  - 对备选的初步设计方案进行分析并报告结果；
  - 对开发的工程技术进行必要的试验并报告结果；
  - 进行人因系统集成的评估；
  - 选定一个初步设计方案。
- 基于成熟的运行使用构想开发运行使用计划：
  - 确定系统的运行使用环境和内容，确定主审人员负责外包合同申请的管理、评审和查验，确定应急计划。
- 报告技术开发的结果。
- 更新估算的费用和进度范围（注意：在初步设计评审之后再进行变更是不适宜且昂贵的；在关键决策点 C 确定的更新估算值将成为 NASA 主管部门的底线承诺）。
- 提升用于评价的模型和原型的逼真度。
- 辨识风险并更新风险评估结论。
- 开发相应层级的安全性数据资料和保密计划。
- 初步开发下列计划：
  - 轨道碎片评估计划；
  - 退役计划；
  - 废弃处置计划。
- 根据需要开展 NPR 7120.5 中规定的阶段 B 的必要技术活动。
- 满足 NPR 7123.1 中规定的阶段 B 评审启动条件/顺利通过评审的判定准则。

需要进行的评审

- 初步设计评审。
- 安全性评审。

3.6 项目阶段 C：详细设计和生产制造

阶段 C 的目的有两个：一是完成系统的详细设计并归档，所设计系统能满足经过细化完善的系统需求；二是通过生产制造和软件编码，或者通过其他途径实现产品。在阶段 C，主要活动是建立完整的设计方案（产品的控制基线），进行硬件产品制造或生产，以及进行软件编码，为产品集成做准备。权衡研究继续进行，分析结果用于根据项目的目标、目的和运行使用构想完成设计方案的确认。制造出更接近真实硬件的工程试样并进行试验，确定所设计系统在预期运行使用环境中功能正常。系统用户的代表应参与运行使用试验，对系统的设计、使用、维护、培训、接口等进行评价。工程技术专业分析及其他相关分析的结果应集成到设计方案中，且产品制造的流程和控制需得到有效说明和确认。系统工程师在阶段C的作用是确保最终的设计方案能够使各不相同的系统共同工作、相互匹配，看上去能满足客户的期望和应用需求。在制造过程中，系统工程师负责解答相关疑问并处理可能出现的各种接口问题。

所有在阶段A制定的计划已经启动和实施，包括针对试验装备和运行使用设备的计划、针对流程和分析的计划、针对相关专业分析与工程技术专业分析集成的计划、针对产品制造流程与生产控制的计划。在完成接口的详细定义后，设计方案的变更接受技术状态管理的持续跟踪和控制。在详细设计方案逐步细化的每一步中，相应的集成和验证活动的计划都将更加详细。在这一阶段，技术参数、进度和预算被密切跟踪，以确保能够及早发现不良趋势（如空间飞行器质量的意外增加或其成本显著增长）并采取纠正行动。这些活动的重点是准备关键设计评审、生产准备状态评审（根据需要）和系统集成评审。

空间飞行工程的阶段C：详细设计和生产制造

目的

完成系统及相关子系统（包括其配套保障系统）的详细设计，生产制造硬件产品并进行软件编码，为系统结构中每个层级的目标产品生成详细设计方案。

典型活动及产品

- 评审并更新在之前阶段已确定控制基线的文档。
- 根据计划监控工程进展。
- 开发硬件和软件详细设计方案并归档：
  - 选定的初步设计方案完全定案；
  - 完善系统架构中前期未完成的低层级设计规格要求；
  - 开展并完成权衡研究；
  - 在组件和子系统层级进行开发试验；
  - 最终完成详细设计文档并提供数据资料。
- 开发/完善相应计划并确立控制基线：
  - 接口定义计划；
  - 设计方案实施计划；
  - 集成计划；
  - 验证与确认计划；
  - 运行使用计划。
- 初步开发/改善相应计划：
  - 退役/废弃处置计划，包括人力资本的转移；
  - 备件计划；
  - 通信（包括指令和遥测清单）计划。
- 开发/完善以下技术规程：
  - 改进集成技术规程；
  - 制造和组装规程；
  - 验证与确认规程。
- 产品制造（或软件编码）。
- 辨识风险并更新风险评估结论。
- 根据项目计划监控项目进展。
- 准备发射站点检查和发射后系统的激活与检查。
- 确定安全性数据资料的相应等级，更新保密计划。
- 对预先计划升级的产品把握升级的时机。
- 完善轨道碎片评估控制基线。

- 根据需要开展 NPR 7120.5 中规定的阶段 C 必需的技术活动。
- 满足 NPR 7123.1 中规定的阶段 C 评审启动条件/顺利通过评审的判定准则。

需要进行的评审

- 关键设计评审。
- 生产准备状态评审。
- 系统集成评审。
- 安全性评审。

阶段 C 由一系列关键设计评审组成，包括系统层的关键设计评审和对应系统结构中不同层级的关键设计评审。每个目标产品的关键设计评审应该在相关硬件产品开始制造/生产之前和开始对可交付软件产品编码之前进行。通常，关键设计评审的顺序反映将在下一个阶段发生的集成流程，即从底层关键设计评审到系统层关键设计评审的集成。当然，具体项目需对评审的顺序进行剪裁以满足项目需要。如果产品需要投入生产，将实施生产准备状态评审以确保生产计划、设备和人员做好开始生产的准备。阶段 C 在实施系统集成评审后结束。此时人员培训需求和初步运行使用规程已经完成并确立控制基线。阶段 C 的最终产品是准备提交进行集成的产品。

3.7 项目阶段 D：系统组装、集成、试验和发射

阶段 D 的目的是组装、集成、验证、确认和发射系统。这些活动关注进行飞行准备状态评审/使命任务准备状态评审的前期准备。相关活动包括系统组装、集成、验证及确认，包括在留有余量的预设环境中进行飞行系统试验。其他活动包括更新运行使用规程，对系统运行使用人员和承担空间飞行任务的宇航员进行培训和安排演练，包括后勤保障和备件计划的实施。对于空间飞行项目，活动的重点随后转移为发射前的产品集成及正式发射。在这个阶段，系统工程师参加所有方面的工作，包括解答疑问、提供咨询、处理难题、评估系统验证和确认相应试验的结果，确保验证和确认结果满足客户的期望和应用需求，还包括为决策者做出项目是否继续进行的决策提供辅助信息。

阶段 D 的活动在阶段 A 就已经规划制定。对于信息技术类项目，可参见 NASA 的《信息技术系统工程手册》。这些规划的活动应当尽可能早地实行，因为在这个阶段中任何变更都可能代价昂贵。阶段 D 最终形成能够实现其设计目标的系统。

空间飞行阶段 D：系统组装、集成、试验和发射

目的

组装和集成产品（硬件、软件和人员）并建立系统，同时建立本阶段成果能够满足系统需求的信念。实现系统发射并准备投入运行使用。进行系统最终产品的组装、集成和试验，然后交付使用。

- 根据计划监控项目进展。
- 辨识风险并进行更新风险评估结论。
- 根据集成计划将部件集成/组装为系统。
- 在组装的同时，根据验证和确认计划与规程实施验证和确认活动：

- 进行系统合格验证，包括环境验证；
- 进行系统验收验证与确认（如涵盖所有单元的系统端到端试验，这些单元包括空间单元、地面系统、数据处理系统）；
- 评估并审批验证和确认结果；
- 处理解决验证和确认中暴露的与需求不符问题；
- 将所进行的验证和确认结果归档保存；
- 确定验证和确认报告控制基线。

- 准备下列文档并确立控制基线：
  - 运行使用人员的操作手册；
  - 维修人员的操作手册；
  - 运行使用手册。
- 为发射和运行使用做准备，准备地面保障站点，包括必要时准备培训地点：
  - 培训最初的系统运行使用人员和维修人员；
  - 根据应急计划进行相关培训；
  - 对遥感数据进行确认并对地面数据处理进行证实；
  - 证实系统和保障单元已做好飞行准备；
  - 为系统的发射和系统交付使用提供保障；
  - 实施计划中的在轨运行使用验证和确认。
- 将经验教训总结归档。执行 NPR 7120.5 中规定的阶段 D 必需的技术活动。
- 满足 NPR 7123.1 中规定的阶段 D 评审启动条件/顺利通过评审的判定准则。

需要进行的评审

- 系统试验准备状态评审。
- 系统验收评审或出厂起运前评审。
- 运行使用准备状态评审。
- 飞行准备状态评审。
- 系统功能技术状态审核和物理技术状态审核。
- 安全性评审。

3.8 项目阶段 E：运行使用和维护

阶段 E 的目的是执行核心使命任务，满足前期确定的使命任务需求，按需求在使命任务中进行维护和保障。该阶段的产品是使命任务执行结果和系统性能发挥效果。

在本阶段，系统工程人员继续起重要作用，因为对于复杂系统而言，系统集成与运行使用经常是有重叠的。某些工程需要重复运行使用/重复飞行，每次重复都可能出现技术状态变更和新的使命任务目标。对于具有复杂运行维护需要和有人员参与的系统，所需要的评价和调整可能超出运行使用人员的能力范围。某些专业技术工程学科，如可维护性和后勤保障服务，也将在此阶段发挥作用。这些相关工作可能需要系统工程公共流程的再次迭代和回归。

系统工程人员还可能遇到需要解决空间飞行任务中出现的异常问题。此外，即使已经进入阶段 E，软件开发仍可能持续。例如，用于行星探测的软件仍可以在飞行任务执行过程中开发和上传。另一个例子是为空间站扩容开发新的硬件。

这一阶段需要考虑系统的演变，但目前仅考虑不涉及系统架构重大变更的演变。系统架构范畴的变更将构成新的“需求”，导致项目寿命周期活动重新开始。对于大型空间飞行项目，系统演变有可能是飞行时间的延长、进入正常轨道、在轨组装，以及最初的试运行操作。在核心使命任务即将结束时，项目可以申请延长使命任务，继续使命任务活动或努力完成额外的使命任务目标。

关于阶段 E 中系统工程的详细信息，参见附录 T。

空间飞行工程的阶段 E：运行使用与维护

目的

执行使命任务，满足最初确定的需求并根据需求实施使命任务维护保障。执行使命任务运行保障计划。

典型活动及其产品

- 进行运载火箭性能评估。安排和启用科学试验仪器。
- 执行预定的核心使命任务。
- 按照计划提供可持续的保障：
  - 实施备件计划；
  - 搜集工程技术和科学数据；
  - 培训设备更换操作人员和设备维修人员；
  - 培训宇航员团队，准备后续阶段执行使命任务（如行星表面着陆操作）；
  - 维护并审批系统的运行使用日志；
  - 维护和升级系统；
  - 辨识风险并更新风险评估结论；
  - 发布问题/故障报告；
  - 处理和分析使命任务数据；
  - 申请使命任务延长，若获许可则执行。
- 按照计划准备系统解效、拆解、退役（或根据使命任务是否延长确定）。
- 总结经验教训。
- 完成飞行后评估报告。
- 完成最终的使命任务报告。
- 执行 NPR 7120.5 中规定的阶段 E 必需的技术活动。
- 满足 NPR 7123.1 中规定的阶段 E 评审启动条件/顺利通过评审的判定准则。

需要进行的评审

- 发射后评估评审。
- 关键事件准备状态评审。
- 飞行后评估评审（仅用于载人空间飞行）。
- 退役/废弃处置评审。
- 系统升级评审。
- 安全性评审。

3.9 项目阶段 F：项目终止（退役/废弃处置）

阶段 F 的目的是实施执行系统的退役/废弃处置计划，分析所有反馈的数据和样本。该阶段的产品是实施退役/废弃处置的结果。系统工程师在此阶段的作用是确保所有技术信息已经正确地获取和存档，解答有关疑问，以及解决出现的问题。

阶段 F 在系统完成使命任务后处理项目终止时系统的退役/废弃处置问题，该阶段的启动取决于多种因素。对于执行短期使命任务后返回地球的空间飞行系统，其退役/废弃处置工作可能比拆除硬件并返还给所有者要稍微多一些。对于长期空间飞行项目，其终止（退役/废弃处置）活动可按照既定计划启动，也可能因为意外事件（如使命任务失败）而启动。使命任务的终止运行参照 NASA 政策指令文件 NPD 8010.3《预定退役并终止运行中空间系统及终止使命任务的注意事项》进行。另一种情况是，因技术进步，系统不论是在当前技术状态下，还是在改进的技术状态下继续运行都可能造成浪费。

为了限制空间碎片，应参照 NPR 8715.6《NASA 限制轨道碎片技术规程要求》，提供在绕地球轨道上人造卫星寿命终止时如何将其从运行轨道移除的说明。对于低地球轨道使命任务，卫星通常脱离轨道；对于小卫星，可以通过轨道缓慢降低直到卫星最终坠入地球大气层烧毁来实现；对于大型卫星和观测站，必须设计成在受控制方式下缓降或脱轨，这样使它们能够安全地降落在深海区域。远在 35790 千米高空的地球同步卫星事实上几乎不脱离轨道，因此，它们可被推送到更高的轨道，以避开拥挤的地球同步轨道。

除关于本阶段何时启动的不确定性之外，系统安全退役处置的有关活动还可能是长期而复杂的，可能影响到系统设计。因此，应在工程的早期阶段，将不同的选项和策略与相应的成本及风险进行综合考虑。

空间飞行工程的阶段 F：项目终止（退役/废弃处置）

目的

实施阶段 E 中开发完成的系统退役/废弃处置计划，并对所有反馈的数据和样本进行分析。

典型活动及其产品

- 系统退役/废弃处置和为退役/废弃处置过程提供保障。
- 总结经验教训并归档。
- 确定使命任务最终报告的控制基线。
- 数据存档。
- 执行 NPR 7120.5 中规定的阶段 F 必需的技术活动。
- 满足 NPR 7123.1 中规定的阶段 F 评审启动条件/顺利通过评审的判定准则。

需要进行的评审

- 退役/废弃处置准备状态评审。

3.10 经费：预算周期

NASA 每年从美国国会获得运营经费。当然，这笔资金来源于持续滚动的预算论证、预算编制到最终预算执行的流程。NASA 的《财务管理要求》第 4 卷中对 NASA 资源组合的预算系统做出了说明，给出了规划、计划、预算和执行（PPBE）的概念、目标及总览，并制定了 PPBE 流程中规划和预算编制阶段的指南，这对 NASA 的预算论证至关重要。《财务管理要求》第 4 卷中包含了战略性的预算规划和资源管理指南，以及工程评审、预算编制、预算上报，还包括向政府预算管理办公室和国会申辩估算理由的程序。该文件还对流程中每个步骤主要参与者的角色和职责做出详细说明。它强化了适用于 NASA 的现行法律、法规、行政政策和技术规程。图 3.10-1 给出了高度简化的典型 NASA 预算周期流程示例。

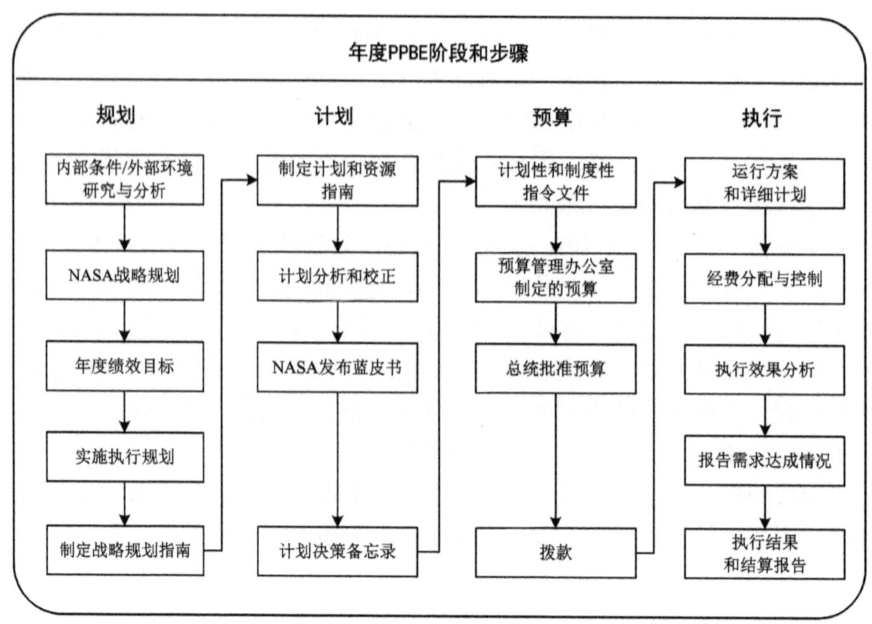

图 3.10-1　高度简化的典型 NASA 预算周期流程示例

NASA 通常会结合最新年度政府预算中做出的经济预测和总体指导方针，在每年 2 月编制自身的预算。NASA 在每年 8 月底完成 PPBE 流程中的规划、计划和预算阶段，随后准备编制向政府预算管理办公室提交的 NASA 初步预算方案，并最终在 9 月将 NASA 预算方案提交到预算管理办公室，并被纳入政府整体预算中，正常情况下在次年的 1 月提交给美国国会。所提出的预算方案在经历国会的评审和审批之后，带有约束条款的国会指定专项款议案获得通过，授权 NASA 根据此法案取得拨付款项并使用这些款项。国会审批程序通常要持续到夏天。然而近些年，最终的议案往往被推迟到 10 月 1 日新财年开始之后。在这样的年份里，NASA 需要依靠国会的追加拨款维持运行。

如果按照年度拨款，则在每个财年的开始都有一个隐含的资金控制时间节点。虽然这些控制节点针对的是项目的规划需求，并能够在必要时做出重新规划的重大要求，但这并不是常规系统工程流程的一部分。尤其是这些控制节点还构成了影响项目风险的不确定性的来源之一，在项目规划时必须加以考虑。NASA 系统工程师需要保持对寿命周期成本的警惕。如果对寿命周期成本不保持警惕，又没有工具帮助对成本进行跟踪，产品开发过程中的预算限制就会导致大量成本转移到运行使用阶段，远超出设计方案的预估。例如，某个在开发阶段以为将会经济有效的产品，可能会出现因为产品的设计和生产对运行使用阶段的需要和要求不敏感而造成高额的运行使用费用、维护费用和后勤费用。

3.11　NPR 7123.1 中相关需求的剪裁和客户定制

在本节讨论中，术语“需求”专指 NASA 强制规定的“需要……”形式的陈述。本节集中讨论对包含在 NPR 7123.1 中的相关需求（NASA 系统工程需求规范）的剪裁。

3.11.1 引言

NASA 承认其需求描述规范应当适合每一项工程和项目的独有特点，从而保证使命任务能够以经济有效的方式取得成功。为达到这一目标需要用到剪裁流程。

NPR 7123.1 将“剪裁”定义为“在 NASA 系统工程需求规范设定的需求中，通过对需求做出缩减，找出与相应工程和项目目标匹配并适合于所容许风险和约束的需求描述”。剪裁可能导致产生针对系统工程需求的免责说明或允偏说明（见 NPR 7120.5 第 3.5 节），并在下一版本的系统工程管理计划（如以合规矩阵的形式）中记录和归档。

既然 NPR 7123.1 是为了适应工程和项目，而且是在不考虑规模和复杂性的情况下编写的，NPR 的需求描述中便留下了可观的解读空间。为此，引入术语“客户定制”并将其定义为“对所推荐系统工程的成功经验进行修订，以便用于完成自身的系统工程需求描述。”客户定制并不需要免责说明或允偏说明，但进行客户定制时的显著变化应当记录在系统工程管理计划中。

剪裁和客户定制是重要的系统工程工具，利用这些工具依据 NASA 系统工程需求规范建立适合于工程和项目的需求，是可接受和可预期的。尽管剪裁被期望适用于各种规模的工程和项目，但小型项目面对的机遇和挑战并不等同于诸如航天飞机、国际空间站、哈勃深空望远镜、火星科学试验室等传统大型项目所面对的机遇和挑战。

即使小型项目的技术内容普遍更精细、更集中，当这类项目在用于演示验证先进技术或用于提供“某种类型”的能力时，它们也同样需要面对挑战。与此同时，它们具有竞争性的低成本预算和严格的进度安排，这决定了精致的和新颖的项目管理与系统工程实施途径。剪裁和客户定制使得工程和项目能够在费用和进度的约束条件下成功实现其技术目标。其关键是做到有效剪裁，从而使以往总结的经验教训和成功经验能够得到反映。针对项目的特定需要，系统工程需求的剪裁和系统工程成功经验的客户定制有助于消除不必要的开支，同时获得所需要的收益。为做到这一点，项目管理团队、客户/利益相关者、NASA 中心管理机构和独立评审单位必须了解可接受的风险水平并达成共识。然而，即使有了这些基础，对于特定的项目来说，适当剪裁系统工程需求和定制 NPR 7123.1 中成功经验的实际过程仍然是复杂的、艰辛的。对于任何项目来说，有效的途径和有经验的指导都可以使剪裁过程更系统、更有效。

《NASA 软件工程手册》的第 6 章给出了针对软件项目的系统工程需求如何进行剪裁的指南。

3.11.2 剪裁的判定准则

NPR 8705.4《NASA 载荷的风险分类》试图针对工程和项目确定风险分类。该文献为判定准则建立了控制基线，使得用户能够为 NASA 载人和无人发射系统及运输工具的载荷确定风险分类水平。该文献同时也是了解和定义剪裁判定准则的起点。

可接受剪裁的范围取决于工程/项目的若干特征，如下是部分示例：

（1）使命任务类型。例如，载人空间飞行使命任务的需求要远比小型无人使命任务的需求严格。

（2）使命任务关键性。指在实现 NASA 总局战略规划中使命任务的关键性。可能不允许对那些必须绝对成功的关键使命任务 NPR 需求描述进行剪裁。

（3）可接受的风险水平。如果 NASA 总局和客户有意愿接受更高等级的失败风险，则某些

NPR 需求可以放弃。

（4）国家意义。对于国家有重大意义的项目，可能不允许对 NPR 需求描述进行剪裁。

（5）复杂性。高度复杂的使命任务可能需要更多的 NPR 需求相互重叠，以便保证系统兼容程度，而对于相对简单的使命任务可能不需要如此高的严格程度。

（6）使命任务期限。具有较长运行期限的使命任务比仅有较短期限的工程/项目需要更严格地遵从 NPR 需求。

（7）使命任务的成本。较高成本的使命任务可能需要更严格地遵从 NPR 需求，以确保对工程/项目的适当控制。

（8）发射约束。如果存在某些发射方面的约束，则项目可能需要更多地遵从 NASA 总局的需求。

3.11.3 使用合规矩阵剪裁 NASA 系统工程需求规范中的需求

NPR 7123.1 中引入了合规矩阵（参见 NPR 7123.1 附录 H 的 H.2 节），用于帮助工程和项目验证它们是否满足特定的 NPR 需求。合规矩阵用于确定工程/项目是否符合或有意图遵从 NPR 的需求，或用于判断对 NPR 需求的剪裁。合规矩阵在使用中可以帮助辨别在进行客户定制时，能够达到满足 NPR 需求描述要求的主要方式（包括正式的和严格的），还可以用于与利益相关者就客户定制问题进行交流。随着请求剪裁的时间不同，剪裁流程（该流程可能在工程和项目寿命周期的任何时刻发生）有可能导致出现对 NPR 需求的允偏说明和免责说明。需求的允偏说明和免责说明可以分别提交给授权管控机构，也可以通过合规矩阵的形式提交。合规矩阵附属于系统工程管理计划共同提交审批。如果做不到这一点，如没有系统工程管理计划，该计划的内容与其他文档共同形成相关的项目工作计划，则合规矩阵也应当写入这份项目工作计划中。

图 3.11-1 给出了一个空间飞行项目在概念上的剪裁流程。相关管理人员（如项目负责人/项目主审人/任务主管等）组成一个项目管理团队，将对 NPR 需求的剪裁结果编入合规矩阵。为适当地进行项目分类，团队（包括首席工程师、责任系统工程师、安全性和使命任务质量保证师）需要了解项目需求的组成要件，如项目的需要、目的、目标，以及相应的风险水平。

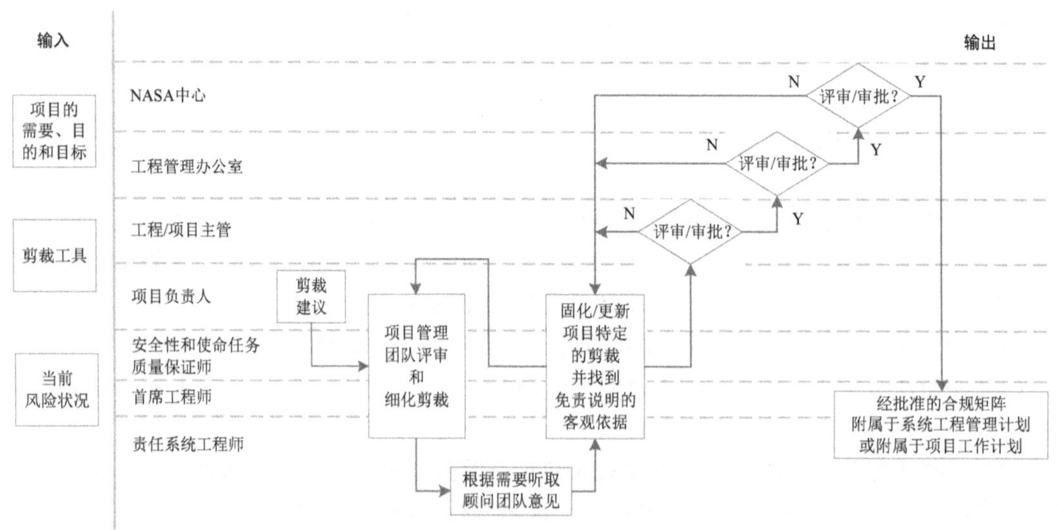

图 3.11-1 概念化的空间飞行产品需求剪裁流程

通过一个迭代的流程，项目管理团队使用合规矩阵，根据整个 NPR 需求剪裁出适合项目的需求。如果能够提供带有操作指南的剪裁工具，则可以使剪裁流程更加容易。NASA 的某些中心（包括兰利研究中心和马歇尔航天飞行中心）开发的用于各中心内部的剪裁工具也能够适用于其他中心。来自行业主题专家的指导应当能够帮助寻求确定特定项目的合适剪裁量。合规矩阵中提供每项 NPR 需求的客观依据，以帮助对剪裁的理解。一旦剪裁完成，且剪裁的需求及其客观依据被记录到合规矩阵中，所得到的剪裁结果便被提交到相应的主管部门审批。

3.11.4 实施系统工程需求剪裁的途径

剪裁经常出现在下述三个方面：

（1）删除对特定工程/项目不适用的需求项。

（2）删除负担过重的需求项（实现该项需求的代价可能是，在项目中利用不同的资源所引起的风险增长远高于不满足该项需求的风险）。

（3）采取某种方式改变需求的范围，使项目能够在实现需求的代价与不满足需求的风险之间取得平衡。

客户定制方面的系统工程成功经验包括以下内容：

（1）调整 17 个系统工程流程中每一个流程的实施途径。

（2）针对规定进行的评审，调整评审的审议程序和时间安排。

3.11.4.1 不适用的 NPR 需求

针对每个项目或工程，NPR 7123.1 中的每一项需求都要评估其可用性。例如，如果项目完全是在 NASA 内部开发的，NPR 7123.1 第 4 章[①]中约定的需求便不再适用；如果所开发的系统不包含软件，则 NPR 需求中用于开发和维护软件的部分便全部不再适用。

3.11.4.2 调整需求范围

根据项目和工程的不同，某些需求范围的缩减可能是恰当的。例如，尽管官方发布的项目管理指令性文件（如 NPR 7120.5、7150.2、7120.7、7120.8）要求在用于工程/项目时可能需要形成若干个独立文档，但 NASA 系统工程需求规范并不要求额外的独立文档。对于小型项目，许多计划可以仅用若干页文本或若干幅图描述。在这种类型的项目中，任何要求各项计划独立成文档的 NPR 需求都显得过于累赘。在这种情况下，相关信息可以简单地作为一部分写入项目工作计划或系统工程管理计划中。如果适用的项目管理指令性文件（如 NPR 7120.5 或 NPR 7120.8）要求文档独立，则需要编制工程/项目的免责说明/允偏说明。当然，如果 NPR 需求和 NASA 中心的期望皆未要求独立文档，则项目可以自行决定如何记录信息且不需要免责说明和允偏说明。在系统工程管理和项目管理的合规矩阵中能够获取信息存档的方式，有助于项目管理的清晰性。

3.11.4.3 评审的正规性与时机

针对特定类型的工程/项目（见表 3.11-1），官方的项目管理指令性文件确定了所需的或推

① NPR 7123.1《NASA 系统工程流程和要求》第 4 章的名称是 “NASA 外包项目的系统工程活动（NASA Systems Engineering Activities on Contracted Projects）”。

荐的寿命周期。寿命周期定义了各种评审的程序和时机。然而，涉及评审的正规性及如何实施，大多数情况是自行决定。NPR 7123.1 中附录 G 给出了相关扩展指南，包括评审启动条件和顺利通过评审的判定准则。一般情况下，工程/项目会以某种方式将这些准则按客户要求定制化，使之对工程/项目更有意义。当然，NASA 系统工程需求规范不需要这种客户定制模式提供免责说明和允偏说明。但是，如果与 NASA 技术规程需求所要求的评审要素有所不同，则需要对需求文档做剪裁处理。

表 3.11-1　工程/项目的类型示例

判　据	类　型 A	类　型 B	类　型 C
使命任务类型的描述	载人空间飞行或超大型的无人/科学使命任务	非人类的空间飞行或无人/科学使命任务	小型科学试验或无人使命任务
优先级[①]和可接受的风险水平	高优先级，非常低（最小）风险	高优先级，低风险	中等优先级，中等风险
国家意义	非常高	高	中等
复杂性	复杂度非常高到高复杂度	高复杂度到中等复杂度	中等复杂度到低复杂度
使命任务年限[②]	长时年限，大于 5 年	中等年限，2～5 年	短时年限，小于 2 年
全寿命周期费用估算	高（大于 10 亿美元）	高到中等（5 亿～10 亿美元）	中等到低（1 亿～5 亿美元）
发射约束影响	关键	中等	很小
重新研发和重新飞行的可能	没有重新研发和重新飞行的可能	很少或没有重新研发和重新飞行的可能	有或很少有重新研发和重新飞行的可能
达到使命任务成功判据	所有现实采用的度量指标皆保证使命任务成功面对最小风险。采用的是最高质量保证标准	在用于保证低风险使命任务成功时，采用严格的质量保证标准，仅有很少的妥协	导致使命任务未能成功的中等风险可接受。允许降低质量保证标准
示例	哈勃深空望远镜； 卡西尼空间探测器； 木星冰月轨道器； 詹姆斯·韦伯太空望远镜； 猎户座多用途宇宙飞船； 太空发射系统； 国际空间站	火星探测漫游者； 火星勘探轨道飞行器； 发现号航天飞机载荷； 国际空间站设施级载荷； 国际空间站附加载荷	地球系统科学探路者； 探索者号载荷； 小型双向地球敏感器； 国际空间站复杂框架载荷； 发射台任务终止系统； 战神 1-X 运载火箭； 火星科学试验室进场与着陆仪器； 气候绝对辐射与折射观测计划； 平流层气溶胶和气体试验； 云-气溶胶激光雷达与红外探路者卫星观测飞船
判　据	类　型 D	类　型 E	类　型 F
使命任务类型的描述	较小的科学或技术试验使命任务（国际空间站载荷）	亚轨道或空中或大型地面使命任务	空中或地面保障技术演示验证
优先级[①]和可接受的风险水平	低优先级，高风险	低优先级，高风险	低优先级和非常低优先级，高风险
国家意义	中等偏低	低	非常低
复杂性	中等复杂度到低复杂度	低复杂度	低复杂度到非常低复杂度

续表

判　据	类　型　D	类　型　E	类　型　F
使命任务年限②	短时年限，小于 2 年	不存在	不存在
全寿命周期费用估算	低（5 千万~1 亿美元）	1 千万~5 千万美元	少于 1 千万美元
发射约束影响	很少或没有	很少或没有	没有
重新研发和重新飞行的可能	明显有重新研发和重新飞行的可能	明显有重新研发和重新飞行的可能	明显有重新研发和重新飞行的可能
达到使命任务成功判据	允许出现导致使命任务未能成功的中等或显著风险。允许最小化质量保证标准	允许出现导致使命任务未能成功的显著风险。允许最小化质量保证标准	允许出现导致使命任务未能成功的显著风险。允许最小化质量保证标准
示例	斯巴达太阳观测飞船； 逃生专用舱； 技术演示装置； 简单的国际空间站； 直连的舱内和框架载荷； 小型探索计划； 国际空间站材料试验； 地球探险仪器第 2 号	第 2 次可充气再入飞行器试验； 第 3 次可充气再入飞行器试验； 高超音速国际研究计划； 高超声速边界层转捩试验； 自动着陆风险规避技术； 猎户座相对导航传感器测试风险缓解技术； 地球探险仪器第 1 号	空气-多普勒气溶胶测风激光雷达；地球大气中的原位净通量测量技术；研究成果与技术展示

注：① 依据对 NASA 战略规划的重要程度。

② 核心使命任务控制基线。

如果确定工程/项目不需要进行某项评审，则需要有免责说明或允偏说明。当然，NASA 系统工程需求规范并未指定实施这些评审的最低限量。例如，某小型项目可能会决定将系统需求评审和系统定义评审（或使命任务定义评审）结合起来。只要两项评审的相应工作全部完成，NASA 系统工程需求规范便不要求免责说明或允偏说明。（注意：即使 NASA 系统工程需求规范不要求，免责说明或允偏说明仍可能在官方的项目管理需求中有要求。）这里客户定制和剪裁应当保存在合规矩阵中，或写入评审计划/系统工程管理计划中。

除非官方项目管理指令性文件中有要求，否则可以通过客户定制使评审活动适应工程/项目的类型，而评审的正规性不会受到影响。对于大型项目，合适的做法应该是进行历时数周的非常正式的评审，使用正式的评审对象必纠偏差报告流程/需纠偏差报告流程，产生评审概要和详细的汇报演示，汇报的对象包括评审委员会和预评审委员会。对于小型项目，相同的评审可能在数小时内完成，只是一个有若干利益相关者参加的室内评审会，其中的问题和活动简单记录在 Word 文档或 PowerPoint 文件中。

NASA 系统工程流程所需作为里程碑评审使用的汇报演示文稿模板，可以在 NASA 系统工程网络实践内部社区网站上获取。

3.11.5　剪裁和客户定制示例

表 3.11-1 给出了基于相关系统相应各类使命任务的示例，使命任务可分解为若干类型各不相同的项目，从非常复杂的类型 A 到极其简单的类型 F。示例中在进行项目剪裁时，将特定项目安排在某个特殊类型中应被视为某种指导意见，而不是固定不变的特征化。许多项目符合多

个类型的特征，因此在剪裁过程中，允许对那些更简单且对风险更开放的项目做较多的剪裁，而对那些复杂性和缓解风险起主导作用的项目做较少的剪裁。各个项目类型的剪裁准则和定义可能随使命任务所在的NASA中心及主管部门的不同而发生变化，这取决于哪种类型更适合他们对使命任务的认识。表 3.11-2 给出另一个示例，说明工程/项目所要求的文档资料应如何实现剪裁和客户定制。一般规律是越简单的项目，需要的文档资料越少，实施越少的正式评审。项目的产品数量也应当作为考虑因素。

表 3.11-2　NPR 7120.5 中要求的项目产品的剪裁示例

	类型 A	类型 B	类型 C	类型 D	类型 E	类型 F
项目技术产品示例						
系统构思文档	完全合规	完全合规	完全合规	剪裁	剪裁	剪裁
使命任务、宇宙飞船、地面设备和有效载荷的架构	完全合规	完全合规	完全合规	剪裁	剪裁	剪裁
项目级、系统级和子系统级的需求	完全合规	完全合规	完全合规	完全合规	剪裁	剪裁
设计文档资料	完全合规	完全合规	完全合规	完全合规	剪裁	剪裁
运行使用构想	完全合规	完全合规	完全合规	剪裁	剪裁	剪裁
技术可用状态评估文档	完全合规	完全合规	完全合规	剪裁	剪裁	剪裁
人因系统集成计划	完全合规	完全合规	完全合规	剪裁	剪裁	剪裁
现有（传统）产品评估文档	完全合规	完全合规	完全合规	剪裁	剪裁	剪裁
安全性数据包	完全合规	完全合规	完全合规	完全合规	剪裁	剪裁
一次性运载火箭有效载荷安全性流程产品	完全合规	完全合规	完全合规	完全合规	完全合规	不可用
验证和确认报告	完全合规	完全合规	完全合规	剪裁	剪裁	剪裁
运行使用手册	完全合规	完全合规	完全合规	剪裁	剪裁	不可用
使命任务终止计划	完全合规	完全合规	完全合规	剪裁	剪裁	剪裁
使命任务报告	完全合规	完全合规	剪裁	剪裁	剪裁	剪裁
项目管理控制计划示例						
风险管理计划	完全合规	完全合规	完全合规	剪裁	剪裁	不可用
技术开发计划	完全合规	完全合规	完全合规	完全合规	不可用	不可用
系统工程管理计划	完全合规	完全合规	完全合规	剪裁	剪裁	剪裁
软件管理计划	完全合规	完全合规	剪裁	剪裁	剪裁	剪裁
验证和确认计划	完全合规	完全合规	剪裁	剪裁	剪裁	剪裁
评审计划	完全合规	完全合规	完全合规	剪裁	剪裁	剪裁
综合后勤保障计划	完全合规	完全合规	完全合规	剪裁	剪裁	不可用
科学数据管理计划	完全合规	完全合规	完全合规	剪裁	剪裁	不可用

续表

	类型 A	类型 B	类型 C	类型 D	类型 E	类型 F
系统集成计划	完全合规	完全合规	完全合规	完全合规	剪裁	剪裁
技术状态管理计划	完全合规	完全合规	完全合规	完全合规	剪裁	剪裁
技术转移（含出口）计划	完全合规	完全合规	完全合规	完全合规	剪裁	剪裁
经验教训总结计划	完全合规	完全合规	完全合规	完全合规	剪裁	剪裁
人员适航认证计划	完全合规	不可用	不可用	不可用	不可用	不可用

3.11.6 剪裁的审批

NASA 系统工程需求规范中的允偏说明和免责说明可以分别提交给需求负责单位，或汇入根据 NPR 7123.1 附录 H 所建立的相应合规矩阵。如果某个 NASA 中心要求对系统工程需求规范进行剪裁并作为该中心的标准，则可参照 NPR7123.1 附录 H 的 H.1 节制定，并且提交首席工程师办公室审批该中心提出的流程请求或流程变更。如果由某个 NASA 中心负责的工程/项目需要对系统工程需求规范进行剪裁，则可以使用 NPR7123.1 附录 H 中 H.2 节的合规矩阵。针对这些情况，免责说明/允偏说明需要得到 NASA 中心主任或其指定代理人的批准。

不论是 NASA 中心的要求还是工程/项目的要求，剪裁的结果及其客观依据应当反映在系统工程管理计划的最新版本中，并且应得到需求负责单位的正式批准。经过批准的免责说明/允偏说明可以在整个项目团队内部和各层级管理人员之间交流。如果需要在工程/项目内部进行独立评审，则可以对期望和评估准则进行适当修改。表 3.11-3 给出了依据 NRP7123.1 的附录 H 中 H.2 节合规矩阵进行剪裁的示例。

表 3.11-3 使用合规矩阵的示例

需求编号	需求规范对应章节	需求陈述	客观依据	需求责任方	是否合规	证明
SE-05	2.1.5.2	对于那些由 NASA 中心主任负责的需求，技术团队应当按照 NPR 7123.1 附录 H 中 H.2 节完成合规矩阵，并将其写入系统工程管理计划	不论是工程还是项目，按照 NPR 7123.1 的附录 H 中 H.2 节完成合规矩阵表明，工程/项目需求与系统工程需求规范（或中心对 NPR 7123.1 的特别剪裁，不管是否合适）相符合，任何经过 NASA 中心主任或其指定代理人确认和批准的剪裁都可以作为工程/项目系统工程管理计划的一部分	NASA 中心主任	完全符合	
SE-06	2.1.6.1	授权的管控机构应当对系统工程管理计划、免责说明授权文档及其他关键技术文档进行审批，确保技术内容的独立评估	授权的管控机构通常是技术机构，负责系统工程管理计划、技术需求免责说明和其他关键技术文档的审批，为产品的可用性和技术品质提供保证	NASA 中心主任	完全符合	

续表

需求编号	需求规范对应章节	需求陈述	客观依据	需求责任方	是否合规	证明
SE-24	4.2.1	NASA 技术团队应当在系统工程管理计划中定义自合同拨款之前，到合同实施执行，再到合同完成期间的工程活动	对于政府和承包商同等重要的是，技术团队应当了解，在产品的全寿命周期内，什么活动应当被哪个组织控制。承包商通常会开发系统工程管理计划或与之相当的文档，描述他们所承担的项目任务部分相应的技术活动，但不管承包商怎么做，项目顶层的系统工程管理计划都需要描述覆盖整个寿命周期的全部技术活动	NASA 中心主任	不可用	项目开发完全在 NASA 内部展开，因此不存在承包商

第 4 章　系统设计流程

本章描述图 2.1-1 中所列系统设计流程中的各项活动，按照图 2.1-1 列出的编号为 1 至 4 的流程划分为相应的小节。在各小节中讨论每个流程的任务，包括流程输入、活动和输出。此外，还通过 NASA 项目相关示例给出附加指南。

系统设计流程中的 4 个流程相互依赖、反复迭代和递归，最终产生满足利益相关者期望的经确认的需求集和设计方案。系统设计流程中的 4 个流程分别是：利益相关者期望开发流程、技术需求开发流程、逻辑分解流程和设计方案开发流程。

图 4.0-1 描绘了系统设计 4 个流程之间的递归关系。这些流程的起点是，由一个研究团队采集并明确利益相关者的期望，包括使命任务目标、约束条件、设计导向、运行使用目标和针对指定使命任务的成功判定准则。这组利益相关者的期望及系统顶层需求可用于驱动系统设计的循环迭代过程，在此过程中开发一个粗略的系统架构/设计方案、系统运行使用构想及派生需求。上述三种产品之间应当相互保持一致，而为了达到这种一致性需要进行迭代和设计决策。一旦达成一致性，项目团队可以通过分析来确认所提出的设计方案是否达到了利益相关者的期望。一个简化的确认方法是提出如下问题：系统是否能够像所期望的那样工作？系统能在预算和进度约束条件下实现吗？系统是否能实现整体功能特性而满足运行使用要求，使得项目资金获得批准？如果这些问题的答案有一个是否定的，则需要调整设计方案或变更利益相关者的期望，流程需要重新开始。系统设计流程一直持续到系统的架构、运行使用构想和需求满足利益相关者的期望为止。

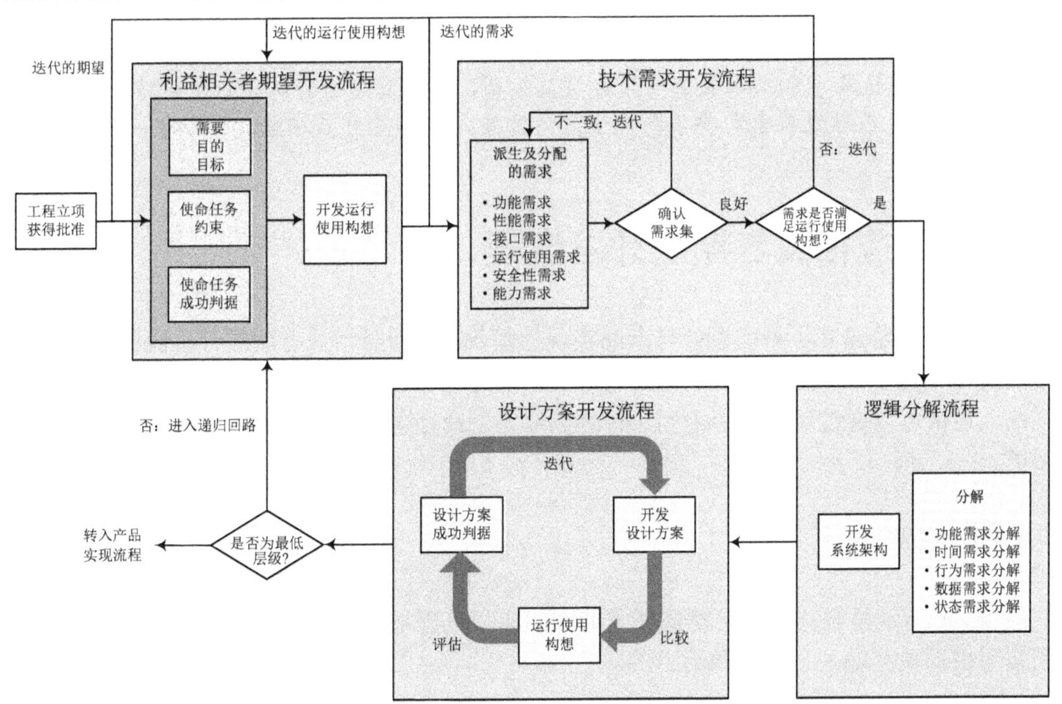

图 4.0-1　4 个系统设计流程之间的相互关系

设计工作的深度应当足以支撑对设计方案是否满足需求进行分析验证。当由资深的独立评审小组进行评定时，设计方案应当是可行的和可信的，并且应当足够详细到能支持费用建模和运行使用评估。

如果所设计的系统满足利益相关者的期望，研究团队就需要设定产品控制基线并为转入下一阶段做准备。通常在流程实施过程中，系统分解结构的中间各层也会作为一部分进行确认。在需求分解的下一个层级，已设定控制基线的派生需求（或分配需求）又转变为一组高层级需求，可以继续向下一层级分解，而设计流程则重新开始。这些系统设计流程主要应用在 A 前阶段，且一直持续到阶段 C。

在 A 前阶段，系统设计流程聚焦于产生一个可行的设计构想，能够获得正式批准开展项目论证。阶段 A 则追求可选的设计方案和相应的理论上的成熟度，以此优化设计架构。在阶段 B，产生一个能通过立项审批评定标准的初步设计方案。在阶段 C，最终完成详细的可开工生产的设计方案。

这是一个简化的描述，用于说明系统设计流程之间的递归关系。这些流程可以用作参考指南，由每个项目研究团队根据项目的规模和团队自身的层次结构进行适当剪裁。后面各节将分别描述如何针对 NASA 特定的使命任务实施 4 个系统设计流程并获得相关产品。

系统设计的要点

- 成功地理解并明确使命任务目标和运行使用构想是获取利益相关者期望的关键，该期望将转化为贯穿项目全寿命周期的产品质量需求。
- 完全和彻底的需求可追溯性是成功确认产品需求的关键因素。
- 清晰而又明确的需求将有助于在系统整体开发时，以及在做出重要变更或次要变更时，避免出现误解。
- 将原始设计构思开发过程中做出的所有决策记录在技术数据资料中，这样将使得初始设计理念和探讨结果可以被用作评估未来变更和修正的依据。
- 如果需要选择可接受的设计方案并在技术数据资料中归档记录，则应对设计方案进行验证。应根据系统需求和约束验证设计方案。然而，设计方案的确认是一个持续的反复迭代的递归过程，在该过程中需要不断评价设计方案是否满足利益相关者的期望。

4.1 利益相关者期望开发流程

系统工程引擎建立了系统设计与产品实现的基础，而利益相关者期望开发流程是系统工程引擎的起始流程。这个流程的主要目的是辨识出谁是利益相关者，明晰利益相关者准备如何使用产品。通常可以通过运行使用用例（有时被称为使命任务设计参考）和运行使用构想达到这个目的。

4.1.1 流程描述

图 4.1-1 所示是利益相关者期望开发流程的典型流程框图，图中给出了利益相关者期望开发所需考虑的典型输入、输出和活动。

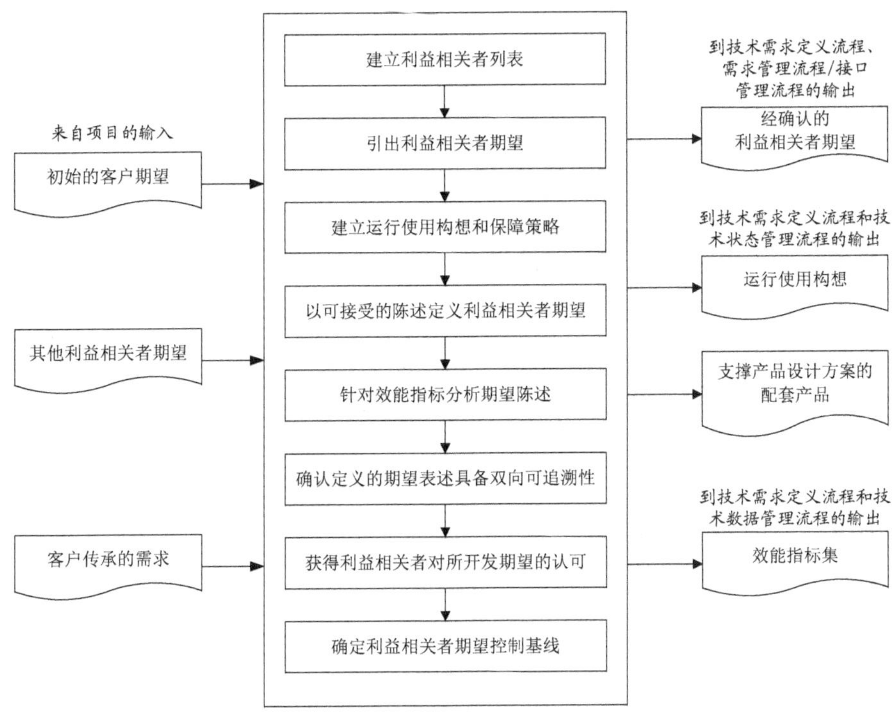

图 4.1-1 利益相关者期望开发流程的典型流程框图

4.1.1.1 流程的输入

利益相关者期望开发流程需要的典型输入包括如下内容。

- **初始的客户期望**：包括来自客户的、针对不同层级产品的需要、目的、目标、期盼、能力要求和其他约束条件。对于顶层产品（最终的目标产品），是指客户最初提出的对应产品需要的期望。对于产品结构中其他层级的目标产品，是指在向上一层级交付此目标产品时，接收者对此产品的期望。
- **其他利益相关者期望**：指除客户之外的关键利益相关者的期望。例如，此类利益相关者可能是一个试验团队，负责接收低层级交付的产品（目标产品及配套产品），也可能是培训人员，负责指导与本层级产品相关的运行使用人员和管理人员。
- **客户传承的需求**：指客户从更高层级传承的或从更高层级分配的需求（如上一层级需求）。这些需求能够帮助建立本层级的客户期望。

4.1.1.2 流程中的活动

1. 辨识利益相关者

利益相关者是指受产品或项目影响的，或与产品/项目有利益关系的群体或个人。参与到项目/产品运作中的关键人物称为关键利益相关者。客户通常是关键利益相关者之一。在产品分解结构中不同层级工作的系统工程师可能会面对不同的客户。例如，在系统顶层，客户可能是购买产品的某个人或某个组织。对于在产品分解结构中自顶层向下三到四个层级工作的系统工程师，客户可能是某个将单元产品集成到更大组装产品的团队负责人。不论系统工程师在产品分解结构的哪个层级工作，重要的是了解客户所期望的是什么。

还有其他与产品存在利益关系的团体，这些团体通过提出宽泛而宏观的约束条件对项目施加影响，客户的需求应当在这些约束条件下满足。这些团体可能受项目产品及产品使用方式的影响，或负责产品寿命周期内的保障服务。诸如议会、NASA 顾问委员会、工程负责人、维护人员、使命任务合作方都属于此类团体。在流程中尽早识别并列出利益相关者非常重要，特别是识别对项目有重大影响的主要利益相关者。

通常，系统的客户和用户容易被识别出。辨识出其他关键利益相关者可能会较为困难，他们会随着项目的类型及项目所处的阶段而有所不同。表 4.1-1 给出了在整个寿命周期各个阶段应当予以考虑的利益相关者的示例。

表 4.1-1　在整个寿命周期中辨识利益相关者

寿命周期阶段	利益相关者示例
A 前阶段	NASA 总部，NASA 中心，总统行政指令，NASA 顾问委员会，美国科学学会
阶段 A	使命任务主管部门，客户，潜在用户，工程师队伍，安全性组织
阶段 B	客户，工程师队伍，安全性组织，宇航员，运行使用部门，后勤部门，生产部门，供应商，项目负责人
阶段 C	客户，工程师队伍，安全性组织，宇航员，运行使用部门，后勤部门，生产部门，供应商，项目负责人
阶段 D	客户，工程师队伍，安全性组织，宇航员，运行使用部门，培训部门，后勤部门，验证团队，飞行准备团队成员
阶段 E	客户，系统管理人员，运行使用部门，安全性组织，后勤部门，保障团队，项目负责人，用户
阶段 F	客户，NASA 总部，操作人员，安全性组织，行星保护组织，公众

2．理解利益相关者期望

完全并清晰理解客户和其他关键利益相关者对项目/产品的期望，是系统工程流程中最重要的一步。这一步为所有其他系统工程工作奠定了基础。其有助于确保所有团体基于一个相同的共识，确保所生产的产品能够使客户满意。当系统的客户、其他利益相关者及系统工程师之间针对产品能够展现出的功能、特征、行为、外观和性能达成一致意见，便能够确定更多的客户期望，并有助于避免在寿命周期的后期出现新的重要需求。

通过会谈/讨论、调查研究、市场分析、互通邮件、任务说明书、初步的客户需求集或其他手段，利益相关者指出其需要的是什么，如项目的最终状态或项目的目标产品，或为项目目标增加约束的范围。这些约束范围可能包括（资源）消耗、交付时间、性能目标、运行使用约束条件、培训目标，以及其他非定量约束条件，如组织管理需求和地缘政治目标。这些信息需要进行评审、总结和记录存档，使得所有团体能够就期望的问题达成一致。

图 4.1-2 显示了在确定利益相关者期望时需要的信息类型，并且描述了信息是如何演化为顶层需求集的。曲线箭头描述的是确认路径，同时图中给出了每一步工作需要定义的信息类型的实例。

开发利益相关者期望与明确使命任务授权和使命任务战略目标同时开始。使命任务授权随使命任务类型不同而改变。例如，科学试验使命任务通常根据 NASA 科学试验使命任务主管部门的战略规划启动，而空间探索使命任务可能根据美国总统行政指令启动。理解使命任务的目标有助于确保项目团队朝一个共同的目标努力工作。这些目标形成了使命任务开发的基础，所以需要清晰地定义和关联。

项目团队还应当对可能面对的约束条件进行验证。约束条件是需要满足的条件。有时约束条件是由外部因素决定的，如轨道力学因素、某个必须使用的已经存在的系统（外部接口）、法规约束或其他技术状态因素；有时约束条件是由整个预算环境造成的。运行使用构想和约束条件同样需要包含在利益相关者期望开发流程中。这些内容共同确定系统应如何运行使用以达到使命任务目标。

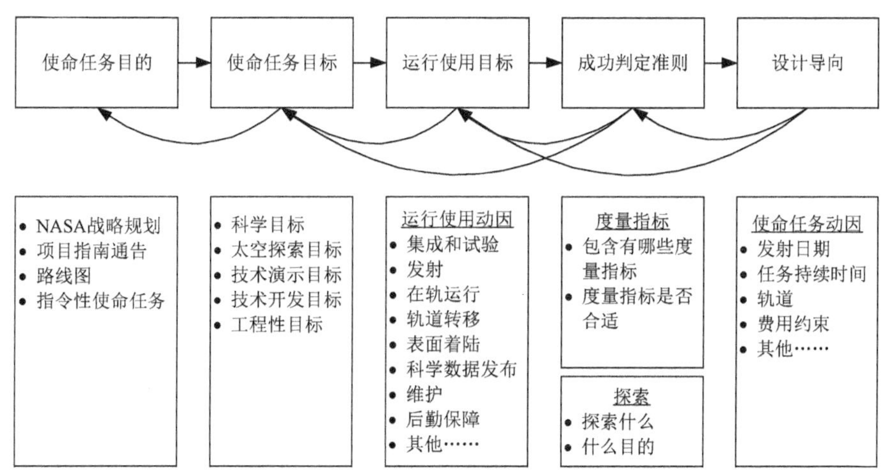

图 4.1-2　利益相关者期望相应的信息流

注：在项目所有阶段都必须有利益相关者的参与，这一点极其重要。这种参与应当作为一种自动修正的反馈循环嵌入项目中，以便显著增强使命任务成功的可能。利益相关者参与项目可以帮助建立互信，作为确认和验收目标产品及服务的基础。

在开发利益相关者期望完备集的过程中，系统工程师需要与工作在各个领域的团体交流，如轨道碎片领域、空间资产保护领域、人因系统集成领域、质量保证领域和可靠性领域。确保能够获取期望的完备集将有助于避免在寿命周期的后期出现“意外”特征。例如，空间资产保护可能需要对上行链路的指令做额外加密，需要对射频系统做额外的遮蔽或过滤，需要使用不同的频段，或其他设计变更，这些都可能使已经开发的系统增加额外成本。

3．确定需要、目的和目标

为了定义目的和目标，有必要引导出利益相关者心目中的需要、要求、期盼，以及对能力、外部接口、前提条件和约束条件的要求。达成一致认可的目的和目标集可能是一个长期艰巨的过程。在整个系统工程流程中，主动与利益相关者反复交互，是使所有参与项目的团体在应该做和如何做方面达成一致理解的有效途径。弄清楚谁是主要利益相关者及谁拥有决策权，对帮助解决可能的冲突非常重要。

通过确定需要解决的问题及问题的范围，得到相应的需要、目的和目标（NGO，简称“目标要求”），这为确保参与流程的每个人（需求制订者、客户和其他利益相关者）在项目初始阶段达成一致提供了适当的机制。目标要求并不是约定的需求或设计方案。

目标要求中的“需要”定义为回答如下问题：我们试图去解决什么问题？目标要求中的“目的”处理如下问题：满足“需要”必须去做什么？也就是说，客户要求系统去做什么。目标要求中的“目标”是对“目的”的扩展，是将特定期望记录归档的基础和手段。为了解释为什么存在所述需要、目的和目标，应当能够提供相关客观依据，所有做出的前提假设，以及那些对理解和管理目标要求有用的信息。

对目标要求的清晰描述，能够针对从需要到目的、从目的到目标提供清晰的可追溯性。例如，如果设定的目的无法满足需要，或设定的目标与目的不符，它们就不能作为内容列入综合目标要求集。这种可追溯性有助于确保团队给出的期望确实是所需要的。

下列定义来源于 Larson 等人所著的《应用空间系统工程》[Larson 2009]，用于帮助读者理解本手册中的“目标要求”所包含的含义。

- **需要**。用来启动其他所有相关工作的单一陈述语句，它与系统被期望解决但还没有解决方案的问题相关。对需要的陈述是单一的。如果试图给出的需要不止一个，则必须在两两之间做权衡，这很容易导致至少某一项利益相关者的期望无法得到满足，甚至可能导致多项期望无法得到满足。
- **目的**。对需要的精细化，形成系统期望的一个特定集合。目的为用于描述那些在问题评估时已辨识出的关键问题的处理手段。目的不一定采用定量化的或可度量的形式，但应当能够评价系统是否达到了这些目的。
- **目标**。系统输出必须达到的指定的水准值。每个目标都应当与特定的目的相关联。通常情况下，目标应当满足四项判定准则。(1) 它们应当有足够的独特性并提供清晰的指向，因此开发者、客户和试验者能够理解它们。它们应当明确指向期望的结果，并反映出系统需要做什么，但不需要明确如何得出解决方案。(2) 它们应当是可度量、定量化和可验证的。项目需要能够监控系统对每一项目标的成功实现过程。(3) 它们可以具有挑战性但应当是可达的，目标设定值应当是现实的。其中可能包括“待确定”的目标，直到权衡研究完成、运行使用构想固化且技术成熟才能确定。目标应当是可行的，使得需求能够合规陈述，系统能够设计完成。(4) 它们应当是结果导向的，聚焦于期望的输出和结果，而非达成目标所使用的方法。重要的是应当牢记，目标不是需求。目标在系统开发的 A 前阶段确定，这有助于系统需求集的逐步形成，但正是需求自身决定了系统设计，并在系统设计转入制造之前得到验证。

可以把所获取到的利益相关者的期望看作是初步的，它们将在运行使用构想的开发过程中得到进一步细化，并最终得到利益相关者的认可。

4．建立运行使用构想和保障策略

在构建了初步的利益相关者期望之后，接着是开发系统的运行使用构想，从而能够进一步确保技术团队全面理解利益相关者期望，确定最终产品能否满足这些期望，以及确保这样的理解能够被利益相关者认可。如果发现理解上的偏差或陈述上的模糊，这样做能够引导对初步的利益相关者期望集合做进一步细化。这些对系统未来行为的设想和构思，在不需要说明（设计方案）如何满足需要的条件下定义了所期望的系统，因此在理解利益相关者期望时不需要考虑系统的方案实施和运行使用。运行使用构想还描述了系统的行为特征及人们与系统交互的方式。保障策略则包括关于系统制造、试验、部署、运行、维护和处置的条款。

关于开发运行使用构想的更多内容，可参见本手册 4.1.2.1 节中的讨论。附录 S 给出了一个开发运行使用构想的参考提纲。运行使用构想的特定章节会随项目的范围和目的而不同。

5．以可接受的陈述方式定义利益相关者期望

一旦开发完成运行使用构想，所有的偏差和模糊之处已经得到处理和解决，在技术团队和利益相关者之间关于系统/产品的期望/意图是什么已经达成共识，因而可以形成正式的利益相关者期望文件资料。期望文档的内容通常包括目标要求、使命任务成功判定准则和设计导向；这些可以采用纸质文件、电子表格、系统模型及其他适合于产品的形式存在。

设计导向在极大程度上依赖于运行使用构想，包括运行使用环境、运行轨道和使命任务期间的需求。对于科学试验类使命任务，设计导向至少应包括使命任务启动日期、持续时间和预定轨道，还包括其他执行使命任务需考虑的因素。如果考虑有多个轨道可选择，则每个轨道需要单独的构想。对于探索类使命任务，为保证探索成功应当考虑目的地、持续时间、运行使用操作序列（包含系统技术状态变更）、宇航员操作界面、维护与维修活动、必须的训练、目的地探险活动等。

6. 从效能指标角度分析期望陈述

使命任务成功判定准则中定义了使命任务必须成功完成的内容。这些内容可能表现为科学试验型使命任务、载人的探索型使命中的探索行动构想、技术演示验证型使命任务的技术目标。成功判定准则同时定义了使命任务构想和探索活动的度量指标应当达到何种满意程度。成功判定准则紧扣利益相关者期望、工程性需求和约束条件，应用于高层级的需求。

效能指标（MOE）用于对成功的度量，该指标针对由利益相关者期望引出的系统目标，确定该目标的相应完成程度。效能指标从利益相关者的视角出发，展现评判准则是否满足，能否使利益相关者认定项目取得成功。这种情况下，效能指标评判准则与使命任务/项目成功评定准则有相同含义。效能指标在目标要求或利益相关者的其他期望形成文档后开发获得。关于效能指标的更多内容，可参见本手册的6.7.2.6节。

7. 确认所定义的期望陈述具有双向可追溯性

目标要求或其他利益相关者的期望同样都是期望集的来源。根据在产品层级中所处的不同位置，相应期望可能被追溯到某个目标要求或某个高层级产品的需求，追溯到相关机构的战略规划或其他来源。后续流程中的功能和需求仍会追溯到这些目标要求。采用需求管理工具、模型或其他应用软件，对于获取和追溯期望与需求特别有用处。

8. 获得利益相关者对所确认期望集的认可

一旦利益相关者与技术团队针对利益相关者期望和运行使用构想的表达方式达成一致，便得到正式签署的或其他形式的认可。为了得到这样的认可，通常会根据系统的范围和复杂性举行一次正式的或非正式的系统构想评审（参见6.7节）。利益相关者期望（如目标要求）、效能指标和运行使用构想根据需要被展示、讨论和细化，以达成最终的一致。这样的共识展现了双方已经同意产品进入开发阶段。

9. 设定利益相关者期望的控制基线

形成一致的利益相关者期望集（目标要求和效能指标）及运行使用构想，在此情况下便确立了控制基线。此后的任何变更都需要（根据产品的性质）经历正式的或非正式的审批流程，审批流程既涉及利益相关者，又涉及技术团队。

10. 获取工作产品

除了利益相关者期望的开发、记录归档和设定控制基线之外，通过本流程还应当获得前面讨论的运行使用构想和效能指标，以及其他工作产品。工作产品可能包括所做出的关键决策、支撑决策的客观依据和前提假设，以及活动实施中总结出的经验教训。

4.1.1.3 流程的输出

利益相关者期望开发流程的典型输出包括如下内容。

- **经确认的利益相关者期望**：指位于产品结构本层级的已达成共识的期望集合。通常期望的表达形式是已识别的需要、目的和目标，以及约束条件和前提假设。利益相关者期望可采用的表达形式还包括模型和其他图形形式。
- **运行使用构想**：描述系统在全寿命周期各阶段如何运行使用以满足利益相关者期望。其从运行使用的角度刻画系统的特征，有助于促进对系统目的、目标和利益相关者其他期望的理解。运行使用构想的形式包括运行使用构想文档、模型或使命任务设计参考。
- **配套产品的保障策略**：包括在目标产品的制造、试验、部署、运行使用与维护、退役处置期间可能需要的任何特殊规定。它们标志着为了生成目标产品，需要什么样的保障及需要开发什么样的配套产品。
- **效能指标集**：一组基于利益相关者期望开发的效能指标。这些度量指标代表了那些对系统成功起关键作用的期望，系统未能满足这些指标要求可能会导致利益相关者将系统视为不可接受的。

其他可能产生的输出包括如下内容：

- **人因/系统功能分配**：描述系统硬件/软件与所有人员的交互关系，并描述这些交互的支撑结构。在许多设计（如载人空间飞行）方案中，人类操作者是整个系统的关键部件，因而在所参与的系统中，人因的作用和责任应当被清晰地理解。此类输出应当包括使命任务所需的所有人因/系统交互关系，如系统组装、地面操作、后勤保障、飞行中的维修和地面维修、飞行中的执行任务等。

4.1.2 利益相关者期望开发流程指南

4.1.2.1 运行使用构想

运行使用构想是获取利益相关者期望的重要内容，用于确定系统需求和确定项目的架构。运行使用构想是系统中与用户相关联的需求开发和结构开发的出发点，是此后各类系统描述文档的开发基础，这些文档包括运行使用计划、发射和转移轨道计划、运行使用手册；运行使用构想同时为系统的长期运行使用计划开发活动提供基础，这些活动包括确定运行使用设施、人员安排和网络化进度安排。

运行使用构想是开发系统需求中的重要原动力，因而应当在系统设计过程早期予以考虑。通过考察运行使用构想及其用例，经常能揭示出可能会被忽视的需求和设计功能。例如，新增添一项系统需求“在使命任务某个特殊阶段允许进行通信”，可能需要在航天器的专门位置增设一部天线，而这在既定的使命任务中可能并不需要。运行使用构想应当包括所有重要的运行使用场景，包括已知的非计划内的运行使用场景。为了开发可用的、完备的运行使用场景集，应当考虑那些重要的故障模式下和退化模式下运行使用的情形。运行使用构想还是对整个寿命周期中人力资源目标进行特征化，在人因和系统之间进行功能分配的重要助手。在梳理并实现使命任务目标的过程中，对于需要交付的系统，应当明确什么时候做出以下决策：运行使用人员的贡献是什么，以及系统应当做什么。

开发出综合的运行使用构想对于制定整个寿命周期的采办策略至关重要。正如本手册 7.1 节“与合同相关的工程技术”中所述，在某些采办策略中，系统工程开发阶段的合同与系统运行使用阶段的合同分开签订。以能够经济、有效地完成使命任务目标的方式协调和整合两阶段合同的责任可能完全落在NASA自己身上。即使是在仅限开发的项目中，也应该以着眼长远的战略观点来制定运行使用构想，并且应该处理那些设定的和非设定的性能、维护、后勤等需要考虑的因素。拥有长远的观点有助于确保在开发阶段得到的结果能够与更高层级的概念化运行使用和成本框架相适应。

运行使用构想对所有项目同样重要。对科学试验项目来说，运行使用构想描述系统如何运行使用才能达到使命任务成功度量指标集的要求，这些项目通常由度量指标集中的指标值驱动。对载人空间探索项目来说，运行使用构想似乎更加复杂，通常有更多的运行使用阶段、更多的技术状态变化，以及人类参与交互所需要的额外通信链路。总的来说，系统的功能和目标应当在项目早期就在宇航员和系统之间分派清楚，并在寿命周期的早期阶段进行评估。不论是什么项目，系统运行、维护和保障所需要的人力资源应当在运行使用构想中明确指定，以避免在寿命周期后期阶段出现成本方面的意外。

运行使用构想与运行使用方式

运行使用构想

由技术团队在A前阶段的早期开发完成，描述关于系统应如何使用以满足利益相关者期望的高层次整体构想；构想的描述通常以时间顺序的方式给出。运行使用构想从运行使用的角度描述系统，有助于促进了解系统目的。其针对系统中与用户相关联的要素，是系统需求开发和系统架构开发的出发点，也是此后开发各类系统描述文档的基础，并为系统运行使用长期规划活动提供基础。

运行使用方式

描述空间飞行系统和地面系统如何共同使用，确保系统运行使用构想是合理的。其中可能包括所关注的使命任务数据（如工程开发与科学研究数据）是如何获取的、如何送回地球的、如何处理的、如何为用户提供服务的，以及如何存档以备将来参考。其通常由运行使用团队开发。（参见NPR 7120.5）

运行使用构想应考虑运行使用的所有环节，包括在集成、试验、发射直到废弃/处置的过程中那些计划内和非计划内的运行使用。运行使用构想中包含的典型信息有：主要阶段的描述、运行使用时间基线、运行使用场景和/或使命任务设计参考、故障管理策略、人机接口和所需训练水平的描述、系统端到端通信策略、指令集和数据架构、运行使用设施、综合后勤保障（重复补给、维护和组装）、人力资源水平和所需技能、关键事件等。运行使用场景的作用是描述系统运行使用的动态视图，例如，在各种模式下和模式转换情况下如何感知系统是否正常运行，这些模式包括通过外部接口的交互、对预计的风险和故障做出响应、实施故障缓解流程等。对于探索类使命任务，运行使用构想可以由多个使命任务设计参考组成。为适应系统需求而进行的设计分析和性能分析应当满足所有的使命任务设计参考。图4.1-3给出了科学试验型使命任务的典型运行使用构想开发流程，图4.1-4描绘的是一个端到端的运行使用架构示例。关于开发运行使用构想的更多指导信息，可参见本手册附录S。

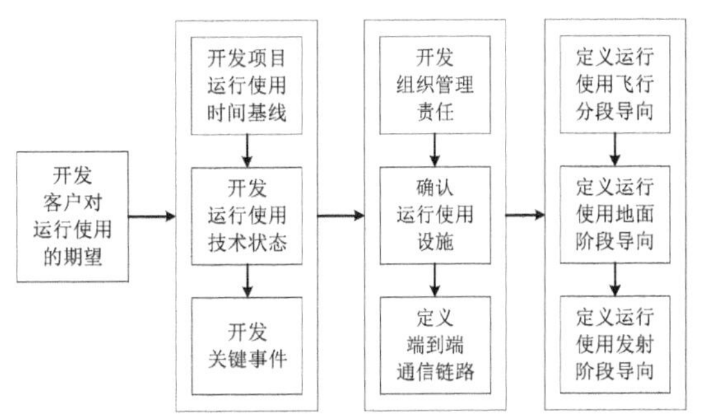

图4.1-3 科学试验型使命任务的典型运行使用构想开发流程

作为定义系统技术状态、运行使用活动、应急使用场景的基础，运行使用时间基线描述为达到每个运行使用阶段的使命任务目标所需要实施的活动、任务及其他按时间排列的相关要素。根据项目的类型（如科学试验、空间探索、军事行动），时间基线可能相当复杂。

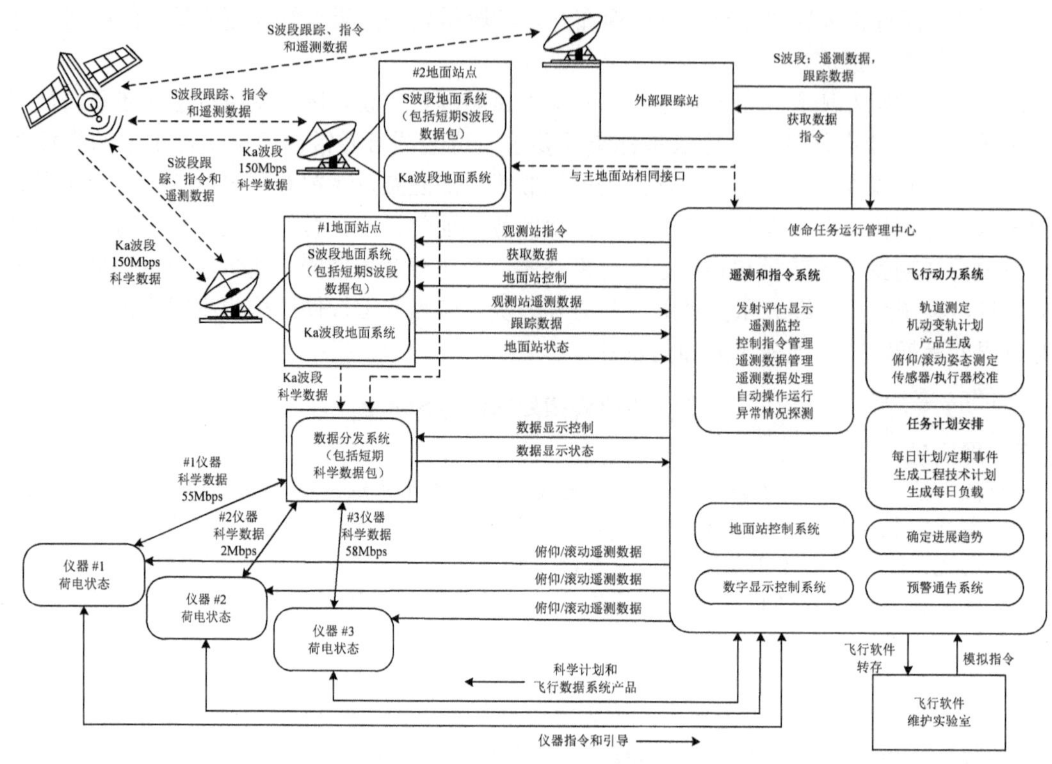

图 4.1-4　对应于端到端的运行使用架构示例

时间基线伴随设计进展而成熟，其开始时表现为主要事件的简单时序，成熟后展示所有核心使命任务模式下或系统交付时的分系统运行使用详细描述。图 4.1-5（a）和图 4.1-5（b）分别描述探月飞行寿命周期早期的时间基线和使命任务设计参考。图 4.1-6 给出一个科学试验使命任务寿命周期后期的更加细致、完整的时间基线。

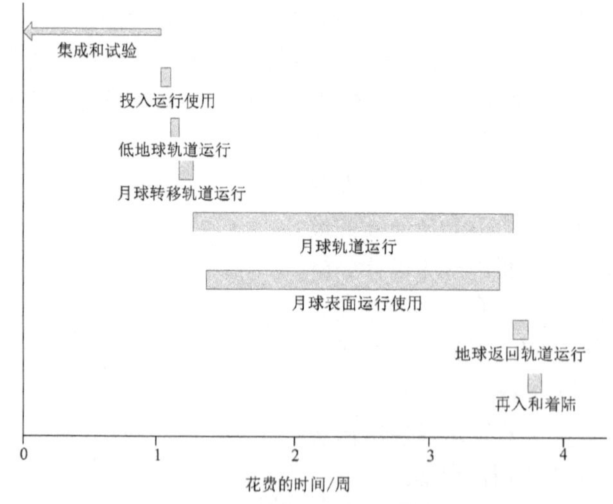

（a）探月飞行寿命周期早期的时间基线示例

图 4.1-5　探月飞行寿命周期早期的时间基线示例

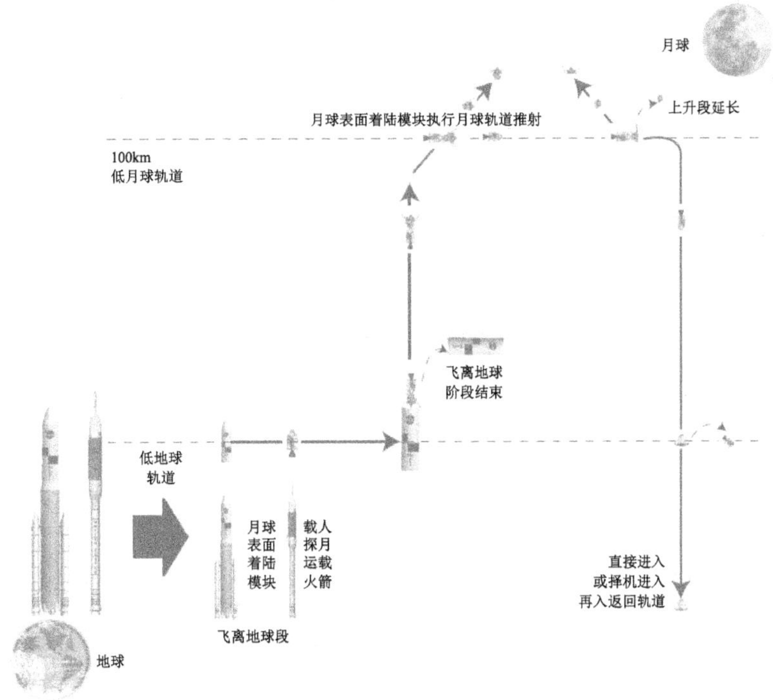

（b）探月飞行寿命周期早期的使命任务设计参考示例

图 4.1-5　探月飞行寿命周期早期的时间基线示例（续）

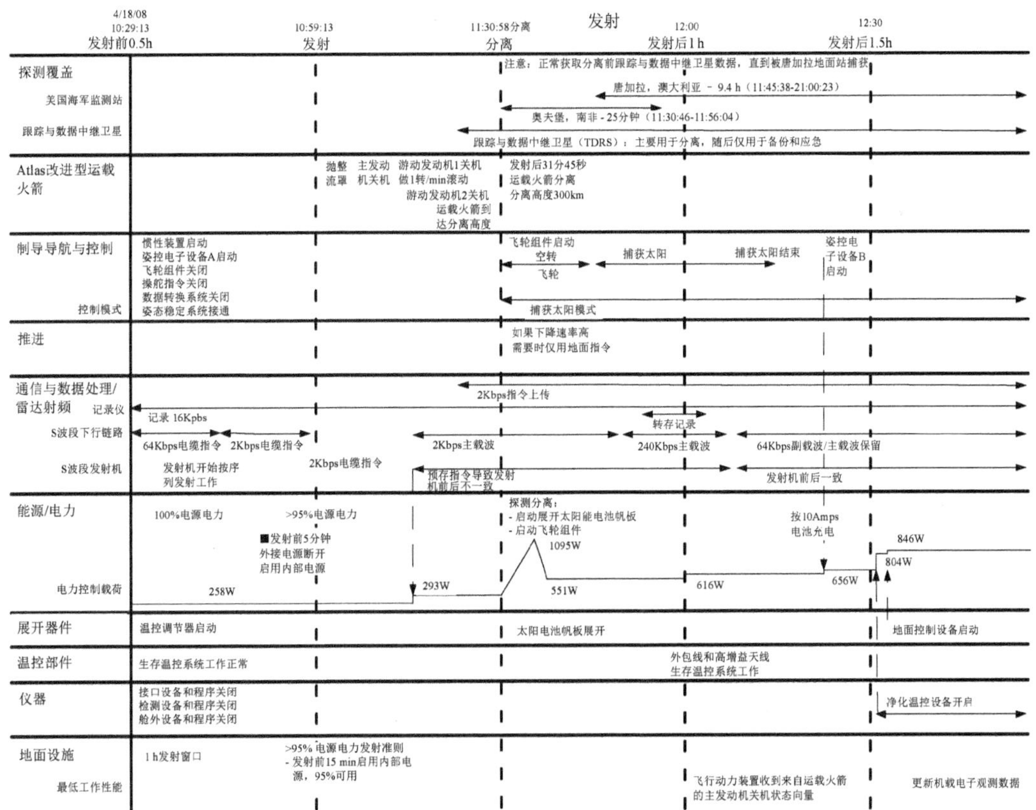

图 4.1-6　科学试验使命任务寿命周期后期的更加细致、完整的时间基线示例

运行使用构想的一个重要内容是对运行使用阶段的划分，需要明确项目阶段 D、阶段 E 和阶段 F。针对为达到使命任务目的所需实施的技术状态变更和运行使用活动，运行阶段的明确划分可为此提供时序结构。所明确的每个运行阶段都应包括设施、装备和关键事件。表 4.1-2 给出了 NASA 使命任务的典型运行使用阶段的部分通用示例。

表 4.1-2　NASA 使命任务的典型运行使用阶段的部分通用示例（阶段 E 和阶段 F）

运行使用阶段	描　述
集成和试验（阶段 D）	**项目集成和试验** 项目集成和试验阶段的后期，在功能试验和环境试验中通过开展系统运行使用的仿真来实施系统试验。通常，仿真用于演练系统端到端指令和数据系统，根据项目的运行使用场景提供系统功能和性能的完整验证
	发射集成 发射集成阶段可能重复地进行集成，并在发射集成技术状态下进行系统运行使用验证和功能验证试验
系统发射（阶段 D）	**发射** 发射过程包括发射倒计时、发射升空及在轨推进。在这个阶段的重要导向是对关键事件的遥测
	部署（入轨） 在轨道推进结束后，航天飞行器完成部署并重构其轨道技术状态。典型的关键事件有太阳能电池帆板展开、天线展开和其他部件展开，以及在此阶段内发生的轨道修正机动
	在轨校验 在轨校验用于对所有系统是否健康和正常进行验证。校验的内容包括准备开展科学试验之前进行的飞行系统在轨定位、校准和参数初始化
科学试验（阶段 E）	在轨进行科学试验是航天飞行器寿命周期运行使用的主要部分
安全模式运行（阶段 E）	作为机载故障管理的结果，或根据地面指令，航天器可能转换到安全运行模式。该模式被设计成将航天器保持在电源保护和热稳定状态，直到故障被排除且已经具备恢复科学试验的条件
异常处理和运行维护（阶段 E）	异常处理与运行维护可能发生在整个使命任务过程中，可能需要运用既定资源之外的其他资源
废弃处置（阶段 F）	废弃处置发生在项目寿命周期的终点。废弃处置可能控制航天器的坠落，或可能将航天器转移到废弃轨道上重新定位。对于后一种情况，需要耗尽所存储的燃料和电能

4.1.2.2　空间资产保护

当前，航天领域的趋势是在技术不断扩散的情况下，空间探访更容易、空间工程的全球化，以及空间系统和服务的商业化。这些将导致空间环境发生根本性变化。这种根本性变化体现在空间环境中拥挤、争议和竞争情况的加剧，这使得美国空间系统、信息基础设施和地面系统在受到多种形式的威胁时可能会变得更加脆弱。现实情况是，现有的能力中已经有许多可以阻断、瓦解或破坏 NASA 空间系统及控制这些系统的地面设施。鉴于美国对空间系统的依赖性，美国在 2010 年发布的 PPD-4 号①和 2013 年发布的 PPD-21 号②总统政策指令中，涉及的最新国家空间政策皆要求保护所有的关键空间系统和支撑性基础设施。

空间资产保护是一项关键的系统工程职能，其中的概念如图 4.1-7 所示。相应的方法建立在如下基本概念的基础上：

① 美国总统政策指令第 4 号《美国国家空间政策》于 2010 年 6 月 28 日发布。
② 美国总统政策指令第 21 号《关键基础设施的安全性和抗毁性》于 2013 年 2 月 12 日发布。

威胁×易损性=漏洞

如图中的系统工程分析部分所显示的那样。这一概念由罗伯特·鲍尔在其著作《飞机作战生存能力分析和设计基础》中提出，这本著作属于飞机生存学科的开创性工作。当然，这个概念适用于任何系统，包括航天器和信息基础设施系统。诸如尺寸、结构、运行使用构想、通信链路和其他子系统等因素都可能导致系统产生固有的弱点。当这些固有的设计特征被潜在的威胁所针对时，系统的漏洞和弱点就会变得明显。这是在空间系统及其架构的设计方案开发领域的基本认知。图 4.1-7 中的方法与 NASA 空间资产保护计划所采用的方法的不同之处在于，在 NASA 使命任务的开发过程中，会考虑包括故意恶意威胁在内的各种威胁。

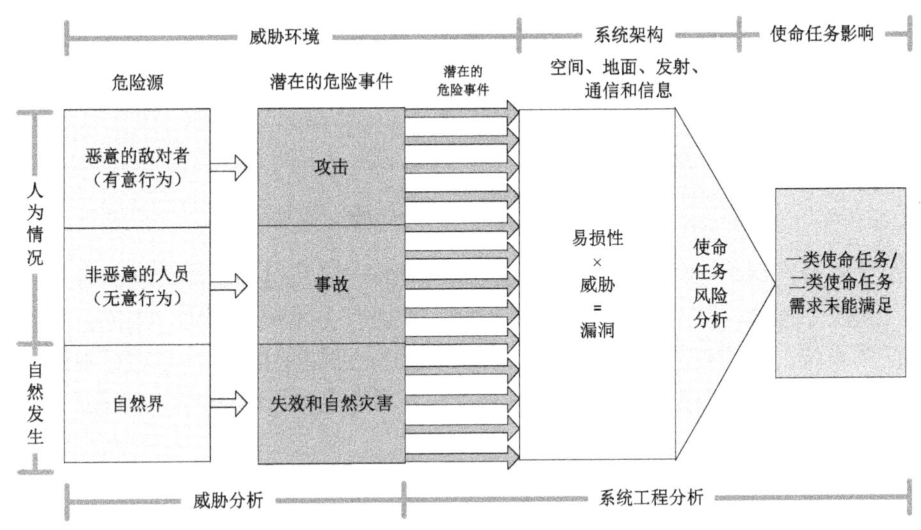

图 4.1-7　空间系统架构的安全性环境

这些威胁与其他技术风险相类似，是空间资产保护成为系统工程基本组成内容的原因之一。空间态势感知（Space Situational Awareness, SSA）是空间资产保护的一个基本要素，它能够提供敌对势力和不利环境对美国空间系统所构成威胁的深入了解和认知，对于开发和实施保护措施至关重要。空间态势感知包括空间避撞及感知空间自然环境。

在 2010 年《美国国家空间政策》发布之前，作为国家资源的好管家，NASA 就已经开始致力于保护其空间飞行器和关键基础设施。NASA 一直在更新其流程，以反映当前发展方向和投资组合的动态变化。例如，NASA 已经通过 NPR 7120.5 对工程和项目提出实施空间资产保护的要求。工程和项目有责任制定工程/项目自有的保护计划，说明如何通过常规的工程和项目规划流程来实现这些要求并记录计划实施情况。制定工程/项目保护计划的第一步是，参照民用航天系统对空间威胁的归纳，提取那些通常被称为“防护类威胁”且发生可能性大的威胁，并根据 NASA 风险矩阵标准量表对它们进行分类。“防护类威胁”被定义为任何自然发生或人为的事件、事故或相关系统，此类威胁能够利用空间系统任何组成部分的易感应特性，导致使命任务面临被破坏、退化、毁损或服务被阻断的潜在可能。

下一步是通过将空间系统的易损性与防护类威胁相互匹配，来确定空间系统中的漏洞；同样，考虑到“威胁×易损性=漏洞”，在未能消除漏洞而带来风险的情况下，提出减小风险的防护性策略和对策建议。这个防护流程在每个系统工程流程运用过程中迭代进行，从发布确定控制基线的项目防护计划开始，终止于将项目推进到下一个关键决策点。期望的最终结果是增强的空间系统生存能力，如图 4.1-8 所示。

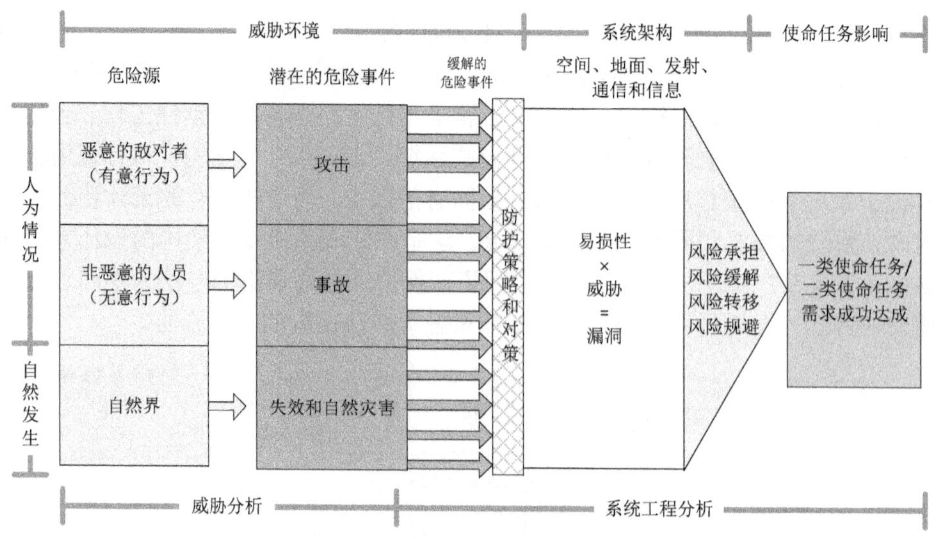

图 4.1-8　考虑防护策略和对策的安全环境

NASA 关键资产保护已经被整合为系统工程的功能，涉及这项功能实现的有每个项目的首席工程师、系统工程师，以及空间资产保护计划的使命任务系统工程师。未来，项目首席工程师和使命任务系统工程师有望在起草保护计划方面发挥更大的作用。一旦项目中的航天器发射并准备投入运行使用，来自空间飞行运行使用团队的系统工程师将承担这项保护责任。

4.1.2.3　在各阶段辨识利益相关者

利益相关者期望开发流程最常用于 A 前阶段和阶段 A 的概念研究和需求开发期间。随着越来越多的利益相关者加入项目中，这个流程在后期各个阶段也很有用处。

在阶段 B 和阶段 C，随着设计方案的开发，可能会识别出更多的利益相关者，包括被项目选中承担系统和子系统设计与实现任务的承包商。项目团队应该针对这些新的利益相关者重新启动利益相关者期望开发流程，以判断那些承包商手中既有的已确定控制基线的产品是否需要进行变更，尤其是在处理那些影响系统需求的变更请求时。

在阶段 D，有更多的利益相关者加入项目中，包括装配、集成、试验和运行使用人员。利益相关者期望开发流程在此阶段侧重于记录对运行使用规程的期望、对运行使用人员培训和宇航员培训的期望，以及对后勤保障的期望。

在阶段 E，项目开发团队可能要过渡到运行使用团队，此时再次运用利益相关者期望开发流程来明确运行使用人员的期望。该流程同样还可用于系统更新升级时的迭代开发过程中。

在阶段 F，可能会出现新的利益相关者来实施项目终止流程，包括档案管理员和拆解人员。对于这些利益相关者需再次运用利益相关者期望开发流程。

4.2　技术需求开发流程

技术需求开发流程是把利益相关者的期望转换成对问题的定义，然后转换成经过校验的技术需求完备集，这些需求以“需要能……”的形式陈述，这种陈述方式可用于产品分解结构模型开发和相关配套产品的设计方案开发。技术需求开发流程是一个递归和反复迭代过程，在该流程中开发利益相关者的需求、产品需求和低层级产品/组件的需求。需求应该能够描述所有的输入和输出，以及描述输入/输出之间的必要关联关系。这些关系包括各种约束条件，系统与运行使用人员、维护人员之间的交互，以及系统与其他系统之间的交互。需求文档用于组织在客户、利益相关者和技术团体之间与需求相关的沟通。

技术需求开发流程的活动应用于定义系统所有层级的技术需求，形成包括从工程层、项目层、系统层到底层产品/组件的需求文档。

注：设计团队绝对不能完全依赖接收到的需求进行系统设计和建造，这一点极其重要。与利益相关者不断地进行反复交流是确保相互之间对每一项需求取得一致理解的基础。否则，设计人员可能会因为对需求的理解差异而承担造成误解的风险，或设计出非所期望的解决方案。与利益相关者的反复交流是项目确认活动中极为重要的部分。设计团队应不断确认所开发的是正确的产品，确认能够得到正确的结果。

4.2.1 流程描述

图 4.2-1 所示是技术需求开发流程的典型流程框图，图中给出了实施技术需求开发流程需要考虑的典型输入、输出和活动。

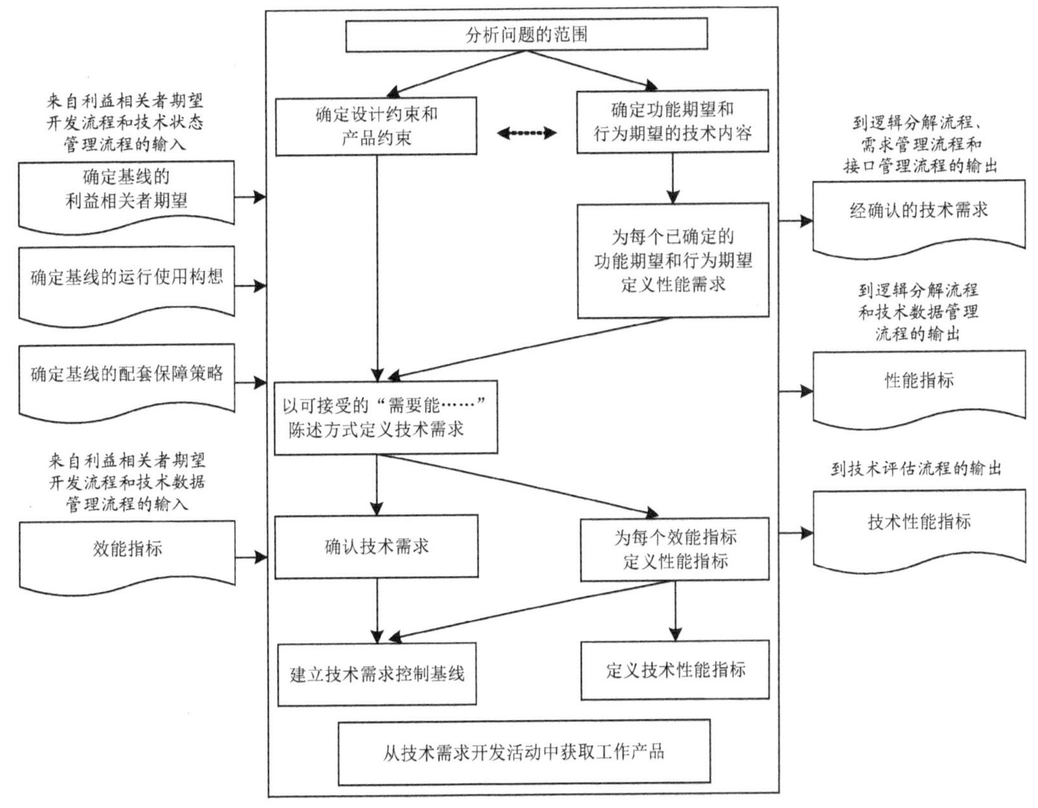

图 4.2-1 技术需求开发流程的典型流程框图

4.2.1.1 流程的输入

技术需求开发流程中需要的典型输入应该包括如下内容：

（1）设定控制基线的利益相关者期望：指位于产品结构本层级的已达成共识的利益相关者期望（如需要、目的、目标、前提假设、约束条件、外部接口）的集合。

（2）设定控制基线的运行使用构想：描述系统在寿命周期的各阶段如何运行使用，以满足利益相关者的期望。它从运行使用的视角刻画系统特征，有助于加深理解系统的目的、目标和约束条件。其中包括适合于项目的运行使用场景、运行使用用例和使命任务设计参考。运行使用构想的形式有文档、图形、视频、模型和仿真。

（3）设定控制基线的配套产品保障策略：描述在利益相关者期望开发流程中明确的配套产品，以及如何满足目标产品开发、试验、生产、运行及处置的需要。配套产品保障策略还包括对目标产品如何在寿命周期全过程得到保障进行的描述。

（4）效能指标：效能指标在利益相关者期望开发流程中确定，作为利益相关者认为必须满足的度量指标，应以此为依据认定项目的成功，即满足成功判定准则。

其他在决定技术需求时可能有用的输入包括：

人因/系统功能分配：描述系统硬件和软件与所有人员的交互关系，以及描述这些交互的支撑结构。当运行使用人员成为整个系统的关键部件时，在所参与的系统中人因的作用和责任应当被清晰地理解。此类输入应当包括使命任务所需的所有人因/系统交互关系，如系统组装、地面操作、后勤保障、飞行中维修和地面维修及飞行中执行任务等。

4.2.1.2 流程中的活动

1．定义约束条件、功能期望和行为期望

首先对顶层需求和期望进行评估，以理解待要解决的技术问题（问题的范围），并确立设计方案的边界。典型情况下应进行如下活动来确立边界：

- 设计方案开发需要遵从的约束条件，这些约束条件限制了系统将如何运行使用。通常在进行权衡分析时，约束条件是不能改变的。
- 辨识出已经在设计流程控制下并且不能再变更的那些要素。这有助于在寻求潜在设计方案时缩小进行权衡分析的范围。
- 辨识系统需要进行交互的外部系统和配套系统，并构建物理接口和功能接口（如机械的、电子的、热学的、人因的接口等）。
- 针对在运行使用构想中明确的系统预期使用范围，定义功能期望和行为期望。运行使用构想描述系统如何运行使用和可能的使用用例场景。

2．确定需求

随着对约束条件、物理接口/功能接口、功能期望/行为期望的全面理解，需求可以通过建立性能指标和其他技术标准做进一步明确。所期望的性能指标表述为需求的定量部分，用来表示每个产品需要将功能完成到的程度。

> **注：**需求也许来自未被重视的利益相关者，这些需求可能并不直接支持当前的使命任务及其目标，但却可以为获得有益于NASA或国家的额外利益与信息提供机会。在流程的早期，系统工程师应当能够帮助确定系统的潜在应用领域，收集与核心使命任务不直接相关的独特信息。通常情况下，外围组织在流程接近结束之前并不能意识到系统的目标与能力。

3．以可接受的陈述方式定义需求

最后，需求应该被定义为可接受的以“需要……”形式陈述的语句。每条陈述仅含一个“需要……”形式的语句，且是完整语句。需求定义的客观依据同样应当明晰，确保对需求的来源和背景的理解。应当明确关键主导性需求，这是在系统实现过程中能够对费用和进度产生重大影响的需求。关键主导性需求具有优先权和首要性。充分了解关键主导性需求对于系统设计的影响可以更好地管理需求。

关于如何写好需求和检验清单的指南参见本手册附录 C，关于如何进行需求确认参见本手册附录 E。良好可读的需求文档能够为利益相关者和技术团队双方带来特定的益处，如表 4.2-1 所示。

表 4.2-1　良好可读的需求能带来的益处

益　处	理　由
为利益相关者和开发者就产品用于做什么的问题达成一致建立基础	对产品需求中指定的产品需实现功能做完整描述，有助于潜在用户判定该产品是否能够满足他们的要求，或判定产品应当如何改进才能满足他们的需要。在系统设计过程中，需求将分配到子系统（如硬件、软件和其他主要系统组件）、人员或流程中
可以降低因为需要对那些低水平、有缺失和难懂的需求描述进行重复说明而增加的开发工作量	技术需求开发流程的活动促使利益相关者在设计开始之前更加严格地考察所有需求。对需求的细致评审可以在系统开发周期的早期揭示出其中的遗漏、误解和不一致，此时这些问题较容易解决，从而降低在寿命周期后续阶段中重新设计、重新制造、重新编码和重新试验的成本
为进行成本估算和进度预估提供基础	在需求中给出的关于待开发产品的描述，是估计项目成本的现实基础，也可用于对报价或价格估算进行评价
为系统验证和确认提供控制基线	拥有一个好的需求文档，相关组织可以更有效地开发其验证和确认计划。系统和子系统的试验计划和技术规程亦可通过需求生成。作为系统开发工作的一部分，需求文档的作用是提供控制基线，可以用于度量设计方案对需求的遵从度。需求还可以为利益相关者进行系统验收提供基础
有利于产品交付	需求描述使得向用户交付产品更加容易。利益相关者将会发现将产品转交到组织内其他单位更加容易，开发者将会发现向新的利益相关者转交产品更加容易，重用已有的产品也更加容易
为系统进一步提升打下基础	对于已完成的产品，需求是其今后可能提升或改造基础

4．技术需求的确认

需求定义的一项重要工作是，根据利益相关者的期望、使命任务目标与约束条件、运行使用构想、使命任务成功判定准则，对需求进行确认。需求的确认主要包括如下 6 个步骤。

（1）需求的书写是否正确无误。确认并更正以“需要……”形式陈述需求时的格式错误和编辑错误。

（2）需求在技术层面上是否正确。在将需求提交给所有的利益相关者评审之前，技术团队内部训练有素的评审人员要尽可能多地辨识出并去除技术性错误。评审人员应当对需求陈述做如下检查：①需求对于设定控制基线的利益相关者期望是否具有双向可追溯性；②形成需求的前提假设是否合理；③需求是否对产品的设计方案和实施方案起到重要作用并与之保持一致，使之满足产品当前寿命周期阶段的成功评定准则。

（3）需求是否令利益相关者满意。所有利益相关者团体应当能识别出需求缺陷并将其去除。

（4）需求是否可行。所有的需求都应当在技术上有意义，且有可能实现。

（5）需求是否能够得到验证。所有的需求都应当以同一风格陈述且含有充足的信息，如此方有可能在产品实现之后对需求进行验证。

（6）需求是否存在冗余或过分描述。所有的需求都应当是独一无二的（不会与其他需求有冗余），而且有必要与系统的功能、性能和行为相匹配。

需求确认的结果常常是决定项目能否推进到逻辑分解流程和方案设计流程的关键因素。项目团队应该做好以下准备工作：（1）证明项目需求是完备的和可理解的；（2）证明评价标准与需求是一致的，并且与运行使用构想和后勤保障构想是一致的；（3）证实需求和效能指标与利益相关者的需要一致；（4）证明运行使用构想及所构想的系统架构可以支撑使命任务需要、目的、目标、前提假设、指导方针和约束条件；（5）证明管理需求变更的流程已经建立并在项目的知识库中记录归档，且已经与利益相关者交流。

5．定义系统性能指标和技术性能指标

性能指标（MOP）定义为当系统在预设的环境中部署和运行使用时，应当展现出的性能特征。性能指标可以从效能指标中推出，但是从供应商的角度看，它更侧重于技术方面。通常需要多个定量的和可度量的性能指标来满足同样是定量的效能指标。当涉及系统验证和验收时，性能指标反映那些被认为有利于达成效能指标的系统特征。

技术性能指标（TPM）定义为系统的物理特征和功能特征，这些特征与那些被认为是使命任务成功中关键的性能指标相关，技术性能指标便是依据这些性能指标设定的。在系统实现过程中，通过将系统参数的实际值（或最佳估计值）与早期对当前时刻的预计值做比较，对技术性能指标进行监控，同时还可以确定未来时刻的设计值。技术性能指标用于认定系统的开发进展，确定那些可能危及满足关键系统需求或使项目面临费用和进度风险的缺陷。

关于系统性能指标和技术性能指标、它们相互之间的作用关系及其与效能指标的关系，更多的信息及相应示例，可参见本手册的6.7.2.6.2节。

6．确立技术需求控制基线

一旦明确系统技术需求，经过确认符合标准（清晰、正确、完整、可达）需求，而且得到客户和关键利益相关者的认可，便可设定它们的控制基线并将控制基线置于技术状态管理之下。通常需要组织系统需求评审，对所有需要做出的变更听取评审意见，获得对系统需求集的一致认可，从而便设定了系统技术需求的控制基线。关于系统需求评审的更多信息可参见6.7节。

7．获取工作产品

在上述活动中生成的工作产品包括所做出的关键决策、支持决策的客观依据和前提假设，以及开展这些活动中总结的经验教训。

4.2.1.3　流程的输出

技术需求开发流程典型的输出应包括如下内容。

- **经确认的技术需求：**这是个被认可的需求集，包括对于待解决问题做出完整描述的需求，以及经客户和利益相关者确认与认可的其他需求。所获取的需求应当编写成文档，如系统需求文档、项目需求文档、接口需求文档和软件需求规范等。
- **系统性能指标：**指所确定的系统定量度量指标。如果达到系统设计方案的设定值，则有助于确保一个或多个效能指标得到满足。每项效能指标可能对应两个以上的性能指标。更详细的信息可参见6.7.2.6.2节。

- **技术性能指标**：指系统的性能度量指标集。通过将性能参数当前能达到的实际值与预期值或需要性能参数在此时达到的值做对比，然后对性能指标进行监控和调整。技术性能指标用于认定系统开发的进展和确定系统缺陷。更详细的信息可参见 6.7.2.6.2 节。

4.2.2 技术需求开发流程指南

4.2.2.1 需求的类型

项目需求的完备集包括向产品分解结构的低层级分解和分配需求，用于设计相应单元，包括产品与系统边界外产品交互的需求。在产品分解结构内分配的需求包括功能需求（需要执行什么功能）、性能需求（这些功能必须执行到何种程度）和接口需求（产品与产品间交互的需求）。与系统边界外相关联的需求包括环境、安全性、人因等方面的需求，包括那些非功能性需求及来自 NASA 设计与建造标准的需求。图 4.2-2 给出了需求流动的概览，包括需求的类型、需求的拥有者或责任方（有权批准免责说明）。

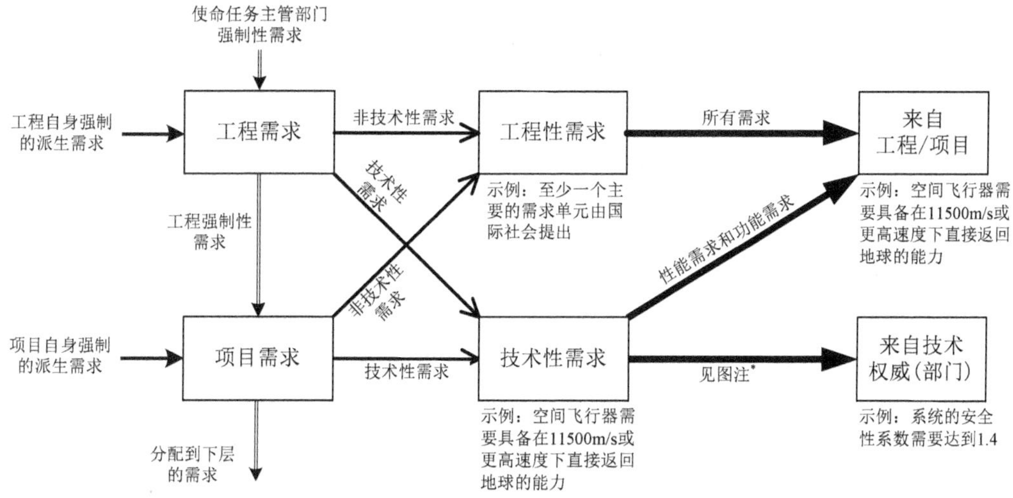

图 4.2-2　需求的流动、类型和所有权

功能需求、性能需求和接口需求对于项目非常重要，但若要构成保证项目成功所必需的全部技术需求的需求集，这些还不够。为空间部段设计的单元，在项目运行使用环境中应当能够生存并持续工作。这些环境影响因素可能包括辐射的、热学的、声学的、机械载荷的、污染的、微波射频的因素和其他因素。此外，可靠性方面的需求将影响系统在健壮性、故障容错性和功能冗余方面的设计选择，进而影响设计方案的故障管理。安全性方面的需求将影响系统在保证各类功能冗余方面的设计选择。图 4.2-3 给出了本章所描述需求类型的组织架构。

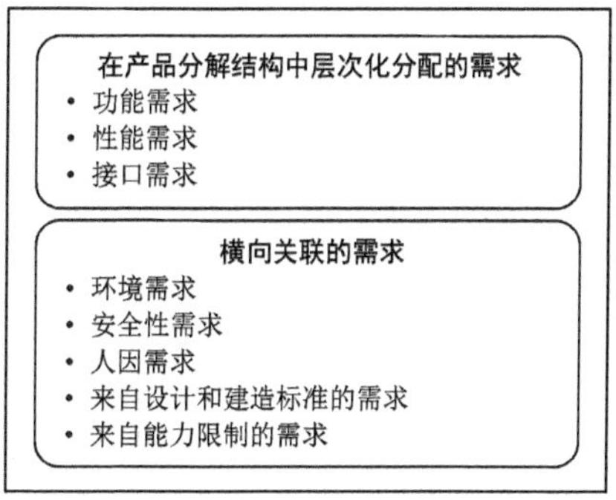

在产品分解结构中层次化分配的需求
- 功能需求
- 性能需求
- 接口需求

横向关联的需求
- 环境需求
- 安全性需求
- 人因需求
- 来自设计和建造标准的需求
- 来自能力限制的需求

图 4.2-3　需求类型的组织架构

4.2.2.2 产品分解结构需求

1. 功能需求

对于产品全寿命周期中所有预期的应用，需要指定每项应用中产品的功能需求。功能分析可用于获取并描述产品的功能需求和性能需求。基于所建立的评定标准（如相似的功能特性、性能指标等），需求被划分为若干个组，以便于需求分析聚焦。功能需求和性能需求被划入需求的功能分组，并被分配到子级功能、目标、人员和流程。此时需要考虑对时间敏感的功能顺序。每项已明确的功能采用输入、输出、失效模式、失效后果和接口需求的形式，自顶向下进行描述，以便能够在更强的功能组合中确认所分解的功能。功能按照逻辑顺序进行分配，因此，系统任何指定的运行使用任务（包括应急场景下的应用）都能够通过系统的端到端路径进行追踪，从而反映出为了实现目标，系统应当完成的所有功能的顺序关系。

询问如下类型的问题将有助于形成运行使用构想和运行使用场景：系统需要执行何种功能。这些功能需要在什么运行使用和环境条件下执行、由谁执行、在何处执行、执行多长时间等。通过思考这些问题经常能揭示出额外的功能需求。

> **注：** • 功能需求用于定义为达到系统目标需要实现的功能。
> • 性能需求用于定义系统功能需要执行到何种程度。

2. 性能需求

性能需求是对系统功能需要执行到何种程度的量化定义。与功能需求相同，通过询问如下类型的问题将有助于形成运行使用构想和运行使用场景，并描绘出性能需求：系统功能的执行所需要的频度和程度、需要达到的精度（如需要怎样精确的度量指标）、应形成哪些定性和定量输出、在什么强度（如最大同时数据请求）或环境条件下执行、需要持续多长时间、在什么取值范围内和有多少偏差许可，以及在多少最大通量和带宽容量内执行。

功能需求和性能需求示例
初始功能陈述 推力矢量控制器需要能够控制飞行器俯仰和偏航方向。 该陈述描述推力矢量控制器必须执行的高层功能。技术团队需要将该陈述转换为面向设计的功能需求和性能需求。 **功能需求及相应的性能需求** • 推力矢量控制器需要能够以最大角度 (9 ± 0.1)° 万向转动引擎。 • 推力矢量控制器需要能够以最大角速率 (5 ± 0.3)° /s 万向转动引擎。 • 推力矢量控制器需要能够提供（40 000 ± 500）磅（1 磅≈0.4536kg）动力。 • 推力矢量控制器需要具有（20 ± 0.1)Hz 的响应频率。

在可能的情况下，使用如下方式定义性能需求：

（1）门限值（系统执行使命任务需要的最小可接受值）；

（2）性能需要达到的控制基线水平。

对低于门限值的情况，需要对项目进行需求降准。有时设计中超出门限值的额外功能特性可能只需要很少或不需要额外成本。当这种情况发生时，客户和项目团队可能会同意将新的功能特性作为已设定控制基线需求的一部分。通过门限值和控制基线来指定性能需求，可以为系统设计人员提供一个权衡空间，在其中研究考察不同的设计方案。

所有定性的性能指标期望值应该经过分析并转换为定量的性能需求。权衡研究通常可以帮助对性能需求的量化。例如，权衡分析可以显示，对性能需求的略微放松是否会产生系统费用的显著下降，或资源消耗的稍许增加是否会产生更显著、更有效的系统性能表现。提出性能需求的合理依据应当与需求同时记录在案，以便在性能需求可能要发生变更时，能够理解当时提出该项需求的原因和初衷，应当对能够通过权衡分析进行量化或做出变更的性能需求建立独立标识。关于权衡分析的更详细信息，参见 6.8 节“决策分析”。

注： 应当注意性能需求不要制定得过于严格。例如，对于必须在使用充电电池情况下才能够运行的系统，如果性能需求指定充电时间需要少于 3h，而充电时间最多可以放宽到 12h，则潜在的解决方案将可能会被排斥掉。同样，如果性能需求指定质量必须在±0.5kg 以内，而±2.5kg 也足以达到目标，这样可能会导致产品价值未增加而费用却大幅度增长。

3．接口需求

为系统（包括其配套系统）定义所有的接口需求是一项重要的工作。其中，外部接口形成沟通产品和周边世界的边界。接口的类型包括运行使用指令和控制指令接口、计算机之间的接口、人机接口、机械接口、电气接口、热学接口和数据接口。相关场景图（参见附录 F）是一个定义接口的可用工具，用于描述产品及其所有外部接口。一旦系统组件被定义，需要开发出能够显示系统的主要组件、组件间互联关系和外部接口的框图，据此给出组件和组件之间交互的定义。

应当考虑与产品整个寿命周期所有阶段相关联的接口，如与试验设备、运输系统、综合后勤保障系统、制造设备设施、地面操作人员、用户和维护人员之间的接口。

在执行完成技术需求开发流程之后，需要重新审视接口框图，并且精确改进已记录在案的接口需求，改进的接口需求应包含最新辨识的内部和外部接口的需求信息。关于接口需求的更多内容可参见 6.3 节。

4.2.2.3 横向关联的需求

本节讨论功能需求之外的需求子集，此类需求横向作用于系统之间，而不是沿着产品分解结构纵向分解。本节提供了有关环境需求、安全性需求、人因工程需求和可靠性需求的示例。这些都是横向关联需求类型的代表，而根据工程或项目的范围和性质，可能有许多领域和学科会提出此类需求。

每个设计单元都应该能够在项目运行环境中生存并持续工作。环境要求包括对辐射、热学、声学、机械负载、污染、射频等方面因素的限制。安全性需求推动设计选择能够提供多种功能冗余。人因工程需求确保人类的能力和局限性被充分考虑，从而确保系统的正常运行使用。其他非功能性需求（有时被称为系统的“……性”）也可能影响设计选择。这些非功能性需求可能包括通常会转化为横向关联需求的可生产性、可靠性、可维护性、可用性、可升级性及其他设计和建造标准等。

1．环境需求

每个空间使命任务都有独自的环境需求集，通常应用于飞行阶段的单元。此时系统工程的关键功能是，针对特定的使命任务辨识外在环境和内在环境，对预期的环境进行分析和量化建模，针对预期环境开发设计指南，根据预期环境确立关于性能余量的完整概念体系。

如果使用环境包络线，应该考虑系统在地面试验、存储、运输、发射、部署，以及在寿命周期起始到终止的常规运行使用中，可能遭遇到的所有状况。从使命任务环境中派生出的需求应该包括在系统需求里。

应当予以考虑的相关外部环境和内部环境包括加速度、振动、震动、静态负载、声环境、热环境、污染、宇航员引发的负载、辐射的总剂量/辐射影响后果、单个事件影响、表面电荷和内部电荷、轨道碎片、大气的（氧原子）控制和品质、姿态控制系统扰动（大气阻力、重力梯度、太阳压强）、磁场环境、发射时压力梯度、微生物的生长、地面和在轨微波辐射频率。

对于在项目中可能受使命任务环境影响的各个单元，需求结构中应当说明在运行使用中所应用工程学科的专门需求。这些学科领域中的系统单元需求集中在电磁干扰和电磁兼容性、接地、辐射和相关屏蔽、污染防护、可靠性、人类健康和环境保护等方面。

2．安全性需求

NASA 广泛使用的术语“安全性”包含了人员（公众和职员）的安全性、环境的安全性及资产的安全性。安全性需求有两类：确定的安全性需求和基于风险信息的安全性需求。确定的安全性需求是对系统采取的行动或实际效果定性或定量地给出门限值的定义；在与使命任务相关的设计中，部件和系统及其相关活动，以及其他与安全相关的活动都应满足确定的安全性需求。

确定的安全性需求包括如下示例：安全性设备的引入（如在系统中使用防止液压升降机/液压臂的延伸超过预设安全高度和长度极限的物理栓件）；系统输入变量取值许可范围的限制；在系统某种运行模式或使用状态下，对输入命令做限制性检查，以确保它们在指定的安全性限制或约束范围内（如飞机只有在起飞升空的状态下，收回起落装置的指令才是被许可的）。

人类的错误可能引起安全性灾难，因此安全性评估应包括对于灾难及纠错行动的考虑。对那些标识为“安全性至关重要”的组件，相应的故障管理需求包括：（1）功能冗余或故障容错要求，从而允许系统在出现一个或多个故障时仍能满足运行使用需求，或通过简化系统功能特性要求保证其处于安全状态（如双冗余故障容错的计算机处理器、安全状态下的备份用处理器）；（2）如果某些特定的指标值（如温度）超过设定安全极限，能够探测到异常并自动关闭系统；（3）对于使用特定计算机语言编写的安全性至关重要软件，使用专用的安全性需求子集；（4）使用警示或报警装置；（5）根据使命任务和有效载荷分类，明确安全性技术规程。

基于风险信息的安全性需求是在考虑（至少是部分考虑）与安全性相关的技术性能指标及其相应不确定性的基础上建立的。此类安全性需求的示例为：在确定置信水平下宇航员的损失概率不超过设定的 p 值。需求也有可能建立在人类对环境灾害、机械灾害和电子灾害所能够承受的极限基础上。满足安全性需求需要辨别和排除危险，降低危险引起事故发生的可能性，或在可接受水平上降低危险及其引发相应事故的影响。

关于安全性的更多信息，可参见 NPR 8705.2《空间系统的人因评级要求》、NPR 8715.3《NASA 通用安全性工程需求》、NASA-STD-8719.13《软件安全性标准》。

3．人因工程需求

在航空、航天、无人使命任务和其他 NASA 相关工作中，人类作为运行使用人员和维护人员，是使命任务和系统设计的关键组成部分。人类的能力和局限性应该以某种方式反映到设计中，这种方式与材料特性和电子元件特性反映在设计中的方式相同。对于载人空间飞行，许多人类因素需求来自 NASA-STD-3001《NASA 空间飞行载人系统标准》，并在其伴随手册 NASA-SP-2010-3407《人因集成设计手册》中给出进一步解释。

与人类因素相关的目标和约束包含在需求开发期间的系统各项计划中。在每个载人系统组件中，与人类因素相关的问题、设计风险和权衡分析被记录归档为项目需求的一部分，这样在设计阶段就可以充分解决这些问题。

在利益相关者中，不仅要纳入那些指定系统如何构建的人员，还要纳入那些在系统投入运行时将使用系统的人员，这样既可以自上而下生成系统需求（需要建成什么样的系统），也可以自下向上生成系统需求（预期系统如何发挥作用）。

所有硬件和软件方面的需求都应考虑人因在系统中的作用及人类被期望执行的任务类型。区分被动的乘客和主动的操作者，是重大设计决策的导向，而航天机组人员的数量将对后续关于宜居空间和存储容积的决策产生影响，也会对关于宇航员进行系统操作和维护可用时间的决策产生影响。

相应的系统设计方案需定义系统在保障人类活动方面的运行环境条件，以及可能影响人类用户的任何因素。这项需求可能需要指定可接受的大气条件，包括大气的温度、压力、成分和湿度，或指出噪声、振动、加速度和星体引力的可接受范围。针对这些需求可能还要指出何时需要使用防护服，或如何适应正常操作范围之外的不利情况、紧急情况。

适当的系统设计方案不仅需要考虑环境因素（如物理环境或可用技术），还需要考虑作为系统组件的人类因素（如身体条件和认知能力）。举例来说，航空和航天旅行中人类可能出现疲劳和自我控制方面的问题，而这些会严重影响人类的表现，应当考虑在设计需求之内。

4．可靠性需求

可靠性可以定义为一个设备、产品或系统在特定的运行使用条件下和在给定的时间内不出现故障的概率。可靠性是系统固有的设计特征，作为在运行使用和维护保障成本方面及系统效能方面的主要影响因素，可靠性在确定系统费效关系中起着关键作用。

可靠性工程是一个重要的专业学科，对达成经济有效的系统目标产生可观影响。可靠性工程主要在系统工程实践过程中完成，通过主动设计和管理实现特定的设计特征，确保系统在整个使命任务过程中能在可预计的物理环境中运行使用。可靠性工程的另一个作用是为系统的设计权衡、试验计划、运行使用和综合后勤保障计划提供独立的可靠性预计结果。

可靠性需求确保系统（含分系统，如软件和硬件）能够像整个使命任务过程中所期望的那样在可预计的环境和条件下运行使用，并确保系统有能力经受住一定数量和类型的失效、误差或故障（如经受住振动，预期的数据传输率、指令和/或数据错误，独立事件扰动，温度变化达到设定的极限等）。

环境可能包括地面（运输和处理）、发射、在轨（地球轨道或其他轨道）、行星间飞行、再入和着陆等相应的运行使用环境。此类环境也可能作用到某种运行模式或状态下的软件中。可靠性可能受到人为错误及工程系统（机械的、电气的、液压的等）故障的影响。可靠性应考虑人为错误的可能性（与人因系统集成相互协调，参见7.9节），因而需使用专题试验来验证假设。可靠性强调设计需求和验证需求，以满足相应运行使用水平的需要，满足在所有预期环境和条件下对故障和/或失效的容差限度。可靠性需求针对系统故障/失效的预防、检测、隔离和恢复等功能，以及针对相关运行使用人员/航天机组的告警，为设计方案选项提供输入。

4.2.2.4 需求分解、分配和确认

需求的分解自顶层需求开始，按系统的层次结构进行。顶层需求来自总统行政指令、使命

任务管理部门、工程管理部门、NASA 机构、客户和其他利益相关者。这些顶层需求可以划分为功能需求和性能需求两类，并在系统内针对各个组成部分（单元和子系统）进行分配。分配的需求又在单元和子系统中进行进一步分解和分配。这个分解和分配过程持续进行，直到获得能够进行设计的完整系统需求集。在每一个层级（系统层、子系统层、组件层等）的分解中，在推进到下一层分解之前，全部派生需求的合集应当根据利益相关者的期望或较高层级的需求进行确认。

需求的可追溯性应能达到系统最低层级，确保每个需求都是满足利益相关者期望所必需的。如果需求没有被分配到更低层级或未能在更低层级实现，将可能导致设计方案无法满足目标而成为无效设计。反过来，低层级的需求如果不能被上层需求追溯到，将可能导致无法证明的超范围设计。需求的层级分解流程如图 4.2-4 所示。

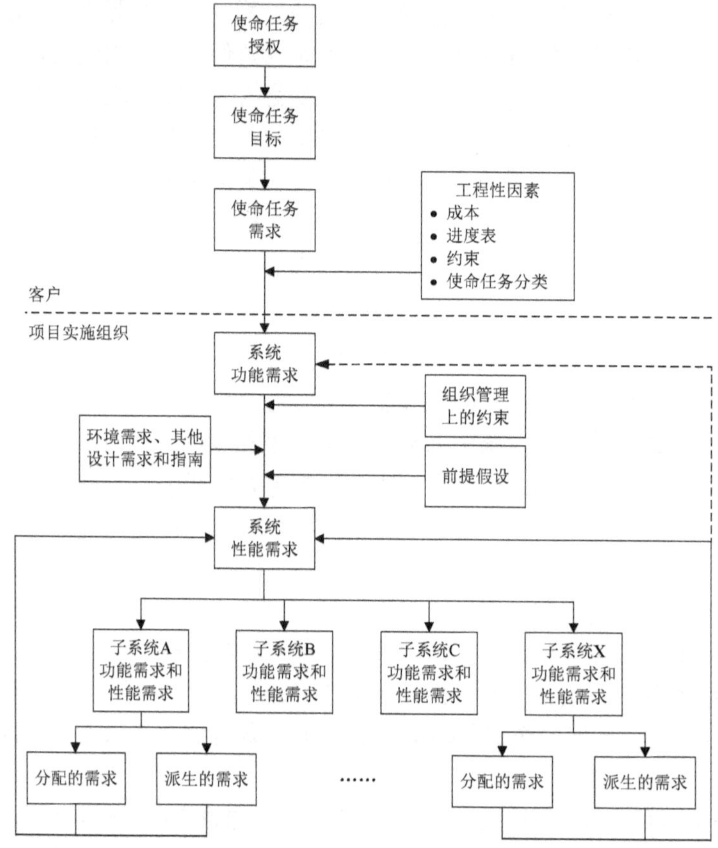

图 4.2-4　需求的层级分解流程

图 4.2-5 所示的是典型科学试验使命任务下，科学试验的必要需求自顶向下逐渐分解和分配的例子。理解需求之间的关联关系并记录归档非常重要，这会降低出现误解的可能性、降低出现不满意设计方案的可能性，以及降低相关成本和进度增加的可能性。

在阶段 A 和阶段 B 中，可能会出现需求的变更和约束的变更。所有的变更都必须进行全面评估，以确定其对上一层级需求和下一层级需求的影响。同样，所有的变更也应遵从作为正式变更控制流程一部分的评审环节和正式审批环节，这样可以维护需求的可追溯性，确保任何变更的影响都针对系统所有部分进行了完整评估。如果使命任务规模巨大且牵涉多个 NASA 中心或横跨其他组织和机构，则需要实施更加正式的变更控制过程。

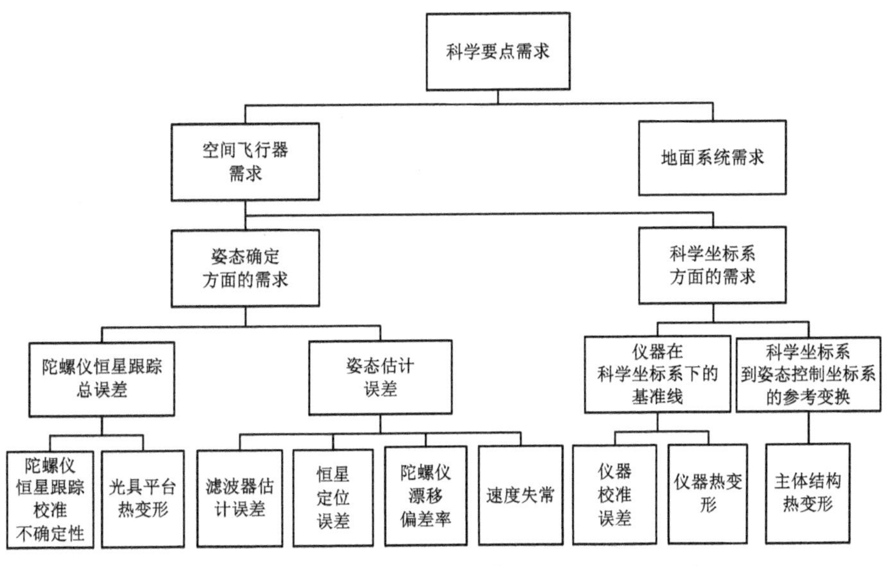

图 4.2-5 科学试验的必要需求自顶向下逐渐分解和分配

4.2.2.5 需求的获取和需求数据库

在开发系统需求的时候，获取需求陈述是重要的，获取与每个需求相关联的元数据同样重要。元数据是阐明和连接需求的必要支撑信息。

在开发每一项需求时，还应全面考虑需求的验证方法及如何实施所选的验证方法。某些工程/项目会以提出验证需求的形式获取各种需求验证方法。验证的方法包括产品试验、外观检视、定量分析和功能演示。在确定验证方法期间发现的任何新的需求或衍生的需求都应当记录归档。例如，新的需求可能是需要一个额外测试端口，以便在系统集成和试验期间能够直观地观察内部信号的输出。如果需求无法进行验证，结果就是要么不再将其视为需求，要么需求陈述需要重写。例如，陈述为“组件 X 需要最小化噪声”的需求是模糊的，无法进行验证。如果将需求重新陈述为“组件 X 的噪声水平需要保持在 Y 分贝以下”，那么显然这样的陈述是可以验证的。表 4.2-2 给出了需求元数据类型的示例。如果缺少需求元数据的信息，可能导致 NASA 和承包商在成功验证需求方面产生不同的期望。

表 4.2-2 需求元数据类型

项　目	功　能
需求标识	提供唯一的系统编号，便于需求的排序和跟踪
客观依据	在编写需求时提供的附加信息，有助于阐明需求的意图（参见“客观依据”注记）
需求追溯	在较高层级需求和较低层级（派生）需求间获得双向可追溯性，并获取需求之间的关联关系
所有者	负责编写、管理和/或审批该项需求变更的个人或团体
验证方法	采用的验证方法（产品试验、外观检视、定量分析、功能演示），应当在需求开发时确定
验证主责	被指派负责实施需求验证的个人或团体
验证层级	为待验证的需求指定层次结构上的层级（如系统层、分系统层、单元层）

客观依据

客观依据应当是最新的，且应当包含以下信息。

- **需求的理由**：通常提出需求的理由不清晰，而且在形成需求文档的过程中若不记录，则可能丢失。理由可能指向一个约束或指向运行使用构想。如果存在清晰的上层需求或存在能够解释理由的权衡研究结果，则理由应当可以作为参照。
- **归档的前提假设**：如果在记录归档的需求中，假设技术开发计划已经完成，或技术开发使命任务已成功完成，则应当归档此前提假设。
- **归档的关系**：与所预期的产品运行使用（如期望利益相关者如何使用此产品）的关联关系应当归档。该项工作可以与运行使用构想同步完成。
- **归档的设计约束**：在设计过程中，由决策的结果带来的约束条件应当归档。如果需求陈述的是实施方法，则客观依据应当陈述为什么所做出的决策是将解决方案限制在所提出的单一实施方法内。

需求数据库是个极其有用的工具，能够用于获取需求和相关元数据，能够用于展现需求之间的双向可追溯性。需求数据库随时更新变化，可存储和提供与需求相关的状态信息，如需求的待确定状态/待分解状态、需求分解的日期、需求验证的当前状态。每个项目都应该决定自身需要获取什么元数据。需求数据库通常处于中心地位，从而便于整个项目团队使用。关于需求验证矩阵的示例，可参见附录 D。

4.2.2.6　技术标准

1．应用标准的重要性

标准为建立覆盖整个工程和项目的公共技术需求提供可信的基础，从而避免需求不兼容的情况，并确保至少满足最低程度的需求。如果能得到有效应用，公共标准还能够降低产品实现和运行成本、能够降低产品检查成本及通用产品供应成本等。标准是基于经验教训总结和最佳实践经验建立的。通常，标准（和规范）应用于产品全寿命周期，建立设计需求和余量、材料和加工工艺规范、测试方法和接口规范（如设计和建造标准）。标准不是封闭的，应当作为要求（或指南）应用在设计、制造、确认、验证、接收、使用和维护中。

2．标准选择

NASA 在技术标准方面的政策在 NPD 7120.10《NASA 工程和项目技术标准》中给出，其中说明标准的选取、剪裁、运用和控制。总体上看，在 NASA 工程和项目标准中权限的顺序如下：

（1）（美国）法律规定的标准（如环境标准）；

（2）（美国）国内或国际工业界共同认可的通用标准；

（3）其他的（美国）政府标准；

（4）NASA 技术标准。

NASA 也可以指定限定性标准或“核心”标准，要求所有工程在技术可行的情况下必须应用这些标准。放弃指定核心标准需要得到 NASA 总局的审议和许可，除非另行授权指定审议和许可单位。标准解释权归与之相应的技术权威单位所有。

4.3　逻辑分解流程

逻辑分解流程的作用是生成详细的功能需求，从而使 NASA 的工程和项目能够实现满足利益相关者期望的目标。逻辑分解流程用于确定系统在每个层级上应当完成“什么”才能使得项目成功。逻辑分解流程利用功能分析方法来构造系统的架构，对系统顶层（较高层级）的需求进行分解，并把它们向较低层级进行分配，直到项目所需要的最低层级。

逻辑分解流程用于如下方面：

- 对所定义的技术需求（如功能需求、性能需求、行为需求和时间需求）及需求之间的关联关系增强理解。
- 为了得到设计方案开发流程的输入，将较高层级需求分解为一组逻辑分解模型，以及与分解的模型相对应的一组派生技术需求。

4.3.1 流程描述

图 4.3-1 所示是逻辑分解流程的典型流程框图，图中给出了在逻辑分解流程中需要考虑的典型输入、输出和活动。

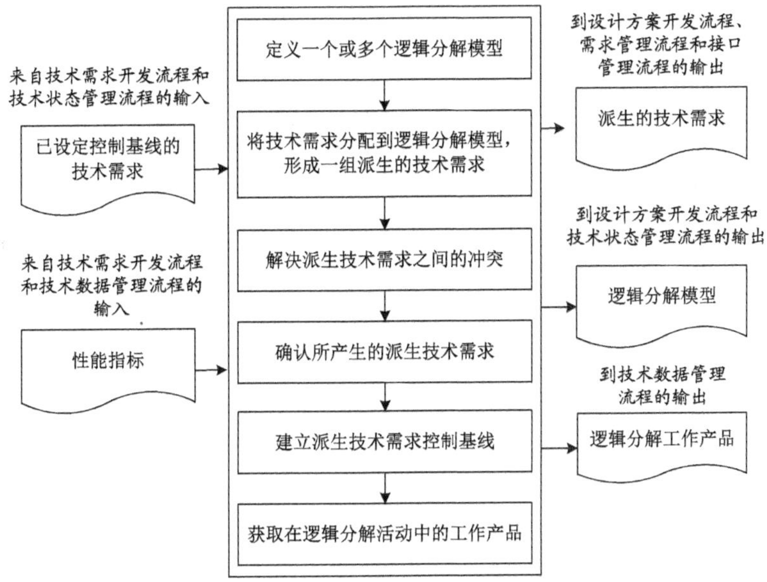

图 4.3-1 逻辑分解流程的典型流程框图

4.3.1.1 流程的输入

逻辑分解流程中需要的典型输入包括如下内容。

- **技术需求集**：一组经确认的需求，表示对于待解决问题的描述。这些需求通过功能分析和性能分析已经建立，并得到了客户和其他利益相关者的批准。获取的需求应写入相应文档，如系统需求文档（SRD）、产品需求文档（PRD）和接口需求文档（IRD）。
- **技术指标集**：基于期望和需求建立起来的度量指标集。该指标集将被跟踪和评估，以决定整个系统或产品的有效性及客户的满意度。其中的指标包括效能指标（MOE）和性能指标（MOP），以及上述指标的一个特别子集——技术性能指标。更详细的信息参见 6.7.2.6.2 节。

4.3.1.2 流程中的活动

1．确定一个或多个逻辑分解模型

逻辑分解流程的第一步是建立系统架构模型，这一步非常关键。系统架构用于定义系统中的硬件、软件、在系统回路中的人员、保障人员、系统通信、运行使用等要素形成的基础结构及要素间的关联关系。这些要素由 NASA 机构、使命任务主管部门、工程/项目开发团队实现完成，或分配到更低层级开展工作。系统架构的建立过程推动系统要素和需求进一步分解为更低层级的功能和需求，直到能够完成系统设计工作并满足系统需求。分解后的子系统之间和单元之间的接口及关联关系也同时被确定。

一旦确立了顶层（上一层级）的功能需求和约束条件，系统设计人员就可以应用功能分析方法开始规划和论证系统的概念架构。系统架构可以被视为由系统功能单元构成的战略性组织，这种结构组织使得单元之间的地位、关系、依赖性和接口能够被清晰地定义和理解。系统架构在战略层面注重系统的整体结构，注重各单元之间如何协同配合对系统整体做出贡献，不是关注各个单元自身的独立工作。采用系统架构使得系统的各个单元可以相互独立开发，同时又能确保它们组合在一起共同工作时可以有效地实现顶层（上一层级）的需求。

与功能分解过程中的其他要素相同，在系统的顶层开发一个良好的层次架构很重要。这个开发过程是创造性的、递归的、协同的和迭代的，能达到对项目最终目标和约束条件的最佳理解，同样也能达到对实现目标产品交付的潜在技术途径的良好认知。

鉴于对项目顶层的（或上一层级的）最终需求及约束条件的关注，系统架构设计师应当至少开发一个能够达成工程目标的系统概念架构，当然能开发出多个更好。每个架构的构想都涉及功能单元的技术规范（说明单元做什么）、它们之间的相互关系（接口定义）和运行使用构想。运行使用构想涉及从开始运行使用到使命任务结束，分布在不同地点和处于不同环境下的各个部段、子系统、单元、人员、样机等如何形成系统整体运行效果。

架构构想的开发过程应当是递归和迭代的，要从利益相关者和外部评审者那里得到意见反馈，同样也要从子系统设计人员和使用人员那里得到反馈。这些反馈意见应当尽可能多，以提高有效完成工程最终目标的可能性，同时降低成本和进度超出的可能性。

在架构构想开发的早期，可能有多个构想被开发出来。但成本和进度上的约束条件将限制工程或项目长时间同时维持多个架构构想的开发。所有 NASA 工程的架构设计须在规划和论证阶段完成。对于多数 NASA 项目（及紧耦合的工程）来说，将会在阶段 A 为其中一个架构单独设定控制基线。架构偶尔会在高层发生变更，这是因为向低层的分解在设计方案、成本或进度方面产生的复杂性引起变更的必要。当然，正如图 2.5-3 所示，开发过程中变更发生的越晚，则开销越昂贵。

除架构设计师的创造性思想外，还有许多软件工具可运用于系统架构的开发。这些主要是建模和仿真工具、功能分析工具、架构框架搭建工具和权衡研究工具。例如，可以采用美国国防部的体系架构框架（DODAF）方法构建系统架构。随着每个架构构想的开发，架构分析模型、模型组件和组件运用也会在项目的推进过程中更加逼真地开发出来。功能分解、需求开发和权衡研究的工作也随后展开。随着需求向下层的分解和设计方案的成熟，这些活动将多次迭代并反馈到不断演化的架构构想中。

DOD 架构框架（DODAF）

在过去十年中，架构框架技术的进步使之成为用于对演化的复杂体系进行描述和特征化的新方法。在此氛围下，架构描述非常有用，可用于确保利益相关者的需求被清晰理解和排序、确保优先考虑关键细节（如互操作性），以及确保主要投资决策基于战略性考虑。认识到这一点，美国国防部确立了在投资规划、采办和联合能力集成方面指定使用 DODAF 的政策。

架构可以理解为“组件的结构及其相互关联关系，以及全程控制其设计与演化的原则和指南。”（基于美国电气和电子工程师协会（IEEE）的 STD 610.12 标准定义。）为了描述架构，DODAF 定义了若干视图：**作战运用视图、系统视图和技术标准视图**。此外，还包括字典和综合摘要信息（见下图）。

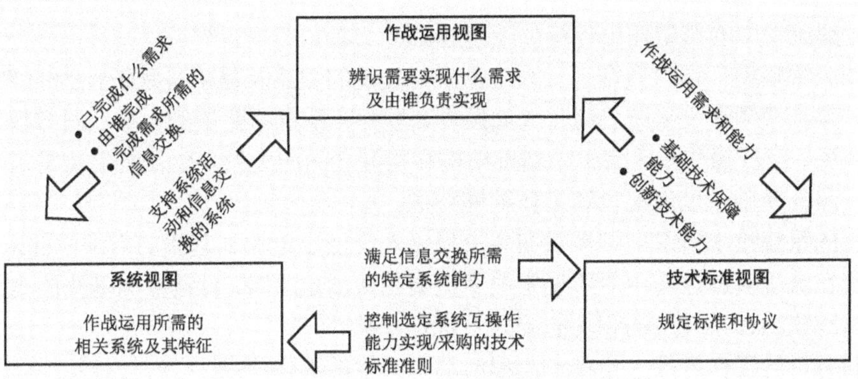

在每一个视图中，DODAF 包含特定的产品。例如，在作战运用视图中，包含作战运用节点的描述、它们的关联性，以及信息交换需求。在系统视图中，包含所有作战运用节点和相互关联构成的系统描述。并非所有 DODAF 产品都与 NASA 系统工程相关，但它的基础概念和形式体系可以用于技术需求定义及决策分析流程的复杂问题结构描述。

2．分配技术需求，解决冲突并设定控制基线

功能分析是用于系统架构开发和功能需求分解的主要方法。它是确定和描述系统必须执行的功能，并找出这些功能之间的关联关系，以满足系统目标的系统化过程。功能分析方法明确系统的功能、需要开展的权衡研究、系统接口特征和需求的客观依据，并将它们关联起来。这些通常都基于所研究系统的运行使用构想。

进行功能分析有如下三个关键步骤：

（1）将系统顶层需求转化为实现这些需求可能需要展现出的功能。

（2）将功能分解和分配到产品分解结构的更低层级。

（3）确定和描述功能接口和子系统接口。

这个流程包括分析每个系统需求，确定为满足需求而需要实现的所有功能。每一项被确定的功能用输入、输出、故障模式、故障的后果和接口需求进行描述。这个流程自顶向下不断重复，因而子系统功能可以被看作更大功能组合的一部分。通过刻画功能的逻辑顺序，系统任何特定的运行使用都能通过这种端到端的逻辑顺序路径进行追溯。

这个流程是迭代和递归的，且一直持续到完成对架构和系统中所有必要层次需求的分析、定义，并设定控制基线。几乎可以肯定，功能分解有多种可替换的方式。例如，与航天器上宇航员的通信可以有多种途径：无线电通信、激光通信和互联网等。因此，需求分解结果高度地依赖于工程师开展分析工作时的创造性、熟练程度和经验积累。随着进入架构和系统较低层级的分析，以及随着系统已经被较好地理解，系统工程师应当保持开放的思想和信念，回顾和修改之前已建

立的架构和系统需求。这些变更又需要再次通过系统架构和功能逻辑分解下去，递归过程一直持续到系统被完整地定义，所有需求都被理解且在可行性、可验证性和内在一致性方面达成共识。只有做到这样，系统架构和需求的控制基线方能确定。

3．获取工作产品

在开展逻辑分解流程中的各项活动时所产生的其他工作产品也应当能够获得，其中包括所做出的关键决策、支持决策的客观依据、前提假设及总结的经验教训。

4.3.1.3 流程的输出

逻辑分解流程中的典型输出包括如下内容。

- **逻辑分解模型**：这些模型定义系统需求与功能的关系及需求与系统行为的关系。其中，系统架构模型定义系统各组件（如硬件、软件、系统回路中的人员、服务保障人员、通信组件、运行操作单元等）的基础结构和相互之间的关系，以及定义将需求分解到足够低层级的基础，以保证设计工作能够完成。
- **派生的系统技术需求**：该需求在本流程输入的已设定控制基线的需求中并未明确陈述，出现在流程实施过程中对所选定的系统架构做出定义时。设定控制基线的需求和派生的需求都应当在系统架构和功能层级中进行分配。
- **逻辑分解的工作产品**：指在本流程活动中产生的其他产品。

4.3.2 逻辑分解流程指南

4.3.2.1 产品分解结构

以产品分解结构和工作分解结构为代表进行系统分解的方式，已经成为关于所需产品系统的重要观点。工作分解结构是对完成项目需要开展的工作做层次化分解。关于工作分解结构开发的进一步信息可参见6.1.2.1节。工作分解结构中包含了产品分解结构，产品分解结构是关于诸如硬件、软件、信息产品（文档、数据库等）进行的层次化分解。产品分解结构在逻辑分解流程和功能分析流程中运用。产品分解结构需要展开到的最低层级应有明确的且能够辨识出的工程师和管理者。图6.1-4给出了产品分解结构的一个示例。

4.3.2.2 功能分析技术

有很多技术可用于进行系统功能分析，下面列出一些常用的方法：

（1）功能流框图法：用来描述任务的顺序和任务关系。

（2）N^2 图法（或 N×N 交互矩阵法）：用来从系统的观点确认主要因素之间的交互关系或接口。

（3）时间线分析法：用来按时间顺序描述那些对时间敏感的功能。

4.4 设计方案开发

设计方案开发流程的作用是把来自利益相关者期望的高层需求和逻辑分解流程输出的派生需求转化为满足需求的系统设计方案，或者说是把已经确定的层次化系统逻辑分解模型及其相应的系统派生技术需求转换为系统备选方案。通过对这些备选方案进行详细的权衡研究分析，可以选定首选的备选方案。选定的备选方案被完整、明确地定义为一个满足系统技术需求的最终设计方案。设计方案开发流程将用于生成目标产品的技术规范，据此生产产品和进行产品验证。根据目标产品是否有需要开发设计方案的子系统，设计方案开发流程可能需要做进一步细化。

4.4.1 流程描述

图 4.4-1 所示是设计方案开发流程的典型流程框图，图中给出在设计方案开发流程中需考虑的典型输入、输出和活动。

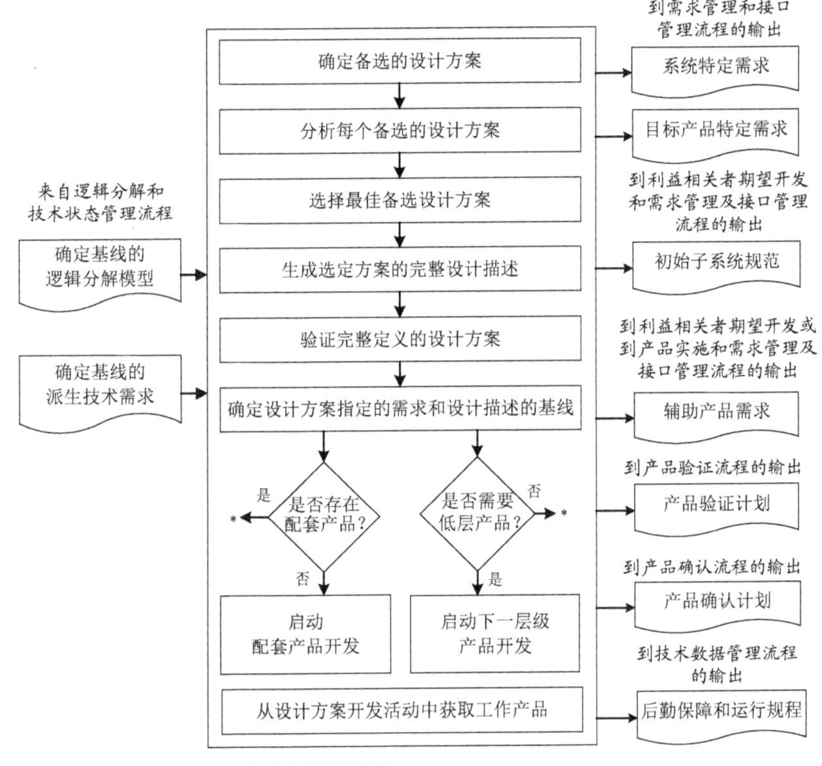

图 4.4-1 设计方案开发流程的典型流程框图

4.4.1.1 流程的输入

启动设计方案开发流程时，所需的基本输入包括如下内容。

- **技术需求**：指客户和利益相关者的需要，该需要已经转化为经过确认的合理且完整的系统需求，包括所有接口需求。
- **逻辑分解模型**：采用一种或多种不同的（如基于功能的、基于时间的、基于行为的、基于数据流的、基于状态的、基于模式的、基于系统架构的等）方法对系统需求进行分析和分解，以便于能够得到对系统接口和行为更容易的综合理解（参见本手册附录 B 中术语“模型”的定义）。

4.4.1.2 流程中的活动

1. 明确备选的设计方案

系统的实现跨越其整个寿命周期，其中涉及一系列在备选的实施方案之间的决策。如果备选方案能够被精确地定义和完全理解，则能够在成本-效能空间上进行有效区分，从而系统工程师能够自信地在这些备选方案中做出选择。

为了得到足够可信的便于做出良好决策的评估结果，通常需要对可能的设计方案空间进行更深入的研究，如图 4.4-2 所示。然而应该认识到，这个图中表述的既不是项目从概念探索到退役处置全寿命周期中所包含的所有系统开发流程，也不是系统设计方案开发和实施所依赖的产品开发流程。

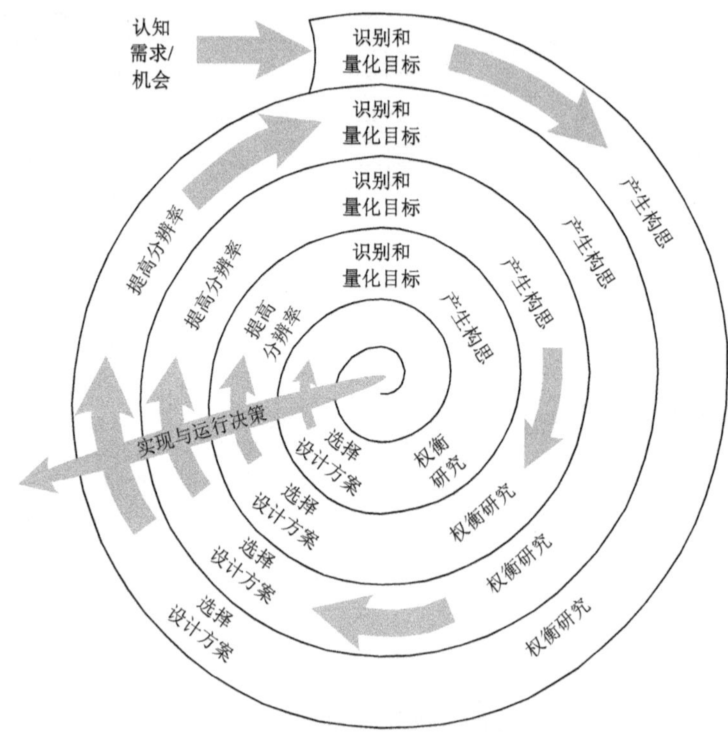

图 4.4-2 持续细化的理论

图 4.4-2 中“产生构思”步骤的多次实施是一个由利益相关者期望驱动的递归和迭代的循环设计过程。在此设计过程中开发出系统架构/设计草案、相关的运行使用构想和派生的技术需求。该设计过程还需要考虑诸如费用和进度这样的工程性约束条件。设计过程的上述三个产品应当是相互一致的，这种一致性需要经过反复的设计决策。这个迭代和递归设计循环如图 4.0-1 所示。

每次实施图 4.4-2 中“产生构思”的步骤还需要对技术持续发展所产生的潜在能力进行评估，以及对潜在缺陷进行评估，这些潜在缺陷来自于针对以往工程/项目中取得的经验教训进行的基于经验的评审。极为重要的是，在技术开发流程、设计流程和诸如人因系统集成的相关流程之间应保持持续交互，从而确保设计方案反映可用技术的现实性，并确保避免对不成熟技术的过度依赖。此外，对任何可能应用的技术应当进行适当的状态监控，且应当关注并适时评估技术进步对构思效果的影响。通过在所需要的技术成熟度方面对设计方案进行定期评估，可以促进前面所述流程之间的交互，参见 4.4.2.1 节对技术评估更细致的讨论。这些技术单元通常存在于产品分解结构的较低层级。尽管通过集成较低层级单元进行系统开发的设计构思流程是系统工程流程的一部分，但总是存在自顶向下的流程不能同自底向上流程保持一致的危险。因此，系统架构的问题需要在早期解决，这样系统才能够通过充足的实际数据建立模型并进行可信赖的权衡研究。

随着系统设计方案的实施，系统特征也变得更加清晰，但也就更难改变。参见图 2.5-3 中“改变设计思路的代价”所表现的上升趋势。系统工程的目的是，确保设计方案开发流程采用的方式能够在给定的进度约束条件下，引导实现功能最佳、安全性最佳和效益最佳的系统。基本思想是在做出很难撤销的决策之前，应当对备选方案反复进行细致的评估，特别是考虑所需技术的成熟度及利益相关者在高效有益的运行使用方面的期望。

2．生成备选方案设计构思

一旦理解了要实现的是何种系统，就可以采取多种各不相同的方式来实现这些目标。有些时候，接下来需要考虑备选方案的功能分配，以及考虑集成可用的子系统设计选项，所有这些都涉及成熟度各不相同的技术。理想情况下，针对在不断细化的流程中当前所处的阶段位置，以及在保证与设计组织的工作性质相一致的前提下，可能需要明确尽可能合理的备选方案范围。当实施自底向上的流程时，系统工程师所面临的一个问题就是设计人员都趋于欣赏他们自己创造的设计方案，从而丧失客观性。系统工程师则应当保持“局外人”角色，以保证更为客观。在系统设计实现过程中进行必要的子系统和组件技术成熟度评估时，这一点尤为重要。对部分技术开发者和项目管理层来说有个趋势，即可能过高估计实施设计方案所需技术的成熟度和可用性，而对于既有设备尤其如此。结果就是系统工程的某些关键环节经常被忽视。

图 4.4-2 所示的持续细化的第一轮中，主体通常是一般的方法或策略，有时是系统的架构构想。接下来的一轮是功能设计，再下一轮是详细设计，如此下去。因为目的是发现真正的最佳设计方案，故应避免不成熟地关注单轮设计。系统工程师的一部分工作就是确保参与比较的设计构思已经考虑所有的接口需求。典型的问题包括：“你是否考虑了布线？”或“你是否考虑了如何使维修人员能够修理系统？”在可能的情况下，每个设计构思应通过可控设计参数进行描述，并使得每个设计构思尽可能合理地代表更多的设计类别。此刻，系统工程师应谨记潜在的变更可能涉及组织结构、人员约束、进度安排、技术规程，以及任何其他可作为系统组成部分的事项。如果可能，约束条件也应该用参数描述。

3．分析每个备选设计方案

技术团队负责（定量或非定量）分析每个备选设计方案（在技术缺陷、效能、技术可达性、性能、成本、进度、风险等方面）满足系统目标的程度。这项评估通过应用权衡研究来完成。实施权衡研究流程的目的是确保系统架构、运行使用意图（运行使用构想）和设计决策在可用资源限制条件下达成最好的设计方案。这个流程包括如下基本步骤。

（1）寻求备选的设计路线以满足系统功能需求。在项目寿命周期的早期阶段，该设计路线集中于系统架构；在后期阶段，集中于系统设计方案。

（2）按照效能指标和系统寿命周期费用对这些备选方案进行评价。这一步骤中数学模型很有用，不仅体现在辨明输出变量之间的关系方面，而且还体现在帮助决定哪些性能指标应该量化方面。

（3）按照适当的选择标准对备选方案排序。

（4）剔除不良备选方案，如果需要可推进到下一层级进行分析。

权衡研究流程应当开放和包容地完成。即使是使用定量技术和规则，主观性同样起着重要作用。为了使流程有效地工作，参与研究的人员应当思想开放，而且有不同技能的个人，包括系统工程师、设计工程师、相关专业学科和领域工程师、计划分析师、系统最终用户、决策科学家、系统维护人员、系统运行使用人员和项目负责人等应当相互合作。应当运用正确的定量方法和选择标准。权衡研究的前提假设、分析模型和结果应当作为项目档案资料的一部分记录存档。参与研究的人员应当时刻关注功能需求，包括配套产品的需求。关于权衡研究流程的深入讨论参见 6.8 节。实施权衡研究的能力可以通过开发与评价设计参数的相关系统模型得以提高，当然这个能力不依赖于模型。

开发系统模型时，技术团队应当考虑广泛的设计构思。模型应当描述系统中的运行使用人员、维护人员、后勤人员、硬件和软件的作用。模型应当确定为完成使命任务所需要的关键技术，应当考虑从生产制造到退役处置的整个寿命周期，应当建立选择设计构思的评价标准。成本必定是限制性因素，然而其他标准，如开发和认证基础构件所需要的时间，以及风险和可靠性也非常关键。不考虑操作人员和维护人员的作用，模型开发就不能完成。评价标准对整个寿命周期费用及系统可靠性是非常重要的因素。可靠性分析需要基于对硬件组件故障率的估计和对故障后果的理解进行。如果运用风险概率评估模型，则软件故障或人为操作失误的发生概率就很有必要包括进来。这些模型应当包括通过故障管理实现的危害性分析和控制。应当完成对所需技术成熟度的评估，并且需要制定出技术开发计划。

设计构思的开发和修正应当可控，系统模型的开发也应当可控，通常允许运用最优化技术来探索能够保证实施进一步观察的设计空间。

不管是否会用到系统模型，为进一步的系统开发寻求最好的选择是一个闭合的循环过程，设计构思在这个循环过程中开发、改进、再评估，并与竞争的备选方案做比较。系统和子系统的规模通常在权衡研究中确定。最终结果是确定备选设计方案相对费效比的范围，使用量化的系统目标进行度量。因为刻意回避决定设计方案的最终细节，从而只可能获得效费比的范围，却得不到最终价值。随着不断改进的方案中相关细节的增加，流程推进时便缩小了这个范围上界和下界之间的距离。

4. 选择最佳的备选设计方案

技术团队从备选的设计构思中选择最佳的设计方案，需要考虑团队无法进行定量化的主观因素，例如，对备选方案满足定量需求程度的预估、可用技术的成熟度，此外还要考虑方案的鲁棒性、效能、成本、进度、风险和其他约束条件。

应当采用决策分析流程，如 6.8 节所述，对备选设计构思进行评估，并且要推荐出最佳的设计解决方案。

如果可能，应开发出所谓“目标函数”的数学表达式，这样做虽然困难但很值得，因为它把可能结果的综合值表述为一个单指标量：费效比，如图 4.4-3 所示。即使在费用和效能两项指标可能需要用多个指标量来描述的情况下也要尽量这么做。

目标函数（或称作费用函数）在备选方案空间或“搜索空间”中为备选方案或“可行方案”赋一个实数值。能够使目标函数最小化（有些情况下是目标最大化）的可行解决方案就是“最优方案”。当能否达到目标的判据可以用此类目标函数量化表达时，设计方案就可以按照它们的相应量值进行比较。伴随设计构思而存在的风险可能会使这些评价有些模糊，因为这些风险是不确定的。风险最好用概率分布描述。

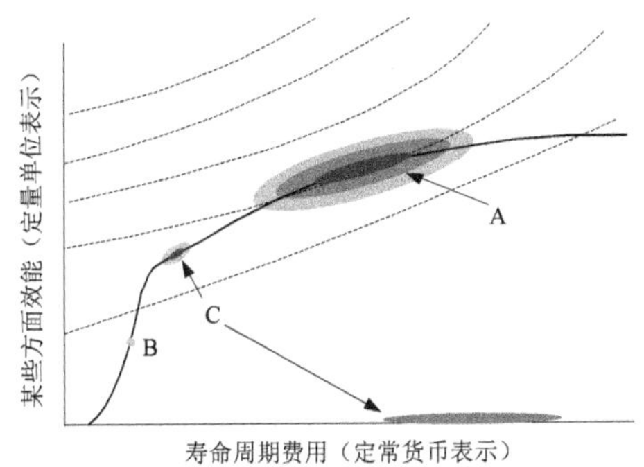

注：不同的阴影区域表示不同水平的不确定性。虚线代表目标函数（费效比）为常数。通过向左上方移动可以得到更高的费效比。A、B和C分别代表不同风险类型下的设计构思。

图 4.4-3 定量目标函数，依赖于寿命周期费用和效能的所有方面

在图 4.4-3 中，设计构思 A 的风险相对大些。设计构思 B 中效能或费用的风险都很小，而设计构思 C 有高代价失败的风险，如图中接近坐标横轴的概率云团表示费用高且几乎没有效能。进度因素可能影响效能值和成本值，并影响风险的分布。

各类系统使命任务成功的判断准则有极大不同。在某些情况下，效能指标可能比其他指标更重要，而另外一些项目可能需要低成本、不可更改的进度表，或要求某类风险最小化。产生关联着所有重要因素的组合量化指标的可能性很小（如果有），即使它可以表述为若干组分合成的矢量。就算能做到如此，重要的是彻底发现那些潜在因素及其影响关系，并且被系统工程师所理解。系统工程师应当像对量化数据所做的那样，为那些无法量化因素的重要性赋予权重。

基于数据和分析的技术评审，包括技术成熟度评估，是为技术团队准备决策支持材料中的重要组成部分。所做出的决策通常在出现系统控制基线变更或细化的情况下进入技术状态管理系统。支撑决策的权衡研究结果被存档以备将来使用。系统工程流程的一个基本特征是，在做出决策之前进行权衡研究，这样它们的控制基线能更准确地确定下来。

5. 提高设计方案的分辨率

图 4.4-2 所示的持续细化理论描绘了系统设计方案的不断细化。在分解进行到每个层级时，已确定控制基线的派生需求（和分配需求）转变为一组针对本层级单元的高层需求，然后重新启动流程向下层分解。可能有人会问，“我们应该何时终止设计方案的细化？”答案是设计工作要推进到足够深度，以满足某些需要。例如，设计流程要充分深入以允许对设计方案是否满足需求和运行使用构想进行辨析确认，设计流程同样要有充分的深度以支持费用建模和运行使用过程建模，并能在性能、成本和风险方面就设计方案的可行性说服评审专家。

随着系统的开发，系统工程引擎不断地重复运用，以及随着系统的实现，考虑的问题和相关活动的特点有可能都会改变。大多数大型工程/项目的系统决策（目标、架构、可接受的寿命周期费用等）在项目的早期阶段就完成了，接下来的细化并不精确地对应系统寿命周期的各个阶段。许多系统架构实际上在开始时便能够看清，因此随后的细化并不一定精确地对应于架构层级的开发。细化工作更有可能体现在对系统进行更高分辨率的定义上。

随着时间推进，期望能够在更高分辨率上明确系统是合理的。这个趋势在（阶段 B）某个时间点上通过明确系统定义并设定控制基线而得到固化。通常情况下，目的、目标和约束条件被看作控制基线的需求部分，从而完整的控制基线便处在技术状态控制之下，旨在能够确保任何后续变更确实是正当的且是可承受的。

在系统工程流程的这个时间点上有个逻辑分支点。对于推进了足够远的后续细化流程所碰到的问题，下一步是在当时相应的分辨率层级进行决策。对于那些仍不能充分解决的问题，需要做进一步的细化开发。

6. 完整描述设计方案

一旦选定了合意的备选设计方案且完成了适当层级的细化，则设计方案被完全确定，成为满足系统技术需求和运行使用构想的最终设计解决方案。所明确的设计方案将用于目标产品技术规范的生成，该技术规范可用于生产产品和进行产品验证。如果目标产品有相应的子系统需要确定设计方案，则设计流程可能需要进一步细化。

对于完整的系统设计方案描述，其范围和内容应当适合于目标产品寿命周期的各个阶段、阶段成功评判准则及目标产品在系统产品分解结构中的位置。依赖于这些因素，设计方案的形式可以简化为一个仿真模型或书面研究报告。技术数据资料随着阶段推进而丰富，从概念草图或模型开始，到形成完整的图样、部件清单及产品生产或集成所需要的其他细节时结束。设计方案开发流程的典型输出如图 4.4-1 所示，且在 4.4.1.3 节中将做明确描述。

7. 设计方案的验证

一旦从多个备选设计方案中选定可接受的设计方案且在技术数据资料中进行记录，接下来就应当根据系统需求和约束条件完成对设计方案的验证。进行验证的方法可以是通过同行评审来评价所选定的设计方案。如何进行同行评审将在 6.7.2.5.6 节讨论。

此外，同行评审作为高层级技术性和工程性评审的组成部分，在进行详细技术评审中起重要作用。例如，对电池组件设计方案的同行评审与对集成的能源子系统的评审相比，可能需要探究关于电池的更多技术细节。同行评审能够覆盖从子系统组件层级向下，直到能够根据需求对设计方案进行验证的相应层级。同行评审所关心的问题，可能涉及能源子系统的设计和验证方面，因而应当向能源子系统的更高层级提交评审报告。

通过验证应表明，设计方案开发流程能做到如下几点。

- 在技术工作的约束条件下能够完成设计。
- 有详细的以可接受的方式表达的需求陈述，在技术需求和利益相关者期望之间存在双向可追溯性。
- 形成解决方案时所做出决策的客观依据和前提假设遵从相应的技术需求集和已明确的系统产品与服务的约束条件。

设计方案的验证和目标产品的验证形成对照，后者在技术数据资料中用目标产品验证计划描述。目标产品的验证发生在寿命周期的后期阶段，是产品验证流程（参见 5.3 节）的结果，运用在目标产品设计方案实现流程中。

8. 设计方案的确认

设计方案的确认是个迭代和递归的过程，如图 4.0-1 所示。每个备选设计构思的确认都根据利益相关者的期望进行。利益相关者的期望引导设计流程的循环迭代，据此开发出系统架构/设计草案、运行使用构想和派生需求。这三个产品之间应当保持相互一致性，这种一致性需要通过反复迭代和设计决策才能达到。一旦达到一致性要求，研究团队可以采用功能分析方法根据利益相关者期望对设计方案进行确认。一个简化的确认过程是询问如下问题：系统能否像所期望的那样运行？系统出现故障、失效和异常该如何响应？系统费用能否承受？如果任何一个问题的答案是否定的，则需要变更设计方案或变更利益相关者期望，流程就要重新开始。确认流程持续进行，直到系统的架构、运行使用构想和需求都满足利益相关者的期望。

设计方案的确认与目标产品的确认形成对照，后者在技术数据资料中用目标产品确认计划描述。目标产品的确认发生在寿命周期的后期阶段，是产品确认流程（参见 5.4 节）的结果，运用在目标产品设计方案实现流程中。

9．明确配套产品

配套产品包括为系统全寿命周期（如生产、试验、部署、培训、维护和处置）提供支持保障的产品和服务，能够促进可运行使用的目标产品在全寿命周期中的开发进展和运行使用。目标产品及其配套产品是相互依赖的，可以看成是同一个系统。项目的职责在此延展到在寿命周期的每个阶段从相关的配套产品获取服务。当合适的配套产品尚不存在时，对目标产品负责的项目同样要对制造和使用配套产品负责。

因此，在设计方案开发流程中一个重要的活动就是根据选定的设计方案确定在其寿命周期中需要的配套产品和人员，促成这些配套产品的获取或开发。配套产品需要使用的日期应当实际标注在项目进度表中，并允许适当的进度延迟。同时规定的义务应当以合同、协议、运行使用计划等形式确定下来，以确保配套产品在需要其对产品寿命周期各阶段中的活动提供支持时是可用且有效的。对配套产品的需求应当作为设计方案开发流程中技术数据资料的一部分记录归档。

密闭环境试验箱便是配套产品的例子，在空间飞行系统试验阶段的某个时候可能需要使用到。专门的试验装置或专门的机械操作装置也可以看作配套产品的例子，它们可能必须由项目自行制造。由于开发时间很长及订购的设施过多，明确配套产品并确保尽可能在设计阶段早期确定这些配套产品的作用和职责是非常重要的。

10．设定设计方案控制基线

正如图 4.0-1 所示，一旦选定的系统设计方案满足利益相关者期望，研究团队便可设定产品控制基线，并准备进入产品寿命周期的下一阶段。由于设计细化工作的递归特性，作为流程的一部分，产品分解的中间各层级通常需要进行确认和设定控制基线。在向下层的分解中，设定控制基线的需求转变为一组待分解的高层单元的需求，流程重新开始。

为指定的设计方案设定控制基线，能够使技术团队在所有备选设计构思中专注于单个方案。这是设计流程的关键点。它相当于建立了一个基础，使设计团队中每个人都关注同一构思。当处理复杂系统时，如果系统设计目标改变，会造成团队成员在完成所负责的系统设计部分时面临困难。设定控制基线的设计方案应当归档并置于技术状态控制之下，其中包括系统需求、设计规范和技术状态描述。

即使设定设计方案的控制基线对设计流程有益，也还是存在其在设计方案开发流程中运用过早的危险。备选设计方案的早期探索应该是自由的和开放的，并包容广泛的思路、概念和方法。控制基线设定过早，概念探索就可能会降低创造性。因此，设定控制基线应该是设计方案开发流程的最后一个步骤。

4.4.1.3 流程的输出

设计方案开发流程的输出包括提交到产品实现和运用阶段中产品实现流程的设计规范和计划，包括产品如何设计、如何建造、如何培训和如何编码的相关文件，这些文件遵从系统被批准的控制基线。

如前面所述，完整设计方案描述的范围和内容应当适合产品寿命周期的各个阶段，服从阶段成功评判准则和产品在产品分解结构中的位置。

设计方案开发流程的输出包括如下内容。

- **系统设计规范**：系统设计规范包括作为设计方案开发流程结果的系统功能控制基线。系统设计规范为设计工程师开展系统设计工作提供充分的指南、约束条件和系统需求。
- **系统外部接口规范**：系统外部接口规范描述系统与外部世界之间所有物理接口上相应行为和特征的功能控制基线。这些接口包括所有结构接口、热交换接口、电路接口、信号接口及人机系统接口。
- **目标产品技术规范**：目标产品技术规范包括目标产品如何建造和如何编码的详细需求。技术规范是对设计细节详细而准确的表述，如规定原料和尺寸，以及建造或组装目标产品工作的质量要求等表述。
- **目标产品接口规范**：目标产品接口规范包括目标产品与外部单元之间的所有逻辑接口和物理接口（包括人机接口）在其相关行为和特性方面如何构建和如何编码的需求。
- **子系统初始技术规范**：与目标产品子系统相应的初始技术规范。在需要时提供关于子系统的详细设计信息。
- **配套产品需求**：与配套产品相应的需求。其能够提供所有配套产品的细节。配套产品是为产品寿命周期提供支持保障的产品、基础设施、人员、后勤和服务，可促进相应可运行使用的目标产品在其寿命周期的开发进展和运行使用。它们被认为是系统的一部分，因为目标产品及其配套产品是相互依赖的。
- **产品验证计划**：目标产品的（通过技术规划流程生成的）验证计划，针对目标产品全部验证活动的完整可视性，提供所需的内容和详细程度。根据目标产品的范围，该验证计划包含针对空间飞行器硬件和软件的鉴定、验收、发射前、运行使用和退役处置等相关验证活动。
- **产品确认计划**：目标产品的（通过技术规划流程生成的）确认计划，根据设定控制基线的利益相关者期望，针对目标产品开展全部确认活动的完整可视性，提供所需的内容和详细程度。该确认计划包括确认的类型、确认的技术规程，以及适合于证实已实现目标产品符合利益相关者期望的确认环境。
- **后勤保障和运行使用技术规程**：可行的系统后勤保障和运行使用技术规程描述特定设计方案在控制、运输、维护、长期储存和运行使用方面需考虑的事项。

流程的其他输出可能包括：

人因系统集成计划：系统的人因系统集成计划应当更新，说明在系统全寿命周期的部署和运行使用中所需人员的数量、技能和成长（培训）等方面的内容。

4.4.2 设计方案开发流程指南

4.4.2.1 技术评估

正如在 4.4.1 节的流程描述中所提到的，备选设计方案的生成，涉及对状态不断变化的技术进展所提供的潜在能力的评估。在技术开发流程和设计方案开发流程之间保持持续交互可以确保设计方案反映可用技术的现实性。通过在所需要的技术成熟度方面对设计方案进行周期性评估，可以促进两个流程之间的交互。

对于特定的设计构思，在明确其中的技术缺口之后，通常有必要采取技术开发措施以确保设计的可行性。一般情况下资源总是有限的，所以有必要追求实现最有希望的技术以满足特定设计构思的需要。

如果没有能够完整地理解完成技术开发所需要的资源，而又在此情况下确定了系统需求，那么工程/项目就处于风险之中。技术评估应当反复进行，直到技术需求和可用资源都处于可接受的风险范围之内。技术开发在工程/项目的寿命周期内所起到的作用远比传统上想象的更大，而系统工程师的职责是帮助加深对工程/项目更广阔影响的理解，使得效益最大化和负面作用最小化。在传统意义上，从工程/项目的角度看，技术开发总与那些为了满足系统需求而需要开展的“新”技术开发和技术引入相关。然而，对既有系统进行改进而可能形成不同的系统架构，系统的运行使用环境可能与设计方案中原定的环境不同，这些情况却经常被忽视。如果所需要的系统改进和/或使用环境变化超出已有的经验范畴，这种情况下同样应该慎重考虑是否应当进行技术开发。

为了达到了解是否需要进行技术开发的目的，进而能够量化相应的费用、进度和风险，有必要按照系统架构和使用环境对每个系统、子系统或组件的成熟度进行系统性评估。这样就有必要评估需要开发什么和使用什么开发方式才能够将成熟度提升到相应水平，如此才能够顺利地与费用、进度及性能等约束条件相适应。完成这项评估的流程在本手册附录 G 中描述。因为技术开发对工程/项目有潜在的显著影响，技术评估的作用需要贯穿系统设计和开发流程，包括从概念开发到初步设计评审流程。因此，应当在工程的最后阶段开展并完成从技术开发的角度总结经验教训这项工作。

4.4.2.2 人类因素能力评估

就像处理硬件/软件技术一样，复杂系统中必要的人因组分（运行使用人员、维护人员等）应该在系统工程流程实施期间根据相应的期望值对其做出评估。如果对人因要素期望得太多或假设太多，而它们又有可能容易失败，就像不适当的技术子系统可能无法运行一样，从而降低硬件/软件/人因系统的总体性能。例如，航天飞机被期望成为往返飞行使用率非常高的系统（每年执行多达 40 次任务），但实际上从未达到过（最多每年 9 次飞行），因为该系统设计时并没有考虑快速多次往返费时、地勤人员能力、高效的地面维护/测试/飞行前检查等因素。对于某些子系统，往返飞行的频率或范围与初始估算值不匹配。

在 NASA 系统工程流程中纳入人因系统集成计划，旨在引导工程/项目负责人和系统工程师实际掌握可分配人力资源的能力，并尽早评估整个工程/项目寿命周期中对人因要素的期望，避免在运行使用时出现意外情况。发生意外的代价可能远超过通过运行使用训练而使系统发挥作用所需的人力资源成本。尽早考虑人因系统集成是为了避免低估寿命周期维护成本，包括维修和更换零件费用，以及设计和建造地面保障设施的费用。

4.4.2.3 在系统工程流程中需集成的工程特性

专业工程师是开展技术工作不可缺少的组成部分，他们通常与系统工程师/子系统设计师协同工作，执行常见的跨学科工作任务。这些学科涉及系统的制造、安全、保密、运行等特性及经济上的可承受性。某些横向关联的学科专业工程师能够运用专门的分析技术生成相关信息，满足项目负责人和系统工程师的需要。他们同样能帮助在运行使用构想和系统需求的撰写中明确其专业领域内的内容；他们参与评审数据资料、工程变更请求、试验结果和重要项目的文档资料。项目负责人和系统工程师应确保如此生成的信息和产品对项目的附加价值与其成本相当。专业工程技术工作应被很好地集成到项目中。专业工程技术学科的作用和职责也应在系统工程管理计划中概要描述。

本手册中确定和描述的专业工程学科包括安全性和可靠性、故障管理、质量保证（QA）、综合后勤保障（ILS）、可维护性、可生产性和人类因素。将这些领域的专家集成在一起，需要组织能力、技巧和时间，这些可以做成计划编入系统工程管理计划。本手册给系统工程师提供这些专业工程技术学科的总体简明介绍，并不刻意成为这些学科专业中任何一个的综合手册或实施计划，而且并非所有这些学科都需应用于每个项目。

4.4.2.3.1 安全性和可靠性

1．概述和目的

安全、可靠的系统通过在其预期寿命内正常运行来确保使命任务的成功。安全、可靠的系统，其故障概率很低且可接受。这一点通过简化，或针对预设和非预设活动的适当设计，或可靠部件和材料的正确应用来实现。除了具有长期使用寿命，可靠系统还是健壮的和容错的，意味着它可以在出现故障及操作参数和环境发生变化的情况下继续发挥其预期的功能作用。一个高效实用的系统能够很好地将其硬件、软件和人因要素集成起来，实现使命任务目标。

2．系统设计中的安全性和可靠性

在执行使命任务的全过程中关注安全性和可靠性，对确保使命任务成功是必要的。现实中制造的系统相对于所设计的安全性和可靠性的逼近程度，依赖于使命任务类型和所需要的信息。对于载人系统，安全性和可靠性是贯穿设计过程的主要目标。对于科学试验使命任务，安全性和可靠性要与工程或项目的资金和能承受的风险相适应。不论使命任务的类型如何，考虑安全性和可靠性都应当是复杂系统设计流程中的一部分。

为实现可靠性分析的利益最大化，在设计团队中加入风险、可靠性和故障管理专家是必要的，这一点毫不夸张。风险和可靠性分析师仅在设计方案形成后对其进行分析，这样的反面案例太多了。这样做的结果就是，安全性和可靠性特征是额外加入的，而非设计出来的。这可能导致不切实际的分析，设计中没有关注风险源，而分析结果也没能为设计方案提供有价值的贡献。

风险和可靠性分析需要回答设计方案成熟度及相应权衡分析的关键问题。可靠性分析需利用系统信息识别风险和风险源，并且为决策提供重要的输入。NASA-STD-8729.1《规划、开发和维护有效的可靠性和可维修性（R&M）工程》给出了相关工程技术活动的概述，供每个特定项目进行剪裁，其中的观点是选择一组有效的可靠性和可维修性工程技术活动，确保所设计、建造和部署的系统能够成功地全程执行所需的使命任务。

在项目的早期阶段，风险和可靠性分析能帮助设计者理解运行使用构想、系统需求、系统架构、人因/系统功能分配、约束条件和资源的相互关系，揭开其中的关键关联关系和动因，如此便于对这些因素进行适当地分析。分析人员应帮助设计人员在需求之外理解设计构思成熟时显现的内在依赖关系。幻想着通过设计需求能够准确获取所有风险和可靠性方面的问题，并且有针对性地得到可靠的设计方案是不现实的。系统工程师应当开发与产品分解结构或系统功能相对应的系统开发策略，说明如何在系统纵向和水平结构上分配和协调可靠性、容错性及恢复能力，以期满足使命任务的全部需求。设计方案的系统性影响在设计过程中起着关键作用。使设计者感知其决策对整个使命任务可靠性的影响是关键。

随着设计方案的成熟，可以运用既定技术进行初步可靠性分析。设计方案和运行使用构想应当做彻底检查，因为事故苗头或隐患可能会导致灾难。基于对危险发生可能性和后果的保守估计，可以使用设计资源来减小失败风险。设计团队也应当确保失效模式已经在整个系统中考虑和应对，确保能够满足系统目标。

在项目的后期阶段，设计团队可以运用风险评估和可靠性技术检验设计方案是否满足其风险和可靠性目标，帮助开发在目标不能满足或发生偏差/失效时的风险缓解策略。

3. 可靠性分析技术和方法

这里简要概述可靠性分析技术和方法的类型。

- **事件序列图/事件树**：两者都是描述在使命任务执行过程中可能发生的事件序列和对非正常情况响应的模型。
- **失效模式及影响分析（FMEA）**：自底向上的分析模型，用于辨识系统可能发生的失效类型，明确失效的原因和产生的影响，以及用于控制失效影响的缓解策略。
- **定性逻辑模型**：自顶向下地辨识系统中的失效如何组合，从而引起意外事件的发生。
- **定量逻辑模型（概率风险评估）**：该模型是对定性模型的扩展，模型中包含了失效的可能性。此类模型涉及基于系统物理原理和系统成功评定准则开发失效评定准则，并应用统计技术评估不确定条件下失效的可能性。
- **可靠性框图**：由系统单元构成的逻辑框图，用于评估系统实现某项功能的可靠性。
- **危险性预分析（PHA）**：指结合使命任务中需要应用的功能在早期进行的风险分析。危险性预分析是一个确定“如果……会怎样”的过程，需要考虑潜在的危险，启动事件发生场景，评判事件后果的影响，明确可能的调整和控制措施。该方法的目标是决定危险是否能排除，不能排除时应如何进行控制。
- **危险性分析**：用于评价已完成的设计方案。危险性分析是一个确定“如果……会怎样”的过程，需要考虑潜在的危险，启动事件发生，评判事件后果的影响，明确可能的调整和控制措施。该方法的目标是决定危险是否能排除，不能排除时应如何进行控制。
- **人因可靠性分析**：是了解人为失误如何导致系统失效及评估这些失效发生可能性的方法。
- **概率结构分析**：结合材料和载荷的不确定性来评估结构单元失效的方法。
- **备件/后勤分析模型**：提供实时评估系统交互的方法。此类模型包括地面勤务过程仿真和使命任务活动仿真。

4. 可靠性分析的局限性

工程设计团队应当理解，在表述使命任务成功概率的同时也表述了系统的可靠性。概率是对特定事件发生可能性的数学度量和表达。因此，概率估计应当基于工程实践数据和历史数据，并且在估算过程中任何既得概率均应包括对不确定性的某种估量。

不确定性可用于表述分析人员相信其所做估计结果的程度。随着数据质量的提高和对系统理解的增强，不确定性会相应减小。对失效率或失效概率的初始估计可能需要基于相似设备、历史数据（固有特性）、手册中失效率数据或专家诱导。

综上所述，可以得出以下结论：

- 可靠性估计可用于表达成功的概率。
- 不确定性应包含在对可靠性的估计中。

- 可靠性估计与 FMEA 结合，能为辅助决策流程提供附加的且有价值的信息。

4.4.2.3.2 故障管理

1．概述和目的

故障管理（FM）将在 7.7 节详细讨论，其作用是保持系统按预期发挥功能作用的能力。故障管理需要处理如下内容：

- 意外发生和无意引起的情况；
- 通过监控关键部件来降低风险；
- 故障的检测和定位；
- 预测未来的性能下降；
- 在试验和运行使用阶段确保系统和人员安全的措施。

故障管理活动越早开始越有效，通常需要在概念设计阶段开始，并且需要具有系统级视角，而不是局部视角，因为在潜在故障得到解决之前系统的设计是不完整的。可以依靠那些单独部署的系统单元之间协同设计和运行来实现整体的可靠性、可用性和安全性目标，这便是综合故障管理。与其他所有系统单元一样，故障管理受工程计划和运行使用资源的限制。因此，故障管理实施人员面临着如下挑战，在保证识别、评估和平衡这些目标存在风险的同时，还要受提升故障管理功能特性可能带来的成本风险制约。

2．故障管理工程师的角色和职责

故障管理工程师的角色和职责是设计在非设定情况下能够维持所需系统行为的一组系统功能和系统单元。故障管理工程师应与系统工程师、安全性和使命任务质量保证工程师、子系统工程师（有时他们自己是特定子系统的故障管理工程师）及生产工程师密切合作，评估应在哪些潜在目标（子系统/组件）上实施故障管理功能。其中需要确定每个管理目标所需的故障管理登记，并将故障管理需求分配给各个子系统。为了使系统获得最大可能的益处（如降低的成本和风险、更强壮的功能特性、强化的适变能力），在系统设计中将故障管理需求、概念设计方案和系统架构进行协同开发是非常必要的。故障管理工程师在系统顶层进行故障管理设计，分配子系统需求，并在所有分配了需求的区域内监督故障管理功能的设计和实现。针对软件和硬件的设计方案和相应需求必须通过风险/效能对比分析进行评估和协商。故障管理工程师需要努力了解所分配子系统故障管理需求的设计和实现，因此在分析过程中需完成以下工作：

- 明确并阐明与整体使命任务态势相称的适变能力和恢复特性；
- 搜索子系统和系统设计方案之间有潜在危险的相互作用关系；
- 了解系统顶层故障管理设计方案直接在子系统实施的后果；
- 制定系统故障管理功能的验证和确认计划。

作为项目系统工程团队的一员，故障管理工程师最大限度地利用整个系统显性的常规功能特性，来识别非常规行为并规划对此行为的适当响应。故障管理工程师利用安全性和使命任务质量保证（SMA）分析师的分析结果，分析可靠性、可用性、可维护性、FMEA、概率风险评估（PRA）和危害性/系统安全性等内容。故障管理工程师利用子系统工程开发中的非常规物理分析，并基于所有分析数据来源组织自己的集成分析，对各个层级和多个子系统的权衡研究结果进行分析。故障管理系统工程师多数情况下是飞行系统工程团队的组成部分，但可以根据项目结构，还可以在项目顶层系统工程团队和/或子系统层级系统工程团队中发挥作用。因此，项目的组织结构和其中各个角色/职责/权限的确定必须包含故障管理工程，并允许在子系统之间和跨工程学科明确地通过交流解决权衡研究问题。故障管理工程师需要不断了解可能会影响故障管理的工程决策整体特性，也需要不断了解可能影响系统整体复杂性和运行使用的故障管理决策。其他有关详细信息，可参阅 NASA-HDBK-1002《故障管理手册》。

4.4.2.3.3 质量保证

1. 概述和目的

即使是最好的设计方案，硬件制造和试验都可能遭遇人为错误。系统工程师需要获得信心，系统实际上是依照其功能需求、性能需求和设计需求生产和提交的。质量保证为项目负责人和系统工程师提供在项目寿命周期中所生产产品和所使用流程的独立评估结果。项目负责人和系统工程师应当与质量保证工程师协同工作，开发适合项目的质量保证计划（质量保证活动的范围、责任和时间）。

质量保证是 NASA 工程实践中质量的支柱。NPD 8730.5《NASA 质量保证计划策略》中阐述的 NASA 政策为"通过质量保证计划实施，使项目符合工作性能既定需求，并且提供独立的合规担保"。安全性与使命任务质量保证的作用在于保证承包商和其他 NASA 职能部门按照其承诺及其工作准备开展工作。这确保了目标产品和工程的质量、可靠性及全局风险被控制在计划规定的水平。

2. 系统工程师与质量保证的关系

同可靠性、可生产性和其他特征一样，质量应当作为系统整体性的组成部分进行设计。对于系统工程师来说，重要的是理解安全性与使命任务质量保证在全面风险环境下的安全防护作用，并切实保障其在质量方面的作用。如果有效地考虑了使命任务质量保证的作用，并且如果从概念开发阶段开始，所有的设计都考虑了质量要求，则上述一切就会更容易做到。这样做有助于缓解在设计需求和质量需求之间可能体现出的"容差累积"效果冲突。

质量是风险管理的关键部分。误差、偏差、遗漏和其他问题可能要消耗时间、工程资源、钱，甚至生命。了解质量如何影响项目并鼓励以最优方法达到质量水平的要求，是系统工程师的职责所在。

尽管在小型低成本的无人飞行项目中有更大的余地，但对于高风险和产量低的航天飞行项目，通常有必要严格遵守技术规程。因为缺少大量的样本和长时间的生产，依照书面技术规程进行生产，对确保流程及产品的一致性是非常重要的步骤。为说明这点，NASA 要求设计出质量保证计划来降低不符合这些需求的风险。

这样可能生成大量需求和技术规程，并且这些应当分解到供应链，甚至分解到最低层级的供应商。对于因不符合需求而可能导致生命损失和使命任务失败的情况，应当要求在政府强制检查节点（GMIP）嵌入相应的技术规程，以确保百分之百地满足安全性要求/使命任务关键属性。安全性要求/使命任务关键属性包括硬件特性、制造工艺要求、运行使用条件、功能实现标准。这些如果得不到满足，将可能导致生命损失和使命任务失败。按照美国联邦采购法规（FAR）第 46 部第 4 章[③]的要求，应制定适当的工程/项目质量保证监督计划。NPR 8735.2《关于 NASA 合同的政府质量保证功能管理》中给出了工程/项目质量保证监督计划的准备内容大纲。该文件

③ 美国联邦采购法规（FAR）第 46 部制定政策和规程，确保在政府外包合同情况下获取的供应和服务符合定性和定量要求，其中第 4 章的题目是"政府合同质量担保"。

涵盖了低风险和高风险采购的质量保证需求，内容包括文档评审、产品检查、流程见证、质量系统评价、违规报告和纠错行动、质量保证和监督，以及政府强制检查节点。此外，多数 NASA 项目都有遵从质量系统管理需求标准的相关要求，非关键工作需坚持 ISO9001，关键工作需坚持 AS9100。对于大多数 NASA 岗位，质量保证系统培训都是强制的。因此，假设系统工程师已经具备这些系统的能力知识。培训的内容和意图应完全反映在 NASA 的质量技术规程文档中。

4.4.2.3.4　综合后勤保障

在系统工程流程中，综合后勤保障的目标是确保产品系统在其开发（阶段 D）和运行使用（阶段 E）期间能够以经济有效的方式得到支持。综合后勤保障对可重用或可维护的项目尤为重要。对于主要产品在运行使用阶段不发生变化的项目，通常仅将综合后勤保障应用于项目的某些部分（如地面系统）或某些单元（如运输单元）。作为综合后勤保障的组成部分，故障管理能够通过促进及时维修和维护来改进项目的规划和运行使用，这不仅节省了时间和费用，而且还能够防止出现延误。符合备用哲理的故障管理和可靠性分析有助于确定备件采购方法。综合后勤保障的实现主要依赖于早期同时考虑多单元保障性特征，对可选的系统和综合后勤保障构想进行权衡研究，使用最佳实践经验量化每个综合后勤保障单元的资源需求，并获取与每个综合后勤保障元素相关的保障产品。在运行使用期间，综合后勤保障活动为系统提供保障，同时根据实际运行使用条件进行分析来寻求成本效益的提升。这些分析不断重塑综合后勤保障系统及其资源需求。忽略综合后勤保障或不良的综合后勤保障决策必然会对系统寿命周期的最终成本产生不利影响。表 4.4-1 概要总结了综合后勤保障的学科内涵。

表 4.4-1　综合后勤保障的技术内容

技术内容	定　义
维护保障计划	持续实施并反复迭代必要的计划、组织和管理活动，确保任何给定工程的后勤保障需求能适当地调整和实现。维修和后勤保障计划可以基于故障管理方法制定（参见 7.7 节）
设计接口	指后勤保障和系统工程流程之间的交互和关联关系，确保保障性对系统定义和系统设计的影响有利于降低寿命周期费用
技术数据和公开技术资料	已归档记录的科学、工程、技术和成本信息，用于系统的定义、生产、试验、评价、修正、交付、保障和运行使用
训练和训练保障	包括所有必要的人员、设备、设施、数据、文档资料及辅助资源，用于对运行使用人员和维护人员的训练
供应保障	为提供所有必要材料所需要采取的行动，目的是确保实现系统的保障性和可用性目标
试验和保障设备	为了保障运行使用中的维修功能所需要的工具、环境条件监控设备、诊断和检验设备、特殊试验设备、度量和校准设备、维修器械和维修台，以及特殊控制处理设备
包装、处理、存储和运输	为了支持与使命任务相关的主要单元的包装、安全性和可存储性、存储/加工和运输，所有需要的材料、设备、特殊装备、容器（可重用/可处置）和物品，包括人员、备件和维修件、试验和保障设备、技术数据的计算机资源和可移动设施
专业人员	涉及识别和获得相关专业人员，这些人员应具备在系统寿命周期中使用和维护系统的技能和等级
后勤保障设施	支持后勤保障活动需要的所有专用设施，包括存储建筑和仓库，以及各种维修维护设施
计算机资源保障	为保障所有后勤保障功能日常需要的信息流，所有必要的计算机、相关软件、连接组件、网络及接口

来源：Blanchard 所著《系统工程管理》。

综合后勤保障应该在项目寿命周期早期做出计划并归档。这个计划应说明表 4.4-1 中包含的要素是如何考虑、执行和集成到系统工程流程需求中的。

4.4.2.3.5 可维修性

1．概述和目的

可维修性被定义为在特定条件下，由具有特殊技能水平的人员，使用预定的技术规程和资源，在预定的维修层级进行维修时，对一个产品组件维持和恢复其能力的度量。可维修性考虑采取维修行动的方便性、经济性、安全性和精确性，是系统设计或安装的固有特性。

2．维修性工程师的作用

维修性工程是一门重要的专业学科，其目标是维持一个可保障系统。维修性工程主要是在系统工程流程中通过积极实施特定设计功能来实现的，这样做可以在预定的物理环境中实现安全有效的维护操作，并在综合后勤保障系统开发中起核心作用。维修性工程师的任务涉及多个方面，例如，开发和维护系统维修概念，建立和分配维修性需求，通过分析完成对系统维护资源需求及系统可维修性验证需求的量化。

4.4.2.3.6 可生产性

1．概述和目的

可生产性是与系统便捷性和经济性相关的系统特征。基于此，所完成的设计方案能够（通过生产、制造或编码）实现方案到硬件产品或软件产品的转化。由于对于多数 NASA 系统而言，一般仅需要少量生产，特殊的可生产性特征对系统的费效比至关重要，正如航天飞机隔热瓦的生产和使用经历所表明的。影响设计方案可生产性的因素包括原料的选择、设计的简化、产品方案的灵活性、严格的容差需求和技术数据资料的简明化。

2．产品生产工程师的作用

产品生产工程师（作为多学科产品开发团队的成员）辅助系统工程流程的实施，其积极作用体现在通过实现专门设计特征来增强可生产性，进行项目所需要的产品生产工程技术分析。其中包括如下任务和分析工作：

- 执行系统风险管理计划中关于生产/制造的部分。做到这一点需要进行严格的产品风险评估并制定有效的风险缓解活动计划。
- 确认系统的设计特征能够提高可生产性。通常工作的重心在于设计简化、生产/制造容差和避免危险性材料。
- 进行可生产性权衡研究，决定具有最佳成本效益的生产/制造流程。
- 在项目约束条件内评估产品生产的可行性。其中可能包括评估承包商和主要分包商的生产经验和能力、新的建造技术、特殊工具和生产人员的训练需求。
- 确认长效构件和关键原料。
- 估计生产成本，作为寿命周期费用管理的一部分。
- 支持技术成熟度评估。
- 开发生产进度表。
- 开发用于确认产品生产/制造流程的方法和计划。

这些任务和生产的工程技术分析结果应编入生产计划中，所编写的详细程度与项目阶段相适应。产品生产工程师还参与针对上述事项的项目评审（主要是初步设计评审和关键设计评审），参与特殊的临时评审，如生产技术成熟度评审，并提出自己的观点。

产品原型

原型试样的作用是展示系统的形状、尺寸和功能，使之看上去就像是真实的最终产品在其运行使用环境中的尺度和行为。

经验表明，即使在建造单一的飞行系统时，原型系统也可以有效地增强可生产性和可维护性。产品原型应在寿命周期早期建造，并且在相应的开发阶段应尽可能使制造出的原型与飞行正样在形状、尺寸和功能上一致。

产品原型用于"描绘出"设计方案，从产品原型中得到的经验能够反馈到设计变更中，从而提升单一飞行正样的制造、集成和维护水平，或提升制造若干飞行正样的能力。

产品原型的建造经常遇到项目需节省费用的挑战。这通常会导致项目只能接受寿命周期开发阶段所增加的风险。重要的是，系统工程师应当了解产品原型的用途，设法缓解风险，保证工程费用和进度的合理性。

幸运的是，计算机辅助设计和辅助制造技术的进步在某种程度上降低了这些风险，使得设计者能够将设计过程可视化为"按部就班"的集成和维护步骤，在引起高费用的问题成为现实之前发现它们。这个步骤应包括对集成和维护活动中人因交互关系的评估。

4.4.2.3.7　人因工程

1．概述和目的

人因工程（HFE）是研究人因系统接口和交互的学科，为人因系统提供需求、标准和指导，确保系统整体能够有效地适应人类组件并达到所设计的功能。

人因工程专注于那些人类与系统交互的方面。人因工程考虑所有应该与系统进行交互的人员，而不是仅仅考虑运行使用人员。人因工程处理含有人类组织的系统及硬件和软件，并检查所有类型的交互关系。人因工程专家的作用是为人因组件提供支持，并确保硬件、软件、任务和环境的设计与人因系统交互的感应、感知、认知和物理属性相容。

2．人因工程师的角色

在整个系统工程公共技术流程中，有必要在开发团队中包含人因工程人员，以便他们可以创建和执行针对特定流程或项目定制的专用人因工程分析技术和试验。人因工程专家不仅帮助开发目标产品，而且还确保验证试验和完整性技术适合人类采用。人因工程师在此过程的早期参与尤为重要。尽早进入系统设计流程可确保人因系统需求能够融入"设计"而不是以后再纠正。

人因工程师将人性化设计流程作为实施人因系统集成的一部分。对于载人空间飞行，人性化设计由 NASA-STD-3001《NASA 空间飞行人因系统标准》强制执行；设计中包括运行使用构想和运行使用场景开发、任务分析、人因与系统之间的功能分配、人类角色和责任的分配、迭代概念设计和原型设计、经验性试验、人在回路的和基于模型的人因系统性能评估，以及运行使用期间人因系统性能的现场监测。

很有可能的是，在本手册 7.9.1 节中提到的所有人因系统集成领域中，人因工程将为系统工程管理计划和人因系统集成计划做出重大贡献。传统上，人因工程流程设计成与系统工程、迭代概念开发、评价/验证/确认/运行使用评估等流程协调和集成。如果在 A 前阶段的最初开发工作中，人因工程/人因系统集成便在系统设计中起作用，则人因工程（包括所有人因系统集成）将得到最大的成本效益。

4.4.2.3.8 系统设计流程中的人因工程

人类最初是通过分析使命任务整体而“集成”到系统中的。使命任务功能在利益相关者期望开发流程（参见 4.1 节）的早期分配给人因，同时也分配给系统架构、技术能力、成本因素和航天机组能力。在完成功能分配后，人因分析师与系统设计人员合作，确保已经为运行使用人员（地面保障人员和航天机组）、培训人员和维护人员提供安全有效地执行其分配任务所需的设备、工具和接口。

图 4.4-4 给出了在系统规划、分析、设计、试验、运行使用和维护时需要注意的人因流程阶段，以供参考。

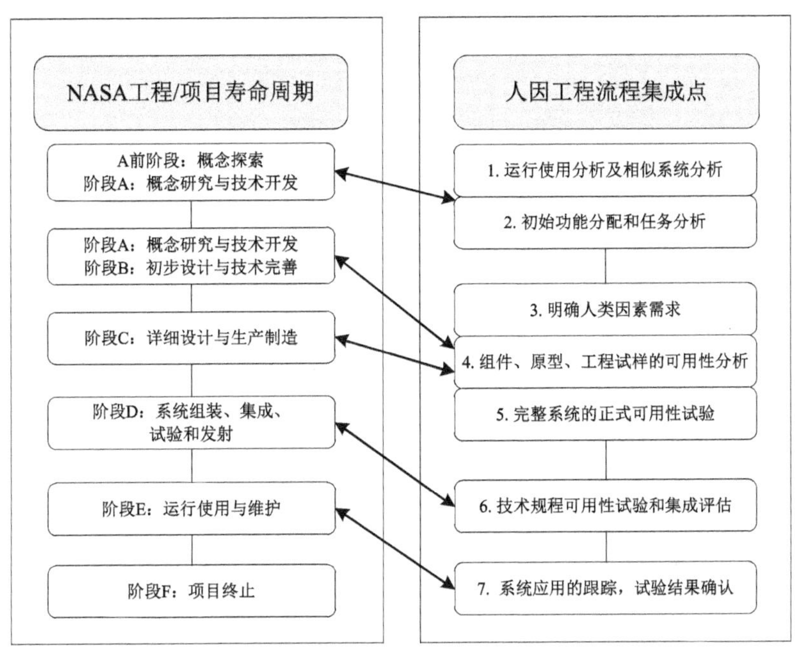

图 4.4-4 人因工程流程及其与 NASA 工程/项目寿命周期的联系

人因工程方法用于了解用户需求、设计备选方案原型、进行系统分析、提供人因绩效数据、预测人因系统性能，以及评估人机系统性能是否符合设计标准。随着系统开发的进展，这些方法应用于系统设计的所有阶段，处理设计方案中不断上升的特异性和细节。人因工程原则必须进行剪裁以适应设计阶段。人因工程方法包括：

- **任务分析**：对每个人员在系统中为完成任务应当做的事项进行详细描述，强调对信息表达、制定决策、任务时间、操作动作和环境条件的需求。
- **时间线分析**：在任务分析中已经确认任务的持续时间，并且用图形表示这些任务的发生时刻，同时显示任务顺序。时间线分析的目的是辨识两类活动的需求，一是不能同时发生的活动，二是耗时超过许可的活动。给定任务相应的时间线可以描述多个运行使用人员和航天机组的活动。
- **建模和仿真**：为预测系统性能、比较系统技术状态、评价技术规程和评价备选方案，建立数学模型或工程样机。仿真可以采用简化的模型，例如，可能是在运行使用人员工作站上利用图形模型定位具有真实人体测量维度的图形人体模型，也可以是诸如获取决策点时刻和误差可能性等方面的复杂随机模型。

- **可用性试验**：基于任务分析和初步设计，在带有监视和记录设备的可控环境下执行实际任务。对客观指标（如完成时间和错误数量）进行评价，同时积累主观评估结果（如问卷调查和评定量表）。试验结果能够系统地描述关于备选设计方案的优缺点。
- **工作量评估**：使用标准化尺度度量工作总量和工作类型，如采用 NASA 工作量评估工具 NASA-TLX 或库珀-哈伯等级④进行度量。评估内容包括运行使用人员和航天机组人员的任务量，确定相关人员在给定时间内以给定精度执行给定任务的能力。
- **人为错误和人因可靠性评估**：包括自顶向下（故障树）和自底向上（人因流程失效模式和影响）的分析。目标是创造能容忍和恢复人为错误的系统来提升人因可靠性。此类系统应支持在将可靠性加入系统中时人因的作用。

④ 库珀-哈伯等级（Cooper-Harper Rating Scales）是飞行测试工程师和试飞员用于测试评价新型号飞机操控性能的等级标准，分为 10 个等级，等级 1 表示最佳操控性能，而等级 10 表示最差操控性能。

第 5 章　产品实现流程

本章描述在图 2.1-1 中列出的产品实现流程中的各项活动，同时根据图 2.1-1 中的步骤 5 至步骤 9 划分相应小节。图中每一步骤对应的流程按照输入、活动和输出进行讨论。本章还结合与 NASA 项目相关的实例给出更详细的指南。

在系统工程引擎左侧产品实现流程中，通过实施 5 个相互依赖的流程，能够使系统满足设计规范与利益相关者期望。产品通过生产、购买、重用或编码在更高层级组装集成，根据设计规范进行验证，并根据利益相关者期望进行确认，最终提交到系统的上一层级。正如前面各章所述，产品可以是模型与仿真系统，可以是纸质研究报告或项目建议，也可以是硬件与软件。产品的类型和层级取决于寿命周期阶段和产品特定目标。不论什么产品，都应当有效地使用这些流程，确保系统满足既定的运行使用构想。

产品实现工作始于技术团队获得系统设计流程的输出，并应用横向关联的技术管理功能（如数据管理及技术状态管理）和技术评估方法，以生产、购买或重用的方式获取子系统。这些子系统一旦实现，便需要集成到相应接口需求指定的适当层级的产品中。随后这些产品需要经历技术评估流程完成验证，确保它们与技术数据资料的一致性，即确保产品被正确建造。若产品达到一致性要求，则技术团队需根据利益相关者期望对产品进行确认，确保建造的是正确的产品。在成功完成产品确认的基础上，产品被提交到系统的更高层级。图 5.0-1 展现了这些流程。

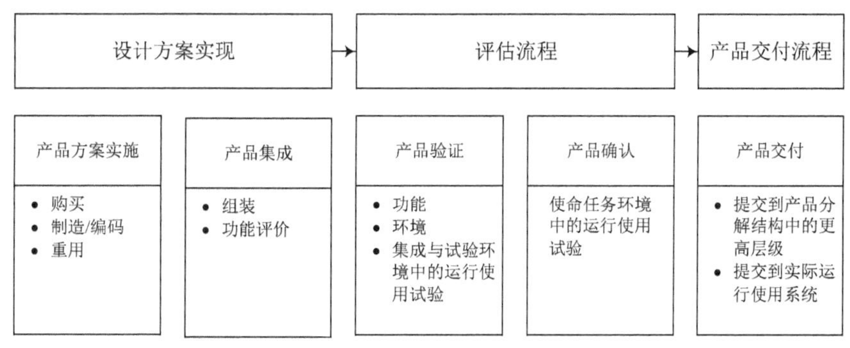

图 5.0-1　产品实现流程

这是一个迭代递归过程。在寿命周期的早期，覆盖 5 个实现流程的是纸质产品、系统模型和仿真系统。随着系统在寿命周期中的成熟与发展，硬件产品和软件产品逐渐贯穿在这些流程中。重要的是应在产品集成的最低层级上和寿命周期早期发现尽可能多的设计失误与不足，从而使得在设计流程中做出的变更对项目产生最小的影响。

后续各节分别描述 5 个产品实现流程及其针对给定 NASA 使命任务的相关产品。

产品实现的要点
• 确定和实施产品生产活动。 • 生成并管理类似所有其他产品需求的硬件与软件现货产品的需求。

- 了解验证试验与确认试验之间的区别。
- 在对为达成产品成功交付所需要的输入进行评价时，应考虑所有客户和利益相关者，以及技术性、工程性和安全性需求。
- 尽可能早地分析所有潜在接口之间的不兼容问题。
- 完整了解并分析所有试验数据，找出趋势并发现异常。
- 理解所进行的试验和所做出前提假设的局限性。
- 确保重用产品在应用于相应系统时满足所需的验证和确认评判准则，而不能仅依赖于其在原有应用系统中满足的验证和确认评判准则，同时要确保用于相应系统的外购产品和自制产品满足相同的验证和确认要求。重用产品的“出身”与其最初是在系统层应用还是在子系统层或其他层级中应用是不相关的。

5.1 产品方案实施流程

在系统工程引擎的右半部分，流程从产品层次结构的最低层级开始向上，直到产品交付流程，产品方案实施是其中的第一个流程。这是一个将产品的规划、设计、分析、需求开发及设计图纸实现为实际产品的流程。

产品方案实施通过购买方式、自行制造/自行编码方式，或重用前期开发的硬件、软件、模型或研究成果方式，生成相关项目和活动的特定产品，从而支持生成寿命周期阶段的相应产品。产品应当满足设计方案及其特定需求。

产品方案实施流程是项目从规划与设计推进到产品实现的关键活动。根据项目类型和项目寿命周期阶段，产品可能是硬件、软件、产品模型、仿真系统、工程样机、研究报告或其他实际结果。这些产品可以通过在商户和供应商处购买实现，或者通过部分/完整重用其他项目或活动的产品实现，也可以通过自主研制开发实现。对项目中所需产品实现方式的决策，或对这些实现方式组合的决策，应当在寿命周期早期通过运用决策分析流程做出。

5.1.1 流程描述

图 5.1-1 所示是产品方案实施流程的典型流程框图，图中给出产品方案实施流程执行中所需考虑的典型输入、输出和活动。

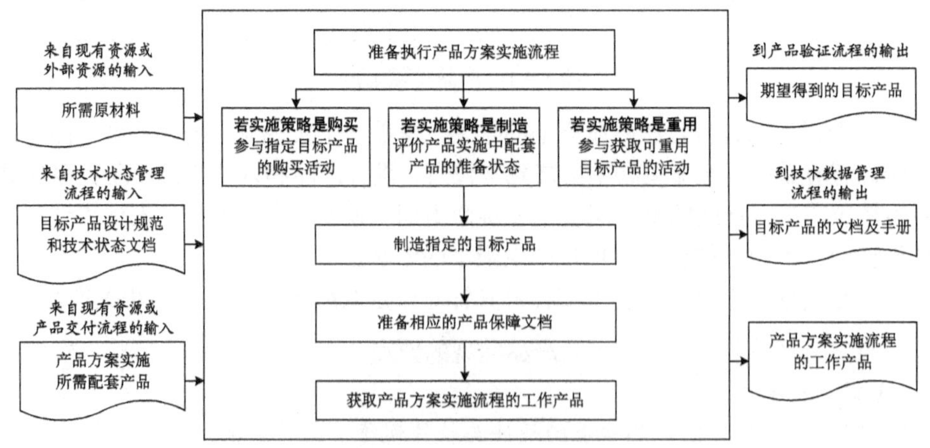

图 5.1-1　产品方案实施流程的典型流程框图

5.1.1.1 流程的输入

产品方案实施流程中各项活动的输入主要依赖于有关目标产品是否通过购买获得，或自主开发，或通过部分/全部重用其他项目产品而形成的决策。典型输入如图 5.1-1 所示，包括如下内容。

- 购买目标产品时相应的输入：如果做出部分购买或全部购买项目所需产品的决策，目标产品的设计技术规范可以从技术状态管理系统获得，也可以从其他相关文档中获得。
- 自行制造/自行编码目标产品时相应的输入：对于由技术团队制造/编码的目标产品，输入可能是技术状态控制下的设计技术规范、制造计划、制造流程、制造工艺，以及由项目提供或购买的原材料。
- 重用目标产品时相应的输入：对于部分或全部重用其他项目既有产品的目标产品，输入可能是既有产品相关技术文档及既有产品本身。应当注意确保所重用的既有产品确实满足本项目的产品设计技术规范和运行环境。这些可能是决策分析流程中做出购买/自研/重用决策的影响因素。
- 配套产品：指在通过制造、编码、购买和重用方式获取目标产品时需要的所有配套产品，如机床夹具、生产设施、生产线、软件开发平台、软件测试平台、系统集成和试验平台。

5.1.1.2 流程中的活动

产品方案的实施可以采用如下三种方式：

（1）购买；

（2）自行制造/自行编码；

（3）重用既有产品。

这三种方式在后面各节中分别论述。图 5.1-1 针对产品的各个层级和寿命周期的所有阶段，给出开展产品方案实施流程中的输入、输出和活动。这些活动包括准备进行产品方案实施流程、购买/制造/重用相关产品、获取产品方案实施流程的工作产品。在某些情况下，产品方案实施流程的运行方式可能不止这些（如可能有编写待印刷的方式）。在任何情况下，运行的方式可以根据需要选取。

5.1.1.2.1 准备执行产品方案实施流程

不管选择什么样的实施方式，为执行产品方案实施做好准备是第一步。对于复杂项目，需要开发和归档产品方案实施流程的策略，以及详细的工作计划和技术规程。对于不太复杂的项目，需要根据项目的复杂程度讨论、审批和归档相关的方案实施策略和计划。

技术文档、技术规范及其他输入同样需要进行评审，以确保这些输入准备就绪并达到适当的详细程度，可以针对产品寿命周期的相应阶段，保证所采用的方案实施方式的完整性。例如，如果采用自主制造产品的方式，就需要对设计方案的技术规范进行评审，确保设计方案技术规范处在允许产品开发的设计完成水平上。如果准备采用购买商业现货产品的方式，则需要检查供应商的产品技术规格，确保其描述详细到产品系列中单件产品的制造/模型特征。

最后，还需要评审负责产品方案实施人员的可用性和技能，以及评审所有需要的原材料、配套产品或特定服务的可用性。此时应当对开展这项工作所需的人员进行专门培训，使他们能够完成所领受的任务。这是验收评审数据资料的关键部分。

5.1.1.2.2 产品的购买、自制和重用

1. 产品的购买

第一种情况，从商户或供应商处购买目标产品（对于目标产品的购买是主合同中的工作这种情况，参见 7.1 节）。设计方案中购买产品的技术规范应该在需求开发阶段生成，并作为本流程的输入。技术团队需要评审这些技术规范，确保它们适合采用签订合同或认购订单的形式描述。产品购买工作包括起草合同、工作任务说明、投标指南、认购订单，或明确其他购买操作方式。对于从供应商处购买的大型目标产品，应当将政府部门与承包商的职责写入系统工程管理计划和产品集成计划文档中。例如，需要明确 NASA 是否期望供应商提供经过完全验证与确认的产品，或是否应由 NASA 技术团队负责产品的验证与确认工作。技术团队需要与采购团队协同工作，确保合同中的任务说明书或认购订单的精确性，并要求供应商提供相应的文档和合格证书，或向供应商提出其他特殊要求。更详细信息参见 7.1 节。

对于采用合同形式购买产品的情况，面对众多供应商返回的投标书，技术团队应与合同管理员共同工作，参与对产品技术信息的评审，在费用和进度约束条件下选择满足设计需求的最佳供应商。

购买的产品到货后，技术团队应当协助检查供应商交付的产品，以及与产品共同交付的配套文档。技术团队应当确保所接收的产品确实是所需要的产品，并确保诸如源代码、操作手册、合格证书、安全性信息或设计图纸等所有需要的文档已经签收。

NASA 技术团队还应确保那些为所购买的产品进行测试试验、运行使用、维护保养和退役处置提供支持的配套产品已经按照合同规定准备就绪或已经提交。

根据供应商的选择策略、作用和责任，若选择由供应商做产品验证和确认，可能需要对此项决定/分析结果进行评审。可以依据产品的复杂程度采取正式或非正式形式进行评审。对于由供应商完成验证和确认的产品，在确保已获得该阶段所有工作产品的基础上，可以认为该产品已经准备就绪进入产品交付流程，能够向高一层级或向最终用户提交产品。对于由技术团队验证和确认的产品，在确保已获得该阶段所有工作产品的基础上，可以认为产品做好了验证准备。

2. 产品的自行制造/自行编码

如果产品方案的实施策略是自主制造或编码，则技术团队应当首先确保配套产品准备就绪。其中可能包括确保所有零部件可用、设计图完整充分、软件设计完成并通过评审、切割材料的机械设备完好、接口规范已经批准、运行使用人员已培训并胜任工作、技术规程/流程已就绪、软件人员已培训并胜任编码工作、试验用夹具已开发并能够在产品试验中用于固定产品、软件测试大纲已完成并准备开始生成模型。

在此条件下开始按照限定的需求、技术状态文档和适用标准进行硬件产品的制造或软件产品的编码。软件的开发必须遵循 NPR 7150.2《NASA 软件工程要求》的规定。在整个硬件制造/软件编码过程中，技术团队应当与质量管理部门合作，适当时与高层管理人员合作，对团队内部的开发工作进展与实时状态进行评审、检查和讨论。工作进展应当编入技术进度表内归档。可能需要使用同行评审、产品审核、元件试验、代码检查、仿真校验及其他技术，确保自行制造的硬件产品或自行编码的软件产品已为验证流程做好准备。某些硬件制造和软件编码也可以分别签订外包合同。有时这样做是为了可以使承担产品设计的承包商自己形成控制成本的要求，从而使产品运行使用费用保持在低水平。即使签订了长期合同，也不能将研发成本转移到

运行使用阶段。没有签订长期合同的产品设计承包商更是如此。小型项目和活动通常使用小型制造车间来制造系统硬件或硬件的大部分，使用小型软件公司来编写软件代码。在这种情况下，生产工程师和软件工程师会指定部分比例自行生产制造硬件和编码软件，并将剩余部分产品包括生产制造文档委托给制造商或软件供应商。指定的产品比例应包含在合同中与此情况对应的工作说明中。对流程的控制力度，以及提供给供应商的信息和要求供应商提供的信息依赖于所要求获取的系统产品的关键性。随着生产的展开和部件被制造出来，需要采用某种方法（对大型项目通常组成材料评审委员会）来评审是否有与技术规范不一致之处，评审系统部件是能够通过验收还是应当重新加工制造或舍弃掉。

3．产品的重用

如果产品方案实施策略是重用既有产品，则应当特别注意确保准备重用的既有产品确实对项目及其既定的用途和运行使用环境是适合的。这应当是影响做出选择产品自制/购买/重用决策的主要因素。如果产品面临的是更为极端的新环境，那就需要对产品或部件重新进行认证。应当针对安全性、冗余量及其他所需的设计和建造标准方面的因素进行评估。如果工程/项目需要更高的安全性和冗余量水平，部件也许就不能使用或可能必须有免责说明提交审批。

技术团队应当评审来自所重用既有产品的可用技术文档（如产品定型文档、用户指南、操作手册、不相符问题报告、免责说明和允偏说明），这样可以达到完全熟悉可重用产品，确保其满足既定运行使用环境中的需求。同时应当收集所有辅助与保障手册、设计图纸或其他可用的文档。

应当确定完成产品制造、编码、试验、分析、验证、确认和运送所需的所有保障产品和配套产品或基础设施已经到位。保障产品应当包含在产品的制造计划、制造流程和技术规程中。如果缺少这些产品或服务中的任何一项，则应当在推进到下一阶段之前完成这些产品和服务的开发或使之准备就绪。

在获得可重用产品之前，可能需要制定特别协议，或可能需要获取纸面形式的产品保密协议。

可重用产品通常要经历与外购产品或自制产品相同的验证与确认流程。只有当可重用产品的前期验证与确认文档证明产品满足或超出当前项目的验证与确认需求和存档需求，且归档文件能够证实可重用产品已经在与当前项目同等的需求（包括运行使用环境）和期望条件下通过验证与确认时，才可以考虑信赖该产品前期的验证与确认结果，而无须进行新的验证与确认。产品重用得到的效益可能是减少各类空间飞行产品的验收试验、可能是（在所有产品单元都相同、环境和运行构想也相同的情况下）不再需要全面重新认证产品的各项内容、可能是不再有指定所有诸如印制电路板的技术规格和材料这样的产品内部需求的必要、可能是缩减的内部数据产品，也可能是对产品能够通过验收试验而无须重新制造的信心。

5.1.1.2.3 *获取产品方案实施流程的工作产品*

不管选取什么样的产品方案实施方式，必须获取产品自制/外购/重用流程中的所有工作产品，包括设计定型图纸、设计文档、设计模型、代码清单、模型描述、所用技术规程、操作手册、维护手册或其他相应的文档。

5.1.1.3 流程的输出

产品方案实施流程的典型输出包括如下内容。

- 用于验证的目标产品：除非由供应商实施验证活动，否则应当以适合寿命周期阶段的形式为验证流程提供自行制造/自行编码、外购或重用的目标产品。目标产品的形式与寿命周期阶段相关，以及与产品所处系统层次结构的位置相关。目标产品的形式可能是硬件、软件、模型、原型、初样，以及一次性或批量生产的产品构件。
- 目标产品文档和手册：与目标产品共同提交到验证流程和技术数据管理流程的还有与产品相配套的文档资料。归档的资料可能包括可用的定型设计图纸、流程结束时的产品照片、操作手册、用户手册、维护手册和培训手册，还可能包括相应控制基线文档（如技术状态信息，含定型技术规格或利益相关者期望）、合格证明或供应商提供的其他文档。
- 产品方案实施的工作产品：所有可用的工作产品，如报告、记录、经验教训总结、前提假设、更新的技术状态管理产品，以及该流程中各项活动的其他输出结果。

下述活动完成后则整个流程结束：

- 目标产品已完成制造、购买，或已获得可重用模块；
- 目标产品已完成评审、检查，并已做好验证准备；
- 产品在自制/外购/重用过程中所形成的技术规程、所做出的决策、前提假设、出现的异常及纠错行动、经验教训总结等都已归档备查。

5.1.2 产品方案实施流程指南

5.1.2.1 购买现货产品

现货产品是已形成品牌的硬件/软件，通常会有若干来源，包括商业领域来源、军事领域来源或在NASA工程中形成的产品源。在购买空间环境中使用的现货产品时，需要特别小心仔细。多数现货产品是为了在像地球这样的良性环境中使用而开发的，可能并不适应恶劣的空间环境，如真空、辐射、极端温差、极强的光照条件、零重力、原子态氧、缺乏对流冷却、发射时强振动/强噪声和极大的加速度、冲击载荷等。

购买现货产品时，仍然要生成和管理相应的产品需求。需要以产品满足需求的程度作为指标，调查并评价可用的现货产品。能够满足所有需求的产品是最佳候选产品。如果没有候选产品能够满足所有需求，则需要进行权衡研究，确定是否可以放松或放弃需求条件、是否可以通过改进现货产品使之满足条件，或是否应当选择其他选项，如自制和重用。

选择购买现货产品需要考虑如下附加因素：

- 维修保障，以及同一个产品线的其他客户维修活动的相关性；
- 产品的品质一致性；
- 关键性应用或非关键性应用；
- 产品需要修改的工作量及执行人员；
- 是否有充分的可用归档资料；
- 产品的控制权、使用权、所有权、担保书及许可证；
- 供应商在未来对产品的服务保障；
- 项目所需对产品进行的额外确认工作；
- 产品用户团队发现缺陷时的保密协定。

5.1.2.2 固有品质

固有品质是指在按不同部件制造系统时，初始制造商的品质与可靠性水平。固有品质由以下指标衡量：（1）服务保障时间；（2）服务保障机构数量；（3）平均故障间隔时间；（4）周期性使用次数。如果初始供应商能为绝大多数原始产品的设计特征、性能特征、制造特征和服务特征提供维护，产品便会具有高的固有品质。固有品质低的产品通常有如下问题：（1）不是由初始制造者供应；（2）缺乏重大试验与使用经验；（3）原始产品在设计、性能、制造和服务等关键特征方面出现变更。评估既有工程产品和商业现货产品固有品质的重要因素是确保产品的实际应用效果切实与期望应用效果相符。在地面使用时固有品质高的产品在空间环境中可能会表现出较低的固有品质。

固有品质评审的重点是证实组件在当前应用条件下的适用性。固有品质的评估不仅需要考虑（硬件和软件）技术性接口与使用性能，还需要考虑系统整机试样在前期被证明合格时的环境，包括空间环境、空中/大气环境、电磁兼容性、辐射和污染。设计方案与部件质量需求的兼容性也应当进行评估。通过修正使得产品组件能够服从需求，或通过针对可接受的偏差做出正式免责声明/允偏声明，来识别、处理和归档所有出现的不相容情况。固有品质的评审通常紧接在合同签订之后进行。

在评审产品适用性时，重要的是考虑当前产品应用的性质。“灾难性”应用是指故障可能导致人员与飞行器的损失。“关键性”应用是指故障可能导致使命任务失败。在这些应用条件下使用产品中，需要采取预防措施，包括确保产品不会在限定的使用性能与环境许可范围下临界应用。在初步设计评审和关键设计评审过程中，应当由专家严格审查把关，确保产品应用的适当性。在这个阶段，会议形式的同行评审通常非常有价值。

现货产品可能需要进行改进，使之能够适用于 NASA 应用需求。这可能影响产品的固有品质，因此，被改进的产品应被看作新的设计。如果产品由 NASA 而非原制造商改进，邀请供应商参与对改进后产品的评审是有益的。NASA 实施的产品内部改进也可能需要从供应商处购买额外的文档资料，如图纸、代码或其他与设计及试验相关的描述。

关于现货产品购买的更多论述，以及在试验与分析需求方面的建议，可参考 NASA 工程师网络及产品验证和确认实践社区，或参见 G-118-2006e《AIAA 关键使命任务系统中商用现货产品软件组件的应用管理指南》。

5.2 产品集成流程

产品集成是一项关键的系统工程活动。产品集成的目标是实现系统中相互关联和相互作用，包括各子系统之间的相互关联和作用，以及子系统与（自然的和诱发的）环境系统的相互关联和作用。在这个流程中，低层级的产品被组装到高层级的产品中，然后对组装的产品进行检验，以确保其发挥正常功能，以及确保不出现有害的涌现行为。产品集成方案在概念开发阶段开始研究，贯穿系统整个寿命周期。产品集成包含若干个所关注子系统之间相互作用及其与环境之间相互作用的活动。这些活动包括用于理解和明确相互作用关系的系统分析活动、包含开发试验活动和鉴定试验活动，以及与外部系统（如负责发射的中心、空间飞行器、使命任务管理中心、飞行控制中心和运输飞机）及星外物体（其他行星体）的集成。为了完成产品集成，系统工程师们活跃在横跨不同学科和不同团队的集成活动中，确保系统之间及其与环境的交互关系在不同团队的设计中保持均衡。系统良好的集成和均衡可以实现系统的优雅设计与运行使用。

产品集成方案研究起始于概念开发阶段，确保系统构想覆盖系统全部功能和主要单元，确保系统可能需要在其中运行使用的那些（自然的和诱发的）环境已经全部确定。产品集成方案在需求开发阶段继续进行研究，确保所有的系统需求和环境需求是相互兼容的，以及确保系统的功能效用能达到合理的均衡，从而能生产出健壮的和高效的系统。在这个阶段，应当明确作为系统相互作用和交互关系桥梁的接口。接口类型包括机械的（结构上的和载荷上的）、流体的、热学的、电子的、数据的、逻辑的（算法上的和软件上的）及人因的。这些接口的作用除了具有支持系统性能方面的功能，还包括支撑系统的组装、维护和试验方面的功能。所有通过这些接口的交互作用可能是敏感的和复杂的，既会带来期望的结果，也可能导致意料之外的结果。所有这些接口需要完成工程开发和实现，从而制造出优雅而均衡的系统。

在设计阶段，面向系统间及其与环境间交互作用的集成方案研究继续进行，同时需要对子系统的功能、子系统间的交互作用、子系统与所处环境的交互作用进行常态分析与管理。对系统交互作用的分析及对系统均衡性的管理是设计阶段系统工程工作的中心任务。系统需要在子系统之间建立并维护一种均衡，相对于使每个子系统达成其优雅而高效的设计水平，系统整体性能的优化更为重要。在设计阶段常常需要进行部件级、装配级和系统级试验方案的开发。这是系统交互作用的关键数据源，而且持续开发的试验计划应当是结构化的，应当酌情包含子系统交互作用、人在回路作用、环境交互作用方面的试验数据。

集成工作在运行使用阶段继续进行，将系统的硬件、软件和运行使用人员聚合在一起执行使命任务。为了使命任务的成功完成，三类不同性质的系统组分集成在一起，它们之间的交互作用更需要进行管理，并且应贯穿从开发到运行使用的全过程。系统工程师、工程负责人和运行使用团队（包括有载人飞行使命任务的宇航员）需要共同努力来实施完成此项管理。系统工程师不仅要知晓如何与运行使用团队的交互，而且要在使命任务参数变更和因错误管理导致非期望后果的情况下，参与设计方案对此情况的响应与更新。

最后，在系统的退役处置阶段还会发生产品集成与拆解。从明确系统构想阶段开始，就需要把支持拆解和处置的系统能力考虑到系统设计实现之中。退役处置阶段涉及在遵从美国政策和法律、遵从国际公约的情形下，对空间飞行资产进行安全地清理。此类处置可能包括飞行器的安全返回与回收、坠入海洋、溅落在月球上或远离地球，还可能包括对地面上用于产品制造、组装、发射和飞行控制的设备进行的拆解和再利用。决定恢复使用的空间飞行资产的安置也在这个阶段发生。本阶段还进行系统数据的获取和存档以备未来分析使用。在所有这些活动中，系统工程师需要确保对系统和工程相关资产进行的是流畅而合理的拆解。

产品集成流程不仅应用于硬件和软件系统的集成，而且应用于面向服务的解决方案、系统需求、技术规范、项目计划和系统构想的集成。产品集成的终极目的是确保系统单元共同形成整体功能。

产品集成涉及许多在工程或项目早期就需要做出计划的活动，以便于有效而及时地完成集成工作。某些集成活动（如系统试验）可能需要进行许多年且需要许多费用，这些应在预算周期内确定额度并获得批准。应当开发产品集成计划并对计划开发过程记录存档。小型项目和活动可以将这项内容包含在系统工程管理计划中。某些活动的集成计划可能来自于发起该项活动的空间飞行工程或技术研发工程相应的高层集成计划。大型工程和项目需要有分类集成计划，能够清晰地说明需要进行的复杂分析和系统试验活动。本手册的附录 H 给出了一个分类集成计划的大纲示例。

在项目终止阶段，应当制定项目的分类终止计划，说明工程相关资产的退役和处置方式。相应示例可参见美国国家空间运输系统 60576 号文件《航天飞机工程开发、交付管理计划》。对于小型项目和活动，特别是寿命周期短（使命任务周期短）的项目，终止计划可以包含在系统工程管理计划内。

5.2.1　流程描述

图 5.2-1 所示是产品集成流程的典型流程框图，图中给出实施产品集成流程所涉及的典型输入、输出和活动。此处产品集成流程的活动已经被简化，呈现为活动步骤和活动对象。

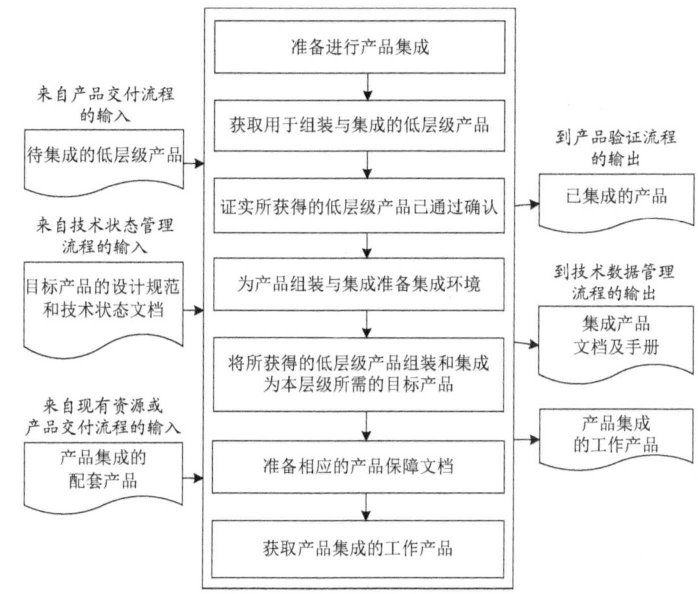

图 5.2-1　产品集成流程的典型流程框图

5.2.1.1　流程的输入

- 待集成的低层级产品：指已经在产品分解结构中低一层级开发完成的产品。这些产品将被集成/组装，形成本产品层级的产品。
- 目标产品的设计规范和技术状态文档：指实施产品集成所需的技术规范、接口控制文档、设计图纸、集成计划、技术规程及其他文档或模型，包括在低一层级上每个需要集成的产品的相应文档资料。
- 产品集成的配套产品：这些产品包括在成功集成低层级产品而形成本层级目标产品时所必需的所有配套产品，如固定夹具。

5.2.1.2　流程中的活动

本节描述实施产品集成流程的方法和途径，包括支撑该流程所需开展的活动。在该流程中需要完成的基本任务包括对各个产品层级上内部接口和外部接口的管理，以及运行使用人员为保证产品集成而应完成的任务。在以下各小节进行具体描述。

5.2.1.2.1 准备进行产品集成

实施产品集成的准备工作包括两项内容：（1）评审产品集成策略/计划（参见 6.1.1.2.4 节）、生成产品集成的详细计划，同时开发产品集成的步骤和技术规程；（2）确定产品的技术状态文档资料适合于准备应用于产品寿命周期当前阶段的产品集成方式，以及确定产品在系统结构中的位置，同时管理本阶段成功的评判准则。

5.2.1.2.2 获得用于组装与集成的低层级产品

组装和集成所需的所有低层级产品的获取方式是转换低层级产品的所有权，或根据需要从某个储存设施获取。应当对所获取的产品进行外观检查，以确保在产品的交付过程中没有损坏发生。

5.2.1.2.3 证实所获得的低层级产品已通过确认

证实所获得的用于组装和集成的低层级产品已通过产品确认，以及证明单个产品满足已经达成共识的利益相关者期望，包括接口需求。产品的确认可以由接收产品的单位负责进行，也可以由提供产品的单位负责进行，但需要在全程记录并且有接收方代表见证的情况下实施。

5.2.1.2.4 为产品组装与集成准备集成环境

准备将要进行产品组装和集成的集成环境，包括评估用于支撑产品集成的配套产品的准备情况和为产品集成所分配人力资源的准备情况。这些配套产品可能包括设施设备、装备夹具、工具箱、组装线/生产线。集成环境包括测试试验装备、仿真器、产品模型、储存区域和记录装备。

5.2.1.2.5 将所获得的产品组装/集成为所需的目标产品

根据特定的需求、技术状态文档、接口需求、适用标准，以及相应的集成顺序和技术规程，将所获得的低层级产品组装/集成为所需的目标产品。其中的活动包括对所集成产品中相应的物理接口、功能接口和数据接口进行管理、评价和控制。

通过组装和集成得到的产品需要进行功能测试，确保组装的产品已经可以进行验证试验，并已准备好集成到更高层级的产品中。通常，需要对所有的或关键的、有代表性的功能进行检查，确保集成后的系统如所期望的那样发挥功能。正式的产品验证和确认将在下一个阶段实施。

5.2.1.2.6 准备相应的产品保障文档

准备相应的产品保障文档，如用于执行产品确认与产品验证的特殊技术规程。开发并认证组装后系统的图纸或精确模型，用于表述所组装的产品。

5.2.1.2.7 获取产品集成的工作产品

获取在实施产品集成流程活动时产生的工作产品和相关信息。这些工作产品包括系统模型、系统分析的数据和评估报告、派生的系统需求、在产品组装过程中使用的技术规程、所做出的决策和支撑决策的客观依据、所提出的前提假设、已经识别的异常及相应的纠正措施、在实施组装活动中总结的经验教训，以及更新后的产品技术状态和保障文档。

5.2.1.3 流程的输出

产品集成流程的典型输出包括如下内容：

- 完成集成的产品：其中系统内部所有的交互作用已经确定并达成适当的均衡。
- 文档资料和手册：包括系统分析模型、数据和报告，能够为支持飞行准备提供原理和依据，可在执行使命任务过程中系统运行使用时进行相关分析。
- 工作产品：包括产品集成活动的报告、记录和非提交结果（用于支持技术数据管理流程）、产品集成策略文档、需进行组装/检查区域的图纸、针对选定的组装方式记录系统/组件组装顺序和依据的文档、接口管理文档、人员需求、特殊的过程控制需求、系统文档、运输计划、测试试验装备和执行人员需求、仿真器需求、对硬件与软件的限制性标识等。

5.2.2 产品集成流程指南

5.2.2.1 产品集成策略

集成策略应作为产品集成计划的一部分进行开发和归档。集成计划及相应支撑文档资料的作用是确定组成系统中各类组件的接收、组装和激活顺序。集成策略应当考虑技术方面、费用方面、进度方面的因素，确保组装、激活和装载顺序能使成本最低和组装难度最小。系统规模越大越复杂或系统单元越精密，找出适当顺序就显得越重要，因为微小的变化可能对项目结果产生很大的影响。

最优组装顺序自底层向上建立，如组件逐步装配形成子单元、单元和子系统，其中每个组件在进行更高层级组装之前应当经过检查。组装顺序包括建立或配备组装设施（如升降机、起重机、夹具、测试设备、输入/输出设备、动力连接设备）所需的所有工作。最优组装顺序一旦确定，应对其定期评审，以确保生产和交付进度的变化不会对组装顺序产生负面影响，并且不会影响早期决策中考虑的因素。

有关在不同契约机制下开发、获取和集成复杂工程中不同组件时出现的集成问题，可参见本手册 7.1 节的讨论。

5.2.2.2 与产品方案实施流程的关系

如前所述，产品方案实施是将产品的开发计划、设计方案、分析结果、需求分析及设计图纸实现为真实产品。

产品方案实施侧重于为完成能够具体实施的系统设计方案所必需的规划和分析，而产品集成侧重于评估系统内部及其与环境的交互作用，包括明确系统接口、确立系统环境、识别有机联系和交互作用、确定必须实施的关键系统分析、确定试验策略、制定装配和集成计划。产品集成还需提供终止计划，用于明确实施系统退役和/或处置所必需的关键活动和系统特性（派生需求）。

正如在本手册的 4.4 节“设计方案开发”中讨论的，需要进行各种系统技术状态下和设计方案选项下的系统分析，选定设计方案选项。系统分析专注于设计方案中技术状态的不确定性和敏感性，以期确保系统能够按照预想的方式运行使用。随着设计决策和技术状态选项的向下分解，将产生派生的技术需求。需要确定试验方案，用于评估设计方案选项并锚定系统分析模型，从而降低不确定性并确定产品对包括自然环境和诱发环境在内的各种影响的敏感性。在产品集成期间的系统分析和规划还需考虑将组件、各类组装件、子系统和系统组装成最终的集成产品。其中应包括人因系统集成活动，以确保产品制造、运行和维护活动可由技术人员和运行使用人员以连贯、安全和有效的方式执行。同时需考虑组织间的相互作用，包括与负责产品实现和运用阶段工作（如产品制造）组织之间的关系。

产品集成在项目寿命周期的每个阶段都可能发生。在规划和论证阶段，需要将分解的需求集成为完整的系统需求，以验证是否存在遗漏和冗余。在实现和运用阶段，设计方案需要与硬件集成为完整系统，以验证集成后的系统整体满足需求并且没有冗余和遗漏。

系统工程强调实施过程的递归、迭代和集成特性，突出表现在产品集成活动不仅在项目的初始规划阶段便确定能够适用于全寿命周期所有阶段中的产品，而且可递归应用于全寿命周期每个阶段中在系统工程引擎推动下项目产品的向下分解和向上集成。这样就确保在需求、设计构思等发生变更（通常是对利益相关者要求变化的响应和对分析、建模与测试结果更新的响应）的情况下，可以对项目的进程进行适当修正。此项修正的完成需要通过系统工程引擎进行重新评估，从而确定产品集成活动所有方面的更新是恰当的。最终结果是使产品满足项目批准的修订内容，减少在项目后续阶段中因修正工作而耗费的时间成本。

5.2.2.3 产品/接口集成支持

有若干个流程能够支持产品和接口的集成。这些流程或支持对产品和接口的集成，或支持对集成产品是否满足项目需要进行确认。

支持产品和接口集成并且在整个产品集成过程中应当通过项目予以说明的典型产品包括需求文档、需求评审结论、设计方案评审结论、设计图纸和技术规范、产品集成和试验计划、硬件技术状态控制文档、产品质量保证记录、接口控制需求/文档、运行使用构想文档、验证需求文档、验证报告/分析结论、NASA 标准、军用标准、工业标准、最佳实践经验和教训。

5.2.2.4 设计方案中产品的集成

本节论述与选定的设计方案相关的更具体的产品集成实施过程。

通常情况下，系统设计/产品设计是一个子系统与组件聚合的过程。对于复杂的硬件/软件系统，这点相对明显。对于许多面向服务的解决方案也是如此。例如，向个人提供与互联网连接的方案，涉及硬件、软件和通信接口。产品集成的目的是确保系统中相关单元的组合能够达到预期结果（如像期待的那样正常工作）。因此，内部接口、外部接口和交互关系应在设计中考虑，并且在生产之前进行评价。

对各层级产品集成的验证有许多不同类型的试验需求。鉴定试验和验收试验是对完成集成产品所进行的各类试验中两类试验的示例。另一种试验类型是将所开发的试验样品放在真实的和模拟的任务剖面环境内进行的试验，以期揭示设计缺陷，并提供故障模式和机理的工程技术信息。这是计划好的试验流程，对产品设计和目标产品集成非常重要。如果与试验样品开发同期完成，该项试验便可提供早期发现产品问题的能力。否则，只有在产品集成的后期阶段才能发现问题，从而造成纠错工作的额外成本。对于大型复杂的系统或产品，集成试验和验证工作都使用系统原型进行。

5.2.2.5 系统分析

为了确保能够完全识别和管理系统的交互关系，需要进行多种不同类型的系统分析。需进行哪类具体分析将取决于正在开发和运行使用的具体系统。用于展示系统集成视图的典型分析内容包括负载、可控性/稳定性、热控质量、电能质量、数据带宽、飞行距离、质量余量、系统能量等。此外，还应进行可制造性、可维护性和可测试性分析，这些作为需求开发周期工作的一部分，用于识别需要包含在系统设计方案中的功能特性。

这里重点讨论兼容性分析。

在项目寿命周期中，对于各不相同的多种类型单元，应当维护它们的兼容性与可达性。接口定义的兼容性分析需要表明接口及其追溯记录的完整性。当出现变更时，应当结合相关文档资料安排能够控制接口设计的权威方法，从而避免出现硬件和软件集成到系统中时，尤其是在系统中包含人因时，不能实现其在系统中预定功能的情况。确保系统的所有组成部分能够协调工作是一项复杂的任务，涉及技术团队、利益相关者、承包商等，以及涉及从初始概念定义阶段直到运行使用与保障阶段的工程项目管理。物理上的集成在阶段 D 完成。在系统结构相应的层级，系统组成部分必须经过试验，然后组装和/或集成，并再次试验。系统工程师的作用包括圆满完成委派的管理任务，如技术状态管理及监督集成、验证和确认流程。

5.2.2.6 接口系统集成

系统中各单元的集成应当根据已确立的集成计划实施。这样做能够确保将系统单元集成到更大或更复杂的组装件中，是根据计划中的策略进行的。软件的集成通常是在软件集成工具中进行的。一旦完成将软件集成到完整的空间飞行载荷中，就可以使用飞航电子设备硬件对软件进行集成和测试。这通常是系统集成的第一种形式，能够支持对软件控制的测试和对软件与飞航电子设备硬件交互的测试，包括系统控制和响应算法。一旦完成上述集成，便可以将飞行软件加载到飞行系统上，目的是在发射和/或运行使用之前进行最终检查。硬件的集成通常发生在制造工厂、发射中心或试验室中。此类集成分阶段进行，从硬件系统试验开始，并扩展到整个系统的组装件。小型项目和活动可以制作一个工程开发试样，用来完成整个系统（硬件、软件、人因）集成和交互的试验。大型工程通常会在单元级别进行试验，而最终系统集成试验可以在发射中心、飞行设施上进行，或在轨进行。在全尺寸试样不实用或达不到经济有效的情况下，通常会建立仿真系统支持对运行使用人员的培训，（作为软件集成设施的一部分）测试软件交互功能。

5.3 产品验证流程

产品验证流程是对已实现的目标产品展开验证与确认流程的首个流程。在系统工程通用技术流程的背景下，以及在满足相应寿命周期阶段成功评判准则的条件下，由产品方案实施流程或产品集成流程实现的产品以适当形式提供给产品验证流程使用。产品的实现就是通过方案实施、集成、验证和确认活动，将目标产品交付系统结构更高层级集成或交付客户使用。在这种情况下，目标产品可以被看作已实现的产品或已实现的最终产品。

产品验证的目的是证明，所实现的目标产品在用于系统产品结构中任何一个单元时，不管是自行制造、自行编码、外购还是重用，都满足其需求和技术规范。这样的技术规范和其他设计方案描述文档建立了该产品的技术状态控制基线，当然控制基线在随后的某个时刻还有可能需要修改。如果没有经过验证的控制基线和适当的技术状态控制，这种后期的修改代价可能会非常昂贵且可能导致较大的性能问题。

从流程的角度来看，产品的验证与产品的确认在性质上很相似，但是它们的目标却根本不同。客户感兴趣的是，所提供的最终产品是否能够在其运行使用环境中如客户所期望的那样发挥功能。对产品能否满足这个条件的检查就是确认。简言之，产品验证流程回答如下关键问题：目标产品是否被正确实现？而产品确认流程则相应地回答如下关键问题：所实现的是否为正确的目标产品？如果通过分析能保证产品的成本效益，可以考虑同时进行验证与确认联合试验，从而减少单独进行产品确认试验的花费。

不论目标产品是通过方案实施得到还是通过集成得到，产品验证流程的结果都应当能证实目标产品遵从其特定需求，也就是目标产品能够通过验证试验。本节讨论验证流程的输入、流程中的活动、流程输出结果及潜在缺陷。

验证试验与确认试验的辨异

试验是适用于验证和确认的一种详细评价方法。

验证试验

验证试验针对的是经批准的需求集（如系统需求文档），试验可以在产品寿命周期的不同阶段进行。验证试验是对系统或系统单元实施的正式记录在案的试验，用于证明系统或单元满足为其分配的需求或技术规格，包括物理接口和功能接口的需求。验证试验通常由工程师、技术人员、操作维护试验人员采用仪器设备及评价指标，在有利于进行失效分析的受控环境中完成。

确认试验

确认试验针对的是运行使用构想文档。确认试验在真实环境或模拟环境中对相应目标产品实施，用于确定在典型用户执行的使命任务应用中产品的有效性与适用性，并评估试验结果。该项试验确保系统被放置到现实环境中时能够如所期望的那样运行。

5.3.1 流程描述

图 5.3-1 所示是产品验证流程的典型流程框图（来自 NPR 7123.1），图中给出了在实施产品验证流程中所需处理的典型输入、活动及输出。

5.3.1.1 流程的输入

产品验证流程的关键输入包括如下内容：

- 待验证的目标产品。该产品应当已经从产品方案实施流程或从产品集成流程交付到位。该产品很有可能已经通过了至少一项功能测试，确保产品已经正确集成。所有保障文档应当与产品一起提交。
- 产品验证计划。该计划应当已经通过技术规划流程开发完成，并且在开始验证之前确定控制基线。
- 设定需求的控制基线。这些需求是指该产品已经明确且需要验证的需求。对于每一个需要验证的需求，验收评判准则应当已经确定。
- 产品验证的配套产品。实施产品验证流程所需要的所有其他产品。其中可能包括试验用夹具和保障设备。

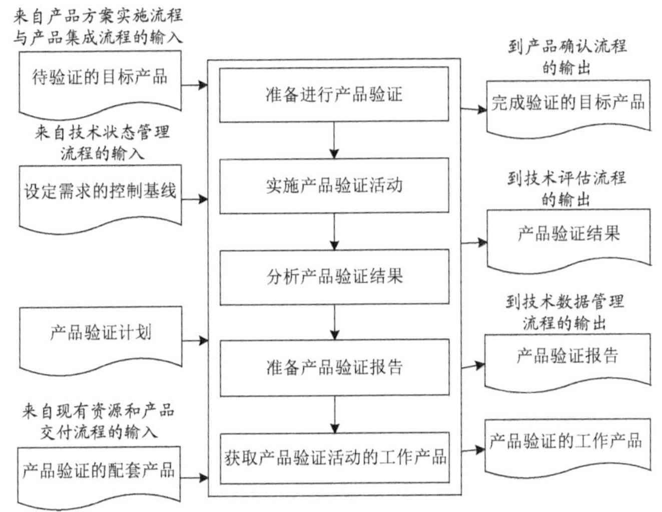

图 5.3-1 产品验证流程的典型流程框图

为了能够使产品验证活动正常进行，可能还需要附加其他工作产品，如运行使用构想、使命任务目标要求、接口控制草图、试验标准和政策、NASA 的标准和政策。

5.3.1.2 流程中的活动

产品验证流程中主要有 5 项活动：

（1）做好进行产品验证的准备；

（2）实施产品验证活动；

（3）分析验证结果；

（4）准备产品验证报告；

（5）获取在产品验证活动中产生的工作产品。

产品验证通常由目标产品的开发生产者在有最终用户与客户参与的情况下实施。质量保证人员在验证计划的制定与活动的执行过程中同样起着重要的作用。

5.3.1.2.1 产品验证的准备

在准备进行产品验证时，需要汇集指定的需求和相关验证计划，并对其进行评审和认证。需要获取待验证的产品（产品方案实施流程和产品集成流程的输出），以及实施验证所需的配套产品（如与外部接口相关的产品）和保障资源（包括人员）。根据验证的类型和最终确定并经过批准的验证方法，在技术规程中详细确定每一步活动。技术规程的开发通常在项目寿命周期的设计阶段开始，而在设计方案成熟时，技术规程便成熟了。产品的验证环境被认为是技术规程开发内容的一部分。需要评估产品运行使用的场景，以探索所有可能要进行的验证活动。最后一项准备内容是验证环境准备，如设施、设备、工具、测量仪器和气候条件。

如果考虑运行使用人员或其他用户参与，确保人员在验证活动中恰当而正确的行为非常重要。此时还要考虑人员的身材、技能、知识、训练水平、着装、特种装备和工具。注意，对有人因参与的系统进行试验验证通常归类为“人在回路型”试验验证。

表 5.3-1 给出了应当在验证技术规程和验证报告中包含的信息类型的示例。

表 5.3-1 应当在验证技术规程和验证报告中包含的信息类型的示例

验证技术规程中包含的信息	验证报告中包含的信息
试验样品和材料的术语与标识	验证目标和目标达到的程度
试验配置的标识及其与空间飞行操作配置的差异	验证活动的描述，包括相对于标定结果的偏差（矛盾）
根据适用的需求验证结果，为产品建立的目标和判据的标识	试验条件下技术状态及其与空间飞行运行使用技术状态的差异
需要进行外观检视、功能演示或产品试验的产品特征和设计准则，包括接受或拒绝的容差大小	每项活动和每个技术规程的相应结果，包括验证数据/验证资料的位置或链接地址
按顺序描述准备采取的步骤、行动和观测措施	每一项分析的相应结果，包括与试验数据相关的分析
所需计算机软件的标识	试验性能数据表格、曲线图、图示、图形
所使用的计量设备、测试设备和记录设备的标识，指定范围、精度和类型	报告中不相符和不相容的概要总结，包括具体偏差，以及批准的纠错行动和计划的重新试验活动
关于记录设备校准或软件版本数据的规定	验证活动成功完成后形成的结论和建议
能够证实所需计算机测试程序/保障设备和软件已经在与空间飞行操作硬件结合使用之前通过验证的证书	受试验影响的政府国有资产设备的当前状态和其他配套保障装备的当前状态
针对运行数据记录设备和其他自动测试设备适用的所有特别指令	正在执行的技术规程的备份（可能包含红线）
能够展示试验装备、试验对象、试验站点和其他与设计方案和技术状态相关的工作产品的标识、位置及相互关联的布局图、线路图和框图	试验结果证书和可验收证书
灾害风险场景及危险运行使用的标识	
防范措施和安全指导，用于确保个人安全，防止试验对象和测量装备退化降级	
需要维持的环境和其他条件及其容差大小	
外观检视或产品试验的约束	
关于记录验证结果和其他验证资料的规定和指令	
针对具体的不符合及异常现象和结果的特殊指令	
关于设施设备维护、内务管理、质量检查、安全性的技术规范，全面验证活动之前/之中/之后处理需求的技术规范	

验证准备活动的成果包括以下内容：

- 文档资料已经全部准备就绪，包括验证计划、经批准的技术规程、特定需求的相应控制基线集合、与技术状态相关的保障文档。
- 待验证的产品/模型和验证配套产品已准备就绪，并按照验证计划与进度安排在验证环境中组装与集成。
- 进行验证所需要的相关资源（资金、设施、人员，包括相应的熟练操作人员）已经按照验证计划与进度安排准备就绪。
- 验证环境已进行充足性、完整性、完好性和整体性评价。

验证、鉴定、验收及认证的辨析

产品验证

产品验证是一项正式流程，采用产品试验、定量分析、外观检视和功能演示的方法，证实系统及其相应硬件组件和软件组件满足所有指定的需求。不论生产多少空间飞行器，产品验证程序仅实施一次（除非设计方案出现变更）。

产品鉴定

产品鉴定活动的实施是为确保空间飞行器设计方案在可预见的环境条件下能满足功能需求和性能需求。鉴定活动在圈定的环境条件下选择其中极端条件实施产品验证程序的一个子集，并确保设计方案能够达到保持系统正常运行的余量标准。不论生产多少空间飞行器，产品鉴定程序仅实施一次（除非设计方案出现变更）。

产品验收

选择验证程序的一个更小的子集作为产品验收程序判据。每个空间飞行器在制造完成时和准备飞行/使用时，都要实施选定的验收活动。每个空间飞行器都要相应准备一份验收数据资料，随飞行器一起交付。验收试验/分析评判准则的选择条件是，应能证明飞行器的制造/工艺遵从之前已经验证/鉴定过的设计方案。验收试验需针对所生产的每个空间飞行器实施。

产品认证

认证是对产品的审核过程，以产品验证活动中和其他活动中得到的结果作为证据，提供给相应的权威认证机构，表明设计方案已经过认证可用于飞行/使用。不论生产多少空间飞行器，产品认证活动仅实施一次。

5.3.1.2.2 实施产品验证

目标产品的实际验证活动按照计划和技术规程所阐明的那样进行，并遵从每个特定的产品需求。验证工作负责人要确保验证技术规程得到遵守并按照计划执行，验证的配套产品和仪器设备已经通过准确的校验，相关数据按照所需的验证指标进行收集和归档。

注：根据验证工作的性质和工程项目所处的寿命周期阶段，通常需要进行某些类型的评审来评估验证工作的准备程度（随后的确认工作亦如此）。在寿命周期的早期阶段，这些对试验准备程度的评审可以非正式进行；而在寿命周期的后期阶段，这类评审将更为正式。试验准备程度评审与其他技术评审一样是技术评估流程中的活动。

对于多数项目，根据经裁剪的启动条件/成功完成验证评定准则进行大量的试验准备程度评审，目的是评估试验范围、试验设施、受训试验人员、仪器仪表、集成场地、保障设备和其他配套产品的完好程度和可用性。

同行评审作为补充评审可正式或非正式进行，确保验证工作及验证流程结果的成熟度。进行同行评审的指南在本手册的6.7.2.5.6节讨论。

当观测到异常现象（即相对于所需的或期望的成果、技术状态和结果，出现偏差、争议或矛盾之处）时，验证活动应当停止，并生成异常报告。应当对导致这类异常的活动和事件进行分析，确定是否存在不合格产品或在验证技术规程和验证产品活动中是否存在问题。应当借助决策分析流程做出决策，是否需要对验证计划、验证环境和/或验证技术规程的实施进行修改。

实施产品验证活动的成果包括如下内容：

- 完成验证的产品，能够证实产品（以寿命周期阶段的适当形式）满足其特定需求，而若产品不符合需求，则应当有描述所存在偏差的不合格品报告。

- 已经确定验证结果是合理获取的并已进行评价，表明针对所有性能指标的验证目标已经完成。
- 已经确定验证产品与配套产品在验证环境中达到良好的集成。

5.3.1.2.3　分析产品验证结果并提交报告

1．不相符和不相容问题

一旦完成验证活动，应收集和分析验证结果。这些数据用于分析产品的质量、完整性、正确性、一致性、有效性。验证中出现的任何不正常情况（异常、偏差或不符合条件）需要识别和评审，以确定所有不相容的产品并不是由糟糕的验证计划、技术规程和验证条件引起的。如果可能，即使安排的试验/分析是完整的，也要进行此项分析评审。这样，在数据分析结果表明需要对试验和分析进行更正时，能够快速重新开始。

应当对不相符和不相容的产品进行记录和报告，以便实施后续行动和归零处理。验证结果应当记录在技术需求开发流程中生成的需求一致性验证矩阵中，或以其他形式记录，以便追踪对每项产品需求的符合程度。作为验证的结果之一，需要有免责说明来要求免除某项确定的需求，或对此需求做出变更。

> **注：**需求不相符和不相容情况报告可能直接与技术风险管理流程相关。依据与需求不相符情况的性质，相关报告可能需要经过材料评审委员会和技术状态控制委员会（通常包括风险管理分委员会）的审批。

产品需求不相符的问题可能需要在系统设计方案开发与产品实现流程活动中解决。如果需求不相符问题的缓解导致产品的变更，则可能需要重新规划和执行产品验证流程。

2．分析的成果

分析产品验证结果的成果包括如下内容：

- 已经判明产品的不相容问题（不符合产品需求）。
- 为解决产品需求不符合问题，已经完成相应的需求重新规划和重新定义，以及完成产品重新进行方案设计、方案实施、产品集成、方案修订和重新验证。
- 为避免非产品因素引起的不相符问题，相应的设施更新、技术规程修正、配套产品改正和产品重新验证工作已经实施完成。
- 需求不相容产品的免责说明已经被接受。
- 已经根据需要生成产品需求不相符与不相容问题报告，包括纠错行动计划。
- 已经完成验证报告。

3．流程重组

流程重组是解决产品需求不相符与不相容问题的一种方法。

基于对验证结果的分析，可能需要重新通过产品实现流程获得用于验证的目标产品，或对组装和集成到待验证产品的目标产品进行产品实现流程重组，这取决于所发现的产品需求不相容问题的位置和类型。

流程重组可能需要重新应用系统设计流程（包括利益相关者期望开发流程、技术需求开发流程、逻辑分解流程及设计方案开发流程）。

5.3.1.2.4 获取产品验证的工作产品

验证流程的工作产品（输入到技术数据管理流程）有多种形式，涉及多种信息源。验证结果和相关数据的获取与记录是产品验证流程中非常重要的一步，却经常得不到足够重视。

需要获取的内容包括验证结果、同行评审报告、产品异常的信息和所采取的纠错行动，以及在实施产品验证流程时得到的所有相关结果（相关决策、决策的客观依据、前提假设和总结的经验教训）。

获取验证工作产品活动的成果包括如下内容：

- 已经记录归档的验证工作产品，如验证类型、验证技术规程、验证环境、验证结果、验证中的决策、验证决策的前提假设、纠错行动、经验教训总结。
- 已经识别和归档产品的偏差、异常、需求不符情况，包括所采取的相应解决问题的行动。
- 对于所实现的目标产品是否满足特定需求的证明已经归档。
- 已经形成验证报告，报告包括以下内容：
  - 记录存档的试验/验证的结果/数据；
  - 所使用的特定需求集的版本；
  - 所验证产品的版本；
  - 所使用工具、数据和设备的版本或标准；
  - 每项验证内容的结果，包括对通过或未通过验证的明确说明；
  - 产品与需求的不符合项。

5.3.1.3 流程的输出

产品验证流程的关键输出包括如下内容：

- 为产品确认准备好的已通过验证的产品：在产品通过验证后，将进入产品确认流程。
- 产品验证结果：按技术规程实施得到的结果将提交技术评估流程。
- 产品验证报告：该报告展示产品验证活动的结果。报告内容包括：
  - 需要进行验证的需求及其双向可追溯性；
  - 所采用的验证方法；
  - 与所使用的任何特殊装备、条件和技术规程相关的材料；
  - 产品验证的结果；
  - 所发现的产品异常、偏差和与需求不相符的问题；
  - 所采取的纠错行动。
- **产品验证的工作产品：**这些产品包括需求不相符和不相容报告及确定的纠错行动，更新后的需求相符性文档，需要针对技术规程、设备和环境做出的变更，产品技术状态图纸，校准，操作者认证，以及其他记录。

产品验证成功完成的判断准则包括：（1）与需求相符的客观证据或免责说明的客观证据已经存档；（2）已经归零处理所有报告的需求不相符和不相容问题。

5.3.2 产品验证流程指南

5.3.2.1 验证方式

产品验证方法应当（通过剪裁）适应其相关项目。项目负责人/系统工程师应当与负责验证的工程师合作，开发出验证方法，规划好验证活动。在开发验证方法及具体的验证程序时，需要考虑如下一些因素。

- 项目类型：特别是空间飞行项目的类型。验证活动安排取决于如下情况：
  - 飞行器试样类型：如空间科学试验、有效载荷或运载火箭。
  - 有效载荷分类：对于需要遵从 NPR 7120.5《NASA 空间飞行工程和项目管理要求》的使命任务，NASA 有效载荷分类（根据 NPR 8705.4《NASA 有效载荷的风险分类》中的条款）的作用是期望作为建立正规验证方法的起点，使验证方法能够适合于基于 A 类至 D 类[①]有效载荷的特定项目。根据 NPR 7120.8《NASA 科学研究与技术开发工程和项目管理要求》，可以赋予项目更多的灵活性。
  - 项目费用与进度含义：验证活动是影响项目费用与进度的重要因素，应该在开发验证计划的早期考虑这项活动的含义。应当在寿命周期早期进行权衡研究，支持关于验证方法和验证类型的决策、支持验证设施类型及场所的选择。例如，在权衡研究中可能需要决定，是在集中设施上进行试验还是在不同地点分布的设施上进行试验。
  - 风险管理：应当在验证方法的开发中考虑。定性的风险评估与定量的风险分析，如失效模式及影响分析（FMEA），通常用于辨识那些能够通过附加验证试验而减缓的新的风险关注点，这样将扩大验证活动的有效范围。其他风险评估方法也会影响权衡研究中对可优先采用的验证方法及这些方法的应用时机所做的决定。例如，权衡研究可能需要决定，是直接进行模型试验还是通过低成本而可能发现问题较少的理论分析先行确定模型特征再做试验。项目负责人/系统工程师应当确定项目在成本与进度方面可接受的风险水平。
- 验证设施/场站和运输资源的可用性：（需要时）能够在不同场站之间传输物品。这需要与综合后勤保障工程师协调完成。
- 对用户进行适当培训的有效性：这些用户需要通过人机接口与系统进行交互。
- 采办策略：涉及的内容包括确定自主开发或合同订购选项。通常，NASA 试验中心可以在项目的任务说明中指定承包商的验证流程。
- 传统设计影响：设计中采用传统方案的比例及软件、硬件重用的程度。

5.3.2.2 寿命周期中的验证

完成验证的类型与产品所处的寿命周期阶段及目标产品在系统结构中的位置相关。在自底向上的实现流程中，目标产品在交付到上一层级之前应当通过验证与确认，如图 5.3-2 所示。目标产品中的某个单元可能正在执行产品验证流程，而另一个单元可能正在执行产品确认流程。尽管在图 5.3-2 中被描述为不同的流程，但在实施过程中也可能有相当多验证事件与确认事件的重叠。验证活动的技术状态本身可能也需要经历确认活动。

① 可参见本手册表 3.11-1 所示的工程/项目分类。

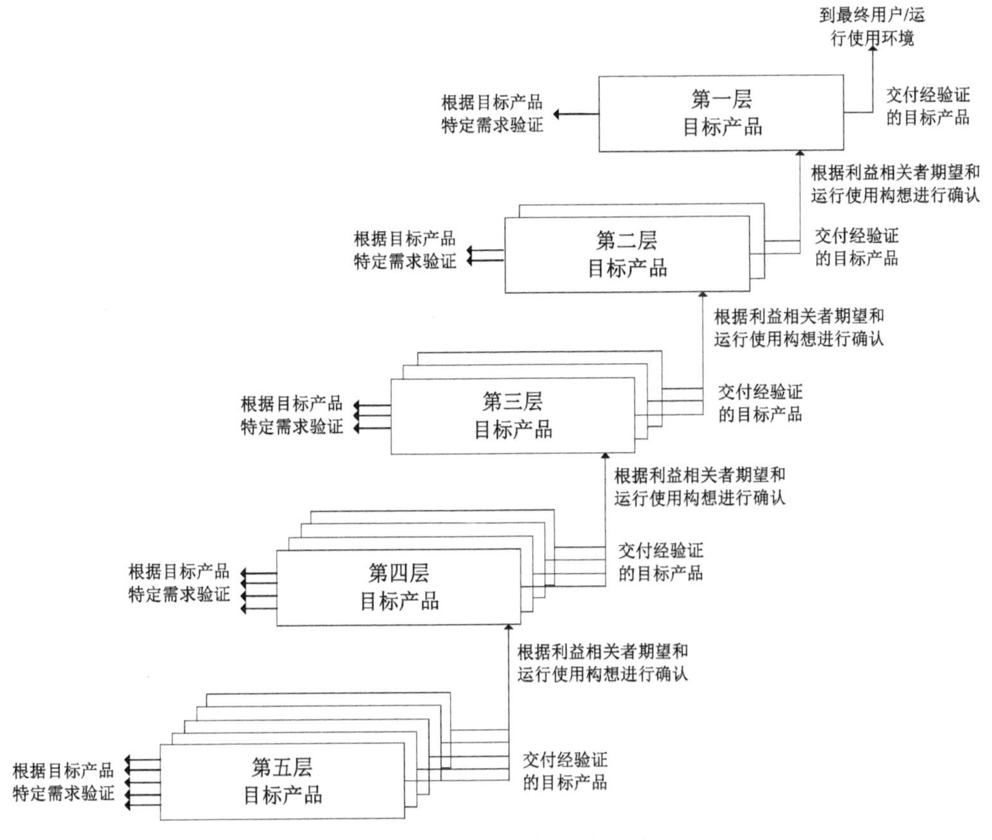

图 5.3-2　自底向上的产品实现流程

5.3.2.2.1　产品验证中的质量保证

即使有完美的产品设计、硬件制造、软件编码和产品试验，项目仍可能遭遇自然的和人因的异常情况。系统工程师必须要树立信念，实际系统的确是根据其功能需求、性能需求和设计方案生产并交付的。质量保证使得项目负责人/系统工程师能够在项目寿命周期中针对生产的产品和使用的流程进行独立评估。此时质量保证工程师通常扮演系统工程师的眼睛和耳朵的角色。

质量保证工程师通常的工作内容包括：监督产品制造、组装、集成、验证和确认活动，评判发生需求不相符/不相容问题时的解决方案与处理过程；验证系统技术状态与归档资料中的产品建造（编码）规范相符合；收集并维护可用于后续失效分析的质量保证数据。质量保证工程师还参与与系统设计、部件、材料、工艺、制造及产品验证相关的重要评审（主要是系统需求评审、初步设计评审、关键设计评审和使命任务准备状态评审/飞行准备状态评审/生产准备状态评审），以及针对可能导致目标产品质量下降问题的其他方面评审。

项目负责人/系统工程师应当与质量保证工程师协同工作，开发为支持项目而裁剪的质量保证计划（质量保证活动的范围、职责和时限）。在某种程度上，质量保证计划确保产品验证需求适当且明确，特别是在试验环境、试验技术状态、成功/失败评判准则方面，同时监控鉴定试验和验收试验活动，确保验证需求和验证技术规程得到遵从，从而确保验证数据的准确性和完整性。

5.3.2.2.2　鉴定试验

进行鉴定试验活动的目的是确保飞行试样的设计满足预期环境条件下的功能需求和性能

需求。在飞行试样的硬件（和软件）的设计控制基线设定之后，可以开始实施鉴定试验活动，包括定量分析和产品试验。鉴定试验明确产品设计方案、制造过程和装配过程的完好性并予以固化，同时明确设计余量。鉴定试验通常使受试样品在指定的余量水平下承受最坏情况下的负载和环境条件（最大预期飞行/运行使用水平，包括在验收试验期间可累积的最大循环试验次数）。在设置试验水准时应时刻注意避免出现不切实际的故障模式。当然，有时受试样品的试验会持续到故障发生，以确定性能极限。有关鉴定试验和环境试验（辐射试验除外）的更多信息，可参阅编号 MIL-STD-1540 的美军标准《运载火箭各级和空间飞行器的产品验证要求》或戈达德航天中心标准 GSFC-STD-7000《通用环境验证标准》。

在试验中，许多性能方面的需求得到验证，同时分析手段与分析模型随着试验数据的积累而得到确认和更新。某些验证活动的实施是为了确保环境方面的需求得到满足，包括振动/声学、压力极限、漏损率、热真空、热循环、电磁干扰和电磁兼容性、高压限和低压限、寿命/寿命周期等方面。在风险危害分析报告中明确的安全需求可能也要在此验证试验中满足。

鉴定试验通常发生在组件或子系统层级，目的是测试性能极限或在产品早期发现问题，当然鉴定试验也可能发生在系统顶层。如果项目决定不制造专用的合格性验证用硬件样品，而使用飞行器自身进行合格检验，则这种使用最终目标产品的飞行称为“原型飞行”。此时，验证试验所使用的参数通常会比鉴定试验相应的参数数目少，但是比验收试验（此时不再考虑余量）相应的参数数目多。

鉴定试验可以验证设计方案的稳固性。该试验通常在期望的飞行/运行等级基础上设置一定余量，例如，能够在验收试验中积累的最大循环试验量。这些余量在总体上设置为设计安全余量，在设置试验等级时应时刻注意避免出现不切实际的故障模式。

5.3.2.2.3 验收试验

验收试验活动的目的是确保飞行试样（含硬件和软件）符合所有需求，并且已经准备就绪，可以在下一层级架构中进行集成。至于系统的最高层级（包括仪器设备或有效载荷），已经做好运送到发射场地的准备。验收试验确保所交付的产品不会具有潜在的材料缺陷和工艺缺陷（工作质量问题），并且使用的是恰当的制造工艺和技术规程。应设定环境试验水准，以期观察是否引发由零件、材料和工艺缺陷导致的故障。在这种情况下，试验等级就是在飞行/运行使用期间预期的等级，不需要为加强硬件或排除缺陷而设置额外余量或提供试验等级。验收试验开始于对每个单独的部件或零件的验收，以便将它们装配到完整集成的飞行试样中，直到完成系统验收评审，参见第 6.7.2.1 节。有关验收试验和环境试验的信息，可参阅 MIL-STD-1540《运载火箭各级和空间飞行器的产品验证要求》。

由于难以接近或其他实用方面的限制，在飞行试样完成组装和集成后，某些验证技术规程无法实施，对于大型试样尤为如此。当发生这种情况时，这些验证技术规程应在制造和集成期间执行，这被称为“流程中”的检查或试验，有时在技术规程中与政府强制检查节点相对应。在这种情况下，验收试验从“流程中”验证开始，直到完成飞行试样整体的验证。

验收试验通常开始于组件层并持续到使命任务系统层，在与所有系统同时运行使用时结束验收。当提供的是实际飞行试样时，或飞行试样不适合在特定试验中使用时，在与飞行器硬件集成之前，可以使用模拟器验证接口。适当时候可以使用验证数据考核并更新分析模型和分析结果。

验收试验期间发生的不相符问题由相应的汇报系统记录在需求不相符/不相容报告中。在继续实施验收试验之前，应当提出解决方案并得到项目材料评审委员会或同等机构的审批。问题的处置可能需要系统工程师与产品设计方、试验方及其他组织的协同工作。问题处置和批准流程通常应编入项目的质量保证计划中。

5.3.2.2.4 系统部署验证

系统部署验证活动开始于飞行正样（有效载荷）到达发射场站或其他指定的运行使用设施，在到达运行使用现场并通过检查后结束。系统部署验证包括评估飞行正样的实际飞行效果，确定项目是否已经准备好执行使命任务（开始运行使用）。飞行正样被集成到运载火箭或其他运载器上，或许飞行正样本身就是运载火箭的一部分。在寿命周期的这个阶段实施的验证活动开始于系统的检查或检视，确保在运输过程中飞行正样没有发生明显损坏或在环境中过度暴露，确保飞行正样通电的安全。验证活动中开展这些前期工作能够使最终产品在安装到或集成到运载器上时确保系统正常运行。

如果系统单元是分别运送到所部署的场站进行集成，通常需要对每个单元、集成后的系统及系统接口进行验证。这可以被看作集成系统的验收。如果系统需要与运载器集成，则系统与运载器的接口也应当验证。其他验证工作包括系统与运载火箭集成后进行的验证和在发射台上或部署场站内进行的验证，这些验证的目的是确保系统功能正常且处于部署时所应有的技术状态。还需要针对在发射前和倒计时期间可能发生的可预见的紧急情况，开发应急验证方案和技术规程。在某些紧急情况下，可能需要将运载火箭或飞行正样从发射台运送回测试设施，此时应急验证方案和应急技术规程非常关键。

5.3.2.2.5 运行使用和废弃处置验证

在完成部署后，产品在相应的站点运行使用。针对运行使用的验证可确保系统在实际部署的环境中正常运行。这些验证实施时需要启动系统，并在运行使用中完成验证。在轨组装的有效载荷或运载器应验证每个接口，并在系统端到端的试验中验证系统能否正常运行，这样既能验证在轨单元和地面单元，又能验证使命任务系统。应验证供液体和气体流动的机械式接口，确保不会发生泄漏，以及确保压力和流速在规定的范围内。环境系统也应当验证。这可以被看作对集成系统的验收。系统启动检测或在轨检查完成后，应能够确保所部署的系统已为正式开始运行使用做好准备。

针对废弃处置的验证可确保所有系统产品和流程已经完成安全解效和处置。废弃处置的验证活动在使命任务完成后的某个适当时刻（或按计划进行，或在预期系统失效或事故发生之前）开始，在已获取所有使命任务数据并确定是否满足处置需求的验证活动完成后结束。

运行使用验证和废弃处置验证活动还可能包括确认评估，也就是对系统达成所需的使命任务目的/目标程度做出评估。

5.3.2.3 验证技术规程

目标产品验证技术规程提供了如何执行指定验证活动的逐步说明。技术规程需根据验证计划完成编写、审查和批准，然后将其提交给针对每项验证活动开展的试验准备状态评审。参见第 6.7.2.4 节中关于试验准备状态评审的讨论。技术规程还可用于验证设施的验收，电气式和机械式地面保障设备的验收，以及特种试验设备（配套产品）的验收。

技术规程通常包含如下信息，当然它可能根据不同的活动和受试产品而变化。

- 受试产品和材料的名称和标识；
- 受试产品在确定试验模式下的技术状态及其与飞行/运行使用模式下技术状态的差异；
- 根据相应的需求规范为验证试验确定的目标与评判准则；
- 进行外观检视、功能演示和产品试验所依据的系统特征和设计标准，包括作为接受或拒绝试验结果条件的容许偏差；
- 按顺序描述的需要采取的执行步骤、操作流程和观测方式；
- 已明确的所需计算机软件；
- 已明确的可用的测量、试验和记录装置，以及这些装置标定的范围、精度和类型；
- 关于记录设备校准或软件版本数据的规定；
- 表明所需计算机试验程序/辅助设备和软件已在嵌入飞行及运行使用相关硬件之前通过验证的证书；
- 适用于运行使用数据记录装备或其他自动试验装置的所有特殊说明；
- 各种布局图、设计图和其他图表，用于显示试验装置、试验产品及测量点的标识、位置、内部关联关系，或展示与设计方案和技术状态相关的工作产品。
- 已辨别的具有危险性的运行使用及运行条件；
- 确保人员安全并防止受试产品和测量设备功能退化的安全防范说明；
- 需要在容许范围内维持的环境和/或其他条件；
- 外观检视或产品试验的约束；
- 关于记录验证结果和其他验证资料的规定或说明；
- 关于需求不符或异常情况发生和可能结果的特殊说明；
- 整个验证活动开始前、进行中到结束后，在设施和设备维护、内部管理、质量检查、安全性及处理需求方面的规范。

注： 重要的是认识到在系统的寿命周期中，从费用或技术的角度看，需求可能发生变更，组件的退化可能导致设计方案过于困难而无法生产。在这种情况下，关键是在较低产品层级上便需要应用系统工程设计流程，从而确保对设计的改进能给出合适的设计方案。在决定所需变更的程度时应当进行评估，并且对相应流程应做适当剪裁，使之能够与变更问题匹配。可能需要对鉴定试验流程、产品验证和确认流程做出修正，以便设定新设计方案的控制基线，并且与这些流程在前期描述的目的保持一致。验收试验流程也应根据需要更新，用于验证新产品已经按照修订的设计方案控制基线完成制造或编码。

成文的技术规程可以在文本上留出空白，用于以相应格式记录试验结果、质量保证会签及叙述性评论，从而形成完整的技术规程并作为验证报告的一部分。项目应保存所使用的经核准的技术规程副本并作为档案维护。

5.3.2.4 验证报告

应为每项验证分析提供验证报告，而且至少应为每个飞行试样及每项鉴定试验相应的验证活动提供验证报告，这些验证活动包括功能试验、环境试验、部署试验和端到端兼容性试验。对于正在开发的验证活动，可以将报告作为其设计记录。每项单独的试验活动都可能需要验证报告，如功能试验、声学试验、振动试验和热真空/热平衡试验。如果在短时间内这些试验联合进行/同时进行，或按顺序进行，可以在单个报告中包含多个活动。验证计划应确立报告的需要和用途。验证报告应在验证活动后的数周内完成，并应提供目标产品需求得到满足的证据。

适当的验证报告应包括如下内容：

- 验证目标及达成目标的程度；
- 验证活动的描述，包括相对于预设结果的偏差（不相符程度）；
- 试验中技术状态及其与飞行中运行使用技术状态的差异；
- 每项试验活动与每项技术规程的特定结果，包括验证数据/验证资料的存放位置或链接地址；
- 每次分析的特定结果，包括那些与试验数据分析相关的结果；
- 试验实际效果的数据表格、曲线图、图解和照片；
- 需求不相符/不相容报告的概要，包括经过批准的纠错行动的处置和计划的重新试验活动（如果有）；
- 关于验证活动已成功完成的结论和建议；
- 受到试验影响的国有资产设备和其他配套保障设备的当前状态；
- 所使用技术规程（可能包含红线）的副本；
- 试验结果的鉴定及验收结论授权。

5.3.2.5 系统端到端试验

5.3.2.5.1 端到端试验内涵

端到端试验的目的是在使命任务系统的不同单元之间，在系统（对象系统和外部配套系统）之间，以及系统整体上，演示并验证接口的兼容性和所需的全部功能特性。此类试验可能涉及真实或仿真的输入和运行使用场景。对于集成的地面和飞行资产，端到端试验的进行包括飞行正样的所有单元（有效载荷或运载器），内容有控制、触发、通信和数据处理，目的是演示和验证整个集成使命任务系统能够在满足所有使命任务需求和目标的条件下运行。端到端试验可以在前期工程开发试验、产品验证试验或确认试验过程中实施。这些属于系统工程师参与或引领的最重要的试验。通过这些试验可以评审各种系统的整体兼容性，演示和验证系统顶层需求得到满足且系统能够按照利益相关者预期的方式运行。

端到端试验包括在运行使用场景下执行完整的使命任务线程，这涉及多个技术状态控制项，目的是确保所有使命任务需求得到验证和确认。运行使用场景被广泛应用，确保使命任务系统（或系统集合）能成功地实现使命任务需求。运行使用场景是关于系统如何运行、如何与用户及外部接口（如其他系统）交互作用的逐步描述。运行使用场景的描述形式应能方便工程师对其做全面了解，理解系统的各个组成部分如何发挥功能和进行交互，以及验证系统满足用户的目的和期望（获得系统效能）。运行使用场景应能面向（由各类与系统相关的用户描述的）系统所有运行模式、使命任务阶段（如安装、启动、各种正常与意外操作、停机和维护），以及关键活动顺序。每一个运行使用场景都应该适当包含事件、行动、触发、信息、交互等，从而确保对系统运行使用方面的综合理解。

图 5.3-3 给出一个科学试验卫星使命任务中的端到端数据流示例。图中，椭圆代表系统硬件、软件、子系统、系统技术状态控制项，箭头代表两两之间的数据流和控制流。端到端试验在此验证遍及多系统环境中数据流的正确性、验证系统能否提供所需的功能特性，以及验证最终的端点输出是否与预期结果相对应。试验环境与真实的运行环境应尽可能近似，使得在此还可以进行系统的性能试验。图中并没有试图显示系统端到端试验的全部范围。图中给出的每一

个系统都可能需要分解到更小的粒度，以保证试验的完整性。

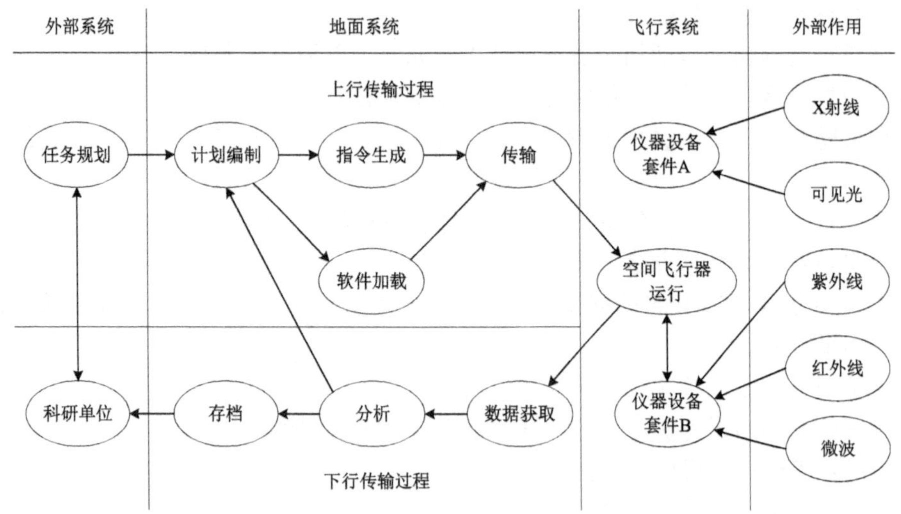

图 5.3-3　科学试验卫星使命任务中的端到端数据流示例

端到端试验是（使命任务）系统整体验证和确认的综合组成部分。试验包括一组活动，可以在整个寿命周期中通过使用开发表单和外部模拟器，应用于硬件、软件和系统阶段的选定。无论如何，在系统部署和发射之前，应尽可能对飞行正样的飞行技术状态进行最终的端到端试验。与针对技术状态控制项的试验相比，端到端试验处理每个技术状态控制项（目标产品）时仅进行到验证计划指定的层级（通常是某个部段的单元），并关注于外部接口。这些接口可以是基于硬件、软件或人因的。对于指定的技术状态控制项，其内部接口（如软件子程序调用、模数转换）不在端到端试验的范围内。

5.3.2.5.2　如何进行端到端试验

端到端试验可能是项目验证/确认程序中最重要的活动，该试验应按照“以真实飞行方式进行试验”的原则开展设计。这就意味着，以实际技术状态组装系统，将系统置于真实的环境中，再使其按所有预期的运行模式“飞行”。对无人科学试验型使命任务，目标与外部干预应设计成为向科学仪器提供真实输入。从科学仪器中输出的信号流向卫星数据处理系统，而后通过卫星通信系统传输到真实的地面站。如果数据需要通过一个或多个卫星或地面中继（如跟踪与数据中继卫星系统）传输到地面站，则所有中继单元应当包含在试验内。

如果现实可行，端到端试验应包括面对可能发生故障的情况进行试验，特别是在系统需要进行故障检测和纠正时。通常需要开发专门的试验能力，以期在预定的系统运行使用中引发相应故障。

针对故障管理应用程序进行的端到端试验，相关方法包括（通过系统原型或仿真系统）模拟系统中的故障发生条件，然后在正常和故障情况下运行，验证故障管理功能组件（如检测、诊断、定位、预测、恢复和响应）能够正常工作。仔细选择和确定故障情景的优先级，可确保端到端试验的故障空间（可能的故障集）得到充分覆盖，而无须过度扩展（技术状态和活动）试验空间。

端到端试验包括可能在所有使命任务模式下发生的、飞行产品和可运行使用产品的完整运行使用链路。以此方式进行试验，可确保系统满足使命任务需求。对使命任务环境的模拟应尽可能逼真，科学仪器应能接收到使命任务中所有类型的外部输入。应当对无线电射频链路、地面站运行和软件功能全面进行试验。如果运行使用中系统的某些单元有可接受的仿真设施，可利用仿真设施替代真实系统单元进行试验。进行端到端试验的特定环境、外部干预、有效载荷技术状态、无线电射频链路和其他所使用的系统单元应当根据使命任务的特征确定并列入确认计划。

尽管端到端试验可能是所有系统验证活动中最复杂的试验，但在系统其他各个层级上的试验仍需精心准备。例如，需要指定试验负责人，选定试验实施团队并进行培训。应当留出充足的时间进行试验规划，以及与设计团队进行协调。试验技术规程和试验用软件应当归档、审批，并置于技术状态控制下。

在进行系统所有组件之间的端到端试验之前，相应的计划、协议、设施应当良好地准备就绪。一旦试验开始，应当记录试验结果，而任何不相符的情况应仔细记录和报告。所有试验数据应当在技术状态控制下维护。

注：当使命任务是国际合作开发或与外部合作者共同开发时，端到端试验尤为重要。

作为端到端试验的一部分，应当针对试验规定范围内的每个技术状态控制项完成下列活动：

- 对于每个技术状态控制项，所有功能需求、性能需求和接口需求，以及状态及状态转移，应通过运用综合试验技术规程和试验大纲进行试验，以确保技术状态控制项的完整和正确。
- 对于软件变量，应当在运行使用范围的完备集上进行检验性试验，以确保软件在预定的范围内如愿运行，以及确保超出使用范围或条件时给出适当错误警告。

端到端试验包括如下活动：

（1）已经生成在使命任务执行过程中（常规、非常规和紧急条件下）可能发生的运行使用场景，能够涵盖以下所有事项：

  - 使命任务阶段、模式和状态转移；
  - 初次事件；
  - 运行使用实际效果的下限与上限；
  - 故障保护程序；
  - 故障检测、定位和修复的有效方法；
  - 安全特性；
  - 运行使用中对瞬时或非常规传感器信号的反应；
  - 上行与下行通信。

（2）在技术状态控制项的技术开发寿命周期内，应尽早使用运行使用场景对技术状态控制项、接口和端到端性能进行试验。这通常意味着应该尽快地制造出能够实施全部运行使用情景的模拟器或相应软件。特别重要的是，应尽可能早地生成真实系统的模型，并与真实的或仿真/软件实现的技术状态控制项一起，在全部运行使用场景下进行试验。

（3）已经归档所有接口的完整框图与详细目录。

（4）按照试验大纲实施，涵盖人与人、人与硬件、人与软件、硬件与软件、软件与软件，以及子系统与子系统之间的交互，以及涵盖相应的输入、输出和运行模式（包括安全恢复模式）。

（5）强烈建议在进行端到端试验时，选择的是以前没有参加过试验的运行使用人员，按照系统预定的使用方式操作使用系统，以确定系统是否会发生需求不满足情况或出现非正常的响应。

（6）试验环境应尽可能与真实的运行使用环境相似/相仿。试验环境的逼真度应经过有效性鉴定。试验环境与真实运行使用环境之间的差异应在验证计划或试验报告中归档。

（7）如果无法对需求进行试验，可以通过其他手段（如定量分析、建模仿真）进行验证。如果真实的端到端试验无法达成，应当通过定量分析分段分片地进行试验，然后拼接在一起。此类试验的实例如在轨集成系统，其中各类单元的首次拼接是在轨完成的。

（8）如果在已开发系统中识别出并定位有缺陷和不相容之处存在（已进行适当处置），则需对系统或组件进行回归试验，以确保对系统的修正没有带来意想不到的影响，系统或组件仍然能满足先前试验过的特定需求。

（9）如果试验意外终止或试验存在缺陷（可能由技术状态或试验环境引起），应在问题定位后重新进行试验。

（10）系统交付之前，应当遵循试验大纲以使命任务中可能发生的顺序完成运行使用计划中安排的所有运行过程和应用操作。运行使用场景应该列入最终的运行使用计划和技术规程，并通过确认。

端到端试验的归档资料应包括如下内容：

- 将端到端试验计划作为验证计划的一部分。
- 在技术状态控制下的文档、矩阵或数据库，用于从试验方案到试验结果的追溯。其中，数据通常包括试验大纲标识、参与试验的子系统/硬件/软件程序的集合、被验证的需求清单、参与试验的接口、试验日期和试验结果（包括试验真实输出与预期输出的一致性）。
- 端到端试验大纲与技术规程（包括输入与期望的输出）。
- 端到端试验中出现的问题/失效/异常记录（鉴定试验产品和飞行试验产品的不相符问题报告）。

端到端试验可以与项目的其他试验活动集成，但是本节所提到的文档资料应当可以随时被抽取出来对其状况进行评审和评估。

5.3.2.6 建模与仿真

对于产品验证流程来说，模型是针对将要验证的目标产品，给出在物理上的、数学上的或逻辑上的描述。不管是在寿命周期的早期还是晚期，建模与仿真都可以用来支持产品验证流程能力提升，是进行产品验证的有效工具。物理模型可以是在早期开发阶段目标产品的表示形式或存在形式（原型或工程开发试样），用于指导或验证设计方案。对于组件类目标产品，物理模型还可以用于模拟它与其他目标产品组件或其物理模型进行交互作用时的外形、尺寸和/或行为（功能和性能），而数学或逻辑表达可用于支持基于定量分析的验证，定量分析在试验不切实际或不可行时可作为试验的替代方案。在使用建模与仿真方法时，可能需要考虑系统模型/仿真系统的不确定性以满足验证需求。

系统模型及与构建模型相关的设施都需要应用系统设计流程和产品实现流程进行开发。所应用的模型及建模与仿真工具都属于配套产品，应当运用 17 个技术流程（参见图 2.1-1）完成自身的开发和实现（包括由运行使用方验收），确保建立的模型和执行的仿真能恰当表现出模型对应的目标产品，包括其需要建模的物理特征、功能和性能。如果模型需要与鉴定试验中的试样或飞行试样进行交互，则必须对自身的技术状态进行控制和验证/确认。此外，某些情况下，产品模型和仿真工具在实际应用前应得到认证。

> **注：**物理模型、数学模型、逻辑模型的开发应包括对模型的评估，评价用于表达所实现的系统目标产品的模型，是否根据产品设计方案提出的模型需求和模型的设计方案进行开发，以及是否能够有效地作为产品模型使用。在某些情况下，模型必须经过认定，证明模型可以应用的特定范围。就像其他配套产品一样，用于验证系统目标产品可用性的模型，如何生成和评价也要有预算和时间规划。

建模与仿真资源有很多各种各样的来源，例如，来自承包商、政府机构或试验室，他们能够提供阐述特定系统及其配套系统属性相关的模型。

更多信息可参阅 NASA-STD-7009《建模与仿真标准》。

5.3.2.7 硬件在回路

功能完全的目标产品，如某个实际的硬件部件，可以与系统内其他模拟目标产品或外部系统的输入/输出模型和仿真系统结合，则称为"硬件在回路"（HWIL）试验。硬件在回路试验将所有系统单元（子系统或试验设备）共同连接在一个综合环境中，提供对真实系统或子系统的高逼真度的实时运行使用效果评估。运行使用人员可能与试验紧密相关，而硬件在回路的资源也可以在分布式试验、端到端试验和分析应用中与其他设施设备连接。硬件在回路试验的应用价值之一在于它能够尽可能与真实系统接近，当运行环境难于再现或费用昂贵时，可以支持产品验证与确认工作。

在系统开发阶段，这种硬件在回路验证通常发生在系统总体综合试验室或相关试验设施。例如，硬件在回路可以是指某个专用试验空间中完整的空间飞行器，其输入/输出来自于模拟实际运行环境中的系统模型。实时计算机用于控制项目运行使用场景下的空间飞行器及其子系统；根据制导和控制系统硬件/软件发出的指令，实时进行飞行动力学模拟，以确定飞行器轨道并计算系统飞行状态。

硬件在回路试验可用于验证被评估的目标产品是否满足接口需求，以及是否能适当地将输入转化为所需要的输出。硬件在回路试验可以通过模拟目标产品的输入或输出而评估输出的质量，为在系统结构中较低层级的实物目标产品提供有价值的试验方法。这种方法可以在工程或项目的全寿命周期使用。航天飞机工程中便曾应用硬件在回路试验来验证其主发动机的控制软件与硬件。

建模、仿真、硬件在回路/人在回路技术，若恰当地集成在试验中并有序运用实施，则可以形成费用合理的验证方法。这种集成试验流程有如下优点：

（1）减少寿命周期试验费用；

（2）发现所评估系统更有价值的工程技术/性能；

（3）减少试验时间并降低项目风险。

这样的流程还能极大地减少产品寿命周期中破坏性试验的数量。验证试验中集成建模与仿真技术可以帮助洞察系统或子系统性能的变化趋势，而用其他方式在硬件的局限性约束下可能做不到。

5.4 产品确认流程

在对已实现或已集成的目标产品实施的验证与确认流程中，产品确认流程是第二个流程。

验证的目的是证明“产品被正确实现”，而确认的目的则是证明“所实现的是正确产品”。换言之，验证流程为需求文档或规格说明中每个“需要……”形式的陈述是否被满足提供客观证据，而确认流程则针对客户与用户的利益进行，确保系统在设定的环境中以预期的方式实现预期的功能。为达到这一点，需要检查系统产品分解结构中每个层级上的产品，并且将它们与该层级的利益相关者期望进行比较。与系统产品结构良好匹配的确认流程能够在保证满足利益相关者期望的情况下节省费用和时间。

系统确认的作用是证实已集成或已实现的目标产品满足在运行使用构想中规定的利益相关者期望，或满足以效能和性能指标表示的利益相关者期望。产品确认还能确保所发现的任何异常已经在产品交付之前得到恰当解决。本节论述该流程的活动、确认方法、输入和输出，以及潜在的缺陷。

产品验证与产品确认的差异可以从三个角度分辨。从流程活动的角度看，产品验证与产品确认在基本性质上可能相似，但是它们的目标却根本不同。从客户的观点看，其关注点是所得到的目标产品能否在使用环境中按照预期正常工作。对此项要求的检查便是确认。若经过分析能证实产品经济有效且有保证，则通过采用各种组合试验，产品验证流程和产品确认流程可以同时实施。当然，在进行确认之前，如果能确保系统结构中每个目标产品是按照特定需求实现的（验证通过），则将减少确认试验的开支。

5.4.1 流程描述

图 5.4-1 所示是产品确认流程的典型流程框图，图中描述产品确认所应考虑的典型输入、活动及输出。

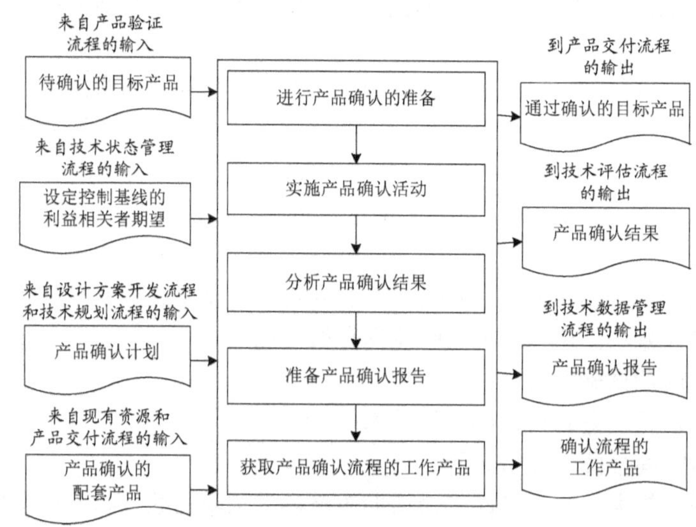

图 5.4-1　产品确认流程的典型流程框图

5.4.1.1 流程的输入

产品确认流程的关键输入包括如下内容：

- 待确认的目标产品：指等待进行确认的已经成功通过产品验证流程的目标产品。

- 产品确认计划：该计划应当通过技术规划流程完成，并且在实施产品确认流程之前设定控制基线。该计划可能是产品验证与确认计划的分计划，也可能是其中一部分。
- 设定控制基线的利益相关者期望：这些期望应当已经在利益相关者期望开发流程中针对同层级的产品完成开发。其中包括需要、目的和目标，以及已经更新并确定控制基线的运行使用构想和系统效能指标。
- 产品确认的配套产品：其中包括各类特种装备、设施、试验装置、应用程序，以及其他在实施产品确认流程时需要的物品。

5.4.1.2 流程中的活动

产品确认流程是在预定的运行使用环境下，只要有可能便由预定的运行使用人员或用户直接实施，展示并证明已实现的目标产品能够满足利益相关者（客户或其他相关团体）的期望（效能指标）。产品确认的方法取决于产品所处系统寿命周期的阶段和产品在系统结构中所处的位置。

产品确认流程有如下5个主要步骤：（1）准备实施产品确认；（2）按计划进行确认（实施确认活动）；（3）分析确认结果；（4）准备确认报告；（5）获取确认活动工作产品。

产品确认流程的目标包括如下内容：

- 证实已实现的目标产品在预定的环境中运行使用时满足预期的使用要求。
  - 从系统结构中的最低层级目标产品向上直到顶层（系统层）目标产品，对每个已实现的或已集成的目标产品进行确认。
  - 获取必要的证据，证实产品结构每一层级的产品满足能力需求，并且满足客户/用户/运行使用人员和其他相关团体对产品运行使用的期望。
- 确保人类因素已经适当地集成到系统之中。
  - 用户接口满足人因工程的准则。
  - 运行使用人员和维修人员具备所需的技巧和能力。
  - 已经提供指导书，并且已经制定培训计划。
  - 工作环境能够保证宇航员的健康和安全。
- 确保在目标产品交付之前（如果确认流程由产品供应商完成），或在目标产品与其他产品集成为更高层级产品之前（如果确认流程由产品接收者完成），所有发现的问题已被有效解决。

5.4.1.2.1 进行产品确认的准备

为准备执行产品确认流程，应获取制定产品确认计划所依据的相应系统期望集，包括效能指标和性能指标。除了产品验证和确认计划之外，其他文档如运行使用构想和人因系统集成计划也可能有用处。应当获取的还有产品确认所需的待要确认产品（来自产品方案实施流程或产品集成/验证流程的输出），以及相应的配套产品与保障资源（在设计方案开发流程中所确定的需求和所启动的采办活动）。配套产品包括那些与目标产品有交互作用的外部产品和特殊的试验装备。保障资源包括为确认活动和运行使用人员提供保障的人员。根据产品确认的类型和方法，通过逐步明确细化相应活动，技术规程最终确定并得到批准。技术规程通常在寿命周期的设计阶段开始开发，并随着设计方案的成熟而成熟。确认环境被看作技术规程开发的一部分。随后对运行使用场景进行评估，探索所有可能的确认活动。最后的活动是准备确认环境，例如，准备确认活动所需的设施、设备、软件和天气条件。

如果考虑运行使用人员或其他用户的参与，确保这些人员在确认活动中的适当行为非常重要。需要考虑人员的身材、技能、知识、训练水平、着装、特种装备和工具。只要可能，相应的活动应当由真实的用户/运行使用人员完成，其他利益相关者应当参与或观察这些活动。

产品确认准备活动的成果包括如下内容：

- 产品确认计划、经批准的技术规程、技术状态保障文档和利益相关者期望的控制基线集已经获取且可用。
- 根据产品确认计划和进度安排，配套产品已经集成到确认环境中。
- 根据产品确认计划和进度安排，用户/操作人员和其他资源已经准备就位。
- 已完成对确认环境的适应性、完备性、完好性和集成性评估。

5.4.1.2.2 实施产品确认活动

目标产品的确认工作按照在产品确认计划与技术规程中所阐明的那样进行，并与每个特定的利益相关者期望（效能指标和运行使用构想）相符，表明确认目标能够达到。产品确认与鉴定试验不同，确认试验关注于预设的使用环境和系统的运行使用过程，而合格检验则包括在最糟糕的载荷条件与环境需求下，期望系统能够正常且持久地运行。验证活动的责任工程师应当确保技术规程按照计划被遵从和执行，确保产品确认所需的配套产品和仪器设备已被正确校验，以及确保度量确认指标所需的数据已被收集和记录。

如果观察到产品有需求不相符的情况，确认活动应当终止并形成不相符情况报告。应当分析导致产品不相符的活动和事件，据此确定是否存在不相容的产品，或检查经过验证的技术规程、实施方案和条件是否仍存在问题。如果不是产品的问题，则应根据需要重新制定确认计划，纠正确认环境准备中产生的异常，并根据改进或更正的技术规程和资源重新进行产品确认。针对确认计划、确认环境和/或实施方案是否应当做出变更，可以使用决策分析流程做出相关决策。

实施产品确认活动的成果包括如下内容：

- 产品已经通过确认，同时已建立支撑证据，表明相应结果已经收集并完成评估，说明产品确认目标已完成。
- 已经判明，通过制作/制造、组装或集成得到的产品（包括可用的软件和硬件产品、相关的人因产品）符合其相应的利益相关者期望。
- 已经判明，经过确认的产品能够与确认环境恰当地集成，并且选定的利益相关者期望已经得到适当确认。
- 已经判明，经过确认的产品与其他相互作用的关联产品在其性能允许范围内能够共同正常工作。

5.4.1.2.3 分析产品确认结果

确认活动一旦完成，应当收集确认结果并对数据进行分析，证实所提供的目标产品在设定的应用环境中能够达到客户需要的能力、证实产品确认技术规程已被遵守，并且证实配套产品和保障资源能够正确工作。这些数据还可用来分析产品的质量、完整性、正确性、一致性和有效性，所有不合适的产品或产品属性应该被辨识并提交报告。

将实际的确认结果与期望结果进行对比是非常重要的。如果发现产品有不相符问题，需要判明这些不相符是否是由试验计划安排或分析中的假设导致的，需要判明它们是否就是目标产品本身的特征或行为。如果发现这是试验计划安排的结果，应当更正试验计划安排并重新确认产品。如果发现这是待确认的目标产品自身引起的，应当与客户讨论是否有必要重新进行系统设计和重新实施产品实现流程来解决产品的不相符问题。如果需要，产品不相符问题及所建议的纠错行动和解决方案应当归档，并且重新进行产品确认流程。

分析确认结果所得到的成果包括如下内容：

- 已经识别产品的异常、偏差、缺陷、不相符和/或不相容问题。
- 关于异常、偏差、缺陷和需求不相符等进行非低劣确认活动时出现的问题，已经制定完成解决方案，确保能够实施重新制定计划、重新确定需求、重新设计和重新确认的活动。
- 已经根据需要生成不相符问题及纠错行动报告。
- 已经完成产品确认报告。

1. 流程重组

基于产品确认流程的结果，可能有必要对有缺陷的目标产品进行流程重组。在对单个或多个缺陷进行改正时应当小心在意，不能使前期运行状况令人满意的部件或性能产生新的问题。回归型试验是一种重复运行前期试验的正式流程，用于（主要用于软件）验收试验，在此是一种能够确保流程变更不影响前期已验收功能和性能的方法。

2. 确认中的缺陷

有若干原因可能使得确认结果不能令人满意。一个原因是确认流程执行不力（如配套产品和保障资源缺失或不能正常工作、运行使用人员未经训练、未按照技术规程执行、设备没有校准或确认环境条件不合适），且未能控制没有列入与确认相关的利益相关者期望集的其他有影响的变量。另一个原因可能是目标产品的验证流程中出现缺失。因此产生以下需求：

- 对于发现有缺陷的目标产品（未能满足确认需求的产品），重组系统结构中作为其组分的低层级目标产品的流程；
- 对重组流程的低层级产品重新实施必要的验证与确认流程。

实施确认流程出现缺陷的其他原因可能是（特别是在建模与仿真中）存在不正确或不合适的初始条件或边界条件、表述系统的方程模型或行为模型不完善、两类模型的建模过程中近似处理的影响、无法提供几何上/物理上所需的逼真度使特定目的下的仿真更为可靠，以及建模仿真中物理现象在空间上、时间上和统计意义上可能存在分辨率缺陷。

> **注：** 应该注意的是，要确保已明确的用于清除确认中缺陷的纠错行动，在该项变更未与相应利益相关者协调的情况下，不会与已确定控制基线的利益相关者期望相冲突。

当然，进行产品确认的最终目的是判断产品设计方案本身是否正确，是否能够满足利益相关者期望。在逐个排除了确认试验中发现的所有缺陷后，产品确认的价值体现在所需的设计方案变更得到明确，这些变更确保完成工程/产品使命任务。产品确认流程应当尽早进行并尽可能反复迭代，因为流程重组进行得越早，解决问题的代价就越低。

3. 通过验证却未通过确认怎么办

有时可能出现这种情况，系统成功通过验证，但在确认流程的某个关键阶段未能成功通过，延误了产品开发且造成额外的返工，因而可能需要与利益相关者达成妥协。在项目的早期阶段开发固化运行使用构想（并且在需求开发和方案设计阶段进行细化）是避免产品确认不成功的关键。类似地，面向人因系统集成计划中涉及的用户方，开发出清晰的期望集是成功通过确认的关键。与利益相关者沟通有助于确定运行使用场景和设计实施目标产品方案时应当理解的关键需求。一旦产品确认未通过，重新进行设计可能是必须面对的现实。可能需要对所理解的需求集、现有的设计方案、运行使用场景、用户数量及技能训练水平、保障资源等进行评审，还需要与客户、其他利益相关者及最终用户进行交涉并达成妥协，从而确定改正和解决产品未能成功确认这种情况需要做些什么和能够做些什么。这样可能会增加整个项目的时间和费用，或在某种情况下引起项目失败或被终止。正如图 2.5-3 所表明的，设计方案的问题发现得越早，纠错行动的代价就越小。

5.4.1.2.4 准备产品确认报告和获取产品确认流程的工作产品

产品确认的工作产品（输入到技术数据管理流程）具有多种形式，包含多个信息源。获取并记录与确认相关的数据是产品确认流程的重要步骤，但却常常被忽视。

应当获取的内容包括确认结果、所发现的缺陷及相应的纠错行动，还有来自产品确认流程应用的相关结果（如相关决策、决策的客观依据、前提假设和经验教训总结）。

获取确认工作产品的活动成果包括如下内容。

- 在执行产品确认流程活动和任务时生成的工作产品和相关信息已经归档记录，包括进行产品确认采用的方法、用于确认的目标产品形式、产品确认使用的技术规程、确认环境、确认结果、相关决策、前提假设、纠错行动、经验教训总结等（通常用矩阵或其他工具完成——参见本手册附录 E）。
- 已经辨识和归档所发现的缺陷（如偏差、异常、需求不符的情况），包括解决问题所采取的行动。
- 已经为目标产品符合确认流程中所对应的利益相关者期望集提供了证据。
- 已完成确认报告，其中包括如下内容：
  - 已经记录存档的确认结果/数据；
  - 所用利益相关者期望集的版本；
  - 经确认的目标产品的版本与形式；
  - 所用工具和设备的版本及标准，以及可用的校准数据；
  - 每项确认工作的结果，包括对通过或未通过确认的明确说明；
  - 实际结果与期望结果之间的差异。

> **注：**对于只需开发单个交付产品的系统，通常在实施产品确认流程的同时完成验收试验。然而，对于需要生产多件产品的系统，按照第一件交付产品那样对后续交付产品进行同样的验证与确认并不是可取的方法。了解这一点很重要。相应地，验收试验是确保后续交付产品符合利益相关者期望的更合适的方法。

5.4.1.3 流程的输出

产品确认流程的关键输出包括如下内容：

- 通过确认的目标产品：指成功通过产品确认的目标产品，并已准备好交付到较高产品层级或交付给客户。
- 产品确认结果：指实施产品确认流程得到的原始结果。
- 产品确认报告：该报告提供目标产品符合利益相关者期望的证据，此处利益相关者期望集对应的是待确认产品所在产品结构层级。该报告包括确认活动中所有的不相容问题、异常情况及相应的纠错活动。
- 确认流程的工作产品：包括技术规程、需要的人员培训、产品证书、技术状态草图，以及其他在确认活动中生成的记录。

该流程的成功评定准则包括：（1）产品性能的客观证据和每个所关注系统的确认活动结果已记录归档；（2）在所有解决问题的行动结束之前不能认为和认定确认流程已经完成。

5.4.2 产品确认指南

本节内容可以看作产品确认流程的一般性指南。

5.4.2.1 建模与仿真

正如验证流程论述中所强调的，建模与仿真是重要的工具，对于确认流程也如此。在考虑运用建模与仿真时，需涉及建模与仿真自身的验证、确认和认定。

模型的验证、确认与认定
● **模型验证：**模型精确满足其设计规范的程度，回答"这是想要的吗"问题。 ● **模型确认：**从模型预期应用的角度，确定模型精确表达现实世界程度的流程。 ● **模型认定：**针对特定目的应用对模型的鉴定，回答"是否应该认可模型"问题。

5.4.2.2 软件

软件验证是一项软件工程活动，用于展示和证明软件产品符合规定的要求。软件验证方法包括同行评审/检查，用于发现软件工程开发产品的缺陷；对于软件需求的验证可以使用仿真技术、黑箱和白箱试验技术、软件负载试验、软件压力试验、软件性能试验、基于决策矩阵的试验、基于功能分解的试验、验收试验、全路径覆盖试验，以及需求能否实现的理论分析和软件产品演示。

软件确认同样是一项软件工程活动，展示和证明所开发完成的软件产品或软件产品组件在预定的环境中能够发挥预期效用。软件确认的方法包括正式评审，软件原型功能演示，软件系统功能演示，软件测试，软件的同行评审/检查，软件在模拟环境中的行为分析，基于数学模型、定量分析和运行使用环境下功能演示的验收试验。

用于软件验证与确认的严苛条件与技术取决于软件的分类（与项目及有效载荷的分类不同）。一个复杂项目通常包括若干拥有不同软件分类的系统与子系统。对于项目而言，重要的是进行软件分类，规划软件验证与确认的方法，适当考虑各个分类相应的风险。在 NASA 机构中，对软件验证与确认的要求、对同行评审（参见附录 N）的要求及对试验和报告的要求皆包含在 NPR 7150.2《NASA 软件工程要求》中。

在某些情况下，项目可能被要求或被指定能够支持软件的独立验证和确认。如果需要进行独立的软件验证和确认，则应开发软件独立验证和确认项目执行计划（IPEP）。软件独立验证和确认服务的范围由项目、软件独立验证和确认承担单位决定，并记录在项目执行计划内。项目执行计划由软件独立验证和确认承担单位开发，作为运行使用文档在项目内部共享。根据 NPD 7120.4《NASA 工程开发和工程/项目管理策略》中定义的职责，项目应确保软件供应商开放对开发中软件和相关资料的访问，从而确保软件独立验证和确认的实现。在 NASA 机构中，对软件独立验证和确认的限制要求包含在 NPR 7150.2《NASA 软件工程要求》中。

5.4.2.3 获取产品确认的可信度

确认是评估最终产品时未能充分利用和未经认可的技术之一。在许多情况下，工程/项目的验证和确认计划仅包含验证活动，但是大多数项目实际上以某种形式或多种形式进行确认活动，而并不总是预先计划或予以正式承认。这种确认方式通常被称为“功能性试验”或“工程性试验”，因为一般认知下官方试验应该只针对需求。然而，许多这样的试验或分析都是事实上的确认试验，如果它们是预先计划的（作为验证和确认计划的一部分），在相关环境中实施，并且结果被正式记录和评估，便能够获得可信度。

官方认可并合理使用产品确认流程是降低成本的好方法。例如，假设目标产品在某个方面被要求“椅子是柔软的”。在验证领域，这可能意味着术语“软”将必须被转换为几十个派生的、离散的“需要……”形式的陈述（例如，座椅中的衬垫厚度需要不小于 2in（1 in=2.54cm），座椅中的弹簧需要具有 1in 的最小压缩空间范围等）。在这些派生的需求中，每一个都要经过官方验证试验、评估、分析、归档等。当然，如果早期做出计划，使用计划好的多个试验对象进行功能演示型确认试验，设定试验主体在椅子上坐满预定的时间，并说出是否感觉到“软”，而不是产生许多派生的需求，或试图量化所谓的“软”。这样可能更具成本效益。该试验早期可以在原型上完成，此时试验对象的反应可以纳入最终设计方案。随着设计方案的成熟，必要时，试验可能会在产品的其他版本上重复进行。

即使客户和利益相关者知道在产品设计和开发周期的特定位置他们将有机会对产品进行评估，他们也可能不那么热衷于尝试将所有评估内容定义为需求且定义得非常详细，他们可能更期望确定能否获得可以使用的产品。

产品确认不仅有助于确保利益相关者的期望得到满足，还有助于减少必须完成的验证试验数量，有助于减少必须弄清如何转换定性期望（如“柔软性”或“可读性”）而消耗的时间和费用，从而节省成本和加快进度；产品确认还能减轻客户对目标产品可用性的焦虑。

5.5 产品交付流程

产品交付流程用于将经验证与确认后的目标产品交付到系统结构上一层级的客户并集成为更高层级的目标产品，交付的目标产品通过产品方案实施流程或产品集成流程得到；对于顶层目标产品，将交付给既定的最终用户。产品交付的形式主要依赖于相关产品寿命周期阶段的成功评定准则，依赖于目标产品所处的系统工作分解结构模型中系统结构上的层级和位置。系统工程师应参与该项流程，以确保准备交付的产品在移交到更高层级的利益相关者/客户之前，已经适当地完成试验和产品验证/确认。

产品交付可能发生在寿命周期的所有阶段。在早期阶段，技术团队生成的产品是文档、模型、研究报告。随着项目寿命周期的推进，这些纸质产品或软产品通过方案实施与产品集成流程转换为硬件产品与软件产品，以满足利益相关者的期望。产品交付流程在寿命周期中以不同的严格程度重复进行。产品交付流程包括低层级产品在系统结构中向更高层级的交付。产品交付流程是产品实现流程中的最后一个流程，是低层级系统通向更高层级的桥梁。

产品交付流程是将当前层级的各项活动、子系统或单元连接到工程系统总体的关键。随着系统的开发接近完成，产品交付流程再次应用于目标产品，但由于此时的交付目的是将最终的系统级产品交付给实际用户，因而交付条件更加严格。根据所开发系统的类型和种类，产品交付工作可能涉及某个 NASA 中心或 NASA 总局，并涉及数千人，可能需要完成多个目标产品的存储、处理和运输，需要准备交付场所、培训运行使用人员与维护人员，以及进行系统安装与维护。例如，将外部推进剂箱、固体火箭助推器和轨道器交付到肯尼迪航天中心[②]完成集成与发射。另一个例子是软件子系统的交付，用于硬件/软件联合系统的集成。

5.5.1 流程描述

图 5.5-1 所示的是产品交付流程的典型框图，图中给出了产品交付流程中需要考虑的典型输入、活动和输出。

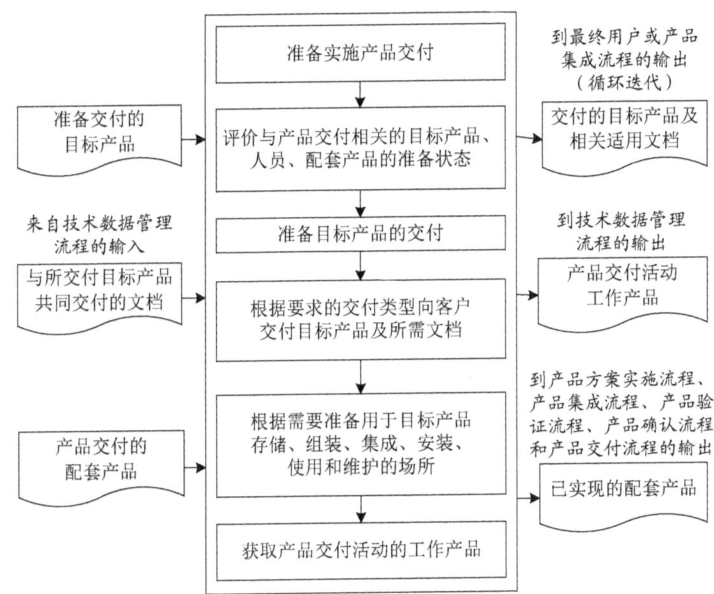

图 5.5-1　产品交付流程的典型框图

5.5.1.1　流程的输入

产品交付流程的输入主要取决于产品交付需求、准备交付的产品、产品交付所采取的形式、产品交付的对象和地点。典型的输入包括如下内容。

- 准备交付的（多个）目标产品（来自产品确认流程）：准备交付的产品可以有多种形式，可以是子系统组件、组装的系统或顶层目标产品，可以是硬件、解析模型或软件，也可以是新开发的产品、购买的产品或重用的产品。产品交付可以通过将系统低层级产品交付到更高层级，并与其他交付产品集成而完成。产品交付流程可以重复实施，直到获得最终的系统产品。在准备交付已确认的产品到更高层级时，后续交付流程需要考虑输入的一致性。

  早期阶段的产品通常应用解析模型或物理模型进行基础研究或应用研究，获得纸质或电子文档形式的信息或数据。实际上，许多 NASA 科学研究项目或科学活动的目标产品

② NASA 肯尼迪航天中心（NASA Kennedy Space Center），位于美国佛罗里达州东海岸的梅里特岛卡纳维拉尔角，是 NASA 进行载人/无人航天器测试、准备和实施发射的最重要的场所。约翰·肯尼迪（John Kennedy，1917—1963）是美国第 35 任总统（1961—1963），曾以强硬态度处理古巴导弹危机，1963 年 11 月在美国德克萨斯州的达拉斯遇刺身亡。

是报告、文档、模型，甚至是口头汇报。在某种意义上，NASA 科学研究与技术开发所得信息的传播是产品交付的重要形式。

- 目标产品的附属归档资料，包括手册、技术规程和流程说明（来自技术数据管理流程）：产品交付流程所需的归档资料取决于所指定的目标产品、目标产品在系统结构中所处的位置，以及在各种协议/计划/需求文档中确定的系统需求。通常产品有唯一标识（即产品序列号或版本号），可能还有一个（归档的）“谱系”，指定其来源和当前状态。有关的信息可以通过技术状态管理流程和工作指令系统进行控制，也可以设计图纸和试验报告的形式进行处理。归档资料中通常包括产品验证与确认一致性的证明。对于现货产品，通常还包含制造商提供的规格书或说明书。归档资料中还可能包括操作手册、安装指南或其他有用信息。

  归档资料的详细程度取决于产品在系统结构中的层级和位置，以及产品所处的寿命周期阶段。在寿命周期的早期，归档资料可能只是初步性质说明。在后期阶段，归档资料可能包含详细设计文档、用户手册、设计图纸或其他工作产品。交付阶段的输入过程中所获得的归档资料可能需要编辑、组装或重新装订，确保可以达到客户能够接受的条件。应当专门考虑安全性问题，包括采用清晰的标签或标记来识别危险材料的使用、特殊操作的指令和存储需求。

- 产品交付的配套产品，包括包装材料、容器、处理设备，以及存储、接收、运输设施（来自已经掌握的资源或针对所实现配套产品的产品交付流程）：产品交付的相应配套产品的作用是便于所交付产品在较高层级的产品方案实施、集成、评价、交付、训练、运行使用、保障及退役处置，或有利于最终系统产品的交付。部分或全部配套产品可在与产品交付相关的协议、系统需求文档或项目工作计划中规定。某些情况下，产品交付的相应配套产品可以在目标产品实现时同步开发，也可以在交付阶段开发。

  随着产品的开发，特殊容器、产品支架及其他设备也需要同时开发，以便在产品的开发和实现过程中更易于存储与运输。这些设备可能只是临时使用，也许不能完全满足产品交付的所有需求，但又是产品进入交付阶段必不可少的。在这种情况下，临时使用的设备必须做出改进或重新设计制造，或者采购新的临时设备，以满足特定的运输、处理、存储和转运需求。

  敏感或危险产品可能需要特别的配套产品，如监控设备、检查装置、安控设备，以及人员培训，以此确保达到并维持充分的安全性和环境需求。

5.5.1.2 流程中的活动

产品的交付可能采取以下两种形式之一：

（1）低层级系统目标产品交付到较高层级并集成为另一个目标产品。

（2）最终的系统产品交付给客户或用户，在真实环境中运行使用。

在第一种情况下，目标产品可能是若干个产品之一，它们最终集成在一起形成高层的目标产品。在第二种情况下，目标产品就是最终交付给用户使用的产品。目标产品可能是若干电路板之一，这些电路板集成起来得到最终交付的样机。而集成后的产品也可能是系统的某个单元，而若干个这样的单元需要再次集成才能形成最终产品。

产品的交付形式不仅依赖于该产品在系统产品层次结构中的位置，还依赖于该产品所处的寿命周期阶段。在寿命周期早期阶段，产品的形式可能是纸质或电子文件、物理模型、技术演示验证原型，而在晚期阶段，产品形式可能是生产样机（工程模型）、最终研究报告或飞行器的部件。

图 5.5-1 给出的是在不考虑产品层级与寿命周期阶段的情况下，产品交付实施过程中的输入、输出及活动类型。这些活动包括准备进行产品交付，确保交付的目标产品及所有人员、所有配套产品已准备就绪，完成准备产品交付场所，执行产品交付活动并获取和归档所有工作产品。

交付活动如何进行及文档资料应采取何种形式归档，同样依赖于产品在系统层级结构中的位置与产品所处的寿命周期阶段。

对于待要集成到更大工程或系统中的低层产品，本手册的 7.1 节给出了如何通过多种多样的采购合同机制获取这些产品的注意事项。

5.5.1.2.1 准备实施产品交付

产品交付准备工作的第一项任务是确定产品交付属于如下两种形式的哪一种：（1）低层级目标产品交付到较高层级并集成为新的目标产品；（2）最终系统产品交付给客户或用户，并在真实环境中运行使用。产品的交付形式将直接影响交付计划及与产品交付相关的包装、处理、存储和运输的类型。产品的客户与其他利益相关者的期望，连同特定的产品设计方案，共同影响着所需的产品交付技术规程，并决定了在产品包装、存储、处理、运输、站点准备、安装、维护保障中所需要的配套产品。这些需求应该在产品交付准备阶段进行相应的评审。

产品交付准备的其他任务包括确保目标产品、运维人员、所有配套产品已经为产品交付准备就绪。其中包括与目标产品共同交付的文档资料和模型可用性证明，以及产品验证与确认一致性的证明。文档资料的相应详细程度取决于产品在系统产品结构中所处层级和位置及产品所处寿命周期的阶段。在寿命周期早期阶段，这些文档资料可能是初步性的，而在寿命周期晚期，文档资料可能是详细设计文档、用户手册、设计图纸或其他工作产品。为执行产品交付所必要的技术规程应在此时进行评审并通过审批。

最后，应当评审实施产品交付所需要的人员能力与技能，以及必要的包装材料/容器、处理设备、存储设施、运输设备的可用性。任何为完成任务而对人员进行的特殊培训也应该在此阶段完成。

5.5.1.2.2 准备接收产品的场站

对任何一种类型的产品交付，都要准备好进行产品交付的接收场站。在此场站中，根据产品在系统产品结构中的位置、产品的寿命周期阶段及客户协议，对产品进行存储、组装、集成、安装、使用和维护。

产品交付过程中涉及大量关键性复杂活动，尽管多数不受技术团队直接控制，仍需要同步进行以确保产品向用户的平稳交付。如果产品交付活动未能做到细致控制，可能影响目标产品的进度、成本及安全性。

为了明确问题和需求，可能需要进行场站调查。应当考虑现有设施设备对新目标产品验收、存储和操作的适用性，识别每项必要而未做计划的后勤保障方面的配套产品和服务。此外，对现有设备的任何更新改造应在具体实施之前周密计划。因此，场站调查应在产品寿命周期的早期阶段开展。其中可能包括后勤保障方面的配套产品和服务，为目标产品的运行、维护、退役处置提供保障。还可能需要对用户、运行使用人员、维护人员和其他保障人员进行培训。在接收目标产品之前，需要依据《美国国家环境保护法令》得到相应批准。

在移交前和接收后，目标产品可能需要在合适的保存条件下存储，以确保产品安全并保护产品不受损伤或侵蚀。这些条件应在寿命周期的早期设计阶段确定。

5.5.1.2.3 准备进行交付的产品

当产品交付到较高层级进行集成或组装而形成更高层级产品，或将产品跨越国土运送给客户使用时，应当格外注意确保产品运输的安全性。在产品包装、处理、存储及运输方面的需求应在系统设计阶段确定。当产品处于存储状态或需要在不同的组织及其设施之间通过陆、空或海上交通工具运输时，为产品准备相应的包装以保障产品的安全并防止变质是一项至关重要的工作。需要特别关注的是表面防护，使其免受物理损伤，防止化学腐蚀，避免被电线电缆破坏、振荡挤压损坏，预防受热变形和受冷破裂、受潮或其他颗粒侵入，以及其他可能导致正在运输的部件损坏的现象。

在设计阶段提出的需求中应当已经考虑产品处理与运输的方便性，如组件的支撑、附加的运输挂钩、承运的板条箱等。产品包装和拆包的安全性及简便性也应在设计方案中考虑。可能需要采取额外的度量指标，保证产品在运输过程中能够随时进行状态记录和安全追踪。如果产品交付涉及危险材料，应制定特殊的标识和处理措施，包括运输线路的选定。

5.5.1.2.4 交付产品

1．产品交付方式

在做好准备之后，基于选定的交付类型将目标产品及相关归档资料交付（移交、运输、转送）给客户。例如，交付到产品层级结构（通常称为产品分解结构）的较高层级进行产品集成，或直接交付给用户使用。交付的归档资料可能包括操作手册、安装指南和其他相关信息。

按照预先批准的安装技术规程，目标产品在较高层级组装，或在客户/用户的使用现场安装。

2．产品交付保障

不论是在较高层级组装，还是安装到最终客户的场站，交付后应当进行产品的功能试验与验收试验。这样做是为了确保在运送/安装过程中产品没有受到损伤，可以开展工作并已为实施保障准备就绪。所有最终交付的工作产品及产品验收文档都应当能够获取。

5.5.1.2.5 获取产品交付流程的工作产品

在产品交付流程中生成的其他工作产品应当相应地获取和归档。其中可能包括场站工作计划、特殊处理技术规程、培训报告、产品证书、影像资料、调查报告和其他在交付活动中生成的产品。

5.5.1.3 流程的输出

产品交付流程的典型输出包括如下内容：

（1）可交付的目标产品及相应的可用归档文件，可采用下列两种交付方式：

① 交付目标产品到系统结构更高层级的集成： 其中包括相应的归档资料。目标产品形式及可用归档资料的内容取决于产品在系统结构中所处位置及产品所处的寿命周期阶段。目标产品的形式可能是硬件、软件、模型、原型、初试试样、一次性运行使用产品或批量生产产品。归档资料包括与目标产品相关的安装手册、操作手册、使用手册、维护文档和培训手册，可用的控制基线（技术状态控制基线、规格说明、利益相关者期望）文档，以及反映目标产品验证

与确认已完成的试验结果。

② **交付最终产品给最终用户使用：** 此类产品是经过适当包装的可运行使用的最终产品，以及与最终产品共同交付的相应文档资料。文档资料包括与最终产品相关的安装指南、操作手册、用户手册、维护手册、培训手册、控制基线（技术状态控制基线、规格说明、利益相关者期望）文档，以及反映最终产品验证与确认已完成的试验结果。如果最终产品的确认是由最终用户进行的，应同时交付能充分支撑最终用户确认活动的归档文件资料。

（2）需提交到技术数据管理流程交付活动中的工作产品：可能包括交付计划、场站调查、度量指标、培训模块、技术规程、决策、经验教训总结、纠错行动等。

（3）向相应寿命周期保障组织交付的已实现的配套产品：在各个阶段开发的相关配套产品，可能包括产品制造与集成的专用机械、工具、夹具，制造流程和手册，集成流程和手册，专用的外观检视、定量分析、功能演示、产品试验设备，专用试验台和试验工具，专门的包装材料与容器，处理设备，存储站点的环境，运输/转送的车辆或设备，专门的培训课件，工作场站的环境，以及所交付产品的培训手册。在寿命周期的晚期阶段，需要交付的配套产品可能还包括专门的使命任务控制设备，数据采集设备，数据分析设备，设备操作手册，专用维护设备、工具、手册和备件，专用自我修复设备，废弃处置装置，维修与废弃处置必备的站点环境。

如下活动完成以后，产品交付流程即告完成。

- 对于交付到较高层级集成的情况，目标产品已经移交到条件适合的预定场站，便于与其他目标产品或其他组合的目标产品进行集成。在此类交付中产生的流程、决策依据、前提假设、异常情况、纠错行动、经验教训总结等已完成归档。
- 对于交付给最终用户的情况，目标产品已安装在指定的场站，相应的验收与鉴定工作已经完成，针对用户、操作人员、维护人员及其他相关人员的培训已经完成，交付活动已在取得验收文档资料之后结束。
- 所有已实现的相关配套产品同时完成交付，包括交付活动自身配套产品产生的技术规程、决策依据、前提假设、异常情况、纠错行动、经验教训总结等。

5.5.2 产品交付指南

5.5.2.1 产品交付流程输入需要考虑的附加信息

为了成功完成产品交付流程，在对必要的输入进行评价时，考虑所有客户和利益相关者，并考虑技术上、工程上及安全性的需求非常重要。需要考虑的需求包括如下内容。

- **运输性需求：** 在必要时，本项需求用于定义准备交付的系统在运输方面的技术状态需求。或者说，本项需求可细化为用于运输准备交付的系统所需的外部系统，以及与这些系统的接口。
- **环境方面的需求：** 本项需求用于定义准备交付的系统在交付（包括系统的存储和运输）过程中需要满足的环境条件。
- **维护性需求：** 本项需求用于细化准备交付的系统进行维护时，需要确定的维护频率、维护人员和维护手段（必要时还包括注意事项和保障条件）。
- **安全性需求：** 本项需求用于定义准备交付的系统的寿命周期安全性需求，以及与安全性相应的设备、设施、人员需求。

- **保密性需求**：本项需求针对准备交付的系统定义信息技术需求，确定国内交付和国际出口的安全保密需求，以及实物安全需求。
- **工程性需求**：本项需求用于定义准备交付的系统在成本与进度方面的需求。

5.5.2.2 产品交付给最终用户后接下来做什么

本手册第 2 章中曾提及，产品交付给最终用户之后进行的活动与系统工程引擎之间有关联关系。如图 2.3-10 所示，在产品部署到最终用户之后，通过持续发挥系统工程功能，实现产品的使用、管理、维护。在这些活动中可以应用第 6 章中论述的技术管理流程。在任何情况下，如果需要新的能力、产品升级或配套产品，系统工程引擎中的开发流程将再次启动执行。当产品完成使命之后，将执行在寿命周期早期开发的退役、处置或淘汰计划。对于通过多种采购合同机制获取更大工程或系统中的部件情况，可参阅第 7.1 节了解特殊集成注意事项。

第 6 章　横向关联的技术管理

本章介绍图 2.1-1 所示系统工程引擎中列出的技术管理流程所涉及的活动。在第 4 章和第 5 章中已经阐述了从产品的设计阶段到实现阶段实施的流程。技术管理流程可能在产品从概念开发到退役处置的寿命周期各个阶段发生。它们也可能与其他任何流程同时发生。本章按照图 2.1-1 中列出的与技术管理流程相应的第 10 个流程至第 17 个流程划分小节。每个技术管理流程围绕其中的输入、活动和输出进行讨论，同时提供与 NASA 项目相关的示例作为补充指南。

技术管理流程是项目管理团队和技术开发团队之间的纽带。在系统工程引擎的技术管理部分，8 个流程提供了横向关联的功能，从而保证了设计方案的开发、实现和运行。尽管不是每个技术开发团队成员都直接参与这 8 个流程，但是他们却间接地受到这些关键功能的影响。技术开发团队的每个成员都依赖于技术规划、需求管理、接口管理、技术风险管理、技术状态管理、技术数据管理、技术评估和决策分析来达成项目目标。没有这些横向关联的流程，单个成员和任务就不能集成到系统中，在费用和进度约束范围内发挥作用满足运行使用构想。这些技术管理流程同样支持项目管理团队实施项目控制。

下面各节将逐一介绍 8 个技术管理流程及其针对给定的 NASA 使命任务的相应产品。

横向关联技术管理的要点
• 完整理解并规划技术开发工作的范围，并在早期开展相关工作，开发作为技术规划基础的技术产品分解结构、技术开发进度表和工作流程图、技术开发资源需求和约束（资金、预算、设施和需长期管理的事项）。系统工程师同样需要熟悉项目开发过程中的非技术影响因素。 • 定义所有接口并指派每个组织内部和组织之间的接口授权及责任。其中包括理解潜在的不兼容性，包括定义产品交付流程。 • 产品技术状态控制对于理解变更可能会对系统产生什么影响是关键的。例如，设计方案和环境的变更可能导致先前的系统分析结果无效。 • 进行里程碑评审，能够保证做到关键且有价值的评估。这些评审的动机并不只是满足合同要求或进度追求。这些评审有特定的启动条件和成功评判准则，只要准则满足就应进行评审。 • 了解任何影响分析结果的偏差、假设和约束。 • 将所有分析置于技术状态控制之下，能够追踪变更的影响并了解何时需要重新进行评估分析。

6.1　技术规划流程

技术规划流程是系统工程引擎中包含的 8 个技术管理流程的第一个，其为每个公共技术流程建立一个运用和管理计划，这个计划将能够用来驱动系统产品的开发和相应工作产品的开发。技术规划流程还为技术开发工作的识别和定义建立一个计划，这些技术开发工作是在项目费用、进度和风险约束下为满足项目目标和寿命周期成功判断准则所必需的。

这些工作从技术开发团队在 A 前阶段进行大量规划时开始。有了这些早期规划工作，技术开发团队成员将相互理解团队中每个成员的作用和职责，并且能够建立费用和进度的目标。通过这些工作，能够开发系统工程管理计划和其他技术开发计划，并设定相应的控制基线。一旦制定了系统工程管理计划和其他计划，它们必须与项目工作主计划和进度表同步。另外，关于所有技术开发合同如何制定及如何执行的计划也同时明确。

这是一个递归迭代的过程。在寿命周期早期阶段，相关技术开发计划同步建立，从而可以推进产品设计和实现流程。随着系统在寿命周期中的成熟和进展，这些计划根据需要更新以反映当时的环境和资源条件，并控制项目的执行情况及项目的费用和进度。至少，这些更新将在每个关键决策点发生。然而，如果项目有显著变更，如利益相关者期望更新、资源调整或其他约束变化，就必须对所有计划进行分析，以应对变更对已设定控制基线的项目产生的影响。

6.1.1 流程描述

图 6.1-1 所示是技术规划流程的典型框图，图中给出了技术规划中需要考虑的典型输入、输出和活动。

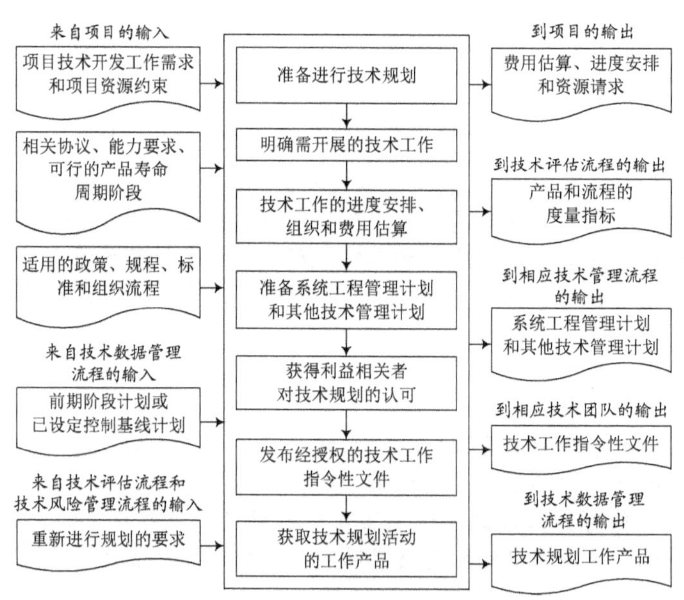

图 6.1-1 技术规划流程的典型框图

6.1.1.1 流程的输入

技术规划流程的输入来自项目管理团队和技术开发团队，或者来自其他公共技术流程的输出。基于已经获取的技术性和工程性需求、约束、政策及流程，第一步是规划可用的来自项目总体的输入，用于确定技术开发工作的整体范围和框架。在项目的整个寿命周期，技术开发团队持续在技术规划策略和归档文件中融入以下内容：一是来自系统工程引擎中其他流程生成的决策和评估结果；二是来自项目指定的需求和约束所引起的系统内部变更。

- **项目技术开发工作需求和项目资源约束**：工程/项目工作计划提供项目的顶层技术需求，有效、可行地将工程预算分配到工程中每个项目的预算中，还提供必要的项目进度表支持工程总体需求的实现。尽管分配到工程中各项目的预算和进度将作为项目的约束，但技术开发团队仍需依据满足项目技术需求所需的实际工作制定一个费用估算和进度安排表。在项目的寿命周期内，项目分配的预算和进度与技术团队实际费用估算和进度安排之间的差异都应当持续地进行协调。

- **相关协议、能力要求、可行的产品寿命周期阶段：** 工程/项目工作计划同时还定义了可行的项目寿命周期阶段和里程碑，以及定义了项目成功实施所需要的外部和内部协定或能力需求。项目寿命周期阶段和计划性的里程碑将为开展技术规划工作、生成详细技术开发活动清单和相应产品提供整体框架，从而使它们满足全部项目里程碑的要求。
- **适用的政策、规程、标准和组织流程：** 工程/项目工作计划还包括在执行技术开发工作过程中必须遵循的所有与规划相关的政策、技术规程、工作标准和组织流程。技术开发团队应当确定相关技术途径，保证工程/项目需求得到满足，保证在开发中间产品和目标产品时使用的任何技术规程、流程和标准都遵从工程/项目工作计划中指定的政策和流程。
- **前期阶段计划或已设定控制基线计划：** 源自技术数据管理流程或技术状态管理流程的最新技术规划，可能已经设定控制基线，也可能来自寿命周期前一阶段。两种情况都应该针对即将进入的寿命周期下一阶段对技术规划进行更新。
- **重新进行规划的要求：** 技术规划可能需要更新，这主要基于技术评估流程中进行的技术评审、技术风险管理流程中明确存在的问题或决策分析流程中做出的决策。

6.1.1.2 流程中的活动

鉴于技术规划与 NASA 系统工程相关，其任务是确定应当如何组织项目、搭建项目结构和实施管理，确认、说明和规划 NPR 7123.1《NASA 系统工程流程和要求》中的 17 项公共技术流程如何在寿命周期各个阶段中应用于系统结构内的所有产品层级（参见 6.1.2.1 节），从而满足产品寿命周期成功评判准则。用于明确并更新技术规划流程细节的关键文档是系统工程管理计划。

系统工程管理计划是项目工作计划的附属文档。项目工作计划明确项目应如何管理以便能在已知的工程性约束条件下达到项目的目的和目标。系统工程管理计划针对所有项目参与者规定在确定的项目约束条件下如何进行项目技术管理。系统工程管理计划同时还说明在项目寿命周期的各个阶段如何应用系统工程管理技术。

技术规划流程应当与技术风险管理流程（参见 6.4 节）和技术评估流程（参见 6.7 节）紧密地结合在一起，确保未来活动中的纠错行动能够有针对性地解决项目中当前已明确的问题。

相比于工程规划或项目规划，技术规划专注于系统产品开发所需要的技术工作范围。项目负责人专注于项目寿命周期的总体管理，而由系统工程师领导的技术开发团队则专注于项目技术方面的管理。通过安排和组织与开发工作相关、并行和横向关联的工程技术，技术开发团队能够确认、定义并开发相关计划，据此负责实施系统分解、系统设计、系统集成、系统验证和确认。其他计划还包括定义和规划相应的技术评审、审核、评估计划，提出系统当前状态报告，并确定所有横向关联的专业领域工程技术和设计验证需求。

本节描述如何实施如图 6.1-1 所示的技术规划流程中所包含的各项活动。在项目开始时做出的初始技术规划将确定技术开发团队成员、明确团队成员的作用和职责，同时明确在开展技术开发工作过程中将要使用的工具、流程和资源。另外，预期技术团队将要实施的活动及其将要生产的相应产品也在技术规划中被明确定义和安排进度。随着获取到所完成任务的实际数据及近期和未来活动的细节，技术规划将持续进行和不断演化。

6.1.1.2.1 技术规划准备

为了能够正确进行技术规划，应当明确定义和说明实施技术规划工作时所需的流程和技术规程。对技术规划参与者进行确认时，应当清晰地定义和说明参与者的作用和职责，以及所有必要的培训和认证活动。

1. 技术开发团队选择

负责技术规划流程早期部分工作的团队，应当明确为了开发和生产相关产品，技术开发团队所需的各类技术和技能。通常，技术开发团队由子系统技术工程师和学科领域工程师共同组成。考虑一个空间飞船的例子，子系统技术工程师通常承担特定子系统（如机械子系统、能源子系统等）的开发，而学科领域工程师通常负责做专门分析（如飞行动力学、辐射分析等）。是否拥有具备相应技能的人员也需要考虑。

在某种程度上，决定开发何种特定产品所需的技能组合是一个主观过程。正因如此，组合技能的确定需要向那些有经验的负责牵头特定使命任务和技术应用的专家咨询。某些主观上的考虑可能涉及产品及其需求、使命任务的类别及项目的寿命周期阶段。

继续考察空间飞船的例子，多数开发团队通常共享一个核心公共技能，如与机械、热力学和能源相关的子系统的工程开发。然而，飞船及使命任务的特殊需求可能导致技能组合的变化。例如，与无人空间使命任务相反，载人空间飞行系统通常会增加与人类相关的系统，增加环境控制和生命保障子系统方面的系统工程需求。与近地空间使命任务相反，深空探索使命任务可能增加安全性和行星保护相关学科领域工程技术的需求，专门针对可能造成的地球及太阳系内其他星体污染的情况，而且与设计在温和的空间环境下运行的飞船仪器相反，开发团队可能需要设计能够保障飞船仪器在低温环境下运行的低温保障子系统。

使命任务类别和项目阶段同样可能影响开发团队所需的技能组合。例如，在不同使命任务类别中，A 类和 B 类使命任务需要的某项学科专业分析相对于 D 类或更低类别的使命任务可能不需要。对于项目阶段而言，在 A 前阶段和阶段 A 可能需要实施某项针对某个总体学科的设计和分析，而在阶段 B 和阶段 C 进行的更详细的设计和分析表明，则需要更多的特定子系统设计和专业领域工程开发技能。

为了能够清晰理解上述过程，表 6.1-1 给出了 A 前阶段技术开发团队完成低温干涉仪空间观测站设计任务的技能组合示例。为了简化，假设系统分析和技术开发已包含在所展示的子系统和学科领域中。例如，其中的机械子系统包含载荷与动力学分析、机械技术开发两项内容。

表 6.1-1 无人红外观测站 A 前阶段开发团队工程与学科领域技能组合示例

系统工程团队	
使命任务系统工程师	
仪器设备系统工程师	
空间飞船船体、飞行动力学、运载火箭接口、地面系统接口相应团队	
飞行动力学分析	
使命任务执行（包括运行使用构想、与地面站接口、使命任务运控中心、科学试验任务控制中心）	
飞船船体机械子系统（包括力学机构）	飞船船体能源子系统（包括电线束）

续表

飞船船体热力学子系统	飞船船体推进子系统
飞船船体姿态控制与稳定子系统	飞船船体声学子系统
飞船船体通信子系统	飞船船体飞行控制软件子系统
集成与试验（飞船船体、观测站）	运载火箭集成
辐射分析	在轨碎片/任务结束计划分析
系统可靠性/容错分析（包括仪器分析）	
仪器设备团队	
机械子系统	机构子系统
热力学子系统	低温子系统
声学子系统（包括电线束）	机构驱动电子子系统
探测感应子系统	光学子系统
控制子系统	度量衡子系统
飞行控制软件子系统	集成与试验
杂散光与辐射线分析	其他必要的特殊学科领域（如污染分析）

一旦这些流程、人员、作用和职责都安排就绪，就会形成针对技术开发工作的规划策略。一个基本的技术开发规划策略应该考虑如下事项：

- 技术开发团内部通信交流策略，与上级和外部的通信策略；
- NASA 技术规程需求的辨识和剪裁，应用于产品分解结构的每一层级；
- 编制系统工程管理计划所需要的，以及编写其他所有技术规划文档所需要的规划文档层级；
- 识别和收集输入文档；
- 将要开展的技术开发工作序列，包括输入和输出；
- 技术开发工作形成的可交付产品；
- 如何获取技术开发活动的工作产品；
- 如何识别和管理技术风险；
- 进行技术开发工作所需要的工具、方法和培训水平；
- 利益相关者在技术开发工作各个方面的投入；
- NASA 技术开发团队将如何与外部承包商的技术开发工作保持密切联系；
- 设定作为里程碑的评审（如确定技术评审和寿命周期阶段评审）工作启动条件和成功完成评审的评判准则；
- 内部接口和外部接口的辨识、定义与控制；
- 总结相关的经验教训，并将其融入技术规划中；
- 在项目实施过程中，团队总结经验教训的途径和记录经验教训的方式；
- 用于技术开发的途径及将技术开发的成果应用到项目中的方式；
- 辨识和定义相关技术衡量指标，用于度量和跟踪已实现的产品技术进展情况；
- 做出进行产品制造、购买和重用决策的评判准则，以及采用商业现货供应软件和硬件的统一判据；
- 辨识和缓解性能出现偏差情况的计划；
- 应急计划和重新规划的基本指南；
- 对系统当前状态评估并形成报告的计划；

- 决策分析的方法，包括需要的材料、需要的技能，以及期望的决策精度；
- 对技术开发活动中和产品中人类因素的管理计划。

考虑项目的上述事项和其他特点，技术开发团队将拥有一个理解和定义技术开发工作范围的基础，这个范围包括通过全面技术开发工作能够得到的可交付产品，包括技术开发团队应当遵守的项目进度表和关键里程碑，以及包括技术开发团队为完成工作所需要的资源。

为确定技术规划工作，一个关键因素就是掌握开展已经明确的活动所需的相关工作量。一旦结合考虑技术开发工作的范围，技术开发团队便能够开始着手定义特定的规划活动，估计完成每项任务所需要的工作量和资源。从历史经验来看，许多项目都低估了完成适当规划活动所需要的资源，并且为了跟上项目实施中的变更而被迫进入一种连续进行危机管理的状况。

2．确定设施

技术规划流程还包括确定所需要的设施、试验场地、试验设备和测量仪器，这些是在制造、试验、发布和运行使用各种各样的商业产品及国有资产时所需要的。表 6.1-2 给出了在技术规划过程中需要考虑的设施种类示例清单。

表 6.1-2　在技术规划过程中需考虑的设施种类示例清单

通信与跟踪试验室	建模与仿真试验室	冷热试验箱
能源系统试验室	原型开发车间	振动试验室
推进系统试验台	计量校准试验室	辐射分析试验室
机械/结构试验室	生物技术试验室	动物养护试验室
测量仪器试验室	空间材料管控试验室	飞行硬件储存区
人因系统试验室	电磁效应试验室	设计可视化试验室
制导与导航试验室	材料试验室	布线车间
机器人试验室	真空试验箱	濒死经历试验室
软件开发环境	使命任务控制中心	后勤仓库
会议室	培训设施	大型会议设施
教育/推广中心	服务器集群	项目档案中心

6.1.1.2.2　确定技术开发工作

技术开发工作的确定应当与寿命周期阶段所需要的详细程度相称。在开展技术规划时，应当考虑衡量费用、进度和劳动资源的实际价值。无论是从历史数据中推断得来，还是从规划进程中与项目管理者和利益相关者的交互得来，应当计算这些实际价值并提供给项目规划团队。任何估计中都应该考虑与工作的复杂程度和危险程度相关的偶然事件，应当制定应急管理计划。以下是应急管理计划的若干示例：

- 在硬件和系统整体的开发和测试过程中，需要额外、计划外的软件工程资源来辅助进行故障/异常检测。软件工程师们经常被召唤来帮助检测故障问题并准确定位硬件及系统开发和测试中的错误源（例如，编写附加测试驱动程序来调试硬件问题）。为了适应不可避免的组件和系统调试，以及避免费用超支和进度延迟问题，更多的软件人员应该被列入项目的应急管理计划中。
- 在技术规划的应急管理计划中应当考虑硬件在回路的问题。硬件在回路的试验是一个典型的调试试验，其中硬件和软件首次集中在硬件在回路的昂贵环境里。了解试验期间可能出现的信息和错误是前期工作。如果这项工作没有完成，硬件在回路的试验设备上所耗费的额外时间将可能导致高昂的费用，并影响进度。这些影响可以通过前期规划来减轻。例如，在试验前为技术团队提供合适的调试软件等。

- 类似地，人在回路的评价也属于应急管理的运行使用问题。如果规划的设计方案中需要有与人类的交互，在设计的早期阶段开展对人在回路的考察就特别关键，这样能够暴露和识别运行使用中的问题（如常规问题、维护问题、修理问题、非常规问题、培训问题等）并采取经济有效的纠错措施。人在回路的试验同样采用调试方式；在调试过程中，硬件、软件和人因单元相互作用并进行性能评价。如果在早期未能识别出与运行使用相关的设计问题和性能问题，后期如果产生设计变更将付出巨大代价。

6.1.1.2.3 技术工作的进度安排、组织管理和预算编制

一旦技术规划团队确定了需完成的技术工作，工作的焦点就集中在对项目的技术部分做出进度安排和费用估算上了。技术开发团队应当根据项目的工作分解结构、事件的逻辑顺序组织技术开发任务，主要考虑项目的里程碑、各阶段可用的项目资金和保障资源的可用时间。

1. 进度安排

在工作分解结构中描述的产品是那些需要花费时间完成的活动结果。这些活动之间有时间先后关系，这种关系可以用来创建一个网络化进度表，以此明确规定活动之间的依赖关系、资源的可用性，以及规定可接收的外部资源。使用进度安排工具能够便于进度表的开发与维护。

进度安排是项目活动规划和管理的重要组成部分。这是一个创建网络化进度表的过程，该进度表以标准化方法定义和表达“需要做什么”“这么做持续多长时间”，以及“项目工作分解结构的各个元素之间如何影响”。一个完整的网络化进度表可能被用来计算完成项目需要多长时间，哪些活动是项目时间的决定因素（寻找关键路径活动），以及项目的其他活动有多少富余（备用）时间。

“关键路径”是一组相互依赖的任务序列，决定完成项目需要的最长持续时间。这些任务决定项目进度且不断变化，因而需要不断更新进度表。关键路径可能包含一个任务或一系列相互关联的任务。如果项目需要在资源约束下按时完成，确定关键路径和确定为完成关键路径中的关键任务所需要的资源是非常重要的。随着项目的进展，关键路径会因为关键任务的完成或其他任务的延误而改变。具有明确任务而又不断演变的关键路径需要在项目推进过程中仔细监控。

网络化进度安排系统能帮助项目负责人精确地评估技术和资源的变化对费用和进度的影响。费用和技术问题经常首先以进度问题显现出来。了解项目的进度是精确确定项目的预算及跟踪项目实施实际状况和进展的前提。因为网络化进度表显示出项目中的每项活动如何影响其他活动，可以辅助评估和预测项目中某项活动的延迟或加快可能对整个项目进度的影响。

关于项目进度表的更多信息，参见 NASA/SP-2010-3403《NASA 进度管理手册》。

2. 网络化进度表数据和图形格式

网络化进度表数据由如下部分组成：

- 活动及其相应的任务；
- 活动之间的依存关系（如某个活动必须依赖于另一个活动才能被接受）；
- 作为一个或多个活动结果的产品或里程碑；
- 每项活动的持续时间。

网络化进度表包含了以上所有四个数据项。当创建网络化进度表时，如果能创建这些数据元素的图形格式，那么可以说是规划和组织进度表数据的良好起步。

3．工作流图

工作流图是对上述前三个数据项的图形显示。图 6.1-2 所示是两个通用类型的工作流图形格式。一种是活动有向图，箭头的终止端表示活动的产品，箭头的起始端表示活动所依赖的产品。这是工程计划网络评审技术图（PERT）的典型格式。

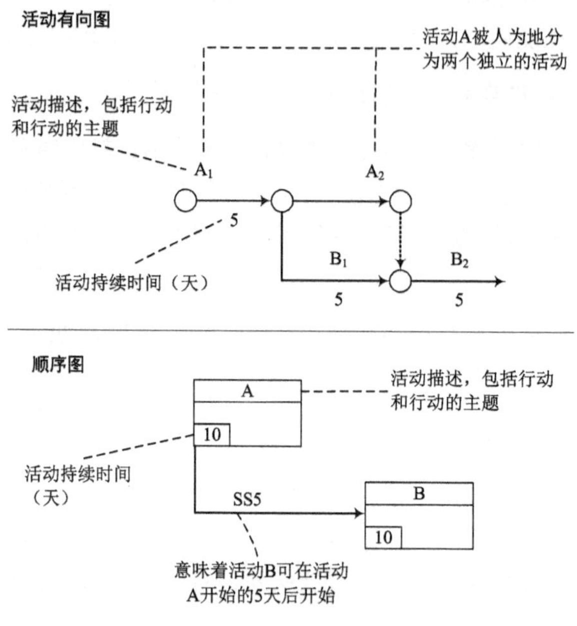

图 6.1-2　两个通用类型的工作流图形格式

另一种是活动顺序图，使用方框代表活动，而用箭头表示活动之间的依赖关系。活动顺序图格式能够简单描述如下形式的逻辑关系：

- 活动 B 在活动 A 开始时开始（开始即开始，SS）；
- 活动 B 仅在活动 A 结束后开始（结束再开始，FS）；
- 活动 B 在活动 A 结束时结束（结束即结束，FF）。

这三个活动关系的任何一个都可以通过附加一个（带有正负号的）时间区间来进行修正，如图 6.1-2 所示。在图中的活动顺序图中，通过在多个低层级活动之间标明“开始即开始”关系，将这些最初的低层级活动合并成为单一的活动；然后使用“结束再开始”关系将这个合并后的活动与低层级活动的最终活动相关联。在活动顺序图中最常用的关系是“结束再开始”关系。基于根据需要创建人工事件和活动，能够形成以箭头连接活动格式表达的具有时间先后逻辑的活动顺序图。

4．建立一个网络化进度表

根据项目顶层进度安排的目标，进度安排的作用是确定如何保证交付在工作分解结构上一层级所描述的产品。为了开发与项目目标一致的网络化进度表，以下 6 个步骤需应用到工作分解结构最低可达层级的每个单元。

（1）明确工作分解结构中每个单元所需要完成的活动和条件。应当明确足够的活动来精确显示工作分解结构中活动相对于其他单元的进度依赖关系。第 1 步最容易完成，只要做到如下几点即可。

① 确保工作分解结构单元向下扩展并能够描述所有的重要产品，包括文件、报告、硬件和软件产品。

② 对于每个产品，列出制造出该产品所需要的步骤并使用工作流图绘制生成产品的流程。

③ 指明产品之间的进度依赖关系，以及第 1 步的工作中所有可能的集成和验证步骤。

（2）识别和议定有外部依赖关系的系统。对工作分解结构单元而言，有外部依赖关系的系统就是所有来自外部的接收件，以及任何向外交付的单元产品。应当进行产品评议，确保向工作分解结构上一层级移交的产品在内容、格式和品质方面没有异议，以便根据低层级的进度进行集成进度安排。

（3）估算所有活动的持续时间。应当记录这些估算的前提假设（完成工作所需时间、可用员工队伍、设施的可用性等），以备未来引用。

（4）将工作分解结构中每个单元的相关数据输入进度安排程序，获取网络化进度表和针对该单元关键路径的估算。通常可以通过第 1 步至第 4 步的某种迭代获得满意的进度安排表。在关键路径活动中经常预留储备，从而保证在限定的风险等级内满足进度安排的约定。

（5）在工作分解结构中集成较低层级单元的进度表，单元之间的所有进度依赖关系从而能够正确地包含在项目网络化进度表中。重要的是应在此时加入假期、周末等时间的影响。在流程的这一步最终形成项目的关键路径。

（6）随时对员工队伍水平和资金的使用状况进行评审，并对逻辑顺序和持续时间做出最终调整，从而保证员工队伍水平和资金水平保持在项目约束之内。对活动逻辑顺序和持续时间的调整可能需要与项目管理层建立的进度目标相吻合。活动调整可能包括为工作分解结构中某些单元添加更多活动、删除冗余活动、给关键路径上的某些活动增加员工力量，或者设法以并行方式而非串行方式开展更多活动。

再次强调，好的做法是为某些进度表添加储备时间或浮动时间，作为风险缓解策略的一部分。以上最后几个步骤的产品是工作分解结构中每个单元与所有其他单元活动之间保持一致的、可行的进度表控制基线。所有这些进度表的归总应该与项目的技术范围和进度目标一致。在汇总的主进度表中应该有足够的浮动时间，从而保证相关进度风险和费用风险能够被项目主管和客户接受。即使做到了这些，由于某些需要接收的产品可能延迟到达，也会造成工作分解结构中部分单元的时间估计不足或某些单元的工作不能按照进度安排尽早开始。此时，几乎总是需要重新制定计划来满足项目目标。

5. 汇报表达技巧

关于进度表的汇总数据经常以图表方式描述，如甘特图（Gantt Chart），这是使用项目工作分解结构中相关产品单元的开始日期和结束日期来描述项目进度的线条图。某些甘特图还能显示活动之间的依赖关系（先后顺序和关键路径）及当前状态。图 6.1-3 所示是甘特图的典型示例（参见关于甘特图特点的注记）。

另一种类型的输出格式是显示关键活动浮动时间及其近期变化的表格。例如，项目负责人可能希望精确知道进度表中的储备时间被关键路径活动消耗的程度，进度表储备时间是否正被消耗或能否保留到最终阶段。这类表格提供了关于进度表储备时间变化率的信息。

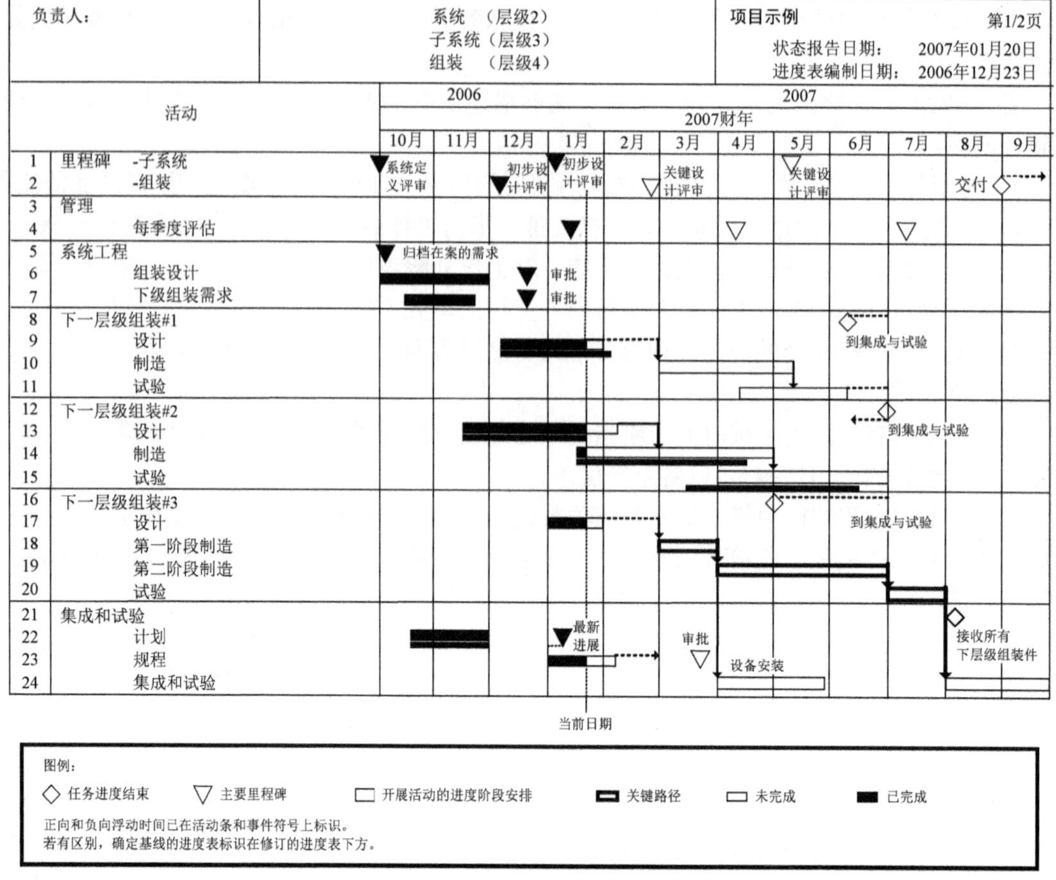

图 6.1-3 甘特图的典型示例

甘特图特点

图 6.1-3 所示的甘特图描绘了下列必要的特征。

- 标题，描述工作分解结构单元，确认项目负责人，并且提供所用进度表控制基线制定日期，状态报告日期。
- 进度表主体中的里程碑部分（第 1 行和第 2 行）。
- 进度表主体中的活动部分。显示的活动数据如下：
  - 工作分解结构中的单元（第 3，5，8，12，16 和 21 行）；
  - 活动（工作分解结构单元的缩进部分）；
  - 当前计划（以粗线条表示）；
  - 设定控制基线的计划（与当前计划一样，如果不同，将以粗线条下方的细线条表示）；
  - 每个活动的松弛量（里程碑之前的水平虚线，第 12 行）；
  - 进度相对控制基线的偏差（当前计划线之后的水平虚线）；
  - 关键路径，在第 18 行至第 21 行显示，影响第 24 行；
  - 报告当前状态的日期线（从图表主体的顶部贯穿底部的竖直虚线）。
- 图例（说明图表中的符号）。

这个甘特图只显示了 24 行，这些行表示的是本工作分解结构单元中当前正在进行的活动概要。在进行项目当前状态报告时，应将报告细节恰当地裁剪为最相关的内容。

6．资源平衡

好的进度安排系统能提供显示各个时刻资源需求的能力，提供进行资源调整的能力，从而使得进度表在随时间变化的资源约束下是可行的。资源可能包括员工队伍水平、资金状况、重要设备等。目标是将浮动的任务开始日期移动到资源状况可行的时刻。如果这样还不够，则需要重新检查资源密集型活动所假设的任务持续时间，并相应更改资源水平。

7．预算编制

预算编制和资源规划包括建立一个合理的项目预算控制基线，形成对由技术方面和/或进度方面变化引起的该控制基线变化的分析能力。应当承认，项目的工作分解结构、控制基线相应进度表和预算是相互依赖的，反映满足项目目的和目标的相关技术内容、时间和费用。预算编制过程需要考虑是否存在一个固定的成本上限或成本计划。当不存在这样的上限或计划时，需要依据工作分解结构和网络化进度表开发一个预算控制基线。其中，需要特别考虑员工和其他资源需求，以及考虑劳动力价格和其他财政及计划性因素的结合来估算成本要素。这些成本要素包括如下内容：

- 直接劳动力成本；
- 间接成本；
- 其他（差旅、数据处理等）直接成本；
- 分包合同成本；
- 材料成本；
- 设备成本；
- 行政和管理成本；
- 资金成本（即可能支付的利息）；
- 薪水（如果需要）；
- 应急开支（不可预计开销）。

如果采用成本上限或固定成本计划方式，就可能有在完成预算和规划流程之前必须满足的更多逻辑控制节点。这里需要认定，工作分解结构和网络化进度表相对于指定的成本上限和/或开支计划是否可行。如果不可行，就可能需要考虑延长项目（通常需要总成本的增加）或降低项目的目标要求、技术需求、系统设计和实施方法的范围。应以降低全寿命周期成本为目标，在领域主题专家的支持下，开展降低成本活动和可负担性分析活动。

如果存在固定成本上限或固定成本计划，在设定成本的控制基线后，控制开支就特别重要了。控制开支的一个重要方面是报告和评估项目开支和进度的现状，相应的方法在6.7节讨论。另一个方面是费用和进度风险规划，例如，开发风险规避和替代策略。在项目顶层，预算编制和资源规划必须确保有充分的应急资金用于应对不可预见的事件。

寿命周期费用估计的成熟度应达到如下程度。

- A前阶段：初始寿命周期费用估算（70%置信水平，显然要考虑较多的不确定性）。
- 阶段A：在关键决策点0/关键决策点B，完成寿命周期费用估算，确定费用和进度的范围。
- 阶段B：批准寿命周期费用估算（在关键决策点I/关键决策点C，费用和进度的联合置信水平达到70%）。
- 阶段C、阶段D和阶段E：对于寿命周期费用估算超过2000万美元的项目，使用挣值管理报告寿命周期费用估算偏差并更新寿命周期费用估算。

如果出现以下情况，费用估算的置信水平就值得怀疑：

- 工作分解结构费用估算仅能用美元而不能用其他独立计价单位表达，对于需要明确的流程和资源，没有给出充分的需求定义。
- 估算的依据中没有包含独立验证工作的充分细节，影响工作范围和成本（及进度）估算的合理性。
- 实际开支与寿命周期费用估算相比有明显不同。
- 开展的工作没有初始规划，导致开支和进度上出现偏差。
- 进度和费用的挣值变化趋势明显表明不容乐观的系统性能。
- 系统运行使用和维护所需的运行使用成本中未包括对人类因素的考虑。

关于费用估算的更多信息，参见《NASA 费用估算手册》和 NPR 7120.5《NASA 空间飞行工程和项目管理要求》。

6.1.1.2.4 准备系统工程管理计划和其他技术工作计划

1．系统工程管理计划

系统工程管理计划是项目主要和顶层的技术管理文件，在规划和论证阶段的早期开发，并且在整个项目寿命周期内持续更新。系统工程管理计划由项目的类型、项目寿命周期的阶段和技术开发风险作为驱动因素，并专门针对每个项目或项目单元制定。系统工程管理计划的推荐内容在附录 J 中讨论，可以根据项目实际情况剪裁。重要的是应记住系统工程管理计划的主要作用体现在工作正按照计划进行中。

在项目整体规划下工作的技术开发团队，根据需要开发并更新系统工程管理计划。技术开发团队与项目负责人一起工作，评审其中内容并取得一致。这样可以针对所设定的技术活动在规划、费用和进度方面如何影响项目进行全面的讨论和协调。系统工程管理计划提供技术开发工作的细节，并且描述需应用哪些技术流程、如何采用适当的活动应用这些流程、如何组织项目来完成这些活动，以及完成这些活动相关的费用和进度。

系统工程管理计划的文本长度并不是重要所在。文本长度随项目均有所不同，计划内容则应适当考虑项目的具体技术需求。系统工程管理计划是一个根据需要不断更新变动的文件，即使在项目实施和运行阶段开发出的新的可用信息也要加入其中。系统工程管理计划不能复制项目的其他文件，但是系统工程管理计划应该引用和概括其他技术规划的内容。

系统工程师和项目负责人应当基于项目的范围和类型明确其他需要的技术工作计划。如果这些计划没有作为内容写入系统工程管理计划，就应该在开发系统工程管理计划时引用和协调。其他如系统安全性、风险概率评估和人因系统集成，同样需要做出计划，并与系统工程管理计划协调。如果一个技术工作计划是独立的，那么它应该在系统工程管理计划中被引用。根据项目的规模和复杂性，这些计划可能是独立的，也可能包含在系统工程管理计划中。一旦确定所需技术工作计划，即可进行相关计划的编制、培训和实施。系统工程管理计划之外的其他技术规划示例在附录 K 中给出。

系统工程管理计划应当在项目规划和论证阶段开发。在此开发过程中，项目寿命周期内的技术途径同时被开发，这决定了项目的持续时间和费用。而同时开发的工程性和技术性管理方法，要求项目核心人员开发并形成针对将要开展的工作和工作各个部分之间关系的共识。关于工作分解结构和网络化进度表的论述，可分别参见 6.1.2.1 节和 6.1.1.2.3 节。系统工程管理计划应反映在项目工作计划中，确保费用、进度和人员等资源的合理分配。

系统工程管理计划的开发需要所有领域工程管理方面和技术开发方面知识渊博的专家的贡献，这些专家的意见可能显著影响项目结果。制定一个项目负责人信任的和保证项目团队能全部投入的系统工程管理计划，离不开知名专家的参与。

2．系统工程管理计划的作用

系统工程管理计划是一份规则书，为所有参与者描述了如何进行项目的技术管理。负责项目的 NASA 技术开发团队应该配有系统工程管理计划，描述团队如何实施技术管理；而每个承包商应该拥有自身的系统工程管理计划，描述如何依照合同和 NASA 的技术管理惯例实施管理。鉴于系统工程管理计划是项目唯一和合同唯一的，它应当在每次发生显著的工程性变更时进行更新；否则，它将变得过时和无用，项目将陷入无法控制的状态。牵头的 NASA 中心应该在准备进行初始费用估算之前开发出系统工程管理计划，因为那些引起开支的活动（如技术风险缩减和考虑人类因素的活动）需要事先确定和描述。承包商应该在项目申请时（确定费用和价格之前）就开发完成系统工程管理计划，描述项目的技术内容、可能的高代价风险管理活动，以及拟采用的确认和验证技术，这些应当包含在项目费用估算的准备工作中。其他参与项目的 NASA 中心应该依据项目主系统工程管理计划同期开发自己的系统工程管理计划。项目系统工程管理计划是项目的高级技术管理文档，所有其他技术工作计划应当服从它。系统工程管理计划应该是个综合计划，描述全局工作将如何被管理和实施。

3．验证计划

验证计划的开发是技术规划流程的一部分，在初步设计评审时确立控制基线。随着产品寿命周期推进中设计方案的成熟，验证计划根据需要更新和细化。准备验证计划的任务包括：根据寿命周期阶段、产品在系统层次结构中的位置、产品的构型、验证单个特定需求的相对成本等，确定实施验证的方法。验证方法包括模拟分析、外观检视、演示验证和产品试验。在某些情况下，对给定需求的完整验证可能需要采用不止一种方法。例如，为了验证产品的性能，可能需要考察多个产品应用用例。这可以通过运行蒙特卡洛仿真分析来实现，也可以通过针对若干关键用例运行真实系统试验来实现。验证计划通常在更为详细的技术层面撰写，在自底向上的产品实现过程中起中枢作用。

试验的类型

可用于目标产品验证的试验类型有许多。以下示例是可以考虑的试验类型：

- 气动力学试验；
- 老化试验；
- 坠落试验；
- 环境试验；
- 高/低压限试验；
- 漏损率试验；
- 预设条件试验；
- 参数试验；
- 压力极限试验；
- 安全检查试验；
- 受热极限试验；
- 验收试验；
- 特性试验；
- 电磁兼容性试验；
- 过载试验；
- 人因工程/人在回路试验；
- 寿命试验/寿命周期试验；
- 非预设条件试验；
- 性能试验；
- 合格检验试验；
- 系统试验；
- 热真空试验；
- 声学试验；
- 组件试验；
- 电磁干扰试验；
- 通过/不通过试验；
- 集成试验；
- 制造缺陷/随机缺陷试验；
- 操作性试验；
- 压力循环试验；
- 结构功能试验；
- 热循环试验；
- 振动试验。

各阶段产品的验证在项目的全寿命周期中递归执行，而这些阶段产品的形式也是各种各样的。例如：

- 仿真产品（算法模型、虚拟现实仿真器）；
- 工程初样（木质样品、硬试样或软试样）；
- 概念描述（纸质报告）；
- 工程试样（实现全部功能却可能有不同的外形或尺寸）；
- 系统原型（外形、尺寸和功能上符合）；
- 设计方案验证试样（外形、尺寸和功能上一致，但不包含飞行部件）；
- 鉴定检验试样（与飞行试样一致，但可能承受极端环境条件）；
- 飞行正样（用于飞行的目标产品，包括飞行正样原型）。

硬件的类型

- **软试样**：用于展示功能的低分辨率试样。对于硬件，不考虑产品形状和尺寸，对于软件，仅考虑软件平台。软试样通常采用商用的或专用的部件，这意味着不会给出关于其运行性能的明确信息。
- **硬试样**：中等分辨率功能试样。通常会采用尽可能多的可实际运行的硬件/软件，用于处理与可实际运行的系统相关的同等尺度的问题。硬试样并非完全体现工程开发上的含义，它通过搭建试样可以在模拟的运行环境中使用，从而能够处理与关键功能相关的性能问题。
- **工程试样**：用于展示可运行使用部件开发过程中涉及的部分关键工程开发过程的高分辨率试样。工程试样试图在其建造和试验中尽最大可能与最终（硬件/软件）产品相似，从而建立设计方案能够在预期环境中正常实现功能的信心。如果能够在对部件和硬件的处理过程中建立起恰当的可追溯性，在某些情况下，工程试样可能会成为最终的产品。
- **原型试样**：原型试样以能够表达最终产品在其运行使用环境中的尺度展示产品的外形、尺寸和功能。原型试样可能是一个缩比尺寸的试验件，能够提供确认解析模型所需的分辨率，预测全尺寸系统在其运行使用环境中的行为。
- **鉴定检验试样**：与真实飞行件在外形、尺寸、功能和部件上相同的试样。在极端环境（如热环境和振动环境等）条件下试验。真实飞行件通常不会在这种非正常强度条件下飞行。
- **飞行试样**：有些项目不开发鉴定试验，而是可能指定一个真实飞行件作为飞行试样，进行有限范围内的鉴定检验。飞行试样需要进行真实飞行。

最终产品的验证，也就是官方为了证明工程/项目满足某项需求而进行的“运行且备案”形式验证，通常在鉴定检验试样、飞行正样或实际飞行产品上进行，确保产品在飞行系统中的可用性。当然，如果经过工程/项目管理团队或系统工程师团队的讨论和审批，验证可以在更低分辨率的试样上进行试验，条件是它们能够在所验证的领域充分展示与实际飞行产品的一致性。

所有类型的产品可能处于以下状态之一：

- 自行生产（建造、制作、制造或编码）的产品；
- 重用的产品（内部早期既有产品改造或现货产品）；
- 组装与集成的（低层级产品组合的）产品。

在进行产品验证之前应该搭建进行产品验证的条件和环境，确定基于相关验证启动条件/成功完成验证评定准则的产品验证计划。可能需要应用决策分析流程帮助确定验证计划的细节。

应当准备基于所计划的验证方法（如定量分析、外观检视、功能演示、产品试验）进行产品验证的技术规程。这些技术规程通常在项目寿命周期的设计阶段开发，并且随着设计方案的成熟而不断成熟。需要认真思索运行使用的场景以便开发出所有可能的验证活动。

验证方法
定量分析 基于计算数据或系统结构低层级目标产品验证所得数据，应用数学建模与分析技术预测产品设计方案对利益相关者期望的匹配程度。在没有产品原型、工程模型或没有完成制造/组装/集成的产品时，通常使用定量分析验证方法。定量分析将建模与仿真作为分析工具。模型是现实系统的数学描述，而仿真是对模型进行的运行控制。定量分析验证可能包括对与现有产品相似度的验证。 **功能演示** 用来展示目标产品的使用能否达到特定的需求。其是证实产品性能的基本方式，与试验的不同之处在于不需要收集详细数据。功能演示验证方法可能涉及物理模型或工程样机的使用，例如，“所有控制装置需要使宇航员可达”的需求，可以通过宇航员在驾驶舱模型或模拟器中执行相关飞行任务来验证。功能演示也可由试飞员这样的高素质人员在目标产品上实际操作，进行单项功能演示验证，证实极端条件下的系统性能，或执行通常不期望宇航员出现的非正常操作。 **外观检视** 对所实现的目标产品做外观检查。通常用来验证产品的物理设计特性或辨识特定制造者。如某项需求是：安全保险销上需要镌刻“发射前移除”黑色字样的红色钢印警示标记；对安全保险销钢印标记做外观检查就可以确定需求是否满足。外观检视验证包括对图纸、文档和其他记录的检视。 **产品试验** 在真实环境中运行使用目标产品并获得所需的详细数据，进而验证产品性能或通过进一步分析为验证性能提供充足的信息。试验可以针对目标产品、软试样、硬试样或系统原型进行。试验在受控的条件下，在离散的时刻点上，针对每个特定需求实施试验活动并产生数据，这是资源最密集的验证方式。正如俗语所云：“像飞行那样试验，像试验那样飞行。”参见5.3.2.5节。

注：对目标产品的决定性官方验证应当针对受控试样。通常，试图在原型系统上“买通”以“需要能……”形式陈述的需求是不可接受的；这种情况往往发生在受控试样的鉴定验证、飞行验证或最终验证中。

编制验证计划得到的结果如下。

- 验证方法已选定，该方法适用于展示和证明已实现的产品能够服从其特定需求。
- 产品验证技术规程已清晰定义，其依据是：
  - 每种选定的验证方法的技术规程；
  - 每个技术规程的目的与目标；
  - 所有验证前和验证后的行动；
  - 判定技术规程执行成功或失败的准则。
- 已经确定执行产品验证技术规程所需要的相关验证环境，包括设施、设备、工具、仿真环境、测量设备、人员及气候条件。

- 在适当情况下，已经基于批准的验证策略对项目的风险内容进行了更新，这是因为考虑到验证策略不能完全覆盖集成试验系统、技术状态和/或设定的运行使用环境。客观依据、权衡空间、优化结果和验证方法的影响已经写进新的或改进的风险陈述中，并作为项目控制基线变更的参考，以利于适应未来的设计、试验和运行使用。

注：验证计划在项目寿命周期早期的需求开发阶段开始着手制定（参见4.2节）。确定使用哪种验证方法应该作为需求开发阶段工作的一部分，规划未来的验证活动，根据验证配套产品的需要建立相应的特殊需求，确保需求陈述是可验证的。验证计划的更新持续贯穿在逻辑分解流程和设计方案开发流程中，特别是当设计方案评审和仿真结果明确显现出需要考虑的事项时（参见6.1节）。

4. 确认计划

确认计划是技术规划流程的工作产品之一，生成于产品设计方案开发流程，作用是根据设定的控制基线确认所实现产品是否满足利益相关者期望。确认计划有多种形式。确认计划描述系统结构从底层到顶层目标产品在开发阶段的整体试验与评价计划，以及描述在产品生产和验收阶段中的运行使用试验与评价计划。验证计划与确认计划也可能会组合成单个文件。验证计划与确认计划的大纲及实例参见本手册附录I。

确认的方法包括产品试验、功能演示、外观检视和定量分析。尽管每个确认方法的名称与验证计划中的方法名称一样，但是它们的目的和意图是不同的。

编制进行产品确认的计划是关键的第一步。在确定使用何种确认方法（如定量分析、功能演示、外观检视、产品试验）时需要考虑以下因素：已实现的目标产品的形式，产品所处的寿命周期阶段，产品相应的成本、进度、可用资源，以及产品在系统结构中所处的位置。

应当确定是否已经建立将要进行确认的需求或行为的集合或子集；应当确定是否已经针对特定的技术规程、约束、成功评判准则或其他将要确认的需求，对相关确认计划（基于设计方案在技术规划流程中的输出）进行评审；应当明确产品进行确认时所处的条件和环境；应当依据产品的相应寿命周期阶段和已经设定的成功评判准则制定确认计划；应当采用决策分析流程辅助最终编制完成确认计划的细节。

重要的是，与各产品对应的利益相关者应共同评审确认计划，并理解产品确认时与实际运行使用（有人参与）时所处应用环境和背景条件之间的关联。作为技术规划流程的一部分，应确定进行确认所需的配套产品，并着手进度安排和采办工作安排。

应根据规划的确认类型（如定量分析、功能演示、外观检视、产品试验）准备进行产品确认的技术规程。这些技术规程通常在项目寿命周期的设计阶段开发并伴随设计进展而不断成熟。需要明确运行使用案例和场景，以便开发所有可能需要实施的确认活动。

确认活动由用户/运行使用人员或开发商实施，具体由NASA中心指令文件或与开发商签订的合同确定。系统级产品的确认（如客户进行试验与评价和其他类型的确认）可以由产品采办方的试验团队进行。对于由开发商进行确认的那部分产品，应当通过协商达成适当协议，确保确认活动证明文档能够与已实现的产品共同交付。

所有已实现的目标产品，不论来源（通过购买、制造、重用、组装或集成获得）及其在系统结构中的位置都应当进行确认，以证实其满足利益相关者期望。在确认中发现的偏差、异常、需求不符等情况应当及时解决，并且与解决这些异常问题的纠错行动一起归档。通常情况下，应当在设定的运行使用环境中或在模拟真实运行条件的关联环境中进行产品确认，而不必像产品验证流程那样在严格受控条件下进行。

确认方法
定量分析 使用数学建模和解析方法，基于计算数据或来自系统结构较低层级的目标产品验证数据，预测产品设计方案对利益相关者期望的匹配程度。通常，在产品原型、工程模型或制造/组装/集成的产品尚不存在或皆不可用时使用定量分析方法。定量分析方法包括使用建模与仿真作为解析工具。模型是对真实系统的数学表达。仿真是对模型的运行控制。 **功能演示** 通过对目标产品的使用，展示其已经达到了在目标要求和运行使用构想中明确的利益相关者的期望。功能演示通常是对最基础行为能力的认证；与产品试验不同，它不需要搜集详细数据。功能演示可能涉及物理模型或物理样机的使用，例如，期望飞行员能够在低光照条件下看清控制面板，可以通过飞行员在模拟驾驶舱或飞行模拟器上以相同的条件执行飞行任务来进行确认。 **外观检视** 对已实现的目标产品进行外观检查。外观检视通常用来确认产品的物理设计特性或用来辨识特定制造商。例如，如果期望在安全保险销上有一个镌刻着黑色“发射前移除”字样的红色警示钢印标记，对安全保险销钢印标记的外观检查就可以确定需求是否得到满足。 **产品试验** 通过对目标产品的使用而获得所需的详细数据，确定产品的行为规律，或为进一步分析确定产品行为规律提供充足的信息。试验可以在最终的交付产品上进行，也可以在软试样、硬试样或产品原型上进行。试验在受控条件下、在离散的时刻点上，针对特定的期望实施并产生数据，这是最耗费资源的确认方式。

环　境
关联环境 关联环境下，不需要所有的系统、子系统和部件都参与到运行使用环境下的实际运行中，也能够满意地达到系统性能与利益相关者的期望相匹配。由此可知，关联环境是系统运行使用环境的特定子集，该环境需要能够在运行使用环境中展示最终产品可能处于风险的关键方面。 **运行使用环境** 该环境是最终产品需要运行使用的环境。对于空间飞行的硬件和软件来说，该环境就是太空。对于不需要直接进行空间飞行的地基系统和空基系统来说，该环境由运行使用的范围确定。对于软件来说，该环境就是操作系统平台。

针对各种各样的产品形式，阶段产品的确认可以在项目全寿命周期中递归执行，产品形式包括：

- 仿真产品（算法模型、虚拟现实仿真器）；
- 工程初样（木质样品、硬试样、软试样）；
- 概念描述（纸质报告）；
- 工程试样（具备功能，但外形和尺寸可能不同）；
- 系统原型（外形、尺寸和功能上符合）；

- 设计方案确认用试样（外形、尺寸和功能可能完全相同，但不具备飞行功能）；
- 鉴定检验试样（与飞行试样一致，但可能要承受极端的环境条件）；
- 飞行试样（能够飞行的目标产品）。

以上所有类型产品可能处于如下状态之一：

- 自行生产（构造、制作、制造、编码）的产品；
- 重用的产品（内部早期产品改造或现货产品）；
- 组装或集成的产品（低层级产品的组合）。

注：对目标产品的官方最终正式确认应当针对可控试样进行。试图以基于产品原型的运行使用构想为依据进行最终确认不可接受；通常应在经过鉴定试验验证的、可飞行的正规可控的试样上完成确认。

确认计划所产生的成果包括如下内容：

- 确认方法已经确定，该方法基于已实现目标产品的形式，适合证实已实现的目标产品满足利益相关者的期望。
- 产品确认技术规程已清晰定义，其依据如下：
  - 每种选定的确认方法所需要的技术规程；
  - 每项技术规程步骤的目标与目的；
  - 试验前与试验后所采取的行动；
  - 确定技术规程成功或失败的评判准则。
- 实施确认技术规程所需的环境（包括设施、设备、工具、仿真、测量装置、人员和运行使用条件）已经定义。

注：在制定确认计划时，应该充分考虑进行确认试验的范围。在许多实例中，要综合利用常规的运行使用场景与非常规的运行使用场景。通过非常规的试验，可以加强对整体性能特征的把握，并且常常可以辅助辨识设计方案中的问题，确定在人机接口、训练和技术规程方面所需做出的变更，以满足使命任务目的和目标。在制定确认计划时，非常规的试验与常规的试验都应该包括在内。

5．集成计划

集成计划通过以下工作获取系统自身内部的交互作用和与环境的交互作用：

- 明确系统接口；
- 确立系统环境（在某些工程中，环境可以分别定义为自然环境和诱导环境，两类环境单独形成的文档由集成计划引用）；
- 明确组织管理关系的接口；
- 确定需要进行的关键系统分析；
- 定义试验策略（在某些工程中，试验可能写入单独的试验计划中，并由集成计划引用）；
- 确定组装和集成计划（在某些工程中，可以分别形成单独的组装计划和集成计划，组装计划应由集成计划引用）。

终止计划确定保证实现系统退役和/或处置所必需的关键活动和系统特征（派生需求）。终止计划的准备包括如下主要步骤：

- 明确外部的依赖关系和影响关系；
- 明确系统内部子系统的交互作用及系统与环境的交互作用；

- 确定集成的组织管理和信息流；
- 确定（热力、流体、电子、机械、数据、逻辑、人因等形式的）接口；
- 确定组装、试验和维护方面的功能及接口；
- 确立集成计划；
- 确定并归档系统终止的途径、方法和流程。

（1）进行系统分析

通过分析系统设计方案和系统的运行使用，确立所集成系统的功能特性和性能特性。在分析中需要考虑系统中的交互作用，包括子系统之间的交互作用及系统与环境的交互作用，还可以包括外部系统交互作用（如在对接时，运输飞船对国际空间站的依赖性），并且包括系统内部和外部接口。当选定的技术状态向下层配定时，可能会生成派生需求。获取的派生需求应该作为4.2节中讨论的技术需求的一部分。

- 确定并实施（如在可控性、负载、质量余量、功率、数据带宽、飞行测量、开发进展度量、系统效能方面）系统分析；
- 在已定义的所有接口上确保接口的匹配性；
- 针对非预期的系统交互作用的结果，明确故障管理响应措施；
- 确保可运行使用系统的升级不会诱发意外的交互作用。

（2）确立并管理组织间的交互作用

组织结构会影响集成活动的协调程度、影响信息在系统设计和/或运行使用两个阶段之间的共享方式。这种结构应该可以调整，以便系统的开发和/或运行使用及信息流更加有效，从而能安排处理潜在的组织盲点和信息瓶颈。

（3）确立试验、组装和维护方面的功能

需要确定那些能够支持系统试验、组装和维护的派生需求。这些需求包括试验夹具、地面保障设备、制造工具和固定装置，以及包括维护功能和访问权。这些所需功能的计划应编入集成计划，或编制单独的试验计划、组装和集成计划及维护计划并归档。

- 为系统与环境的交互作用定义系统试验和试验目标；
- 确定为固化系统模型所必需的系统试验；
- 定义系统装配顺序和可访问性；
- 定义系统维护功能和可访问性。

6.1.1.2.5 获得利益相关者对技术工作计划的认同

1. 项目规划中利益相关者的作用

为了获得利益相关者对技术工作计划的认同，技术团队应该保证相应的利益相关者（包括本领域的专家）能够针对其利益的实现提出看法，并且有办法评审项目工作计划能否实现利益相关者的利益。

在规划和论证阶段，利益相关者的作用应该在项目工作计划和系统工程管理计划之中明确规定。这些计划的评审和利益相关者对计划中内容的认同构成利益相关者在技术方法方面的实际控制权。明确利益相关者，获取他们对技术途径的赞同是根本。

在此之后的寿命周期阶段中，利益相关者便可能需要对项目中需交付的产品负责。达成关于利益相关者责任的初步协议是确保项目技术团队获取利益相关者审批结论的关键。

2．在需求开发活动中利益相关者的参与

明确利益相关者是系统工程流程中的一个早期步骤。随着项目的进展，利益相关者的期望伴随逻辑分解流程向下细化，这样便为所有主要的和派生的需求明确了所对应的利益相关者。明确利益相关者如何参与工作是技术需求开发流程的关键内容之一。随着需求和运行使用构想的开发，需要得到利益相关者对这些产品的认同。若不能恰当安排利益相关者参与，将可能导致不合适的需求，并且可能导致产品不能达到利益相关者的期望。相应利益相关者的参与状况应该被追踪，如果利益相关者没有按照计划参与，则应该采取行动予以改正。

3．利益相关者协议

在项目寿命周期全过程中，需要根据达成的协议完成与利益相关者的交流并获得利益相关者的认同。工程项目组织可以使用一个内部任务协议、一个谅解备忘录，或者其他类似文档来确立项目和利益相关者之间的关系。这些协议还可以用来记录相关客户和供应商在确定待交付产品时应当担负的责任。这些协议应该确立效能指标（MOE）或性能指标（MOP），效能指标和性能指标被用来监控工程项目活动的进展。对项目报告制度的要求和对项目进度的要求都应该在这些协议中确立。准备好这些协议将能确保利益相关者在支持项目目标方面的作用和责任，并且能使项目有办法处理所辨识出的风险和问题。

4．利益相关者对讨论机制的支持

在项目工作计划和系统工程管理计划的开发过程中，建立专门的讨论机制，便于项目寿命周期内的交流和记录相关决议。这些讨论机制包括会议、工作小组、决策专家组和控制委员会。采用这些讨论机制的任何一个，应该确立一个纲领来定义所讨论的范围和管辖权，并且确定必要的有投票权和无投票权参与者。在处理特别议题时，如果需要专门知识和特定利益相关者的意见，则需要确定特别参与者。重要的是要确保已经确定的利益相关者对讨论机制的支持。

6.1.1.2.6 发布技术工作指导书

技术团队应将项目技术工作指导书提供给成本核算负责人，这样能够使项目成本核算负责人准备详细的计划，保证与其他工作计划相互一致并共同开展所有相关工作。需准备的计划中包括详细的进度安排和需要进行费用管理和挣值管理的成本预算。

当需要明确某个经过详细规划的控制基线时，发布技术工作指导书成为项目阶段 B 的一项重要活动。如果这个活动没有进行，则项目成本核算负责人将缺乏足够的依据来进行详细规划。这时挣值管理需要的进度和预算安排便只能基于假设和项目顶级信息的局部解释。如果真是这种情况，将很有可能在控制基线计划和已开展工作之间产生重大差异。为项目成本核算负责人提供技术工作指导书能够形成更加组织化的技术团队。如果需要重新制定项目工作计划，这项活动也要重复进行。

技术工作指导书发布流程的产品是：（1）提供给项目成本核算负责人的项目技术工作指导书；（2）项目成本核算负责人据此制定的一系列财务计划；（3）如果采用挣值管理，产品还有挣值管理计划控制基线，包括计划的技术工作成本预算。

这项活动不限于系统工程。只要对精确规划的控制基线有需求，这项活动就是项目工作计划的一个正常部分。

1．技术工作指导书的内容

针对工作分解结构中每个系统工程单元的成本核算，技术团队为成本核算负责人提供技术工作指导书。指导书的内容可以采用任何格式，但应能对每个成本核算项清晰交流以下信息：

- 期望的技术产品；
- 每个成本核算项的相关文档和技术报告要求；
- 关键事件和为支持该事件所期待的来自成本核算负责人的特定产品（如期待某个特别的成本核算负责人在初步设计评审中针对特定议题做汇报演示）；
- 对可用要求、政策和标准的引用；
- 鉴别需使用的特定工具；
- 在启动项目管理之前，对技术团队打算如何协调和评审成本审核计划的说明；
- 关于工作应该如何开展和由谁来实施所做出的决策。

2．成本核算计划

成本核算负责人在项目技术指导书及项目规划指导书的基础上，准备成本核算计划。这些计划可以采用任何格式，并且可以在不同的 NASA 中心使用不同名字，但是至少应该包括以下内容。

（1）成本核算的范围，包括如下内容：

① 交付的技术产品的成本；

② 系统运行使用和维护所需的人力计价成本；

③ 为完成可交付产品而需要开发的其他产品（如可能需要开发技术状态管理系统，以便交付“管理中的技术状态”这件产品）；

④ 关于技术规程的简要描述，按照这个技术规程可完成相关产品的工作，例如：

- 产品 X 将在组织内部准备，使用本单位技术规程 A，该技术规程在组织 ABC 中普遍使用；
- 产品 X 将按以下方式验证/确认……
- 产品 X 将按以下方式交付到项目……
- 产品 X 的交付将包含以下报告（如交付到项目的技术状态管理系统可能包括技术状态现状的常规报告等）；
- 产品 Y 将按照采购技术规程 B 购置。

（2）一个附属于该计划的进度表，采用与项目进度指南相适应的格式。这个进度表应当包含上文中提到的每个技术规程和可交付产品，并且为每个技术规程的活动步骤提供额外信息。

（3）一个附属于该计划的预算，采用与项目预算指南相适应的体制。这个预算与完成进度安排的活动所需资源相一致。

（4）任何必要的协议和审批手续。

3．项目工作包

如果项目预备使用挣值管理，则成本核算的范围内需要进一步确定为大量的“项目工作包”，这些项目工作包由能够安排进度和估算费用的工作单元组成。项目工作包的确定应该最大限度地基于完整的产品，也可以基于完整（如已完成确认）的技术规程。每个项目工作包都有自身的进度和预算。项目工作包的预算将成为挣值管理系统中工作计划预算的一部分。当工作单元完成时，项目挣值将据此增加。在成本核算中可能还有一些未来工作，这些工作还不足以定义为一组项目工作包。例如，发射和运行使用需要得到技术团队的支持，但是在阶段 B 关于“将要做什么”的细节经常还没有制定出来。在这种情况下，这些未来的工作又称为规划细目，规划细目拥有高层进度表和全局预算。当其中的工作能被更好地了解时，规划细目将分解成工作包，从而使挣值管理系统能够在发射和运行使用阶段继续启动执行。

4．成本核算计划的评审和审批

成本核算计划应该经过技术团队的评审，并且经过成本核算负责人所在组织中产品系列管理者的评审和认可。计划指南中可以明确额外的评审和审批需求。

以上描述的规划流程不限于系统工程。对空间飞行项目而言，这是所有单元应该实施的流程。系统工程师在规划中可能起到的作用是，证实在成本核算计划描述的项目中各项工作的范围与项目工作分解结构字典相符，并且这个工作分解结构字典与项目的架构相符。

6.1.1.2.7　获取技术规划工作产品

技术规划流程的工作产品应该根据需要，或者使用技术数据管理流程进行管理，还可以使用技术状态管理流程进行管理。技术规划中一些更为重要的产品（如工作分解结构、系统工程管理计划和进度表）都在技术状态管理控制之下，并且通过技术状态管理流程获取。技术数据管理流程被用来获取没有在技术状态管理正式控制下的权衡研究、成本估算、技术分析结果，以及项目进展报告和其他重要文件。诸如会议记录和包含与利益相关者之间决策及协议的信函（包括电子邮件）类的工作产品，应当保留并存入项目档案以备将来引用。

6.1.1.3　流程的输出

技术规划流程活动的典型输出包括如下内容。

- **技术工作成本估算，进度表和资源需求：** 如属于项目资源内的资金、劳动力、设施和（项目所用）设备。
- **产品和流程度量指标：**（用于技术评估流程）评估技术工作进展和流程效率所需要的度量指标。
- **系统工程管理计划和其他技术工作计划：** 支持技术工作实施的技术规划策略、工作分解结构、系统工程管理计划、人因系统集成计划、验证与确认计划，以及其他技术工作计划（适用于所有流程，以及技术流程的可用计划）。
- **技术工作指令：** 如具有（对相应的技术团队）工作授权的项目工作包或任务指令。
- **技术规划流程工作产品：** 用来提供流程活动的报告、记录和中间结果（输出到技术数据管理流程）。

最终得到的技术规划策略应形成系统工程管理计划的一个轮廓或草图。这作为初始准备工作完成之后整个技术规划流程的起点。当技术规划的准备工作完成后，技术团队应该得到一个技术规划工作的费用预算和进度安排表。预算和进度安排表能够支撑所明确的技术规划工作，可以作为与项目负责人商谈的内容，在需要什么和可用什么的差异之间寻求解决方案。需要设定系统工程管理计划的控制基线，并且需要开发和实施基于工程性变更的系统工程管理计划的更新计划。系统工程管理计划需要得到适当层级权威部门的认可。

6.1.2　技术规划指南

6.1.2.1　工作分解结构

项目管理和系统工程学科的共同之处是，在一个系统化和结构化的框架下，在系统寿命周期全过程中，需要对系统进行管理和组织；系统化和结构化框架反映与费用、进度、技术和风险等方面相关的应当开展的工作，以及需要积累、总结和报告的数据（参见 NPR 7120.5）。

这个框架的关键部分是面向产品的层次化工作分解结构（WBS）。工作分解结构来自物理架构和系统架构，提供系统化的逻辑方法来定义和解释初始使命任务目标和技术概念，将它们转化为明确的项目目标、系统产品及其相应寿命周期保障功能或辅助功能。

如果能够构建具有适当结构的，并且能与合理的工程原理结合使用的工作分解结构，便能够提供一个公共框架，用于将整个项目分解成具有明确定义的、面向产品的工作组件，并按相关层级、进度和责任进行逻辑关联和排序。

基于产品的工作分解结构是支持开展如下工作的组织结构：

- 项目及技术工作的规划和进度安排。
- 成本估算和预算编制（特别是在基于产品的工作分解结构中，可以通过与历史数据比较来确定所考虑的费用。这是 DOD 工作分解结构标准的主要目标）。
- 确定外包合同约定工作规范和任务说明的范围。
- 报告项目当前状态，包括进度、费用、劳动力、技术性能，以及集成成本/进度数据（如项目挣值和项目完成时估算成本）。
- 制定计划（如系统工程管理计划）和其他文档产品（如技术规格说明书和相关图纸）。

工作分解结构提供了一个支持以连贯方式描述整个项目和集成信息的逻辑轮廓及词汇表。如果在工作分解结构中的某个单元增加了进度，通过观察能够确定工作分解结构中其他单元中哪些最有可能被影响。费用影响也能够更精确地估计。如果工作分解结构中的单元存在设计变更，则通过观察能够确定工作分解结构中哪些其他单元最有可能被影响，并针对这些单元明确潜在有害影响。

本节给出开发工作分解结构的若干技术，并且指出其中需要避免的错误。

6.1.2.1.1 开发工作分解结构的技术

工作分解结构的层次结构和所需的分解详细程度由项目管理团队和技术团队确定，其依据是对项目的规模和与技术工作相关的复杂性、约束、风险进行的仔细考虑。初始工作分解结构将为工程/项目提供结构框架，支持工程/项目目标的概念化和明确定义，以及支持将初始概念转化为待开发、生产和采购的主要系统、组件产品和服务。随着逐层细节被确定，工作分解结构的层次结构将形成综合和完整的视图，反映项目的全部工作，并且反映在项目的全寿命周期过程中需实现的每个系统或目标产品中。

一个成功的基于产品的项目工作分解结构能够展示可交付产品的层次划分和相关服务，开发这样的结构可能需要在项目寿命周期内进行若干次反复迭代，因为实际的工作范围在最初阶段可能并不是很清晰。

1．产品分解结构

在开发初步工作分解结构之前，应该先部分开发系统架构，直到能够生成初步的产品分解结构（PBS）。

随后可以自顶向下逐层级开发产品分解结构和相应的工作分解结构，包括系统顶层的指定主产品，以及位于逐渐降低层级的系统、部段、子系统等。在最低层级是诸如硬件、软件、信息（文档、数据库等）形式的产品，以及了解这些产品的工程师或负责人。

在这个方法中，项目顶层系统工程师最终确定项目顶层的产品分解结构，并且给出较低层级的产品分解结构草图。通过为相关低层级添加适当的（如组织管理和系统工程）服务，而得到工作分解结构。这个流程循环反复，直到在成本核算期望达到的层级上开发出相应的工作分解结构。

另一个方法是在设计活动中定义完整产品分解结构的所有层级，然后开发完整的工作分解结构。在采用这个方法时，需要极度小心地开发产品分解结构，这样才能保证包含所有产品并保证所有组装/集成和验证分枝是正确的。建议那些负责较低层级工作分解结构单元的人员参与开发。

层次结构中的分支节点应能显示产品分解结构单元是如何集成的。工作分解结构由产品分解结构及在产品分解结构每个分支点上加入所有必要的（组织管理、系统工程、集成和验证、综合后勤保障）服务单元构建而成。如果有多个工作分解结构单元需要类似的设备或软件（如系统保障设备），则可能需要在系统顶层定义和明确一个较高层级工作分解结构单元，实施对所需设备的大宗采购或开发活动。图 6.1-4 显示了系统、系统的产品分解结构和工作分解结构之间的关系。

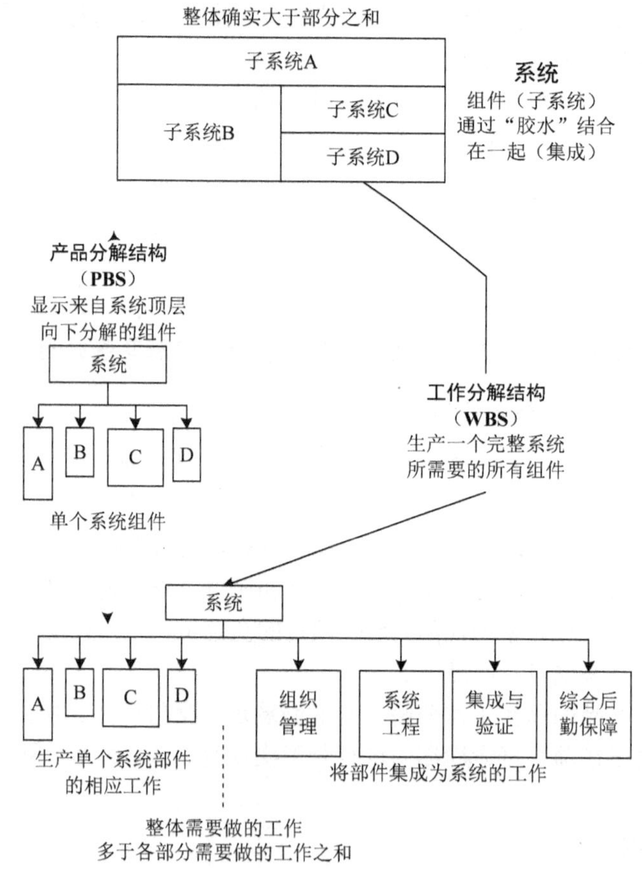

图 6.1-4　系统、系统的产品分解结构和工作分解结构之间的关系

项目工作分解结构应该分解到与管理风险相对应的成本核算层。成本核算对应的细化程度由管理层对费用能见度的期望程度确定，根据成本的规划和报告进行权衡。

2．外包产品的工作分解结构

承包商可能需要有一个外包产品工作分解结构，与其控制成本的需求相适应。承包商工作分解结构的全集构成外包产品的概要工作分解结构，通常包含在项目工作分解结构中，用于向发包组织报告开支情况。工作分解结构单元应该以标题和系统序号标识，执行如下功能：

- 确定工作分解结构单元的层级；
- 确定将要集成该单元的高层级工作分解结构单元；
- 给出该单元的成本核算编号。

3．工作分解结构字典

每个工作分解结构应该拥有一个与之配套的工作分解结构字典，其中包含每个单元的名称、标识号、单元目标、单元描述，以及与工作分解结构中所有其他单元相关联的依存关系（如可接受性）。这个字典提供了一个结构化的项目描述，有益于引导项目成员和其他利益相关团体。字典全面描述了工作分解结构中每个单元期待的产品和服务。

6.1.2.1.2 开发工作分解结构过程中的常见错误

在工作分解结构的开发中，有三种常见错误。

- **错误** 1：工作分解结构描述功能，而不是描述产品。这使得项目负责人成为唯一对产品正式负责的人。
- **错误** 2：工作分解结构的部分分支节点与相应工作分解结构单元的集成方式不相容。例如，在一个分布式体系结构的飞行操控系统中，通常软件及相关硬件产品需要在工作分解结构的相对较低层级进行集成和验证。如果将软件和硬件分别视为在系统顶层集成的独立系统，将是不合适的。这可能导致在集成工作中难以指定责任，并且难以对系统部件集成和试验费用进行确认。
- **错误** 3：工作分解结构与产品分解结构不一致。这可能导致产品分解结构不能完整地实现，并且通常造成管理过程复杂化。

图 6.1-5 所示是这些错误的部分例子。每个错误都将使得工作分解结构在项目规划和组织中无法充分发挥作用。通过使用前面描述的工作分解结构开发技术可以避免这些错误。

6.1.2.1.3 工作分解结构演化

将主要的可交付产品分解为独特而明确的产品或服务单元，这项工作应当持续进行，逐层分解，直到该层级能够展现出工作分解结构中每个单元如何被规划和管理。不管是分派给内部组织还是承包商，较低层级工作分解结构单元将被分解为附属的任务和活动，并聚集成项目工作包和成本核算项，构成项目的费用计划、进度安排和性能指标。

工作分解结构至少应该反映将要开发和采购的主要系统产品和服务、辅助（支撑）产品和服务，以及任何位于结构低层的高开支和/或高风险产品单元[IEEE STD 1220-2005]。工作分解结构控制基线将作为项目规划的一部分归档，并用于编制系统工程管理计划。费用估算和工作分解结构字典的维护贯穿项目的全寿命周期，反映项目的当前工作范围。

工程/项目有三个关键文档，即规划论证审批文档、工程议定协议和工程/项目工作计划，准备这些文档并获得批准对早期的工作分解结构开发工作起着显著的作用。这些文档的初始内容能够为论证中的工程确立意图、范围、目标和相应的协议，并且列出经批准的项目、控制计划、管理方法，以及所有已经明确的约定和约束。随着产品设计方案的不断成熟，工作分解结构将会扩展和更新，并能够覆盖附加的工作内容。

技术团队选择合适的系统设计流程，并应用到系统结构中自顶向下的每个产品定义中。项目的拆分和系统架构分解为更小且更易管理的组件，为评估整个项目的完成情况和度量开支及进度情况提供了支撑性逻辑要点。

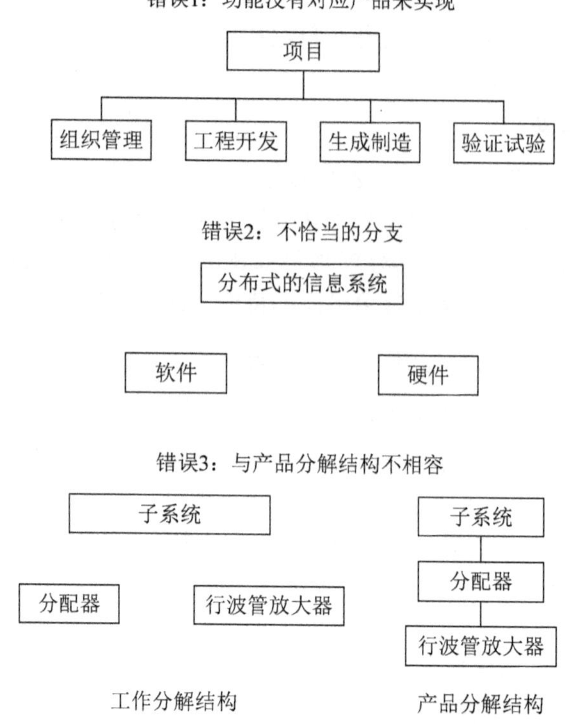

图 6.1-5　工作分解结构开发中的错误示例

一旦初始使命任务目标和目的演化成为可建造系统或最终设计方案，工作分解结构将被细化和更新，反映项目在工作范围和系统架构方面的进展，并且反映系统结构中自底向上每个产品的实现途径。

在寿命周期的适当阶段，工作分解结构和工作分解结构字典也将被更新，反映项目的当前工作范围并确保对高风险和费用/进度效果问题的控制。

技术团队将会收到来自项目管理办公室的规划指南。技术团队应该向项目管理办公室报告对系统工程工作分解结构单元做出的相应剪裁或扩展，并且在发布技术工作指令性任务之前保证工作分解结构和工作分解结构字典在项目顶层是一致的。

关于工作分解结构的更多信息，可以参考NASA/SP-2010-3404《NASA工作分解结构手册》。

系统工作分解结构的层级

针对所有类型的工程/项目都需要形成工作分解结构，NPR 7120.5 规定了 NASA 空间飞行项目第 2 层级标准的工作分解结构。按照要求工程/项目都将采用此标准，并在技术团队的帮助下将其扩展到较低层级。工作分解结构规定的层级反映了 NASA 机构主要项目的范围。因此，工作分解结构需要涵盖在项目正常寿命周期内不止一个大型系统的开发、运行使用和处置。

NASA 空间飞行项目的工作分解结构层级包括高层系统产品（如有效载荷、空间飞行器和地面系统），以及高层配套产品和服务（如项目管理、系统工程和教育培训）。这些标准化产品单元已经确立，并能够促进 NASA 机构的核算、采办和报告系统的适用度。

> 构建技术性工作分解结构关注目标产品整体的开发和实现，并且关注在整个系统结构中作为低层级单元的每个子产品的开发和实现。
>
> NPR7123.1《NASA 系统工程流程和要求》为系统或目标产品的开发和实现指定了标准化和系统化的技术方法。使用模块构建方法或产品层次分析方法，系统架构被逐层定义并分解成子系统（执行系统运行使用功能的单元）和相互关联的子单元（装配件、组件、部件及寿命周期配套产品）。
>
> 得到的层次结构或产品树能够描述产品分解结构中的整个系统架构。作为政府和工业界认可的“最佳实践经验”，产品分解结构方法的利用及其与模块构建方法的搭配促进了 NPR7123.1 的 17 个通用技术流程在产品分解结构所有层级中的应用，也促进了系统层次结构中较低层级单元的逐层定义和实现。
>
> 产品分解结构的结构化定义和应用带来了一系列功能子产品或“子级”工作分解结构模型。整个系统工作分解结构模型基于这些产品子单元工作分解结构模型逐层累积实现。
>
> 每个工作分解结构模型在全局系统技术状态中代表唯一单元或功能性目标产品，并且在将产品分解结构关联到单个模型所在层级时，代表一个功能目标产品或“父级”工作分解结构模型。
>
> （参见 NPR7120.5《NASA 空间飞行工程和项目管理要求》）

6.1.2.2 费用定义和建模

本小节论述费用在系统工程流程中的作用，包括对其如何度量、如何控制，以及如何进行估算。合理的开支并对其做出估算在系统工程中极为重要，体现了系统工程的首要目标：以效益最佳的方式实现系统的目标。每个备选方案的费用应该是系统工程流程中进行权衡研究时最为重要的输出变量之一。

因此，费用估算的作用一个是帮助在备选方案中做出理性选择，另一个是在项目寿命周期中作为控制机制。用于项目寿命周期评审的费用指标是非常重要的，可用于确定系统目的和目标是否依然有效和能否完成，以及用于确定系统约束和边界是否值得维护。这些度量指标在确定系统目的和目标是否已经适当地分解到各个子系统时同样很有用处。

随着产品在其寿命周期中逐渐成熟，成本估算也应该愈加成熟。在每次审核时，都需要做出费用估算，并且与完成项目可能开支的资金进行比较。应特别注意早期评审中做出的费用估算，因为它们通常构成项目向 NASA 管理层和诸如（美国）政府行政事务与预算管理办公室和国会等外部利益相关方提交初始成本承诺时的相关基础。系统工程师应该能够在项目或独立费用估算工具的支持下，为项目负责人提供实际的费用估算。这里强烈建议系统工程师列出支持 NASA 机构成本估算组织的名单。NASA 总部的费用分析部门可以为每个 NASA 中心提供这些组织的联系方式。如果不进行费用估算，可能会发生费用超支，整个系统内部和外部的开发流程可信度都将受到威胁。

6.1.2.2.1 寿命周期费用和其他费用指标

为了在系统分析和系统工程中合理估算费用，有许多问题需要考虑处理。其中包括如下问题：

- 应该计算哪些费用？
- 在不同时间发生的费用应该如何处理？
- 若费用不能简单以货币单位度量，应该如何处理？

6.1.2.2.2　应当计算的费用

对备选方案费用最全面的度量指标是全寿命周期费用。根据 NPR 7120.5，给出系统全寿命周期费用的如下定义：

“在项目的设计、开发、验证、生产、部署、执行核心使命任务、维护、保障和废弃处置（包括项目终止，但不包含运行使用延期）期间，直接和非直接发生的费用、重复和非重复出现的费用，以及其他已发生或估计将发生的相关费用的总和。项目或系统的全寿命周期费用还可以定义为，覆盖项目或系统的规划和论证阶段（不包括 A 前阶段）到实现和运用阶段（不包括运行使用延期）整个寿命周期的全部费用。全寿命周期费用包括运载火箭的费用。”

费用可以是货币形式，也可以是可转换为货币价格的行动（如培训时间、宇航员操作和维护飞船时间、系统后勤保障等）。

6.1.2.2.3　随时间变化而发生的费用

寿命周期费用是整个项目在寿命周期中通常发生的费用组合，包括采办费用和运行使用费用。运行使用费用通常具有基数并多次发生（每年或每次），因而可能是长期性工程高成本的主要贡献者。尽量降低运行使用费用将对降低全寿命周期费用产生较大的影响。

为了便于在工程开发时对系统费用进行权衡和比较，那些按年度计算的实际开支通常被折算为固定年度价格，或以某年度的货币价格做定常基准进行估算。这样排除了所有估算中通货膨胀的影响，并且可以直接进行备选方案比较。

在那些主要进行投资组合架构权衡分析的实例中，可能需要实施正式的成本收益分析（有时也被称为“贴现现金流量分析”或“净现值分析”），或者进行外包方案、采购方案的评估。在这些权衡过程中，工程师和费用分析人员应该遵从政府预算管理办公室第 A-94 号通告中给出的关于备选方案比较中回报率和挣值的计算指南。

6.1.2.2.4　难以度量的费用

在某些具体情况下，费用估算会遇到特殊问题。这些对于 NASA 系统并不独特的特殊问题通常发生在两个方面：一是备选方案在尽量减少人员损失方面存在差异的情况；二是存在外部效应的情况。例如，某些系统发射引起的污染和空间碎片的产生，便是因外部效应而被迫增加费用的两个例子。因为这些资源消耗无法用货币衡量，通常被称为无法衡量的费用。在权衡分析中处理这类费用不是忽略它，而是像其他费用一样对其保持跟踪。如果这些要素是权衡空间的一部分，建议应用前面提到的 A-94 号通告中的方法进行权衡。

6.1.2.2.5　控制寿命周期费用

项目负责人/系统工程师应能确保寿命周期费用的概率估算与 NASA 的预算和战略重点相协调。目前的政策是由项目提交一份预算，能够充分保证在计划资源限制内实现目标的概率达到 70%（参见 6.1.2.2.8 节，联合置信水平）。项目负责人和系统工程师应当确立在项目每个阶段估算、评估、监测和控制项目寿命周期费用的流程。

系统工程流程中的早期决策总是对系统寿命周期费用影响最大。通常情况下，在选定满意的系统架构时，50%～70%的系统寿命周期费用已经确定下来（参见图 2.5-3）。到初步系统设计方案选定时，固化的费用比例可能已经高达 90%。这意味着在完成系统初步设计之后，只能进行极小的设计方案修改而不会对成本产生重大影响。对于主持这个选择过程的系统工程师来说，这是其必须面临的主要难题。就在最为关键的决策时刻，关于备选方案的信息最不确定。费用的不确定性是系统工程必须面对的事实，这个不确定性应当通过对项目风险进行完整和细心的分析，通过为保证项目成功预留足够的（费用、技术和进度）余量来适应。有许多估算技术可以帮助系统工程师和项目负责人处理不确定性和未知需求。关于这些技术的更多信息参见《NASA 费用估算手册》。

上述讨论表明，在项目寿命周期早期（A 前阶段、阶段 A 和阶段 B），针对每个备选方案寿命周期费用，努力获取更高价值的信息有可能获得潜在的高回报。系统工程师需要辨识主要的寿命周期费用影响因素，以及与系统设计、制造、运行使用相关的风险。因此，在系统工程流程早期引入横向关联的专业工程知识（如可靠性、维修性、保障性和运用工程）并借助于学科领域专家，对这样的系统是非常重要的，因为其中具备的知识是恰当估算寿命周期费用的基础。

控制寿命周期费用的机制之一是确立寿命周期费用管理计划，作为项目管理的一部分（寿命周期费用管理有时又称为“寿命周期费用设计”)。这个管理计划将寿命周期费用确立为设计目标，可能以采办费用或使用和保障费用作为子目标。更为具体的，寿命周期费用管理计划的目标如下：

- 明确用于寿命周期费用估算的公共基本规则和假设。
- 对费用控制基线进行管理，依序归档记录费用的变化，维护对技术控制基线的可追溯性。
- 确保采用最优方法/工具/模型进行寿命周期费用分析。
- 在整个项目寿命周期过程中使用挣值管理技术跟踪寿命周期费用估算（NASA 总部成本分析部门和首席工程师办公室可以提供获取每个 NASA 中心挣值管理专业知识的联系方式)。
- 最重要的是，通过运用权衡研究和正式变更申请评估，将寿命周期费用影响因素集成到设计和开发流程中。

权衡研究和正式变更申请评估能够为平衡系统的效能和寿命周期费用提供方法手段。将寿命周期费用影响因素集成到设计和开发流程中，其复杂性不可低估，但通过度量费效比而进行系统方案评价的好处同样也不可低估。潜在而丰富的寿命周期费用权衡空间的存在，将使得这个复杂程度加大。本手册的 2.5 节、2.6 节和 7.9 节特别强调了在处理系统运行使用和系统维护中的人为因素时，采用权衡分析进行寿命周期费用评估的重要性。在设计和开发过程中，不应将功能和效率的主因推给运行使用人员/维护人员，应该做的是通过权衡研究对近期费用节约与寿命周期费用增长进行评估。

6.1.2.2.6 *费用估算方法*

在工程的寿命周期内可以使用多种费用估算方法。这些方法包括参数法、类比法和（底层）工程方法。

（1）参数法：参数费用模型在项目开发的早期阶段使用，那时只有有限的工程和技术定义被明确。该模型涉及以足够详细的程度采集相关历史数据，并且通过使用数学技巧生成费用估算关系式，将历史数据与待估算的领域联系起来。通常这种方法与其他方法相比需要较少的细节。

（2）类比法：这种方法的基础是，多数新工程源自既有工程或从既有工程演变而来，或现有组件的重新简单组合。该方法采用相近的正在进行或已经完成工程的实际费用，针对复杂性及技术上或物理上的差异进行调整，从而得到新系统的费用估算。这种方法在缺少实际费用数据作为详细计算基础，但是有足够数量的工程和技术定义时使用。

（3）（底层）工程方法：这种方法将工作分解结构中描述的每个组织所开展工作的费用估算自底向上累积得到估算结果。如果恰当实施，基于底层估算可以得到非常精确的结果；但是当遇到多种选择问题时，就需要重复估算。任何假设变化至少使部分原有估算无效。因为得到底层估算的过程通常密集消耗时间和劳动力，所以在权衡研究中这种估算的可用次数是非常有限的。

费用估算方法的类型选择取决于工程定义的准确性、估算要求的详细程度、数据的可用性和时间约束。例如，在工程的早期阶段，概念探索研究中考虑的若干选项可能需要采用的估算方法暂不要求实际费用数据，且仅限于要求工程给出需进行估算系统的定义。这时参数法模型可能是一个不错的选择。一旦设计方案的控制基线已确定，并且工程定义更加完整，类比法可能比较适用。如果有了累积的详细实际费用数据，就可以使用底层工程方法。当然，每个项目可以在寿命周期的任何阶段使用这些成本估算工具中的任何一个或任意组合。

关于费用估算方法和费用估算研究的更多信息可以参考《NASA 费用估算手册》。

6.1.2.2.7 完整寿命周期费用估算的综合费用模型

有许多参数费用模型可用于计算 NASA 系统的成本。当前可用的典型模型可以在《NASA 费用估算手册》的附录中找到，或联系 NASA 总部成本分析部门获取。遗憾的是，没有哪一个模型能够单独使用便可充分估算寿命周期费用。汇总寿命周期费用常常需要结合使用这些不同的模型（及另外两种方法）。不管是由参数模型、类比估算或工程方法中的哪种产生的，硬件单元的费用估算必须经常“包装”系统管理、系统工程、试验等相关费用或利用因子化来估算这些相关费用。同样应考虑单独使用 NASA 的总体费用因子，但是应用总体费用因子可能很复杂。例如，如果部分工作被安排在 NASA 内部执行，并且单独估算费用，另一部分工作是以合同形式外包，而所用费用估算的模型或数据是基于以往以合同形式完成所有工作的项目，那么可能会导致费用重复计算，因为模型所估算的是总费用，模型并不知道有部分工作是由 NASA 内部完成的。如果估算中使用的模型或数据所依据的以往项目中，部分由 NASA 内部完成的工作实际上是外包完成的，则可能会出现相反效果的计算错误。在这种情况下，仅使用模型或数据来估算成本可能会错误地忽略先前内部完成工作的费用。NASA 总部成本分析部门应就总体费用估算的调整提供指导。为了集成采用不同模型估算的费用，系统工程师应该确保各类模型的输入和前提假设是一致的，确保模型覆盖寿命周期费用所有相关部分，以及确保费用阶段划分的正确。来源不同且需要合并的费用估算常常以不同的年度定价货币表示。为了制定预算，应适当考虑通货膨胀因素，使得总体寿命周期费用的估算模型能够用当前年度货币值构建。关于新项目的通货膨胀率和在建项目预算提案的通货膨胀率计算指南可以参考《NASA 年度战略指导书》。此外，NASA 总部成本分析部门负责维护一个通货膨胀表，可用于将费用转换为所需的任何（“年度美元”）价格水平。

费用模型通常根据硬件产品的首件样品产生费用估算，而当项目需要多件硬件产品时，可以应用首件产品的学习曲线获得所需的多件费用估算。学习曲线的基本概念是，随着生产的硬件总数增长，生产每个新硬件所需要的资源量则会下降。学习曲线的概念主要用于需要高度重复和密集劳动的不间断制造和组装任务。应用学习曲线的大前提是每次产品数量翻倍时，生产产品所需要的资源（工作时间）相对于前期资源需求量将减少一个确定比例。学习曲线有两种类型，分别是单件曲线和累积平均曲线。系统工程师可以在《NASA 费用估算手册》中参考到更多关于学习曲线计算和应用的内容。

这些模型通常给出系统采办总工作量的费用估算，而不提供在寿命周期中各个分段的费用估算。在项目的详细进度表无法作为构建工作分段的基础时，系统工程师如果需要采用一组分段的算法，则可以依据此类项目采办费用在前期递增和后期递减的典型趋势。正态分布曲线或贝塔分布曲线是用来有效描述费用估算参数化散布的函数，也适合于描述产品研制合同在初始阶段费用缓慢累积且到接近合同执行中点时迅速增加的情况。贝塔分布曲线以时间百分比为横轴，以费用百分比为纵轴，描绘两个时间点之间费用的变化。关于贝塔分布曲线的更多内容参见《NASA 费用估算手册》的附录。如果费用估算是作为联合置信水平分析的一部分实施的，则可以使用项目进度安排软件工具（如 Microsoft Project，Primavera 等）将费用作为资源加载，然后在符合项目进度安排的条件下进行分段（参见 6.1.1.2 节和 6.1.2.2.8 节）。

尽管已经有了可用于空间系统的参数费用模型，但是还需要花费相当大的气力学习如何合理地使用这样的模型。对于项目来说，在已有费用模型范畴之外，可能还需要新的费用模型来支持权衡研究。开发新模型的工作应该在项目寿命周期的早期进行，以保证能够在系统工程流程中及时应用。同样，在此建议系统工程师争取 NASA 机构成本估算组织和 NASA 总部成本分析部门的协助。不管是使用已有的模型还是新建立的模型，系统工程管理计划和相关的寿命周期费用管理计划应该明确在项目寿命周期的每个阶段使用哪个模型和如何使用。

6.1.2.2.8 联合置信水平

1．什么是联合置信水平

NASA 项目成本分析中有一项相对较新的举措，这就是采用联合置信水平进行估算。联合置信水平（JCL）是对成本和进度的综合不确定性分析（联合置信水平流程概要图见图 6.1-6）。联合置信水平的分析结果表明项目成本等于或小于目标成本且项目进度等于或小于计划进度目标的概率。

联合置信水平的4个关键输入

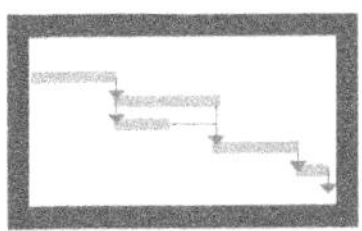

进度表
网络化进度表中的活动是联合置信度分析的基础。

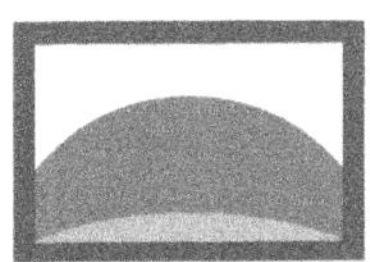

费用
项目中每个单元的费用数据与进度表相关，并映射到活动之中。

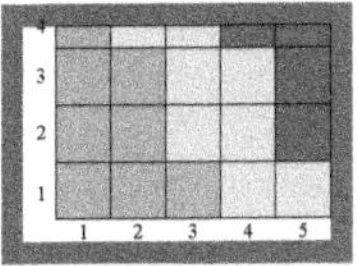

风险
联合置信水平中包含已知风险的单项列表，包括发生的可能性及其影响。

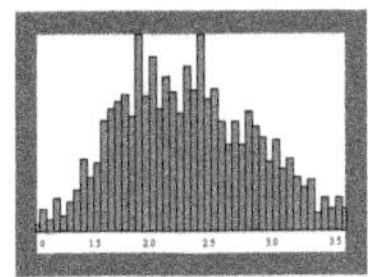

不确定性
费用和持续时间的不确定性可用于获取额外的未知风险。

联合置信水平流程概览

1. 开发一个概要分析计划安排
构建相关活动的逻辑网络，运用概要分析计划可显著改善流程。

2. 在计划安排的活动上加载费用
将费用映射到计划安排的活动上，费用数据可以依据工作分解结构进行汇总。

3. 列出风险清单
量化风险发生的可能性及其影响，将风险映射到相应活动上。

4. 进行不确定性分析
在计划安排和费用汇总中考虑不确定性。

5. 进行计算并考察计算结果
分析散点图，进行敏感度分析，改善模型。

图 6.1-6 联合置信水平流程概要图

2．为什么进行联合置信水平分析

联合置信水平分析通过系统地整合技术数据、成本数据、进度数据和风险数据，提供项目实现成本目标和进度目标能力的全面整体情况。作为集成框架，联合置信水平可以显示风险对项目的影响，并突出显示成本和进度之间的关系。在预算有限的情况下，这种关系可能非常重要。完整的联合置信水平分析还可以促进明确利益相关者期望及满足这些期望的可能性。

3．什么时候需要进行联合置信水平分析

NASA 要求所有预算超过 2.5 亿美元的项目在关键决策点 C 完成联合置信水平分析并提交分析结果。然而，项目应在进行项目可能置信范围估计同时开始规划其联合置信水平。在规划和论证阶段，特别是对于关键决策点 B，NASA 要求工程和项目提供成本和进度估算的概率区间分析结论，然后使用该分析结论确定成本和进度表估计值的高界和低界。学术界已经确定了两种备选方法来进行风险评估和产生相关结果：（1）费用和进度的完整参数估计；（2）综合的联合置信水平分析。在关键决策点 B 上进行联合置信水平分析不是必须的，因为项目通常没有可用于支持深度联合置信水平分析的详细计划，并且在设计流程中的关键决策点 B 进行概率区间估计这项需求旨在“约束”问题。对进度和费用进行参数估计，需要利用 NASA 机构的历史数据和实用效果，并给出参数范围和可能性的有价值估计。

4．联合置信水平的基本运用原理

项目中使用计算联合置信水平的流程，将项目成本、进度和风险整合到单个模型中，可以对实现给定费用目标和进度目标的置信水平进行概率评估。

NASA 策略中，控制基线获得批准后，就不再需要项目维护用于计算联合置信水平的工具和材料，但是 NASA 机构确实会利用各种绩效指标来评估项目对其工作计划的执行情况。如果这些度量指标显示项目的绩效与其工作计划有很大差异，则项目可能需要重新制定计划；而根据 NASA 机构策略，在重新设定项目控制基线时，联合置信水平仅需再次计算而不需要重新建立模型。作为管理工具，联合置信水平分析可以辅助提出有价值的见解。不管怎样，NASA 机构唯一要求进行联合置信水平分析的就是关键决策点 C。

5．理解联合置信水平散点图

联合置信水平散点图是一个标准的平面坐标图表，其中 X 轴表示进度，Y 轴表示费用（参见图 6.1-7）。联合置信水平的计算基于费用和进度值落入目标区域中的数量，用该数量在散点图上占所有仿真结果的百分比表示。建立费用目标和进度目标（虚线表示）将散点图划分为两个区域。一个区域包含等于或小于目标的结果（以白色显示），另一个区域包含超出目标的结果（以深色显示）。沿着浅灰色点绘出的边缘线代表满足某个所需联合置信水平的所有仿真结果。仿真结果中可能有多个点符合联合置信水平目标。每个浅灰色的点都能建立新的足够大的满足期望联合置信水平的目标区域。

6.1.2.2.9　权衡研究：性能、费用、进度和风险之间的平衡

权衡研究是可负担性分析流程的核心，它们面对的解决方案通常在一个多维的权衡空间中，权衡空间以费用要素和若干个性能参数为界。权衡研究技术指南和流程描述，可参见第 6.8.2.1 节。图 6.1-8 描绘了一个简化的二维权衡空间，图中两条点画线的交汇点对应备选的设计方案。在需要显示多个因素（包括费用、性能、进度和风险）的相互作用时，可以代之以多维权衡空间。从费用角度看，权衡空间最左侧的解决方案（数据点）似乎是具有吸引力的备选

方案，但这些方案甚至可能无法满足性能要求的门限值（最低要求）。同样，最右边的数据点可能代表超过成本限定值的备选方案，虽然此时能够超出性能要求，但可能性能要求是不合理的。

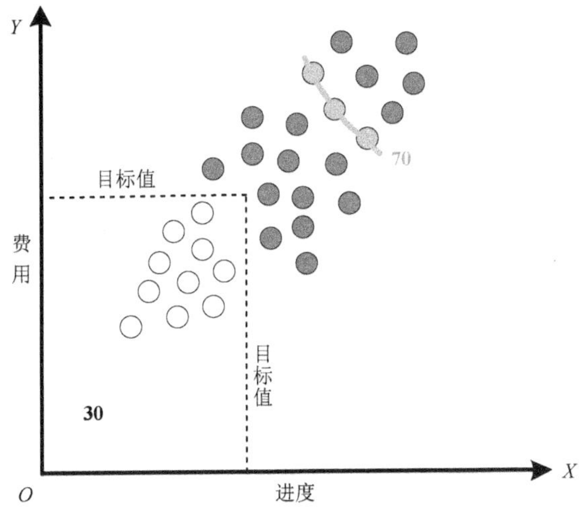

图 6.1-7　简化的联合置信水平散点图

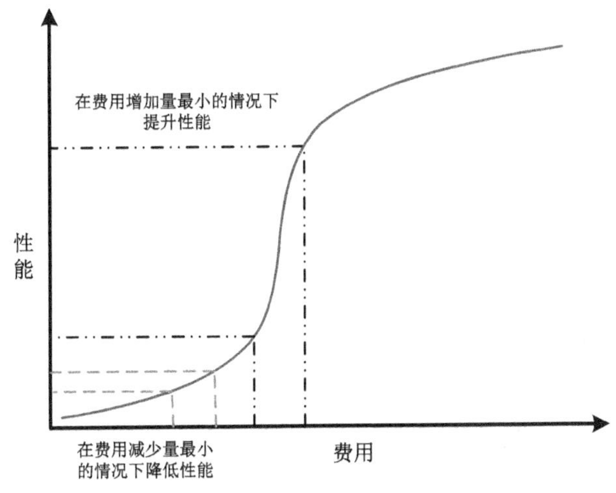

图 6.1-8　费用-性能权衡图

关于针对性能的权衡研究的更多信息，可参见 6.8.2.1 节。

6.1.2.3　经验教训总结

如果不对项目的相关经验教训进行有效的总结和整合，技术规划指南的内容就不完整。

6.1.2.3.1　经验教训总结中系统工程师的作用

系统工程师是系统经验教训总结的主要使用者和贡献者之一。经验教训是通过实践得到的知识和理解，不论是成功的试验或使命任务，还是出现意外或失败皆如此。系统工程师编制经验教训总结，可以作为历史文档、需求依据，也可以辅助其他数据分析。系统工程专业人员收集源自工程和项目工作计划、关键决策点、寿命周期阶段、系统工程流程和技术评审的经验教训。系统工程师的职责包括通晓如何利用、管理、创建和保存已总结的经验教训，具备进行知识管理的实践经验。

6.1.2.3.2 利用最佳实践案例的经验教训

经验教训对于未来的工程、项目和流程非常重要，因为它代表了对前期项目和流程的深刻理解及总结出的前提条件。专业人员可以决定前期流程和任务的经验教训对当前项目有什么样的影响和风险，同时可以应用所总结的经验教训改进当前项目的设计和实效。

为了在启动项目或任务时便吸取经验教训，需要做到如下几点：

- 对于新的工程或项目，使用利益相关的关键字查询 NASA 经验教训信息系统资料库。另外，做类似工作的其他组织可能将经验教训资料库对公众开放。例如，化学安全委员会就保存和提供一系列事故案例研究报告。
- 各工程学科专业的支撑性经验应该反映在工程和项目的工作计划中。即使仅发现极少的信息，也要记录查找经验教训的过程。
- 按照主题和/或学科，编制系统全寿命周期（包括运行使用）的经验教训资料。
- 指标体系作为组成部分应包含在经验教训之中。
- 评审和选择在特殊经验教训中获得的知识。
- 确定获取的经验教训是否有可能代表当前工程或项目的潜在风险。
- 将获得的知识融入项目资料库，用于风险管理、费用估算和任何其他辅助数据分析。

例如，一个正在构思空间飞行器仪器概念的系统工程师可能会使用关键字“环境”“事故”或“技术状态管理”查询经验教训资料库。如此可能查询到一个编号为#1514 的经验教训，来自 Chandra 工程①。该工程在 1992 年进行控制基线调整时移除了两个仪器，将 Chandra 从近地轨道变更为高椭圆轨道，同时简化了温度控制概念，通过某些仪器的降准，将原先必需的主动温度控制简化为被动的偏冷表面辅以加热器。这个温度控制概念的变更指定采用镀银特氟龙温度控制表面。教训就是如此导致了严苛的空间飞行器充电和静电释放环境。根据资料，这个事件需要极具挑战的静电释放试验和电路保护工作，花费超过一百万美元。特氟龙温度控制表面加上高椭圆轨道造成未考虑到的静电问题，说明针对一个环境的设计方案在另一个环境中并不一定适合。得到的经验是任何轨道修正应该触发一个新的从需求定义开始的完整系统工程流程迭代过程。在做出新的设计决策之前，重新调整工程控制基线应该考虑自然环境的变化。当正在进行的工程中控制基线发生变更时，这些经验将很有价值，应牢记在心。

6.1.2.3.3 最佳实践案例经验教训的管理

经验的获取和良好的管理实践与专业知识密切相关。经验教训经常被忽略，因为它们本应却没有在寿命周期各阶段内及各阶段之间开发和管理。有一个趋势是一直等到问题解决后方归档记录经验教训，但是最初问题如何出现才是真正有价值的信息，并且难以重现。当问题出现时记录下经验教训是非常重要的，特别是直到后续阶段才找到解决方案的时候。鉴于经验教训的细节难以从人的记忆中恢复，等到技术评审或项目结束再收集经验教训，可能会阻碍经验的使用和教训的积累。在问题发生时便开始采用管理和利用经验教训的机制，如每

---

① Chandra 在古印度语中是“月亮”“月光”的意思。Chandra X 射线深空望远镜在 1999 年 7 月 23 日由美国“哥伦比亚”号航天飞机送入太空。

月简要总结经验教训或定期进行经验分享研讨，能促进将经验教训融入实践并将其带入下一个阶段。

在寿命周期的每个阶段结束时，专业人员应该使用系统工程流程和规程化的任务作为控制节点提示开展此项工作。为了顺利进入下一个阶段、流程或任务，应当管理所有通过控制节点的信息。

系统工程专业人员应该确保所有现阶段获得的经验教训是简明的，并且是确凿的。确凿的经验教训包含一系列能够触发其他事件和总结出经验教训的事件。判断不清的经验教训可以放到下一阶段等待适当的支撑证据。项目负责人和项目技术团队应该确定在寿命周期所有阶段、主要系统工程流程、关键决策点和技术评审结束时所获得的经验教训是否应记录归档到NASA资料库中。关于经验教训总结流程的更多信息，可参见NPD 7120.6《工程和项目的知识管理政策》。

6.2 需求管理流程

需求管理活动适用于对所有需求，包括利益相关者的期望、客户的需求、自顶向下分配直到底层产品组件的技术产品需求（下文中通称为期望或需求）进行管理。这些需求涵盖物理功能需求和运行使用需求，包括所研究系统在与其他实体和环境交互作用时因出现问题而引出的需求。需求管理流程的作用包括如下内容：

- 在整个工作分解结构的各个层级上对需求进行开发、控制、分解、分配；
- 保证需求的双向可追溯性；
- 在系统产品全寿命周期中，对所建立的需求控制基线的变更进行管理。

定义

- **可追溯性：** 在两个或更多的逻辑实体（诸如需求、系统单元、验证或任务）之间的可辨识的关联关系。
- **双向可追溯性：** 追踪各种给定需求/期望与其上一层级需求/期望及分配到下一层级需求/期望之间关联关系的能力。

6.2.1 流程描述

图6.2-1所示是需求管理流程的典型框图，图中给出了进行需求管理时需要考虑的典型输入、活动及输出。

6.2.1.1 流程的输入

需求管理流程的基本输入包括如下内容。

- **需要进行管理的期望与需求：** 在系统设计流程中明确的需求及利益相关者的期望。该项输入主要来自利益相关者期望开发流程与技术需求开发流程。
- **需求变更请求：** 需求管理流程应当准备处理各类需求变更请求。这种变更可能出现在项目寿命周期的任何时刻，可能是来自作为技术评估流程一部分的评审与评价结果。
- **技术性能指标评估/评价结果：** 来自技术评估流程的技术性能指标评估/评价的结果。该项输入可以对设计方案是否满足选定的关键技术参数需求给出早期预警。产品性能相对于期望值的偏差可能导致需求的变更。

- **产品验证和产品确认结果**：来自产品验证和产品确认流程的产品验证和产品确认结果。该结果直接映射到含有验证与确认所有需求目标的需求数据库中。

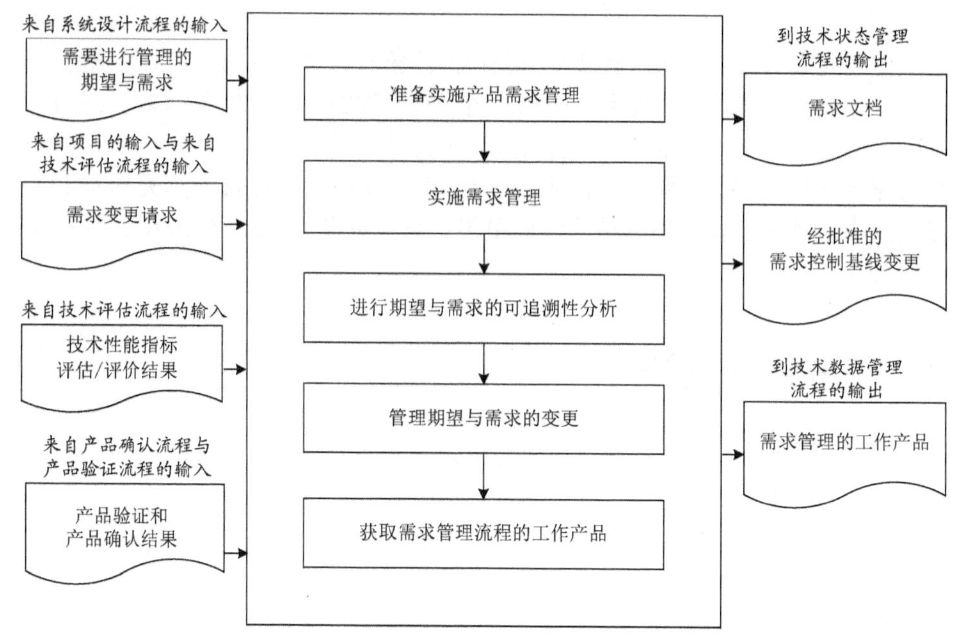

图 6.2-1　需求管理流程的典型框图

6.2.1.2　流程中的活动

6.2.1.2.1　为进行需求管理做好准备

需求管理的准备工作包括搜集在技术需求开发流程中明确并设定控制基线的需求。每项需求的来源/所有者的身份应进行检查核对。应当建立实施需求管理的相关组织（如变更管理委员会）并制定相关技术规程。

6.2.1.2.2　进行需求管理

需求管理流程的作用是，在产品的全寿命周期中对所有针对期望与需求控制基线的变更进行管理；保持在利益相关者期望、客户需求、技术产品需求、产品组件需求、设计文档、试验计划和技术规程之间的双向可追溯性。成功的需求管理包括如下关键活动：

- 建立用于实施需求管理的计划；
- 从系统设计流程获得各项需求，并将这些需求组织成层次化树状结构；
- 在需求之间维持双向可追溯性；
- 在项目全寿命周期中，针对需求控制基线的所有变更请求做出评价，变更请求经过变更管理委员会批准后才能实施；
- 维护系统需求、运行使用构想和架构/设计方案之间的一致性，并着手采取消除不一致性的纠错行动。

6.2.1.2.3 进行期望和需求的可追溯性分析

在归档记录每一项需求的同时，应当归档记录其双向可追溯性。对每一项需求，应当能够回溯其控制基线文档中的高层需求/期望和“源”需求/期望，或确定其“自源性”并寻求自源性需求与更高层级需求源的一致性。自源性需求可以是源自局部认为是成熟的实践经验而采纳的需求，也可以是在执行逻辑分解流程与设计方案开发流程的活动中做出设计决策时所产生的需求。

如有可能，需求应当进行独立评价，以确保需求追溯关系的正确性，并确保这种关系已经完全表达高层需求。如果被评价的需求做不到这点，需要补充其他需求来完整对接高层需求，这些需求都应放入可追溯性矩阵中。此外应确保所有备案的顶层需求已经分配至较低层级的需求中。如果出现某项需求没有高层需求而又不属于可接受的自源性需求，那么只能或假设可追溯性的实施过程存在缺陷而需重新进行，或者假设此需求是一个“画蛇添足”的需求而应剔除。各层级之间的需求冗余应当清除。如果需求只是在较低层级上的简单重复，且不是外部强加的约束，则可能不是来源于较高层级的需求。需求的可追溯性通常以需求矩阵的形式或通过需求建模的形式记录。

6.2.1.2.4 管理期望和需求的变更

在项目早期的阶段 A，随着初步确定的需求和约束逐步成熟，它们可能会发生变更。对每项变更进行充分的评估十分重要，如此可以确定变更对费用、进度、架构、设计、接口、运行使用构想及较高层级/较低层级需求的影响。进行功能分析和敏感性分析可以确保需求切合实际并公平分配。严苛的需求验证与确认流程将确保需求能够得到满足且符合使命任务目标。所有需求变更应当经历评审和审批环节，以维持需求变更的可追溯性并确保其对系统所有部件的影响能得到完全评估。

在项目阶段 A 的后期，一旦经过系统需求评审流程完成对需求的确认和评审，需求即被置于正式技术状态控制之下。在此之后，任何需求变更都应当经过技术状态控制委员会或相应机构的批准。系统工程师、项目负责人及其他关键工程师通常会参与技术状态控制委员会的审批流程，评估需求变更对成本、性能、工程性及安全性方面造成的影响。

在项目阶段 B 和阶段 C，需求变更很有可能对项目费用和进度产生重大不利影响，因而仔细评估这些已接近后期的变更，充分了解它们在费用进度和技术方面对设计方案的影响，就显得更加重要。

技术团队还应确保能够及时地以适当的方式与相关人员交流经批准的新需求。每一个项目都应该完整建立追踪和传递最新项目信息的机制。关于技术状态管理更详细的信息可以参见本手册的 6.5 节。

6.2.1.2.5 需求管理的关键问题

1．需求变更

需求变更的有效管理需要流程化，流程的作用是在变更被批准与实施之前，评估所提出的变更可能带来的影响。通常，这需要通过应用技术状态管理流程来实现。为了使技术状态管理流程能够实现此功能，应当记录归档技术状态控制基线，并采用适当工具评估变更对控制基线的影响。用于分析变更可能带来影响的典型工具如下所述。

- **性能余量清单**：这个工具是系统关键性能余量及其当前余量状态的列表清单。例如，推进剂有效余量将参照完成使命任务所必需的推进剂总量，提供必要的可用推进剂余量。应当评估需求变更对有效余量的影响。

- **技术状态管理专题评估人员名单**：这份人员名单由项目管理办公室确定，目的是确保由合适的人员评估需求变更和变更产生的影响。所有需求变更应按顺序送到相应的人员手中，确保变更的所有影响皆能被辨识出。这份人员名单需要定时更新。
- **风险分析工具与威胁清单**：风险分析工具可以用来辨识项目的风险及风险可能在成本、进度、技术方面造成的危害。控制基线的变更可能影响风险辨识的结果和发生的可能性，或给项目带来新的风险。威胁清单通常用来明确项目所有风险造成的相关费用损失。可以采用项目储备方式来降低相关风险的影响。根据威胁清单分析确定相应需求及可用储备，有助于确定储备使用的优先顺序。

管理需求变更的流程需要考虑在变更管理过程中发布所做出决策的相关信息。在技术状态管理流程实施过程中，应当就需求变更的决策与对决策有影响的组织进行沟通。在审批变更的相关委员会会议上，全套变更文件资料中应包含对更新文件资料行动的描述；应该对更新文件资料的行动进行追踪，以确保对决策有影响的文档资料能够及时更新。

2．需求渐增

“需求渐增”是用于描述项目活动实施过程中需求不断出现细微增加变化的术语。随着项目活动的开展，需求集合的规模呈现出持续增长的趋势，这种趋势导致系统比原先预期的更加昂贵和复杂。通常来说，这种变更并不是有意为之，并且从表面来看，这些变更似乎的确使系统性能得到提升。

然而，在技术需求开发流程实施过程中，某些需求的渐增可能包含实际上并不存在的新需求，而且事先无法做出预测。这些新需求是演化的结果，并且如果需要构建的系统是逐渐明确的，这些需求便不能被忽略。

避免或尽量减少需求渐增现象可以采用如下几项技巧：

- 第一条防线是在与客户及利益相关者充分讨论并获得同意的基础上，构建一个好的运行使用构想。
- 在需求开发阶段的早期，列出各种可能已经注意到而未被陈述的需求，以及未察觉的，甚至难以想象的需求。
- 建立严格的需求变更评审流程，来作为技术状态管理流程的一部分。
- 为递交变更申请设立官方渠道。这将明确谁（例如，合同指定的代表、项目技术负责人、客户团队/科研团队的牵头人、用户等）有权力生成变更请求并能够将其正式提交给技术状态控制委员会。
- 针对每项需求变更请求，度量其在功能方面产生的影响并评估变更对系统其他部分的影响。将这些影响与变更未被批准时的后果进行差异比较。如果不批准这些变更会有哪些风险。
- 确定所提出的变更能否在财务及技术资源预算内被容纳。如果在已确定的资源余量内不能满足变更的需求，则变更就很有可能被拒绝。

6.2.1.2.6　*获取流程工作产品*

这些产品包括整理需求管理流程活动并形成报告所用的信息，涉及的内容有采取变更行动的合理依据、变更活动的部署和实施、当前需求的合规状况、利益相关者期望和需求控制基线。

6.2.1.3 流程的输出

需求管理活动的典型输出包括如下内容。

- **需求文档**：在需求控制基线确定后，需求文档将被提交至技术状态管理流程。这些文档的官方控制版本通常在项目选定的需求管理工具中以电子文档格式保存和维护。在这种情况下，需求文档能够关联到需求矩阵中，而需求矩阵则包含所有的需求可追溯关系。
- **经批准的需求控制基线变更**：在仔细评估需求变更对整个产品或整个系统可能带来的所有影响之后，这些需求控制基线变更获得批准，并作为技术状态管理流程的输出发布。即使是单个变更也可能会产生深远的连锁影响，从而可能导致在大量文档中的相应需求发生变更。
- **需求管理流程的多种工作产品**：需求管理工作产品包括所有的报告、记录，以及需求管理流程实施中不需要提交的结果。例如，需求的双向可追溯性的当前状况便可以作为工作产品，应用在验证与确认报告中。

6.2.2 需求管理指南

6.2.2.1 需求管理计划

技术团队应该为执行需求管理活动准备相应的计划。该计划通常是系统工程管理计划的一部分但又相对独立。需求管理计划应该具备如下几个特点：

- 明确参与到需求管理流程中的直接利益相关者（如那些可能影响产品及流程，或被产品及流程影响的利益相关者）。
- 为执行需求管理技术规程与活动提供进度表。
- 为开展需求管理活动分配责任、进行授权，并且安排适当的资源，开发需求管理的工作产品，提供在需求管理活动中定义的需求管理服务（如工作人员、需求管理数据库工具等）。为所有的需求管理工作产品定义其技术状态管理级别/数据管理级别。
- 确定针对执行需求管理活动的人员需要进行的培训。

6.2.2.2 需求管理工具

对于小型项目或产品而言，通常可以使用电子表格程序进行需求管理，但是对于较大的工程和项目，则可能需要使用更有效的需求管理工具。

在进行需求管理工具选择的时候，为了确定在需求管理数据库工具中如何组织需求及工具如何使用，明确给定项目的技术规程非常重要。依据现代需求管理工具，完全有可能创建一个需求管理数据库，能够根据技术团队的特定需要，以多种方式对需求数据进行分类和存储。数据库的组织并不是一件琐碎的工作，其重要意义在于项目寿命周期中如何看待需求数据。重要的是，通过良好地组织数据库可以获得技术团队可能需要的所有视角的需求信息。应当仔细考虑需求和双向可追溯性的层次结构分解应如何在数据库中描述。

成熟的需求管理数据库工具还能够自带需求矩阵，有能力获取矩阵中大量的需求属性，如获取需求可追溯性的关联关系和需求分配的关联关系。对于在需求矩阵中的每一项需求而言，需求验证的方法、层级、阶段等信息可以归档记录在需求管理数据库工具的验证需求矩阵中，需求管理数据库工具可以适配于各类需求验证的方法、层级、阶段的相关属性。此外，确保需求管理数据库工具与为项目所选择的验证和确认工具之间的兼容性也是非常重要的。

6.3 接口管理流程

接口的定义、管理与控制对于工程或项目的成功至关重要。接口管理是在工作被分解到不同团体（如政府部门、承包商、分布在不同地域的技术团队等）的情况下，辅助对产品开发进行控制的流程，也是在需要互操作的产品之间定义和维护一致性的流程。

这里需要开展的工作或任务包括有效管理不同层级产品的内部与外部接口，以及为了保证实现产品的集成，对运行使用人员需要完成的任务进行管理。需要完成的基本任务包括如下内容：

- 定义接口。
- 明确（物理的、电子的、机械的、人因的等）接口特征。
- 通过运用经项目审批并以正式文件明确的流程，确保系统中定义的所有接口的兼容性。
- 在设计、建造和运行使用等过程中严格控制所有接口处理流程。
- 明确等待组装与等待集成的（来自产品交付流程的）低层级产品。
- 明确能够展示正在集成的产品完整技术状态的组装图纸或其他文档资料，包括部件清单、组装说明书（如紧固件的扭矩需求）。
- 明确目标产品、设计方案中指定的需求（技术规格）和技术状态文档，以便获取可用的系统工作分解结构模型和接口规范；模型和规范采用适当的形式，满足（来自技术状态管理流程的）产品寿命周期阶段成功评判准则。
- 明确产品集成的配套产品（来自已有资源或配套产品实现后的产品交付流程）。

6.3.1 流程描述

图 6.3-1 所示是接口管理流程的典型框图，图中给出了进行接口管理需要考虑的典型输入、输出及活动。

6.3.1.1 流程的输入

进行接口管理需要考虑并掌握的典型输入包括如下内容。

- **接口需求**：包括内部和外部的功能接口需求、物理接口需求和性能接口需求，接口需求的开发是产品技术需求开发流程的一部分。
- **接口变更请求**：这些变更包括产生自工程或项目协议的变更，包括作为技术评估流程组成部分的来自技术团队内部的变更请求。

其他可能需要用到的输入包括如下内容。

- **系统描述**：系统描述支持对系统设计方案的探索与检查，从而能确定系统接口存在的位置。安排给承包商完成的产品同样需要指定接口位置。
- **系统边界**：已经记录存档的系统物理边界、系统组件和/或子系统，这些能够引导确定接口所在的位置。
- **组织结构**：决定哪个组织结构对应于规定的接口，特别是当需要在系统共享接口参数方面达成一致时。工程和项目的工作分解结构也提供组织之间的接口边界。

- **管理结构：** 良好的管理结构能够明确各组织在接口处的职责。

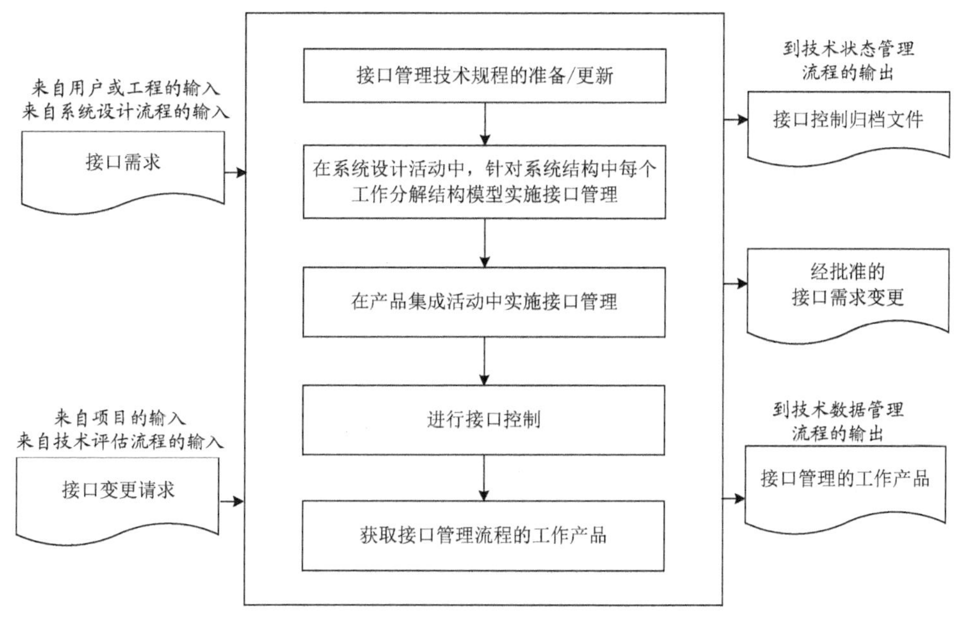

图 6.3-1 接口管理流程的典型框图

6.3.1.2 流程中的活动

6.3.1.2.1 准备或更新接口管理技术规程

这些技术规程用于确立接口管理的职责，明确哪些流程将用于维护和控制内部及外部功能接口，以及哪些流程将用于维护和控制物理接口（包括人机接口），明确如何实施接口变更的相应流程。可能还需要规划技术团队的培训及其他保障措施。

6.3.1.2.2 在系统设计活动中实施接口管理

在项目规划和论证阶段，对产品的运行使用构想进行分析，从而确定内部和外部接口。对于需要归档和维护的接口，这项分析将建立起接口的起始端、终止端、激活特性及其他特性。随着系统结构与架构的显现，可能需要加入新的接口，而已有接口则可能需要更改或维护。因此，接口管理流程与其他方面的流程，如该阶段中的需求开发流程与技术状态管理流程，有很紧密的关系。

6.3.1.2.3 在产品集成活动中实施接口管理

在产品集成流程中，接口管理活动能够支持对集成与组装技术规程的评审，确保接口被正确地标记并与相关技术规格及接口控制文件相一致。接口管理流程与验证流程和确认流程存在着紧密的关系。接口控制文档及经批准的接口需求变更被用作产品验证流程与产品确认流程的输入，尤其是在需要依据验证试验中的约束和接口参数来设定试验目标与试验计划时。接口需求验证是整个系统验证的一个关键方面。

6.3.1.2.4 进行接口控制

通常需要成立项目的接口工作小组，作为负责与系统、目标产品、配套产品及子系统进行交互的人员之间的交流机制。接口工作小组的责任是确保完成所有接口活动的规划计划、进度安排和实施执行。显然接口工作小组是一个技术团队，由来自相互关联交互的各个团体（如项目管理部门、承包商等）的相关技术成员组成。接口工作小组可以独立工作，也可以作为更大的变更控制委员会的组成部分。

6.3.1.2.5 获取流程工作产品

工作产品包括实施接口管理的策略和技术规程、接口管理决策的合理依据、批准或驳回接口变更请求的前提假设、在发现接口异常时所采取的纠错行动、总结的经验教训、更新的保障措施及归档的接口协议文件。

6.3.1.3 流程的输出

接口管理流程可能得到的典型输出包括如下内容：

- **接口控制归档文件**。此类归档文件确定并获取接口信息和经批准的接口变更请求。接口归档文件的类型包括接口需求文档、接口控制文档/接口控制示意图、接口定义文档，以及接口控制计划。这些输出将通过运用技术状态管理流程得到维护和审批，并将成为整个项目技术数据资料的一部分。
- **经批准的接口需求变更**。在设定接口需求的控制基线之后，应当使用需求管理流程确定是否需要做出变更，评价相应变更可能带来的影响，归档记录最终的批准/未批准决定，并更新需求归档文件/工具/数据库。对于需要多方审批的接口，应得到一致的批准意见。在寿命周期的设计阶段和方案实施阶段后期，变更接口需求极有可能会对费用、进度、技术设计方案/运行使用方案产生极大的影响。
- **其他工作产品**。这些工作产品包括实施接口管理的策略和技术规程、接口管理决策的合理依据、批准或驳回接口变更请求的前提条件、在发现接口异常时所采取的纠错行动、实施接口管理活动的经验教训总结、更新的保障措施、归档的接口协议文件。

6.3.2 接口管理指南

6.3.2.1 接口需求文档

接口需求明确给出存在于两个或多个系统、系统功能、系统单元、技术状态控制项之间公共边界上的，在功能、性能、电子、环境、人因、物理方面的需求与约束。接口需求包括逻辑接口需求、认知接口需求与物理接口需求。根据需要，接口通常包括物理上的度量值，对能量或信息传输序列的定义，以及所有其他重要产品构件之间的交互关系。例如，通信接口涉及系统内部及系统与环境之间的数据和信息流动与传输。对通信需求的适当评估，需要考虑通信的技术特征定义（如带宽、数据率、分布等），需要考虑人因如何与通信接口连接的定义，以及通信的内容需求定义（如用于通信的数据/信息、在系统组件之间流动的数据/信息，以及这些数据/信息对系统功能特性的重要度）。

如果功能模块的输入与输出已经定义，接口需求可以从功能分配中衍生出来，如图 6.3-2 所示的示例。图中，如果功能 F1 输出的产品构件 A 作为功能 F2 的输入，且功能 F1 分配到组件 C1，功能 F2 分配到组件 C2，则表明在组件 C1 与组件 C2 之间的接口需求是传输产品构件 A，而不论构件 A 是固态、液态还是包含数据的消息。

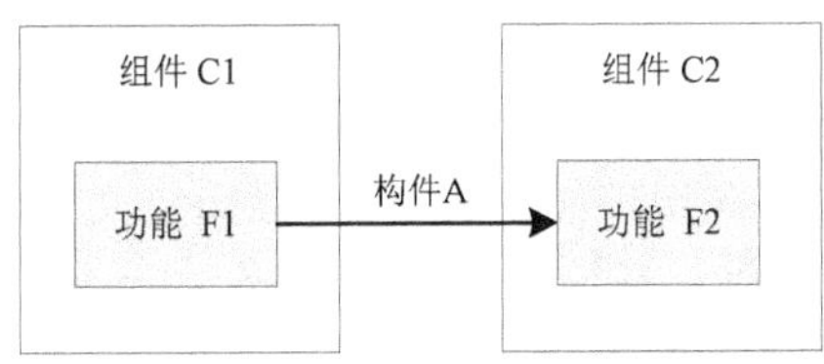

图 6.3-2 从功能分配中获得接口需求

接口需求文档既是文档又是模型，给出在两个或多个系统产品、单元、组件之间所有物理的、功能的、性能的和环境的接口需求定义（以“需要……”形式陈述），并确保项目的硬件、软件之间的兼容性。接口需求文档由物理方面和功能方面的需求与约束描述组成，这些需求和约束施加到硬件技术状态控制项与软件技术状态控制项上。接口需求文档的目的是在所开发的系统内部控制相互关联的组件之间的接口、控制在同一整体架构内系统与其他（已存在或开发中）外部系统（包括人因系统）之间的接口。具体的接口需求可以包含在系统需求文档中，直到在开发过程中完成对每一单个接口的明确定义。当各个组织分别开发系统组件时，或当系统必须从工程/项目控制之外的其他系统获取需求时，接口需求文档是非常有用的。在阶段 A 和阶段 B，可以为不同层级的接口草拟多个接口需求文档。应用系统需求评审能够完善系统到外部系统（如航天飞机与国际空间站之间）的接口和部件到部件（如航天飞机与发射台之间）的接口。关于接口需求文档的通用大纲可参见附录 L。

典型接口管理检验清单

- 使用开发接口需求文档时提供的通用大纲；如果其中某个段落或小节当前不适用，则为其定义一个“保留”位置。
- 确保存在不少于两个技术规范可以用作接口需求文档中特定需求的较高层级需求。
- 确保使用“需要……”形式的陈述定义特定需求。
- 接口需求文档需要被所有相关的组织批准和签署。
- 需要建立管理接口需求文档变更的控制流程。
- 基于接口需求文档中的需求，开发相应的接口控制文档。
- 证实接口需求与产品验证流程及产品确认流程之间的连通性。
- 每一个大型工程或大型项目应该包含接口控制计划，用于描述接口管理产品的内容是什么及如何实施。

6.3.2.2 接口控制文档/接口控制图

接口控制文档（也称为接口控制模型或接口控制图）详细刻画系统单元之间的物理接口，包括连接的数目和类型、电子参数、机械特性及环境约束。接口控制文档明确满足需求的接口设计方案。当不同的组织分别开发共同连接某个特定接口的设计方案时，接口控制文档的作用就会显现出来。接口控制文档通常表现为两个或多个组织/实体之间的协议；相对而言，接口定义文档（在下一小节中描述）是对接口的单边描述。接口控制文档通常不包含“需要……”形式的陈述，其是需求的详细实施，需求则在适用的接口需求文档或其他需求文档中定义。对于小型项目，接口需求文档和接口控制文档可以作为两个部分合并为一份文档，描述早期阶段定义的需求（以“需要……”形式陈述），之后的更新用于描述这些需求如何在设计中实现。

6.3.2.3 接口定义文档

接口定义文档是由目标产品提供者单方面控制的文档，主要为已明确的设计方案提供接口的细节。该文档有时被称为“单向接口控制文档”。接口定义文档为其用户提供现有设计方案中与连接件、电子参数、机械特性、环境约束等方面相关的信息。目标产品的用户应当设计与目标产品设计方案中接口兼容的系统接口。

6.3.2.4 接口控制计划

接口控制计划应当按照已确定的接口控制流程和相关接口文档进行开发。接口控制计划的关键内容是组织的参与，以及组织与接口定义或接口控制相关的责任。接口控制计划还应考虑技术状态控制问题和实施文档/模型变更流程的机制（正式接口修订通告）。接口控制计划还应明确如何解决出现的问题，以及如何处理与接口相关的风险。对于受 NPR 7120.5 约束的空间飞行项目，在使命任务构想评审时需要确定控制接口的方法；在系统定义评审时，接口控制计划的初步版本应准备就绪，并在初步设计评审时设定控制基线。随着初步设计评审后设计方案和接口的成熟，接口控制计划可能需要更新。接口控制文档的实际清单及负责这些清单的人员可能会保留在已成熟的接口控制计划中，也可能保存在其他项目文档或数据库中。

6.3.2.5 接口管理任务

接口管理任务在产品开发的早期开始执行，此时接口需求可能受所有工程学科和可引用的实用接口标准的影响。接口管理任务在设计阶段和检验阶段持续进行。在设计阶段，任务的重点是确保接口规范编写归档并得到沟通。在系统单元检验阶段，任务的重点是针对组装前及组装后的技术状态，验证需要实现或已经实现的接口。在整个产品集成流程的活动中，接口控制基线受到控制，如此可以确保系统单元的设计变更对与其有接口关系的其他系统单元产生的影响最小。在试验中，或在其他相关验证与确认活动中，需要对用于集成系统或子系统的多个系统单元进行检验。以下各小节是关于这些任务的更详细讨论。

6.3.2.5.1 定义接口

大部分产品集成中产生的问题出自接口的不明确或不可控。正因如此，应在系统开发工作中尽早明确系统和子系统接口规范。接口规范需说明有关逻辑、物理、电子、机械、人因和环境等形式接口相应的参数。系统中，子系统的开发首先应考虑系统内部的接口设计。接口可以使用前期已有的开发成果，或根据针对特定学科和技术的接口标准进行开发。通常只有在迫不得已的情况下才构造新的接口。接口规范应依据接口需求进行验证。接口定义的典型产品包括接口描述、接口控制文档、接口需求和接口规范。

6.3.2.5.2 验证接口

在接口验证流程中，系统工程师应当确保系统或子系统中每个单元的接口是开发者可控和已知的。另外，当需要对接口进行变更时，至少应当评估接口变更对其他与此接口有关联单元的影响，并与受影响单元的开发者进行沟通。即使所有受影响单元的开发者都是决定变更组织中的成员，这种变更还是要保证在需要时易于获取，以便所有成员能够知晓接口的当前状态。验证接口的典型产品包括接口控制文档和意外情况报告。

使用仿真器进行硬件接口与软件接口的验证是可接受的，只要仿真器的局限性能够被明确描述，并且在接口验证过程中这种局限性满足运行使用环境的特性需求和行为需求。在集成计划中应该专门归档说明仿真器的使用范围。

6.3.2.5.3 检查并认定系统与子系统所需单元收悉

在将系统或子系统中每个单元的接口组装到更高层级的系统之前，需要根据其相应的接口规范进行验证。这种验证可能是产品试验、外观检视、定量分析或功能演示，可以由进行系统或子系统组装的组织实施，也可以由其他组织实施。验证的典型产品包括经验证的系统单元接口、验证试验报告及例外情况报告。

6.3.2.5.4 最终集成与验证

系统的单元应当根据已制定的集成策略进行组装，从而确保在将系统单元组装到更大或更复杂的系统时，组装的过程是根据计划好的策略进行的。为了确保集成活动能够圆满完成，需要对集成后的系统接口进行验证和确认。最终集成与验证的典型产品包括集成报告、例外情况报告及完成集成的系统。

6.4 技术风险管理流程

技术风险管理流程是横向关联的技术管理流程之一。风险是指相对于已经明确建立和陈述的性能需求，在产品的运行使用效果方面有可能出现问题，这些问题可能在未来发生。运行使用效果方面的问题可能与相关机构对执行使命任务的支持程度有关，也可能涉及执行使命任务过程中下列一个或多个领域：

- 安全方面的问题；
- 技术方面的问题；
- 费用方面的问题；
- 进度方面的问题。

系统工程师应参与到这个流程中，帮助辨识潜在的技术风险，开发避险计划，监控技术工作的进展，确定是否会出现新风险或旧风险是否会死灰复燃，随时准备帮助回答和解决问题。下面是在实施风险管理时在总体上的指导意见。在针对给定的工程/项目实施风险管理时，相关责任系统工程师应当根据具体情况给予指导。这样做可能比在 NASA 的 NPR 系列文件中所规定的更严格和更正式，也可能相反。当然，如果与 NPR 文件的要求不一致，责任系统工程师的工作就是明确修订之处并保证相应修订经过审批流程并获得批准。这实际上就是对风险管理流程的剪裁，使它能够在一堆政府文件（如 NPR 文件）的约束下满足推进实际工程/项目的需要。关于风险管理的详细信息，可参见NASA/SP-2011-3422《NASA风险管理手册》。

风险有3个基本要素，体现风险的特征：

（1）导致性能下降的运行使用场景，性能下降涉及一个或多个性能指标。例如，导致系统关键部件受伤、损毁和消亡的场景、导致超过质量承载极限的场景、导致费用超支的场景，以及导致进度延期的场景；

（2）这些场景发生的（定性或定量）可能性；

（3）这些场景发生可能导致的后果（定性或定量描述性能下降的严重程度）。

在评价风险的可能性和后果时需考虑不确定性。

最初的风险场景是一组初始化事件，引起活动偏离其初始状态，从而使系统偏离其最初的状态。对于每个初始事件，其他与风险场景发展变化相关的事件可能（也可能不）发生，并加强或抵消风险场景发展变化过程中出现的效果。如此便得到风险场景发展变化确定的情况下，不希望出现的后果发生频率。最终，许多这样的风险场景放在一起，得到对不确定性的认知，从而生成系统的风险履历档案。

上述以“三元组”形式概念化描述的风险如图6.4-1和图6.4-2所示。

这种非期望的场景可能是技术性或工程性原因引起的（如成本超支、进度延迟、安全事故、卫生问题、恶意活动、环境影响，或未能达到所需的科学技术目标及成功判定准则）。风险发生的可能性和风险后果皆可能有相应的不确定性。

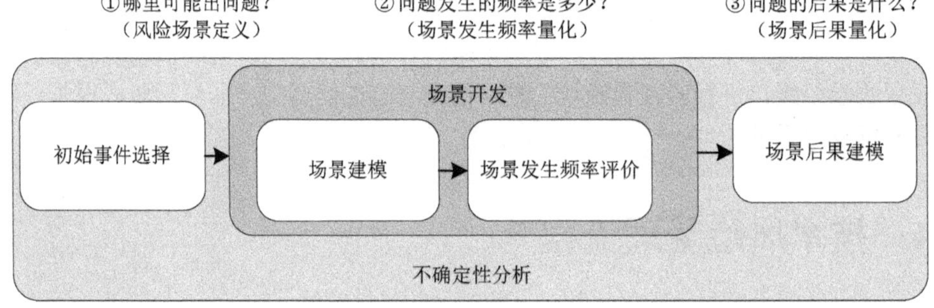

图6.4-1　风险场景开发（来自NASA/SP-2011-3421《概率风险评估》）

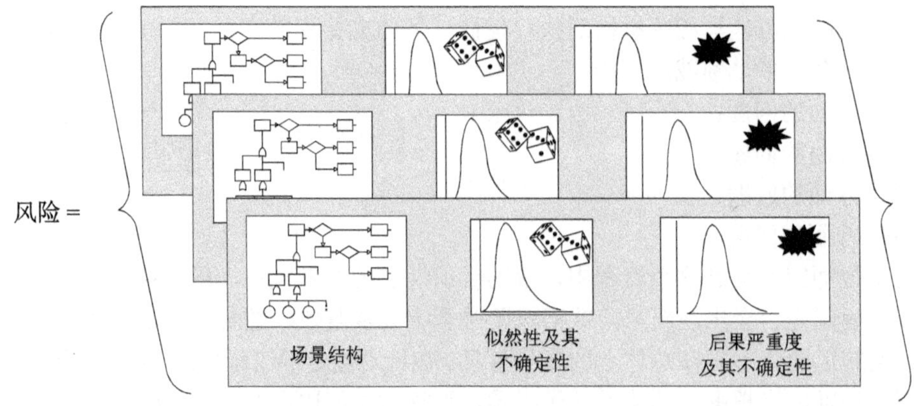

图6.4-2　聚合为风险的三元组

技术风险管理中的关键概念

风险

风险是出现错误的可能性，错误可能在未来发生，使产品运行使用时不能达成已明确陈述的需求。运行使用效果问题可能与相关机构对执行使命任务的支持程度有关，可能涉及执行使命任务过程中下列一个或多个领域：安全、技术、费用、进度。风险特征用如下三元组刻画：

- 导致一个或多个性能指标下降的场景。
- 这类场景发生的可能性。
- 一旦这些场景发生可能导致的后果、影响，或对性能产生影响的严重程度。

不确定性包含在对场景发生可能性和后果的评价中。

成本风险

成本风险是指与工程或项目达到其寿命周期成本目标和获得适当资金的能力有关的风险。对成本产生影响的风险领域有两个，一个是成本估算和预期目标不精确不合理的风险；另一个是控制成本、进度和性能过程失败而导致工程实施的结果未能与目标成本吻合的风险。

进度风险

进度风险是指那些在系统开发、生产、部署和运行使用中，与各阶段时间估算和时间分配的适当性相关的风险。对进度产生影响的风险领域有两个，一个是进度估算和预期目标不现实不合理的风险；另一个是控制成本、进度和性能过程失败而导致工程实施的结果未能达到进度目标的风险。

技术风险

技术风险与系统设计方案的进展相关，与系统生产对系统性能指标的影响相关，这些指标需要满足利益相关者期望和技术需求。技术风险受系统设计、试验和生产流程影响（流程风险），产品分解结构中各层级所描述的产品性质也对技术风险产生影响（产品风险）。

工程风险

工程风险与来自项目外部的主动作用和被动响应有关，这些影响对项目负责人来说无法控制，但可能对项目产生显著影响。这些影响可能会在技术、费用和/或进度方面自然显现。相关事件包括国际武器贸易条例（ITAR）限制、进出口控制、与国内外其他组织的伙伴协议、国会指导方针或拨款、政府预算管理办公室指令、工业方承包商重组、外部组织更迭等。

运行使用场景

一组可接受的事件序列，用于描述系统或流程从某个给定状态到未来状态的演变发展过程。对于风险管理的情况，运行使用场景用于明确系统或流程从当前状态演变到某个非期望状态的途径。

6.4.1 流程描述

图 6.4-3 所示是一个典型的技术风险管理流程框图，图中给出进行技术风险管理需要考虑的典型输入、活动和输出。

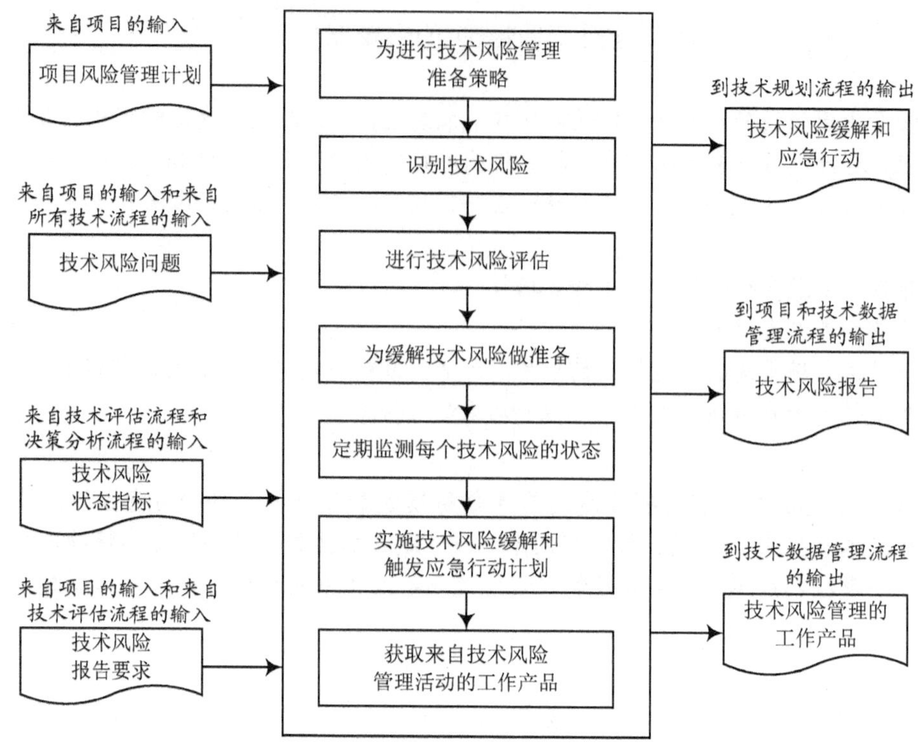

图 6.4-3　技术风险管理流程框图

6.4.1.1　流程的输入

技术风险管理的典型输入包括如下内容。

- **项目风险管理计划**：在技术规划流程的指导下开发风险管理计划，该计划明确在项目实施过程中如何辨识风险、如何规避风险、如何监测风险及如何控制风险。
- **技术风险问题**：在项目推进过程中所辨识出的技术方面的问题。该问题可能会给成功完成项目使命任务/达成使命任务目标带来风险。
- **技术风险状态指标**：为了帮助监测并报告项目技术风险的当前状态所建立的所有度量指标。
- **技术风险报告要求**：包括技术风险如何报告、何时报告及向谁报告等方面的要求。

其他可能用到的输入包括以下内容。

- **其他计划和策略**：系统工程管理计划、技术数据产品形式、作为指标和门限值而输入的相关政策。
- **技术性输入量**：利益相关者期望、运行使用构想、所施加的约束、被追踪的观测量、当前工程控制基线、性能需求和相关经验数据。

6.4.1.2　流程中的活动

1．为进行技术风险管理准备策略

需要准备的策略包括关于工程/项目风险管理计划（通过技术规划流程开发完成）如何实施的备案文档，风险识别计划中未列出的所有额外的技术性风险源和风险类别，判明依据什么及如何触发风险管理活动，以及确定这些活动如何在内部和外部的技术团队之间沟通交流。

2．识别技术风险

技术团队应当持续不断地辨识技术风险及技术风险源，分析风险发生的可能性和潜在的后果，为启动工程/项目的风险管理系统准备清晰的相关风险陈述。为了能够识别风险，应当与所涉及的利益相关者沟通协调。关于识别技术风险的更多信息，可参见 NASA/SP-2010-576《NASA 风险视情决策手册》和 NASA/SP-2011-3422《NASA 风险管理手册》。

3．进行技术风险评估

2008 年 12 月，为了能够实现更主动的风险管理，NASA 更新了它的风险评估方法。此前，NASA 的风险管理几乎一直遵循持续风险管理的理念，该理念强调在项目实施过程中对单个风险问题的管理。新的风险管理的基本内容列在 NPR 8000.4《NASA 机构风险管理技术规程要求》中，并在 NASA/SP-2011-3422《NASA 风险管理手册》中有更详细的说明。该方法将 NASA 的风险管理演变成两个基本流程：风险视情决策和持续风险管理。风险视情决策倾向于在选择备选方案和建立性能需求控制基线时，辅助确定系统工程的决策方向（如设计方案决策）。关于风险视情决策更多的技术信息、指导意见和流程描述，可参见 NASA/SP-2010-576《NASA 风险视情决策手册》第 1 版。

持续风险管理用于在产品寿命周期的方案开发和实施阶段的各项活动中进行风险管理，确保其满足在安全、技术、费用和进度方面的需求。过去，风险管理被认为与持续风险管理流程等价；而现在，风险管理定义为风险视情决策和持续风险管理的组合，两者共同使用确保 NASA 工程/项目在构思、开发、运行过程中的主动风险管理。图 6.4-4 描绘了这一概念。

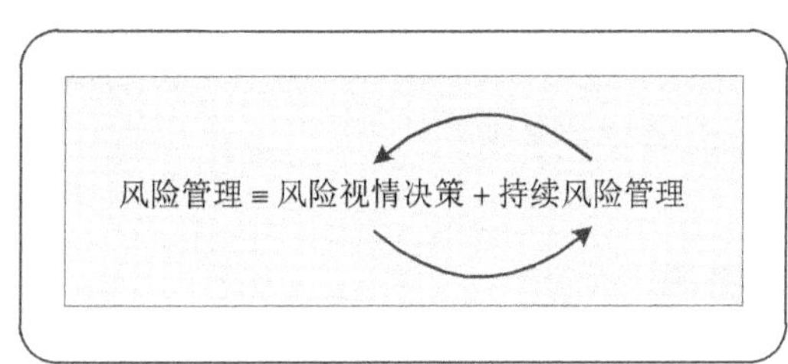

图 6.4-4 风险视情决策和持续风险管理交互作用的风险管理
（来自 NASA/SP-2011-3422《NASA 风险管理手册》）

4．为缓解技术风险做准备

这项工作包括选择需要缓解或需要更密切监测的风险、辨识风险水平、确定触发风险缓解行动计划的门限值、针对每一项风险确定需要告知哪一个利益相关者来决定是否采取避险/应急行动，以及确定需要指派哪一个组织参与到所实施的避险/应急行动之中。

5．定期监测每个技术风险的状态

风险状态需要定期监测，监测频率在风险管理计划中确定。对于可能接近于触发门限值的风险，监测应当更加频繁。风险状态的监测报告需提交到相应的工程/项目管理部门或委员会，用于沟通和决定是否应尽早启动避险行动。在多数寿命周期评审活动中也需要提交风险实时状态报告。

6．实施技术风险缓解和触发应急行动计划

一旦设定的门限值被触发，就需要实施技术风险缓解和应急行动计划。这项计划包括监测实施行动计划的结果并根据需要修正行动计划，持续进行避险行动直到尚存在的风险及风险后果的影响可以接受，与已经明确的利益相关者就避险行动及行动结果进行沟通，同时需要为相应的委员会和寿命周期评审准备行动计划报告和行动结果报告。

7. 获取来自技术风险管理活动的工作产品

工作产品包括实施技术风险管理的策略和技术规程及做出相关决策的客观依据，在确定风险等级、控制风险和报告风险及避险行动计划效果时的假设和前提条件，以及实施行动计划出现偏差时采取的纠错行动和总结的经验教训。

6.4.1.3 流程的输出

风险管理活动中的关键输出包括如下内容。

- **技术风险缓解和应急行动**：为了缓解已辨识的风险而采取的行动和万一风险已成现实而采取的应急行动。
- **技术风险报告**：关于技术风险的管理策略、风险的当前状态、所采取的行动、行动后仍存在的风险等方面的报告。根据约定的频度和接纳者的要求提交。
- **技术风险管理的工作产品**：包括实施技术风险管理的技术规程，所做决策的客观依据，选定的决策备选方案，在确定风险等级、控制风险和报告技术风险时的假设和前提条件，以及所总结的经验教训。

6.4.2 技术风险管理流程指南

关于技术风险管理的更多信息参见 NASA/SP-2010-576《NASA 风险视情决策手册》和 NASA/SP-2011-3422《NASA 风险管理手册》。

6.5 技术状态管理流程

技术状态管理是在产品寿命周期内，用于控制性能变更和功能特性与物理特性变更，并为变更控制提供可视化手段的管理流程。此外，根据美国汽车工程师学会（SAE）电子工业联合会（EIA）第 649B 号标准，不恰当的技术状态管理可能导致错误的、无效的和不安全的产品被发布。因此，为了确保 NASA 产品的完整性，NASA 采用 SAE/EIA-649-2《NASA 组织机构专用的技术状态管理要求》中明确的实施技术状态管理的 5 项功能和相应的 37 项须遵守的原则。

这些标准共同强调技术状态管理活动应当开展的内容、在产品的寿命周期何时应开展这些活动，以及需要什么样的计划和资源。技术状态管理是系统工程的一个关键实践环节，如果能够恰当实施，就可以高可视度地展示产品的真实表现，能够针对设定控制基线的技术状态控制其变更并跟踪这些变更，从而保证产品的完整性。技术状态管理保证产品技术状态被公认并能在产品信息中反映、保证任何产品变更是有利的且没有不良后果影响，并保证这些变更是可控的。

技术状态管理通过保证正确的产品技术状态降低技术风险，区别不同产品的版本，确保产品和产品信息之间的一致性，并避免出现利益相关者不满和投诉的尴尬和额外费用。总体上，NASA 采用在 SAE/EIA 649B《技术状态管理标准》中定义的技术状态管理原则，该标准的具体实施策略由 NASA 技术状态管理专业人员起草并由 NASA 管理层批准实施。

当应用到产品设计、制造/组装、系统/子系统试验、集成、使用和维护等复杂的技术活动中时，技术状态管理代表着工程的组织结构脊梁。其作用是逐步建立原则并保持产品属性和文档资料的一致性。技术状态管理使这项技术工作的所有利益相关者，在产品寿命周期中无论何时，都能够使用完全一致的数据来进行开发和决策。技术状态管理的原则适用于保持归档文件资料与产品开发流程相一致，确保产品符合经批准的设计方案的功能和物理需求。

6.5.1 流程描述

图 6.5-1 所示是技术状态管理流程的典型框图，图中给出技术状态管理中应该考虑的典型输入、输出和活动。

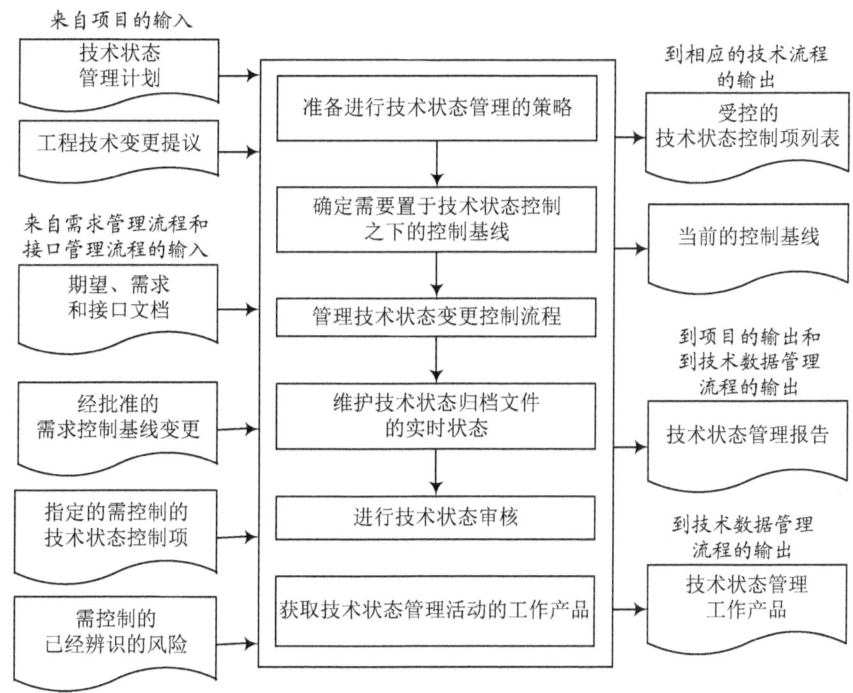

图 6.5-1 技术状态管理流程的典型框图

6.5.1.1 流程的输入

该流程所需要的输入包括如下内容：

- **技术状态管理计划**：这项计划已经通过技术规划流程开发，用于对工程/项目中技术状态管理的整体指导。
- **工程技术变更提议**：这些是为了建立控制基线而提出的变更请求，它们可能会在整个系统寿命周期内以任何形式出现。
- **期望、需求和接口文档**：这些已经明确了控制基线的文档或模型是产品设计和开发的关键。
- **经批准的需求控制基线变更**：对这些变更请求批准的同时也授权对相应已明确控制基线的文档或模型进行更新。

- **指定的需控制的技术状态控制项**：作为技术规划的一部分，应当已经开发能够辨识技术状态控制项的清单或原理，这些控制项应当置于技术状态控制之下。

6.5.1.2 流程中的活动

技术状态管理有如下 5 个要素（见图 6.5-2）。

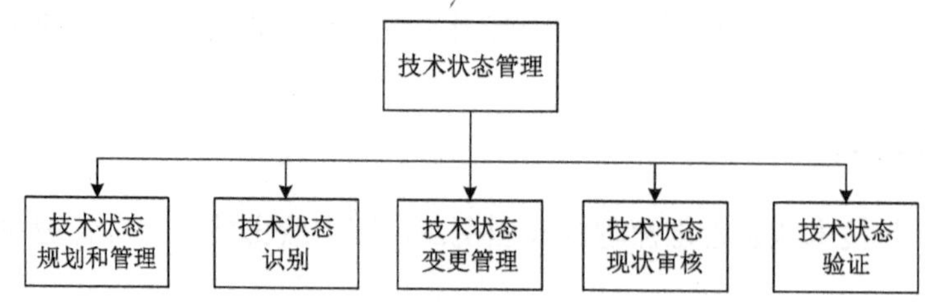

图 6.5-2 技术状态管理的 5 个要素

- 技术状态规划和管理；
- 技术状态识别；
- 技术状态变更管理；
- 技术状态现状审核；
- 技术状态验证。

1．为实施技术状态管理准备策略

技术状态管理规划始于工程或项目的初期。技术状态管理办公室应当仔细权衡在技术状态管理工具或在对承包商技术状态管理监督两者之间优先投入资源的价值。NASA 中心技术状态管理部门组织的评审是必要的也是花费资源和时间的，但在技术状态失控爆发之前更正技术状态管理的系统问题总比解释为什么错误的或误用的部件会造成工程/项目中的重大问题要好。

准备实施技术状态管理的关键输入之一是完成对项目技术状态管理完整流程的策略规划。这通常包含在技术状态管理计划中。典型的技术状态管理计划大纲参见本手册附录 M。

技术状态管理计划在工程/项目内部和外部分别有着相应的作用，如下所述。

- **内部作用**：工程/项目办公室用来指导、监督和度量整个技术状态管理流程。其同时描述工程/项目内部所有的技术状态管理活动和实施这些活动的进度表。
- **外部作用**：技术状态管理计划用于与工程/项目涉及的承包商沟通技术状态管理流程，据此建立一致的技术状态管理流程和工作关系。

技术状态管理计划可以是一个独立的文件，也可以与工程/项目的其他计划文件相结合。其应描述每个技术状态控制基线产生、审批和审核的标准。

2．明确在技术状态控制下的控制基线

技术状态识别是选择、组织和陈述产品属性的系统性过程。技术状态识别需要为产品及其技术状态归档文件赋予唯一标识。与技术状态识别有关的技术状态管理活动包括选择技术状态控制项、确定与技术状态控制项相关的技术状态归档文件、确定相应的技术状态变更控制权限、为技术状态控制项和技术状态控制项归档文件分配单一标识，以及发布技术状态归档文件并确立技术状态控制基线。

NASA 采用四个控制基线，分别用于清晰定义产品设计进展中相关阶段的界限。控制基线针对公认的技术状态控制项，确定其在某个时刻点上的属性描述，并为处理变更问题提供当前的技术状态信息。建立控制基线有一个前提，即技术状态控制项属性的明确陈述被认可并已记录归档。经批准的“当前”控制基线是定义后续变更的基础。系统技术规格通常在系统需求评审之后最终定稿。功能控制基线在进行系统定义评审时建立，此时通常用于 NASA 对合同谈判进行控制。对于内部制造的情况，控制基线由 NASA 工程/项目自身设定/控制。

四个控制基线（见图 6.5-3）通常由工程、项目或 NASA 中心控制，具体如下所述。

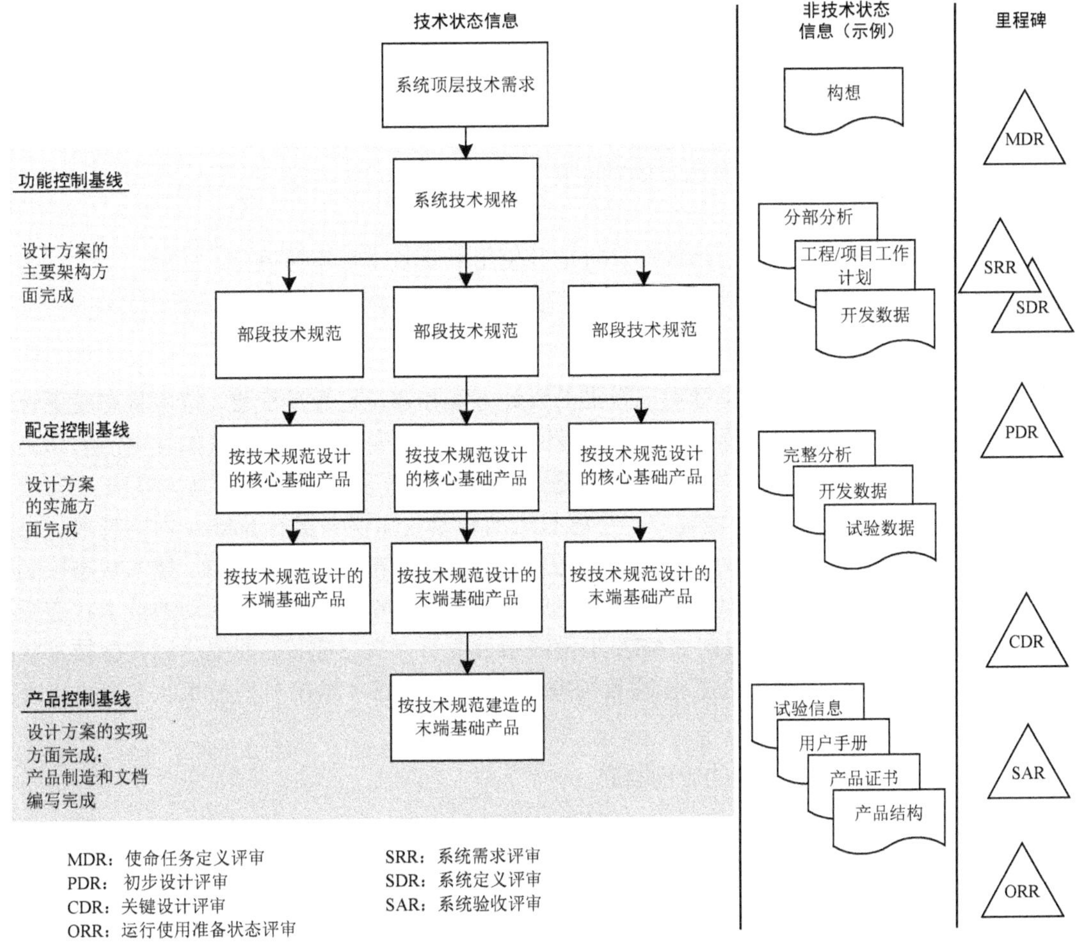

图 6.5-3　技术状态控制基线的演化

- **功能控制基线**：功能控制基线是被批准的技术状态归档文件，其描述系统的或顶层技术状态控制项的（功能性、互操作性和接口特性）性能需求，描述为证明已经达到这些指定的特性而需要进行的验证活动。功能控制基线由 NASA 工程/项目在实施系统定义评审时建立。工程/项目通过合同协议来指导如何在不同的功能层级（1～4 层）进行功能控制基线的管理。
- **配定控制基线**：配定控制基线是被批准的面向性能的技术状态归档文件，针对待开发的技术状态控制项，描述从高层需求文件或技术状态控制项分配的功能特性、性能特性和接口特性，描述为证明已经达到这些指定的特性而需要进行的验证活动。配定控制基线将功能控制基线的顶层性能需求扩展到足够详细的程度，用于定义技术状态控制项的功能特性和性能特性，并启动技术状态控制项的详细设计。配定控制基线通常由设计部门控制，直到所有的设计需求被证实已实现。配定控制基线通常在初步设计评审圆满完成时建立。在进行关键设计评审之前，伴随工程数据的不断发布，NASA 通常需要评审设计方案输出是否符合设计需求。在对工程数据内容进行评审时，NASA 都会对配定控制基线进行控制。

- **产品控制基线**：产品控制基线是被批准的技术性归档文件，描述在产品寿命周期的生产、安装/部署、运行使用和保障阶段技术状态控制项的技术状态。所建立的产品控制基线依据在阶段 A 开发的技术状态管理计划中所描述的方式控制。产品控制基线通常在完成关键设计评审之后建立，其描述如下内容。
  - 技术状态控制项的详细物理特性，如外形、尺寸和功能特征；
  - 为进行生产验收试验而选定的功能特征；
  - 生产验收试验的需求。
- **部署控制基线**：部署控制基线在进行运行使用准备状态评审时确定。此时，可以认为所设计产品已经实现其功能并完成飞行准备。所有变更应当已经归档记录在文件中。

3．技术状态变更管理控制

技术状态变更管理的作用是管理已批准的设计方案和实施已批准变更。技术状态变更管理的实现过程包括系统地提出变更请求、评判和评估所提议的变更、实施提议的变更活动和验证变更实施的结果。在特定的工程/项目中实施技术状态变更管理，需要掌握有关该项工程/项目目标和需求的专门知识。第一步是建立一个强有力的和专业知识丰富的 NASA 内部技术状态控制委员会及相应的运行机制，该委员会由工程/项目变更权威部门的人员领导。技术状态控制委员会成员由各个利益相关者授权其利益代表组成。第二步是形成对承包商活动的技术状态变更管理监督。技术状态管理办公室向 NASA 工程或项目负责人提出建议，期望达到实施技术状态变更管理的平衡，从而能够适应工程/项目独有的特点。图 6.5-4 给出典型技术状态变更管理控制流程的示例。

4．维护技术状态归档文件的当前状态

技术状态现状审核是对有效管理技术状态控制项所需的技术状态数据进行记录和报告。有效的技术状态现状审核系统能提供及时和准确的技术状态信息，例如：

- 完整的当前和历史技术状态归档记录及唯一标识；
- 所提出的变更请求、偏差报告和免责说明，以及从开始到实施的状况；
- 已辨识的差异现实状况和最终处置，以及在每项技术状态审核中所明确的行动。

技术状态变更管理中变更的类型

工程技术变更

工程技术变更是在控制基线内的迭代。变更可以是主要的或次要的。其中可能包括也可能不包括技术规格的变更。影响外部接口的变更必须与所有受影响的利益相关者协调并获得批准。

- **“主要”变更**：改变控制基线技术状态文件具有重大的影响（即需要更新改造已提交的产品，或影响控制基线的规范、成本、安全，以及影响与其他产品、操作人员和维护训练的兼容性）。
- **“次要”变更**：更正或修改技术状态文件或流程，但不会影响产品的互换性或系统结构中的系统要素。

免责声明

免责声明是有意放松对工程或项目满足需求要求的协议文档(某些 NASA 中心在产品设计方案实施执行前使用变更说明，而在实施执行中使用免责说明)。经审定的免责说明不在控制基线变更内。

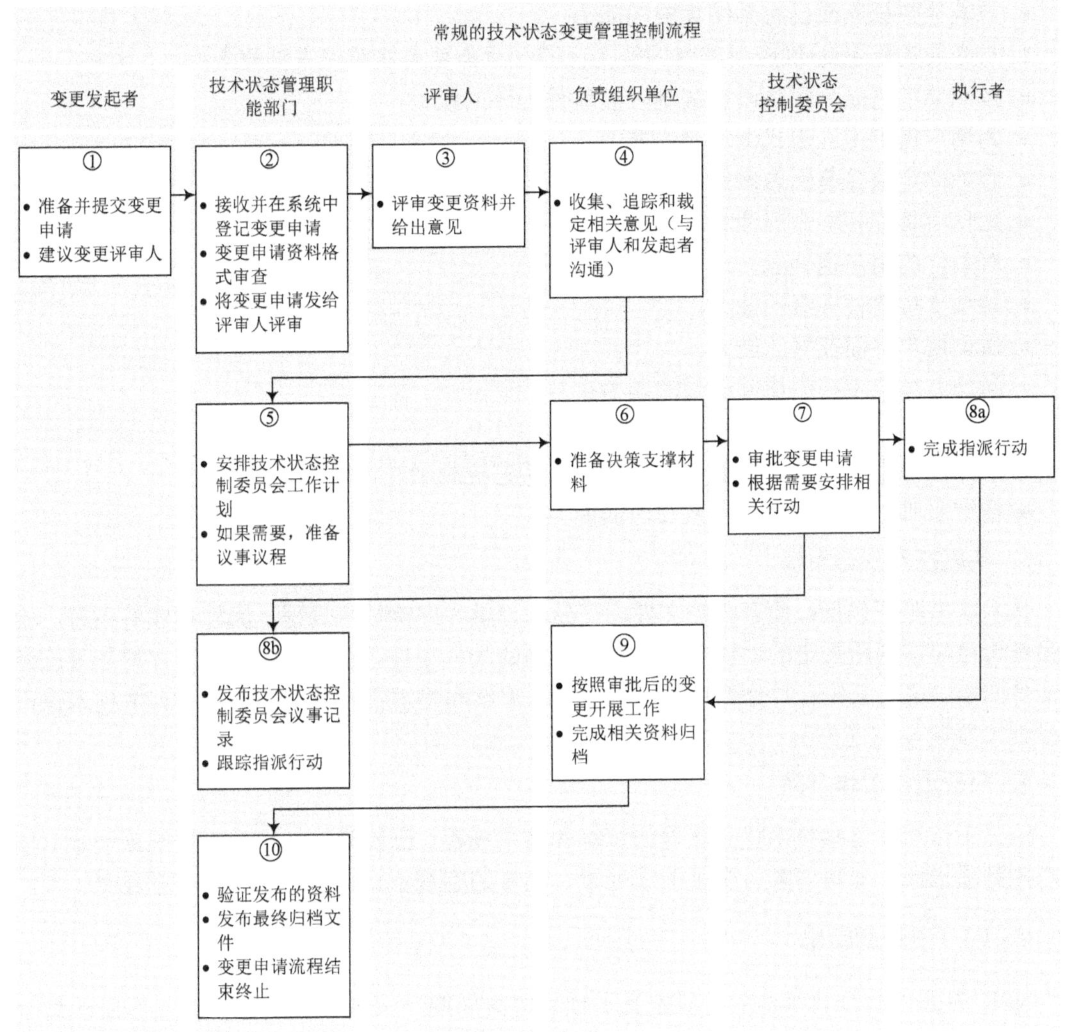

图 6.5-4 典型技术状态变更管理控制流程

技术状态现状审核数据可用于如下目的：

- 辅助评价所提议的变更，辅助变更决策，对设计中的问题、保证书、保质期计算进行调查；
- 历史可追溯性；
- 软件故障报告；
- 性能指标数据。

在设计和购买辅助管理技术状态任务的软件时，需要考虑如下关键功能和属性。

- 实时地与内部、外部利益相关者安全共享数据的能力；
- 版本的控制和比较（追踪软件或产品的历史）；

- 安全的用户登录和退出；
- 对采集的指标数据（如时间、日期、人员、时间段等）的跟踪能力；
- 基于网络的能力；
- 通过电子邮件发放通知的能力；
- 与其他数据库或已有系统集成的能力；
- 与必要的承包商/供应商兼容的能力，即如果需要可从第三方接收数据；
- 按照要求集成草图阶段和编制阶段软件程序的能力；
- 为用户提供中立格式浏览器的能力；
- 容纳商定数目范围内多用户许可协议的能力；
- 工作流管理和寿命周期管理的能力；
- 有条件的用户定制能力；
- 持续支持软件升级的能力；
- 保证用户界面友好的能力；
- 考虑并适应用户的访问受限的能力；
- 附件采用计算机标准格式文件的能力；
- 工作流能力（基于特定的判据集对技术状态控制项进行排列）；
- 能够且唯一能够作为信息发布源的能力。

5. 实施技术状态审核

技术状态验证包括：检查归档文件、产品和记录，评审技术规程、流程和业务系统，验证产品是否已经达到所规定的性能需求和具备所需的功能属性，验证产品的设计方案是否已经形成文件归档。这项工作有时分为功能性技术状态审核和物理性技术状态审核（有关技术评审的更多细节参见 6.7.2.3 节）。

6. 获取流程工作产品

这些工作产品包括技术状态管理的策略和技术规程、已明确的技术状态控制项清单、技术状态控制项描述、变更请求、变更请求处置、处置的客观依据、归档报告及审核结果。

6.5.1.3 流程的输出

NPR 7120.5 按项目推进的阶段定义了项目寿命周期。从 A 前阶段开始，这些阶段划分为两组，分别以规划和论证及实现和运用为标题。在这些阶段之间转换需要经过审批。阶段之间转换的分界面定义为关键决策点。技术状态管理的重要作用是确定项目是否已达到关键决策点。技术状态管理的主要输出包括以下内容：

- **受控的技术状态控制项清单（技术状态现状审核报告）**：该项输出是所有受控项（包括文档、硬件、软件、模型等）的清单，受控项已明确需要置于技术状态控制之下。技术状态现状审核报告应在工程和项目全寿命周期进行更新和维护。
- **当前控制基线**：指所有列入技术状态管理清单的、可供所有技术团队和利益相关者选用的受控项的当前技术状态控制基线。
- **技术状态管理报告**：关于技术状态控制项当前状态的定期报告，根据商定的周期或在寿命周期关键评审时提交给利益相关者。
- **技术状态管理的其他工作产品**：包括用于技术状态管理的策略和技术规程，技术状态控制项的描述、草图或模型，变更请求、请求处置及处置依据，归档报告，审核结果及必要的纠错行动。

6.5.2 技术状态管理指南

6.5.2.1 不实施技术状态管理的影响

若产品不实施技术状态管理，则可能的影响是导致项目被混乱、不准确、低效率和难以处理的技术状态数据所困扰。在哥伦比亚号[①]事故调查中，事故调查委员会发现，与相关硬件和归档资料存在不一致可能是导致事故发生的原因，其中“未经协调且未记录归档”的变更导致了硬件失效，而此前技术状态管理方面的问题并没有被认为是事故原因。通常不进行技术状态管理的影响可以描述为“技术状态失控”。在 NASA 内部，这将导致工程/项目延期和工程技术问题，尤其是在快速原型开发（如 X-37 工程[②]）中，此时进度比硬件工作记录拥有更大的优先权。如果能正确实施技术状态管理，不相符问题便有可能在功能技术状态审核和物理技术状态审核中得到处理。以下是可能发生或在以往已经发生的影响：

- 由于硬件或软件的不当配置或安装，导致使命任务失败和财产生命损失；
- 由于硬件或软件的不当配置或安装，导致收集使命任务数据失败；
- 由于硬件或软件的不当配置或安装，导致使命任务重大延误而增加额外成本；
- 由于采用虚假验证数据，使得部件或子系统被不恰当地认证而造成使命任务费用增加或重大延误。

如果技术状态管理实施不当，则可能会在产品的制造、质量、接收、采购等方面出现问题。如果不维护综合后勤保障数据，用户也将遇到问题。使用能够安排和跟踪任务的共享软件系统可以为团队提供项目成功的必要资源。

6.5.2.2 在什么时候使用红线图纸可以接受

“红线”是指在设计、制造、生产和试验过程中，对发现有错误或不准确之处的图纸和文件进行标记的控制过程。如果文件需要通过正式变更流程进行纠正则可能导致停工。

所有红线至少要获得硬件管理负责人和质量保证人员的认可。工程/项目管理机构将决定这些红线是否要纳入工作计划或技术规程。

重要的是，每个项目应当有一个红线控制的技术规程来指定红线的确定和批准程序。

红线示例——NOAA N-Prime 灾难[③]的主要原因之一
摘自 NOAA N-Prime 灾难调查的最终报告： “促成 NOAA N-Prime 事故的因素有若干项，其中最重要的是缺乏适当的多次反复验证，其他因素还包括缺乏适当的产品担保证书，进度表发生了变更并对操作人员构成影响，在清理接口界面时操作人员没有注意到螺栓已经卸除的失误，没有及时通知或根本没有通知安全部

① 哥伦比亚号航天飞机是美国天地往返运输系统的首件正式产品，于 1981 年 4 月 12 日在美国佛罗里达州卡纳维拉尔角发射升空。哥伦比亚号曾 17 次执行空间运输和科学实验任务。2003 年 2 月 1 日在第 28 次执行空间任务后返回地面时，因高温气体从发射时被脱落的泡沫材料击中的左翼隔热板缝隙进入机体而导致其内部结构融化，最终解体坠毁。

② X-37 是美国国防和 NASA 为实现“快速全球打击”构思而研制的一种空天飞机。

③ NOAA N-Prime 是美国洛克西德马丁公司为 NASA 制造的第 5 颗新一代系列环境卫星，2003 年 9 月 6 日，该卫星在制造平台上将姿态调整到水平位置时，因为操作人员未注意固定螺栓已经移除而造成卫星直接坠落地面，为此造成 1.35 亿美元的损失。2009 年 2 月 6 日，该卫星发射升空，在成功进入预定轨道后被更名为 NOAA-19 卫星。

门、产品保险人员和政府代表，以及不当使用红线技术规程导致难以处理后续发生的事件。这些因素的相互作用导致了这些情况的发生，经验极其丰富的员工竟然没有留意手中的活动。这样就错过了可能避免灾难的机会。

“此外，该操作团队面对将需要使用在相当多的步骤之间极频繁‘跳跃’的红线技术规程，在实施之前竟从未演练过。书写糟糕的技术规程和全新的红线成为负责测试的工程师做出错误决策的前提。

“系统集成和试验主管同意了按照糟糕的试验文件开展相关活动，并同意了技术规程红线的不当使用。

“关键流程被发现不合适，包括那些对运行操作节奏、运行操作过程规划、技术规程开发、红线使用和地面保障设备技术状态做出规定的流程。例如，在发生事故的操作过程中需要广泛使用红线技术规程。这些技术规程从操作上来说是全新的，也就是说，在之前的操作中从未在如此特殊的实际情况中使用过。尽管此前从未发生过改写后的技术规程中对红线的扩展使用，但通过相应的渠道还是被批准了。在批准过程中并没有进行危险性和安全性分析。”

警告牌/红色标志（你怎么知道你有麻烦了？）

以下是技术状态管理不当实施时，标识为一般性警告的问题：

- 工程中的“顶层”技术需求定义产生错误（如“我们不需要技术规范”）。
- 在设计评审之前和之后，工程中对相关活动的控制基线认定产生错误。
- 工程管理办公室将评估工程变更的时间减少到危险水平，致使工程技术人员、安全性与使命任务质量保证人员或其他技术状态控制委员会成员不可能完成相应工作。
- 工程管理办公室宣布，在技术状态控制委员会归档文件中的“记录没有异议”。
- 在未能明确技术状态管理需求的情况下，技术状态管理组织同意工程管理办公室对外签订合同。
- 为保持追踪设计变更，在最低生产量上不当使用红线。
- 材料评审委员会不了解关键的、主要的和次要的不兼容问题之间的差别，不清楚免责声明的适当分类。
- 图纸质量不高且没有包含适当的说明，难以确定用于技术状态控制或适当容错的关键工程技术项。
- 供应商不了解针对工程开发中定义的安全性需求提交免责声明的含义。
- 分包商/供应商更改工程设计未经上级承包商批准，并且不知道如何协调和编写工程变更请求等。
- 产品制造加工的工程技术开发没有与工程技术变更保持一致，影响了加工质量。制造用的工具失去技术状态控制且无法用于生产。
- 验证数据不能追踪到为应用于验证任务而发布的部件编号和技术规格。
- 操作手册及维修指南中不能追踪到为应用于维修/改装任务而最新发布的部件编号和维修图纸。
- 维修和地面保障用的工具及设备无法追踪到最新发布的适用于设备的部件编号和技术规格。
- 部件和构件因不当识别标记而无法确定标识。
- 项目终止的数字影像记录不能关联到最后一次发布的工程技术产品。
- NASA 无法通过访问承包商的技术状态管理网站验证最新发布的工程技术产品。
- 每项安装技术规程所需要的工具与技术状态控制项设计中使用的紧固件和螺栓螺帽不匹配。
- 由于在运输和包装容器设计中缺乏技术状态控制，状态控制项与其包装箱和容器不匹配。
- 支持采购/制造变更的技术规程没有充分取得工程技术组织的认可。

6.6 技术数据管理流程

技术数据管理流程用于支持在系统的全寿命周期内，对技术特性相关数据的规划、获取、访问、管理、保护和使用。按照 NPR1441.1D《NASA 归档记录保存计划》的要求，数据管理涵盖相关技术数据（包括使命任务和科学研究方面的数据）的开发、部署、使用、维护、逐步弃用和留存，而且一直延续到系统退役之后。

数据管理的主要系统工程工作包括如下内容：

- 与数据鉴别和控制相关的策略与技术规程的应用；
- 及时地、经济地获取技术数据；
- 数据充分性及数据保护充分性的保证；
- 使用时便于对数据进行访问和分发；
- 数据使用情况分析；
- 数据对于未来其他工程/项目价值的评估；
- 对处理访问记录在已有软件中信息的访问。

技术数据管理流程和技术状态管理流程同步展开，确保关于项目的所有信息都是安全的、已知的和可访问的。在技术状态控制之下的信息变更，需要有变更请求并通常需要由技术状态控制委员会审批。在技术数据管理之下的信息变更不需要有变更请求，但在进行管理时仍然需要明确实施每一类型技术数据变更的责任人。

6.6.1 流程描述

图 6.6-1 所示是技术数据管理流程的典型框图，图中给出实施技术数据管理流程时应考虑的典型输入、输出和活动。

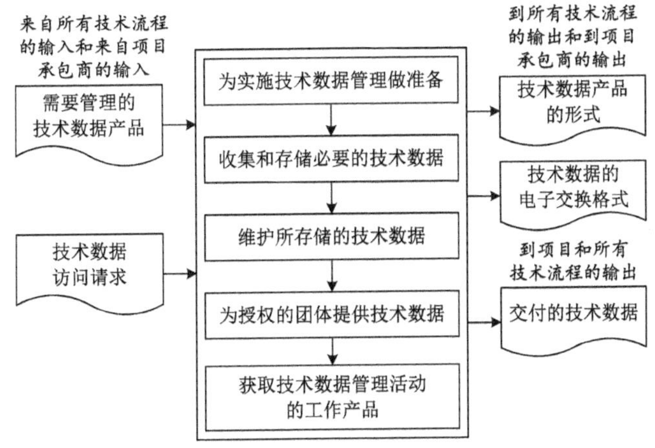

图 6.6-1 技术数据管理流程的典型框图

6.6.1.1 流程的输入

该流程的输入包括如下内容：

- **需要管理的技术数据产品**：所有需要管理的技术数据，不考虑数据格式和记录方法，也不考虑数据在系统开发的寿命周期中是由承包商生成还是由政府部门生成（电子格式技术数据应当存储充分的数据量，便于检索和分类。）

- **技术数据访问请求**：来自外部或内部的，对于获取工程/项目中生成的技术数据的访问请求。

6.6.1.2　流程中的活动

NASA 的每个中心都有自身负责的技术数据管理政策和技术规程。所有空间飞行工程和项目都需要管理与其寿命周期中产品相关的权威数据。NPR7120.5 和 NPR7123.1 规定了管理数据的要求，但将细节留给各个中心。诚然，NPR7120.5 要求提供数据管理计划，这可以是工程/项目计划的一部分，也可以是单独文档。工程或项目负责人应确保能够获取和存储所需数据、维护数据的完整性，并按需要分发数据。

数据的获取和存储问题由其他 NASA 政策解决，当然这些政策不仅仅局限于系统全寿命周期内的技术数据。

1．数据管理计划的作用

通常推荐使用的数据管理技术规程是将数据管理计划作为工程/项目工作计划中的独立计划。数据管理问题的规模足以说明其应当成为独立计划。该计划应该覆盖如下数据管理主题：

- 数据集的标识/定义/管理；
- 数据控制——接收、修改、审查和批准的技术规程；
- 关于用户如何访问、搜索数据的指南；
- 能够促进数据重用，并且有助于确保数据在系统、系统族或体系中使用一致性的数据交换格式；
- 数据的权限和分发限制，例如，敏感但不涉密信息的输出控制；
- 数据的存储和维护，包括描述需要维护与管理的文档和记录的总清单。

2．技术数据管理需要考虑的关键问题

接下来的活动是采集、存储和维护技术数据，并按需要提供给经授权的团体。需考虑的将对实施技术数据管理活动产生影响的事项包括如下内容：

- 与承包商之间数据流/数据发送相关的需求应该在技术数据管理计划中说明，并且包含在项目申请指南和与承包商签订的协议中。
- NASA 不应强行要求承包商变更其现有的数据管理系统，除非现有的系统不能满足工程/项目的技术数据管理需求（包括数据交换需求）。
- 输入到技术数据管理系统的数据能否起到作用，完全取决于数据的构造者或生成者。
- 技术数据的可用性/可访问性取决于数据的创作者、构造者或生成者，同时依赖于技术数据管理系统的管理人员。
- 所建立的可用性/可访问性描述和列表应该确定控制基线，并且置于技术状态控制之下。
- 对于新的工程/项目，需要采用数字化数据生成和发送方法。已有的工程/项目若要“将硬拷贝数据转换为数字化数据”，应当进行费效比权衡。

3．数据管理的一般作用

技术数据管理流程提供如下领域政策和技术规程的应用基础：支持辨识和控制数据需求，快速而经济地获取、访问和分发数据，支持对数据的使用进行分析。

坚持数据管理的原则/规则，能够在政府和工业部门的技术工作中实现数据的共享、集成和管理，并确保所管理的技术数据能够生成满足要求或达到期望的信息。

技术数据管理流程对获取和组织技术数据起引导作用，并为下列应用提供信息：

- 辨别、收集、存储和维护产生于其他系统工程技术流程和技术管理流程的工作产品，以及形成这些工作产品过程中所依托的前提假设。
- 促使系统产品数据的协同和全寿命周期使用。
- 获取和组织技术工作的输入，以及获取和组织当前的、中期的和最终的输出结果。
- 分析需求、设计、解决方案、决策和客观依据之间的数据相关性及可追溯性。
- 归档记录工程技术决策，包括技术规程、方法、结果和结果分析。
- 再次购买产品和保障产品使用时，促进技术引入以提升购买力。
- 根据需要，支持其他技术管理流程和技术流程。

4．数据标识/定义

每个工程/项目都应确定在寿命周期中的数据需求。数据类型可以在标准文档中定义。NASA 中心和机构的指令任务有时指定文档内容，并相应地用于内部数据准备。标准化描述可能被修改以满足工程/项目的特定需求，在任务说明中可能需引入适当的描述语言来明确数据评估需实施的相应活动。“数据供应者”可能是承包商、学术界或政府部门。从外部供应者那里采购数据属于正式活动，需要准备采购文档；内部需求可能以非正式方法处理。下列是可能在工程/项目中使用的不同数据类型。

- **数据：**
  - “数据”通常被定义为“不考虑格式或方法的被记录的信息”。在不影响理解时，术语“数据”和“信息”经常互换使用。精确地说，数据通常经过某种方式处理后生成有用的、有价值的信息。
  - 系统工程数据管理中的“数据”，包括技术数据、计算机软件文档，以及事实、数字或任何具有可交流、存储及处理特性的数据描述；如此形成合同或协议需要的信息，交付到政府部门或被政府部门访问。
  - 数据包括系统开发数据，与系统开发或试验相关的建模与仿真数据，试验与评价数据，产品安装、部件、备件、维修、维护所需的数据，保持产品耐久性的使用数据，以及数据源或提供者提供的数据。
  - 有些数据明确不包括在技术数据管理范围内，这些数据是与 NASA 劳工业务信息相关的数据、通信信息（除了与特定需求相关）、财务事项、个人数据、交易数据，以及其他纯粹商业性质的数据。
- **数据查验：**来自政府部门相关人员（特别是集成产品小组的领导和职能负责人）的征询，目的是确认和证明来自采购合同的数据需求。由于承包商提供的数据由政府负担费用，数据查验（或等价行为）是一种常规控制机制，用于确保所要求的数据确实被需要。如果通过数据查验能够证实相关需求，则应开发每个所需数据项的描述并在合同中注明。
- **信息：**信息通常被认为是经过处理的数据。处理数据的方式依赖于可用的文档、报告、审查的形式或模板。
- **技术数据资料：**技术数据资料是相应地支持采办策略、生产、工程技术和后勤保障的数据产品的技术性描述。数据资料定义所需要的设计技术状态和技术规程以确保数据产品性能的充分性。数据资料由所有可用数据产品组成，如图纸、清单、规范、标准、性能需求、品质保证规定和包装细节。

- **技术数据管理系统**：管理工程技术数据所需要的策略、计划、技术规程、工具、人员、数据格式、数据交换规则、数据库，以及其他实体和描述。

5．**数据管理系统的初始结构**

在建立数据管理系统时，不需要获取（即购买和要求提交）项目中生成的所有技术数据。以按需了解为基础，某些数据可能存储在其他位置，但同样能提供可访问性。只有当访问权限不够充分、数据服务不够及时，以及因数据安全要求而无法支撑敏捷的寿命周期计划和系统维护时，才应当购买数据。数据查验是处理这些需求的通用控制机制。

技术数据的不当使用
如下是技术数据不当使用的示例： ● 涉密数据或通过秘密渠道提供的数据未经授权而泄露； ● 基于不完整数据、脱离背景的数据或易误解的数据，做出错误的解释； ● 在必须得到但未获得政府部门授权的部件采购或维护中使用数据。 防止技术数据的不当使用包括如下方法： ● 对利益相关者进行数据使用方面的讲解； ● 控制数据的访问权限。

6．**数据管理计划**

- **准备技术数据管理策略**。这个策略说明工程/项目的数据管理计划如何通过技术工作实施，或在缺少此类工程顶层计划时，用作准备详细技术数据管理计划的基础。数据管理策略包括如下内容：
  - 根据工程/项目或组织的策略、协议或法规来管理的数据项；
  - 数据内容和格式；
  - 工程/项目的内部数据流及与承包商之间数据流的框架，包括技术工作信息交换使用的语言；
  - 与数据产品的来源、生成、获取、存档、安全、保密和处置相关的技术数据管理职责和权限；
  - 为数据项的保留、传播和访问而确立的权利、义务和承诺；
  - 依据工程/项目或参与工程/项目组织的策略、协议和法规等约束条件，在相关数据存储、转换、传播和展示时所使用的标准和惯例。
- 从相应的利益相关者处获得对策略/计划的认可。
- 为实施技术数据管理计划中的活动准备技术规程，并且为实施针对该计划活动中各项技术工作的技术数据管理策略准备技术规程。
- 建立技术数据库，用于技术数据的维护和存储，提供给工程/项目工作人员使用，便于为技术数据管理安排工程/项目数据库的相关操作。
- 确定适用于技术数据管理范围和可用资源的数据采集工具。
- 根据国际标准/协议和适用的 NASA 标准，建立电子数据交换接口。
- 如有可能，在构建技术数据管理策略/计划、技术规程和数据采集工具的同时，培训相应的利益相关者和其他技术人员。

- 期望的成果如下：
  - 用于实现技术数据管理的策略和计划；
  - 为按计划实施技术数据管理活动而确立的技术规程；
  - 需要管理的数据总清单，按照种类和用途分类；
  - 已完成的可用的数据采集工具；
  - 能够指导建立技术数据管理技术规程和可用数据采集工具的合格技术人员。

7．规划数据管理和工具选择需要考虑的关键事项

- 输入到技术数据管理系统和分发到系统数据库访问请求者的所有数据，应能追溯数据的创作者、构造者或生成者。
- 输入到技术数据管理系统的所有技术数据应具有反映当前（审批、协议和信息等）状态的客观证据、版本/控制号和日期。
- 技术数据管理方法应该成为工程的系统工程管理计划的一部分。
- 期望用于部件再次采购和维护服务的技术数据，可能需要通过 NASA 中心法律顾问的审查。

在对工程或项目生成的数据进行数据访问和数据存储规划时，应当做细致的考虑。如果需要用到管理系统或工具，多数情况下可以非正式地使用技术状态管理工具。如果需要使用独立的数据管理工具，参见下面提到的来自实践经验的、对数据管理软件工具的评估。首先应考虑的是数据访问和数据输入的便利性；其次优先考虑的应该是针对当前工程/项目、未来工程/项目、NASA 整体效率和 NASA 工程知识体系唯一性方面特定数据的价值。

如果需要通过设计或购买软件来辅助数据管理任务，则应考虑如下关键功能或属性：

- 支持内部和外部利益相关者安全共享数据的能力；
- 版本控制和对比，用来追踪对象或产品的历史；
- 用户能安全地更新数据；
- 直至文件级的访问控制；
- 基于网络的数据管理；
- 连接数据到技术状态管理系统或单元的能力；
- 与由承包商或供应商提供的技术保障兼容，即能够根据需要接收来自第三方的数据；
- 根据需要与尚处于草案和建模过程中的程序进行集成的能力；
- 为用户提供中立格式的阅读器；
- 允许多用户的许可证协议；
- 工作流和寿命周期管理作为建议选项；
- 有限的用户定制化；
- 软件版本升级时的多重支持；
- 用户界面友好；
- 直接搜索的能力；
- 将计算机标准格式文件作为附件的能力。

数据采集检查清单
• 是否已确定数据采集的频率，以及是否已确定技术流程和技术管理流程中数据输入的时刻点？
• 是否已建立将数据从初始产生点移送到数据存储仓库，或移交给利益相关者的时间控制基线？

- 谁是数据输入的责任人？
- 谁是数据存储、检索和安全的责任人？
- 是否已开发或采购必要的支撑工具？

8．向已授权的团体提供数据（数据的价值）

工程开发数据的存储，需要在项目或工程的开始阶段做规划。有些数据类型需要在受控于NPR1441.1E《NASA记录管理程序要求》情况下使用，因而有特定的保留要求；那些不受控的类型必须说明。最好能做到评估所有产生的数据，决定其在整体上对工程/项目或NASA工程技术的价值。评价数据价值时需要询问如下四个基本问题：

- 数据是否用于描述将要开发或制造中的产品/系统？
- 将要开发或制造的产品/系统是精确制造所需要的数据吗？
- 数据能够为在未来相似的工程/项目中增强理解力提供支持吗？
- 数据是否具备需要在NASA的知识库中维护的关键信息，以备工程师未来使用或作为学习案例保存？

9．获取技术数据的相关任务

表6.6-1中定义了获取技术数据所需完成的任务。

表6.6-1　获取技术数据所需完成的任务

描述	任　务	期望结果
技术数据获取	① 收集和存储来自通用技术流程和技术管理流程的输入及技术工作结果，包括如下内容： • 来自技术评估的结果； • 对使用的方法、工具和指标体系的描述； • 各方面的建议、决策、假设，以及对技术工作和最终决策的影响； • 经验和教训总结； • 计划的偏差； • 相对于需求而言的异常和超差； • 用于追踪需求的其他数据。 ② 对收集的数据执行数据完整性检查，确保内容和格式的兼容性，同时进行技术数据检查，确保指定和记录的数据没有错误。 ③ 向数据的创作者或生成者报告完整性检查中发现的异常或差异，以便进行数据纠正。 ④ 作为常规计划维护的一部分，对数据采集和存储的技术规程排定优先级，进行评审和更新	① 需要用来执行及控制通用技术流程和技术管理流程的可共享的数据已经采集和存储。 ② 存储数据的详细目录
技术数据维护	① 对接收到的技术数据产品实施技术管理，尽到应有的作用和职责。 ② 管理数据库，确保采集到的数据有足够的品质和完整性，且对于拥有访问权限的人员是开放的、安全的和可用的。 ③ 定期评审技术数据管理活动，确保一致性，并辨识异常和偏差。 ④ 评审存储的数据，确保完整性、充分性、有效性、可用性、精确性、实时性和可追踪性。 ⑤ 根据需要进行技术数据维护。 ⑥ 辨识和归档重要问题及其影响，辨识为改正问题和减轻影响而对技术数据做出的变更。 ⑦ 维护和控制存储的数据，防止其被不适当使用。 ⑧ 以能够方便快捷恢复的方式存储数据。 ⑨ 以适当方式维护所存储的数据，保护技术数据远离可预见的（如火灾、洪水、地震等）危险	① 技术数据维护记录。 ② 技术工作数据，包括获取的工作产品、承包商提交的文档和购货方提供的文档，均已被控制和维护。 ③ 数据的存储状态被维护，包括版本描述、时间基线和安全等级

续表

描述	任务	期望结果
技术数据/信息分发	① 维护信息库或参考索引，保证技术数据的可用性并提供访问指令。 ② 接收和评估数据请求，由此决定数据需求和传输指令。 ③ 依据已建立的处理相关请求的技术规程，处理针对技术工作数据或信息的特殊请求。 ④ 根据协议、工程/项目指令性文件、技术数据管理计划和技术规程，确保被要求和请求的数据能够适当地分发，从而满足需求者和请求者的需要。 ⑤ 在允许数据库访问或任何被请求数据以电子方式发布/传送到请求者之前，确保电子访问规则得到遵从。 ⑥ 为向内部和外部接收者发布的技术数据提供正确性、可靠性、安全性保证	① 访问信息（如被访数据、访问方式、安全保密规程、访问时间窗口、有访问权限的个人）确已获取。 ② 技术数据通过适当的格式提供给授权的请求者，包括适当的内容、安全的发送模式
数据管理系统维护	① 实施安全防护措施，保护技术数据库和传送中的技术数据，防止未授权的访问和入侵。 ② 建立对全局技术数据一致性的保证机制，促进数据高效且有成效的使用。 ③ 适当地维护每个技术数据的备份。 ④ 评估技术数据管理系统，确定采集和存储方面存在的性能疑问和问题；确定数据用户的满意度；确定数据延迟或毁坏的风险、未授权访问的风险或信息从火灾、洪水、地震等意外中保存下来的能力。 ⑤ 系统性地对技术数据管理系统进行评审，包括数据库容量评审，决定其对国防采办框架后续阶段的适应程度。 ⑥ 对于发现的风险和问题，建议做如下改进： ● 作为技术风险管理的一部分，控制所识别的风险； ● 通过建立工程/项目变更管理的相应活动，控制所提出的变更	① 当前可用的技术数据管理系统。 ② 适当且有规律地备份技术数据以防止丢失

10．保护可交付使用的数据

所有可交付数据应该有相应的发布说明和技术规程，保护所有包含关键技术信息的数据，同时确保受限发布的数据、知识产权数据或所有权数据在系统工程活动中被适当处理。这项规定无论对硬拷贝数据还是数字化数据都适用。

作为全部资产保护计划的一部分，NASA 建立了保护关键工程信息的特殊技术规程。关键工程信息可能包括系统组件、工程技术/设计方案/制造流程、专业技术、系统能力和弱点，以及任何展示系统独有运行使用能力的其他信息。

关键工程信息保护应该是技术数据管理工作考虑的关键事项，必须是资产保护计划流程的一部分。

6.6.1.3 流程的输出

输出的含义是能够将以各种形式表现的所需数据及时、安全地送达经授权的接收者。技术数据管理流程的主要输出包括如下内容（见图 6.6-1）：

- **技术数据（产品）的形式**：各种类型的数据（如文本、图形、视频等形式）是如何持有和保存的。
- **技术数据的电子交换格式**：获取用于数据交换的各种途径，如数据描述、模板、模型等。
- **交付的技术数据**：向数据请求者发放的数据。

作为该流程的一部分所生成的其他工作产品包括用于技术数据管理的策略和技术规程，数据请求的处理、决策和前提假设。

6.6.2 技术数据管理指南

6.6.2.1 数据的安全性

NASA 通常会生成非常庞大的信息，其中多数是非涉密和非敏感性的，此类信息的使用和分发几乎没有限制。NASA 也通过大量机构内的工程和项目，以及在与其他联邦机构、学术界和私人企业的协作中，产生和维护涉密的国家安全信息。采用“敏感但非涉密（内部）”标记是要求创作者、发布者和接收者保持对敏感文档和数据的控制，或通过现行的控制流程实施控制。公开发行内部信息是禁止的，有内部标识的文档/数据应当通过安全方式传送。安全方式有加密邮件、保密传真或可追踪单线传递。内部文档和数据不允许使用标准 E-mail 传送。根据 NASA 内部指令文件 NID 1600.55《敏感但非涉密信息控制》，通过 E-mail 发送内部信息的安全方式是使用公共密钥基础结构传送文件。公共密钥基础结构是加锁/解锁计算机数据的密钥管理系统。公共密钥基础结构的目的是以安全的方式共享数据。公共密钥基础结构能够提供计算机和网络应用（包括电子商务和网络商务）的安全性。

详细设计数据（模型、图纸、汇报演示等）、访问权受限数据、商家选择数据、竞价和招商数据、财务数据、应急计划、受限的计算机软件等数据项都是内部数据的范例。被认为敏感但非涉密的内部数据项应当根据 NID1600.55《敏感但非涉密信息控制》给出清晰标记。不能直接进行标记的数据或数据项，如计算机模型和分析结果，应当填写 NASA 1686 表作为附件，表明整个数据资料都是内部数据。相关文档要以 NASA 1686 表作为封面。内部文档和数据同样应得到保护。保护内部数据的方式有按需设置的访问权限制、数据复制控制、数据使用时关注、适当的数据标记（通过文档页眉、页脚、NASA 1686 表）、数据存储在办公室/保险箱内或安全的服务器上、以安全方式传输、按批准的方法销毁（粉碎等）、关于内部数据更多的信息可参见 NPR1600.1《NASA 安全保密工程技术规程要求》。

6.6.2.2 国际武器交易规章（ITAR）

国际武器交易规章执行武器出口控制法案，包括美国军用品目录在内。依照武器出口控制法案 38 节和 47 节 7 款，美国军用品目录列出标定为“军用物品”和“军用服务”的物品、服务和相关技术数据。国际武器交易规章由美国国务院负责管理。国际武器交易规章定义的“技术数据”不包括在中学和大学中讲授的一般科学、数学或工程原理的信息，也不包括公共领域信息（如在美国联邦条例法典第 22 部《外交关系》第 120 章第 11 节中的定义），还不包括关于功能、目的或一般系统描述的基本市场交易信息。为实现国际武器交易规章的目标，需应用如下定义。

- **军用物品**（联邦条例法典第 22 部第 120 章第 6 节）：军用物品是军品目录上的所有物品或技术数据，包括以物理、模型、样机等形式或其他方式记录和存储的技术数据。如下部分给出军品目录中的军用物品的示例：
  （1）运载火箭，包括特殊设计或改进的组件、部件、附件、附属装置和相关设备；
  （2）遥感卫星系统，包括遥测、跟踪和控制卫星的地面控制站，以及使用军品目录中受控的加密单元或上行指令能力的被动地面站；
  （3）为军用系统进行特别设计、改进或配置的组件、部件、附件、附属装置和相关设备（包括地面保障设备）（参见联邦条例法典第 22 部第 121 章第 1 节中的完整列表）。
- **技术数据**（联邦条例法典第 22 部第 120 章第 10 节）：技术数据是用于设计、开发、生产、制造、组装、运行、维修、测试、维护或改进军用物品时需要使用的信息。其中包括以蓝图、图纸、照片、计划、指令和文档形式存在的信息。
- **与军用物品和服务相关的涉密信息：** 涉密信息按规定的发明秘密等级确定（美国法典第35卷第181章；联邦条例法典第37部第5篇）。
- **与军用物品直接相关的软件：** 受控的软件包括但不限于与军用物品相关的系统功能设计、逻辑流图、算法、应用程序、操作系统，以及用于系统设计、实现、试验、运行、诊断和修理的支撑软件。

6.7 技术评估流程

技术评估是横向关联的流程之一，通过定期的技术评审，以及监控性能、效能、关键性能参数、技术性能指标等与技术相关的指标，辅助监控工程/项目在技术方面的进展。其中的评审和评审指标还提供状态信息来支持评估系统设计、产品实现和技术管理决策。

NASA 设有多项回路型评审流程，分别针对空间飞行工程和项目（参见 NPR7120.5）及科学研究和技术开发型工程或项目（参见 NPR 7120.8《NASA 科学研究和技术开发工程或项目管理要求》）。根据工程或项目的特定需要，这些不同的评审回路全部支持同一个基本目标，却采用不同的格式和范式。

6.7.1 流程描述

图 6.7-1 所示是技术评估流程的典型框图，图中给出实施技术评估需考虑的典型输入、输出和活动。技术评估关注于对两方面内容的定期评估，一是工程/项目当前的技术开发进展和工程开发进展；二是寿命周期关键时刻点的系统健康状态。在这个评估流程中需要考虑 6 项评判准则：

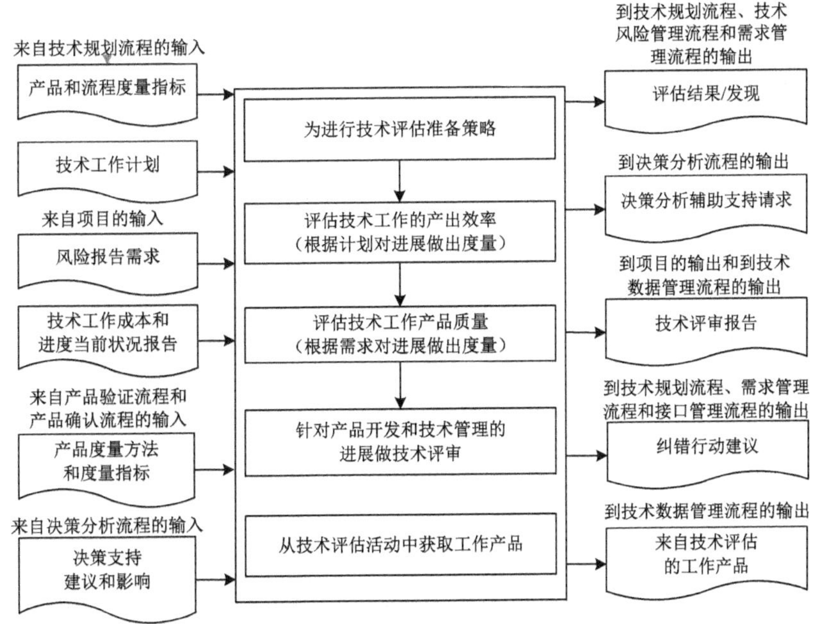

图 6.7-1 技术评估流程的典型框图

（1）符合 NASA 机构的战略目标和政策目标并发挥作用；
（2）管理方法的适用性；
（3）技术途径的适用性；
（4）费用和进度综合评估及资金策略的适用性；
（5）非预算性资源的适用性与有效性；
（6）风险管理方法的适用性。

6.7.1.1 流程的输入

技术评估流程所需的典型输入包括如下内容：

- **技术工作计划**：这些计划文档用于描述技术评审/评估流程，同时能够针对决定技术进展的、可被追踪和可被评估的要求，确定技术产品/流程度量指标。技术工作计划的实例包括工程（项目）工作计划、系统工程管理计划（如果有）、评审计划（可能是工程工作计划或项目工作计划的一部分）、人因系统集成计划和挣值管理计划（如果有）。这些计划中含有相对于 NASA 战略目标的一致性及贡献率相关信息和描述，包含工程/项目的管理方法和技术途径，集成费用/进度、预算、资源分配，以及风险管理方法。
- **技术流程和产品度量指标**：经认定需要评估和追踪的用于决定技术进展的技术指标。这些指标可以表示为效能指标、性能指标、关键性能参数和技术性能指标（参见本手册的 6.7.2.6.2 节），它们在关键的管理、技术、费用（预算）、进度和风险领域提供工程/项目的性能指征。
- **汇报/报告要求**：这是与评估方法相关的要求，评估方法可能要求对关于技术管理、技术费用（预算）、进度和风险的技术指标的当前状态做出报告。这项要求应用在工程/项目的内部，并且通过 NASA 中心和使命任务主管部门在 NASA 外部应用，据此了解工程和项目的实施状况。汇报/报告项目当前状态所用的方法和工具将依据项目特点分项建立。

6.7.1.2 流程中的活动

6.7.1.2.1 为实施技术评估准备相关策略

根据图 6.7-1 所描述，技术工作计划为技术评估流程提供初始输入。这些文档概要描述技术评审/技术评估的方法，并确定那些为了测定工程/项目技术进展而需追踪和评估的技术指标。技术工作计划的一个重要部分就是决定在时间、资源和性能方面需要什么来完成及实现满足预期目的和目标的系统。项目负责人需要具有对这些计划进展的预见力，以便进行适当的管理和控制。典型的活动是依据已经确定的技术指标来确定工程/项目进展，包括当前状态报告和评估数据。状态报告将依据特定的技术指标确认项目的实际进展。评估是指对状态报告的输出进行分析并将其转换为更实用的数据形式，这样能够明确数据规律和趋势，并掌握相对于期望结果的偏差。评估活动的结果将传入到决策分析流程（参见 6.8 节），并且可能需要对结果进行修正。这些活动共同形成了反馈回路，如图 6.7-2 所示。

这个回路的活动持续不断地发生，贯穿项目全寿命周期，应用于项目层次结构的每一个层级。评估规划的数据、当前状态报告数据和评估结果在每一层级中适当地汇集并转达到上一层级；再依据决策形成的所需采取的行动逐层向下分解。项目每一层级的负责人决定需要报告的状态数据及需要进行的评估活动应采取何种频率和形式（与建立在项目结构中更高层级的策略保持一致）。在建立这些状态报告和评估需求时，应当遵循如下由实践经验总结而来的原则：

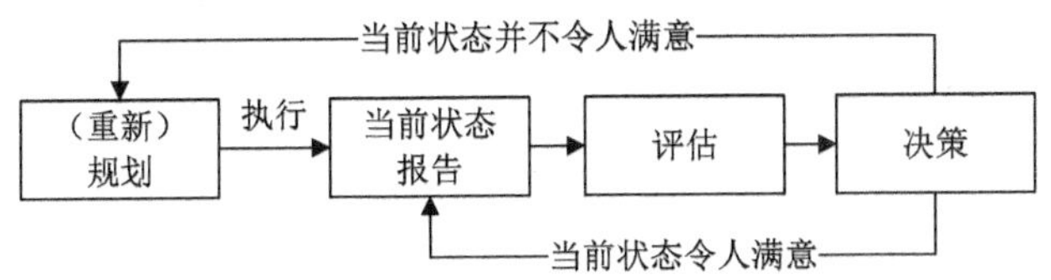

图 6.7-2 评估规划和当前状态报告反馈回路

- 使用公认的成熟定义的技术指标集（参见 6.7.2.6.2 节）
- 在项目所有层级使用同一格式报告相关技术指标；
- 维护历史数据，用于确定趋势和进行项目交叉分析；
- 鼓励使用逻辑分析过程确定技术指标（如对项目进展状态使用工作分解结构或产品分解结构）；
- 支持考虑定量风险指标的评估；
- 对所有技术指标使用着色编码（如红/黄/绿）提示区域来概要描述项目的条件。

6.7.1.2.2 评估技术工作的产出效率和产品质量，进行技术进展评审

尽管在出现关注点快速变更或引起新的关注点情况时，某些指标应该被更频繁地追踪，通常还是推荐规则的定期（如每月）技术指标跟踪。关键评审如初步设计评审和关键设计评审，还有项目状态评审是要点，此时技术指标及其趋势应被仔细评审，以便尽早警告潜在问题。一旦发现当前趋势持续的情况下可能会产生不利的结果，纠错行动应尽可能快地开始。在本手册的 6.7.2.6.1 节中给出了关于成本、进度表（包括挣值管理）、技术性能和系统工程流程指标相关状态报告及评估技术的更多信息。

在工程和项目的技术评审过程中，技术指标是主要评估内容。进行技术评审的典型活动包括如下内容：

（1）逐阶段确定、规划和实施技术评审工作；

（2）确定每项评审的目的、目标、启动准则和评审成功的评定准则；

（3）确定评审小组组成；

（4）明确和分解评审所需采取的行动。

本手册的 6.7.2.4 节总结了针对空间飞行和科学研究与技术开发两个领域工程/项目开展的典型技术评审类型，以及这些评审在支持管理决策流程方面的作用。该节同时明确了进行技术评审的一些通用原则，但没有给出明确指导意见，这部分留给执行工程/项目评审的团队自行细化。

执行技术评估的流程与其他领域（如风险管理、决策分析和技术规划）的流程有密切的关系。这些领域可能为技术评估流程提供输入或成为该流程输出的受益者。

表 6.7-1 给出了针对空间飞行项目的多个技术评审类型、评审目的、评审时机、评审判断准则和评审结果的综合概要。

表 6.7-1　空间飞行项目全寿命周期中评审的目的和结果

评审名称：使命任务概念评审（Mission Concept Review，MCR）	
评审目的	使命任务概念评审用于证实使命任务需求并评估所提出的使命任务目标及如何达到这些目标的构想
评审时机	使命任务概念评审应在进入概念开发阶段（阶段 A）之前完成
评定准则	NPR7123.1 的表 G-3 中给出了使命任务概念评审启动条件和评审成功评定准则的定义
评审结果	成功的使命任务概念评审应能支持做出如下决定，所提出的使命任务满足客户需要，并有充分的特性和价值支持外场中心做出管理决策，向 NASA 主管工程的副局长提出进一步开展阶段 A 研究工作的建议
评审名称：系统需求评审（System Requirements Review，SRR）	
评审目的	系统需求评审用于评价针对系统定义的功能需求和性能需求，评价工程或项目的初步工作计划，确保所定义的需求和选定的系统构想满足使命任务要求
评审时机	系统需求评审在概念开发阶段（阶段 A）进行，并且在系统定义评审或使命任务定义评审之前进行
评定准则	NPR7123.1 的表 G-1 中给出了面向工程的系统需求评审启动条件和评审成功评定准则的定义。NPR7123.1 的表 G-4 中给出了面向项目和面向单项目工程的系统需求评审启动条件和评审成功评定准则的定义
评审结果	成功的系统需求评审将在评审完成时固化工程/项目需求，据此，NASA 主管工程的副局长做出正式决策，继续推进为项目实施而提议的必要的准备工作
评审名称：使命任务定义评审（Mission Definition Review，MDR）/系统定义评审（System Definition Review，SDR）	
评审目的	该项评审在无人飞行项目中称为使命任务定义评审，在载人飞行项目中称为系统定义评审，用于评价所提出的系统架构是否符合功能需求和性能需求，评价这些需求是否已分配到使命任务/系统的所有功能单元
评审时机	使命任务定义评审/系统定义评审在概念开发阶段（阶段 A）的关键决策点 B 及开始初步设计之前进行
评定准则	NPR7123.1 的表 G-2 给出了工程中的使命任务定义评审/系统定义评审启动条件和评审成功判定准则的定义。NPR7123.1 的表 G-5 给出了项目和单项目工程中的使命任务定义评审/系统定义评审启动条件及评审成功判定准则的定义
评审结果	成功的使命任务定义评审/系统定义评审支持做出进一步开发系统架构/设计方案的决策，以及支持做出为完成使命任务开发任何所需技术的决策。该评审结果增强使命任务/系统的价值，为系统采办策略提供基础。作为成功完成使命任务定义评审/系统定义评审的结果，相应使命任务/系统及其运行使用已被充分掌握，从而保证最终整机产品的设计和采办
评审名称：初步设计评审（Preliminary Design Review，PDR）	
评审目的	初步设计评审用于验证初步设计方案在可接受的风险范围及成本和进度约束之内满足系统所有需求，并为进行详细设计建立基础。它表明已经选定正确的设计选项、已经确定系统接口，以及已经明确验证方法。初步设计评审应当处理和解决系统层级的关键问题，表明已经可以开始系统详细设计工作
评审时机	初步设计评审在初步设计阶段（阶段 B）接近完成时作为规划和论证阶段的最后一次评审进行
评定准则	NPR7123.1 的表 G-6 给出了初步设计评审启动条件和评审成功判定准则的定义
评审结果	作为初步设计评审成功完成的结果，产品设计控制基线得到批准。成功评审的结果还支持授权项目推进到实现和运用阶段并开始产品详细设计
评审名称：关键设计评审（Critical Design Review，CDR）	
评审目的	关键设计评审用于验证设计方案的成熟度已适用于支持进行系统全尺寸制造、组装、集成和试验。关键设计评审确定技术工作是否有望完成系统开发，在给定的成本和进度约束下满足使命任务性能需求
评审时机	关键设计评审在详细设计阶段（阶段 C）进行
评定准则	NPR7123.1 的表 G-7 给出了关键设计评审启动和成功通过评审判断准则的定义
评审结果	作为关键设计评审成功完成的结果，待要建造产品的控制基线、生产计划和验证计划已获批准。成功的评审结果还支持（根据提交评审的待要建造产品控制基线和编码标准）授权开始需交付软件的编码，授权开始系统鉴定试验和集成。所有未决问题应该已经按计划解决或采取终止行动

续表

评审名称：生产准备状态评审（Production Readiness Review，PRR）	
评审目的	在项目开发或采办多个（大于三个）相同或相似系统情况下，或在项目指定的情况下，进行生产准备状态评审。生产准备状态评审用于确定系统开发团队能够有效地生产所需数量系统的准备情况，确保生产计划、用于制造/组装/集成的配套产品准备就绪，人员已就位并准备开始生产
评审时机	生产准备状态评审在详细设计阶段（阶段C）进行
评定准则	NPR7123.1 的表 G-8 给出了生产准备状态评审启动条件和评审成功判定准则的定义
评审结果	作为生产准备状态评审成功完成的结果，用于最终生产的产品控制基线、生产计划和验证计划获得批准。产品设计图纸获准发布和授权生产。成功的评审结果还（根据评审中提交的待要建造产品控制基线和编码标准）支持授权开始需交付软件的编码，授权开始系统鉴定试验和集成。所有未决问题应该已按计划解决或采取终止行动
评审名称：系统集成评审（System Integration Review，SIR）	
评审目的	系统集成评审用于确保系统的部段、组件和子系统已经按照进度安排做好准备集成到系统中。根据计划，系统集成设施、保障人员、集成计划和技术规程已为集成做好准备
评审时机	系统集成评审在详细设计阶段（阶段C）结束和系统组装、集成和试验阶段（阶段D）开始前进行
评定准则	NPR7123.1 的表 G-9 给出了系统集成评审启动条件和评审成功判定准则的定义
评审结果	作为系统集成评审成功完成的结果，已建成产品的最终控制基线和验证计划获得批准。产品工艺图纸获准发布并授权支持系统集成。所有未决问题应该已按计划解决或采取终止行动。子系统/系统集成技术规程，包括地面保障设备、设施，后勤需求和保障人员的计划已经完成并为保障集成做好准备
评审名称：系统验收评审（System Acceptance Review，SAR）	
评审目的	系统验收评审用于验证特定目标产品完全符合其预期的成熟度水平，并且评估目标产品与利益相关者期望的相符程度。该评审同时确保系统已有足够的技术成熟度，可授权运送到指定的运行使用设施或发射场站
评审时机	
评定准则	NPR7123.1 的表 G-11 给出了系统验收评审启动条件和评审成功判定准则的定义
评审结果	作为系统验收评审成功完成的结果，系统已经被购买方接受，已得到授权运送硬件到发射场站或运行使用设施，可为运行使用安装软件和硬件
评审名称：运行使用准备状态评审（Operational Readiness Review，ORR）	
评审目的	运行使用准备状态评审用于检查实际系统的特性和用于系统或目标产品运行使用的技术规程，确保所有的系统，以及（飞行和地面）保障相关硬件、软件、人员、技术规程和用户文档准确反映系统的部署状态
评审时机	
评定准则	NPR7123.1 的表 G-12 给出了运行使用准备状态评审启动条件和评审成功判定准则的定义
评审结果	作为运行使用准备状态评审成功完成的结果，系统已经做好准备能够承担正式的运行使用任务
评审名称：飞行准备状态评审（Flight Readiness Review，FRR）	
评审目的	飞行准备状态评审针对安全和成功飞行或发射，结合后续飞行使命任务，检查用于确定系统是否准备就绪的产品试验、功能演示、定量分析和项目审核工作。该评审同时确保所有的飞行和地面相关硬件、软件、人员及技术规程已为运行使用准备就绪
评审时机	
评定准则	NPR7123.1 的表 G-13 给出了飞行准备状态评审启动条件和评审成功判定准则的定义
评审结果	作为飞行准备状态评审成功完成的结果，系统技术成熟度和技术规程成熟度已达到系统发射和飞行授权的要求，某些情况下可以启动系统运行使用

续表

评审名称：发射后评估评审（Post-Launch Assessment Review，PLAR）	
评审目的	发射后评估评审用于对空间飞行器系统部署后进入全面常规运行时可使用状态的评价。该评审根据发射后飞行及运行使用经历评价项目整体的状态、性能和能力。此时，项目责任人从开发单位转移到运行使用单位，因此该评审也包括对责任转移准备状态进行评估的含义。该评审同时评价项目计划的当前状态和执行使命任务的能力，重点在于近期的运行使用和使命任务中的关键事件
评审时机	评审通常在早期飞行的运行使用和初步检查之后进行
评定准则	NPR7123.1 的表 G-14 给出了发射后评估评审启动条件和评审成功判定准则的定义
评审结果	作为发射后评估评审成功完成的结果，系统已经做好准备承担在空间的正式运行使用
评审名称：关键事件准备状态评审（Critical Event Readiness Review，CERR）	
评审目的	关键事件准备状态评审用于确认在空间运行使用中，项目执行使命任务关键活动的准备情况。这些关键活动包括机动入轨、交会对接、再入大气、科学观察/空间遭遇等
评审时机	
评定准则	NPR7123.1 的表 G-15 给出了关键事件准备状态评审启动条件和评审成功判定准则的定义
评审结果	作为关键事件准备状态评审成功完成的结果，系统已经做好准备承担（或恢复）正式的空间运行使用任务
评审名称：飞行后评估评审（Post-Flight Assessment Review，PFAR）	
评审目的	飞行后评估评审用于在飞行结束后评价飞行中的活动。该评审确定在飞行和使命任务期间发生的所有异常，以及确定在未来飞行中缓解或解决异常现象所需要采取的行动
评审时机	
评定准则	NPR7123.1 的表 G-16 给出了飞行后评估评审启动条件和评审成功判定准则的定义
评审结果	作为飞行后评估评审成功完成的结果，关于未来使命任务的性能评估和建议的报告已经完成并归档，所有的异常已经处置并归档
评审名称：退役评审（Decommissioning Review，DR）	
评审目的	退役评审用于确认系统终止使用或退役的决策，评估系统安全退役和系统资产处置的准备情况
评审时机	退役评审通常在常规使命任务运行中已完成计划的使命任务目标而接近结束时进行。如果出现某些计划外事件，则需要提前终止使命任务，退役评审可能提前；如果运行使用寿命被延长，则允许开展更多的研究工作，退役评审也可能推迟
评定准则	NPR7123.1 的表 G-17 给出了退役评审启动条件和评审成功判定准则的定义
评审结果	成功完成的退役评审应当确保系统的退役和处置事项已实施，且退役过程是适当和有效的
评审名称：废弃/处置准备状态评审（Disposal Readiness Review，DRR）	
评审目的	废弃/处置准备状态评审用于考核查证系统资产进行最终废弃/处置的准备情况
评审时机	废弃/处置准备状态评审在系统主要资产已做好最终废弃/处置准备时进行
评定准则	NPR7123.1 的表 G-18 给出了废弃/处置准备状态评审启动条件和评审成功判定准则的定义
评审结果	成功完成的废弃/处置准备状态评审确保系统废弃/处置事项和废弃/处置过程是适当和有效的

6.7.1.2.3 获取流程工作产品

在上述活动中所生成的工作产品应当与以下内容共同获取：（1）所做出的关键决策；（2）支持决策的客观依据和前提假设；（3）在实施技术评估流程中总结的经验教训。

6.7.1.3 流程的输出

技术评估流程的典型输出应当包括如下内容：

- **评估结果、结论和建议**：这里输出的是针对已建立的指标所采集的数据，据此可以确定指标变化趋势，掌握其与所期望结果之间的偏差。评估结果将提供给决策分析流程，根据需要决定是否采取可能的纠错行动。
- **技术评审报告/备忘录**：这里输出的是所收集的来自每项评审的信息，获取关于根据评判准则能否通过评审的结果，以及相关建议和行动。
- **其他工作产品**：这些产品包括为技术工作评估制定的策略和技术规程、关键决策及其客观依据、前提假设、经验教训的总结。

6.7.2 技术评估指南

6.7.2.1 技术评估基础

进行技术评审旨在确保系统开发的三个主要方面工作能正确地定义系统，并且正在合理地向系统的预期结果推进。这三方面的工作是：最终系统的需求评审、设计评审和验收评审。

工程、项目或活动，不论规模大小都需要进行技术评审，这有助于确保所确定和集成的工程开发工作是正确的。NASA 有三个独立的技术评审路径：

- 空间飞行工程和项目遵循 NPR 7120.5 的要求，这将在 6.7.2.2 节中描述。
- 信息技术工程和产品遵循 NPR 7120.7 的要求，这将在 6.7.2.2 节中描述。
- 科学研究和技术开发工程和项目（包括航空航天研究项目）遵循 NPR 7120.8 的要求，这将在 6.7.2.5 节中描述。

上述各小节涉及针对最复杂的工程或项目所必需的评审。

对于小型工程、项目或活动，下面讨论的所有评审可能不是确保系统达到预期结果所必需的。相对于工程/项目寿命周期中的全套评审，需要使用对流程的剪裁（需经有关部门批准）给出有差别的定义并进行授权。对于最小规模的活动（使命任务类型 D 和 E），最小规模的技术评审将包括需求评审、设计评审和验收评审。如果项目或活动是为空间飞行系统生产产品，则飞行准备状态评审也是必要的。然而需注意的是，如果项目或活动是向更大的工程或项目提供系统、子系统、试验服务等，可能不需要单独的飞行准备状态评审。在这种情况下，较小的项目或活动可能需要提供相关信息，以支持较大的工程或项目进行飞行准备状态评审。

随着系统复杂性和开发花费时间的增加，可以按照时间顺序，或依据系统/元素，或两者结合来扩展评审类型并分步实施。例如，更复杂的工程或项目（使命任务类型 C）可能既需要初步设计评审，也需要详细设计评审。同样，更复杂的系统可能需要使命任务构想评审。最复杂的工程或项目（使命任务类型 A 和 B）可能既需要使命任务构想评审，也需要系统需求评审和系统定义评审。验收评审之前还可以进行设计认证评审，根据验证和确认的结果对系统设计方案进行认证；可以对复杂系统（使命任务类型 A 和 B）进行系统集成评审，这些系统需要在最终装配之前进行大量集成、测试和验收。针对飞行评审所涵盖内容之外在运行使用方面具有重要功能的系统，通常在飞行准备状态评审之前需要进行运行使用准备状态评审。复杂的空间飞行运行使用可能还需要发射后评估评审、关键事件准备状态评审和飞行后评估评审。长期的工程和项目，特别是那些拥有核心资产或轨道硬件的工程和项目，可能需要进行退役评审和/或废弃处置准备状态评审，以支持工程/项目的退役/废弃处置。

系统开发或运行使用的结果若未能满足所定义需求，则可能需要进行项目终止评审。这项评审不属于技术评审模板之列，是否实施由决策机构自行决定。应该指出的是，项目终止虽然通常会使项目人员失望，但可能是对外部条件变化的适当反应，或者是在对系统所属项目预期成本、效益更好理解基础上的适当反应。科学研究型和技术开发型工程及项目通常为特定活动定义了出口，这些活动构成了可以终止特定科学研究或技术开发活动的逻辑点。在项目终止评审中，工程和项目团队提供项目进展现状，包括决策机构要求的所有材料。根据需要，相应的保障组织（如采购部门/外部事务部门/立法事务部门/公共事务部门）也需参加评审。评审决策及决策依据在最终实施之前应全部归档，并将在适当时由 NASA 副局长或工程主管进行审查。

可以看出，工程、项目和活动的复杂性具有连贯性，可以映射为一组独立的技术评审。为确保在工程或项目的工作计划中确立一套正确的技术评审流程并归档，应充分了解待要开发的系统及使命任务背景。有了良好的理解，就可以为系统确立一套适当的技术评审流程。

作为确立适当的项目实施方法、风险态势和正确的评审范围的通用基础，需要考虑将要开发的使命任务/项目的类型。NPR 8705.4《NASA 有效载荷的风险分类》将 NASA 有效载荷的风险定义为 A、B、C 和 D 四类。目前没有 NASA 对非有效载荷进行分类的指导性文件。当然，NASA 中心或项目可以使用 NPR 8705.4 的理念来进一步定义正在开发的使命任务/系统的类型，然后确定每种类型所需的评审或监督类型。表 3.11-1 给出了一个示例，说明针对 NASA 开发、执行的各类系统和使命任务如何给出进一步的定义。作为参考，该表包括了一些工程/项目实例。

使命任务类型 E 和类型 F 处于工程/项目复杂性的低端，并且往往需要基本的需求评审、设计评审和验收评审。对于空间飞行工程、项目和活动，参与或单独进行飞行准备状态评审是必要的。使命任务类型 C 通常需要进行的技术评审范围可以大到单独进行初步设计评审和关键设计评审，还可能要在验收评审中附加系统的物理技术状态审核和功能技术状态审核。同样，这些评审取决于正在开发的系统的复杂性。使命任务类型 B 倾向于使用 6.7.2.3 节中规定的全套评审。使命任务类型 A 则需要进行全套评审，并且可以将这些评审分布在各个单元中，而工程/项目顶级评审只是对较低层级评审的集成。

6.7.2.2 评审、审核和关键决策点

为了全面了解 NASA 机构政策中提出的各种技术评审，空间飞行工程和项目按照 NPR 7120.5 和 NPR 7123.1 确定寿命周期。信息技术工程和项目按照 NPR 7120.7 确定寿命周期。科学研究和技术开发型工程和项目按照 NPR 7120.8 确定寿命周期。有必要研究上述每个文件中的政策意图。评审的结果应通报决策机构。NPR 7120.5、7120.7 和 NPR 7120.8 主要关注向决策机构通报工程/项目是否准备好进入寿命周期的下一阶段。

通报在每个里程碑评审时完成，并且在整个寿命周期中与关键决策点紧密关联。对于空间飞行的关键决策点/里程碑评审，由作为独立评审委员会（SRB）成员的外部独立审查员对工程/项目进行评估，并最终将其调查结果报告给决策机构。对于准备面对独立评审委员会的空间飞行工程或项目，技术团队应该实施内部同行评审流程。该流程通常包括子系统和系统层级的非正式或正式同行评审或寿命周期评审（参见第 6.7.2.2.4 节）。对于科学研究和技术开发型工程和项目，应定期进行独立评估（如第 6.7.2.5 节所述）。

评审、审核和关键决策点的意图和策略应该在阶段 A 开发，在工程/项目工作计划中确定，或在单独的评审计划中确定。专门实施的这些活动应该与本节中描述的评审和审核类型一致，与 NASA 工程和项目寿命周期图（参见图 3.0-1 至图 3.0-4）中描述的一致。而评审、论证、审核和关键决策点的时间安排应该适应每个项目的特定需要。

6.7.2.2.1 目的和定义

评审的目的是完善机制和流程，为 NASA 管理层和承包商提供如下保证：(1) 所选择的是最满意的方法、计划或设计方案；(2) 形成的技术状态控制项能够满足特定需求；(3) 科学研究和技术开发型工作已经完成或正在取得所期待的进展，确定能够继续进行。评审能够帮助促进使命任务或项目参与者更好地相互理解，打开交流通道，提醒参与者和管理方发现问题并找出解决途径。评审的意图是增加项目的价值，提升项目的品质和项目成功的可能性。通过邀请外部专家参与评审，可以帮助确定所提出的方法、概念和控制基线的可行性，或提出备选方案建议。评审可能是工程寿命周期阶段评审、项目寿命周期阶段评审或内部评审。

审核的目的是为 NASA 管理层和承包商提供针对工程/项目策略、计划、需求和规范是否得到遵守而进行彻底检查的结果。审核是对确定评审活动和相应文档适当性、合理性和有效性的有形证据进行系统性检查。审核也可能检查政策和流程文档，同时验证对这些政策和文档的遵从程度。

设置关键决策点的目的是提供一个预定事件点，在该时刻决策机构决定工程/项目是否已准备好进入寿命周期的下一阶段（如从阶段 B 到阶段 C，从阶段 C 到阶段 D 等）或是否已准备好启动下一个关键决策点。关键决策点是 NASA 对工程/项目监管和审批流程的组成部分。关于流程和监管团队的详细描述，可参见 NPR 7120.5、NPR 7120.7 和 NPR 7120.8。本质上，关键决策点就像是工程和项目应该通过的控制节点。在每一阶段，关键决策点之前会安排一项或多项评审，包括工程管理专家委员会评审。载人和无人空间飞行工程和项目之间的每一阶段总会有些差异，对于科学研究型和技术开发型工程、技术开发项目、科学研究与技术开发组合项目也是如此，但所有阶段总是以关键决策点结束。关键决策点评审可能包括如下结果：

- 批准继续推进到下一个关键决策点。
- 批准继续推进到下一个关键决策点，具体行动方案待定。
- 不批准继续推进到下一个关键决策点。在这种情况下，后续行动可能包括要求获取更多信息和进行偏差独立审查、要求进行工程或项目终止评审（仅在阶段 B、C、D 和 E），或为继续执行当前阶段工作明确方向，或对工程/项目重新定向。

决策机构评审用于支持决策过程的材料、协议和工程/项目归档资料，由工程管理委员会、独立评审委员会、工程负责人、项目负责人和 NASA 中心管理机构提交。决策机构做出决策需考虑大量因素，包括与 NASA 战略需要、目标和目的之间的持续相关性，NASA 资源的持续成本承受能力，进入下一阶段的可行性和准备状况，工程或项目后期（在成本、进度、技术和安全方面）的风险。对决策机构最终决定的申诉需提交到更高层的决策机构。

6.7.2.2.2 评审的一般原则

某些因素能够影响既定评审的实施计划，如设计复杂性、进度、费用、可视性、NASA 中心实践经验、评审本身等。因此，在 NASA 机构中没有制定如何实施评审的标准。但是某些关键要素或原则应该包含在评审计划中，其中包括评审范围、评审目的、启动条件、评审成功评判准则（与 NPR7123.1 一致）和适用流程。评审流程的确定应该包括标明评审进度（含面对面会议的时间和议程草案），明确参与者的作用和责任，确定需要进行汇报演示的材料和数据资料内容，以及用作评审中必纠偏差报告和/或需纠偏差建议和/或评审意见的表格样本。用来筛选和评审项目偏差/纠偏行动要求/意见的评审流程也应包含在计划内。评审计划应当得到技术团队牵头人和项目负责人的同意，对于独立评审委员会评审，评审计划须得到独立评审委员会首席的同意。

所有评审应由当面演示汇报构成，汇报内容包括已明确的项目需求，以及满足需求的方法、计划或设计方案。通常由经认定的设计工程师或其直接指导者进行汇报。评审人员包括独立评审委员会的委员，还包括关键利益相关者，如科学团体代表、工程行政官员等。这将确保项目得到能够控制项目推进人员的支持，以及得到使命任务成功受益人员的支持。邀请与将要评审的设计方案不直接相关的项目人员参与（如电力系统人员参与热控系统讨论）是非常有益的。这额外增加了项目利用交叉学科的专业技术发现设计不足或提出改进建议的机会。当然，评审人员也应该包含来自安全、质量和使命任务质量保证、可靠性、人因系统集成、验证和试验领域的非直接参与项目专家。项目规划和控制人员同样应当参与对费用和进度方面的评价。

6.7.2.2.3　工程寿命周期技术评审

NASA 内部的工程可以划分为如下几种类型：

- **单项目工程（如“詹姆斯·韦伯”空间望远镜工程**[①]**）**：此类工程常常具有较长的开发周期和运行使用周期，表明 NASA 在工程/项目中的大量资源投入，以及来自多个组织和机构对工程/项目的贡献。
- **无耦合工程（如“发现”工程**[②]**或“空间探索”工程**[③]**）**：此类工程在广泛的科学主题和/或通用工程概念下实施，如为通过商机公告或 NASA 研究项目公告的发布而选定的固定成本项目提供频繁的空间飞行试验机会。工程中每个项目都独立于其他项目。
- **松耦合工程（如“火星探测”工程或“无人月球先驱”工程**[④]**）**：此类工程面向特定的科学或探索目标，实施不同范围的多个空间飞行项目。每个单独的项目都设定特定的使命任务目标，在论证流程中从架构上和技术上开发使整体受益的协同和策略。例如，对于所有火星轨道设计寿命超过一年的轨道器，都需要携带支持当前和未来着陆车的通信系统。
- **紧耦合工程（如“星座”工程**[⑤]**）**：此类工程拥有多个项目来分别执行部分使命任务。其中每个单独的项目不能实现完整的使命任务。通常，由多个 NASA 中心共同为完成工程开展工作。每个单独项目在不同的中心管理。工程中还可能包括其他政府机构或国际合作者的参与。

---

① 詹姆斯·韦伯（James Webb）空间望远镜是美国计划中的红外观测太空望远镜，作为继任者替代即将结束观测活动（原定于2010年，后延长至2013年，实际上目前仍在工作）的哈勃太空望远镜。韦伯空间望远镜原计划于2013年发射升空，实际发射时间因各种问题一直推迟，最近一次推迟到不早于2021年10月31日发射。詹姆斯·韦伯（1902-1996）是美国NASA的第二任局长，曾领导美国“阿波罗”登月工程等一系列空间探测项目，取得卓越成就。

② “发现”（Discovery）工程是 NASA 空间探索工程的一部分。“发现”工程的目标是发射具有快速研制周期的较小使命任务飞行器，对太阳系进行探测和（或）对太阳系外环境进行遥感探查。

③ “空间探索”（Explorer）工程由NASA在2005年9月发布，其主要内容分为“科学、探测与航宇”和“探测能力”两大部分。其中“科学、探测与航宇”包括科学试验、探测系统和空间飞行三项使命任务。

④ “无人月球先驱”（Lunar Precursor）工程是美国为未来载人月球飞行做准备的使命任务。其于2009年6月首次发射的月球勘测轨道飞行器的主要目标是为美国人再次登月勘测月球资源并决定可能的着陆地点。

⑤ “星座”（Contellation）工程是美国NASA正在筹备的空间探索计划，整个工程包括一系列新的航天飞行器、运载火箭和相关设施，将在包括国际空间站补给及登月等各种空间使命任务中使用。原计划首次发射日期是2015年3月。2010年1月29日，美国白宫证实，由于奥巴马政府2011财年预算中的财政限制，（计划重返月球的）星座工程已经终止。

所有类型的工程都需要经历表 6.7-2 中列出的两项技术评审。其中主要差异体现在，无耦合工程/松耦合工程趋向在关键决策点 I 之后对其项目进行“当前进展型”评审，而单项目工程/紧耦合工程趋向在关键决策点 I 之后采用项目寿命周期技术评审流程。

在关键决策点 I 之后，单项目工程/紧耦合工程有必要进行系统的顶层评审。这些评审将项目结合在一起，帮助确保需求的分解和系统/子系统整体设计解决方案能够满足工程需求。工程/项目顶层评审同样能帮助解决项目之间的接口/集成问题。为了方便本手册的使用，在此明确单项目工程和紧耦合工程将遵循以下各小节中定义的项目寿命周期评审流程。根据最佳实践经验和总结的经验教训，在针对工程所属项目实施概念和需求评审之前，应进行工程的“概念和需求”评审，在实施项目设计和验收评审之后进行工程的“设计和验收”评审。

表 6.7-2 工程的技术评审

评 审	目 的
工程/系统需求评审	检查来自于工程及其组成项目定义的功能需求和性能需求，确保项目需求和选定的构想能满足工程需求和更高层级的需求。这是一项内部评审，要求提供粗略描述的预算和进度表
工程/系统定义评审	检查所提议的工程架构及其到系统功能单元的分解过程

6.7.2.2.4 项目寿命周期评审

多年来，术语“项目寿命周期评审/项目里程碑评审”对于不同的 NASA 中心其含义不同。有些认为，它是项目中基于（预）评审委员会的必纠偏差评审意见进行的受控正式评审，还有些则认为，它是基于需纠偏差评审意见并与独立评审委员会/关键决策点流程密切相关的活动。本手册使用后者对该术语的定义。项目寿命周期评审是决策机构规定和召集的强制性评审，将项目寿命周期中的内部技术流程（同行评审）结果提供给 NASA 管理团队和独立的评审团队，如独立评审委员会（见 NPR7120.5）。这些评审结果用于评估项目的进展和现状，向 NASA 管理团队保证选定的是最满意方法、计划或设计方案，且生成的技术状态控制项能够满足特定需求，保证技术状态控制项可以发布和使用。寿命周期评审的实例包括使命任务概念评审、系统需求评审、初步设计评审和关键设计评审。

特定的寿命周期评审之后紧接着一个关键决策点，在此节点项目决策机构基于寿命周期评审团队的结果和建议，决定项目是否进入寿命周期下一个阶段。

6.7.2.2.5 独立评审委员会

独立评审委员会的作用是向工程/项目及评审召集机构提供咨询，而无权管理工程/项目的任何内容。独立评审委员会根据工程/项目的控制基线，针对技术性方法和工程性方法、风险态势、工程/项目进展等进行评审，并提供专家评估意见。适当时，该评审委员会可以给出提高性能或降低风险的建议。

6.7.2.2.6 内部评审

在项目实施或任务执行过程中有必要进行内部评审，向由同行组成的评价/评议团队提供项目的技术途径、权衡研究、分析结果和问题域。评审的时间安排、参与者和评审内容通常由项目负责人、责任系统工程师或评审组织管理者在技术团队的支持下确定。在准备寿命周期评审的过程中，启动项目工作计划中定义的内部评审流程。这些评审不仅是交换思想和解决问题的会议，还是允许项目结合系统工程的内部评审，通过评审技术途径、权衡研究和分析结果，确立项目需求、工作计划和设计方案的控制基线。

内部同行评审有时由责任系统工程师主持进行，这样可以为控制项目的技术进展提供一个极好的方法。这些评审还可以应用于确保所有的利益相关团体在流程早期介入，并在整个流程中参与系统开发。因此，来自诸如生产制造和质量保证领域的代表应作为主动参与者参加内部评审。对于与被评审系统或子系统可能存在接口关系的来自其他 NASA 中心和外部组织的系统或子系统，请他们派代表提供保障同样是好的做法。这样做能够确保设计方案是可生产和可集成的，以及确保产品质量在项目寿命周期内得到管理。

鉴于内部同行评审的内容比寿命周期评审的内容更加详细，评审团队可以利用内部和外部的专家帮助开发和评估内部评审的方法和概念。某些组织内部会组建“红队”提供内部的、独立的同行审查，确定不足和不符之处并提出建议。项目通常将其内部评审看做是“桌面”评审或“中期”设计评审。无论怎样命名，目的都相同，即确保项目寿命周期评审成功的控制基线准备就绪。值得一提的是，由于这些评审的重要性，每项评审应该在评审开始之前准备明确定义的启动条件和评审成功评判准则。

同行评审能提供对确保产品质量和流程质量至关重要的深刻技术见解。同行评审是聚焦而深入的技术评审，支持产品（包括关键文档或数据资料）设计和开发的改进。本质上，同行评审可以是正式的也可以是非正式的。它们通常但不总是作为初步设计评审和关键设计评审等技术评审的辅助评审进行。同行评审的目的是通过引入专家知识和确认技术途径，辨识缺陷并提出产品改进的专门建议来增加产品价值和减小风险。

每个产品的同行评审都应该有明确的目标，有期望产品能够满足的一系列需求，以及在评审之前确立的同行评审检查清单。工程开发的同行评审结果是所有评审流程中的关键要素。在同行评审过程中出现的结果和问题将被记录归档并报告给高一层级的相应单元。有关正式的软件同行评审，请参阅 NASA-HDBK-2203《NASA 软件工程手册》。

参与评审的同行应当从项目团队之外选择，但是他们应该具有相似的技术背景，且需依据他们的技能和经验进行选择。同行评审应该仅关注产品的技术完整性和产品质量。同行评审应该保持简单和非正式，应该专注于文档审查，评审过程中应尽量减少图表演示。相对于台前表述方式，圆桌会议形式更受欢迎。同行评审应该给出需要审查事项的完整技术视图。

评审的技术深度应该建立在允许评审团队洞悉技术风险的水平上。可能需要建立规则来确保同行评审流程的一致性。在做出评审结论时，关于发现的问题、相关建议和行动报告应当分发给技术团队。在 NPR 7123.1 的表 G-19 中给出了同行评审的启动条件和成功通过评审的评判准则定义。

对于系统工程工作在 NASA 外部完成的项目，同行评审应当是合同的一部分。

成功完成同行评审可以确保所评审的项目内容是在技术、成本和进度方面的风险可接受情况下推进的，能够支持系统的成功完成。

6.7.2.3　空间飞行项目所必要的技术评审

本小节描述 NPR7123.1 要求的在 NASA 空间飞行工程和项目寿命周期内实施的技术评审的目的、时机、目标、成功评判准则和结果。意图是为工程/项目负责人和系统工程师提供指导信息，同时说明评审活动和系统工程产品逐渐成熟的过程。对于飞行系统和地面保障项目，NASA 寿命周期的规划和论证阶段及实现和运用阶段又划分为 7 个项目阶段。表 6.7-1 中列出的评审清单可以帮助准备特定的评审启动条件和成功评判准则，但不能替代它们。为了尽量减少额外工作，评审材料应该是工程/项目的关键文档。NPR 7120.5 给出的空间飞行项目所需各类型技术评审的目的、时机和结果的综合摘要见表 6.7-1。

对于每一项评审，评审的目标如下：

- 确保评审是对产品的全面评审。
- 确保产品符合启动条件和成功评判准则。
- 确保评审中发现的问题已恰当地归档并已准备好解决方案计划。

6.7.2.4 其他技术评审

本小节中讨论的典型技术评审都是曾在早期的工程和项目中实施过的，但并不作为NPR7123.1 系统工程流程所必需的一部分。

6.7.2.4.1 设计认证评审

1）评审目的

设计认证评审（Design Certification Review，DCR）确保所实施的资格认证能够证明设计方案符合功能和性能要求。设计认证评审是安全性和使命任务成功评审（参见 NPR 8705.6《安全性和使命任务质量保证的审核、评审和评估》）的一种形式，可能需要在 NASA 首席安全官或首席工程师确定关键飞行活动之前实施。该项评审的必要性应编入工程或项目工作计划中。设计认证评审紧跟在系统关键设计评审之后，在完成鉴定试验且由鉴定试验导致设计改进的纠错行动完成之后实施。

2）评审目标

该项评审的目标如下：

- 认定产品验证结果满足功能和性能需求，试验计划和技术规程在指定的环境下能正确执行。
- 证实在产品试样和生产正样之间的可追溯性（包括名称、序号和当前列出的所有免责声明）是正确的。
- 确定由于在试验开始时因设计变更或需求变更而需要进行的附加试验，并根据试验结果解决相关问题。

3）成功完成评审的评判准则

下列事项组成一个检查清单，帮助确定设计认证评审所需产品的准备情况：

- 试样的来源能否直接追溯到生产单位？
- 试样所使用的验证计划是否是最新的且已得到批准？
- 试验所用技术规程和环境是否与计划中指定的相符？
- 试验中是否会产生由于试验而导致的试样技术状态或设计方案的变更？是否需要做出设计技术规范变更，或重新进行试验？
- 设计文档和技术规范文档是否已经审核？
- 验证结果是否满足功能需求和性能需求？
- 验证文档、设计文档和技术规范文档是否相互关联？
- 人因单元（如人因/系统功能分配、运行使用构想、维护与后勤保障计划等）是否被适当地集成、评价和归档？

4）评审结果

作为成功实施设计认证评审的结果，目标产品的设计方案获得批准转入生产。所有未决问题应该已经通过归零行动和计划得到解决。

6.7.2.4.2 功能技术状态和物理技术状态审核

技术状态审核的作用在于认定产品技术状态是精确和完整的。技术状态审核有两种类型，分别是功能技术状态审核和物理技术状态审核。

- 功能技术状态审核检查成型产品的功能特性，并根据试验结果验证产品满足相应需求，该需求在通过初步设计评审和关键设计评审批准的功能控制基线文档中定义。功能技术状态审核将在硬件或软件成型产品上执行，并先于成型产品的物理技术状态审核进行。
- 物理技术状态审核（可看作技术状态检视）检查成型产品的物理技术状态，并验证产品符合前期由关键设计评审批准的待建造产品（待编写软件）的控制基线文档。物理技术状态审核将在硬件和软件成型产品上进行。

表 6.7-3 给出了有代表性的功能技术状态审核和物理技术状态审核数据清单。成功实施功能技术状态审核和物理技术状态审核能确保成型产品中所有系统功能组件和物理组件是精确和完整的。

表 6.7-3 有代表性的功能技术状态审核和物理技术状态审核数据清单

有代表性的审核数据清单	
功能技术状态审核	物理技术状态审核
● 设计规范； ● 设计图纸和部件清单； ● 工程技术变更提议/工程技术变更请求； ● 合并和审理中的允偏/免责审批请求； ● 技术规格和图纸结构目录； ● 空间碎片控制计划； ● 结构动力学分析、载荷和模型文档； ● 材料使用协议/材料鉴别使用清单； ● 验证和确认需求、计划、技术规程和报告； ● 软件需求和开发文档； ● 已完成的试验和试验结果清单； ● 关键设计评审完成时的归档文件，包括必纠偏差报告/需纠偏差建议和处置报告； ● 权衡分析报告； ● 紧急情况快速发布系统（ALERT）追踪日志； ● 危险分析/风险评估； ● 人因单元集成（人因系统集成计划与更新）	● 所有技术规范的最终版本； ● 产品图纸和部件清单； ● 技术状态查验和当前状态报告； ● 所有软件和软件文档的最终版本； ● 所有产品功能技术状态审核结论的副本； ● 已批准的和未完成的工程技术变更提议、工程技术变更请求和允偏/免责审批请求的清单； ● 外包合同形式部件清单； ● 运行模式下试验的技术规程； ● 图纸和技术规格结构目录； ● 生产制造记录和生产检查计划； ● 检查记录； ● 建成产品的异常报告； ● 产品日志记录本； ● 建成产品的技术状态列表

6.7.2.4.3 试验准备状态评审

试验准备状态评审的作用在于确保产品试样（硬件/软件）、试验设施、保障人员和试验规程已准备就绪，可以进行试验和数据采集，进行数据的简化和控制。在项目进行大型验证和确认活动（如一系列试验）之前，试验准备状态评审可以多次进行。试验准备状态评审是安全性和使命任务成功评审的一种形式（参见 NPR 8715.3 和 NPR 8705.6），在进行新硬件或改进后硬件的危险性测试之前可能需要，这些试验由首席安全官或首席工程师指定。需要进行的评审应编入工程或项目工作计划中。试验准备状态评审的启动条件和评审成功评判准则在 NPR 7123.1 的表 G-10 中定义。成功的试验准备状态评审表征为，负责试验和安全性的工程师证明试验准备工作已经完成，并且项目负责人已经授权正式启动试验。

6.7.2.4.4 工程实施情况评审/工程进展状态评审

根据决策机构的要求和工程工作计划中的规定，在工程的实现和运行阶段定期进行工程实施情况评审或工程进展状态评审，评估工程进展与 NASA 机构战略计划的持续相关性。这两项评审根据预期的期望结果评估工程绩效，确定在费用和进度约束下，工程以可接受的风险完成实现和运行阶段工作计划的能力。工程实施情况评审和工程进展状态评审通常在工程/项目的运行使用阶段定期发生。两项评审的启动条件和评审成功评判准则在 NPR 7123.1 的表 G-20 中定义。成功完成工程实施情况评审和工程进展状态评审能确保工程进展符合 NASA 机构的战略目标和承诺。

6.7.2.5 科学研究和技术开发型工程的评审

在 NASA 内部有各种类型的科学研究和技术开发型工程：

- 科学研究与技术开发型工程由科学研究与技术开发型项目组成，这些项目由严格的科学研究与技术开发类投资支持，用于调查研究特定的物理现象或逻辑，开发专用技术。这些科学研究与技术开发型项目倾向于定义成本/进度结构，而不是给定寿命周期成本和结束日期。
- 技术开发项目的重点是开发可以在未来实施的航空或空间飞行中应用的技术。这种类型项目的当前状态评审可以按照特定的空间飞行项目评审模板进行，具体取决于技术开发的方法。技术开发项目可以作为先期技术开发成果在 NASA 机构的其他文档资料中引用。
- 科学研究与技术开发组合项目可以由一组或多组科学研究和技术开发型课题组成，这些课题旨在分析处理为科学研究与技术开发组合项目确定的目的和目标。项目包含的研究型课题和技术型课题相关但独立管理。研究型与技术型组合项目可以作为基础和应用研究成果在 NASA 机构的其他文档资料中引用。

无论何种类型，所有科学研究和技术开发型工程/项目都遵循专门为工程/项目定义的当前状态评审格式。

6.7.2.5.1 内部评审

在项目实施或任务执行过程中有必要进行内部评审，向由同行组成的评价评议团队提供项目技术途径、权衡研究、分析结果和问题域。评审的时间安排、参与者和评审内容通常由项目负责人或评审组织管理者在技术团队的支持下确定。在准备寿命周期评审的过程中，启动项目工作计划中确定的内部评审流程。这些评审不只是交换思想和解决问题的会议，还能促进项目团队了解科学研究与技术开发的进展，对研究计划、进度和资金做出调整。

值得一提的是，由于这些评审的重要性，每项评审应该在评审之前有明确的目标。

6.7.2.5.2 *必要的技术评审*

本小节描述 NASA 科学研究和技术开发型工程/项目在寿命周期内所需进行技术评审的目的、时序、目标、成功评判准则和结果。意图为工程/项目负责人、系统工程师和课题负责人提供指导信息，同时表明科学研究与技术开发活动逐渐成熟的过程。

在科学研究和技术开发型工程/项目中，系统工程师的角色各不相同。通常，课题负责人负责发挥科学研究和技术开发工作的系统工程功能。科学研究型系统工程师可能需要负责技术开发工程/项目中的系统工程工作。负责科学研究与技术开发组合项目系统工程工作的可以是研究型系统工程师，也可以是工程/项目顶层的课题负责人，职责是整合组合项目中的各种研究活动。课题负责人负责（工程内）单独的研究项目或（项目内）单独的研究课题。

与科学研究和技术开发型工程相关的四种基本评审类型是规划论证评审、当前状态评审、独立评估和同行评审。有关对这些评审的总体要求请参阅 NPR 7120.8 中更全面的描述。

1）规划论证评审

在启动（工程的）关键决策点 I 或（项目的）关键决策点 C 之前，应进行规划论证评审，以确定科学研究和技术开发型工程/项目是否已准备好进入实现和运行阶段。评审由内部评审和外部评审组成。内部评审的评估内容包括技术概念、风险、采办策略的可行性，高层级需求和评审成功评判准则，以及计划、预算和进度表；同时确定工程或项目如何支持 NASA 机构的战略要求、目的和目标。外部评审是一项独立的评估活动，在主管机构的指导下，在规划论证评审的职责范围内，由某个单独的组织执行，参见 NPR 7120.8 中的描述。

2）当前状态评审

当前状态评审是由决策机构召集的强制性评审，用于将整个项目寿命周期中的技术进展成果汇总给 NASA 管理层和/或独立评估评审小组（参见 NPR 7120.8）。这些评审用于评估项目的进展和健康状况，为 NASA 管理层提供保证，所选择的是最满意的科学研究与技术开发方法和计划，科学研究与技术开发工作正在取得进展且仍然具有活力，或科学研究与技术开发已经到了逻辑终点。

3）独立评估

独立评估是一项特定的评估或评审活动，由与工程/项目无关的实体单位组织实施。独立评估有三项内容：相关性，质量和性能。针对相关性的独立评估用于确定工程/项目与国家战略布局、机构使命任务、相关领域需求和“客户”需要的相关性，并且证明工程/项目花费纳税人的资源是正当的。针对质量的独立评估用于确定受资助的工程/项目将使研发质量最大限度地提高，而绝大部分资金资助的申请对采用的方法有明确陈述且能够承受质疑。工程/项目应评估产品研发的当前质量和原有质量并给出报告。最后，针对绩效的独立评估可以确定工程/项目已达到其高优先级的长期研发目标，依据是年度绩效产出和用于展现已经达到各项成果要求的里程碑。独立评审的具体指导参见 NPR 7120.8《NASA 科学研究和技术开发型工程/项目要求》及 NPR 1080.1《开展 NASA 科学研究和技术开发型课题要求》。

4）同行评审

同行评审是一个流程。在这个流程中，一群技术知识渊博且在相关专业领域具有声望的人聚集在一起，尽可能无偏见地评估被评议工作的优点和技术有效性。同行评审的具体目标如下：

- 确定所评审工作提案的质量、相关性和价值。
- 确定最有可能成功的工作提案，或者可能带来高风险但也会带来高回报的工作提案。

- 相对于当前最新技术知识和其他团体正在进行的类似工作中的最新进展，评估所评审工作提案的相对优点。
- 确定每个工作提案在科学上和技术上的优点，判断其与提案征集中所描述的评估因素是否一致。
- 通过让与科学研究和技术开发工作相关的学术界参与选拔过程，向内部和外部团体展示在制定科学和技术决策方面能够做到卓越和公平。

内部同行评审为跟踪项目的研究进展提供了一个极好的方法。这些评审也可以应用于确保所有关注团体在项目研究的早期进入，并在整个流程中参与开发。因此，来自各个相关学科领域的代表应作为主动参与者参加内部评审。请那些来自其他 NASA 中心和外部组织的代表为待评审的科学研究与技术开发工作提供支持，请他们参与开发系统/子系统同样是好做法。这样做能够确保研究团队与科学研究和技术开发计划相协调，而科学研究和技术开发工作能够按计划正常进行。

鉴于内部同行评审的内容比当前状态评审的内容更加详细，评审团队可以利用内部和外部的专家帮助开发、评估内部评审的方法和概念。某些组织内部会组建“红队”提供内部的、独立的同行审查，确定存在的不足和不符之处并提出建议。项目通常将其内部评审看作“桌面”评审。无论怎样命名，目的都相同，即确保科学研究与技术开发工作能够协调完成且进展顺利。

每个产品的同行评审都应该有明确的目标、产品应满足的一系列需求，以及在评审之前确立的同行评审清单。

有关科学研究与技术开发项目同行评审的更详细信息，可参阅 NPR 1080.1《NASA 开展科学研究与技术开发的要求》。

6.7.2.6 当前状态汇报和评估

本小节提供关于当前状态汇报和评估技术的补充信息，评估内容包括费用和进度（含挣值管理）、技术性能和系统工程流程。

6.7.2.6.1 费用和进度控制指标

1）挣值管理

进行费用和进度的当前状态汇报和评估，便于项目负责人和系统工程师认真查看项目相对于其计划的成本和进度目标的符合程度。从管理的角度看，完成这些目标等同于满足系统的技术性能需求。将费用和进度当前状态汇报及评估看作对“用于生产系统的辅助系统”实际效果的度量，是非常有效的做法。

在应用挣值管理手段支持费用和进度管理方面，NPR7120.5 提出了专门要求。挣值管理可用于内部的和合同性的管理工作。挣值管理系统的实施水平取决于货币价格及项目或合同的风险。挣值管理系统标准是 ANSI-EIA-748。项目负责人/系统工程师应使用这两份文件中的指导意见，建立工程和项目挣值管理实施计划。

NASA 的挣值管理要求适用于在 NPR 7120.5、NPR7120.7 和 NPR7120.8，以及 NASA 联邦采购法规补充文件 NFS 1834.201《挣值管理系统政策》中定义的工程/项目/合同。挣值管理计划在项目规划和论证阶段（阶段 A 和阶段 B）的早期开发，并应用于项目实现和运行阶段（阶段 C 和阶段 D）。项目的初步性能度量控制基线在阶段 B 确立，为关键决策点 C 做准备。应当使用 NASA 挣值管理系统的能力，确保项目符合挣值管理要求。

关于 NASA 挣值管理系统能力的相关信息，可以访问 NASA 工程网络的挣值管理实践社区网页。此外，NASA / SP-2012-599《NASA 挣值管理实施手册》提供了有关实施挣值管理的详细指导，该手册可在 NASA 的挣值管理网站上找到，网站中还包括挣值管理教程、要求、指南、资源、工具和其他相关的 NASA 手册。

2）评估方法

实际效果度量数据可用于评估项目费用、进度安排和技术性能及其对项目完成时的实际成本和进度的影响。实际效果指标与计划的费用或进度状态之间存在偏差。偏差应当控制在工作分解结构中子系统所在层级对应的成本核算控制水平。负责这项活动的人员通常称为成本核算控制负责人。成本核算控制负责人参与项目的工作与产品计划、进度表和分时段资源计划的开发。技术子系统负责人/责任系统工程师通常将这项任务视为其子系统管理责任的一部分。

图 6.7-3 描述了两类偏差、费用、进度和部分相关概念。面向产品的工作分解结构将项目相关工作分解为离散的任务和产品。与每一项（处于工作分解结构任何层级）任务和产品相关的是进度和预算（计划好的费用）。对工作分解结构单元而言，工作进度预算（$BCWS_t$）是计划安排在 t 时刻完成任务和实现产品所有工作的预算总和。工作执行预算（$BCWP_t$）又称为挣值（EV_t），是按照工作分解结构单元的计划安排，在 t 时刻实际完成的任务和产品工作量相应预算的总和。$BCWP_t$ 和 $BCWS_t$ 之间的差值称为 t 时刻进度偏差。负值表明工作落后于进度表。

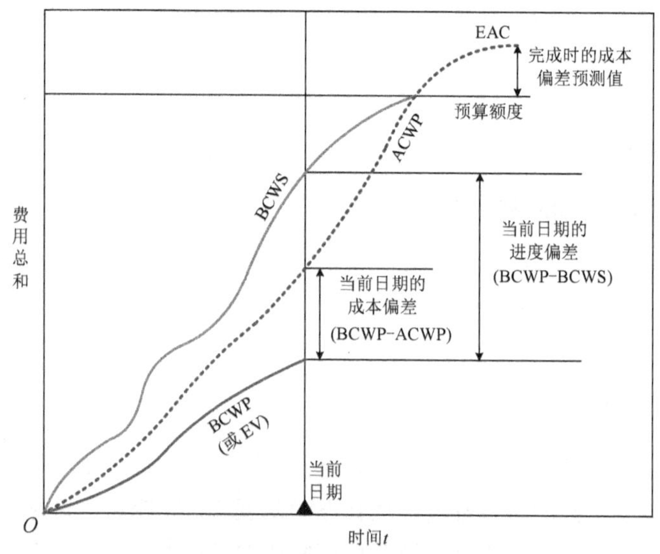

图 6.7-3　成本偏差和进度偏差

工作实际执行成本（$ACWP_t$）表示到 t 时刻已为这些工作分解结构上的单元实际完成任务和产品相应支出的资金。预算和实际支出的差值（$BCWP_t$ 减去 $ACWP_t$ 的差值）称为 t 时刻成本偏差。负值表示成本超支。

若进度偏差或成本偏差超出预先设定的成本核算控制水平的门限值，表明其与控制基线计划有显著偏离，应当对工作条件进行分析确定偏差存在的原因。一旦对原因有所了解，成本核算控制负责人可以预告完成成本核算控制需要的时间和资源。当纠错行动可行时（保持在 BCWS 之内），应当对该行动的实施计划进行分析。若纠错行动不可行，则成本超支或进度延迟可能不可避免。当然，越早确定进度偏差或成本偏差中的技术问题，项目团队就越有可能减小相应偏差对项目完成的影响。

偏差的存在表明项目的完工成本估算（EAC_t）可能与完工成本预算（BAC）存在不同。完工成本预算减去完工成本估算的差值称为完工成本偏差（VAC）。完工成本偏差为负值通常是不利的，而完工成本偏差为正值通常是有利的。这些偏差也可能指向项目计划完工日期的变更。各种偏差类型使工程分析人员能在项目寿命周期中的任何时间点上估算完工成本（见关于完工成本估算分析的注记）。这些分析结果应仅用于根据偏差分析过程中的估算进行“明智检查”。

如果成本和进度控制基线及工作的技术范围没有适当定义且没有集成为整体，则估算当前项目的完工成本非常困难（或不可能）。

其他影响有效性的因子可以用性能指标数据计算。进度性能指标（SPI）是用货币量对工作完成情况的度量。进度性能指标的计算是，用完成工作的货币量或 BCWP 除以工作计划货币量或 BCWS。与其他比值一样，进度性能指标值小于 1 表示工作落后于计划的状况；等于 1 表示工作按计划进行的状况；大于 1 表示工作比计划提前的状况。成本性能指标（CPI）是对成本效益的度量，用某一阶段实际工作的挣值或 BCWP 与实际工作的完全成本或 ACWP 的比值计算。成本性能指标表明为项目花费的单位货币能够完成多少工作。成本性能指标小于 1 表示负的成本效益；等于 1 表示效益与成本相符；大于 1 为正的成本效益。注意，传统的度量方法是计划成本与实际成本的比值。但是，这种对比从不使用挣值数据。计划成本和实际成本的比较仅能表明花费而非项目整体性能。

完工时成本估算分析

EAC 可以在项目的任何时刻进行估算，一般应该至少每个月审核一次。成本核算控制负责人需要对 EAC 进行详细评审。成本核算控制负责人对估算值进行反复检查时可使用统计估算方法，给出估算的区间范围。因为可能存在偏差等原因，各种用来计算 EAC 统计量的公式都是近似公式。如果偏差由单次事件（如偶然事件）引起，则有

$$EAC = ACWP + (BAC - BCWP)$$

在估算 EAC 时，还应该考虑成本性能指标和进度性能指标。

如果留置项、行动项或重要问题的数量增加，则会使得未来工作的难度上升，EAC 可能会比上式估算值有较大比率的增长。这些因素可以采用 6.4 节描述的风险管理方法处理解决。

6.7.2.6.2 技术指标——效能指标、性能指标和技术性能指标

1．效能指标（MOE）

效能指标是对系统“运行使用”成功的度量，与在确定环境中能否达到使命任务或运行使用目的和目标密切相关。效能指标是从利益相关者期望中提取出来的，并从客户/用户的角度进行陈述。效能指标代表利益相关者对系统/使命任务成功至关重要的期望，若未能达到其临界值、属性或特征要求，则可能会导致利益相关者判断系统/使命任务失败。效能指标是在确定目标要求或利益相关者期望的表达形式时开发的，同时经过客户/用户的验证。效能指标本质上可以是定量的或定性的（主观的），通常不直接用作系统的技术要求，而是作为运行使用构想和需求定义的基础。效能指标旨在关注使命任务或运行使用目标能够达到的程度，而不是如何达到；也就是说，效能指标应该独立于任何特定设计方案。因此，效能指标可以作为在权衡研究和决策分析中对所提议的每个方案“完好度”的评估标准。度量或计算效能指标不仅使在备选方案之间进行定量比较成为可能，而且可以观察效能指标对运行环境方面关键假设的敏感性及对任何性能指标的敏感性（见下面关于性能指标的讨论）。

在系统工程流程中，效能指标应用于如下方面：

- 从客户/利益相关者观点定义高层级运行使用需求。
- 通过权衡研究对备选方案进行比较和排序。
- 观察项目的使命任务或运行使用成功对关键性前提假设和性能参数的相对敏感度。
- 确定使命任务或运行使用成功的定量目标保持可达，从而推进系统的开发（见下面技术性能指标讨论）。

2．性能指标（MOP）

性能指标是表征系统目标产品相关物理属性或功能属性的度量指标。性能指标用于定义系统在其预期的环境中进行部署和运行使用时应具有的关键性能特征，以满足相关的效能指标。性能指标可以用明显可量化的性能特征（如速度、范围或频率）来表示。通常在部署系统之前，应在指定条件或运行使用环境下测量（验证）这些属性。性能指标在项目推进实施期间进行评估，并用作项目管理的输入，包括用作帮助管理技术风险的指标。性能指标被认为对于实现使命任务或运行使用成功是非常重要的属性。性能指标应在需求开发期间生成，这样能提供对系统性能的深入了解。性能指标来自效能指标，并从供应商的角度表达。每个效能指标可以与一个或多个性能指标相关联。性能指标是定量的，可用于验证效能指标。当所有相关的性能指标都令人满意地实现时，效能指标通过验证。在下一小节将会看到，有些性能指标是关键性能参数。

效能指标示例
● 在月球轨道上建立并维护一个适合人类生活的航天器； ● 保障航天员完成 180 天使命任务的能力； ● 卫星的运行使用寿命至少为 10 年； ● 获得有关粒子速度的有效数据； ● 探测到 40 颗由恒星提供热能的高热（500～1000K）且与木星大小相当的行星，距离最远为 20 个秒差距*； ● 到 2020 年做到能保证 5 名航天员在月球轨道上永久性的停留。
性能指标示例
● 提供在 3.0 至 10.0 微米波长范围内进行观察的能力； ● 提供将航天员指令舱的压力保持在 1.013×10^5 N/m^2 的能力； ● 速度的标准差在航天飞机系统的 1 倍标准差之内； ● 提供 100 小时不间断计算能力的系统。

* 秒差距是古时天体测量能力不足的情况下测算恒星距离的方法，1 秒差距约等于 3.26 光年。

效能指标和性能指标之间的区别在于它们各自从不同的观点阐述。效能指标从用户/客户的观点阐述，而性能指标从供应商的观点阐述。效能指标代表利益相关者期望，是判断系统成功的关键；如果关键数据、属性或特征达不到要求值，利益相关者便有可能判定系统失败。性能指标是对供应商设计方案所能产生实际效果的度量。

3．关键性能参数

对于空间飞行工程和项目，关键性能参数是指为满足使命任务要求，那些被认为对系统运行使用最重要的在性能方面的能力和特性。若未能达到关键性能参数的门限值，则将使项目的费用、进度或性能处于风险状态，并且可能导致项目被重新评估或被终止。关键性能参数是为表征运行使用性能的主导因素（包括保障性和互操作性）而确立的最小数量的一组性能参数。在工程/项目中，关键性能参数与效能指标、运行使用构想和性能指标同时确定，或在明确系统需求时确定。应考虑每个关键性能参数的技术性能指标。图 6.7-4 描述了国际系统工程协会（INCOSE）对效能指标、关键性能参数、性能指标和技术性能指标之间关系的观点。其他组织可能定义不同的关系，如将关键性能参数视为性能指标的子集。重要的是，工程/项目应明确定义这些术语及它们之间的相互关系。在本手册中使用的“性能指标”应该意味着关键性能参数已经合并在内，无论是如何做到的。

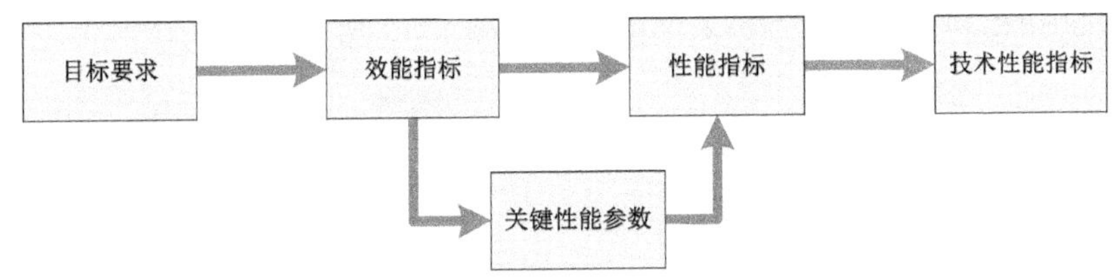

图 6.7-4 INCOSE 定义的效能指标、性能指标、关键性能参数和技术性能指标之间的关系

对于包括航空领域在内的科学研究和技术开发工程、项目及活动，关键性能参数用于定义技术开发或科学研究的技术性能目标。关键性能参数通常以可测量的工程术语定义，如此方能在系统的未来开发中与工程师相关联并具有意义；从系统开发者的角度，相关定义表现为针对最小可接受性能而确立的门限值，从技术开发或科学研究的角度表现为指定要达到的预期目标和价值。设置科学研究和技术开发的关键性能参数涉及许多因素，包括科学研究和技术开发中关于组件、子系统或系统性能和应用环境的最新成果。关键性能参数与技术开发或科学研究工作的技术成熟度水平（TRL）有关，关键性能参数值常关系到特定的技术成熟度水平值。此外，科学研究和技术开发的路线图及里程碑也是基于关键性能参数水平的。因此，关键性能参数是衡量科学研究和技术开发工作进展的主要标准。

4. 技术性能指标

技术性能指标是使命任务成功或达到性能要求的关键参数，通过将当前实际达到的参数值与此刻预期值和未来计划值做比较，在项目实现和运行阶段进行监控。技术性能指标用于确认项目进展和识别不足，这些不足可能危及系统需求能否满足或带来项目成本、进度和性能方面的风险。技术性能指标对应于每个关键性能参数，也对应于选定的效能指标和性能指标。已经明确的技术余量（见 7.8 节）也可以作为技术性能指标来源。当技术性能指标值落在预期值的期望区间外时，表明需要进行评价和纠错行动。

在系统工程流程中，技术性能指标应用于如下方面：

- 预报项目实现和运行阶段主要里程碑或关键事件点上关键参数应达到的值。
- 确定性能参数的实际值和计划值的差异，以便获得系统效能评估结论。
- 对需要引起管理层注意的风险苗头提供早期预警（当存在负值余量时）。
- 为减少风险和成本或增加系统效能，尽早明确能够进行权衡的可能时机（当存在正值余量时）。
- 支持对提议的设计变更进行评估。
- 提供一种根据预期（所设计）性能指标（包括人在回路的适用的系统总体性能）来评估运行使用实效的方法。

（1）选择技术性能指标

应当针对每项关键性能参数和选定的效能指标/性能指标考虑技术性能指标。应意识到追踪技术性能指标需要进行资源分配，谨慎而仔细地选择一组简明而又可度量的技术性能指标，准确反映关键参数或风险因素；注意技术性能指标可能会受到不同设计决策的影响。一般来说，技术性能指标是通用的（属性对产品分解结构中每个单元有意义，如质量或可靠性）或独有的（属性仅对特定的产品分解结构单元有意义）。系统工程师需要决定在产品分解结构的每个层级上，哪些通用的和独有的技术性能指标值得追踪（见技术性能指标示例注记）。在产品分解结构的较低层级，根据每个系统、子系统的功能和性能需求，可以确定需追踪的技术性能指标。效能指标、性能指标和技术性能指标之间的关系如图 6.7-5 所示。

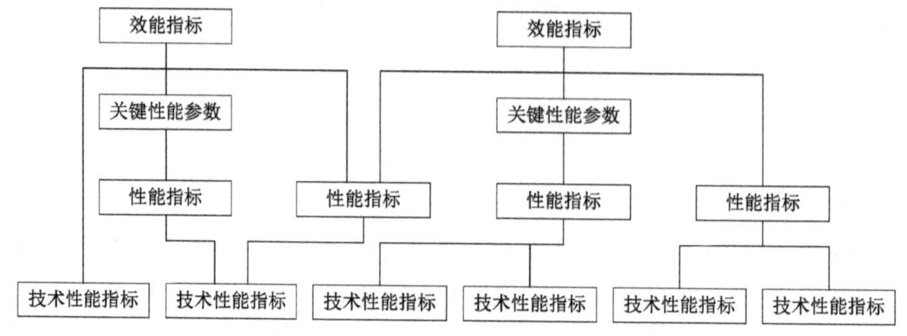

图 6.7-5　效能指标、性能指标和技术性能指标之间的关系

技术性能指标旨在通过判断是否满足选定的关键技术参数需求，为系统设计方案的适合性提供早期预警；为了系统效能和使命任务可行性的缘故，系统工程师应选择那些处于已明确（定量）定义限度之内的技术性能指标。通常这些限度使用确定的上限或下限约束。对于空间飞行器来说，技术性能指标的典型示例就是它的发射质量，发射质量不能超过选定的运载火箭的发射能力。将发射质量作为顶层技术性能指标进行追踪，意味着确保超重情况不会发生。像发射质量这样的顶层技术性能指标，应经常进行预算修正并将其分配到多个系统单元中。被分配到的低层级的指标也需要进行追踪和报告，目的是能找出所有的误差源。

技术性能指标示例

来自效能指标的技术性能指标

- 使命任务性能（如返回的科学数据的总量）；
- 安全性（如航天机组损失概率、使命任务失败概率）；
- 可达的可用性（如 $\dfrac{\text{工作时间}}{\text{工作时间}+\text{停工时间}}$）；
- 宇航员用于执行使命任务的时间与用于维修的时间之比；
- 人在回路的运行使用中，对系统掌控的质量。

来自选定的性能指标/关键性能参数的技术性能指标

- 预期推力与设定推力之比；
- 预期比冲/设定比冲；
- 使命任务结束时任务系统干重；
- 发射质量（包括使命任务结束时干重、使命任务所需推进剂+推进剂储备量、其他消耗品和上面级质量）；
- 使命任务结束时推进剂余量；
- 使命任务结束时其他消耗品余量；
- 覆盖使命任务周期的电功率余量；
- 控制系统稳定性余量；
- 电磁干扰/电磁兼容的易损度余量；

- 机载数据处理存储器需求量；
- 机载数据处理解算时间；
- 机载数据总线容量；
- 指向误差累积量；
- 发射时运载火箭总质量；
- 有效载荷质量（常规高度或常规轨道）；
- 可靠性；
- 再次使用平均间隔时间；
- 宇航员需要进行维修的总时间；
- 系统运行周转时间；
- 故障监测能力；
- 系统设计方案中在轨宇航员可用空间比例。

总体上，作为极有价值的当前状态评估工具，技术性能指标应满足如下条件：

- 作为系统特性（如质量、射程、容量、响应时间、安全系数）的重要描述手段，能在关键事件（如评审、审核和已计划的试验）中实施监控。
- 能够（通过产品试验、外观检视、功能演示或定量分析）进行度量。
- 能够建立合理的项目进展剖面（如来自历史数据或基于试验计划）。

（2）技术性能指标的评估和报告方法

系统技术性能指标的当前状态报告和评估有助于对费用和进度的控制。已有很多评估和报告方法应用于 NASA 项目中，包括计划剖面方法和余量管理方法。

图 6.7-6 给出计划剖面方法应用于 Chandra 项目的质量指标（技术性能指标之一）的详细案例。图中描述从项目系统需求评审到系统发射过程中的子系统成分、各种约束、项目限量和管理层保留量。

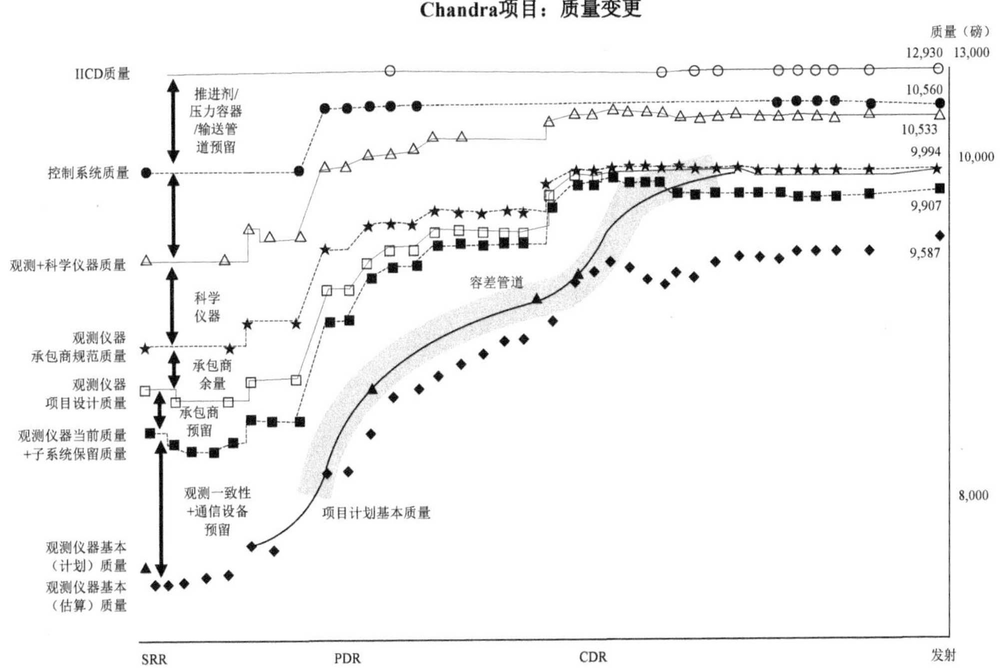

图 6.7-6 计划剖面方法用于质置控制基线的 Chandra 项目技术性能指标——质量（1 磅=0.454kg）

图 6.7-7 给出余量管理方法应用于 Sojourner*项目的质量指标（技术性能指标之一）的详细案例。图中描述余量需求（水平直线）和从工程系统需求评审到系统发射过程中的实际质量余量。关于技术余量的更多信息，参见本手册 7.8 节关于余量管理的讨论。

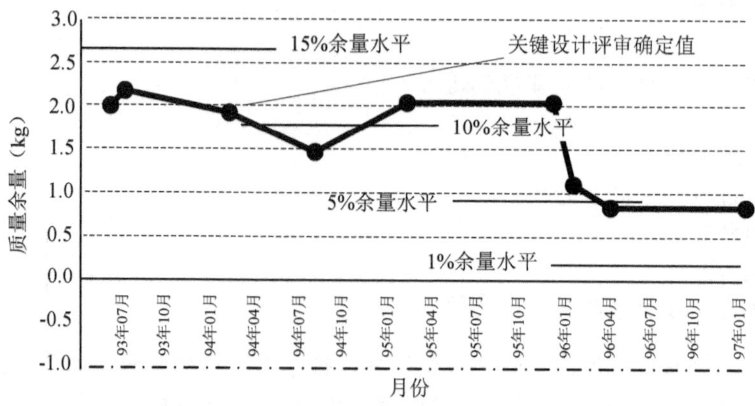

注：当前余量描述：微型着陆系统（着陆车+着陆探测设备）余量分配=16.0kg；微型着陆系统（着陆车+着陆探测设备）当前最佳余量估算=15.2kg；微型着陆系统（着陆车+着陆探测设备）最终余量=0.8kg（5.0%）

图 6.7-7　余量管理方法用于 Sojourner 项目的技术性能指标——质量

（3）技术性能指标的评价与监控

系统工程管理计划是用于描述项目技术性能指标评估程序的通用文档。较大型的工程可能使用不同的技术指标体系来描述和定义效能指标、性能指标、技术性能指标及它们的关系。需要描述的内容包括准备跟踪的主要技术性能指标列表，以及所使用的度量和评估方法。如果是度量某些高层级技术性能指标，则需要确定分析方法和模型。同样应该指定报告的频次和评估的时间安排。此时，系统工程师应根据技术性能指标追踪程序的成本来平衡项目技术性能指标追踪的精确性、实时性和有效性需求。

评估技术性能指标的计划，可能是系统工程管理计划的一部分（在大型工程/项目中可能是独立文档），应指定每个技术性能指标分配、分时计划剖面或余量需求、告警区间范围，以适合所选择的评估方法。

正式的技术性能指标评估程序应完全按照系统工程管理计划制定相应计划并确定控制基线。对技术性能指标的追踪应在阶段 B 尽早开始。但是，支持全部选定技术性能指标评估的数据可能直到项目寿命周期后期才能够获取。在项目寿命周期阶段 C 和阶段 D，技术性能指标的度量应根据系统实际数据的可用性不断精细化。

对于系统结构中的工作分解结构模型，通常进行如下活动：

- 分析利益相关者期望陈述，据此构建一组效能指标，从而可以判定系统或产品的整体效能，同时确定客户满意度。
- 为每个确定的效能指标明确相应的性能指标。
- 确定相关技术性能指标，在系统工程管理计划中编入技术性能指标评估程序。

---

* Sojourner Truth 是 19 世纪美国著名的废奴主义者和女权主义者。1997 年 7 月 4 日，美国“火星探测漫游者”飞行器在火星着陆，释放出以 Sojourner 命名的火星漫步小车进行科学试验。“火星探测漫游者”飞行器于 1996 年 12 月 4 日由“德尔塔-II”火箭发射升空。

6.7.2.6.3 系统工程流程度量指标

针对系统工程流程度量指标进行当前状态的报告和评估，面向“进行系统生产的系统”，能够提供更多的性能可视性。因此，这些指标是对在6.7.2.6.1小节中讨论的费用和进度控制指标的补充。

系统工程流程度量指标试图量化系统工程流程和组织的效能和生产率。在单独项目中，追踪这些指标能够使系统工程师更好地理解项目的当前状况和进展。在（随时间进行的）多个项目中，追踪系统工程流程度量指标，能够促使更好地评估执行系统工程功能的成本和时间。这样做还能帮助系统工程组织证实其持续改进的承诺。

1．标志性技术指标

本节对于标志性技术指标（TLI）是什么及如何使用它们做一般性讨论。同时提供关于如何收集和报告其中三个必要指标的通用指南。

（1）什么是标志性技术指标

实践表明，“标志性技术指标”是能够用于预测工程/项目后续寿命周期阶段（包括流程度量）中绩效、费用或进度的度量指标；标志性技术指标可以是单个指标或指标集合，在所有能够被监控的工程/项目参数中，它是其中之一或其中的子集。某些标志性技术指标（如质量余量）通常也被视为技术性能指标。技术性能指标有助于工程/项目跟踪其最关键的参数，可能是先导性的（预测未来状态），也可能是滞后性的（仅捕获历史数据）。

标志性技术指标用于确定工程/项目的设计、开发和运行使用阶段的成熟度和稳定性。这些指标的作用是提供对未来潜在状态的深刻洞察和理解，便于管理层在问题成为现实之前采取行动。尽管工程/项目可能会选择监测若干个标志性技术指标的活动，实际上NPR 7123.1仅对其中三个有要求：质量余量、电功率余量、需纠偏差/必纠偏差/纠偏行动余项。

（2）如何使用标志性技术指标

标志性技术指标始终根据时间来观察该项指标的进展情况，从而确定产品的稳定性和成熟度。这种方式可以用表格形式描绘，或许用图形形式描绘更有效。还可以按照计划值和上限值/下限值绘制这项参数。如果使用上/下限，则限度值可能需要由NASA中心、工程或项目管理方根据历史信息进行设定。

通过监控这些指标趋势，工程或项目负责人、系统工程师、团队其他成员和管理人员可以更准确地评估工程/项目的健康状况、稳定性和成熟度，并在问题代价变得不可承受之前预测那些可能需要他们关注和缓解的未来问题。通过将这些定期观测趋势的指标与寿命周期评审启动条件和评审成功评判准则相结合，能更好地洞察工程/项目产品是否在其寿命周期的正确时刻达到正确的成熟度水平，这正是设计方案稳定性的含义。评审启动条件专门针对目标产品的成熟度水平及承载项目设计方案的相关归档资料的成熟度。但是，仅仅考虑成熟度水平是不够的。例如，如果产品设计已处于详细设计评审成熟度级别，但需求仍有重大变化，则项目不能被视为稳定。标志性技术指标有助于理解工程/项目的成熟度和稳定性。

（3）收集数据

上述三个标志性技术指标（质量余量、电功率余量、需纠偏差/必纠偏差/纠偏行动余项）需要在整个工程/项目寿命周期中采集和报告，从系统需求评审开始，并一直持续到系统验收评审。数据通常在项目产品层次结构中的一个或多个层级上收集。系统外部对数据报告的需求虽然是在工程/项目顶层，但是对于项目来说，在产品层次结构中更深入地收集一个或多个层级的数据，可能有益于确定如何更好地分配电力和质量资源。紧耦合的工程需要从各个项目中收集参数，并为报告提供一组汇总参数。单项目工程和松耦合工程的参数则相对保持独立。

需注意的是，标志性技术指标可能首先以估计值的形式存在。然后，随着可用信息的增多，它们将被细化或转换为实际测量值。例如，在阶段 A 的早期，可以通过建模方法估计产品的质量，而在产品寿命周期后期的生产阶段，可以使用现场测量的质量。无论工程/项目处于寿命周期的哪个阶段，目标都是尽可能提供最新最准确的信息。

（4）数据报告

该项信息被报告给工程/项目负责人，并且可以根据需要向内部和外部利益相关者（如 NASA 主管副局长、政府预算管理办公室等）报告。

作为报告的一部分，至少应提供以下特征：

- 数据的作用是呈现趋势。它需要用图形或表格形式按时（如每月）报告，报告需适应工程/项目的多个时间段（不仅仅是当月参数）。
- 如果采用图形形式，则需要提供数据表格作为图形的补充。
- 里程碑评审需要显示在图形上，或将评审数据列入表格以供参考。
- 图形或表格应根据需要用有含义的信息进行注释，以解释关键特征。

2．必要的指标

本小节给出标志性技术指标和评审趋势两方面的详细指南，分别讨论相应指标反映的领域趋势很重要的原因，并描述需要收集、监控和报告的具体标志性技术指标或评审趋势。每项度量指标将会给出具体描述并展示样本图形，需要注意，这些仅是示例。这些度量指标可以在项目中以对项目最有价值的格式进行描绘。本小节给出一种结合跟踪和显示这些参数的简便方法的电子表格模板。

（1）评审中的必纠偏差/需纠偏差/纠偏行动余项

根据 NPR 7123.1，明确这项评审的趋势是必需的。在寿命周期评审期间，通常会在参与评审的人员中征求意见。根据工程/项目特点，这些意见归类收集为需要纠正的项目偏差（需纠偏差）、必须纠正的项目偏差（必纠偏差）和纠偏行动。如何征求和收集评审意见应在工程/项目的阶段 A 早期确定，并归档记录在工程/项目的规划论证协议或工程/项目的工作计划中。通常，如果需要报告需纠偏差和必纠偏差，则不用报告纠偏行动。如果工程/项目在寿命周期评审中仅跟踪纠偏行动，就可能需要报告纠偏行动内容。

需要为确定评审趋势收集的信息包括：

- 需纠偏差、必纠偏差和纠偏行动的评审意见总数（不区分工程/项目）。
- 未处理的需纠偏差、必纠偏差和纠偏行动的评审意见数量（不区分工程/项目）。
- 计划的评审意见处理比率。

表 6.7-4 显示了跟踪给定的寿命周期评审中需纠偏差数量的示例电子表格。需注意，信息是按月采集的，而不仅仅是在下一个寿命周期评审时采集。如果参数有规律，则反映的趋势最佳。表中包括计划的需纠偏差的余项比率。虽然很难预测与提交者的协商将如何取得进展，但为了能及时解决问题，制定计划对于进行工程/项目中必要的交流是非常重要的。制定计划并根据计划定期提供进展现状，有助于为各方处理和解决问题提供动力。

表 6.7-4 项目评审中尚未处理的需纠偏差数量

日 期	使命任务概念评审		系统需求评审		初步设计评审	
	计划值	实际值	计划值	实际值	计划值	实际值
总数	35		40		55	
2007 年 10 月	30	30				
2007 年 11 月	28	29				
2007 年 12 月	26	27				
2008 年 1 月	24	25				
2008 年 2 月	22	24				
2008 年 3 月	20	22				
2008 年 4 月	18	20				
2008 年 5 月	16	19				
2008 年 6 月	14	15				
2008 年 7 月	12	10	40	40		
2008 年 8 月	10	8	38	37		
2008 年 9 月	8	7	36	33		
2008 年 10 月	6	5	34	30		
2008 年 11 月	4	4	32	28		
2008 年 12 月	2	3	30	23		
2009 年 1 月	0	2	28	20		
2009 年 2 月		2	26	18		
2009 年 3 月		1	24	16		
2009 年 4 月		0	22	15		
2009 年 5 月		0	20	15		
2009 年 6 月		0	18	13		
2009 年 7 月		0	16	12	50	50
2009 年 8 月			14	11	48	48
2009 年 9 月			12	10	46	46
2009 年 10 月			10	10	44	45

或许以图形方式查看相关信息能有更好的效果，图 6.7-8 便是一个例子。在给定的图表上给出哪些应报告月份的相应数字，需由工程/项目负责人、NASA 首席工程师办公室和其他决策机构商定，并记录在工程/项目规划论证协议和/或工作计划中。

（2）作为标志性技术指标的质量余量

对于包含硬件的工程/项目，质量余量是需要收集和报告的标志性技术指标。质量余量数据通常与偏差容限的上限和/或下限、需求水平和可能的延伸目标共同显示。当指标超出偏差容限范围时，可能需要引起工程/项目对此更多的关注，了解围绕该指标发生了什么，并确定是否有必要采取纠正措施。

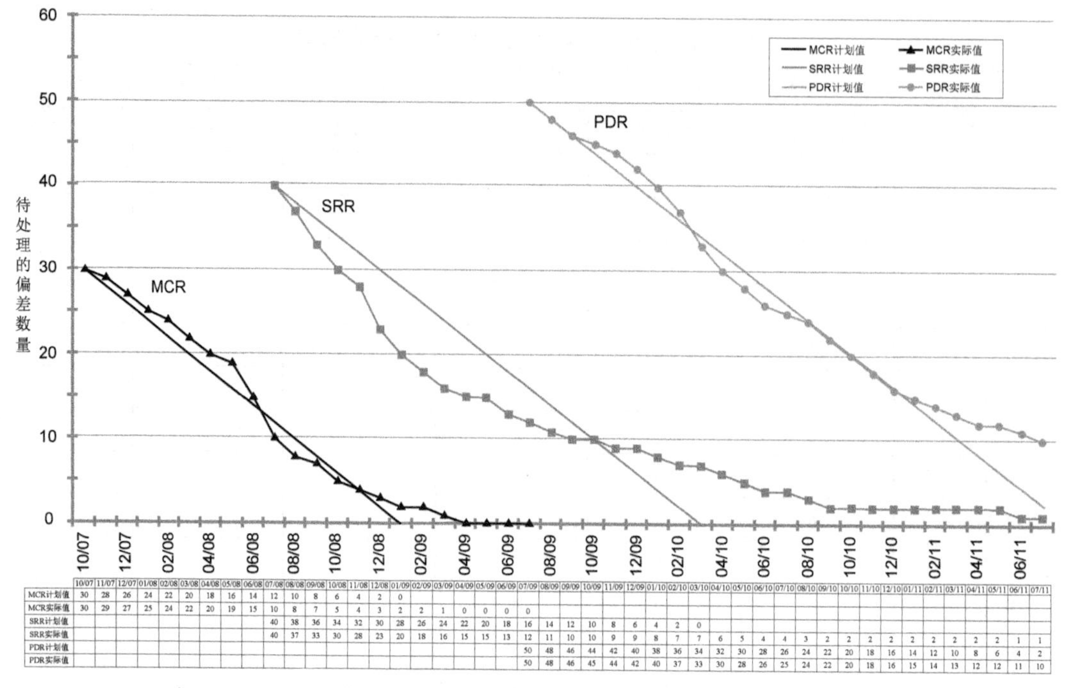

	10/07	11/07	12/07	01/08	02/08	03/08	04/08	05/08	06/08	07/08	08/08	09/08	10/08	11/08	12/08
MCR计划值	30	28	26	24	22	20	18	16	14	12	10	8	6	4	2
MCR实际值	30	29	27	25	24	22	20	19	15	10	8	7	5	4	3
SRR计划值										40	38	36	34	32	30
SRR实际值										40	37	33	30	28	23
PDR计划值															
PDR实际值															

	01/09	02/09	03/09	04/09	05/09	06/09	07/09	08/09	09/09	10/09	11/09	12/09	01/10	02/10	03/10	04/10
MCR计划值	0															
MCR实际值	2	2	1	0	0	0	0									
SRR计划值	28	26	24	22	20	18	16	14	12	10	8	6	4	2	0	
SRR实际值	20	18	16	15	15	13	12	11	10	10	9	9	8	7	7	6
PDR计划值							50	48	46	44	42	40	38	36	34	32
PDR实际值							50	48	46	45	44	42	40	37	33	30

	05/10	06/10	07/10	08/10	09/10	10/10	11/10	12/10	01/11	02/11	03/11	04/11	05/11	06/11	07/11
MCR计划值															
MCR实际值															
SRR计划值															
SRR实际值	5	4	4	3	2	2	2	2	2	2	2	2	2	1	1
PDR计划值	30	28	26	24	22	20	18	16	14	12	10	8	6	4	2
PDR实际值	28	26	25	24	22	20	18	16	15	14	13	12	12	11	10

图 6.7-8　项目评审中尚未处理的需纠偏差数量

对于每个生产用于飞往太空产品的工程/项目而言，质量是一个关键参数。而对于许多不进入太空飞行的项目来说，质量也很关键。工程/项目可以选择对质量指标本身进行追踪，但也许更具信息性的指标是质量余量。在分析系统构想时，需要确定新的运载火箭能够将多少质量的载荷推送到期望的轨道/目标高度。这反过来将限制工程/项目能够提供的产品。质量参数将向下分配给工程/项目的产品结构中相应的系统、子系统和组件。跟踪系统总体产品及其较低层级组件能否实现质量目标，对于确保工程/项目的成功至关重要。接下来由工程/项目决定对质量余量指标的跟踪应深入到产品的哪个层级。至少，需要在工程/项目的顶层进行汇总报告。

需要为该项标志性技术指标收集的信息包括如下内容：

- 当前的质量估计值和/或测量值；
- 限定不得超过的质量；
- 质量分配方案。

表 6.7-5 给出跟踪项目质量余量的电子表格示例。在实际制造产品之前，应估算余量并在产品生产完成之后进行测量。在工程/项目总体层面进行报告时，参数可能是尚未生产的子系统/组件的质量估计值和已生产的子系统/组件的实际质量的组合。请注意，在工程/项目寿命周期中，可以调整“不得超过”的质量值和/或分配的质量值，因为工程/项目需要平衡它们的总的质量储备。

表 6.7-5　跟踪项目质量余量的电子表格示例

日　期	不得超过的质量/kg	分配的质量/kg	当前质量/kg
2003 年 6 月	72	71	62
2003 年 7 月	72	71	63

续表

日　期	不得超过的质量/kg	分配的质量/kg	当前质量/kg
2003 年 8 月	72	71	64
2003 年 9 月	78	73	64.5
2003 年 10 月	78	73	64
2003 年 11 月	78	73	67
2003 年 12 月	78	73	68
2004 年 1 月	78	73	70
2004 年 2 月	78	73	69
2004 年 3 月	86	77	71.5
2004 年 4 月	86	77	71
2004 年 5 月	86	77	71
2004 年 6 月	81	77	73
2004 年 7 月	81	77	74
2004 年 8 月	81	77	76

也许更有效的方式是以图形显示质量余量指标。图 6.7-9 给出针对特定工程/项目图形显示质量余量的示例。请注意，图表中包含的三角符号用于指示寿命周期评审的实施时刻。这有助于在适当的运行使用背景下处理相关信息。此外，需要在图中或图例中提供足够的信息以正确识别所跟踪的质量，包括干重（不含燃料）、湿重（包含燃料）、仪器设备质量和运载火箭整备质量等。

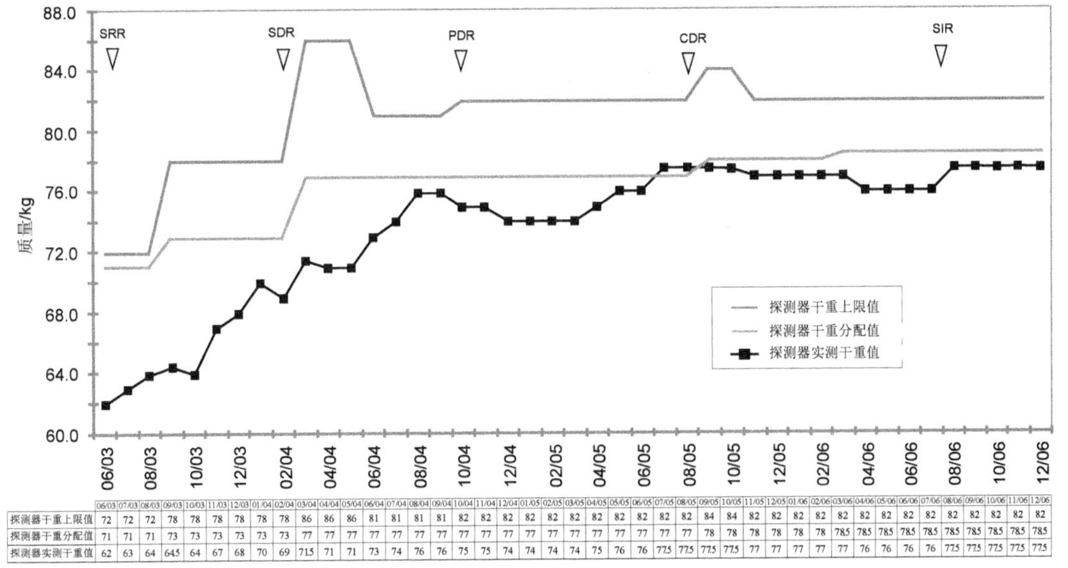

	06/03	07/03	08/03	09/03	10/03	11/03	12/03	01/04	02/04	03/04	04/04	05/04	06/04	07/04	08/04	09/04	10/04	11/04	12/04	01/05	02/05
探测器干重上限值	72	72	72	78	78	78	78	78	78	86	86	86	81	81	81	81	82	82	82	82	82
探测器干重分配值	71	71	71	73	73	73	73	73	73	77	77	77	77	77	77	77	77	77	77	77	77
探测器实测干重值	62	63	64	64.5	64	67	68	70	69	71.5	71	71	73	74	76	76	75	75	74	74	74

	03/05	04/05	05/05	06/05	07/05	08/05	09/05	10/05	11/05	12/05	01/06	02/06	03/06	04/06	05/06	06/06	07/06	08/06	09/06	10/06	11/06	12/06
探测器干重上限值	82	82	82	82	82	82	84	84	82	82	82	82	82	82	82	82	82	82	82	82	82	82
探测器干重分配值	77	77	77	77	77	77	78	78	78	78	78	78	78.5	78.5	78.5	78.5	78.5	78.5	78.5	78.5	78.5	78.5
探测器实测干重值	74	75	76	76	77.5	77.5	77.5	77.5	77	77	77	77	77	76	76	76	76	77.5	77.5	77.5	77.5	77.5

图 6.7-9　质量余量指标的图形表达示例

（3）作为标志性技术指标的电功率余量

与质量余量指标一样，在工程/项目中用电的电功率余量也需作为一个关键因素进行跟踪。太阳能发电、核电、电池或其他电源的可用性同样会限制各种系统可能使用的电功率量值。工程/项目需要确定这些参数在其产品层次结构中所需分配和跟踪的深度。至少，顶层累计的电功率余量指标将作为产品当前状态的一部分进行报告。为了在产品寿命周期中保持一致性，工程/项目可以选定电功率消耗总量应包括的内容（例如，所有同时以全功率水平运行的系统，再加上应急和处突系统），并以此为基础得到电功率剖面（时间分布），用于定期进行电功率余量报告。

需要为此标志性技术指标收集的信息包括如下内容：

- 当前估计的电功率消耗值；
- 不得超过的电功率消耗值（电源限制）；
- 电功率分配方案。

表 6.7-7 给出跟踪（某仪器设备）电功率余量的电子表格示例。在实际制造产品之前应估算余量，并在产品生产完成之后进行测量。在工程/项目总体层面进行报告时，参数可能是尚未生产的子系统/组件的电功率估计值和已生产的子系统/组件的实际电功率值的组合。

表 6.7-7　跟踪（项目仪器设备）电功率余量的电子表格示例

日　期	不得超过的电功率值/W	分配的电功率值/W	当前电功率值/W
2003 年 6 月	43	32	28
2003 年 7 月	43	32	28
2003 年 8 月	43	32	28
2003 年 9 月	43	32	27
2003 年 10 月	43	32	28
2003 年 11 月	43	32	27.5
2003 年 12 月	43	32	30
2004 年 1 月	39	32	29
2004 年 2 月	39	32	29
2004 年 3 月	39	32	29
2004 年 4 月	39	32	29
2004 年 5 月	39	32	31
2004 年 6 月	39	32	31

也许更有效的方式是以图形显示电功率余量指标。图 6.7-10 给出针对特定工程/项目显示电功率余量的示例。请注意，图表中包含的三角符号用于指示寿命周期评审的实施时刻。这有助于在适当的寿命周期背景下处理相关信息。此外，需要在图中或图例中提供足够的信息以正确识别所跟踪的电功率，包括电功率总量、仪器设备电功率、运载火箭电功率和在轨运行平均电功率等。

在 NASA 内部工程网络（NEN）的系统工程实践社区中，提供相关 Excel 电子表格。如果需要，电子表格可用于收集和显示上述参数。

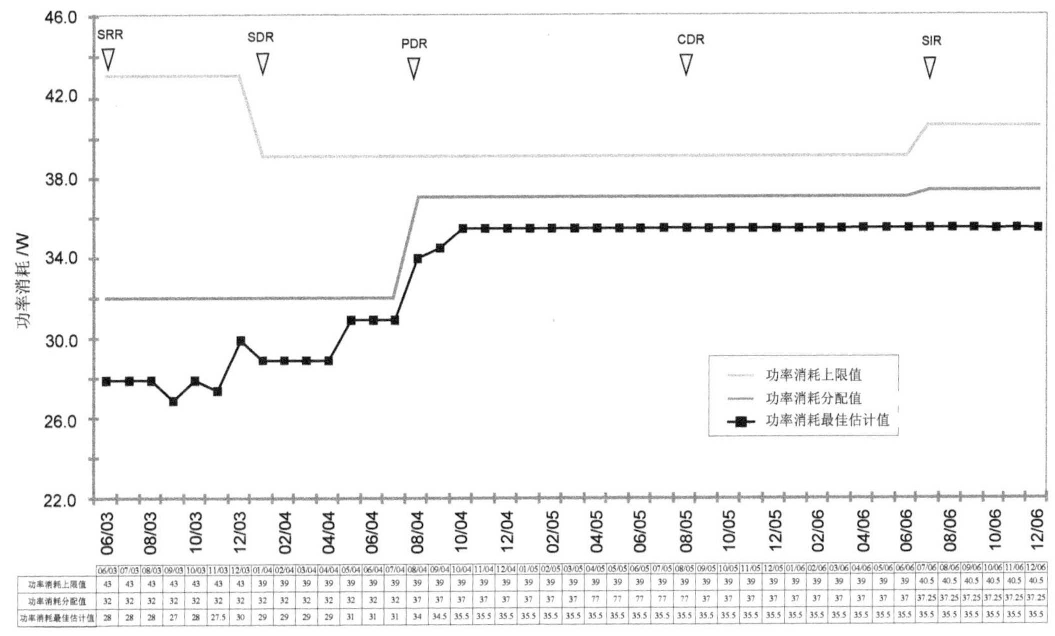

	06/03	07/03	08/03	09/03	10/03	11/03	12/03	01/04	02/04	03/04	04/04	05/04	06/04	07/04	08/04	09/04	10/04	11/04	12/04
功率消耗上限值	43	43	43	43	43	43	43	39	39	39	39	39	39	39	39	39	39	39	39
功率消耗分配值	32	32	32	32	32	32	32	32	32	32	32	32	32	32	37	37	37	37	37
功率消耗最佳估计值	28	28	28	27	28	27.5	30	29	29	29	29	31	31	31	34	34.5	35.5	35.5	35.5

	01/05	02/05	03/05	04/05	05/05	06/05	07/05	08/05	09/05	10/05	11/05	12/05
功率消耗上限值	39	39	39	39	39	39	39	39	39	39	39	39
功率消耗分配值	37	37	37	77	77	77	77	77	37	37	37	37
功率消耗最佳估计值	35.5	35.5	35.5	35.5	35.5	35.5	35.5	35.5	35.5	35.5	35.5	35.5

	01/06	02/06	03/06	04/06	05/06	06/06	07/06	08/06	09/06	10/06	11/06	12/06
功率消耗上限值	39	39	39	39	39	39	40.5	40.5	40.5	40.5	40.5	40.5
功率消耗分配值	37	37	37	37	37	37	37.25	37.25	37.25	37.25	37.25	37.25
功率消耗最佳估计值	35.5	35.5	35.5	35.5	35.5	35.5	35.5	35.5	35.5	35.5	35.5	35.5

图 6.7-10　电功率余量指标的图形表达示例

3．选择其他系统工程流程指标

一般情况下，系统工程流程指标分为三类：度量系统工程工作进展的指标、度量流程实施完成质量的指标和度量流程生产率的指标。系统工程管理的不同层级通常关注不同的指标。例如，项目负责人或责任系统工程师所关注的可能是如何安排系统工程人员、项目风险管理的进展情况及主要权衡研究进展情况等方面的指标。而负责子系统的系统工程师则可能关注子系统需求和接口定义进展情况及验证技术规程实施情况。仅关注部分流程指标对每个系统工程师是有益的。具体应该追踪哪项指标取决于系统工程师在整个系统工程工作中的角色。值得追踪的系统工程流程指标会随着项目寿命周期的推进而发生变化。

收集和维护关于系统工程流程的数据需要耗费成本。系统工程流程指标的当前状况报告和评估度量活动自身同样需要耗费时间和精力。系统工程人员应当根据流程的成本累积来平衡每项系统工程流程指标的价值。这些指标能够为系统工程活动提供无法单独从成本和进度控制指标中得到的深刻理解，因而自身的价值也有所提升。这些指标还可全时段作为生产率的数据源，其宝贵之处在于能够证实对系统工程工具和培训投入的潜在回报。

（1）评估方法应用示例

表 6.7-8 列出部分可用的系统工程流程指标。该表并不是意图给出完备的列表。相对完备的信息可以参见 INCOSE-TP-2003-020-01《技术指标度量》。因为部分指标允许有不同解释，所以需要每个 NASA 中心对其做适合自身流程的常识性定义。例如，每个外场中心需要决定需求的“完全确定”和“获得批准”各意味着什么，或两个术语是否相关。作为定义的一部分，重要的是认识到并非所有需求都要集中在一起。也许在多个不同类型的需求背景下分别追踪同一项指标可能会更有效。

表 6.7-8　部分可用的系统工程流程指标

功　能	指　标	分　类
需求开发和管理	辨识的需求对比确定的需求、对比批准的需求	S
	需求易变性	Q
	计划的权衡研究对比完成的权衡研究	S
	每系统工程单位小时中批准的需求	P
	已解决的对比尚未解决（待公布、待确定或待解决）的问题	S
设计和开发	计划的技术规格对比完成的技术规格	S
	处理的工程技术变更提议对比工程技术变更请求	Q
	计划的工程技术图纸对比发布的工程技术图纸	S
验证和确认	制定的验证和确认计划对比批准的验证和确认计划	S
	计划的验证和确认技术规程对比完成的验证和确认技术规程	S
	批准的功能需求对比验证的功能需求	S
	每系统工程单位小时内批准的验证和确认计划	P
	处理的问题对比报告的故障	Q
	根据运行使用构想确认的设计方案比例	S
评审	处理的必须纠正偏差	Q
	处理的纠偏行动	Q
其中，S—进展或进度相关；Q—质量相关；P—生产率相关		

与质量相关的指标，作用在于指出系统工程流程何时会出现部分超载或故障。这些指标可以通过多种方式定义和追踪。例如，需求易变性可以量化为新确定的需求数量，或已批准的需求变更数量。又例如，对工程变更请求处理的追踪，信息获取方式可以是比较未决的累积工程变更请求与处理完毕的累积工程变更请求，或是描绘未决的时间剖面，或是比较前一个月未决的工程变更请求与全部未决的变更请求数。系统工程人员应该根据自身的判断，选择当前状态报告和评估方法。

系统生产率指标用于指征在系统生产和运行使用中完成的工作量，或指征系统开发过程的进度。生产和运行使用指标是系统专有的，取决于工程、项目或活动的复杂程度。每年生产的样机数量可能是对系统进展的一种衡量标准。在运行使用方面，每个月或每年进行的试验次数是衡量标准的另一种类型。在系统开发过程中，生产率与系统整个开发过程的进展有关。这种关系反映在决策机构的工作量上（如每个月董事会做出的决策数量）和如前文所述的每项技术评审所接受和解决的必纠偏差/需纠偏差中。

与进度相关的指标可以用表格和图形显示其计划量和实际量。例如，将验证完毕的计划数量与实际数量做比较。该指标不应与 6.7.2.6.1 节中描述的挣值管理混淆。挣值管理关注在产品结构必要层级上的综合成本和进度，而该指标关注的是在子系统、系统或项目中的单个流程或产品。

与各自孤立评价相比，产品质量、生产率和进度指标的组合通常能够提供更加重要的趋势。最有用的评估方法类型是，允许将当前项目的趋势与已成功完成的同类型项目的趋势进行比较。后者提供了一个基准，根据这个基准，系统工程师能够对自己的成果做出判断。

（2）挣值管理

挣值管理是一个严格的项目管理流程，它将项目的技术要求与进度和成本要素相结合。有关挣值管理的更多信息，请参阅本手册的第 6.7.2.6.1 节。

6.8 决策分析

本节的目的是给出对决策分析流程的整体描述，重点介绍工具和方法的选择并确定。可以把决策分析看作一个框架，在这个框架中各种类型的分析方法被运用，支持形成备选决策方案；这些备选决策方案充分地体现出决策者在现有知识能力水平下考虑问题的优先顺序。

1．决策分析流程

决策分析流程用来支持决策者做出决策，帮助评价在技术、费用和进度方面的问题，评价决策备选方案及其不确定性。决策模型能够接受和量化人类的主观输入，如专家的判断和决策者的偏好。

在项目寿命周期早期，需做出关于哪些技术可用的高层决策，如是使用固体火箭推进还是使用液体火箭推进。需确定运行使用场景、事件概率和后果，做出设计决策，但不指定每个备选设计方案在组件层级的细节。一旦做出高层设计决策，通过嵌套的系统工程流程，系统设计不断向更低层细化直到贯穿整个系统结构。每个不断细化的设计决策都会受到较高层级设计决策所做假设的影响。例如，固体火箭的设计要受到在选择设计方案的决策流程中所做出的运行使用假设的约束。设计决策是一个在系统组成要素之间反复迭代的过程。

使用决策分析的典型流程包括如下内容。

- 确定如何分配有限的资源（如预算、质量和电功率）到相互竞争的子系统中，以达到项目的全局结果最优。
- 根据样本数据，选择和测试评估方法及工具。
- 用于处理主要变更请求或问题报告的技术状态管理流程。
- 适用于主要设计决策和选择设计方法的设计流程。
- 在 NPR 7120.5 和 NPR 7123.1 中所定义的关键决策点评审或技术评审决策（如初步设计评审、关键设计评审）。
- 通过或不通过类型决策（如飞行准备状态评审），其中
  - 通过表示授权项目继续推进；
  - 不通过表示重新进行某些特定领域的开发，或进行更深入开发和试验。
- 项目管理、处理进度延迟或预算增加等主要问题。
- 主要构件的采购。
- 技术决策。
- 主要风险（如红色或黄色级别的风险）管理。
- 安全性与使命任务质量保证决策。
- 混合决策（如是否该介入项目中处理突发的性能问题）。

决策分析适用于从规划论证准备到系统退役的整个系统寿命周期。决策过程可能是简单的也可能是复杂的。对于 NASA 工程、大型项目和大型活动，可以使用各种工具和方法来支持相关信息的整合，以便进行复杂的决策。这些工具和方法并不仅限用于规模较大的项目，而是将

更广泛地应用于各类工程、项目和活动中。此外，对于小型项目或活动，可以通过少数掌握具体情况的学科专业工程师和项目管理层之间的讨论来有效地做出决策。影响决策的因素有很多，包括系统的功能、系统运行使用、问题的物理原理、预算方面约束、进度方面约束，以及政策和法律方面约束。所有这些因素都应该在决策过程中加以考虑。

大多数决策分析方面的学术文献，在写作上会让人感觉这些分析工作都是由决策者或主要为决策者工作的分析人员完成的。但是，当决策分析工作由一个完整组织完成，而提供给另一个完整组织的决策者时，情况就比较复杂了。一旦进行分析的组织将分析结论或分析系统提供给有决策需求的组织，而后者又必须在承担部分风险的情况下决定是否接受相关结论和系统，就会发生这种情况。在这种复杂情况下，对于获取决策信息的组织来说，风险承担类型决策不仅必须基于组织的优先考虑事项，还必须取决于组织所具备的知识，也就是说，决策存在不确定性。此外，在涉及人因风险的情况下，NASA 政策要求实际的风险承担者接受风险。针对所有这些情况，可以给出的建议是，归档记录重要决定的技术基础，以及归档记录所考虑的表现不确定性信息的可行方法。

2．决策组织结构

决策者可以从工程/项目负责人、首席工程师或业务主管中安排，也可以是由决策控制委员会或工作小组构成的正式决策组织。这样的组织还包括正式决策机构和授权决策者。决策的结构必须妥善组织，才能有益和高效。当决策机构使用层次化结构时，其中的决策组织（委员会或工作小组）必须具有与正在开发的系统相适应的明确范围。如果采用过多的决策组织，决策过程可能会变得极其缓慢，并且可能为了照顾到决策中所有必要的学科而受到可用专业知识的限制。决策组织的数量和相互关系应遵循所开发系统隶属的工程或项目类型。对于松耦合的工程，其中每个项目都可能需要一个单独的决策组织，能够为更高层级的决策组织在工程层面做出决策提供支持。而对于紧耦合的项目，仅在工程层面设置单个决策机构可能是最佳的。小型项目或活动不需要大型决策机构，但可以拥有决策结构，项目负责人和首席工程师可以同所有相关学科联系并做出决策。

在决策组织中拥有适用的专业知识至关重要。系统工程师必须确保所有受影响或起作用的专业知识都在决策组织中有相应的成员，或在决策会议中有专业代表出席。每个工程学科专业，安全性和使命任务质量保证，采购办公室（如果需要），以及工程或项目业务管理办公室都应在决策组织中有代表。

信息理论为准确地理解有关决策分析流程和决策组织构成的一系列相关规则提供了良好的基础。决策者和决策控制委员会的每个成员（或决策参与者）是委员会获取信息的来源。这些成员在委员会开展讨论期间进行的相互沟通是成员之间的重要交流渠道。做出决策所需要的所有信息必须由委员会的成员提供。那些由不完整信息形成的信息域是无法正确映射到解决方案全域的，并且所提供的不完整信息不能全面支持决策的形成。因为这样可能导致所做出的决策是建立在对决策问题已经理解的假定（不确定性或噪声的来源）基础上的。这种不确定性可能是存在偏见造成的，而偏见是在部分知情情况下进行决策产生意外后果的成因。在许多情况下，由于某种原因未提供信息或隐瞒信息可能会导致使命任务某种类型的失败。

需考虑的核心问题是各级决策控制委员会中每个委员会管控范围的分布。委员会管控范围必须由其工作领域的独立信息集构成。每个决策组织的范围应与工程、项目或活动中的其他决策组织明确保持不重叠。管控范围的重叠将在决策中产生更多的不确定性和工作量，从而可能导致决策中的混淆、分歧、延迟，以及导致决策质量差或无法做出决策。需要注意的是，这些重叠的结构也可能造成劳动力技能流失。例如，为了在讨论相同信息时涵盖所有的委员会，可能需要多名相同专业的代表参加讨论。

另外，分别在不同信息集上实行决策的管控范围可能分布在不同的委员会中。通常情况下仍然需要有顶层决策组织，其中包括来自每个下层委员会（如工程控制委员会）的代表，共同做出综合决策。这在松耦合的项目中尤为明显，其中每个项目在功能上与其他项目有某种程度的区别，而工程则提供集成功能。再次强调，在了解每个委员会所拥有的信息集或管控范围的情况下，明确范围之间的关系对于建立有效的决策结构至关重要。

对决策组织结构的管理需遵循如下基本规则：

- 了解并确定每个必要决策组织的管控范围。
- 确保每个决策组织面对其管控的学科专业能够受影响和起作用，包括在决策组织管控范围内了解影响决策的不确定性的类型和尺度。
- 根据管控范围尽量减少决策组织的数量。管理结构的效率随着范围的分布和重叠而降低。

3. 决策准则

决策方法应始终适应系统运行使用环境和需要考虑解决的问题。问题结构化的第一步是在物理上、逻辑上、财务上和时间顺序上明确地陈述问题。明确工程、项目或活动的目标是决策流程的重要导向。一旦了解了问题的物理系统的运行使用背景和相应工程/项目/活动的结构，就能够定义出满足这些决策准则的备选方案。决策准则复杂且彼此相互作用的系统可以应用将在后续各小节中讨论的各种决策分析技术。

决策分析流程的一个重要方面是考虑并了解是否需要或应当做出决策，以及当前条件下是否适宜做决策。考虑需做出决策时，重要的是询问问题，例如，为什么此时需要做决策？该决策最迟何时必须做出？推迟做出决策会产生怎样的影响？做出决策所需的全部信息都已经获取并适用吗？在做出决策之前还有其他需要考虑的关键动因或相关因素和标准吗？为了做出决策需要采集充分的数据，此时应当采用何种形式的评价方法？

决策者需要在知识不完备的条件下从具有竞争关系的多个备选方案中进行决断，决策分析流程的输出为这一困难的工作提供支持。这种情况下，在可行的选项中做决断时，关键是理解并归档记录所有决策工具和方法的前提假设及局限性，并且将它们与其他因素进行整合。

6.8.1 流程描述

图 6.8-1 所示是决策分析流程的典型框图，图中给出实施决策分析流程需考虑的输入、活动和输出。

决策分析流程的第一步是明晰在系统/使命任务的前提背景下需要做出的决策。正确理解所需做出的决策，需要掌握三个方面的知识，即技术性能、项目费用和进度形式的预期结果。决策分析流程的第二步应当是给出决策判据或决策度量标准的定义，这对于刻画可选的决策方案非常重要。这里明确的定义是针对一系列决策备选方案进行评价的基础。对决策的理解和对决策判据的理解定义了一个决策空间，决策备选方案应当充满整个决策空间。如此可以确定所需的决策分析工具（参见 6.8.1.2 节），并利用这些工具支持决策备选方案的生成。利用工具完成决策分析，接着将每个备选方案与决策判据对比，并将对比结果呈交给负责做出决策的个人或单位。在此，通常会提出依据决策分析得到的相关建议，但是从决策者个人角度来看，这些建议并不是必须接受的。决策分析流程所生成并提交存档的决策分析报告应当包括以下内容：需要做出的决策、决策判据、备选决策方案、评价方法、评价过程和结果、相关建议及最终决策。

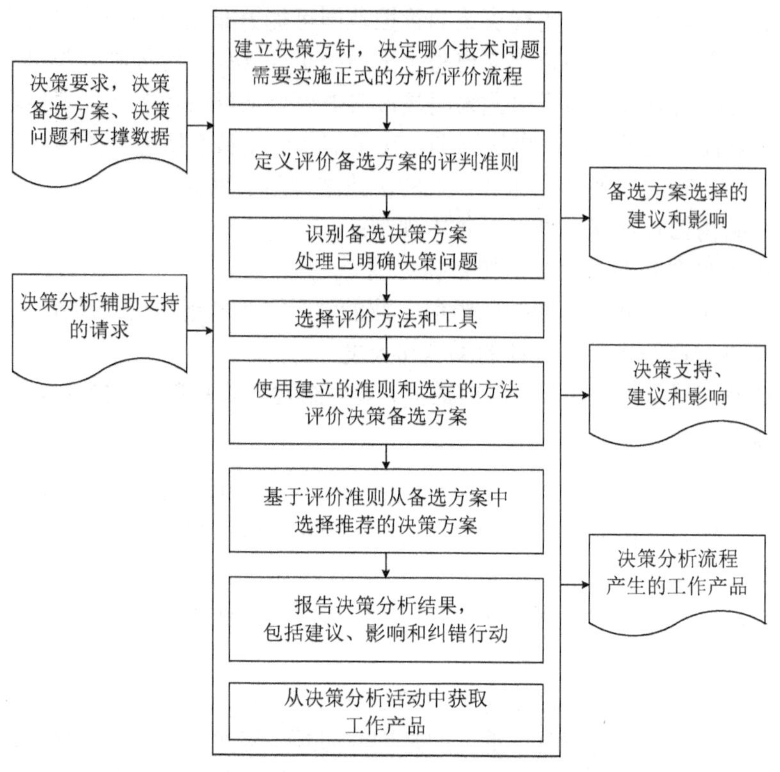

图 6.8-1　决策分析流程的典型框图

决策分析覆盖广泛的时间尺度。复杂的战略性决策可能需要数星期或数个月才能完成对所有决策备选方案及其可能结果的评估。决策也可能在数小时或数天内做出，特别是针对小型项目和活动。决策也可能会在紧急情况下做出，此时需要将流程步骤、技术规程和会议结合起来。这种情况下，系统工程师关注的是快速得出精确决策。做出决策的同时生成决策报告。在决策分析流程中，决策报告的生成是个持续演进的过程。当然，对于快速和应急决策，决策信息只能在决策做出之后获取。

并非所有的决策都需要付出相同的分析工作量。特定情况下所需决策水平和严格程度基本上取决于决策问题的清晰程度。如果决策备选方案中性能的不确定性足以导致决策会随着不确定性减少而变化，就需要考虑设法减少不确定性。一个健壮的决策应当是，在技术证据充足而不确定性特征明显的情况下，保证所选定的决策备选方案最能够反映决策者的偏好和在做出决策时决策者的知识能力水平。这一切在图 6.8-2 中给出。

注意，在图 6.8-2 中，判断节点“减少不确定性有净收益”中的词汇“净收益”，意味着需要考虑所有因素，包括项目是否能负担任何形式的进度延迟，而这种延迟可能导致需要采集额外信息和进行额外的分析。

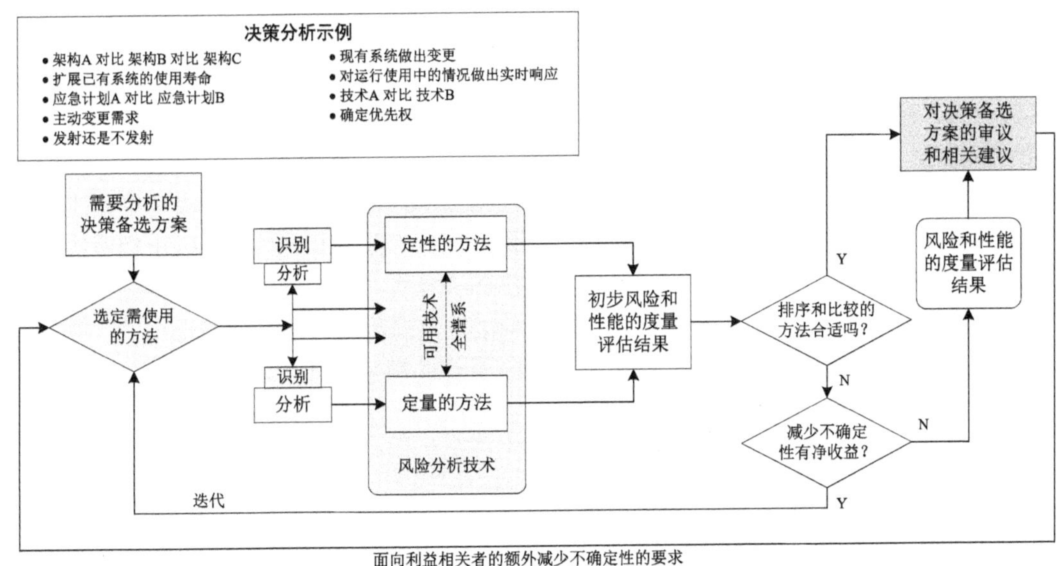

图 6.8-2　决策备选方案的风险分析

6.8.1.1　流程的输入

作为通用决策内容的一部分，需要对技术、费用、进度方面的输入有综合的理解。在这种理解的基础上，决策既可以采取简单会议的形式，也可以采取正式的解析分析形式。如图 6.8-2 所示，许多决策不需要做进一步的分析，便可从来自工程和项目相关专业领域的清晰输入直接得出结论。如果影响因素很复杂且相互关系定义不清晰，这种复杂决策可能需要更多的正式决策分析。正因为这种复杂性，正式的决策分析可能会耗费可观的资源和时间。通常，仅当下列因素的相关问题得到部分解决时，才能保证流程在具体决策中的应用。

- 复杂性：如果没有经过详细的分析，就很难理解备选方案的实际后果。
- 不确定性：关键输入的不确定性将造成在可选决策方案排序和风险定位管理方面的实质不确定性。
- 多属性：属性的数量越多，越需要进行大量的正式分析。
- 利益相关者差异性：如果诸多利益相关者的价值观、偏好和视角存在多样性，则需格外注意保证清晰的目标和技术性能指标。

决策分析流程开始时并不需要所有这些问题都得到解决。关键是随着上述条件的变化，需要进行的决策分析工作也相应增加。此外，通常这些决策有潜在的可能会导致对费用、安全性、使命任务成功评判准则的重大影响，这需要在流程中得到识别和处理。一旦决策分析流程开始，其所需输入包括如下内容：

- 决策要求、确定的备选方案、疑问/问题及支撑数据：信息来自所有技术管理、费用管理和进度管理相应的流程。信息还可能包括高层级目标和约束（来自工程/项目）。
- 决策分析支持的请求：请求可能来自技术评估、费用评估和进度评估相应的流程。

6.8.1.2　流程中的活动

在决策分析流程中进行的典型活动内容在以下各小节中描述。

明晰在系统/使命任务的背景下需要做出的决策是非常重要的，需要掌握系统技术性能、项目费用和进度形式的预期结果方面的知识。这些知识的一部分用于对决策判据的定义，另一部分则成为对于刻画可选的决策方案非常重要的度量指标。对于特定的决策者个人，不论是工程/项目负责人、首席工程师、各级主管，还是控制委员会，都需要做出清晰的说明。在有了这些理解的基础上，可以明确特定的制定决策的途径。

决策的基础是事实、定性数据和定量数据、工程技术判定，以及通过分层讨论促使信息在系统层级之间流动的公开交流。分层讨论的目的是进行技术分析和评估，并做出相应决策。对于所需的技术分析和评估，其范围应该与需要做出的决策所对应的问题重要性相称。所需进行的正式评价工作同样非常重要，应当基于待解决问题的本质确定评价工作的适用性。根据所做决策可能造成后果的量级，能够确定决策分析流程可行的指导方针。

1．定义评价决策备选方案的准则

该步骤需要确定的内容如下：

- 所考虑决策判据的类型，如客户的期望和需求、技术局限性、环境影响、安全性、风险、全部投入和寿命周期费用，以及进度影响；
- 决策判据可接受的范围和尺度；
- 根据其重要性对每一项评判准则给定的排序。

对于所考虑的单独进行评估的可选项和备选方案来说，决策判据就是需求。典型的决策判据包括费用、进度、风险、安全性、使命任务成功和保障性。当然，专门针对决策的技术评判准则也应考虑在内。决策判据应是客观的和可测的。决策判据应允许在决策备选方案之间存在选项区别。某些决策判据可能对单项决策没有意义，然而，它们应该作为考虑因素归档。决策判据可能是强制性的（如“需要具备……”）或是提升价值的。如果强制性决策判据不能满足，那么相应方案被忽略。对于复杂决策，决策判据可按范畴或目标进行分组。

2．明确处理问题的决策备选方案

在决策需求得到充分理解后，可以确定满足使命任务和系统前提背景的决策备选方案。有可能存在多个都能满足决策判据的备选方案。决策备选方案可以来自设计方案选项、运行使用选项、费用选项和进度选项。

几乎每个决策都有可选择的选项。通常，对决策需求的理解能够使这些选项在系统/使命任务前提背景中相当清晰。即使决策途径存在不确定性，仍会有若干种方法帮助生成不同的选项。基于这些关于前提背景和决策途径的知识，依据头脑风暴确定决策选项，由此能够给出良好的备选决策方案清单。对相关系统和决策途径的文献检索也能给出可能的选项。所有可能的选项都要考虑，但如果出现大量不同选项，再这样做会显得很笨拙。一个极佳的方法是在实施决策分析之前采用“权衡树”（参见 6.8.2.1.2 节）对备选方案集进行剪裁，并告知其他利益相关者为什么会做出这种剪裁。

对决策需求和决策判据的良好理解还包括明确主要因素和次要因素。决策选项应当集中在决策中的由决策判据确定的主要因素。非主要因素（次要因素）可以包含在评价的范围内，但是通常不能单独用来形成备选方案。这可能需要在系统/使命任务的前提背景下和已确定的决策判据下进行工程上的判断。随着决策分析流程的展开，部分备选方案可能很快便不再被考虑。重要的是要将这些备选方案中考虑的影响因素形成归档资料。部分决策可能仅面对单个选项。最好的做法是为重大决策编制决策矩阵，即使是只有一个备选方案被证明可行。（有时什么都不做或不进行决策也是一个选项。）

3．选择评价方法和工具

面对需要做出的决策，可以采用不同的方法来评价已经确定的决策备选方案。这些方案的排序可以简单地通过由有影响力且受影响的利益相关者参加的会议讨论决定，也可以通过使用更加正式的评价方法确定。在选择评价方法时，应当始终考虑系统/使命任务的前提背景，决策分析的复杂性应当与使命任务、系统和相应决策的复杂性相当。

需要使用的评价方法和评价工具/评价技术应当根据分析决策的目的来选择，以及根据应用这些方法或工具所需支撑信息的可用性来选择。典型的评价方法包括仿真，加权权衡矩阵，在工程技术、制造、成本和技术可行性方面的权衡研究，调查研究，人在回路试验，基于领域经验和原型的外推，用户评审和评议，系统试验。若干可选的评价方法在6.8.2节中进行讨论。

4．根据建立的决策判据和选定的方法评价决策备选方案

每一个决策备选方案相对于每一项选定的性能度量指标的实效都要进行评价。除最简单的情况之外，其他情况要保证已经考虑不确定性。在决策分析中不确定性是重要因素，只有一种情况是特例，即在减少不确定性时引起备选方案排序变化的概率为零。如果这种情况发生，则有必要考虑减少不确定性是否还有价值，并视情采取行动。

不考虑使用的方法和工具，对不确定性的评价结果应当包括如下内容：

- 对于与评价准则相关前提假设的评价和对于支持前提假设正确性证据的评价；
- 针对决策备选方案中属性值的不确定性是否对方案评价本身造成影响进行评价。

当决策判据有不同度量基准（如数字、货币、质量或日期）时，可使用归一化手段为数学运算建立起公共基础。“归一化”的过程就是制定统一标尺，使得所有不同类型的决策判据能够相互比较或相互叠加。这里可以采用非正式形式（如低、中、高），或者按固定比率（如选取数值1、3、9）计算，或者使用正式工具进行处理。无论归一化如何进行，最重要的是牢记，所定义的标尺要能够运算。可运算对应的是可重复和可度量的数字。例如，“高”可能是指“概率不小于67%”。“低”可能是指“概率不大于33%”。对于复杂决策，决策工具通常提供自动归一化方法。询问和理解在决策工具中权重和标尺运算是如何定义的，这一点很重要。

> **注：** 编制并完成决策矩阵可以认为是默认的评价方法，这是一个迭代过程。矩阵中的每一个单元格都与某个评判准则和选项对应，需要技术团队完成。应根据需要使用评价方法来完成整个决策矩阵。

5．基于评价准则从决策备选方案中选择并向决策者推荐最佳方案

一旦对决策备选方案的评价工作已经完成，则应当向决策者反馈相关建议，建议内容包括对备选方案排序鲁棒性的评估，也就是评估不确定性是否达到某种程度，只要降低它们便会引起备选方案排序的显著变化。通常，单一备选方案的情况也应当考虑。当然，如果所有备选方案没有显著不同、如果不确定性降低会引起排序明显变化，就应当将所有排序接近的备选方案交由决策者做最终选择。在这种情况下，决策者可以随意选择任意方案或要求增加新的方案进行评估（常常伴随评判准则的更新）。该步骤中还包括信息的归档、所用评价方法的前提假设和局限性、对所推荐备选方案的实效分析，可用于证明所做推荐的正确性，以及对所推荐备选方案进行评估，还包括进行备选方案实效分析时对不确定性的分析和进一步降低不确定性是否合理的结论。

通常获得最高分（如百分比、总分）的方案是推荐给管理层的选项。如果推荐不同的选项，

应当对为何以较低分数的选项为首选做出解释。如果出现建议较低分数选项的情况，通常可能是获得最高排序的备选方案的“风险”或“劣势”极大，这表明计算分数的方法可能不适用于备选方案的排序。有时分数较低或接近的选项，其收益和优势可能胜过最高分数获得者。如果出现这种情况，应当重新评估决策判据，不只针对权重，每个备选方案应该度量什么的基本定义也要重新评估。在决策者同意的情况下，应更新评判标准，以便更恰当地反映每个备选方案的适用性。

6．报告相关分析结果

将分析结果报告给相应的利益相关者，内容包括决策建议、决策的影响和纠错行动。

7．获取流程的工作产品

这些工作产品可能包括决策分析指导方针，所使用的策略及技术规程，分析/评价方法，所使用的准则、方法及工具，在形成建议过程中所做出的分析/评价方面的前提假设，不确定性，推荐采取的行动或纠错行动的敏感度，以及总结的经验教训。

6.8.1.3　流程的输出

流程的输出侧重于备选方案选择、决策支持建议和影响。

一旦技术团队向 NASA 的决策者（如 NASA 的委员会、评议组或专家组）推荐了备选方案，则所有的决策信息都应当记录归档。技术团队应当编写一个包含所有主要建议的报告，并作为汇报的备份参考材料。在汇报材料之外，使用结合决策矩阵的报告能够为汇报材料（尤其是进行复杂决策时）提供清晰而有条理的客观依据说明。决策通常写入会议记录中，也应当编写在报告中。基于使命任务和系统的前提背景，以及基于所做出的决策，报告可能是简单的一页纸，也可能是按正式格式编写的文档。报告最重要的特征是内容，完整的编写内容应当包括决策需求、完成的评估工作、决策建议和最终决策。

报告应包括以下内容：

- 决策相应的系统/使命任务的前提背景；
- 决策需要的和期望的结果；
- 决策判据；
- 已明确的决策备选方案；
- 所采用的决策评价方法和工具；
- 在评价工作和决策建议中涉及的前提假设、不确定性和敏感性因素；
- 所有备选方案的评价结果；
- 推荐的备选方案；
- 做出的最终决策及其客观依据；
- 总结的经验教训。

应当编写在决策报告中的典型信息见表 6.8-1。

表 6.8-1　应当编写在决策报告中的典型信息

#	章　节	章节描述
1	综合摘要	编入一份关于报告内容的简短综合摘要： • 建议（简短概述：一句话）； • 需要进行决策的问题（简短概述：一句话）

续表

#	章　节	章节描述
2	问题描述	描述需要进行决策的问题。编入问题背景和来龙去脉，指明决策者（如委员会、专家组、评议组、专家委员会）和决策建议团队
3	决策矩阵构建依据	（1）编入构建决策矩阵的客观依据： • 选定的标准； • 选定的选项； • 选定的权重； • 选定的评价方法。 （2）编入构建完成的决策矩阵副本
4	决策矩阵评分依据	编入决策矩阵评分的客观依据。编入使用选定的评价方法来计算矩阵中各项分数的结果
5	最终的决策矩阵	将最终形成的表格剪贴到文档中。其中，包含决策矩阵的所有重要快照
6	风险/收益	对于最终在决策中考虑的选项，编入每个选项的风险和收益
7	建议和/或最终决策	描述准备提供给决策者的建议，以及描述所建议选项被选择的客观依据。最终的决策应当编写在本章节中
8	不同意见	如果有与所提建议不同的观点，应当编入本章节。写明不同意见是如何处理的（如通过决策矩阵、风险评估等）
9	参考文献	编入所有参考文献
A	附录	编入文献检索的结果，包括总结的经验教训、前期相关决策和不同观点。同时应编入用于辅助决策的所有详细数据分析和风险分析，还可以编入所有决策指标

6.8.2　决策分析指南

以下各小节将介绍几种通过收集和评估复杂决策数据来支持决策分析的不同方法。这些决策支持流程可划分为两类：一是支持所有系统工程流程和阶段的分析方法；二是支持正式决策分析的专用方法。

表 6.8-2 提供了以下各小节中包含的分析方法。

表 6.8-2　决策分析方法

类　型	方　法
支持所有系统工程流程和阶段的分析方法	系统分析、系统仿真和性能分析
	权衡研究
	成本效益分析
支持正式决策分析的专用方法	影响图
	决策树
	层次分析法
	波达计数法
	效用分析

6.8.2.1　支持所有系统工程流程和阶段的分析方法

在整个产品寿命周期中，系统分析、权衡研究和成本效益分析可作为系统设计流程中通常进行活动的典型示例。这几种方法也可以在工程/项目活动寿命周期的任何阶段用作特定的决策分析技术。

6.8.2.1.1 系统分析、系统仿真和性能分析

寿命周期中各种环境条件下的系统分析，能够响应利益相关者在寿命周期每个阶段的需求，从 A 前阶段到阶段 B，再到阶段 E 中最终产品的实现，最后到产品运行使用和维护阶段。图 6.8-3 给出了全寿命周期中系统分析流程的全新概念图。图中描述了假设性的寿命周期事件（如图中用于产品设计的概念协同、评估和反馈模块），列出了决策分析流程中每个事件下相应的可能实施的活动。

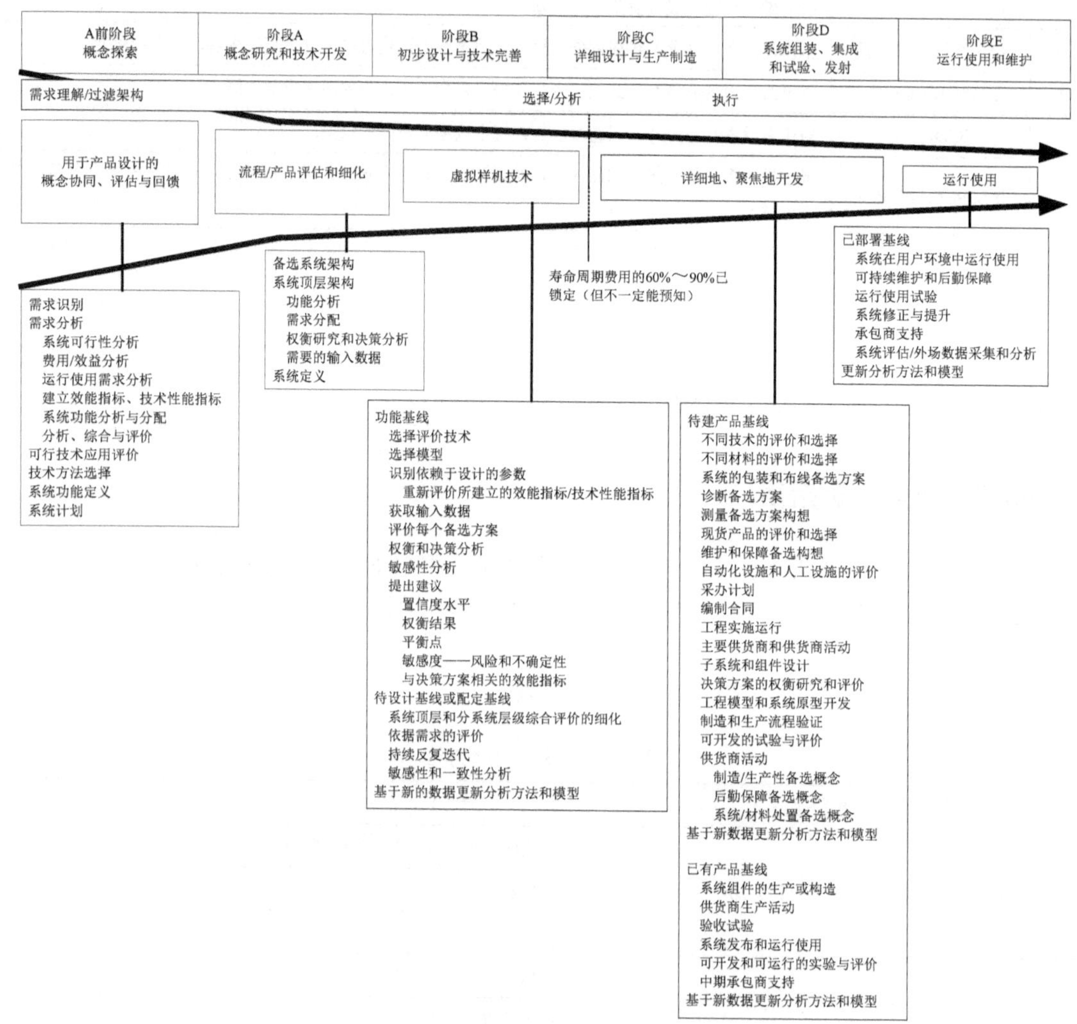

图 6.8-3 全寿命周期中系统分析流程的全新概念图

在维持产品性能的要求和负担能力的约束下，产品系统分析应能支持从产品需求到实现指定产品的转换，应能支持物理需求和功能需求的相互兼容，以及应能支持按照可靠性、维修性、保障性、服务性和处置性方式表达的运行使用构想。

系统分析对决策的支持从系统起源到消亡一直发挥作用，覆盖产品设计、验证、生产、运行维护和处置。以此观点看，寿命周期工程是并行工程的基础。

系统分析应该能够支持并行工程。在寿命周期早期，适当地进行系统分析可以支持产品的规划和开发。系统分析支持并行工程的目标是，支持全寿命周期最优规划的各阶段无缝衔接。例如，寿命周期早期的系统工程能够支持系统在部署、运行和处置方面获得最佳性能。

从历史角度看，事实并非如此。系统分析通常只是关注项目在当时所处的寿命周期阶段。后续各个阶段的系统分析按照时间顺序处理。这就可能导致产品寿命周期后续阶段的重大设计修改变得非常昂贵。如果贯穿寿命周期的各项需求可以同时考虑，并能为系统决策者提供分析结果，资源的利用便会更加有效。参见本手册 2.6 节和 7.9 节关于人因系统集成的论述，作为能够为此类寿命周期系统分析提供分析架构的示例。

图 6.8-3 中以图表方式显示寿命周期中多种常用类型的系统分析，并且适应于寿命周期的各个阶段。进行分析的最初需求，来自在寿命周期早期阶段需要的更广阔的分析范围和更多的分析类型，而随着决策的制定，分析的需求量和范围不断缩小，在寿命周期推进过程中，项目需求也逐渐清晰。图 6.8-4 给出一个特定的空间飞行器发射降落场示例，显示在特定运行使用分析中，输入如何形成与寿命周期中运行使用部分相关的分析结果。需注意的是，在这里系统仿真贯穿寿命周期进行，随着项目进展定期更新获取的新数据。

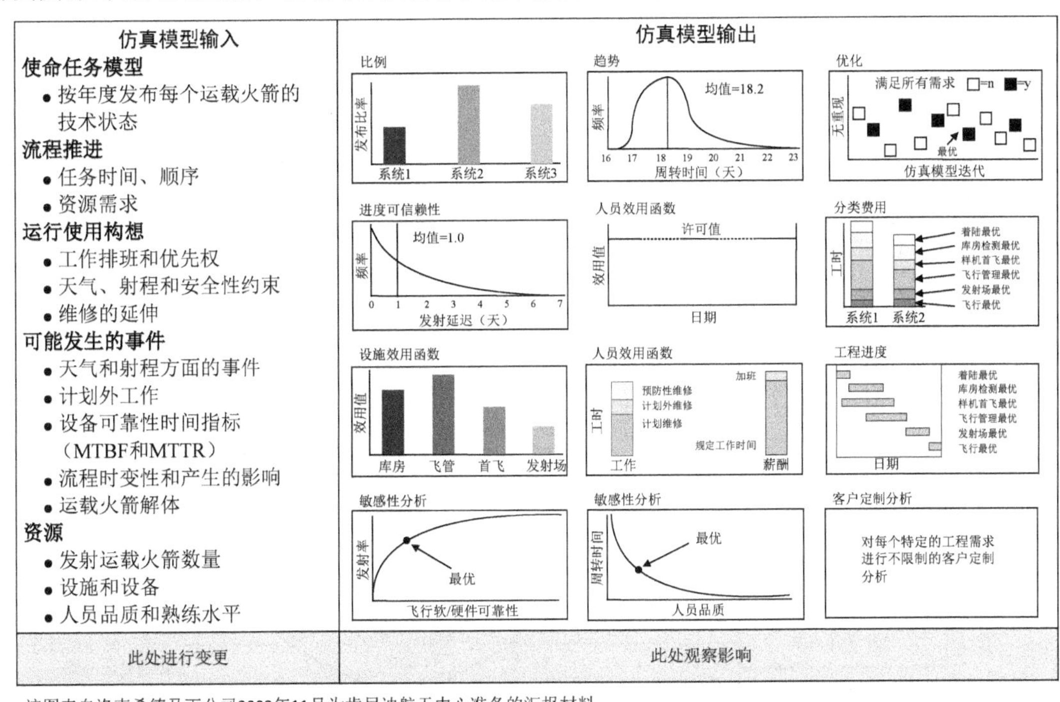

该图来自洛克希德马丁公司2003年11月为肯尼迪航天中心准备的汇报材料。

图 6.8-4 仿真模型分析技术（以空间飞行器发射降落场为例）

在寿命周期的早期阶段，输入应该包括定量数据和定性数据采集计划，该计划是合同管理和项目实施过程中流程及产品改进时所需要的。这个计划应表明所需要的数据类型，用于决定问题的起因、偏差和异常，同时提出纠错行动建议来防止上述现象的重现。这个形成闭环的计划涉及辨识、决断和循环控制系统，是产生接近预测值的实际可靠性的关键。它应该能展现信息技术基础结构和数据库在数据分类、数据挖掘、数据分析和数据预先管理方面的能力。对诸如需求不相符和异常等问题的管理应该从数据收集开始、应该是技术评估的主要部分、应该为决策分析提供关键信息。

6.8.2.1.2　权衡研究

权衡研究的目的是帮助决策者从一组可行的选项中选择最合适的选项，从而在工程、项目、系统、子系统或活动的约束下实现目的和目标。

在进行权衡研究的功能分配时，尤为重要的是，应确保其中包含与系统行为中所有人类角色和职责相关的功能，并且这些功能已被成功分配。有关人因系统集成的指导信息可参见本手册第 2.6 节和 7.9 节。

权衡研究是利用系统工程促成产品成功的根本手段。权衡研究帮助确定在项目各个产品层级上衍生出的新系统。有效的权衡研究需要参与人员具备多种技能，并共同努力推进系统设计优化的实现。图 6.8-5 以最简单的形式给出权衡研究流程。

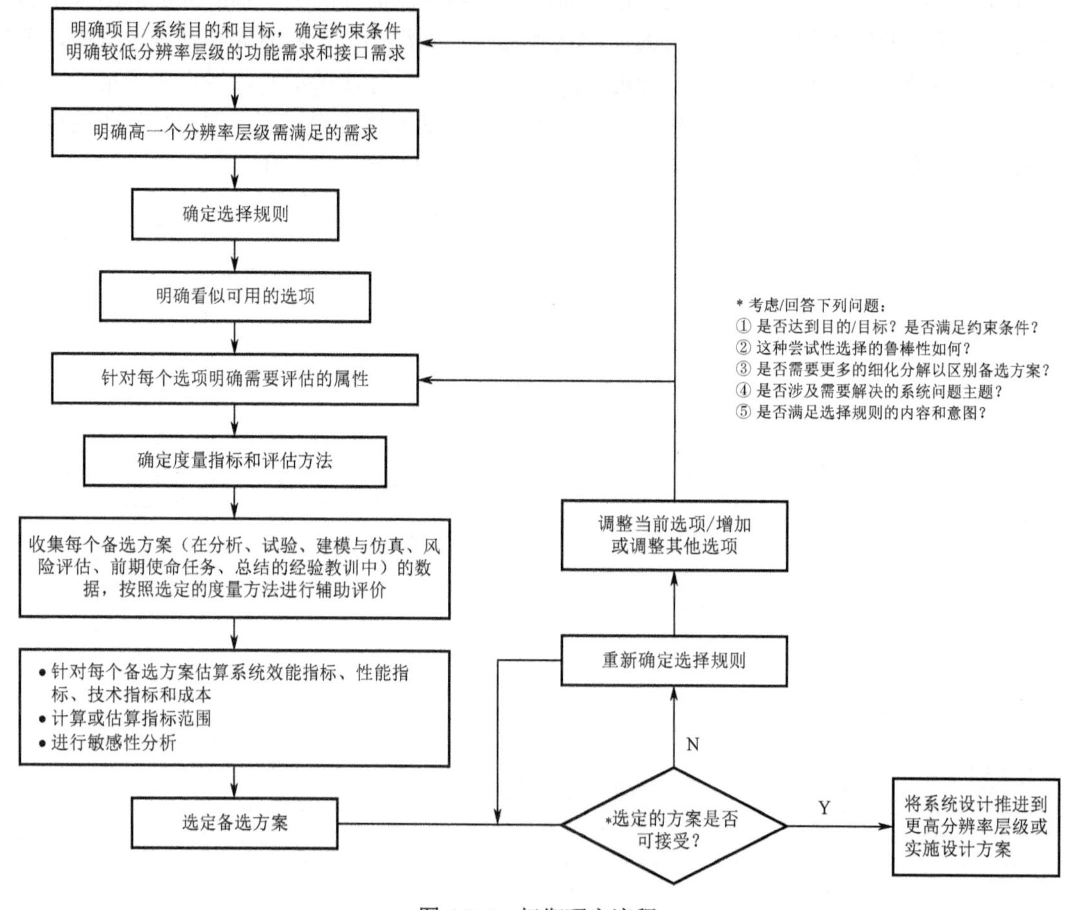

图 6.8-5　权衡研究流程

工程、项目、系统或活动通常在其寿命周期开始时定义目的和目标，包括定义需要满足的特定约束。系统工程师应该很好地理解这些特性，并且应该在产品寿命周期任何阶段的实施步骤中对这些特性加以考虑。这些特性可能受到权衡研究结果的影响，在这种情况下可能需要考虑进行修改。因此，权衡研究报告的内容应包括两方面的客观依据：一是能够证明这些目的、目标和约束进行修改的必要性；二是相应修改对成本、进度和技术性能的影响。

同样，在系统分解的每个层级上都存在目的、目标和约束。团队在进行技术性权衡研究时，应在系统层面掌握和理解这些特性的相关知识，而权衡研究的结果将直接作用到这些特性上。

这就是说，在权衡研究开始时应处于系统分解层次的最高层级。具体的权衡研究步骤可以通过进行功能分析来完成。“功能分析”是为了实现系统目的和目标，识别、描述和关联系统应执行功能的流程，已经在本手册 4.4 节中做出详细阐述。

与定义系统目的和目标及进行功能分析紧密联系的步骤是，在保证指标实用的情况下，定义系统效能、系统性能、系统技术性能、系统成本的指标与度量方法。为了与本手册 2.3 节的讨论相统一，这些可变的指标统称为结果变量。某些系统工程书籍又将这些变量称为决策准则，但注意不能与下面描述的“选择规则”相混淆。本手册 2.5 节和 6.1 节已经详细地讨论了系统成本和效能的概念。指标与度量方法的定义开始于权衡研究流程的解析部分，应使用熟悉的定量方法中的指标和度量方法。

对于每个度量指标，重要的是考虑如何进行指标的定量计算，即采用什么样的度量方法。这一步骤中需显性给出那些对达到系统目的和目标至关重要的变量。

在实际生产/制造/编制系统之前，需要以系统效能、基本性能属性/技术属性、系统成本为指标，评价该系统各种备选方案的可能结果，此时通常需要使用一组系统数学模型及其他类型系统模型。因此，确定度量方法的另一个目的是明确所需要的模型。

有时这些模型可以从前期类似性质的项目中获得，有时需要开发新的模型。对于后一种情况，定义度量方法应当会触发必要的系统建模活动。由于开发新的模型可能需要相当长时间的工作，应尽早明确这些工作，确保这些新开发的模型能够在权衡研究中正式应用。

对于每个选项，建议在专门定义的技术状态下，针对系统中的硬件、软件、仿真系统、子系统、系统原型等进行试验。应通过试验的运用来验证系统/子系统属性的理论值/设计值，显示系统/子系统的灵活性和稳健性或充实理论数据。

应明确给出结果变量如何应用于对备选方案做出（试探性）取舍的步骤，即定义选项的选取规则。例如，选取规则可以是在成本（以某个给定概率）低于限定的金额、满足安全性需求的条件下，也可能是在满足某些政治上或进度上约束的条件下，在备选方案中选取系统效能估算值最高的方案。定义各选项的选取规则，本质上是决定如何做出选择。该步骤独立于系统效能、系统性能、技术属性及系统成本的实际指标。

选取规则有许多且各不相同。在特定的权衡研究中，选取规则可能取决于进行权衡研究的相关背景，特别是取决于权衡研究在系统设计的哪个分辨率层级进行。在系统设计的各个层级，选取规则通常仅在能够参照较高层级的某项选取规则时进行选取。在系统设计的低层级中，权衡研究的选取规则应当与高层级的选取规则保持一致。

随后的步骤是确定可行的备选方案，即构建有可能达到系统目的和目标的若干个备选方案。备选方案的确定依赖于（在适当详细的层级）对系统功能需求及系统运行使用方式的了解。通过运行使用时间控制基线或使命任务参考来促成备选方案的形成，是确定其是否能够真正达到系统各项需求的有效途径。有时需要分别建立行为模型，以便在各种条件事件及控制因素作用下，或在遇到特定环境时，确定系统的响应。这样做可以完全清晰地了解备选方案是否能够真正达到对时间敏感的需求和安全性需求。备选方案的确定还需要充分了解系统决策时的可用技术，以及可能的新技术。每个可行的备选方案都应当有定性文档描述。

对需要考虑的备选方案进行权衡研究的途径之一是采用权衡树。可以使用开发完善的工作分解结构、系统/子系统功能树甚至故障树作为权衡树的基础。在权衡树的每个层级，需要针对所提出的每个适用的功能、组件或机制，明确需要开展权衡工作。当需要进行大量权衡时，建议根据工程/项目/系统/活动的风险、相关性和约束来确定这些权衡工作的优先顺序。

在阶段A进行的权衡研究中，权衡树应包含多个备选的高层系统架构，以避免过早地局限于单一方案。随着系统工程流程的推进，包含不可取备选方案的权衡树分支将被“修剪”掉，更具体的系统设计方案被添加在那些可取的需要进一步关注的分支中。

给定一组可行的备选方案，下一步是进行数据采集，以便支持利用选定的度量方法对指标的评价。如果使用模型计算某些指标，那么如何获取模型的输入为数据采集活动提供动力与导向。工作在可靠性、维修性、生产能力、综合后勤保障、软件、试验、运行使用和成本分析等领域的工程师，通过提供数据在权衡研究中发挥重要支撑作用。然而，数据采集活动应当由系统工程师策划组织。数据采集的结果应当是对每个备选方案做出的定量与定性结合的描述。针对每个备选方案进行试验的结果可能特别有用。

在系统工程流程的早期，性能属性与技术属性通常是不确定的，需要进行估算或按照传统数据定义。在做出模型输入取值范围是正确的这个判断时，来自硬试样和软试样试验台的数据可以帮助提升信心。这种信心通过不断收集先前已开发系统的有关数据而得到增强。随着寿命周期工作的向前推进，在某些情况下，试验模式不仅需要鼓励，而且成为必须。对每个备选方案来说，应该具有同等的试验条件（参数、环境、持续时间等），并且应该在相同条件下使用相同的资源（设备、人员等）收集备选方案的数据。当发生偏差时，应在评估报告中给出能够支持试验结论的、来自理论分析和任何其他强有力技术判断的客观依据，应将权衡研究技术团队对结论的认可归档记录在案并纳入权衡研究报告中。

针对每种备选方案的技术风险管理可以按照本手册6.4节所述实施，首先要确定潜在的系统/子系统风险，以及与风险相关的后果和发生的可能性。技术开发团队应提出（提议）对应的风险缓解建议并形成报告，在报告中讨论并确定风险对成本和进度的潜在影响。如有可能，在讨论风险对同层级产品影响的同时，还应讨论风险对整个工程/项目/系统/活动的影响。

权衡研究流程的下一步是通过对系统效能的估算，包括对性能特性、技术属性和成本的估算，来量化系统的结果输出变量。应在相似的运行使用环境和极端条件下，单独针对每个方案选项计算这些结果变量。对于计算结果的任何偏差，其客观原因都应得到技术团队的认可并记录在案，以便纳入权衡研究报告。如果已经收集了所需的数据，并且度量方法（如模型）已经确定，则理论上该步骤是机械的。在实际运用中，得到有意义的结果常常需要相当的技巧。

理想情况下，所有输入值都精确已知，且模型能准确预测结果输出变量，这实际上不可能。系统工程师需要对每个备选方案的结果输出变量进行充分的点估计，再计算或估计其不确定性范围。对每个不确定的关键输入，应估计其取值范围。使用估计的输入值范围，可以评估结果输出变量的敏感性并计算其不确定性范围。系统工程师通过使用蒙特卡洛仿真可得到有意义的概率分布；而当此方法不可行时，系统工程师就只能接纳取值范围估计及敏感性分析结果。

结合选择规则及解析（定量）分析活动的结果，系统工程师能够对备选方案按偏好程度从高到低进行排序，作为尝试性选择的基础。对于尝试性选择不能盲目接受。在多数权衡研究中，权衡结果需要满足“真实性检验”，检验手段是回答大量的检验问题。例如，目的、目标及约束是否真的能够满足？尝试性选择是否严重依赖于度量方法的特定输入值范围，或能够控制在输入值的合理范围内？（对于后者，尝试性选择称作鲁棒的。）是否有充分的数据作为尝试性选择的支撑基础？度量方法是否有充足能力保证尝试性选择选出的方案优于其他备选方案？决策问题在主观方面的因素是否得到充分体现？

如果上述问题的答案支持尝试性选择，系统工程师便能够有更充足的信心建议将系统设计推进到更详细的层级，或进入设计方案实施阶段。权衡研究过程产生的对系统效能及相应的性能指标、技术参数和系统成本的估计，可作为低层级进一步分析的输入。权衡研究流程进行解析分析时，通常给出系统必须达到的性能指标、技术参数，并给出费用属性最低标准的量化方法。这些可以被标准化为系统的性能需求。

如果真实性检验不能得到满足，系统工程师或决策者可能需要考虑根据在数据收集和处理每个备选方案期间的技术性观察结果修改选择规则，然后重新考察预选的备选方案在何种程度上满足重新定义的规则。如果预选的备选方案仍不能正确满足重新定义的规则，则可能需要考虑调整预选的备选方案，或引入其他备选方案，然后继续进行权衡研究。此时，如果真实性检验仍没有通过，权衡研究流程将回退一步或若干步。这种迭代可能导致目的、目标和约束的变更，导致产生新的备选方案，或导致由权衡研究中新信息引起的选取规则的变更。真实性检验可能最终演化成为一项决策，如首先改善评价备选方案的指标及度量方法（模型），然后重复权衡研究流程的解析（定量）分析部分。

1）控制权衡研究流程

首先组织成立一个技术性权衡研究团队，由来自各个工程和科学领域的代表组成，这些领域与受到权衡研究影响的系统/子系统相关，涉及系统/子系统的设计、实现和运行使用。决策者应选择一位经验丰富、技术合格的团队负责人，这个负责人能够指导和管理团队以灵活和互动的合作方式开展研究，同时能够遵循严格的工程和科学领域的原则、事实和发现。团队应该专注于系统从概念开发到实施完成过程中所安排的权衡研究，确保随着权衡研究的进展所提出的概念、获取的数据和做出的决策能够保持连贯性和可追溯性。应该由整个技术团队共同制定一个与团队活动相关的通用计划和概要计划。

可以将单项任务分配给个人或团队的分队，条件是他们要在公开讨论中向整个技术团队做出报告。每个合理的备选方案应在相同的工程/项目/系统/活动目的、目标和约束下进行研究和探讨，并且所有备选方案应在类似的（如果不是相同的）参数和条件下进行分析、试验、建模和仿真。团队负责人应定期向决策者简要报告技术团队的进展情况。应该以有序的方式收集数据，并且应该在整个权衡研究过程中随时向每个团队成员提供有效数据。只要得到所有团队成员的认可，最终报告可以由一组选定的团队成员撰写。对于不能在技术团队内部处理并达成一致的反对意见，应该提请决策者注意，并由决策者考虑和处置。

2）权衡研究报告

应为每项权衡研究准备权衡研究报告。首先准备编写报告的综合摘要，其中包含研究目的、所考虑的研究方案和结果，也就是选定的方案和建议。技术团队成员及团队负责人应签署报告。每份权衡研究报告至少应明确以下内容：

- 权衡分析的对象系统。
- 系统的目标和约束。
- 当前分辨率下，上一层级的目的、目标和约束。
- 使用的指标和度量方法（模型）。
- 使用的所有数据资源。
- 选定的用于分析的备选方案。
- 计算结果，包括不确定性范围和进行灵敏度分析的结果。
- 为每个备选方案（技术状态和条件）执行最高层级的测试，给出测试结果和评估结论。
- 为每个备选方案进行风险评估（风险分析、建议的风险缓解措施、风险-收益比），给出结果和建议。

- 所使用的选择规则，在需要多个规则时给出推理方式。
- 推荐的备选方案及合理依据。
- 尚未解决的异议（记录归档部分）。
- 附录。

报告内容的更多指南包含在表 6.8-1 中。

权衡研究报告应该作为系统归档文件的一部分来维护，从而确保在整个系统工程流程中所做决策的可追溯性。这些报告应当使用通用且一致的格式，以便于更容易审查和将其纳入正式的变更控制流程。

6.8.2.1.3 成本收益分析

进行成本收益分析的目的是在等价成本或同等收益下比较备选方案的优劣。该项分析取决于正面因素相应的价值相加，再减去负面因素相应的价值而确定的挣值。成本收益分析的目标是最大化净收益（收益减去成本）。成本收益分析能够发现、量化并添加所有的正面因素，这些反映为收益；同时能够发现、量化并减去所有的负面因素，这些反映为成本。两者之差用于表明所计划的行动能否成为优先的备选方案。做好成本收益分析的实用技巧是确定所有成本和所有收益，并相应地量化它们。这里需注意，在整个系统运行使用和实效评价时，人类因素的代价、收益和局限通常是很难给出适当评估的（参见本手册 2.6 节和 7.9 节关于人因系统集成的讨论）。与成本收益分析方法相对应的方法是，在外部强加成本上限的情况下，针对给定成本限定值，设法使效能最大化。费效分析是一个系统化的定量方法，用于为达到特定目标在同等效益下比较不同方案的成本。基于对相互竞争的备选方案做出的寿命周期费用分析，如果项目按现价水平获得设定量的收益时花费最低，则认为项目是经济有效的。

最低成本分析着眼于确定满足系统技术需求的、成本最低的可选项目方案。最低成本分析的做法是比较各种技术上可行的可选方案的成本，并选出成本最低者。可选的项目方案应当能够以不同途径实现使命任务目标。如果各个方案之间存在不同的结果或品质标准，则需要采用归一化技术规程，将其中一个备选方案相对于另一个备选方案的收益折算为该备选方案的成本。这相当于对不能满足全部使命任务目标的备选方案进行成本惩罚，确保比较的公正性。折算因子计算和转换的相应技术规程需要清晰，通过比较项目备选方案的全寿命周期费用和计算成本差异的补偿因子，确定最低成本项目方案。进行比较的所有项目方案中，具有最高补偿因子的方案即最低成本备选方案。

费效分析同样可以采用的不同方法来处理如何达到使命任务需求的问题。当然，分析结果可能仅是间接估计。例如，针对不同类型的系统，可能考虑其采集科学数据的效果。针对每个备选方案，考察其使用的采集科学数据的相应方法来度量方案的效能。在这个例子中，费效分析所度量的是每个备选方案科学数据增长量与其所需成本的比值。最为经济有效的方案是能够以最低成本增加给定量科学数据的方案。如果选定此分析方法并应用到所有类似备选方案中，则能以最低成本获得相同增量的科学数据。然而需注意的是，最为经济有效的方法是那种能够以最低成本增加给定数量科学数据的方法。某个备选方案可能最有效果，但同样会耗费更多，因而不一定是最为经济有效的。为了对能够使备选方案最有效果而可能需要增加的花费做出比较，通常使用费效比作为指标，即计算并比较所有方案每增加单位计量科学数据所增加的成本。这样，选择哪个方案实施同时取决于所期望的使命任务目标和实施最有效果方案的额外成本。

还可能存在一种情况，即项目备选方案将产生多个影响因素对应的结果。此时为了评估不同备选方案的效费关系，常常需要设计出相关试验系统，使得试验中不同因子的结果可以累加。同样可能需要确定不同因子的结果累加时的权重，反映出它们与项目目标的相对重要度。此时，费效分析被称为加权的费效分析。这种费效分析方法在项目备选方案的比较中引入权重这个主观因素，既可以用于确定最为经济有效的备选方案，又可以用于确定实施最有效果备选方案的额外成本。

6.8.2.2 支持正式决策分析的专用方法

面对问题的复杂性、多样性、多变量和多种类参与者，正式决策分析可以使用多种方法来帮助确定问题解决方案。本节简要描述其中的若干方法，包括影响图、决策树、层次分析法（AHP），波达计数法、效用分析法和风险视情决策方法。

6.8.2.2.1 影响图

影响图又称为决策网络，是一种用紧凑的图形化方式与数学方式表示决策状态的方法，如图 6.8-6 所示。作为一种直观的易于理解的决策分析方法，影响图诞生于 20 世纪 70 年代中期，并被决策分析学术界认可。如今，影响图被广泛应用且已经成为决策树的替代方式，尤其是在模型中每个变量的分支数呈指数方式增长时。影响图允许在团队成员之间不完全地共享建模及求解信息，因而可以直接应用于团队决策分析。影响图包括如下基本要素：

- 决策节点：表示决策输入，以及直接受决策结果影响的事项。
- 机会节点：表示产生偶然结果的各种影响因素，以及受偶然结果影响的事项。
- 价值节点：表示影响价值的因素，以及受价值影响的事项。
- 有向线段：表示各种要素之间的影响关系。

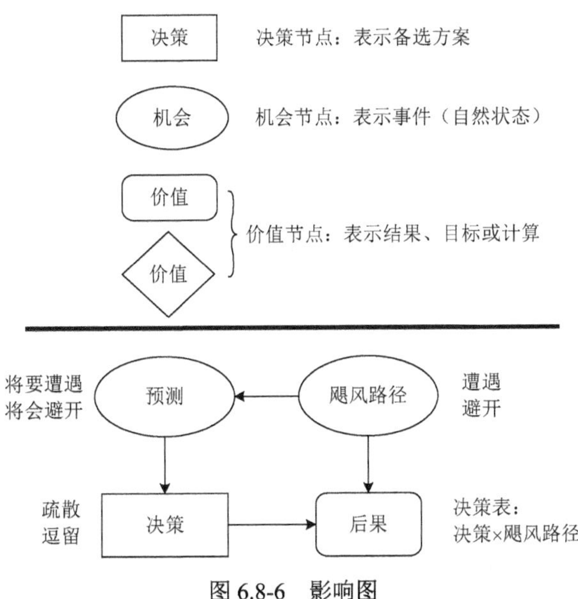

图 6.8-6 影响图

影响图并不是用来描述严格顺序流程的。相反，它反映特定决策点的决策过程，表明所有与决策相关的重要因素。对于特定的模型，其影响图并不唯一。影响图的优势在于它能够以清晰紧凑的形式体现决策问题的结构，从而有助于项目内部沟通和分析人员在确定问题时理清思路。影响图可以通过量化而转化为决策树。

6.8.2.2.2　决策树

与影响图类似，决策树描绘决策模型，但其着眼点与影响图有所不同。决策树通过穷尽的方式努力找出每个备选决策方案期望的结果。具体做法是离散化所有的“机会”节点，基于该离散化结果计算所有方案的各种可能结果并赋予相应的权重。最终通过累加来自每个分支上相应底层状态的输出变量（效能指标或期望效用值）确定优先方案。

决策树在水平方向上从左至右扩展，决策树的根在最左侧。通常，决策者可用的备选方案起源于最左边的树根。沿着决策树自根节点至叶节点，决策者将遇到基于不同概率结果的分支，还可能遇到新的决策节点。因此，决策树在从左至右扫视的过程中长大和扩展。在决策树的最右端，也就是在决策树的每个末端列出技术性能指标评分，形成表示所有决策输出及机会输出组合的技术性能指标矢量。基于技术性能指标评分及选定的选择规则，能够确定优先备选方案。决策树的问题在于，即使是不十分复杂的问题，决策树也将很快变得难以理解。如图 6.8-7 中给出的决策树示例，图中只是简化描述，完整的决策树需要包含更多的分支才能够扩展到分析所需的足够详细层级。通常采用的策略是首先画出等价影响图，这样做可以帮助理解决策中涉及的首要问题。市场上已经存在某些成熟的软件包，能够帮助轻松构建影响图，并基于所构建的影响图自动绘出决策树。在需要的情况下，有了这样的软件，决策树可以很方便地被编辑。通常，决策计算直接在决策树上进行。

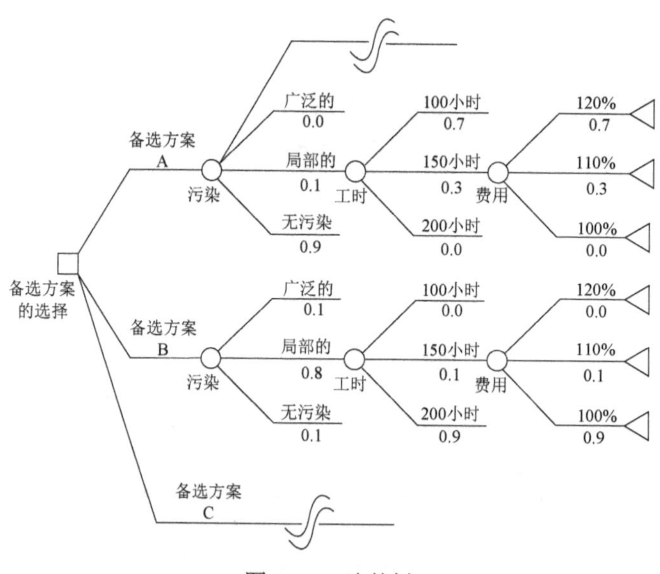

图 6.8-7　决策树

6.8.2.2.3　层次分析法

多目标决策分析/多属性决策分析（MCDA）是一个着眼于帮助决策者面对大量相互冲突的评价问题时做出决策的方法。此类方法突出关注备选方案中的冲突，并通过清晰流程找出达成妥协方案的方法。例如，NASA 可能运用多目标决策分析方法，辅助评估为 NASA 应用所选择的软件工具是否有成效。多目标决策分析运用若干主观性因素，实施多目标决策团队的偏好和立场能够对决策的准确性和公正性产生重要影响。层次分析法（AHP）是多目标决策分析的方法之一。

层次分析法是由托马斯·萨蒂首次提出的。层次分析法是一个已被证明行之有效的处理复杂多属性决策问题的方法，可以帮助决策者明确方案选择准则并分配权重，分析收集的数据是否满足准则并实施决策流程。采用层次分析法的数学技巧可以分析和处理很多不同问题。层次分析法能够帮助获取主观评价指标与客观评价指标，并针对技术团队提出的备选方案与相关评价指标，提供一套检验一致性的有效机制，从而减少决策中的偏见。层次分析法采用备选方案两两对比分析的方式，可以用于整个决策流程。

实际上，层次分析法在应用中有某些限制和需注意之处。层次分析法的一个很好的应用是用来确定方案选取准则的权重。然而，层次分析法可能会在选择实际方案时产生结果偏差。两两比较的方法假设在比较过程中所有其他因素是独立的，这通常是不正确的。在这种情况下，应同时考虑所有备选方案对决策准则中的综合影响。

通常，层次分析法包括如下 6 个步骤：

① 概要描述所考虑的各备选方案。

② 开发出一组系统的高层级目标。

③ 从一般到特殊对高层级目标进行分解，从而创建出目标层次。

④ 通过面谈和问卷调查等结构化流程由相关专家评分，对各评价目标和属性赋予相应权重，从而确定评价目标的相对重要性。

⑤ 由每位专家针对决策备选方案，两两对比各方案的技术性能指标，并对每项技术性能指标重复进行对比。采用某种流程（通常采用实用软件工具）给出主观评价结果的数学描述，从而得到备选方案的排序。

⑥ 循环迭代进行面谈/问卷和 AHP 评价流程，直至获得一致的评分排序。

如果在进行性能指标和效能指标计算时，层次分析法仅用于构建相应技术性能指标权重，则进行上述前 4 个步骤即可。

使用层次分析法，达到一致性要求有可能很快，也有可能需要几轮循环。每轮反馈的内容包括每个评价者或群体对各项备选方案给出的排序，形成排序差异的原因，以及出现分歧的领域。专家可以选择根据反馈内容改变其对技术性能指标权重的判断。此时，需要确定并关注不同偏好，以便进行更详细研究。层次分析法中，假设存在隐含的有大小和方向的偏好矢量，通过两两比较显现出来，这是个有力的假设，但可能最多只适用于参与专家。对备选方案的排序是专家判断的结果，并且不必是一个可重现的结果。关于层次分析法的更多信息，可参见萨蒂 1980 年出版的著作《层次分析法》[Saaty 1980]。

6.8.2.2.4 波达计数法

层次分析法并不总是能够在多个选项之间提供明确的比较结果，因为其专注于成对比较而不是对比整个方案集。通常有一些备选方案针对所有标准整体衡量时表现良好，但在任何单一标准下都没有明显比其他方案好。波达计数法允许在评估中寻找最适合所有决策标准的备选方案。这样做便能够在评估中捕获到主题专家（包括系统工程师）的直觉。

相对于成对地比较所有可能的选项，波达计数法采用对所有选项进行投票及使用加权排序的方式。例如，如果尝试对五个决策选项（A，B，C，D，E）做出评估，波达计数法将要求每个评估人员独自使用加权分数对每个选项进行评分，参见表 6.8-3。加权反映了偏好，如得 4 分排在第一，得 3 分排在第二，得 2 分排在第三，得 1 分排在第四，得 0 分排在第五。所有投出的分数求和得到相应选项的排名。通常可能会发现，在多数分类因素中排名第二的选项，其总分可能超过仅在少数分类因素中排名第一的选项。

表 6.8-3 波达计数法

分类因素	A	B	C	D	E
能效	3	4	0	2	1
质量	2	3	4	0	1
可操作性	3	1	2	4	0
安全性	3	1	2	0	4
费用	3	0	2	4	1
进度	2	3	0	1	4
合计	16	12	10	11	11

这样就可以结合所有准则对所有选项进行综合评估，而不是采用可能产生偏差结果的单一准则。如果单一准则下能够给出评估结果，那就表明其他准则应该是 6.8.1 节中关于决策准则识别中讨论的次要因素。当评估结束时，如果主题专家在如何加权的具体标准方面存在分歧，波达计数法还可以利用系统工程师的直觉。

6.8.2.2.5 效用分析法

“效用”是对备选方案能够获得的相对价值的度量。针对该项指标，决策团队关注的是效用的增加或降低，并从能否增加效用方面解释可能的决策方案。理论上，效用的英文度量单位为 util。

效用函数将技术性能指标的范围映射到相关的效用范围上，获取决策者的偏好和风险取向。简单情况下，这可以想象成将评价指标的取值范围线性映射到效用平面横轴上的[0,1]区间内，但这通常不能与所获取的决策者偏好相符合。决策者对风险的取向可能导致效用曲线呈现出凸性（风险趋向型）、凹性（风险规避型）或两者都有。因此，需要结合决策者的偏好来构建效用函数，该函数可以是若干非线性偏好函数的线性组合。需要注意，下面讨论的多属性效用理论（MAUT）允许偏好的交互影响和偏好函数的非线性组合。

效用函数直接反映决策者的风险取向。在以效用值为基础对备选方案进行排序时，相对于具有较小收益而不确定性较低的备选方案，风险规避型决策者可能倾向于将具有较大收益但不确定性较高的备选方案排在更低位置。而风险趋向型决策者则可能给出相反的结果。在对单一技术性能指标的效用函数进行评估时，重要的是检查评估结果与决策者实际偏好的一致性。例如，取 TPM_1 和 TPM_2 的中间值是否意味着决策者倾向于较高的 TPM_1 值和较低的 TPM_2 值。

图 6.8-8 所示是采用技术性能指标“体积”表示效用函数的示例。这项度量指标在空间使命任务中进行传感器设计的背景下使用。体积是一项宝贵的指标。图 6.8-8 的含义是体积越小越好，体积越大越糟糕。在对体积的估计中具有高度不确定性，可能会给出更紧凑的但具有更高风险的备选设计方案，这可能导致需要额外的体积来解决设计中的意外问题。例如，光学系统不能如预期那样折叠，因为热膨胀而需要占用比预期更多的体积，因此辐射保护罩可能需要加厚。只要备选方案满足系统的基本限制，风险规避型决策者将选择具有较小不确定性的方案，即使它们可能具有更高的体积要求。这种情况在图 6.8-8 中由曲线 1 显示。另外，风险承担型决策者将选择风险更高的备选方案，即使存在体积可能会增大的风险，也愿意在更紧凑的设计中使系统整体上得益更多。这种情况由图 6.8-8 中的曲线 2 显示。通过将图 6.8-8 中的曲线与参

考线的斜率进行比较，可以确定曲线的凸度（风险承担）或凹度（风险规避）。

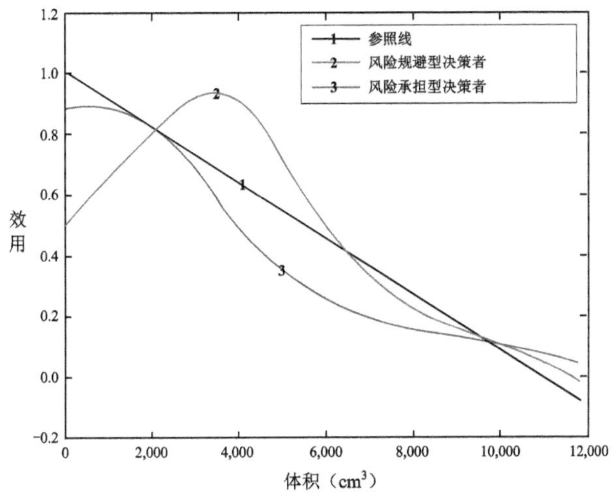

图 6.8-8 采用技术性能指标“体积”表示的效用函数

1．价值函数

在不需要正式处理风险取向时，可以用价值函数替代效用函数。价值函数与效用函数相似，但有一个重要差异。价值函数不考虑决策者的风险取向。价值函数并不反映决策者对确定结果和不确定结果做出的对比。

对技术性能指标进行评估的价值函数相对直接。技术性能指标评价范围的“最佳”端赋值为 1，“最差”端赋值为 0。决策者对取值空间上的每个点直接给出评估值，从而建立技术性能指标可能的取值空间上的偏好结构。可以把效用函数看作价值函数，但价值函数不一定能被看作效用函数。

2．多属性效用理论

使用多属性效用理论是对备选方案进行排序的途径之一。采用这种方法时，每个备选方案的期望效用被量化，然后参照期望效用值对备选方案进行排序。

有时期望效用可以被看成性能指标。采用多属性效用理论方法的最大好处是，当决策者不能不考虑风险时，该方法是处理显著不确定性的最佳方法。概率方法也可以用于处理不确定性，但这种方法的不足是需要量化决策者的风险取向。顶层系统架构决策便是恰当应用多属性效用理论的典型例子。

第 7 章　项目技术管理的相关专题

本章讨论的专题横跨全寿命周期的各个阶段，讨论主要集中在如何增强系统工程流程的执行效率，以及在系统工程流程实施过程中需要特别考虑的重要事项。这里讨论的专题包括以下内容：

- **合同形式外包的工程**：将系统工程应用于项目合同和承包商。
- **并行工程方法**：各领域专家在一个共同的真实或虚拟环境中同时开展系统协同工作，从而得到集成设计方案。
- **选择工程设计工具**：集成设计所用的设施和工具。
- **遵从环境政策、核安全政策和行星保护政策**：保护环境和国家太空资产的重要性。
- **公制度量单位的使用**。
- **多层级/多阶段工程的系统工程**：一些特殊考虑。
- **故障管理**：掌握并管理非设定的系统行为。
- **技术性余量**：建立并管理应急措施，降低开发风险，提升使命任务的成功概率。
- **人因系统集成**：保持系统整体安全性和整体效能的平衡，确保使命任务成功。

7.1　合同形式外包的工程

7.1.1　引言、目的和范围

从历史上看，绝大多数成功的 NASA 项目依赖于在 NASA、承包商和第三方之间有效地融合项目管理、系统工程原理和专业技术经验。这些成功案例的基础是大量协议（如合同、谅解备忘录、合法转让和合作协议等），这些协议可能是 NASA 内各组织之间签订的，也可能是 NASA 与政府机构、政府组织、公司、大学、研究所和试验室等签订的。为了简化描述，使用术语“合同”来指代这些协议。

本节重点讨论有关合同签订、合同管理和合同验收的 NASA 系统工程活动。特别讨论 NASA 采购流程的系统工程接口，而 NASA 工程技术团队在合同文件的产生和评估中起着关键作用。

承包商和第三方团体可以开展相关活动，作为 NASA 项目技术团队的补充（或替代），完成 NASA 系统工程公共技术流程的活动，实现合同中列出的需求。考虑到承包商可以在系统工程寿命周期的任何阶段发挥作用，NASA 的项目技术团队需要知道如何准备、如何安排、如何实施和如何完成对分派给承包商的技术活动进行监督。

7.1.2　采办策略

本节考虑的情况是已经决定某个承包商承担项目的部分内容，重要的是，必须牢记选择NASA自行“开发”产品还是从承包商那里“购买”产品，是系统开发过程中最关键的决策问题之一（参见5.1节）。在做出“开发/购买”决策时应当考虑如下问题：

- 所需要的产品是新开发产品还是既有成品。
- NASA面对潜在的承包商有什么相关经验优势。
- 风险、费用、进度和性能间的相对重要性如何。
- 是否需要保持NASA机构自身开发制造的能力。
- 合同中规定的工作针对的是系统全寿命周期的哪些阶段、这些外包工作如何与NASA“内部”活动密切配合、如何与其他外包合同中的工作密切配合、如何使不同部分的工作能高效且低成本地共同开展、谁负责贯穿整个工程/项目寿命周期的集成工作。

一旦明确了需要签订合同来获得系统或服务，项目负责人则需要联系项目管理部门的外购办公室。合同主管官员将委派合同专家协助梳理涉及NASA采购的大量常规需求条款并指导撰写合同文本，以及确定合同经费，必要时合同专家将请求法律办公室的协助。

7.1.2.1　制定采办策略

在外购办公室和法律办公室专家的协助下，项目负责人首先制定一个采办策略或选择专家提供的采办策略。采办策略中给出业务管理和技术管理的纲目，用于规划、指导和管理该项目通过合同获得目标产品和服务。

在某些情况下，需要适当调查外部商家，以期搜集足够的信息来形成采办策略。通过向期望获得未来潜在合同的工业部门或其他团体发放信息咨询调查表可以实现这一点。发放信息咨询调查表是一种获取有关技术成熟度、技术挑战、能力、价格和交付细则及其他市场信息的有效途径，这些信息可能影响对采办策略做出决策。

采办策略包括如下内容：

- **采办目标**：需要提供的产品能力、主要里程碑。
- **采办途径**：单项采办或系列采办活动、单个或多个供应商/承包商、竞争性选择商家或单一来源商家、经费来源、阶段划分、系统集成方式、选用商用现货（COTS）产品。
- **业务因素考虑**：（在经费、进度方面的）约束、资产和技术的可用性，商业产品与内部技术开发产品之间的适用性对比。
- **产品或服务的采办风险管理**：主要风险、与供应商的风险分担。
- **合同类型**：基于性能或基于成果水平，选择固定价格合同或成本补偿合同。
- **合同要件**：合同签订动因、性能参数、确定合同类型的决策依据。
- **产品保障策略**：系统交付监督、系统维护和改进。也就是说，如果合同仅针对寿命周期的部分阶段，如仅针对产品开发阶段，则产品的运行使用该如何管理？

技术开发团队通过收集数据，有助于推动与上述各项相关的决策过程。技术开发团队应清晰了解在采办方法中存在的问题，理解如何确定资产和技术的可用性，以及如何确定商用产品的适用性，了解系统集成存在的问题及产品交付细节。相应地，技术团队需负责提供如何辨识和评估采办所需产品面临风险的相关知识，特别是关于合同类型和特殊合同要件部分的知识。

7.1.2.2 采办寿命周期

合同管理是产品采办寿命周期活动的一部分，相应阶段包括合同招商、商家选择、合同监督和合同验收（见图 7.1-1）。采办寿命周期与项目寿命周期的系统工程流程有重叠且相互连接。采办规划阶段重点关注需要制定特殊合同（或通过购买）获得产品时的技术规划（参见 6.1 节）。在图 7.1-1 中，需求开发阶段与系统工程引擎中的技术需求开发流程相关（见图 2.1-1）。接下来的四个阶段——合同招商、商家选择、合同监督和合同验收属于合同管理活动。如果合同用于采办某个主要产品（如空间飞行器），则最后一个阶段的交付使用与维护表示将采办到的产品转交给负责使用和维护这些产品的组织（可能是承包商，也可能是低层级分包商）开展相应的活动。如果整个工程需要得到的结果（如将宇航员送入低地球轨道）既包含 NASA 自行制造的相关工作，也包含外包合同安排的任务，则应当为承担任务的各方清晰地分清授权、责任和角色。术语“采办管理”经常用于指代横向关联的工程/项目管理活动，这些活动被采办组织接受，并且被分配到各个实体，在整个采办寿命周期中实施。

采办规划阶段	需求开发阶段	合同招商阶段	商家选择阶段	合同监督阶段	合同验收阶段	交付使用与维护阶段

图 7.1-1 采办寿命周期

7.1.2.3 NASA 的系统工程职责

NASA 技术团队负责整个采办寿命周期的系统工程活动。不管采用什么采办策略，面临什么样的供应商、承包商和分包商的组合，技术团队对系统工程决策和结果都负有重大责任。不管采办策略要求由技术团队负责，还是由主承包商负责，或者两者采取某种结合形式共同负责，系统工程活动始终由技术团队负责。

本小节专门讨论将技术流程相应条款写入合同时，如何进行责任分工并进行监督与衡量。一般来说，项目的技术规划流程、接口管理流程、技术风险管理流程、技术状态管理流程、技术数据管理流程、技术评估流程和决策分析流程应当由 NASA 团队和承包商在项目寿命周期内共同实施。利益相关者期望开发流程、技术需求开发流程、系统逻辑分解流程、设计方案开发流程、产品方案实施和集成流程、产品验证和确认流程、产品交付流程，以及需求管理流程需要根据产品分解的层级，由 NASA 团队或承包商负责实施。在签订合同并生效执行之前，合同应明确各方的角色和责任，特别是在设计和开发阶段应当明确 NASA 与承包商之间紧密合作的细节。如果在合同谈判中没有明确如何做到相互监督和交换意见，NASA 可能会丧失在目标产品质量保证方面的作用。

表 7.1-1 给出实施 NPR 7123.1 中确定的 17 项公共技术流程的指南。表中前两列是技术流程的编号和对相关职责要求的陈述。表中第三列针对如何辨别实施该流程的责任方，给出一般性的指导意见。表中最后一列给出针对实施项目特定流程的应用实例。该实例所描述的场景是，在某项科学试验使命任务中承包商参与建造空间飞行器，NASA 为承包商安排属于政府国有资产（GFP）的设备，最终的使命任务由 NASA 执行。

表 7.1-1 实施 NPR 7123.1 中确定的 17 项公共技术流程的指南

NPR7123.1 流程编号	系统工程通用技术流程	明确流程实施责任方的一般原则	科学试验使命任务应用实例
3.2.1	**利益相关者期望开发流程** 该流程是由 NASA 中心主任或其代表负责建立和维护的流程，其作用是定义利益相关者期望，用于构建适用的系统工作分解结构模型。其中需要建立和维护的内容包括流程所需的活动、需求、指南和文档资料	在 NASA 确定的最终产品的层级，通常会有多个利益相关者。对于较低层级的产品，利益相关者可能是 NASA 或承包商。如果利益相关者是承包商，那么承包商就应当负责实施该流程，反之亦然	NASA 内部机构是使命任务/项目的利益相关者；多数情况下承包商是空间飞行器电源子系统的利益相关者
3.2.3	**技术需求开发流程** 该流程是由 NASA 中心主任或其指定代表负责建立和维护的流程，其作用是根据一组经过认可的利益相关者期望，定义系统技术需求，用于构建适用的系统工作分解结构模型。其中需要建立和维护的内容包括流程所需的活动、要求、指南和文档资料	系统工程管理计划需确定开发技术需求的责任应当在哪个层级移交给承包商。这项责任通常分配给利益相关者，例如，如果利益相关者对应的是承包商，那么技术需求由承包商负责开发，反之亦然	NASA 负责开发高层需求，而承包商负责开发电源子系统的需求
3.2.4	**系统逻辑分解流程** 该流程是由 NASA 中心主任或其指定代表负责建立和维护的流程，其作用是针对相应工作分解结构模型中经确认的技术需求进行逻辑分解。其中需要建立和维护的内容包括流程所需的活动、要求、指南和文档资料	根据需求确定。例如，如果由承包商开发系统需求，那么这些需求的分解由承包商负责实施，反之亦然。在合同规定的责任边界，需求由 NASA 负责提出并由承包商负责分解	NASA 负责将高层需求向下分解，直到到达合同规定的责任边界（由此向下层级的需求由承包商负责）。承包商负责将电源子系统的需求做进一步分解
3.2.5	**设计方案开发流程** 该流程是由 NASA 中心主任或其指定代表负责建立和维护的流程，其作用是在相应工作分解结构模型中确定满足给定技术需求的产品设计方案。其中需要建立和维护的内容包括流程所需的活动、要求、指南和文档资料	根据需求确定。例如，如果由承包商开发系统需求，则由承包商负责实施产品方案设计流程，反之亦然。在合同规定的责任边界，需求由 NASA 负责提出并由承包商负责进行设计	NASA 负责设计使命任务/项目层方案，承包商负责设计电源子系统方案
3.2.6	**产品方案实施流程** 该流程是由 NASA 中心主任或其指定代表负责建立和维护的流程，其作用是通过制造、购买或重用实现所确定的工作分解结构模型中目标产品的设计方案。其中需要建立和维护的内容包括流程所需的活动、要求、指南和文档资料	通常根据设计方案确定。例如，如果由承包商开发设计方案，则由承包商负责实施产品设计方案，反之亦然。然而可能会出现这样的情况，由 NASA 生成的设计方案交给承包商负责实施。因而，责任应当在系统工程管理计划中明确	NASA 负责实施使命任务/项目层的产品设计方案，承包商则负责电源子系统的设计方案实施
3.2.7	**产品集成流程** 该流程是由 NASA 中心主任或其指定代表负责建立和维护的流程，其作用是根据所明确的设计方案，将低层级产品集成到工作分解结构模型中相应层级的目标产品。其中需要建立和维护的内容包括流程所需的活动、要求、指南和文档资料	根据设计方案确定。例如，如果由承包商开发设计方案，则由承包商负责实施设计单元的集成，反之亦然。有时，NASA 会作为最终的集成者实施目标产品的集成	NASA 负责集成使命任务/项目层的设计方案，承包商完成电源子系统的集成

续表

NPR7123.1 流程编号	系统工程通用技术流程	明确流程实施责任方的一般原则	科学试验使命任务应用实例
3.2.8	**产品验证流程** 该流程是由 NASA 中心主任或其指定代表负责建立和维护的流程，其作用是根据所明确的设计方案，对由产品方案实施流程或产品集成流程形成的目标产品进行验证。其中需要建立和维护的内容包括流程所需的活动、要求、指南和文档资料	根据产品的集成方式确定。例如，如果由承包商实施产品集成，则由承包商负责实施对产品的验证，反之亦然	NASA 负责对使命任务/项目的验证，承包商负责对电源子系统的验证
3.2.9	**产品确认流程** 该流程是由 NASA 中心主任或其指定代表负责建立和维护的流程，其作用是根据利益相关者期望，对由产品方案实施流程或产品集成流程形成的目标产品进行确认。其中需要建立和维护的内容包括流程所需的活动、要求、指南和文档资料	根据产品的集成方式确定。例如，如果由承包商实施产品集成，则由承包商负责实施对产品的确认，反之亦然。在合同规定的责任边界，NASA 可以选择自行实施产品确认	NASA 负责对使命任务/项目的确认，承包商负责对电源子系统的确认
3.2.10	**产品交付流程** 该流程是由 NASA 中心主任或其指定代表负责建立和维护的流程，其作用是将目标产品交付到工作分解结构模型中上一层级的客户或用户。其中需要建立和维护的内容包括流程所需的活动、要求、指南和文档资料	根据产品验证和确认情况确定。例如，如果由承包商实施产品验证和确认，则由承包商负责实施产品的交付，反之亦然	NASA 将使命任务/项目成果交付运行使用方，承包商则向空间飞行器层级交付电源子系统
3.2.11	**技术规划流程** 该流程是由 NASA 中心主任或其指定代表负责建立和维护的流程，其作用是规划项目的技术工作。其中需要建立和维护的内容包括流程所需的活动、要求、指南和文档资料	假设 NASA 和承包商都进行技术开发工作，则 NASA 和承包商皆需要制定相应的技术工作规划	NASA 负责规划与政府国有资产设备及与空间飞行器发射和运行使用相关的技术工作，开发商负责规划与电源子系统的设计、制造、验证和确认、交付和运行使用相关的技术工作
3.2.12	**需求管理流程** 该流程是由 NASA 中心主任或其指定代表负责建立和维护的流程，其作用是管理在应用系统设计流程时确定并设定控制基线的系统需求。其中需要建立和维护的内容包括流程所需的活动、要求、指南和文档资料	根据表中技术需求开发流程的结果确定，负责审批需求变更的责任应在系统工程管理计划中明确	
3.2.13	**接口管理流程** 该流程是由 NASA 中心主任或其指定代表负责建立和维护的流程，其作用是管理在应用系统设计流程时确定并设定控制基线的系统接口。其中需要建立和维护的内容包括流程所需的活动、要求、指南和文档资料	应当在接口所对应单元的上一层级实施管理	空间飞行器与地面系统的接口由 NASA 管理，承包商负责管理电源子系统与高度控制子系统的接口

续表

NPR7123.1流程编号	系统工程通用技术流程	明确流程实施责任方的一般原则	科学试验使命任务应用实例
3.2.14	**技术风险管理流程** 该流程是由 NASA 中心主任或其指定代表负责建立和维护的流程，其作用是管理在所开展技术工作中辨识的技术风险。其中需要建立和维护的内容包括流程所需的活动、要求、指南和文档资料	技术风险管理是一个 NASA 和承包商都应该实施的流程。项目中的所有单元都需要辨识其风险，并需要参与项目风险管理流程。决定何时以何代价缩减哪项风险，通常是 NASA 项目管理的内容之一	NASA 项目管理计划应该制定有承包商参与的项目风险管理途径。在整个项目中辨识的自顶层到电源子系统层级及更低层级的风险，应向 NASA 机构报告并能被 NASA 机构辨识，以便进行可能的风险缩减活动
3.2.15	**技术状态管理流程** 该流程是由 NASA 中心主任或其指定代表负责建立和维护的流程，其作用是进行产品技术状态管理。其中需要建立和维护的内容包括流程所需的活动、要求、指南和文档资料	像风险管理一样，技术状态管理需要 NASA 团队与承包商团队在整个项目中共同实施	NASA 项目管理计划应该制定有承包商参与的技术状态管理途径。承包商内部的技术状态管理流程必须与 NASA 的管理途径相结合。技术状态管理需要在项目全过程中实施，自顶层到电源子系统层级及更低层级
3.2.16	**技术数据管理流程** 该流程是由 NASA 中心主任或其指定代表负责建立和维护的流程，其作用是管理在技术工作中产生和使用的技术数据。其中需要建立和维护的内容包括流程所需的活动、要求、指南和文档资料	与风险管理和技术状态管理一样，技术数据管理需要 NASA 团队与承包商团队在整个项目中共同实施	NASA 项目管理计划应该制定有承包商参与的技术数据管理途径。承包商内部的技术数据管理流程必须与 NASA 的管理途径相结合。技术数据管理需要在项目全过程中实施，自顶层到电源子系统层级及更低层级
3.2.17	**技术评估流程** 该流程是由 NASA 中心主任或其指定代表负责建立和维护的流程，其作用是评估所计划技术工作的进展，以及评估需求满足程度的进展。其中需要建立和维护的内容包括流程所需的活动、要求、指南和文档资料	技术评估是一个需要 NASA 团队与承包商团队在整个项目中共同实施的流程	NASA 项目管理计划应该制定有承包商参与的评估项目进展的方法，通常是项目评审计划。承包商内部的评审流程必须与 NASA 的评估方法相结合。技术评审需要在项目全过程中实施，自顶层到电源子系统层级及更低层级
3.2.18	**决策分析流程** 该流程是由 NASA 中心主任或其指定代表负责建立和维护的流程，其作用是做出技术决策。其中需要建立和维护的内容包括流程所需的活动、要求、指南和文档资料	很明显，技术决策由 NASA 与承包商在整个项目中共同制定。对于特定类型和特定主题的决策，最好根据 NASA 中心划分的流程和项目类型，由 NASA 或承包商单方做出	在本例中，影响系统高层需求和使命任务成功的决策应当由 NASA 做出，而诸如电源子系统这样的低层级决策如果不影响使命任务成功，则可以由承包商做出

7.1.3 签订合同前的工作

7.1.3.1 制定采办计划

在开发系统工程管理计划的过程中，NASA 技术团队要基于采办策略制定采办计划并归档。系统工程管理计划涵盖了在签订合同之前、执行合同期间直到合同验收这段时间内 NASA 技术团队的角色、职责和所参与的活动。采办计划中包括招商准备、商家选择、明确合同条款、监督承包商绩效、验收交付的产品、合同验收、合同规定之外的交付，以及在工程整体中集成。系统工程管理计划关注 NASA 与承包商之间的接口交互活动，包括 NASA 技术团队参与和监督合同规定的工作。

在进行项目所需人力估算时，经常被忽略的是 NASA 技术团队成员参与合同相关工作所花费的大量时间。根据采购方式的不同，技术团队成员可能需要花费 6 个月至 12 个月全工时参与商家选择的工作。在合同签订之后，NASA 需花费 30%～50%的精力对合同进行技术监督，而在重要里程碑节点和关键交付件到达时，需要花费全部精力。切记在多数承包商的活动中，NASA 雇员进行的只是补充活动。为了确保 NASA 团队在合同监督、产品交付、合同验收和工程总体集成方面高效发挥实际作用，关键是已经向承包商充分而恰当地提出了指标体系、里程碑和项目报告方面的要求。在合同开始执行之前，NASA 技术团队应将时间和注意力集中到合同内容上，这是确保承包商在执行合同期间能够向 NASA 提供充足信息的关键，也是 NASA 完成监督责任的关键。在合同执行期间，承包商和 NASA 技术团队应当共同工作，在相应的里程碑节点更新系统工程管理计划。

技术团队应密切参与到采办招标资料的技术文档开发中。采办招标资料包括招商文件（如项目申请指南）和相关支撑文档。招商文件应当包括能够公布给潜在承包商（或应招商）的所有文档。招商文件中的关键技术内容包括任务说明（含系统性能要求）、产品技术规范和合同数据需求列表。招商文件的其他内容还包括申请指南和评价准则。招商文件的支撑材料包括采购进度计划、商家评估计划、项目费用的政府概算和购买要求。部分支撑文档的形成和制定可能需要技术团队的参与。

招商文件

向被关注的有关团体发布的招商文件是对未来合同的正式表征。招商文件应充分详细地表述政府需求（包括需要的内容、条件和指南），并允许可能的承包商（或应招商）提出申请响应。根据工作的重要性和复杂性，可能会发布招商草案。在接收到项目建议书后，商源评价委员会需依照商家评价计划对各项申请进行技术和商务方面的评价，并向项目合同管理官员推荐选定的承包商。商源评价委员会由一位技术专家领导，包括其他技术专家和一位合同专家。商家选择流程在项目合同管理官员签署合同书后结束。

最常见的 NASA 招商类型是发布项目申请指南和产品商机公告。任何人都可以登录 NASA 在线采购资料库了解关于系统采购和商家选择的详细流程。

合同专家的职责是，根据技术团队提出的要求，确保招商文件中已经包含适当条款。合同专家必须熟悉联邦采办法规和 NASA 采办法规附则的要求，这两个法规应以全文形式，或以引用相关条款形式包含在招商文件的条款中。这些条款中的大部分与国家法律和国际公法、合同管理、财务管理相关。较新的条款中强调信息技术安全保密、数据所有权、知识产权、新技术报告和类似内容。合同专家应始终与联邦采办法规和 NASA 采办法规附则的更新保持同步。随着招商文件中任务说明和其他部分的逐渐成形，合同专家和技术团队应密切合作，避免相近需求重复出现。

7.1.3.2 编制任务说明

对承包商的有效监督始于制定项目任务说明。技术团队为所需开发的产品提出并确立项目任务说明需求。项目任务说明包含承包商在产品开发期间应当满足的流程、性能效果和管理需求。

如图 7.1-2 所示，技术团队在编制项目任务说明时需要分析承包商应完成的工作以及需实现的性能和提供的数据。这个流程是一个循环迭代的过程，能够为明确合同相关工作所需制定的各类文档提供支持。图中描绘的主要步骤见表 7.1-2。

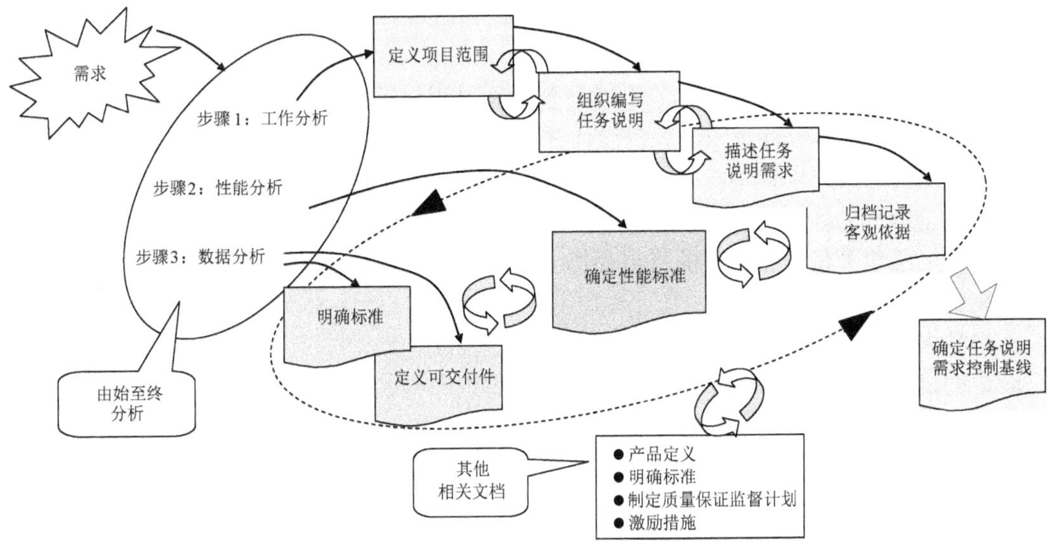

图 7.1-2 合同需求制定流程

表 7.1-2 需求制定流程的步骤

步 骤	任 务	细 节
工作分析	定义项目范围	在项目任务说明中确定合同内容所属的项目范围，提供充分的背景信息来引导应招商
	组织编写任务说明	针对产品和相关活动（即产品工作分解结构）组织项目任务说明内容
	描述任务说明需求	包括下列有必要开展的活动： • 开发在需求规范中定义的产品。 • 保障、管理和监督产品的开发。 • 以“承包商需要……”的形式陈述任务说明需求。 • 以“系统需要……”的形式陈述产品需求
	记录归档需求依据	分别归档任务说明中所包括的，可能是独特的、不寻常的、有争议的和政治性需求的理由。需求依据不是招商文件的一部分
性能分析	确定性能标准	确定哪些性能指标是承包商可接受的。在性能标准中使用的通用指标包括成本和进度。关于承包商绩效评估和承包商交付产品的需求满足度评估的评价指标体系，相应指南参见《基于性能订约的系统和软件指标体系》
数据分析	明确标准	确定用于可交付工作产品（包括计划、报告、技术规格、图表等）的标准（如美国能源信息署 EIA 标准、美国电气和电子工程师协会 IEEE 标准、国际标准化组织 ISO 标准）。用于产品开发和加工的公共标准和章程（如美国国家电工技术规程、美国国家消防协会规程、美国机械工程师协会规程）应包含在技术规范要求中
	定义可交付件	确保每个可交付数据项（如技术数据——需求规范、设计文档，管理数据——计划、指标集报告）的准备有相应项目任务说明需求作为依据。确保每个产品有相应项目任务说明需求用于确定其交付要求

经过若干次反复迭代，设定项目任务说明需求控制基线，并将其列入技术状态管理（参见 6.5 节）。

本手册附录P给出的项目任务说明撰写清单有助于确保任务说明是完整的、一致的、正确的、清晰的、可证实的。必须在项目任务说明中包含如下关键事项：

- 有最高潜在风险的技术方面和管理方面交付件（如系统工程管理计划、开发和交付计划）；系统需求和架构规范；试验计划、规程和报告；度量指标体系报告；交货、安装、运行使用和维护文档。
- 合同中约定或安排的额外奖励不能与技术性里程碑评审挂钩。这些里程碑评审（如系统需求评审、初步设计评审、关键设计评审等）的作用是保证关键且重要的技术评估的成功实施。这些评审有不能忽略的特定启动条件。评审应由是否满足启动标准引导，而非由某个特殊的计划安排驱动。
- 为评估承包商最终交付件的进展而需要能够随时获取相应的电子数据、工作产品和临时交付件的访问权。
- 将需求分解给分包商或其他团队成员的相应条款。
- 合同规定的数据需求清单中交付件的内容需求和格式需求。这些需求在数据需求文档或数据项描述中指定，数据需求文档通常作为合同附件。切记，需要获取可编辑的数据交付件。
- 针对获得每个学科领域（如硬件、软件、热力学、光学、电学、机械学科）可预见技术进展，明确相应的指标集。对于承包商绩效评估和交货产品需求满足度评估的指标集，相关指南参见《基于性能订约的系统和软件指标体系》。
- 在系统寿命周期归档记录和跟踪为达到系统整体性能而对人员依赖程度的指标。这样做的目的是确保那些可能导致或依赖于人类参与的（运行使用、后勤保障、维护等方面）设计和开发决策能够被跟踪，并与工程早期设定的目标相吻合，而不会导致工程后期才发现寿命周期成本的增长。
- 为降低出现低质量交付件（如缺陷、数量错误等）的风险，确定在产品质量方面的激励。需当心额外奖励可能影响承包商行为。例如，若承诺对早期发现和更正软件缺陷给予奖励，承包商可能会夸大更正次要缺陷的工作而暂缓解决主要缺陷的努力。
- 对现货产品应当通过NASA评审的要求。（参见7.1.3.6节）
- 持续的工程管理，包括定期更新风险清单、联合风险评审和供应商风险处理。
- 对承包商的项目工作进展和生产进度，特别是针对分包商和其他团队成员的工作，实施监控活动（如当前状况汇报、评审、审核和现场考察）。
- 具备满足标准和满足验证需求能力的专业知识和横向关联的工程技术（如可靠性、质量保证、低温学、烟火技术、生物医学、废弃品管理）。
- 针对签署合同前尚不适用的验证计划、确认计划或相近计划，在NASA和承包商之间确定相关职责的条款。
- 促使承包商对改变关键流程进行说明的条款。如果一个流程对人员生命安全有影响，则承包商在将其变更为另一个流程并实施之前，需要得到合同官员的批准。

注： 如果在任务说明中忽略了某些必要内容，后期再将其加入代价会非常大。

承包商应当提供一份系统工程管理计划，说明其在需求开发、技术方案开发、设计方案实施、产品评价、产品交付、人因系统集成及其在技术规划、控制、评估和决策分析中采用的系统工程方法。最好在发布招商文件时就提出要求，承包商需提供一个初步的系统工程管理计划。

商源评价委员会可以根据应招商提供的系统工程管理计划，评价其对需求的理解，评估应招商交付系统的能力。在合同签订之后，如果在项目系统工程管理计划和承包商系统工程管理计划之间出现差异，而这些差异可能影响通用技术流程整体的顺利进行，技术团队应有能力消除这些差异。

通常，技术团队有开发系统需求的经验，却很少有（或没有）制定任务说明需求的经验。如果向承包商提出一组复杂的技术需求，却忽略了在其中包含充足的性能指标需求和提交报告要求，便很难监督承包商的项目进展和确定产品及开发过程质量。提出明确的性能指标需求和报告要求，则能够要求承包商提交相应的数据和报告供使用需要。

在传统意义上，NASA 合同要求承包商满足 NASA 政策方针、NASA 技术规程要求、NASA 标准及相关文档的要求。这些文档中几乎没有可以直接用于制定合同的文字。在绝大多数情况下，这些文档所包含的需求并不适用于合同。重要的是理解这些需求的含义，以及它们是否适用于当前合同。应用于合同的需求应当写成适合合同的文本形式。另一种情况是，项目任务说明中允许承包商提出自己的 NASA 技术规程要求版本，以满足 NASA 的意图。项目任务说明中应明确这种承包商提议的需求应得到 NASA 技术管理团队和工程管理团队的审查和批准。

7.1.3.3 任务订单合同

有时技术团队可以通过现成的任务订单合同模式获得工程产品和服务。技术团队制定任务订单的任务说明，并联系合同官员的技术代表发布任务订单。任务订单对应任务说明的准备是经过简化的，因为现成合同中已经明确了合同执行的控制基线需求。首次使用该模式时需要了解合同的范围，以及合同对产品交付与报告需求、性能指标、激励措施等内容的覆盖程度。任务订单合同为研究、分析、设计、开发和试验的工程技术服务及技术状态管理、质量保证、系统维护和使用的保障服务提供（数天或数周，而非数月）快速获取能力。一旦任务订单发布，技术团队开展适用于任务订单的与合同绩效管理和合同验收（后面章节讨论）相关的工程技术活动。

7.1.3.4 质量保证监督计划

质量保证监督计划（Quality Assurance Surveillance Plan，QASP）定义对承包商工作的监控工作，与项目任务说明同时开发。监督计划成功执行的关键是针对 NASA 和承包商，清晰地定义他们的期望、角色和职责。如前所述，如果某项需求被遗漏，在后期补上该项需求可能花费极大（参见图 2.5-1）。NASA 技术团队与通常来自本机构安全性与使命任务质量保证部门的人员共同工作，准备针对合同规定任务的监督计划。不论监督计划是由 NASA 技术专家实施还是由承包商实施，都应当在项目启动时即投入工作。在签订合同之前，监督计划针对系统总体层次制定，涵盖能够感知工程性风险的通用方法。在合同签订之后，在对当时工程性风险的感知水平下，监督计划需详细描述调查、试验和其他与质量相关的监督活动，以保证产品按合同完整交付。

推荐监督计划包含如下条目：

- 在最初 30 天内评审关键交付件以确保监督活动适当启动；
- 实地考察承包商/分包商，监控生产和评估进展；
- 评估承包商实施系统工程流程的绩效。

在合编制同任务说明的同时起草监督计划，能够更多地将任务说明中的关键需求体现在监督计划活动中。例如，为了让技术团队能够对分包商进行实地考察并监控其生产，任务说明中应当包含允许进行现场视察的需求，同时包含承包商应将那些直接影响分包商的需求分解到位的要求。

7.1.3.5 撰写项目申请指南和评价标准

7.1.3.5.1 撰写申请指南

一旦技术团队完成了对合同任务说明、政府投资成本估算、初步监督计划的编制，即可开始编制招商文件。招商文件的撰写者应当了解评价项目申请书可能需要的信息，并为获取具体所需信息撰写项目申请指南。在典型的商家选择活动中，商源评价委员会负责评价每个应招商对项目需求、管理方法和费用的理解，考察他们的相关经验和以往实践绩效。这些信息中应包括申请书在商业和技术方面需要的内容（本节仅讨论技术方面的申请内容）。招商文件同时应给出供商源评价委员会使用的评价标准。本节内容与申请书指南中要求的每一项条目相对应。

申请书指南应清晰、正确地陈述，其目的是能够从中得到足够的信息作为评价多项申请的共同基础。所面临的挑战是应该提供给应招商多少信息更合适。如果指南中规则太多，则申请书看起来会非常相似。重要的是不要“把运动场做得太平整”，否则很难区分应招商的水平。因为申请书的技术水平与非技术事项（如费用）有相似的重要性，技术团队必须明智地选择识别方法以便于进行商家选择。

商源评价委员会

技术团队中应当有一个或多个成员担任商源评价委员会的成员。他们按照 NASA 及其所属中心的相关商品来源选择规程参与对各项申请的评估。由于商源选择十分重要，商品采购办公室与商源评价委员会需密切合作，确保商源选择流程得到适当执行。商源评价委员会负责制定一个商源评价计划，其中包括描述评价考虑的因素和评估应招商响应的方法。商源选择的决策必须根据保证选择过程公平性的有关规定得到细致管理。

商源评价委员会评价非技术（商业）内容和技术内容。可以仅针对技术内容自身进行评价，也可以在其他技术和非技术内容的影响下进行评价。表 7.1-3 列举了可能要求应招商提供的技术内容及其相关评价准则。

表 7.1-3 可能要求应招商提供的技术内容及其相关评价准则

技术内容	评价准则
承包商的初步系统工程管理计划	在给定的资源、流程、控制条件下，计划可以完成的程度。着眼于完备性（对任务书需求的覆盖程度）、内部一致性、与申请书中其他内容的一致性。系统工程管理计划应该涵盖满足产品需求所需的全部资源和学科
流程描述，包括对分包商（或团队成员）流程的描述	流程的实际效果，承包商流程与分包商流程的兼容性（如职责、决策、问题解决方案和报告）
所完成相关工作的产品资料（文档）。这类文档描述应招商根据合同提供的工作产品可能达到的质量水平。产品资料可以为具备（或缺失）实施系统工程流程能力提供证据	产品资料的完整性，产品资料与招商项目内容的一致性，产品资料与关联项目的一致性及与标准的一致性
工程技术方法和工具	方法和工具的有效性

续表

技术内容	评价准则
流程和产品度量指标集	度量应招商实施其流程达到何种程度，以及度量应招商的产品质量达到何种程度
初步的分包合同管理计划（可能是承包商系统工程管理计划的一部分）	对分包商监督和控制的有效性，风险管理和技术状态管理的综合实施与个性化实施的效果
分阶段实施计划（可能是承包商系统工程管理计划的一部分）	在给定资源的工作负载条件下，计划执行能够达到的最好效果

7.1.3.5.2　评价需考虑的事项

在评价申请书时需要重点考虑如下内容：

- 对于那些可能导致使命任务失败的学科（含硬件、软件、热学、光学、电学、机械学），在评价其学科能力时应赋予恰当的权重。
- 对使命任务成功至关重要的生产/试验设施，在合同签订之前进行实地考察。
- 区分“投机者”（能写出好的申请书）和“竞标者”（能良好地组织实施）。特别要注意流程描述如何与相关经验和已有成就匹配。好的申请书预示产品未来好的性能，低质量的申请书通常预示未来工作产品和目标产品的较低质量。
- 按照评价准则评估承包商的系统工程管理计划及与申请书共同提交的其他材料。评价准则应包括评审材料的质量特性（如完整性、清晰性、一致性、可验证和可追溯性）。
- 评估承包商对控制工程/项目寿命周期成本的关注程度，考察其是否把注意力置于相应的 NASA/承包商监控下；特别是当 NASA 打算将寿命周期的碎片化合同整合成一个整体时需要进行这项评估。

作为技术规划流程的一部分，技术团队进行的成本估算能够支持对应招商费用申请的评价，帮助商源评价委员会确定应招商技术申请书的现实性（参见 6.1 节）。商源评价委员会可以确定“申请书估算的分项成本对于需开展的工作是否现实，是否反映了对需求的清晰理解；与应招商技术申请书中描述的性能和材料的计算方法是否一致”。（源自《联邦采办法规》FAR 15.404-1[d]）

7.1.3.6　选择现货产品

若现货产品作为技术解决方案的一部分出现在申请书中，极为重要的是，需运用决策分析流程对特定产品的选择过程进行评价并归档。回避这项工作或忽略对评价结果的完整归档可能导致 NASA 遇到与供应商之间出现问题和争端时处于不利境地。

7.1.3.7　采办特有的风险

表 7.1-4 列举了一些采办中所独有的风险，以及从工程开发角度对这些风险进行管理的方法。切记，这些风险的处理方式通常要写入合同的法律条款和采购条款中。

表 7.1-4 中可能还有未列出的其他采办风险。所有采办风险应当像项目中其他风险那样运用持续风险管理流程进行辨识和控制。如果确实需要，项目也可以选择分离出采办风险作为项目风险列表的子集，运用基于风险的采办管理流程对其进行控制。

技术团队完成所有应该在签订合同前完成的工作后，应能得到更新后的系统工程管理计划、政府投资成本估算、任务说明及初步监督计划。一旦合同签订，技术团队即开始技术监督工作。

表 7.1-4 采办风险及其管理方法

风　险	缩 减 方 案
供应商在交货前破产	商家选择流程是最有力的武器。应选择一个有良好记录、资金牢固、员工稳定的供应商。作为风险发生的最终补救，政府可以征用工作现场的材料、设备和设施，以备 NASA 自行完成或通过另一份合同完成工作的需要
供应商被其他有不同政策的企业收购	需比较收购发生之前和之后政策的不同。若存在关键性的差异，则需咨询采购和法律办公室。可以与新的供应商会谈，确定原政策是否会在无附加费用的情况下被继续遵守。如果供应商不愿意，则按照法律顾问的意见办理
交付件包含待开发软件	在技术团队中增选一名有经验的软件负责人。监测承包商遵循软件开发流程的程度。在技术交流会议上讨论软件进展、问题和质量
产品依赖于建模和仿真结果	确立仿真结果的可信度和不确定度指标。确定用于模型或仿真的验证和确认活动的深度和广度。了解作为模型或运行仿真基础的软件质量。 更多信息可参考 NASA-STD-(I)-7009《建模与仿真标准》
交付件包含现货产品（特别是软件）	采取以下步骤了解现货产品质量。 • 查看试验结果。如果试验结果显示需要进行大量更正缺陷的工作，则产品的已有用户可能会发现更多问题。 • 检查问题报告，这些报告能够显示软件发布后现有用户是否仍在设法发现新的问题。 • 评价现有用户归档的文件资料。 • 查看产品售后服务
在所有产品完成交付前预算发生变更（合同没有注明中间交付件）	可以在如下选项中做出选择： • 为了获得关键产品，取消合同中不必要的产品或服务。 • 放宽项目进度限制以缩减费用。 • 接受按“现有水平”交付产品。 为避免这种风险的发生，合同中应列入对数据、工作产品、中间交付件的电子访问权，以针对任务说明中的最终交付件，评估承包商的项目工作进展
承包商是专门供应商，缺乏其他特定工程学科的专业经验。例如，承包商生产低温系统，使用另一个供应商的温度监控报警软件，但其自身没有软件专家	如同前面章节讨论的现货产品风险缩减方案。如果合同要求交付改进的现货产品或客户定制产品，则在任务说明中应包含涵盖下列内容的条款： • 供应商（产品质量保证书之外）的售后服务应包括上游供应商的售后服务。 • 制定版本升级/产品替换计划。 • 对上游供应商进行监督。 如果产品不贵重，简单购买备用产品可能比加入监控需求的费效比更高

7.1.4 履行合同期间的工作

7.1.4.1 进行技术监督

对承包商的活动和/或归档文件资料进行监督是为了履行财务管理职责，确保人员安全和使命任务成功，并确定合同额外工作的奖励费（或不合格工作的罚金）。在合同签订之前及合同之外，可以签订一个非正式协议，使政府方能够得到进行权衡分析和工程评价所需的信息。合同签订后，有必要更正式地对承包商遵从合同规定需求的程度进行监督。（对监督需求的进一步了解，可参见 NPR 8735.2《NASA 合同中政府质量保证功能管理》）。

在合同主管官员的授权下，NASA 技术团队执行在 NASA 项目系统工程管理计划中制定的技术监督工作。技术团队的工作包括评估承包商的技术工作生产效率，评价承包商的产品质量，针对承包商进行技术评审（参见技术评估流程）。下面列出的是部分主要活动。

- **建立 NASA 与承包商在技术上的联系**：在合同会谈开始时，设定对在合同执行过程中取得技术成就的期望。突出强调合同任务说明中最重要的需求。根据技术需求讨论需要交付的产品质量和工作质量，在技术评审的形式方面取得一致意见，以及在如何解决争端、疏忽和错误方面达成共识。
- **召开技术交流会议**：与承包商（及分包商）的会议在合同早期开始，并定期举行。会议确认承包商对产品需求、运行使用构想有完整、正确的理解。建立 NASA 与承包商之间的日常技术交流机制。
- **控制和管理需求**：新生的需求和衍生的需求几乎不可避免地会对项目产生影响。当有必要进行变更时，技术团队需要控制和管理 NASA 或承包商提出的需求变更和附加需求（参见 6.2 节）。应保持与变更影响到的所有项目参与方进行沟通。任何可能会在费用、进度、性能方面影响合同的需求变更，应当通过正式的合同变更管理形式传达给承包商。此项工作需向合同主管官员的技术代表进行咨询。
- **评价系统工程流程**：对承包商所定义的系统工程流程的有效性做出评价。对流程进行审核和评审。辨识流程的不足之处，为流程改进提供帮助。
- **评估工作产品**：评价系统工程工作中产生的中间计划、报告、技术规格、图纸、技术规程、流程和类似的归档资料。
- **根据设定的关键指标监督承包商工作绩效**：在合同规定的流程指标和产品指标基础上，监督承包商的工作实效是否达到或超出指标（参见 6.7.2.6.2 节关于技术性能指标的论述）。这些指标依赖于可接受的产品质量。例如，如果所完成工作中多数有缺陷（如不正确、不完整、不一致），则“设计图纸已完成 50%”的说法是会产生误导的，因为修正图纸的工作量会影响成本和进度。检查承包商在产品检验和评审上投入的时间并提交报告是有效的。
- **进行技术评审**：通过技术评审来评估承包商在满足需求方面的进展和实效（参见 6.7.2.3 节的论述）。
- **进行产品验证和确认**：在产品交付并与其他系统产品集成之前，验证和确认产品的功能和性能。为了确保产品已经准备就绪能够进行系统集成，也为了能够用于进一步的系统开发，产品的验证和确认要尽早实施（参见 5.3 节与 5.4 节的论述）。

7.1.4.2 评价工作产品

工作产品和交付产品有相同的属性，都可以用来评估质量。此外，工作产品和交付产品之间的联系也可以用来评估质量。下面列举部分确定工作产品质量的关键属性：

- 满足内容和形式需求；
- 易于理解；
- 完整；
- （内部和外部）一致，包括术语（整个文件中对同一事物的称谓）一致；
- 可追溯。

表 7.1-5 列举了部分典型的承包商工作产品，以及可以作为评价标准的涉及其他文档的关键属性。

表 7.1-5　典型的承包商工作产品及评价标准

工 作 产 品	评 价 标 准
系统工程管理计划	描述任务说明中要求的活动和产品。 描述任务说明中每项活动和每件产品将会如何实现，否则系统工程管理计划不完整
软件管理/开发计划	与系统工程管理计划和相关项目工作计划保持一致。 描述任务说明中与每项软件相关的活动和产品将会如何实现。 软件开发方法是可行的
系统设计方案	涵盖技术需求和运行使用构想。 系统设计方案是可实现的
软件设计方案	涵盖技术需求和运行使用构想。 与硬件设计保持一致。 软件设计方案是可实现的
人因系统集成计划（如果不包含在系统工程管理计划内）	人因系统集成计划中已定义如何考虑将人因系统集成到系统寿命周期的系统工程设计、验证和确认的全过程中。 人因系统集成计划是个开放文档，能够捕获到在系统中可能出现的问题、风险，并生成可行的缓解计划
安装计划	涵盖任务说明要求的所有在用户场所实施的安装活动。 提出的是合理方案。 表明与系统工程管理计划和相关项目工作计划的一致性
试验计划	涵盖任务说明中的产品合格要求。 覆盖技术需求。 试验方案是可行的
试验技术规程	试验大纲和试验场景针对技术需求是可追溯的
交付计划	描述任务说明中要求的所有交付活动。 表明与系统工程管理计划和相关项目工作计划的一致性
用户文档	向对象读者充分而适当地描述产品如何安装、操作、维护（根据文档确定）
（常规）图纸和文档	遵从任务说明中制定的需求内容和格式

7.1.4.3　关于合同-分包合同安排的问题

理想情况下，承包商负责管理其相应的分包商，每个分包合同应包含所有的现实需求，资源应是适当的。在现实世界中，技术团队需要面对受利益驱动的承包商和分包商，需要面对含有内容缺失和错误需求的合同（分包合同），以及比预期快的资源消耗。这些因素和其他因素可能导致或影响分包合同中的两个关键问题：

（1）对分包商的监督受限或完全没有监督；

（2）对分包商数据的访问权受限或无权访问。

这些问题在遇到二级（或更低层级）分包商时更严重。表 7.1-6 更详细地讨论这些问题并给出可能的解决方法。

表 7.1-6 合同-分包合同问题及解决方法

问 题	解决方法
因为合同中缺少相关需求，对分包商的监督受限	技术团队向合同主管官员提交任务说明修订需求，合同主管官员将需求加入到合同中，并针对合同变更及变更引起的 NASA 需支付的额外经费与承包商谈判。此后承包商将需求加入到分包合同中，并与分包商就变更事项进行谈判。如果技术团队明确要求进行监督，则任务说明中应当指出承包商、分包商和技术团队成员需要做什么和应当提供什么
因为需求未能从承包商分解到分包商，导致对分包商的监督受限	承包商有责任满足合同中的要求。如果合同中包含将需求分配给分包商的条款，则技术团队可以请求合同主管官员指令承包商执行该条款。承包商可能要在分包合同中增加相关需求，并与分包商商谈需求引起的经费变更。如果 NASA 与承包商签订的是成本补偿合同，则承包商应当向 NASA 提供所发生的任何附加费用的账单。如果 NASA 与承包商签订的是固定价格合同，则承包商要么自己负担额外的费用，要么重新与 NASA 就费用变更进行谈判。 如果合同未明确包含需求分配条款，则承包商有责任对分包商进行监督
因为需求未能从分包商分解到二级分包商，导致对二级分包商监督受限	与前一个问题类似，但是更加复杂。假设情况是承包商已经将需求分解到了分包商，然而分包商没有将相应需求分解到二级分包商。如果分包合同中包含了将需求分解到二级分包商的条款，则技术团队可以请求合同主管官员指令承包商确保分包商执行其对二级分包商的需求分解。 如果分包合同没有明确包含需求分解条款，则由分包商负责对低层级分包商进行监督
因为合同中未要求提供数据，对分包商的数据访问权受限或无权访问	技术团队向合同主管官员提交任务说明修订需求，合同主管官员将需求加入合同中，并针对合同变更及变更引起的 NASA 需支付的额外经费与承包商谈判。随后承包商将需求加入分包合同并与分包商就变更进行谈判。如果技术团队明确要求访问分包商的数据，则任务说明中应指明承包商、分包商和团队成员需要做什么和应当提供什么
因为分包合同中未要求提供数据，对分包商的数据访问权受限或无权访问	承包商有责任获取所需要的数据（和数据访问权）以满足合同条件，包括获取来自分包商的数据。如果技术团队需要直接访问分包商的数据，则可以参照上一问题情况在合同中增加相关需求和需求分解条款，承包商也在分包合同中增加相应需求

除了表 7.1-6 中列出的情况，出现其他情况也是可能的。解决方法可能包括缩小合同范围和交付件范围来抵消费用的增加，或者共享信息技术以获取数据。即使在（分包）合同中需求分解得当的情况下，也可能需要通过法律诉讼迫使承包商（分包商）满足（分包）合同要求。

在执行合同期间，需要生成完善的监督计划、细致的会议记录、需求变更告知和合同变更告知。需要对流程进行评估，需要评价交付产品和工作产品，并评审合同执行结果。

7.1.5 合同验收

随着合同要求的产品、服务、系统及其配套产品和配套系统的交付，合同接近完成。除了产品之外，同期完成的技术文档、操作指南和用户手册也需要交付。

7.1.5.1 最终交付件的验收

在合同执行期间，技术团队负责评审和验收在合同数据需求列表和产品交付进度计划中标定的工作产品和中间交付件。技术团队还应参与交付件最终验收的里程碑评审。在合同工作接近结束时，技术团队应确保每个技术层面的交付件能够顺利获得且满足验收标准。

技术团队负责依照合同数据需求和产品交付进度计划记录交付件验收过程。这些文档可以作为所验收的各项产品和服务相应的存档资料。尽管很少碰到拒绝或遗漏的情况，但技术团队要能够在这种情况出现时发挥作用。良好的数据管理和技术状态管理经验对此项工作有益。

验收标准包括如下内容：

- 产品验证和确认顺利完成。技术团队负责执行或监督产品的验证和确认活动、产品集成到系统集成的验证和确认活动，以及系统的验证和确认活动。
- 技术数据资料是最新的（同期交付的）和完整的。
- 提交的合格证明、备件、质保书等是完备的。
- 提交的软件产品、许可证、数据版权、技术知识产权等是完整的。
- 根据需要提交维护保养、后勤保障和培训文档资料。
- 合同条款要求的技术文档（如相关新技术的报告）是完整的。

在合同中约定的交付件是最终产品的情况下，并且在 NASA 计划将此产品直接集成到系统运行使用系统中的情况下，NASA 工作人员和相关设施做好接收最终产品准备非常重要。需要做好计划并做好准备的关键内容包括如下事项：

- 一份交付产品运行使用并提供保障的计划；
- 一份设施设备保障计划；
- 一份运行使用的后勤保障和产品寿命周期中的维修保养计划；
- 一份正在实施的人因系统集成计划，用于处理运行使用中对人员数量和类型的需求；
- 实施人员培训；
- 技术状态管理系统就位并正常工作；
- 故障发现、修理、维护的责任分配。

7.1.5.2 交付管理

如果在合同中仅考虑了指定产品本身，而未考虑产品寿命周期的运行使用阶段，则应在签订合同之前制定产品保障策略，来作为采办策略的一部分。产品保障策略需对与集成、运行使用、维护、改进、退役和处置相关的保障初步概念做概要描述。而在合同签订之后，需要在适当的文档中确定顶层交付计划，该计划是对产品保障策略的扩展。产品交付/系统交付的相关细节在随后的一份或多份交付计划中形成并归档。交付计划的要素已在 5.5 节中讨论。

交付计划应当明确指出（NASA、产品研制承包商及后期产品运行使用承包商）每项行动中的职责，而且在合同任务说明中应当含有相应需求，注明承包商需要承担交付计划中（一般以费用补偿的形式）规定的责任。

通常 NASA（或 NASA 与主承包商联合）作为项目的系统集成责任方。在此情况下，多个承包商（或分包商）需要各自负责自身相应的交付计划。NASA 负责开发和管理系统集成计划，描述如何整合每个承包商按交付计划提交的产品。数月或数年之前写入任务说明的条款应当能够保证产品和系统从承包商那里顺利移交到 NASA。

在合同前期文档中描述得越详细，尤其是在针对各种组件和服务的承包商所制定的任务说明中给出详细描述，就越有可能成功实现全寿命周期的系统集成，而不会因为出现未预料到的集成问题导致成本上升。需注意的是，这种对预先计划的关注是制定系统工程管理计划的核心；也就是说，在从概念阶段过渡到更为详细的设计和开发阶段之前，系统的所有要素（包括人类因素）和寿命周期的所有阶段都要经过认真分析思考。

7.1.5.3 从产品交付到运行使用和保障

如果合同中规定的或计划的产品交付活动并非在 NASA 直接管理下实施，则能否成功地进入系统运行使用和保障（包括系统维护和改进）阶段，取决于经过利益相关者同意的清晰的交付准则。NASA 技术团队和管理团队应当参与交付活动，为客户提供持续支持，特别是在准备签订后续合同时。在执行现有的系统开发合同时，NASA 技术团队和管理团队应当与承包商召开正式的产品交付会议。可能出现的情况是，参与交付的可能是在此之前曾签订过合同和协议（如今签订的是修订合同或新合同）的同一个承包商；另一种情况是，参与交付的不是此前的产品开发者，而是签订了不同合同的其他承包商。

在现有合同的基础上进行交付的最大好处是利益相关者熟悉承包商，而承包商了解产品和系统。重要的是承包商和其他关键利益相关者应当理解合同的服务条款（需求）。正式的交付会议可能会导致合同的修订，目的是修改或取消多年来已经被合同变更影响的服务需求。

寻求保留产品开发商作为服务商并与之签订另外一份服务合同是有益的。另外，尽管新合同的形成需要时间和资源，但可以使 NASA 仅需根据运行使用和保障需求来对比评估原产品承包商和其他应招商的能力。产品开发商拥有掌握产品和系统开发知识的人员，而服务商需专职于优化服务的成本和有效性。最终，因为合同关注当前（而非若干年前）需求可能使得产品开发商被保留，否则新选的服务商将必须为了解如何使用和维护系统而努力工作。

如果准备与产品开发商签订延续合同，则需向主管机构采购办公室咨询，并采取与确定产品开发合同相同的步骤。这里假设签订延续合同所花费的工作日与签订开发合同所花费的工作日相当，同时需要考虑产品开发商在没有竞争的环境下可能会丧失积极性。在为延续合同制定任务说明时，关于系统运行使用和保障需要考虑的若干事项如下：

- 产品服务人员资质证明；
- 产品运行使用的调度、排班和人员组织水平；
- 维修工作剖面（如预防维修、预测维修、事后维修）；
- 维护和改进时机（如进度安排，周期性返修）；
- 类似工作的历史数据；
- 工作的实际效果。

进入运行使用和保障阶段，表明从产品交付到服务交付的转移。这里的产品转阶段应当已经在工程/项目早期的构思中明确，并且经过细致的系统工程管理和工程/项目管理，同时产品转阶段应当尽可能少地发生意外。成功的工程和项目，特别是成功地运行使用且几乎没有增加成本的工程和项目，是将工程/项目设想为一系列在采办活动中和整个寿命周期中，为实现计划中的利益相关者目标而聚集在一起的要素。为达到最终结果而使用多个合同的机制既可行又复杂。不论工程/项目负责人或系统工程师面对的过程多么复杂，都不应该迷失所期望的最终结果——对系统运行使用性能和寿命周期成本的控制。

注意：单独的服务合同关注于承包商提供服务活动的能力，而不是开发实际产品的能力。因此，相比于产品开发合同，服务合同的系统工程标准和人因系统集成的绩效标准也许更能反映产品的客户满意程度和运行使用效率。例如：

- 客户满意率；
- 服务效率；
- 对客户需求的响应时间；
- 可用性（如系统可用性、网站可用性、设施可用性）；
- 进行维修活动的时间；
- 相对于计划的服务水平，服务人员展现出的实际水平；

- 实际成本与计划成本的对比；
- 每次服务活动的工时和费用；
- 每次服务活动工时和费用折扣的百分比。

关于产品服务承包商能力评估标准的更多实例，可参见《基于性能订约的系统和软件指标体系》。

7.1.5.4 退役及废弃/处置

合同中需要提出系统和产品实现安全有效的退役及废弃/处置的方法，这可能需要专门的保障系统、设施和训练有素的人员，特别是在处置含有危险物品的系统时。在制定需求策略时便应考虑这些因素，并且在进入详细设计阶段前予以确定，同时需要确定产品寿命周期中需要签订的合同数量。

以下是在制定合同任务说明需求时，关于退役及废弃/处置方面需要考虑的事项：

- 掌控和处置在制造和组装产品过程中产生的废弃物；
- 重复循环利用资源以减少材料的废弃和转化；
- 掌控和处理在产品运行使用时使用过的材料；
- 寿命周期结束时产品的退役及废弃/处置；
- 产品、废弃物和多余材料的退役及废弃/处置所产生的费用和相应的进度安排；
- 产品退役和废弃/处置的度量指标；
- 评估承包商绩效的指标（参见《基于性能订约的系统和软件指标体系》）。

7.1.5.5 承包商绩效的最终评价

在准备终止或结束合同时，技术团队应向采购办公室提交关于承包商最终绩效评价的报告。尽管技术团队定期实施对承包商能力的评价，但最终评价能够基于合同执行过程中的连续记录，为得出并归档最优绩效和最差绩效提供支撑。评价结果保留在数据库中，作为未来进行商源选择过程中的相关评价经验和以往商户绩效参考依据。

当下列事项发生时，对承包商监督阶段即告结束：正在履行的合同结束、已有合同进行了修订、签订了后续服务合同、获得了可运行使用的系统。监督活动在后续服务合同中继续。

7.2 并行工程方法

7.2.1 引言

并行工程（Concurrent Engineering，CE）设计技术是快速生成系统构想、架构和需求及其相互关联关系的一种特别有效的方法。并行工程是一种系统方法，由不同的专家在一个共享的（真实的或虚拟的）环境中共同协作，产生系统的综合设计方案。这种方法旨在使开发人员从一开始就考虑产品从构思到废弃/处置寿命周期中的所有要素，同时综合考虑成本、进度、质量、风险和用户需求。并行工程的主要目标之一是通过更好地集成活动和流程来缩短产品开发周期。

并行工程方法能为工程师和利益相关者（或其代表）之间的头脑风暴和跳跃思维提供底层技术支持，这样便逐步形成一个高质量的直接反映客户需要的产品。协同设计范式的成功之处在于它能够大幅度地减少决策所花费的时间。而在非并行工程环境中，出现的疑问、问题或争议可能需要数天才能解决。如果要改变设计方案或重新评估需求，则保证所有工程技术团队成员获得信息或安排利益相关者团队讨论潜在的需求变更可能需要花费更多的时间。这些延迟可能导致在初步评价时便会发生另一轮问题和争议，从而导致设计和需求的变更，这又将进一步增加延迟。

并行工程中的工具、数据和支撑信息等技术基础结构，提供了可以供技术团队立即使用的集成支撑环境。在环境中集成和固化了用于同步完成设计所必要的技巧和经验。在协同环境下，当设计方案发生变更时，主要参与者可以与利益相关者团队和其他设计团队成员共同开发新的前提假设和备选方案，并迅速使全体团队适应，问题可以得到迅速解决。协作能够激发工程师的创造力，帮助他们结束争议，迅速统一认识。20 世纪 90 年代中期以来，并行工程方法已经成功地应用于若干 NASA 中心及商业企业，与传统方法相比极大地缩短了设计时间并减少了设计费用。

尽管 NASA 的并行工程方法基于公共的设计理念和特性，但在许多领域具体实施的并行工程却各不相同。这些差异体现在以下方面：

- 特定领域的专业知识；
- 在并行研究过程中对工程开发细节的了解程度；
- 便捷化的类型；
- 并行工程团队中的角色和职责，并行工程设施的作用；
- NASA 机构和利益相关者团队的关系；
- 活动实施的方法和并行研究过程持续的时间；
- 所用信息基础结构和知识库的技术状态与属性；
- 所用管理和工程开发工具，工程技术人员的组织。

在 NASA 内部，并行工程主要应用于项目寿命周期的早期阶段，如规划和论证阶段。而在其他工业部门，并行工程流程在项目全寿命周期中同样表现出适用性。

7.2.2 并行工程的目的和益处

并行工程的利益相关者包括 NASA 工程和项目、科学家和技术专家、政府部门（民用或军用）、联邦试验室和大学。并行工程的产品和服务包括如下内容：

- 为支持 NASA 中心提出商机公告中的科学问题，生成使命任务构想；
- 权衡空间探索，并构建系统、使命任务和体系的架构；
- 全系统端到端设计，包括系统和子系统的构想、需求与权衡分析；
- 聚焦于评估特定架构中的低层级单元及其权衡分析；
- 对客户提供的报告、概念和成本进行独立评估；
- 路线图支持；
- 技术评估和风险评估。

NASA 并行工程环境的关键驱动因素是提高系统工程的效率和效能。特别是在以下方面：

- 利用更短的时间和更少的费用生成更多的概念设计方案；
- 在专用设施中选用清晰、明确的工具创造可重用的流程；
- 开发供将来使用的使命任务需求和设计方案数据库；

- 在整个组织中更广泛地灌输系统工程思想。

对于 NASA 来说还能够得到如下额外的长远好处：

- 核心竞争力得到保障（如发展系统工程师队伍，培养和拓展通用工程开发人力资源，从有经验的专业工程师中选拔使命任务通用人才，提供训练环境等）；
- 使客户群体加深对相关系统和全系统端到端问题及面向设计的需求含义表述两方面的感受；
- 成为改进工具和流程的试验床；
- 为形成合作伙伴关系提供环境/场所；
- 提升概念化设计产品的质量和一致性；
- 在 NASA 组织间形成能够保证合作而非竞争工作关系的环境。

7.2.3 并行工程的历史

从历史上看，航空航天的概念设计研究通常需要 6 到 8 个月的时间，并且需要数十万美元或更多的资金来进行权衡研究。由此得出一个有充分证据证明的、时间与资金平衡的产品设计方案。1995 年，NASA 喷气推进试验室（JPL）①首次将并行工程应用于空间科学使命任务构想，一方面是为了应对国家预算的紧缩，另一方面也是为了应对 NASA 机构面临的如何“更快、更好、更省地完成工作”的挑战。这些想法受到来自爱德华兹·戴明、全面质量管理和其他行业经验的协同工程开发实践的影响。温纳[Winner 1988]和彭内尔[Pennell 1989]给出了 20 世纪 80 年代各种成功实现并行工程的案例。

在喷气推进试验室开创的航空航天并行工程实践过程中，并行工程意味着选定代表航天器各主要子系统和学科方向的科学家和工程师，使他们以支持项目提案为目标，协同工作并实时处理空间飞行项目构想中的设计问题。通过将所有必要的专业知识（专家及其拥有的分析工具和数据）集中在一起，以团队方式处理设计中的问题，并行工程破除了传统设计方法依赖于物理上分布的团队、指定的信息传输、确定的行动项目和定期的碰头会议模式（有时称为“烟囱式”设计），克服了传统设计方法中的许多瓶颈问题和沟通缺陷。因此，并行工程大大减少了概念设计的时间和成本，使得概念设计只需花费传统投资的一小部分便可完成。有部分文献报告说成本下降到原先的五分之一[Oberto 2005]。自此并行工程的应用在整个航空航天工业迅速展开，其持续增长证明了并行工程作为一种设计方法的价值。

如今，并行工程已不再是一种试验或新奇事物。对于 NASA 的许多中心和其他航空航天组织来说，这是一个标准的概念设计方法，完全集成到该组织的系统论证过程中。NASA 喷气推进试验室的先进项目设计团队（Team X）[Wall 2000][Kluger 2005]、NASA 戈达德航天飞行中心②的集成设计中心[Karpati 2003]，NASA 格伦研究中心③的空间系统参数化评估协同建模团队

---

① 喷气推进试验室（Jet Prepulsion Laboratory）位于美国加利福尼亚州的帕萨迪纳，是美国无人飞行器探索太阳系的研究中心，负责为 NASA 开发和管理无人空间探测任务。

② NASA 戈达德航天飞行中心（NASA Goddard Space Flight Center）是 NASA 最重要的空间研究试验室之一，位于美国马里兰州格林贝尔特镇，主要负责无人空间飞行器的开发与运用，以及获取太阳系和宇宙的观测数据及知识。罗伯特·戈达德（Robert H. Goddard，1882—1945）是美国火箭工程学的先驱，液体火箭的发明人。1926 年 3 月 16 日在马萨诸塞州奥本成功发射了世界上第一枚液体火箭。

③ NASA 格伦研究中心（NASA Glenn Research Center）位于美国俄亥俄州克利夫兰市，该中心的主要研究对象集中在空间飞行系统，重点是空气推进、空间推进、动力系统及核能装置。约翰·格伦（John Glenn）是美国第一位进入太空飞行的宇航员。1962 年 2 月 20 日，约翰·格伦乘坐的“友谊七号”宇宙飞船由美国水星-6 火箭发射升空。

（COMPASS）[McGuire 2011]，NASA 马歇尔航天飞行中心[①]的高级概念办公室[Mulqueen 2012]，美国航天公司的概念设计中心团队及欧洲空间研究和技术中心（ESTEC）的并行设计平台只是当前正在运作的并行工程团队的几个典型例子。并行工程群体已经渗透到了工业和学术组织。现在，许多大学的工程专业都设置并行工程方面的课程。学生有时被邀请参加 NASA 并行工程团队，作为某些并行工程设施中的学生项目部分。新型团队通过支持概念生成或架构研究，超越了并行工程研究中关注的传统意义上的单点设计，使得处理更广泛范围更多功能的并行工程服务需求变得可行。例如，在 2007 年成立的快速使命任务架构团队[Moeller 2011]、NASA 喷气推进试验室在 2009 年成立的 A-Team [Ziemer 2013]和 NASA 戈达德航天飞行中心在 2010 年成立的架构设计试验室都是相对较新颖的团队，主要关注于系统和体系的架构论证和权衡空间探索。

在过去的十年中，不同航空航天组织的并行工程团队在很大程度上是独立发展的。不同的团队使用不同的流程进行研究，有些团队在实时的并行进程中虚拟完成所有设计工作，而另一些团队在并行进程之外做更多工作。然而，随着 NASA 中心自身之间的合作需求及与工业部门合作伙伴和国际空间机构的合作需求越来越多，当然这些合作需求是由于预算的减少和对多中心多使命任务数量增长的预期，看上去并行工程团队之间可能需要比过去更多的互动。这将使得当前并行工程实践的状态发生重大改变，从而实现有效的电子形式的实时交互。

针对不同设计团队的需要，一个有效的概念化方法是观察设计团队所评估概念的成熟度。概念成熟度水平（CML）是最近出现的用于评估发展变化中概念成熟度的度量方法[Warfield 2010][Wessen 2013]。CML 度量等级量表在表 7.2-1 中给出。类似于 NASA 用技术成熟度水平（TRL）反映技术成熟途径的关键点及其相关技术的发展特点，度量 CML 的思路反映出从最初的构思到关键设计评审的使命任务论证阶段及系统发展的公共路径和进展程度。不同等级的概念成熟度可能会导致不同保真度的工程分析结果，从而导致需要进行更广泛的而不是局部的权衡分析，或者导致需要采用不同的成本和进度分析技术。例如，喷气推进试验室的 Team-X 和格伦研究中心的 COMPASS 达到 CML 4 级别团队水平，而戈达德航天飞行中心的架构设计试验室和喷气推进试验室的 A-Team 的能力和设施达到 CML 2 至 CML 3 的水平。NASA 的项目主要在 CML 5 至 CML 9 范围内。有关 CML 的更多信息，请参阅本手册 8.3 节。概念成熟度水平在表 7.2-1 中定义。

表 7.2-1　概念成熟度水平

CML	名　称	描　述
1	鸡尾酒餐巾上的涂抹	已确定目标和基本思路
2	最初的可行性	高层级上完成在物理、质量和成本方面的评估。验证使命任务（或仪器）的概念是可行的
3	明确权衡空间	通过对性能、成本和风险的详细阐述及评估，扩展目标和架构的权衡空间
4	权衡空间中的单点设计	子系统层级设计和费用估算

① NASA 马歇尔航天飞行中心（NASA Marshall Space Flight Center）位于美国阿拉巴马州的亨茨维尔，是 NASA 的原根据地，也是负责航天飞机推进、空间飞行器推进、人员训练、有效载荷、国际空间站及信息管理的中心。乔治·马歇尔（George Marshall，1880—1959）是美国的军事家、政治家和外交家，陆军五星上将，1947—1949 年任美国国务卿，1950—1951 年任美国国防部长，1953 年获诺贝尔和平奖。

续表

CML	名　称	描　述
5	概念控制基线	关联关系和依赖关系、伙伴关系、传承关系、适用技术、关键风险、缓解计划、系统自制/采购途径
6	最初的设计	子系统层级需求和进度表、底层部件费用协议、系统进度表、关键领域的验证和确认方法
7	初步的费用/进度/设计方案集成控制基线	产品性能度量系统评审/使命任务定义评审、初步项目工作计划
8	最终的费用/进度/设计方案集成控制基线	初步设计评审、项目工作计划设定基线
9	详细的系统设计方案	关键设计评审

7.2.4　成功的并行工程团队需具备的关键要素

NASA 的并行工程建立在人员/流程/工具/平台的基础上，能够在一个并发、协同、快速的设计环境中加速高质量工程设计概念的形成，如图 7.2-1 所示。并行工程环境通常包括与利益相关者团队共同工作的现场领导小组和多学科核心工程技术团队，该项工作遵循定义完善的流程，使用具备专用特殊工具的协同和并行工程平台。工程技术与协同工具通过该平台的集成基础结构相连接。各方团队在技术密集的物理环境中同步进行短期工作，完成设计任务。并行工程设施多数情况下用于设计空间工具和有效载荷，或用于使命任务设计，如轨道配置、航天器、着陆车、漫游车、探测器和发射器等硬件的设计，以及用于设计数据系统、地面通信系统、其他地面系统和使命任务运行操作系统。并行工程流程在用于狭义的工具和使命任务概念设计之外，还能够成功地应用于系统、使命任务、体系、架构及其他相关工作。以下各小节中描述成功实现并行工程需要的每个关键要素。

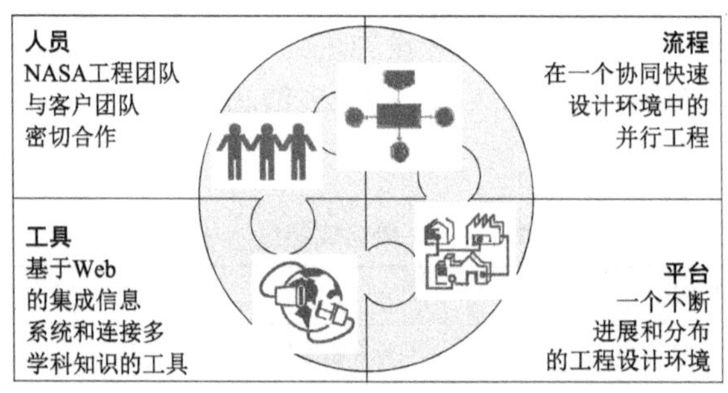

图 7.2-1　并行工程人员/流程/工具/平台范式

7.2.4.1　并行工程团队的人员结构

并行工程中心的成功主要归功于团队中的那些有才华和有经验的工程师和科学家团队，由他们组成的团队在适当的工具和设施的支持下，能够更有效地完成相应工作。并行工程团队通常有几个关键职位：客户、科研负责人、系统工程师、子系统工程师或学科专业工程师（包括风险和成本领域的专家）。在并行工程环境中，工程团队直接与利益相关者交互以促进产品设计，客户成为设计过程中的积极参与者。由于参与其中的人员是并行工程最重要的组成部分，因此开发一个能够有效合作并生产出高质量产品的工程师团队是任何并行工程中心的最高优先级。将目前的并行工程团队创建成这样一个团队的问题是具有挑战性的。

并行工程团队由管理团队或领导团队、多学科工程开发团队、利益相关者团队和设施保障团队组成。这些都是成功实现并行工程活动的关键因素。

- 并行工程运行负责人是并行工程设施的主导者和管理者。该负责人需要与潜在客户和实际客户进行协调，这些客户可能是第一次接触并行工程产品，也可能是并行工程产品的最终交付客户；该负责人还需要为科学研究安排或商议相关日程和资金，针对产品和成本进行谈判。并行工程运行负责人的主要职责是通过持续改进流程和产品，保持和发展并行工程的运行能力，确保并行工程环境的持续适用性。
- 并行工程团队技术牵头人通常也是科学研究主持人，是成功的关键。团队技术牵头人协调并促进团队的并行研究活动，并且是与利益相关者的主要接口，旨在确保设计过程中充分捕获和表达客户的目标意愿。在快速开发的并行工程环境中，团队技术牵头人需保持对整体运行态势的感知能力。团队技术牵头人应确保所有团队成员都始终参与到并行工程中，并与其他团队成员进行有效沟通，这些成员对完成产品设计的特定部分至关重要。
- 专业工程师团队。并行工程团队的原动力来自一批有经验的工程师，分别代表着不同的学科专业或横向关联的工程领域。学科专业工程师团队由责任系统工程师牵头，与团队负责人并肩工作。核心工程开发团队可能会根据需要补充额外的（横向关联）专业技术专家或非标准工程技术专家，以满足任何特定利益相关者的需求。这些补充的工程开发能力可以从 NASA 中心或 NASA 外部来源获得。团队中的所有工程师常规配备与其专业领域相关的技术工具和软件工具，可以用于所有类型的交互，包括与团队负责人的交互、与责任系统工程师的交互、与团队中其他工程师的交互，以及与利益相关者的交互，目标是针对所提出解决方案研究其可行性，并且针对自身负责的具体子系统完成最终设计方案。
- 并行工程设施保障团队负责维护和开发相应的物理基础设施和信息基础设施，为并行工程活动提供保障。

关键问题是：如何获得和留住团队中最好的员工？如何高效率地开展协作？

1. 获得和留住团队中最好的员工

并不是所有的工程师都能在并行工程环境中有效工作。在并行工程团队中取得成功的工程师通常都能适应许多未知的工作，并且能够很容易地适应环境的快速变化。他们能够作为团队的一部分工作，并与利益相关者进行有效沟通。科学研究负责人也必须体现这些素质，还要加上领导能力、系统工程技能和广泛的系统工程开发经验。具有这些特质的工程师很难找到并保留在团队中，因为空间飞行项目也在寻找他们。有些组织中也常常存在一种文化偏见，认为实施阶段工作强于论证阶段工作。因此，为了留住高素质的工程师，如何激励概念设计工作是一个挑战。

留住团队中人员的另一个方面涉及如何达成高级工程师和初级工程师的理想组合，从而建立一个有效的并行工程团队。为了将最好的工程师引入团队中，对这些团队特点进行良好的管理和支持是根本。

2. 高效率地开展协作

将一群个体转变成一个有凝聚力的、高效的团队并非易事。建立和维护一个有效的团队可能是困难的，特别是在一个既定的设计协同进程中，可能由于每次协同进程轮流使用不同的专家阵容，而使得团队的组成是不同的。虽然人们期望团队成员能够胜任自己的特定领域，但他们需要在并行环境的特定方面接受培训。协同设计研究的偶然性，以及工程师还要参与项目的其他工作，限制了团队建设的可用时间和质量保证。在并行工程团队中，总是有资金可以用于诸如工具和产品一类的有形产品开发，但是用于培训相关人员以提升协作水平的资金通常是有限的。团队中过度的人员流动也会破坏团队内协作的效率。因此，保持人员流动和稳定之间的最佳平衡，对于维持一个高效的团队是很重要的。一个高效的团队不是自动形成的，其是有目的地建造的。如果团队没有合适的专业知识或不能很好地合作，那么最有吸引力的组织愿景及高效的流程和工具都将无法实现或有效地使用。传统的团队建设活动应该给予更多预算，明确其与流程和工具改进的优先级相比，即使不是更大至少也应该是相等的。

7.2.4.2 并行工程流程

并行工程流程的主要目标是确保研究成果在限定的时间和成本内以有效的方式满足客户的需求。该流程必须最有效地利用专家和他们在设计过程中使用的工具。精心规划是实现这些目标的关键。

开发一个稳定的且可重复应用的流程是具有挑战性的，但同时又足够灵活，可以在并行工程进程中对流程进行必要的更改。由于在不同的研究中并行工程团队的成员通常有所不同，所以重要的是要有稳定一致的流程来减小研究结果的变化。在不同中心的并行工程团队之间采用相同的流程是没有必要的，有必要的是能够在分布式协同设计进程中明确不同团队之间的接口定义，类似于传统项目中子系统之间的接口协议。

一个稳定一致的、循序渐进的流程对于在规定时间内得出结论和完成设计是至关重要的。由于各个并行工程团队的组成和需要不同，流程中每个步骤也有所不同。但是，其中的主要步骤适用于所有并行工程团队。图 7.2-2 展示了在系统顶层的典型并行工程流程示例，一个从创意萌芽到最终产品的设计序列，并且在后面各小节中给出相应流程步骤的概要描述。每个步骤的细节在不同的并行工程团队之间可能有所不同，但是主要步骤是相同的。完成某一特定步骤或研究，所花费的时间可能从几天或几周到几个月不等，这取决于研究的详细程度或任务的复杂程度。

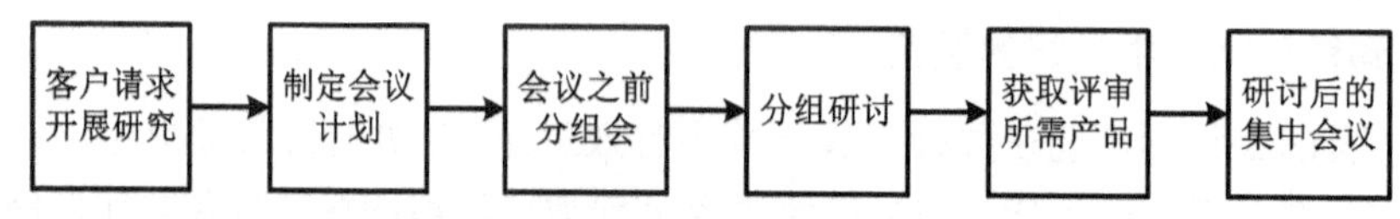

图 7.2-2　典型并行工程流程示例

7.2.4.2.1　确立研究范围

为了充分发挥设计团队的作用，在本质上是要从一个明确的问题开始研究。并行工程团队负责人/并行工程研究主持人需要与客户会商，了解需要解决的问题，并为并行设计协同进程开发出相应的需求。团队负责人和客户就顶层需求、价值体系、设计和研究目标、所需产品、研究进度计划及任何其他工程上或研究上的约束达成一致。每个团队都有能力提供不同的产品。这些产品通常包括带注释的演示文稿、CAD 模型和电子表格摘要，以及全文报告。工作难度、完成时间和客户耗费成本的量级取决于所需分析工作和所需产品的详细程度及研究深度。

此时，并行工程研究的规划和准备活动便正式开始，包括审查利益相关者提供的数据、目标和活动计划，并最终确定活动范围。应当针对每个利益相关者和每个设计团队需要完成哪些活动开展讨论。例如，为了规划使命任务的并行工程设计和并行工程研究，客户应根据需要指定度量目标和仪器规格，从而明确使命任务目标，确定顶层需求。由于并行工程研究的持续时间相对较短，因此在实际研究开始之前，并行工程团队的一部分人员将开展初步工作，这是进行并行工程研究所必需的，而且可能需要较长时间。典型的长时间工作项目包括飞行动力学分析，再入、下降和着陆剖面分析，运载火箭飞行轨迹分析，推进和导航分析，以及复杂光学分析。这些任务必须在规划会议上确定，以便在正式开展研究阶段能够快速实现真正的并行工程。这个阶段的分析水平与许多因素相关，包括将要完成的设计工作的成熟度、工程开发活动的既定目的和目标，以及负责保障的工程师可用性和进度计划。

7.2.4.2.2 正式研究前的背景工作

在并行工程协同进程开始之前需完成相关背景工作，背景工作的数量因团队和所研究使命任务类型而异。在为并行工程研究做准备时，团队成员通常会回顾以前的类似任务，并开展所有必要的早期工作，尤其是前面提到的长时间项目。团队成员还可以与客户讨论使命任务的具体方面，以便更好地理解更高层级的任务需求和约束。

7.2.4.2.3 所有团队并行设计的协同进程

设计工作协同进程可以看作真实的会议或虚拟的会议，在此期间，并行工程团队的成员聚集在一起，共同开展设计系统所需的分析和信息交换工作。设计协同进程的活动和产出取决于正在进行的研究类型和使命任务概念成熟度水平。不同的团队在不同的时间尺度上开发自己的设计方案，这同样是由实时并行协同进程中完成的工作量及并行工程协同进程之外独立进行的工作所决定的。从旨在确定概念是否有生命力的高层使命任务可行性研究，到详细的收敛点设计，并行工程研究的产品可能会有所不同。一部分是基于高层的，甚至基于参数化子系统概念，而另一部分则包括非常详细的系统和子系统设计及成本和进度的估算，这又是基于详细的运行使用构想和主设备清单。在设计协同进程中，并行设计团队与客户团队合作，以所需的逼真度处理问题。理想情况下，设计工作（或一组权衡分析架构）迭代进行，要么直到完全收敛，要么直到设计方案被确定为不可行。收敛过程通常由关键参数和约束的组合驱动，一般至少应包括质量、电力、成本、进度、数据和运载工具等约束。

典型的活动或研究始于客户根据需要向整个团队做整体使命任务构想和仪器设备构想的介绍。由客户/利益相关者提供的额外信息包括团队目标、科学技术目标、有效载荷和航天器的初始需求、使命任务设计的初始需求、部件或功能提供者之间的任务分解、最重要的挑战和关切、大致的使命任务时间表。这些信息通常会以一种工程开发团队可以访问的格式形成电子文档，并由客户/利益相关者代表在高层级上提供。在客户的介绍过程中，每个学科专业的工程师关注与自身负责的子系统相关的整体设计部分。系统工程师将高层级系统需求输入主系统电子表格或主数据库中，该数据库在整个并行工程流程中使用，用于跟踪和记录并行设计的进展。数据源可以投影在公共大屏幕上，也可以在并行工程团队成员的个人屏幕上显示，从而保持整个团队的同步，并能够让客户/利益相关者了解最新进展。

工程开发工作是迭代进行的，团队负责人和系统工程师扮演着领导流程推进的关键角色。因此，问题很快就被明确，而在保持总体推进趋势的同时，在权衡决策和重新明确需求方面达成一致。客户团队积极参与协作过程（如权衡研究、需求松弛、明确优先级），在快速开发可接受的产品方面发挥作用。

每个学科专业都维护一组关键设计参数用于描述本学科专业的设计方案。由于各个子系统之间的相互依赖关系，每个学科专业工程师都需要知道用于描述其他子系统的相应参数值。这些参数通过并行工程信息基础设施局域网络共享。通常，对于各学科专业来说，相互之间都可能有相互冲突或相互竞争的目标，必须在多个子系统之间进行权衡。这种权衡通常由系统工程师确定和引导。座位安排的空间布局是这样设计的：需要在权衡分析和其他事情上进行广泛交互的子系统，聚集在空间上相互接近的地方，以方便进行交流。

设计协同进程的两个关键协作方式是分组会议和集体讨论。这些对于保持所有团队成员之间的信息流和感知进展状况非常关键。

1．分组会议

有时，需要进行更深入的讨论，而不是在并行工程主讨论室中进行一般性讨论。分组会议是实现这一目标的工具。分组会议是分散形式协同进程，其中只有一部分团队成员参与讨论与并行工程研究相关的特定问题。当分组会议模式启动时，参与者将会进入专为分组会议留出的某个独立空间，并在那里进行讨论。分组会议得出结论后，参与者通常在后续的团队全体会议上开展一般性讨论时，向整个团队报告他们讨论的结果。

2．集体讨论

集体讨论是一个所有团队参与的活动，用于保持整个团队（包括客户和利益相关者）的同步和更新。在并行工程研究协同进程中，集体讨论通常每天在主讨论室举行一到两次。在集体讨论模式下，所有的团队成员都将注意力集中在讨论室的前方，仅允许围绕同一个问题开展讨论。团队成员采用轮流循环的方式来呈现他们所承担设计部分的当前状态，并简要地讨论所有涉及整个团队利益问题中与之相关的问题。集体讨论是并行工程研究中保持感知整体进展状况的主要手段。集体讨论还迫使团队成员采用系统整体视角来审视其独立设计的子系统。集体讨论在不同并行工程团队中的实现方式可能不同，但目的相同。

7.2.4.2.4　协同进程完成后的资料归档和汇报总结

虽然在协同进程中的设计工作完成后，团队之间的活动有很大差异，但所有团队开发的却是同一个产品，使用的是一致的模板，记录最终设计方案并呈现给客户。产品形式可能包括PowerPoint 演示文稿、文本文档、技术状态图纸、飞行轨迹设计文件、各种分析结果和计算机模型，以演示汇报方式和适当的网络电子格式交付。

关键问题是在联合研究情况下的流程集成。当有多个并行工程团队进行联合研究时，会出现一个关键的流程问题，因为每个团队都有各不相同的核心能力和相应的流程，并且在不同的时间尺度上运行使用。在团队之间的协作成为一种常见现象的情况下，每个团队都必须很好地理解其他团队的能力和流程。这也意味着每个团队都有必要具备标准化的产品和稳定的流程，以便能够创建与其他团队之间适当的接口。在团队之间协调不同流程的不同时间尺度是一个挑战。例如，如果一个团队能够实时完成大部分设计工作，而另一个团队主要在协同进程之外开展工作，那么这两个团队之间的协作将是困难的。需要对团队的流程进行更改，在分布式设计协同进程下确保流程的兼容性。为了确定实现协同设计所需的流程更改，应当了解所有团队的当前流程和功能。

7.2.4.3　并行工程产品

根据并行工程设施和客户需求的不同，由并行工程团队生成的产品，从使命任务构想的基本可行性到详细的收敛点设计都有很大差异。多年来，人们发现研究成果可以通过幻灯片展示的形式有效地获取。然而，大多数团队都保持着编制正式书面报告的能力，例如，2010 年为行星十年勘测计划编制的调查报告。交付的产品还可能包括以电子表格和 CAD 图纸/模型形式展现的模型数据和技术规格。虽然每个团队生成的产品样式有显著的相似性，但是由于使命任务的类型和客户需求及产品中提供的细节程度不同，这些产品之间还是存在差异的。

作为最低限度，特别是对于系统和每个子系统，设定基线的研究成果（形式包括叙述、素描、绘图、图形、表格、电子表格及其他格式和介质，具体视情况而定）应涵盖以下领域：

- 使命任务的目标；
- 设计方案的前提假设；
- 设计导向；
- 航迹和轨道参数；
- 系统和子系统的设计方案；
- 地面系统和网络的评估，链路计算；
- 运载火箭发射评价；
- 集成和试验评估；
- 关键部件；
- 项目高层级进度安排；
- 资源估算，包括费用、质量、电力、数据传输率、速度增量等方面的预算；
- 进行的权衡分析；
- 风险评估；
- 未来的工作；
- 值得关注的问题。

有些团队可能还会生成更详细的分析结果，例如，可能包含如下内容：

- 科学需求和可追踪矩阵；
- 使命任务动画展示；
- 空间飞行装备级主设备清单；
- 运行使用构想；
- 地面系统设计；
- 轨道计算与跟踪；
- 再入、下降与着陆细节；
- 技术风险评价及技术需求定义；
- 一体化建模/一体化分析产品；
- 费用估算（基于顶层相似度的类比、顶层相似度参数化、部件累积费用分析、基于主设备清单的细节参数化，或以上各种方法的综合）。

新建的概念成熟度水平较低的团队还产出其他产品，例如，可能包含如下内容：

- 权衡空间分析产品，架构权衡矩阵；
- 科学价值分析矩阵；
- 高层级费用和风险分析。

作为对并行工程产品正式向客户团队交付的补充，最终的结果和规划数据应当被存档到并行工程环境中安全保管，以备将来作为参考和内部交叉研究分析的案例。

关键问题是了解来自不同团队的产品的可用性。目前，并行工程研究成果的形式、内容，甚至媒介在各个设计中心之间存在着很大差异。使用标准化的产品集，将能使研究成果顺利地传递给客户和生产部门，并使设计中心之间的协作更加容易，使归档和搜索更加高效。在需要比较多个团队产出的情况下，就像在 2010 年的行星十年勘测计划中那样，对假设、输入和输出的详细了解是很有必要的。随着涉及多个并行工程团队的分布式协同设计越来越普遍，每个团队的数据产品必须被充分理解，以便能在设计协同进程中进行紧密协作。

另一个关键问题是应由适当的评审人员对产品（系统和子系统）进行及时评审。由于并行工程流程的推进速度与正常的工程开发流程有很大不同，找到合适的产品评审方法是具有挑战性的。在某种程度上，并行工程研究负责人和系统工程师可以对子系统设计进行评估，但最好是让（在并行工程以外的）其他子系统的工程师对设计进程进行评审，尤其是其中有新技术或新技能被提出时。

7.2.4.4　并行工程工具

并行工程设计中心极度依赖于专门的、独特的工具，作为其效率和生产力的基本推动者。这些工具中，有些是购买的现货产品，有些则是内部开发的。虽然在主要航空航天并行设计中心内部署了大量工具，但是工具种类和形式却惊人地相似。这些工具可以按照以下内容进行分类：

- **并行协同工具**：包括数据交换平台、试验室内部视听工具、远程会议交流工具。
- **工程开发工具**：包括系统级统计工具、子系统学科专业设计工具（参数选择与估算工具、分析和建模工具）。
- **研究管理工具**：包括客户接口和数据传输工具，保障人员工作分配工具。
- **试验室管理工具**：包括信息技术和网络技术工具、技术规程/行政/采购/财务管理工具。
- **费用分析工具**：参数化费用分析工具和部件累积费用分析工具。

并行工程环境中的工程开发工具和技能在若干技术方面（如逼真度水平、集成程度、通用的商业应用，包括客户工具和客户定制知识库的 Excel 电子表格、参数化设计和/或工程分析的维度）随着需求及时间发生变化。例如，机械设计工具涵盖了从白板讨论，到便笺轮转交换，再到计算机辅助设计，最后到 3D 快速原型设计等诸多方法。

确定使用哪种工具适合某项活动的重要因素包括活动的目的和持续时间、工程师对活动的熟悉程度和偏爱程度、期望的产品及团队文化和工程开发环境的演变。选择并行工程工具和工程开发技术需要考虑的因素还应包括对并行工程环境和流程的适应性、兼容性，以及并行工程活动对客户的价值和使用灵活性。

工程开发工具可能集成在并行工程基础结构中，由负责保障的工程人员逐步提供，也可能仅仅在系列活动中逐项活动适当应用。如果需要，可以在并行工程环境外部开展并行工程工作范围之外的辅助工程分析，并且可以作为参考引入到并行工程产品中。

随着并行工程团队的研究深入，可能已经开发出了非常具体的工具，这些工具经过优化可以满足特定的需求。然而，这些工具通常不够灵活，可能无法适用于其他成熟度级别的概念。

关键问题是并行工程团队应当能够适应不断变化的客户需求。为了满足不断变化的客户需求和扩展并行工程的适用性，应该开发具有不同程度逼真度的模型。能够为不同的概念成熟度水平集成不同的工具，从权衡空间探索工具到基于仿真的模型和详细设计模型，这种能力将使得并行工程团队能够承担各类概念设计任务，包括从早期架构权衡到单点设计。使用模型集成工具，如支持各种模型即插即用的基于模型的系统工程，便有可能针对不同的运行使用场景使用适当的模型，而不是像目前这样使用一刀切的工具集。

7.2.4.5 并行工程设施

并行工程设施只有一个需求：支持和增强实时协作交流。并行工程的房间结构和配套设备是多种多样的，这取决于房间是用于支持详细的单点设计、用于支持架构权衡，还是用于进行初始想法的头脑风暴。单点设计房间内的设施配置，通常是概念成熟度水平达到 CML 4 的设施。这看起来很容易理解，因为所有的主要设计中心都以非常相似的方式配置。例如，JPL 设计中心的设施配置如图 7.2-3 所示。通常在房间的前部有两到三个大屏幕，可以同时投影多个工作站显示器上的内容，在房间两侧还可以安装额外的屏幕。房间内还需要为参与者从外部站点打电话进来提供高保真音频服务。最关键的单元是，每个子系统的工作座位都有清晰的视线能够看见彼此、看见客户及房间里的各种屏幕。图 7.2-4 显示了在戈达德航天飞行中心使命任务设计试验室进行研究时的典型互动场景。理想的情况是，这种配置还至少包含两个保障空间，一个用于分组会议和分散讨论，另一个用于存放服务器，这些服务器为链接每个工作站和各种数据库提供信息基础设施保障。通常，所有的工作站由一个安全的局域网络连接，以便所有数据参数可以在任何屏幕上实时共享和更新。基于互联网的各个团队研究互通还处于试验阶段，因为数据安全是一个非常重要的问题。

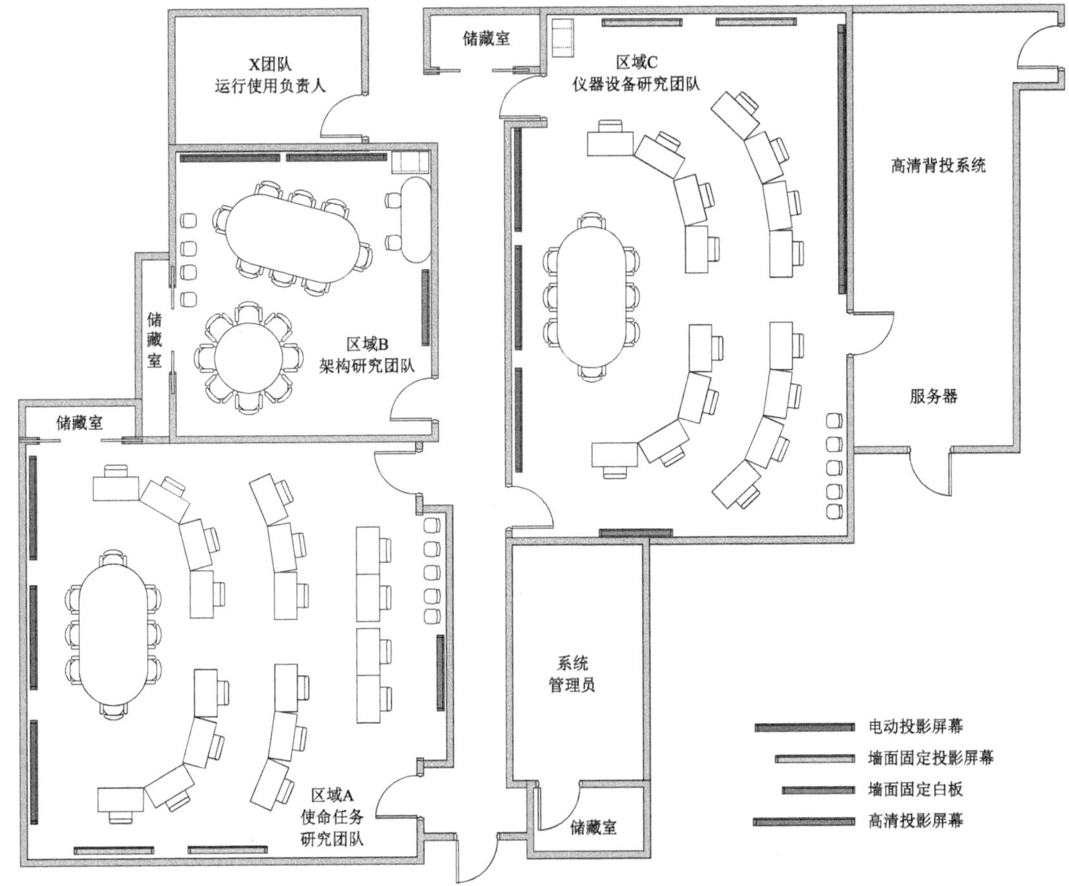

图 7.2-3　喷气推进试验室 Team X 并行设计设施配置

图 7.2-4　在戈达德航天飞行中心使命任务设计试验室进行研究时的典型互动场景

与概念成熟度达到 CML 4 的团队相比，CML 等级较低的团队由于流程和产品的差异需要使用不同的设施。低等级 CML 研究（如创意生成、早期架构权衡）的房间配置不那么标准化，而是强调需要更大的灵活性和更小的团队。这些类型的设施通常比较小，需要有效的分布式通信（清晰的音频）设备，以及有分组讨论房间/区域，通常不需要高性能计算机硬件，也不需要专门安排工作站，因为 CAD 建模通常不是由这些团队执行的。

随着并行工程的适用性扩展到项目寿命周期的后期阶段，具有更高 CML 等级的团队也可能需要配备与之前不同的设施。

关键问题是技术的适用性。有一种倾向，特别是在新团队成立时，愿意选择复杂且昂贵的显示设备，如与计算机连接的白板和其他高端设备。所有已建立的团队都发现，由于这些设备的复杂性和让人望而生畏的学习曲线，它们很少被使用。在并行工程房间里快速交换意见的过程中，没有时间去学习并快速掌握如何使用新设备，并且团队使用这些设备的频率还不足以要求记住如何操作它们。为了达到最大效率，房间里的所有东西都需要便于使用，并且通常技术含量低但质量很高的工具是首选。例如，一个白板摄像机仅花费几百美元，能够通过无线网络连接到计算机生成 jpeg 格式的图像文件。这使得团队成员能够使用标准的马克笔和截图功能，再单击鼠标按钮，白板上的图像就可以保存起来供将来参考。

7.3　选择工程设计工具需考虑的事项

NASA 使用最前沿的设计工具和技术来创造先进的分析、设计、概念开发手段，用于研发独有的航空航天产品、空间飞行器和科学试验产品。NASA 发起并监督的设计工作具有多重属性，需要使用广谱健壮的电子工具。例如，计算机辅助设计工具和计算机辅助系统工程工具。考虑到 NASA 项目的分布性和多样性，选择使用来自单一供应商的单一工具开发所有产品是不现实的。然而，努力推进设计策略、流程和工具的标准化始终是 NASA 持续提升各层面能力所关注的重点。

这些准则有助于在设计和开发航空航天产品和空间系统时选择恰当的工具，特别是在选择的工具可能影响多个中心时。如果没有合适工具存在，又无法调整，则应该考虑将选择开发新工具列入选项范围；获取新工具的方式包括 NASA 内部开发、与工业部门和学术界的合作，或者专门采购。

1．工程和项目方面

当选择能够支持工程或项目的工具时，应当尽早通过相应流程确定高层级的约束和需求。来自项目的对工具选择有影响的相关信息包括紧迫程度、进度安排、资源限制、无法避免的状况和约束。对于不能保证满足项目主线进度或因费用太高而不能购置足够数量的工具，必然不会满足项目负责人的需求。例如，如果一个工具因为不能满足项目主线进度而需要做出大量改动和增加人员培训工作量，技术团队就不应该选择这个工具。如果所开展的活动是对进行中的项目升级，则已有的工具和已培训人员的可用性是需要考虑的因素。

2．政策和流程方面

选择工具时，重要的是应考虑可行的政策和流程，包括在NASA中心内部的、在工程和项目实施中使用的、与其他中心协作的工程和项目中使用的，以及在所有层次上的政策和流程。在下述讨论中，术语“组织”用于指代在NASA产品的设计或开发过程中，任何对工具的使用拥有制定政策和/或流程控制权的实体单位。换句话说，“组织”可以指用户所在的中心、其他合作中心、某个项目、某项工程、合作的工程技术团体或这些实体的任何组合。

政策和流程能够在很多方面对工具的功能产生影响。首要的是，有的政策规定了在组织内部如何正式或非正式地控制设计产品。这些政策强调应当遵循的技术状态管理流程，以及应当被正式控制的数据对象类型（如图纸和模型）。很明显，这样做会影响所使用工具的类型，受影响的还包括如何说明和控制这些工具的设计。

组织内的信息技术政策同样需要进行考虑，数据安全和输出控制相关政策（如国际武器交易规章）是其中两个重要方面，它们会影响特定设计工具的选择。

组织的政策还可能规定设计数据（由所用工具产生）格式方面的需求。与各协作团体相互共享的信息可能需要特定格式。其他需要考虑的内容有组织内的质量管理流程，该流程控制软件工具的版本，同时控制软件工具的确认和验证。还有一些政策涉及工具使用者培训和资格认证，使之能保障关键的空间飞行工程和项目。这在选定一个新工具而导致需从原有工具过渡到新工具时尤为重要。因此，工具供应商提供的培训和保障质量是选择工具时需要考虑的重要因素。

同样，如果工具是通过采购而用于支持多中心协同工作的，则相关的工程政策可能会规定所有参与工程或项目的中心应当使用什么工具。即使各个中心在支持多中心工程和项目的过程中有自由选择自用工具的权利，也仍然要考虑所有其他中心的政策能否保证各中心之间兼容性的问题。

3．协同工作方面

设计流程是高度协同的，各个复杂的专门学科应当相辅相成、协调合作才能顺利完成总体设计。工具是成功协作的重要组成部分。为了在这种情况下顺利选择工具并进行集成，需要对用户的组织规模、需要的功能特性、共享数据的性质，以及工具应用知识的掌握等方面信息有清晰的理解。这些因素将确定许可证的数量、主机容量、工具能力、信息技术安全需求和培训需求。在一个大范围群体内共享公共模型，需要一个机制以某种控制手段来推进设计进程。数据管理工具的有效使用能够通过统一命名规则、标记和设计技巧来帮助控制协同设计进程，确保分布式设计工具的兼容性。

4. 设计标准方面

对于不同的领域或学科专业，都可能有需要遵守的行业标准或中心制定的标准，特别是在设计硬件时尤为如此。这在设计机械部件时最为明显，所选定的用于对部件建模的计算机辅助机械设计软件包应当能够满足特定的标准。例如，模型的精确度、装配尺寸和公差、构造不同几何外形的能力，以及添加注解来描述如何建造和检查该部件的能力。当然，对所有类型的产品都应当考虑这些问题。

5. 现有信息技术体系结构方面

在决定使用任何新工具时，应该对 NASA 总局和中心所确定的相关信息技术体系结构进行评估，评估重心在于新工具与现有工具的兼容性和重复程度。典型体系结构下，需要考虑的内容包括数据管理工具、中间件或综合基础设施、网络传送容量、设计分析工具、制造设备、经核准的主机和客户服务环境。

最初的重点一般放在当前的需求，而工具的可测量性、信息基础设施保障也应该被考虑的。可测量性指标可以使用客户数量做标志，或使用每个用户能够成功地不间断使用系统的容量做标志。

6. 工具接口方面

信息接口普遍存在，任何时候只要有信息交换就要使用接口。

这是所有协同环境特有的性质。这种情况下才会产生效率降低、信息丢失，以及错误发生等问题。与其他设计团队或分析工具进行交互可能是一种有组织的需求，对于将要与自身团队进行交互的其他设计团队，需要理解这些团队使用的工具，以及理解自身团队的输出如何驱动下游的设计能力，这样做对于保证数据的兼容性至关重要。

对于计算机辅助系统工程工具，鼓励用户选择使用与国际对象管理组织（OMG）的系统建模语言 SysML 标准兼容的工具。SysML 是统一建模语言 UML 为系统工程开发的专用版本。

7. 互操作性和数据格式方面

互操作性是选择工具时需要考虑的重要因素。所选择的工具应当使用能够被数据最终用户所接受的格式来描述系统设计。重要的是所有被选用的工具都应支持相关的数据交换格式和工业标准数据格式。随着 NASA 承担的多中心协同工程和项目日益增多，对不同工具间及相同工具不同版本间的互操作需求越来越关键。完整的互操作性能够减少人为失误，降低集成工作的复杂度，从而可以降低费用开支，提高生产效率和产品质量。

当考虑所有最终用户的需求时，实现互操作性明显变得较为困难。以下是三种各有优缺点的实现互操作性的主要途径：

（1）让所有员工熟悉足够数量的工具系统及与最终用户相关的应用。如此可形成广泛的能力，但却可能因经济上和时间上无法负担而不太现实。

（2）任何工具只要使用便要求相互之间能进行互操作，也就是要求每个工具传送模型数据的类型都能够被所有其他工具以某种方式轻松而正确地转换。这需要考虑近年来模型数据交换标准取得的进展。虽然这对于很多用户来说是一个理想的解决方案，但是能涵盖所有最终用户所需信息的标准数据格式尚不存在。

（3）规定组织内的所有成员都使用相同工具的同一个版本。当不能使用相同版本的工具时，版本和模型控制将是必要的，以此来保证不同工具中的模型和仿真的一致性。

8．向后兼容性方面

在持续若干年的大型工程和项目中，经常需要访问和处理 3～5 年前的设计数据。然而，访问这些陈旧的设计数据可能极端困难和昂贵，可能是因为数据处理工具供应商终止服务或是不再提供旧版本的数据处理工具而无法读取数据。维护访问数据能力的策略有：与工具供应商签订更长服务时间的特别合同、用大众化格式存储设计数据、不断将旧数据转化为新的格式，或者按照需要重新产生新格式下的数据。工程组织应该在仔细考虑费用和风险后选择最为合适的策略。

9．平台方面

许多软件工具需要在多个不同的硬件平台上运行，而一些工具仅能在特定环境下良好运行，或仅能在特定版本操作系统的支持下运行。在开源的情况下，操作系统的许多变化可能不完全支持所使用的工具。如果认为工具需要一个新的平台，则应当考虑由此而带来的额外采购费用和管理服务费用。

10．工具技术状态控制方面

工具技术状态控制就是在采用并适应新版本工具的新功能和整个工具链组件平稳运行之间进行权衡。这对于（多个供应商提供的）异构工具组件尤为困难。每年一次或每年两次的模块升级策略需要大量且有效的管理。此外，用户自行规定工具升级时间所导致的平台差异性，也可能会产生更多的保障需求。

11．安全保密/访问控制方面

特别需要考虑所有设计数据的敏感性和访问需求。联邦政府和 NASA 政策要求对所有工具进行评估，确保对数据安全保密的控制，以维护数据的完整性。系统工程师应与组织内计算机安全官员合作，将信息技术安全性集成到系统中。重要活动包括制定安全保密计划和根据 NPR 7120.7 制定应急响应计划。关于信息技术安全的更多细节，可参阅 NPR 2810.1《信息技术的安全保密》。

12．人员培训方面

每个经验丰富的设计师都很清楚，多数主流设计工具都具有相似性，但是每个工具却可能使用不同的技术来实现设计功能，每个工具都包含一些独特的工具集，这就需要对使用人员进行培训。越来越多的工具供应商会提供跟踪指导和集中培训，分发培训材料和应用案例。培训的时间和费用都很可观，使设计人员精通工具所花费的时间就更可观，在决定使用新工具时需要认真考虑这些因素。

培训中的负面影响是在采用新工具时需考虑的重要因素。在启动使用新工具前，做出决策的组织应考虑主要的大型工程和项目产品交付的进度安排。合同规定的时间是否够用？通常建议该组织实施逐步采用新工具的策略，在设计人员学习新工具并渐渐熟悉新工具的同时保留使用旧工具。将已熟练使用某个系统的正在正常运转的开发团队和专家团队转换为使用另一个系统的全功能团队是一项艰巨而繁重的任务。在新旧工具之间保持某种重叠，也许能够确保工具转换的适应性及工程和项目的不间断顺利进行。

13．许可证方面

许可证的作用是提供并控制对产品或产品系列中各种模块和组件的使用权。在选择工具包时，应当考虑相应的许可证问题。许可证可以是物理形式的，如插入串行或并行端口的硬件钥匙，也可以是需要或不需要整体基础管理结构实施管理的软件。软件许可证可以是浮动的（基于先到先服务规则被多台计算机共享），也可以是锁定的（指定计算机使用）。一个深思熟虑的许可证策略必须在实施选择工具流程之初就确定。这个策略要考虑到工程和项目的需求和约束，以及其他如培训和使用等相关因素。许可证策略的开发应当有相关信息技术组织的参与。

14．供应商和用户保障的稳定性方面

在选择任何保障设备或工具时，供应商的稳定性极其重要。如果将要对工具（直接地）或对基础设施（间接地）进行巨额投资，全面考察供应商的公司稳定性以确保其能够持续提供工具保障是非常重要的。公司产品的成熟度、稳定的用户基础、培训能力和财政状况都能够反映出供应商在产品市场中的生存能力。此外，一个负责任的供应商应为客户提供多种形式的保障。其中之一是提供基于 Web 的用户可访问的知识库，其中汇集已经解决的问题、产品文档、用户手册、白皮书和教科书。电话热线服务对于自身无保障机制的客户非常有价值。问题的解决或加剧过程，与用户直接参与跟踪和优先解决关键问题有关。销售人员、应用工程师和售后服务工程师共同现场答疑可以明显缩短发现和解决问题并确定相关需求变化的时间。

7.4　环境、核安全和行星保护政策方面的约束

7.4.1　美国国家环境政策法案和第 12114 号行政法令

美国政府依据《国家环境政策法案》（NEPA）设立了环境质量管理委员会（CEQ），公布了《国家环境政策法案》的实施条例。该条例要求政府机构在规划工程和项目时考虑潜在的环境影响。NASA 制定了适合自身的《国家环境政策法案》相关法规和政策，以确保遵守《国家环境政策法案》及其执行条例，以及遵守第 12114 号行政法令《大型联邦行动的境外环境影响》的要求。

针对 NASA 的 NEPA 法规规程（列入美国联邦条例法典 CFR 第 14 主题第 5 卷第 5 章第 1216.3 部分）自 1979 年就已经存在。这些规定中编入了 NASA 对于在工程和项目规划论证中整合 NEPA 的法律承诺。

《国家环境政策法案》是一个程序化流程，考虑所提议的行动对人类健康和环境可能产生的潜在不利影响。根据环境质量管理委员会的说法，相关行动包括新活动和已有活动的持续，以及包括全部或部分由联邦机构资助、协助、实施、管理或批准的项目和工程。环境质量管理委员会根据潜在不良影响的“背景和强度”，设立了 NEPA 分析的 3 个层级：

- **直接排除**：适用于期望所采取的不论是单独行动还是一系列行动，对人类健康和环境不会产生不利影响。2012 年，NASA 将内部的 NEPA 法规直接排除情况扩展到了 23 个，分为 5 类活动：行政管理、运行使用管理、研究与开发、人员和不动产、飞机和机场。NASA 的大部分行动属于直接排除范畴。环境因素备案（REC）通常用于记录直接排除情况。由于环境质量管理委员会已经评估了这些类型行动的影响，备案的环境因素不再做公开评审。
- **环境评估**：用于分析所提议的行动是否会对环境产生重大影响。如果通过分析没有发现任何重大影响，相应的行动决策将作为“无重大影响发现”（FONSI）专文，由中心主任（NASA 总部的行动由 NASA 副局长）签署并存档。如果发现无法避免或无法减轻的潜在重大影响，则需要准备编制环境影响公告书。NEPA 要求公开审查环境评估报告草

案，并要求考虑监管机构和公众的意见。

- **环境影响公告书**：为可能会对环境产生重大影响的行动而准备。NEPA 要求公开环境影响的范围，以及要求考虑公众对环境影响评估报告草案的意见。环境影响报告书内容包括对所提议行动的环境分析，以及已经确定的任何合理备选方案。环境影响公告书与决策备案书共同作为最终结论由 NASA 总部的责任副局长签署。注意：NASA 没有义务选择对环境影响最小的备选方案。NEPA 只是要求 NASA 机构在决定执行相关行动之前书面证明它已经考虑过其他备选的办法及其影响。

12114 号行政法令不受 NEPA 约束，只是在美国拥有管辖权的属地以外的地区，当 NASA 准备实施的行动可能产生潜在不利影响时，需要考虑该行政法令。如果环境评估表明，根据 NEPA 法规（美国联邦条例法典 CFR 第 40 主题第 1508.27 部分），这些影响不显著，NASA 中心环境政策主管将协助工程或项目负责人准备归档备忘录。如果需要通知其他国家并征得同意，NASA 国际和机构间公关办公室将提供协助。

NASA 发布了与 NEPA 政策相关的 NPR 8580.1《NASA 国家环境政策法案管理要求》。该 NPR 文件详细说明了谁负有 NEPA 的责任，以及他们的职责是什么。为了促使遵守 NEPA，NASA 已指定 NASA 中心环境政策主管协助完成中心环境检查清单，以确定是否可以应用直接排除的情况。即使某项工程或项目负责人确信他们的行动不会产生负面影响，他们仍需要与 NASA 中心环境政策主管保持联系，这一点很重要。

NASA 中心环境管理办公室负责记录归档和跟踪环境要求，如许可证、化学品库存、危险废弃物的管理（包括处置、监管、跟踪和报告）。NASA 中心环境政策主管使用环境检查清单来确认相关行动是否符合现有的中心许可和条件，并跟踪中心所有行动的累积影响。该检查清单还用于确保相关行动不会引发 NASA 的 NEPA 条例中所列出的异常情况。检查清单适用于中心参与的行动，无论它们是在中心的资产上执行还是交付给其他中心执行。NASA 总部的 NEPA 负责人是那些非 NASA 中心执行行动（如向工业部门或大学提供的资金或拨款）的联络点。

NASA 中心环境政策主管和 NASA 总部 NEPA 负责人的任务是通过加快 NEPA 流程来支持和保障使命任务。对于需要放射性同位素动力系统支持的使命任务，NEPA 流程与核发射安全审批流程协调进行，核发射安全审批流程的需求在 7.4.2 节中概要描述。

NASA 机构的 NEPA 工程由 NASA 总部内环境管理部门的战略基础设施办公室的 NEPA 主管负责管理。NEPA 工程用于维护 NEPA 桌面指南和 NASA 内部的 NEPA 资源库，该资源库建立在 NASA 环境管理部的 NASA 环境跟踪系统的 NEPA 模块中。这个资源库在最终环境评估（每年完成 3～6 次）和环境影响报告书（每 1～2 年完成一次）的基础上，在 NASA 网站更新 NEPA 文库信息。该网站提供了 NEPA 文库和 NASA 中心环境政策主管及 NASA 总部 NEPA 负责人的联络信息。

7.4.2 涉核发射的安全性审批

任何数量或类型的放射性物质发射时，都需要进行涉核发射的安全性审批。该审批流程适用于所有在航天器上携带放射性物质的使命任务，流程包括但不限于放射性物质的用量校准、发电或热能管理。这一流程涉及对使命任务中放射性风险的评估，由此可以为决定是否批准发射放射性材料提供基础。审批权限下放到若干个级别，具体取决于所涉及放射性材料的种类和数量。审批权限可最高延伸至 NASA 总裁行政办公室。在飞行中所提议携带放射性物质的种类和数量也决定了评审和审批所需分析的范围和深度。评审需求的覆盖面从向 NASA 安全性和使命任务质量保证办公室通告放射性物质发射这类简单的情况，到由 NASA、国防部、能源部、环境保护署和原子能管理委员会参与的跨机构联合审查这种复杂的过程。

关于这些需求的详细内容参见 NPR 8715.3《NASA 通用安全性工程要求》。

对于任何采用放射性同位素能源系统、放射性同位素加热单元或核反应堆的空间使命任务，必须依照 1996 年 5 月 8 日修订的第 25 号总统令/国家安全委员会备忘录“可能带来大规模负面环境影响的科学技术试验及发射核系统进入太空的活动”（PD/NSC-25）中的第 9 条，获得总统行政办公室的发射批准。审批决策的基础是已经核定并证实有效的评审流程，包括跨机构核安全特别评审小组（INSRP）进行的独立评估，INSRP 由来自 NASA、能源部、国防部、环境保护署的代表，以及来自原子能管理委员会的技术顾问组成。这个评审流程首先开发一个飞行器发射数据手册（概要描述使命任务、发射系统和潜在事故想定，以及后果的环境影响与发生可能性等信息）。能源部根据这份数据手册给出空间使命任务初步安全分析报告。通常需要形成三份安全分析报告：初步安全分析报告、安全分析报告修订稿（最终安全分析报告的草案）和最终安全分析报告，并提交给使命任务的跨机构核安全特别评审小组。这些文档由负责提供核动力系统的能源部项目办公室开发。

跨机构核安全特别评审小组负责使命任务核安全/风险评估，并将评估结果写入安全性评价报告。安全性评价报告包含一个对使命任务放射性风险的独立评估。能源部将安全性评价报告作为接受安全分析报告的基础。如果能源部部长正式接受安全分析报告-安全性评价报告组合文件，则 NASA 管理机构可使用该组合文件进入正式审批程序。

NASA 将安全分析报告、安全性评价报告分别提供给跨机构核安全特别评审小组中的其他政府机构人员，请求他们对这些文档进行评估。在获得这些机构的反馈后，NASA 对安全分析报告、安全性评价报告、两份报告的外审评估结果和其他与发射相关的核安全信息进行内部管理评审。如果 NASA 管理机构决定推进核安全发射审批流程，将会向总统行政办公室的科学技术政策办公室负责人发出核安全发射审批申请。

NASA 总部负责 NASA 使命任务中该项流程的实施。传统上这项活动需要获得喷气推进试验室（JPL）的帮助。能源部通过分析动力系统硬件对数据手册中定义的不同事故想定的响应、通过评估该使命任务对公众和环境构成威胁的潜在放射性后果及风险概率，为该项流程提供支持。NASA 的肯尼迪航天中心[①]负责监督数据手册的开发，在传统上借助喷气推进试验室共同描述事故环境并形成数据手册，作为分包商，肯尼迪航天中心和喷气推进试验室需要提供支持数据手册开发的相关信息，最终选定承担使命任务开发的团队，负责提供有效载荷描述，说明核动力系统如何集成到宇宙飞船上，以及说明使命任务需求及合理的备选方案，并为肯尼迪航天中心和喷气推进试验室开发数据手册提供支持。

NASA 主管使命任务的副局长、NASA 中心负责人和工程执行官参与对发射到太空中放射性物质的控制和处理，应当保证运载火箭、空间飞行器和使用放射性物质系统的基本设计方案可以提供对公众、环境和用户的保护措施，以使放射源暴露和泄漏带来的放射性危害在尽可能低的合理水平。对核安全的考虑，应当贯穿项目寿命周期起自 A 前阶段（概念探索阶段）起的各个阶段，以确保整个使命任务的放射性风险处于可接受的范围内。应当明确和分析所有包含

① NASA 肯尼迪航天中心（NASA Kennedy Space Center）位于美国佛罗里达州东海岸的梅里特岛卡纳维拉尔角，是 NASA 进行载人/无人航天器测试、准备和实施发射的最重要的场所。约翰·肯尼迪（John Kennedy，1917—1963）是美国第 35 任总统（1961—1963），曾以强硬态度处理古巴导弹危机，1963 年 11 月在美国德克萨斯州的达拉斯遇刺身亡。

或使用放射性物质的空间飞行设备（包括医学和其他试验设备）的放射性危险。对于所提议的核原料发射带来的潜在风险，应当有针对性地开发具体的地面操作技术规程和放射性意外事故应急方案。作为国家应急计划框架中所要求的，意外事故应急计划应包含应急响应措施及恢复工作的保障措施。关于这些需求专门而具体的内容可以参见 NPR8710.1《紧急情况应急计划》和 NPR8715.2《NASA 紧急情况应急计划程序性要求》。

7.4.3 风险沟通交流

NASA 总部/环境管理部门的目标包括推进 NASA 的环境管理事务，识别和减轻项目活动可能对环境造成的潜在后果，遵守现有的环境法规和法条，执行历史实践已证明其必要性的所有环境清理行动。在所有这些领域，公开的和持续的交流对于帮助利益相关者建立针对 NASA 活动的意识、理解和认可至关重要。

风险沟通流程包括信息产品的开发、审查和传播，此外还有受过培训的风险信息发言人，这些发言人应有能力处理 NASA 使命任务中可能引起公众、媒体或政府部门关注的环境或安全舆论问题。

NASA 以往的经验表明，如果 NEPA 和核发射安全审批流程中自始至终持续考虑着从项目开始到完成期间风险沟通交流的原则、政策和规程，那么它们将会更加有效。确立这些沟通交流原则的根基是，面对主要由联邦政府资助的国家层面的工作，承认公众在确定这些工作的价值和安全方面能够起到的作用。基于利益相关者之间的双向信息交流，风险沟通交流需要遵循如下指导原则：

- **开放性：**保持透明的决策过程。
- **准确性：**确保项目信息在技术上是正确的，由通盘掌握情况的发言人发布。
- **清晰性：**巧妙制作和广泛传播容易理解的信息，解释具有潜在危险的或具有争议的行动中的诸如“为什么……”和“如何……”之类的问题。
- **尊重性：**注重不同文化的认知和关注。
- **互动性：**尽量在早期邀请公众参与讨论，并且经常使用各种沟通渠道，期望接受公众的征询。

一个正式的风险沟通交流策略（与项目的群体外延/群体参与工作相结合）能够为 NASA 提供最好的机会，在机构内部和各个利益相关者群体的支持下，成功实施环境管理计划，维持与清理项目。早期的参与和沟通交流可以增加相互间的合作和理解，建立彼此信任和信誉，减少潜在冲突的发生。风险沟通交流还可以改善 NASA 的环境风险管理决策。协调有序的风险沟通交流途径有助于在所有参与交流的人员之间形成更准确和更一致的信息产品，从而形成更完整的评审结论，在所有参与工程的合作伙伴之间形成一致意见，更好地准备关键使命任务事件，以及更好地把握总体使命任务成功的机会。

这种沟通交流途径还通过广泛的成本分担降低了每个单独工程/项目的成本，并有助于减少针对单个项目产生的和由单个项目产生的意外信息冲突。它使 NASA 能够提供关于其项目和计划的及时、清晰和简明的信息，培养一个更了解情况和更深度参与的利益相关者群体。任何涉及 7.4.1 节主题领域的工程或项目，都需要有风险沟通交流计划。这个计划通常包括各种内部和外部的信息产品（谈话要点、征询应答、常见问题）、这些产品的评审流程和联系方式，以及项目关键发言人的发掘与培训；另外，在发射放射性物质的情况下，积极准备和运作联合信息中心，从而能支持放射性应急计划的制定。

关于 NASA 工程和项目的 NEPA 合规要求的更多细节，可以参见 NPR 8000.4《NASA 机构风险管理程序要求》。NASA 风险沟通交流受 NASA 科学使命任务事业部 1999 年颁发的《行星和深空使命任务风险沟通计划》中的政策和流程的约束。

7.4.4 行星保护

美国是联合国关于各国和平开发和利用外层空间活动（外层空间包括月球和其他天体）控制原则条约的签署国。这个著名的外层空间条约在其中的第九条规定：对月球和其他天体的探索应当要遵从“目的是避免对其有害的污染，以及避免因外层空间物质的引入而导致对地球环境的不利改变”的原则。NASA 的政策（NPD 8020.7《飞往外层空间和来自外层空间的生物污染控制》）规定，保护太阳系环境的目的是未来对太阳系内生物和有机组织的探索。这项 NASA 政策指令还制定了 NASA 保护地球及其生物圈不受其他行星和外层空间星球资源污染的基本策略。NPD 8020.12《无人外层空间使命任务中行星保护》规定了 NASA 太空飞行项目必须遵循的一般性规则。根据使命任务确定以哪个太阳系星球为飞行目标，或可能遭遇哪个太阳系星球，根据飞行器或使命任务类型（飞越、轨道器、登陆车、携带样本返回等），不同使命任务有不同的需求。对于某些星体（如太阳和水星），有星体保护的最低要求。例如，对当前飞往火星和木卫二探测器使命任务的需求便特别严格。表 7.4-1 列举了当前的行星保护策略，表 7.4-2 简要描述了与它们相关的保护需求。载人空间探索的文件正在编制。国际空间研究委员会（COSPAR）在政策中制定了指导方针，NASA 发布了 NPI 8020.7《NASA 关于载人地球外使命任务行星保护要求的政策》指令性文件，并且计划发布一系列载人空间探索的 NPR 文件。

表 7.4-1 星球保护使命任务分类

星球优先等级	使命任务类型	分类标记	实　例
直接目的不在于了解星球化学演化过程，对此类行星没有任何保护规定（无需求）	所有类型	I	针对以下星体进行的飞越、环绕飞行、着陆： ① 未分化的、变质的小行星； ② 木卫一（伊娥）
对星球化学演化过程有明显的兴趣，飞行器带来的污染对未来的探索可能造成危害，但概率很小	所有类型	II	金星、月球（含有机物料存放）、彗星、小行星、木星、木星卫星（木卫一、木卫二（欧罗巴）和木卫三（加尼米德）除外）、土星、土星卫星（土卫六（泰坦）和土卫二（恩克拉多斯）除外）、天王星、天王星卫星、海王星、海王星卫星（海卫一（特里同）除外）、冥王星/冥卫一（卡戎）、柯伊伯带天体（如星尘号彗星探测器（飞往）、起源号飞船（飞往）、卡西尼号探测器）
对星球的化学演化和生命起源有明显的兴趣，同时科学观点表明飞行器带来的污染对未来观测调查产生危害的概率可观	飞越，环绕飞行	III	火星轨道器、欧罗巴探测飞船、土卫二探测飞船（如奥德赛号、火星环球测量轨道器、火星勘查轨道器）
	着陆、探察	IV	火星着陆器、欧罗巴探测飞船、土卫二探测飞船（如凤凰号火星着陆器、欧罗巴号、火星取样返回（飞往））
太阳系内任何天体	无限制地球返回①	V	无限制地球返回（如星尘号飞船、起源号飞船）
	有限制地球返回②	V	有限制地球返回（如火星取样返回）
① 对携带回地球的物质/样本不需要特别防护措施； ② 对携带回地球的物质/样本需要采取特别防护措施，参见 NPR 8020.12			

表 7.4-2 星球保护需求综合概要

使命任务类型	需求综合概要
I	分类（无要求），认证类别的验证
II	避免空间飞行器和运载火箭意外事故的影响。发射硬件的最终安排应归档
III	严格限制产生影响的可能性。对飞行器在轨寿命的要求或无微生物的清洁要求
IV	严格限制产生影响或目标污染的可能性。通过生物鉴定保证着陆器表面达到无微生物的清洁水平
V	根据目标星球着陆使命任务确定飞离段要求。对返回地球使命任务的详细限制依赖于多种因素，但大致包含对接触过目标星球的任何硬件在返回地球之前进行杀菌处理，控制所有带回地球的样本

行星保护是航天项目管理职责和系统工程活动的核心内容之一。这项工作可能与工作分解结构中的多个单元相抵触，而且在早期规划阶段如果不能采用一个切实可行的行星保护方案，就有可能无法将其引入系统工程流程中，这将会增加使命任务的费用和复杂性，也可能影响使命任务的进度安排。行星保护计划在 A 前阶段开始规划，在此阶段必须据此确立使命任务的可行性。项目负责人应在 A 前阶段要求得到一份初步的分类证书；如果行星保护要求没有得到满足，发射计划则可能会受到威胁。在阶段 A 结束之前，项目负责人必须发函到行星保护办公室，陈述使命任务的类型和星际航行目标，请求获得使命任务的行星保护分类。

在阶段 B 结束时的初步设计评审之前，项目负责人应当向 NASA 行星保护办公室提交一个星球保护计划，详细说明为满足需求而将要采取的行动。根据使命任务类别的不同，可能需要额外的辅助计划，如污染分析计划、微生物分析计划和微生物减少计划（请参阅 NPR 8020.12 获取所需计划的完整清单和相应期限）。如果需要延长使命任务期限，则需要提交延长使命任务计划/请求，由主管部门决策。这些需求的完成情况要写在发射前行星保护报告中，提交给 NASA 行星保护办公室以获得批准。根据飞行准备状态评审的结果审批这个报告，是项目行星保护方案最终批准书的一部分，是获得发射许可所必须的。该报告的更新版本——“发射后行星保护报告”，应报告实际发射和使命任务飞行早期出现的相关事件及其所引起的与使命任务计划不一致之处。对于要采集样本返回的使命任务，在启动返回地球前、在进入地球再入轨道前，以及在将外层空间样本移交给科学团体进行研究之前，需要提交附加的报告并经过评审。最终，在正式宣布使命任务结束时，需要提交使命任务结束阶段行星保护报告，对比初始的行星保护计划，评审使命任务在执行过程中符合 NASA 行星保护要求的程度并归档。该文档及使命任务定期记录一般由 NASA 行星保护办公室负责在国际空间研究委员会（COSPAR）会议上进行报告，向其他开展空间探索的国家通报 NASA 遵循国际行星保护要求的情况。

关于行星保护的进一步信息，包括如何处理和评审出现的差异，可参见 NPR 8020.12。

7.5 公制度量单位的使用

决定一个项目或工程是否能够采用国际单位制或公制度量系统，需要考虑多种因素，包括费用、技术、风险和其他一些工程方面问题。

1975 年颁布的度量衡转换法案（美国公共法 94～168），以及 1988 年修正的综合贸易和竞争法案（美国公共法 100～418），确定了建立公制度量系统作为美国贸易和商业领域质量和尺寸的首选度量衡系统的目标。NASA 制定 NPD 8010.2《国际标准度量衡在 NASA 工程中的使用》，用于推行国际标准度量衡，并提出 NASA 的特殊要求和责任。

然而，另一个需要考虑的因素是在实施过程中可能有例外的情况。因为在所有情况下使用国际标准单位可能有困难，行政法令 EO 12770《联邦政府工程中的度量衡使用》和 NPD 8010.2 都支持意外处理并允许使用“混合”的度量单位。对下文中因素的考虑可能直接影响到工程和项目意外处理的实施和应用。

在开发设计方案时需要确定国际标准单位在何处使用是可行的或是可推荐使用的，何处需要使用国际标准单位以外的度量单位，这些应当在工程或项目寿命周期的早期进行分析。需要考虑的主要因素是实际的生产能力或提供符合度量衡基准的硬件组件能力。分析结果和建议应当提交系统需求评审并得到批准。

在项目或工程的实施中规划基于何种度量衡系统时，需要考虑如下问题。

（1）与原有基于英制单位建造的组件（如电子阀门、点火装置）的接口：

- 是需要从英制单位转换到公制单位，还是需要开发与基于英制的硬件之间的数据接口。
- 开发团队应该评审设计实施方案，确保与原有硬件无认证冲突，或者确定需要重新认证并制定相关工作计划。

（2）尺寸和公差：

- 可能导致部件互相不匹配。
- 在度量单位之间进行转换时出现舍入误差。
- 当进行单位转换时，开发团队可能需要特定的附加技术规程、步骤和质量保证人员。

（3）工具：

- 不是所有商店都有全套加工工具（如钻头、锥丝、铣刀、铰刀等）。
- 开发团队需要告知可能的承包商使用国际标准的意图，并获取承包商对潜在影响的反馈。

（4）扣件和配件：

- 高强度扣件的选择和使用，更多受制于度量单位。
- 按最短交货时间计，英制单位的轴承、插脚、活塞杆、套管等更容易得到。
- 开发团队需要确定在所需的时间内可接受的基于公制的扣件可用性。

（5）基准文件：

- 某些关键的航天领域基准文件，如 MIL-HDBK-5《金属材料性质》中只采用英制，使用时需要进行单位转换。
- 其他关键基准材料或商用数据库仅采用公制构建。
- 如果需要，开发团队应当评审需要用到的基准文件，确保度量单位转换在可接受的控制范围内。

（6）通识：

- 很多工程师目前用英制单位思考，例如，描述压力时用“磅/平方英寸（PSI）”，描述材料强度时用“千磅/平方英寸”（KSI），描述公差时用 0.003 英寸等。
- 事实上，当今学校毕业的工程师都使用国际单位思考，在使用英制单位（如使用“斯勒格[①]”表示质量）方面有困难，随着转换错误不断增加而需要进行再培训。
- 开发团队需要掌握其成员拥有的与项目相关的英制和公制单位知识，并使其获得必要的培训和经验。

① 斯勒格（slug）：英制质量单位，1 斯勒格 =32.2 磅。

（7）工业实践经验：

- 一些工业企业专门使用英制单位，有时使用原汁原味的英制单位行业术语。降落伞生产企业即属于此类，例如，“60 磅复合材料编织绳”。
- 其他工业企业，特别是国际供应商，通常专门使用公制单位，如“30mm 厚原料棒”。
- 开发团队需要注意这些特别的情况，确保采购及技术设计和集成能够得到适当控制，以避免出现误差。

（8）工程或项目控制：开发团队应当在系统工程流程早期，考虑需要什么样的工程专用风险管理控制或项目专用风险管理控制（如技术状态管理步骤）。其中，直接关心的问题包括采用英制和公制度量体系的系统各单元间各种复杂的转换关系。

某些 NASA 项目采取同时使用两种度量体系的方式，这是 NPD 8010.2 所允许的。例如，火星土壤钻探项目采用基于英制单位来设计和开发相关硬件，而采用国际单位完成对组件的分析。其他小型项目也成功应用了类似的方法。

对于更大或更分散的项目或工程，可能需要使用更系统、更完整的风险管理措施来成功实现基于国际单位的系统。这需要建立标准的单位转换因子（如从“磅”到“千克”的转换）和标准的国际单位命名文档。风险管理方面的很多问题可以参见相关文档，如美国国家标准和技术学会的《国际标准单位使用指南》，以及美国国防部的《标准度量衡的标定和开发指南》。

在联邦政府和航天航空工业基地完全转换到使用公制单位之前，各种 NASA 工程和项目必须针对各种情况逐项说明他们实现使用公制单位的程度。对于每个 NASA 工程和项目管理团队来说，他们有责任遵守所有的法律规定和行政法令，尽管这在费用、进度和性能方面可能存在一定程度的风险。

7.6 多层级/多阶段工程中的系统工程

前面几节中的大多数例子是关于基本系统工程方法的，适合应用于单个项目，如由某个 NASA 中心负责管理的和由单枚运载火箭发射并部署到轨道上的单个航天器。这类系统工程方法在本节中被称为单层级单阶段方法，此情况对应 NASA 的大部分通过一个单层级管理（即在单一中心成立项目办公室）的系统工程工作，而且使命任务是在一次性的时间阶段部署和运行使用（即通过一次发射）。本节的后续内容讨论另外一类工程，在执行此类工程时，NASA 对象系统的大部分系统工程工作由多个 NASA 管理层（包括 NASA 总部的工程管理办公室，以及多个 NASA 中心的项目办公室）负责实施，并且随着时间的推进，对象系统部署在离散的多个时间段上运行使用；讨论在这样的工程背景下是否还能采用及如何采用单层级单阶段方法。此时的方法相应地被称为多层级/多阶段方法。

本节通过使用一个概念参考模型说明在多层级/多阶段工程的系统工程上的多维特性，该模型强调在多层级系统工程管理和多阶段系统设计及组装中需要考虑的独特事项。本节还讨论系统多层级/多阶段开发中的相关主题，包括更加重要的概念设计，系统工程和集成团队领导所需要的经验，以及如何进行商业性模拟。

7.6.1 概念参考模型

概念参考模型包括一个示例性系统和一个示例性系统工程管理方法。工程对象系统（以下简称“系统”）是一个名义上的空间站，系统工程管理方法采用 NASA 主导的系统工程和集成方法，并且没有工程级别的主承包商。

7.6.2 管理层级命名法

图 7.6-1 显示了多层级/多阶段工程通常使用的管理级别。第 I 层级和第 II 层级代表 NASA 总部的工程管理，分别由 NASA 总部的工程行政主管/工程业务主管和工程技术主管（负责人）实施。第 II 层级工程技术主管和工程管理办公室可能位于某个 NASA 中心（工程的牵头中心）或位于其他非第 I 层级的设施。第 III 层级代表 NASA 的项目管理，由 NASA 中心项目办公室的项目负责人负责。虽然第 I、II 和 III 层级命名法在单层级/单阶段项目中也有某种程度上的应用，但区别在于多层级/多阶段工程通常是紧耦合工程（参见图 3.0-2），其中，第 II 层级包括日常的工程管理活动，如将在 7.6.4 节中讨论的那些活动。

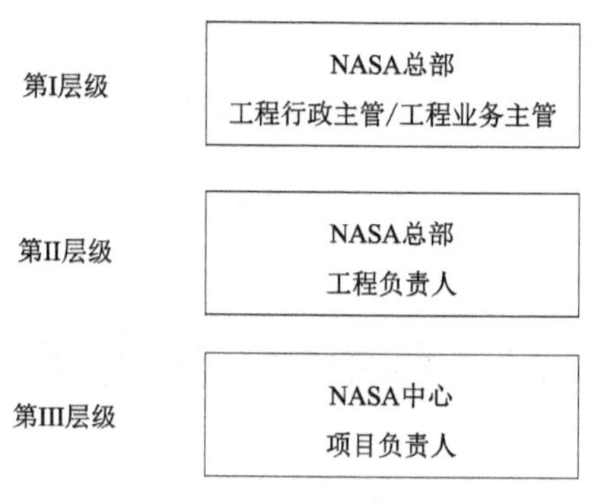

图 7.6-1　多层级/多阶段工程管理级别

7.6.3 多层级系统工程特性

多层级/多阶段工程的系统工程团队使用与单层级/单阶段项目相同的系统工程基本技术，但他们是在多个层级和多个阶段（或多个维度）工作，这实际上是系统工程基本技术的一种高级形式。在单层级/单阶段项目中运用好系统工程的基本功能固然很重要，但在多层级/多阶段工程中运用好它们就变得更加重要了，因为多层级/多阶段工程通常具有更大的范围和复杂性。相对于单层级/单阶段项目，多层级/多阶段项目通常有以下特点：

（1）更多的接口和系统技术状态；

（2）更多的项目、合作伙伴、利益相关者、合同和协议；

（3）更高的成本和更高的政治关注度。

在多层级/多阶段工程上的这种多维特性，在许多方面影响了系统工程的实施和管理。下面将讨论从这些方面选出的部分内容。其中的一些方面可能适用于在第 II 层级和第 III 层级执行重大系统工程任务的系统，或者适用于各种远程系统或设施，这些系统或设施在中间阶段开发和部署，逐步投入运行使用。

7.6.4 多层级系统工程管理的考虑事项

7.6.4.1 NASA 系统工程在第 I、II 和 III 层级的作用

图 7.6-2 显示了多层级/多阶段工程的名义组织结构，其中，NASA 作为工程级别的集成商，而没有工程级别的主承包商。这个结构建立在图 7.6-1 所示的 NASA 管理的三个层级之上。工程的相关工作以离散形式的项目工作包分配给 NASA 不同中心的项目办公室。国际合作伙伴和商业合作伙伴也可能出现在多层级/多阶段工程中。虽然没有考虑到第 III 层级，但国际合作伙伴/商业合作伙伴与工程管理办公室在技术上的接口方式与第 III 层级非常相似，包括通过第 II 层级接口对文档的控制，但是国际合作伙伴/商业合作伙伴的参与还要受 NASA 顶层协定的管辖，其中一些协定可能反映在第 I 层级的要求中。

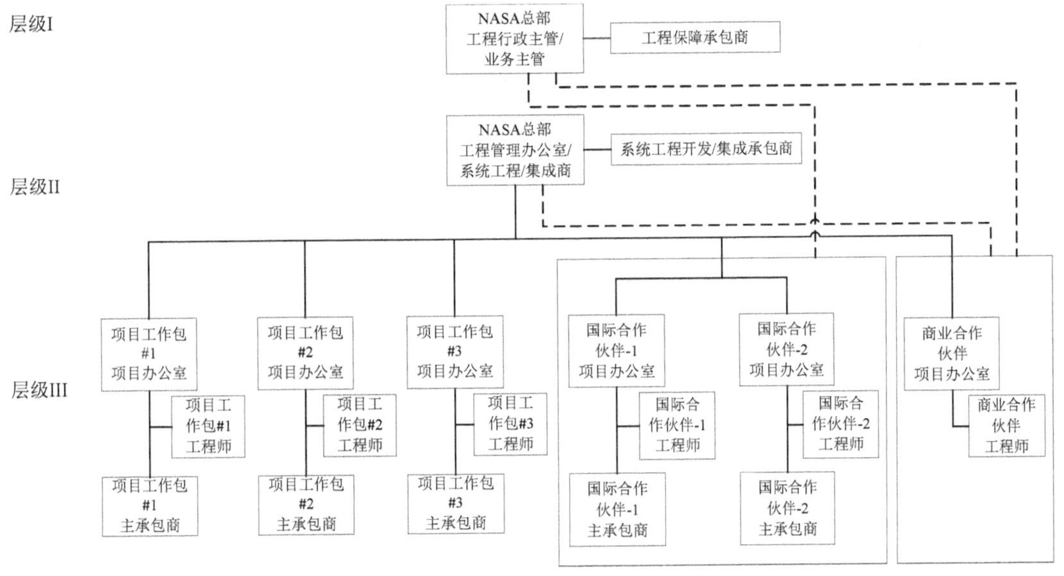

图 7.6-2 多层级/多阶段工程的名义组织结构

NASA 关于多层级/多阶段工程的系统工程范围在下文的综合摘要中给出。此处的摘要不包括由项目工作包的主要承包商和分包商进行的重要系统工程工作，因为他们可能被认为是第 IV 层级或层级较低的团队成员。

7.6.4.1.1 第 I 层级工程管理

NASA 工程管理的第 I 层级通常控制工程顶层的关键功能需求和性能需求，控制关键的顶层进度安排的里程碑日期和顶层技术方面用户资源的分配。第 I 层级还控制国际协议，如国际合作伙伴有效载荷使用的协议。此外，第 I 层级可以与第 II 层级共同控制商业合作伙伴协议。对于负责保障的承包商，其工作人员可以通过参与系统工程开发与集成活动，以及通过开展工程行政主管/工程业务主管指定的分析工作，来作为第 I 层级管理办公室的补充。

7.6.4.1.2 第 II 层级工程管理

第 II 层级工程管理办公室（及系统工程开发与集成承包商）分阶段开发并交付经过验证和

确认的端到端系统。（关于阶段的描述见图 7.6-3。）第 II 层级工程管理办公室针对分阶段集成的端到端系统，开发和控制相应的（功能、性能、接口）需求、技术资源（如质量、电力、热量、体积、舱外活动时间等）的分配、系统架构、验证计划、开发进度计划和运行使用事件序列（包括设计参考使命任务）；同时对分阶段集成的端到端系统进行综合功能和性能（如动力、结构、热力学、姿态控制、飞行力学、运行使用评估等）分析、寿命周期评审及验证/确认。考虑到这些端到端系统的分析范围，第 II 层级分析通常比第 III 层级分析更广泛、更浅显，并且与第 III 层级分析相辅相成。进行第 II 层级的寿命周期评审的目的是确认在将所有第 III 层级和国际合作伙伴/商业合作伙伴的单元进行集成并形成该阶段的技术状态时，集成系统的设计和运行能够满足第 II 层级的需求、资源分配、运行使用顺序等。寿命周期评审可能需要处理多个阶段，尤其是在实现关键功能时。例如，如果关键功能是在第 3、6 和 10 阶段实现的，那么可能需要对第 1 至第 3 阶段、第 4 至第 6 阶段和第 7 至第 10 阶段进行评审。工程办公室负责管理技术需求、成本需求和进度需求，其中关键需求及其分配在第 I 层级管理并向下分解。第 II 层级管理由工程办公室所属的技术状态控制委员会负责，成员包括来自 NASA 第 III 层级项目办公室和国际合作伙伴项目办公室的项目负责人。变更请求通常可能由第 II 层级的 NASA 工程管理机构和系统工程开发/集成承包商、第 III 层级 NASA 项目团队或国际合作伙伴/商业合作伙伴发起。当由第 III 层级 NASA 项目团队或国际合作伙伴/商业合作伙伴发起时，变更将需要首先通过这些组织自身技术状态控制委员会的评审流程。

7.6.4.1.3 第 III 层级项目管理

第 III 层级项目管理办公室负责开发和交付经过验证和确认的、可以发射飞行的硬件和软件低端产品，如飞行单元、实用部件（将在 7.6.5 节中讨论）等。每个项目办公室开发和控制低端产品的（功能、性能、接口）需求、设计方案、技术资源分配（如质量、电力、热量、体积、舱外活动时间等）、验证计划、开发进度表及运行使用事件顺序，同时进行低端产品的功能和性能分析、寿命周期评审，以及飞行单元或实用部件的验证/确认。寿命周期评审可能处理多个组装级别，这与第 II 层级评审一致。每个项目管理办公室负责管理所属范围内的技术需求、成本需求和进度需求，这些需求来自于在第 II 层级管理的从系统级需求向下分配而来的需求。每个项目都有合同要求的可交付件并组成技术状态控制委员会。NASA 中心的工程开发组织通常为与项目工作包相应的项目办公室提供工程开发支持。

7.6.4.2 工程级系统工程管理计划

在工程中各个项目的阶段 B 开始时（参见图 3.0-4），对工程级（第 II 层级）系统工程管理计划有一个全面了解是重要的工作基础。第 II 层级系统工程管理计划对系统工程开发/集成流程实施中的 WHO、WHAT、WHERE、WHEN 和 HOW 进行了设定，这是描述整个工程中系统工程作用和职责的关键步骤。除了明确确定用于整个工程范围内的技术集成和技术决策的议题之外，它还促进了项目之间，以及项目与第 II 层级系统工程开发/集成之间产品开发的重要透明度。第 II 层级系统工程管理计划通过工程系统定义评审流程确定控制基线（见图 3.0-1、图 3.0-2 和图 3.0-3），这项确定了控制基线的计划也可以作为指南，用于开发项目级系统工程管理计划，该计划通过项目系统需求评审流程确定控制基线。在工程范围内的系统工程作用和职责方面达成一致，对于多层级工程来说是具有挑战性的，特别是当国际合作伙伴和商业合作伙伴参与其中时，而在经过批准的第 II 层级系统工程管理计划中推迟明确角色和职责的协议，可能会导致更大的反复挑战。当多层级工程也是多阶段工程时，这些反复出现的挑战可能会产生额外影响，因为在某个阶段出现的系统工程方面的犹豫不决，其影响可能会在多个阶段重新出现。

7.6.4.3 技术资源分配

系统工程开发/集成的职责之一是在项目之间分配技术资源（见 7.6.4.1 节），以实现与相应系统功能的匹配。资源分配最初是在概念设计结束时的第 II 层级需求（与第 I 层级需求一致）中确定的；随着工程的推进，这些分配可以在第 II 层级技术状态控制下进行细化。相应建议是，在确立资源分配方法上投入时间，鼓励项目负责人针对不必要的资源进行协商（例如，1 号项目工作包用 100kg 的质量与 2 号项目工作包交换 80W 的电功率，以实现两个项目工作包与工程的共赢），而不是保留不必要的资源。如果不这样做，即使在第 II 层级和第 III 层级的系统工程团队中尽最大努力，对于具有多个项目/多个阶段，且拥有国际合作伙伴/商业合作伙伴协议的工程，重新分配资源可能会非常困难和非常耗时。对于那些预算超支、进度滞后、性能低于宣传水平的工程来说尤其如此。

7.6.5 多阶段设计与组装需考虑的事项

设计一个通过添加单元而随时间逐渐扩大的系统，相对于传统的单层级/单阶段系统，在系统工程方面需要有独特的考虑。多层级/多阶段开发的一个核心特性是，系统不仅需要能够在组装成的完整技术状态下运行使用，而且需要能够在组装阶段的中间技术状态下实现可接受的运行使用。在中间技术状态下的运行使用可以保证系统在建造过程中的完好性，同时保证系统有潜力按照设计流程的建造方案进行生产（例如，保证不需要更多的研究）。

图 7.6-3 描绘了一个概念化空间站的场景。飞行单元是在地面上进行设计和试验的，作为发射载荷包放置在运载火箭中，并在轨道上装配到现有的、逐渐扩大的多级产品。图中显示了系统的第 1 级产品、第 2 级产品（含中间技术状态）和第 10 级产品（组装后的完整技术状态）。

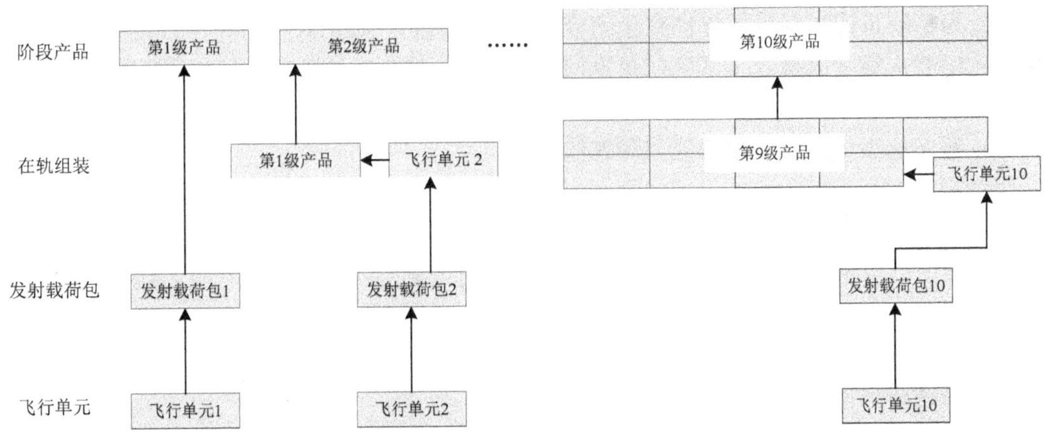

图 7.6-3 名义上的空间站，其单元从设计到发射及在轨组装，逐渐形成更大的多级产品

这里需要针对多层级/多阶段系统，考虑如下三个方面的关键系统工程问题：实用部件的尺寸、发射和组装顺序，以及在轨维修。

7.6.5.1 实用部件的尺寸

在多阶段组装使多级产品（空间站）逐次增大的过程中，实现功能的需求可能会促使多层级/多阶段系统上的实用部件面临在异常广泛的条件下运行使用的境况。实用部件的功能可能包括电力、温度控制、环境控制和生命保障、推进、姿态控制、指令和数据处理、通信等。在类似空间站的设施中，为多个单元提供总线型接口服务的实用部件通常按最严苛的条件确定尺寸，这些条件通常与组装成完整的技术状态相关，即航天机组全员加上全部有效载荷执行完整的使命任务。然而，对性能进行验证不仅需要最严苛的条件，还需要在中间组装阶段进行广泛的低负载条件下的验证。例如，将温度控制系统中的流体从单元（如加压模块）接口输送到散热器的主干散热管和压力泵中，其尺寸需满足在组装完成时能够排除所需排除的热负荷，尽管在之前的组装阶段技术状态下，这些散热管和压力泵是在低负荷条件下运行的。这样做可以避免因每次加入新单元产生新的热负荷而需对散热管和压力泵进行改造。然而，这样做的风险就是，为了早期的组装阶段在较低负荷下运行，这些散热管和压力泵的尺寸可能会明显过大。

实用部件的性能和使用也可能受到外部几何形状变化的影响，以及受到装配过程中所需不同姿态的影响。例如，几何变化和/或姿态变化会影响的方面包括发电、热辐射、推进中羽流撞击、姿态控制、飞行力学、通信视线、运载火箭交会对接相应的趋近走廊等。

7.6.5.2 发射和组装顺序

在多层级/多阶段系统中，编排装配顺序，使所需的功能特性、容错能力和可维护性在每个组装阶段都能体现出来，同时又能有效地利用运载火箭的有效载荷能力，是经常需要考虑的问题。相应系统如飞行部件、实用部件等，需要以有利于系统增大的顺序装载到运载火箭上，以便在装配期间提供所需的在轨能力。例如，如果在第 3 级组装需要有适合人员居住的场所进行选定的试验，那么第 3 级组装就需要有一个加压模块和其他实用部件。如果适合人居的场所是永久性的，则第 3 级组装的实用部件需要有足够在进行既定的试验时永久性地保护宇航员的能力，并且为宇航员的生存需要提供完全的容错能力。然而，如果人类的存在只是暂时的，运送宇航员的运载火箭具有携载全部宇航员返回的功能，则第 3 组装阶段便可能不需要具备永久的人员保障能力，也不需要为了宇航员的生存而提供完全的容错能力，因为能发射并返回的运载火箭可以补充第 3 级组装所需的能力和容错功能。

组装顺序的复杂度和系统工程的复杂度随着组装阶段数量（编号）的增加而增加。例如，在每个组装阶段，满足利益相关者需要的需求必须明确和得到控制，设计方案必须经过分析和验证，运行使用构想必须确定，并用于确认运行使用效果等。由于组装阶段的数量通常受到发射能力的约束，运载火箭便成为多层级/多阶段系统中核心考虑的问题。考虑的事项可能包括运载火箭的可靠性。注意，更大的发射系统可以减少在轨组装时间，但也存在一次发射失败造成更大比例系统资产损失的风险。

7.6.5.3 在轨维修

由于多层级/多阶段系统可能与在轨寿命相对较长的工程相关联，因此它们通常需要为在轨维护做出设计。根据所采用的容错原理，时间敏感的关键性修复所需组件可能需要存储在空间站上，而其他组件可以通过定期补给飞行予以提供。在组装期间的在轨维护也需要制定计划，特别是对于组装阶段已经延长的工程。

7.6.6 多层级/多阶段工程需要额外考虑的系统工程事项

7.6.6.1 突出概念设计的重要性

考虑前文中所讨论的多层级/多阶段工程，由于成本、复杂性和可视性的增加，特别重要的是对于多层级/多阶段工程中的每个项目，在A前阶段和阶段A（见图3.0-4）进行严格的概念设计研究，在项目进入阶段B正式开始实施之前建立一个可靠的技术、成本和进度控制基线，而所有项目的控制基线可以有效地整合，以满足工程级需求。需求、设计方案、装配顺序等，在A前阶段和阶段A相对容易变更，此时设计团队规模相对较小，组织结构比较扁平化。然而，一旦主合同、国际和商业合作协议，以及正规的技术状态控制在B阶段正式生效，变更需求就会非常具有挑战性且成本高昂。涉及的NASA中心、国际合作伙伴、商业合作伙伴越多，以及涉及的阶段越多，需求的变更时间就越迟，需求变更就越具有挑战性。此外，由于技术状态控制委员会的多层结构，在多层级/多阶段工程（相对于单层级/单阶段工程）实现需求变更通常需要更长的时间。在第III层级启动的项目级别变更通常需要同时经历第III层级和第II层级技术状态控制委员会的审核，而在第II层级启动的项目变更通常需要在第III层级评估其潜在影响。

针对多层级/多阶段工程在阶段B启动时未能针对其中的项目达成可靠的技术、成本和进度控制基线的情况，为了说明此时可能出现的复杂性，考虑一个案例；在案例中名义空间站正经历着显著的成本超支并需要确定主要设计目标降准，以保持成本控制在预算范围内。资金许可（设计降准）的控制基线停止在具备主要能力的中期——第6级组装阶段，而不是最初设计的建立完整技术状态的——第10级组装阶段。该项工程保留了非正式的计划，一旦追加的资金到位，便可以构建直到第10级组装阶段的技术状态（目前被认为是“扩展”的控制基线）。然而，这使得系统工程团队陷入两难境地。如果工程设计仅满足资金许可控制基线（第6级组装阶段）的需求，则其中实用部件的尺寸可能达不到扩展控制基线（第10级组装阶段）的要求。或者说，如果工程保留扩展控制基线作为其设计目标，在追加资金不到位的情况下，实用部件便会在资金许可控制基线的技术状态基础上没有必要地扩大尺寸。至少，设计目标中的这种不确定性可能导致耗时的技术状态控制挑战，以及导致多层级/多阶段工程的系统工程开发与集成团队面临风险。鉴于这些工程的规模宏大，如果技术状态失控，则可能导致重大问题。

7.6.6.2 系统工程与集成团队负责人必备的经验

对于系统工程团队的大部分成员来说，正在开展的可能是第一项多层级/多阶段工程的团队工作，并且可能发现环境相对不熟悉和不确定。正因为如此，此时需要关于多层级/多阶段工程的系统工程与集成的工程级领导力，一方面掌握来自单层级/单阶段项目（跨越所有寿命周期阶段）的系统工程基本技术，另一方面掌握之前多层级/多阶段工程中的重要经验。拥有这些技能组合将有助于系统工程与集成团队领导层积极、有效地管理不确定性和控制不熟悉感，继而实现工程目标，还有助于避免可能导致潜在的代价高昂地影响整个工程的临时抱佛脚的情况。

7.6.7 多层级/多阶段工程开发在商业领域的相似场景

虽然类似上文中讨论的名义空间站的多层级/多阶段工程在空间系统中并不常见，但在地面的商业建造项目中却可能常常见到（尽管是部分的）类似场景。特别是那些通过离散的阶段设计和建造的系统，分阶段构造随着时间的推移能够提高系统的运行使用水平。例如，在大型设施的设计、建造和运行使用中，可能部分存在此类场景；大型设施被分割成离散的“分支”，运行使用从第一个分支开始，此时后续的分支可能正在被设计或制造。来自此类地面项目的系统工程开发与集成的专业知识可能对航天领域多层级/多阶段工程的系统工程与集成团队很有价值。

7.7 故障管理

故障管理是NASA系统工程流程在设计、开发和运行NASA使命任务时需要考虑的因素，侧重于理解和管理非预设的系统行为。故障管理通过设计保护系统功能的行为来处理解决系统的非预设（非预期和意外）行为。故障管理可以通过硬件或软件实现，也可以通过飞行系统或地面系统的操作人员实现，或通过两者结合来实现。所有可运行使用的系统都会有磨损，许多运行使用中的系统会因为设计缺陷或设计中未预料的意外情况而出现故障。功能下降和故障的后果包括从效率降低到灾难性故障。能否及时有效地探测发现和缓解这些情况，可以致使使命任务在失败与成功之间、在费用昂贵和经济有效之间，以及在周期延迟和按期完成之间产生差异。因此，掌握这些有害影响的关键是在整个系统寿命周期中的活动应包含故障管理工作。

在响应NASA使命任务需求（如深空探测、卫星和载人太空飞行使命任务）的过程中，故障管理已经以多种形式出现并有较大发展，这既反映在NASA使用的不同故障管理方法上，也反映在术语方面为获得群体共识所面临的挑战上（见 NASA-HDBK-1002《故障管理手册》）。当然，所有这些努力都有一个共同的目标，即确立系统的稳健性和柔韧性，保持系统性能并降低寿命周期成本，包括避免系统故障和不可用成本。无论故障管理方法如何，设计都受系统使命任务成功标准、安全性和资源限制的约束。

实施有效的故障管理需要系统级的视角，因为这不仅仅是一个局部问题。故障管理是一个横贯寿命周期的工程学科，需要在系统工程团队中拥有一席之地，并与系统工程、安全与使命任务质量保证、子系统工程团队的其他活动密切协调。在潜在故障得到解决之前，系统的设计不能算完成。综合故障管理依赖于单独部署的系统单元（如部署在空间任务系统、飞行系统、地面系统和操控系统中的单元）之间的协同设计和运行使用，以实现整体的可靠性、可用性、可维护性和安全性目标。与所有其他系统单元一样，故障管理受工程资源和运行使用资源的限制。因此，故障管理人员所受到的挑战是，在系统故障管理功能特性的设计、开发、验证、部署和运行使用成本受限的情况下，识别、评估和平衡使命任务目标所面临的风险。

本节简要概述故障管理功能、重要性及与系统工程流程的关联关系。有关故障管理的定义、开发、分析、评估、测试和运用，以及所建议的在不同项目类型的使命任务寿命周期内故障管理流程开发的更详细指南和建议，可参见NASA-HDBK-1002《故障管理手册》，其中提供了很多更详细的故障管理方法。

7.7.1 故障管理的要件

故障管理的功能包括使可运行使用系统能够预防、检测、诊断、识别、预测和响应那些可能干扰预定运行使用的异常情况和失效条件。从方法论的角度来看，故障管理是包括分析、定位、设计、验证和确认这些功能的流程。从技术性角度来看，故障管理系统由可运行使用系统的监视和控制单元组成，这些单元通常体现为嵌入式软件和程序，能够实现故障管理功能。这些功能包括运行状态感知能力，如警告/报警功能，可以通知地面操作人员和空间飞行中的宇航员出现的相应异常情况、潜在或已发生的危害，并做出自动响应。故障管理的目标是，在预测到或已出现故障和退化的情况下，保证安全性和使命任务的成功，包括（通过设计或主动控制）保证系统资产、宇航员和预定系统功能的安全。

从广义上讲，故障管理包括监控单元、评估单元和故障缓解与恢复单元，如图 7.7-1 所示。在故障管理战略和系统设计方案的指导下，这些单元通过飞行系统和地面系统上的各种机制（软件、硬件和/或流程/规程）实施。例如，监控系统可以包括感应器、传感器、仪表、探针和数据采集系统，它们共同工作促使评估模块对系统状态做进一步推断。在进行状态评估后，将确定进一步行动方案以使故障得到缓解和系统恢复运行。故障缓解和系统恢复的动作可以是自主的、自动的或人为控制的。历史上，故障的检测、隔离和恢复已在 NASA 使命任务中实施。故障检测、隔离和恢复在传统上的定义仅代表故障管理方法的有限范围，如今需要有更广泛的理解。以下各小节简要描述故障管理的功能要件。

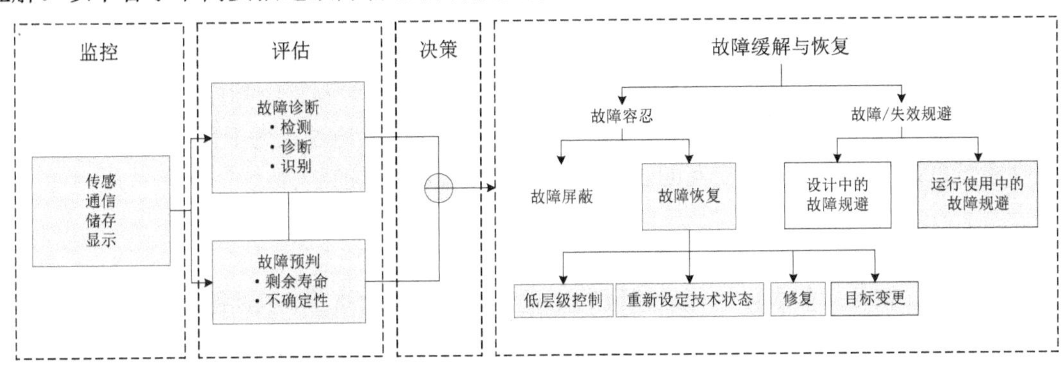

图 7.7-1　故障管理系统的功能要件

7.7.1.1　监控

监控是故障管理的首要基本要件，它允许通过所安装的传感装置和通信基础设施采集系统数据。监控包括数据记录、存储和显示功能。可以采用各种方式（如自动的、手动的或混合的处理模式）运用监控数据推断在运行使用期间或运行使用之后的系统状态。监控的数据存储也经常用于重构场景，用于流程改进或运行使用后的调查分析。

7.7.1.2　评估

评估是一个推理要件，它利用监控数据来确定系统状态，并生成指导故障缓解和系统恢复的决策信息。评估包括确定系统健康状态、确定偏离设定条件的原因（诊断），以及预测故障的演变和未来可能导致潜在故障的系统状态（预后）。

7.7.1.2.1　诊断

诊断是一种复合功能，包括故障状况的检测、诊断和识别（NASA-HDBK-1002《故障管理手册》）。数据采集在故障模式影响及关键性分析（FMECA）中数据、危害分析、服务报告和当前设计挑战的指导下，通过使用外测传感器和遥测传感器实施完成，从而提供有关系统状态的准确信息。更多细节可以参见“一体化载具健康管理：技术手册”[Jennions 2013]。潜在故障的检测、诊断和识别可以通过在空间飞行器上或地面上远程执行诊断算法来完成。最小的诊断系统可能需要包含早期故障检测功能，并且能够启动安全模式以防止进一步损坏。更高颗粒度的诊断包括自动故障诊断（查明故障或失效的根本原因）和识别（确定故障或失效的位置）。

7.7.1.2.2 预后

预后的功能是预测或预估系统未来状况、退化情况，并确定系统剩余使用寿命。这些可以通过使用来自传感器的数据和来自机载或远程诊断的结果，评估系统随时间的功能降级和退化。预后模型能够以未来的运行使用活动（负载）和环境条件为基础量化失效时间。随后，量化的失效信息可以驱动在故障缓解和系统恢复单元描述的缓解行动和其他行动。预后的独特之处在于它可能在故障实际发生之前检测到即将发生的故障，从而采取措施避免故障，以及节省宝贵的时间并降低宇航员损失/使命任务失败的风险。

7.7.1.2.3 决策

决策的功能是确定对故障评估结果所需做出的响应，选择减轻当前或未来故障及其影响的行动。这些功能在设计阶段实施，以缓解潜在失效的可能（如采用具备主动控制或设计余量的冗余单元）。在设计阶段实施决策功能是将已知潜在的失效映射到系统响应，确定所建议行动的优先级。在运行使用期间出现意外情况下，响应决策也可以通过人为干预操作实施。因此，决策功能可以是自主的、人机交互的，或是自动化与人为干预的结合。

7.7.1.3 故障缓解与恢复

故障缓解与恢复的需求促使行动建议的生成或触发行动的执行，以此减轻故障和外部风险的有害影响。目标是基于来自故障评估功能（如诊断和预后）的信息，以及基于对运行使用场景下优先使命任务目标的理解，从而优化系统的整体性能。

故障缓解措施包括预防和容错，可以在系统设计时或在运行使用期间实施，并且可以采用自主控制、自动控制或人工控制的形式。如图 7.7-1 所示，缓解是通过使用以下一种或多种策略实现的：

（1）设计中的故障规避：这项功能和故障管理能力旨在最大限度地降低故障风险，并致使针对故障采用更严格的质量保证流程、更高质量的部件或增加余量。

（2）运行使用中的故障规避：如果可以预测故障，则可以采取措施防止故障发生；通常通过维修、更换或改变运行使用方式来降低故障发生的可能性或延迟故障发生。

对于容错来说，允许发生故障和失效，或者有时即使不可避免，仍可以通过各种方式缓解或承受故障和失效的影响，从而最大限度地提高任务的安全性和成功率：

（3）故障屏蔽：对于较低级别的故障，如果其影响可以被屏蔽，则不会影响更高级别的系统功能，此时允许此类故障发生。

（4）失效恢复：如果能够在故障迫使使命任务目标改变之前，做出响应并恢复系统功能，则可以暂时容忍故障的发生及其对系统功能的影响。根据决策时间尺度和问题的复杂性，可以采用多种方式进行失效恢复。对于时间尺度非常短和复杂性较低的情况，可采用低层级自治控制策略；而对于较大时间尺度和更复杂的情况，则使用人在回路中做出决策。 一些常见的恢复策略如下：

- **低层级控制：**允许系统控制装置自动调整系统参数，以减轻故障的影响。
- **重配系统：**允许重新配置系统技术状态，利用系统中在物理上的冗余或计算分析的冗余。

- **修复**：允许系统尽可能修复，以减缓故障影响。
- **目标变更**：允许失效破坏系统功能，并通过将系统目标更改为新的目标来做出响应，新目标通常是降级的可实现的目标。

值得特别注意的是，尽管并非所有故障管理的缓解措施都可以针对既定应用实施，但所有故障管理功能都需要确保系统取得实效。根据使命任务的需要，某些故障管理系统可以使用故障管理缓解措施的子集实施。通过限制缓解措施，可以在降低风险和降低寿命周期成本之间进行优化。

7.7.2 故障管理和项目寿命周期

故障管理处理设计方案中的非正常之处，对故障做出响应，并与正常的系统设计结合在一起，如图 7.7-2 所示。使命任务和系统的特性（如风险状况，响应延迟，容错要求和可靠性要求）推动了系统的开发和设计过程。故障管理的能力必须在设计阶段早期进行设计和实现，覆盖系统内部的所有子系统、所有硬件和软件，以及飞行系统和地面系统。相比之下，在过去许多使命任务中，故障管理的需求没有能在寿命周期中及早实现，导致系统设计在通过分析和试验而识别系统缺陷之前便存在瑕疵。在此情况下只能见机行事，导致产生高成本、非通用、次优设计、覆盖缝隙、验证和确认活动困难，以及整体风险增加。在系统设计过程中尽早采用故障管理可实现系统化、成本效益高和功能更强大的故障管理方法。这样做还极有可能影响系统设计，便于在设计中排除潜在漏洞并避免潜在故障，设计系统状态监视器，并在缓解、检测和响应之间确定最经济有效的平衡。因此，面对系统复杂性的不断增长和经济因素变得越来越重要，最好的方法是从概念设计阶段便开始考虑项目的故障管理策略。与系统工程流程并行的关键活动，包括非设定场景开发、概念设计、需求开发、架构和设计、评估和分析、验证和确认及运行使用和维护，这些将在以下各小节中介绍。

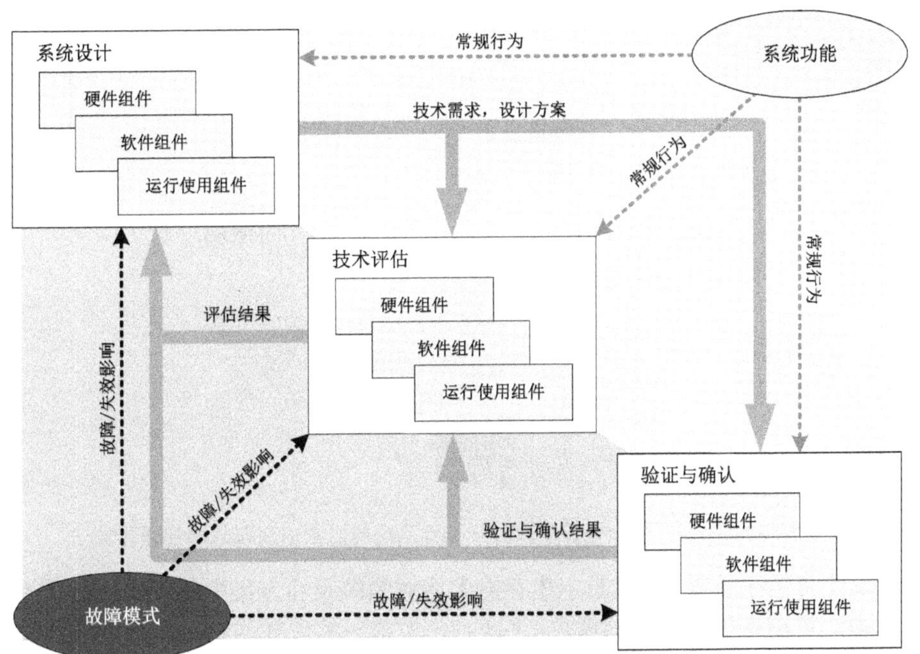

图 7.7-2 故障管理遵循系统工程流程，处理非设定条件/故障影响（左下）与实现设定系统功能的活动（右上）并行开展

7.7.2.1　概念设计

故障管理的概念设计活动包括定义故障管理的范围和理念，覆盖系统的所有元素（硬件、软件和运行使用）、使命任务的所有阶段、系统运行使用的所有方面、系统运行使用所处的环境，以及使命任务的风险态势。这需要进行彻底分析，以识别故障管理所针对的非设定运行使用场景，并开发制定相应的运行使用构想。此外，作为概念设计的一部分，应该设计相应的用户界面，便于用户与故障管理系统进行交互，以实现自主控制、手动控制或两者的组合。概念设计活动产生设定控制基线的使命任务故障管理架构，该架构满足使命任务的目的和目标，并且能够在分配给项目的资源限度内实施。

例如，对于执行由进入、下降和着陆组成关键事件序列的、具有低风险容限的无人火星着陆器，因为到临界点的时间很短，可能需要针对采用冗余和故障屏蔽手段构建管理故障的系统架构。

7.7.2.2　需求开发

故障管理需求来自于故障管理需求开发活动，该活动提供了一组清晰简明的使命任务级工程开发要求，可以在适当的情况下分配给系统（飞行系统、地面系统、有效载荷和运载火箭）与子系统（硬件、软件、使命任务运控和宇航员），如图 7.7-3 所示。故障管理需求取决于使命任务技术构想、故障管理构想的开发，以及容错性、安全性、可靠性和可用性要求，包括故障管理能力测试的要求（例如，在飞行硬件中注入故障和使用测试软件平台），确保测试环境适用于各个故障管理软件模块的验证和故障场景试验。

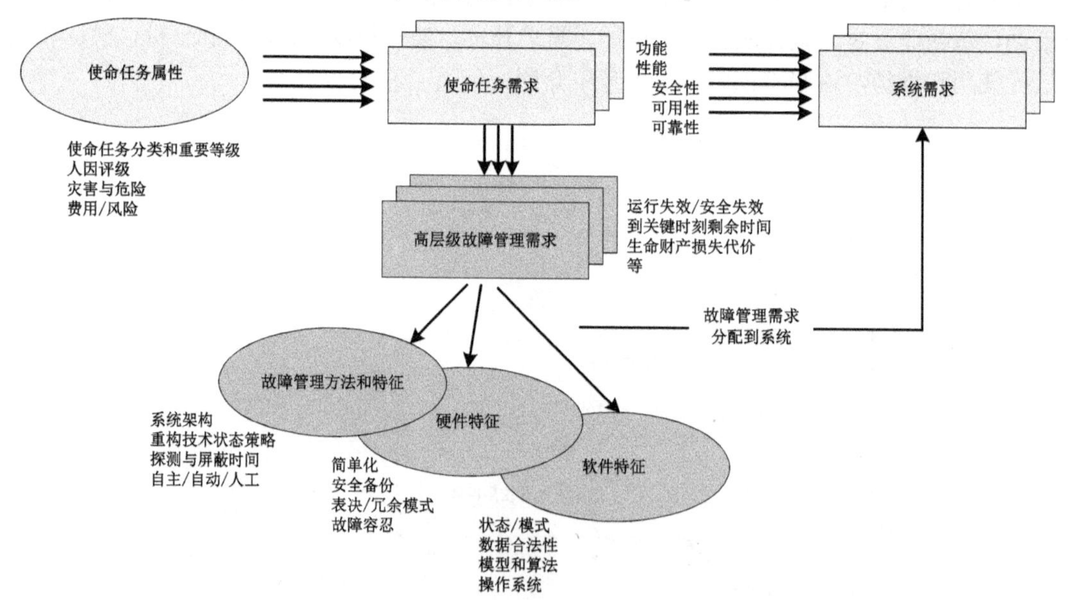

图 7.7-3　从顶层使命任务需求和分配到系统的需求中获取故障管理需求

例如，在使命任务早期，定义自主生存能力将对系统设计方案中的许多关键子系统产生影响。在此例中，可能有如下表述的需求："针对任何单一的失效现象，项目需要能够在没有任何地面辅助的情况下维持工作，至少达到发射待定状态、航行待定状态，对于其他关键事件同样至少达到待定状态。"在这些事件中，从故障恢复工作的时间因素考虑，将影响飞行硬件和软件，也将影响地面操作规程和响应。

7.7.2.3 架构与设计

故障管理设计流程将故障管理需求细化为设计方案，描述如何识别故障状况及应当采取何种恢复步骤。首先开发所谓故障管理架构定义的技术规范，定义所有分配的故障管理职责（在故障管理需求下定义）如何协同工作来处理故障。接下来，设计活动的焦点是识别潜在的不利的交互作用，确定可以实现故障管理需求的系统层设计方案，评估故障管理覆盖的充分性。

在项目的阶段C，生成故障管理设计规范，其中包含故障监视和响应的详细描述与图表，包括前提假设、故障发生的可能性、每个设计描述中潜在的隐藏状态、监视/响应优先级，以及进行隔离和交互的预防逻辑。架构和设计文档资料应包括以下内容：

- 安控设计/中止设计的说明；
- 失效的检测、隔离及系统恢复算法；
- 时间关键序列设计描述；
- 使用冗余方案的运行使用构想；
- 发射前、上升段和发射完成后的运行使用构想；
- 地面交互的运行使用构想，包括诊断、修复和恢复策略。

7.7.2.4 评估与分析

评估与分析活动通过识别可能需要预防的故障/失效状况，以及识别可能对系统的其他部分产生负面影响的交互或响应，来支持所有开发阶段。评估与分析活动可用于识别可能会在系统边界之外传播的失效问题，确定（流程和开发两方面）有限资源的优先级，并设计缓解措施以减轻已识别并关注的问题。

7.7.2.5 验证和确认

作为项目验证与确认计划的子集，故障管理验证与确认计划重点描述采取故障管理验证和确认行动的方法和风险态势。该计划记录归档故障管理验证与确认行动的指导方针、目标和流程步骤，包括试验计划、模拟器开发计划、试验台认证、模型认证，以及包括明确试验用资产和所需的逼真度。为支持归档文件资料的生成，需采用验证和确认试验矩阵，可以用作确保试验包含每个需求的检查清单，编制并归档试验规程、测试结果和相应建议（用于设计变更、重新试验或需求豁免）。

7.7.2.6 运行使用和维护

在增加了详细的故障管理特定约束和应急规程后，运行使用计划也有所扩大；能够实现分配给地面系统和飞行系统的运行使用需求，其中包括逐条实施的技术规程，用于计划外或非设定事件中与系统的交互。对于地面系统运行使用和宇航员空间飞行操作，需要包含维护和修理规程，以及适用于系统的诊断程序。这些活动计划适合于（在发射前、上升段、发射后飞行中）使用故障管理系统来处理使命任务所有阶段、事件序列和运行模式；适合于处理这些使命任务阶段、事件序列和运行模式的变化所引起的故障管理阶段的转换；适合于明确需要做些什么来执行故障管理系统的检查；适合于计划如何使系统从安全模式或其他非设定状况中恢复正常。

7.8 技术性余量

7.8.1 引言

建立和管理技术性余量，从而降低开发风险并增加使命任务成功机会，成功项目的实施者已经认识到了这一点的重要性。适当的余量管理可以用于指导和管控系统的开发和运行使用，以缓解资源开销的计划内增长和计划外增长所产生的潜在影响。项目特定的技术性度量指标也需要分配余量。如第 6.7.2.6.2 节所述，技术性指标来自性能指标（MOP）和效能指标（MOE），并为技术方面和工程方面的领导能力提供必要的信息，以便能够做出明智的决策。某些技术性指标是工程能够控制的，如建模与仿真（M&S）的输出结果，而另外一些不可控的技术性指标则可以被视为从子系统聚合而来的总体余量，其中包括指标的计划内（预期的）增长和计划外增长。

本节的主要目的是针对空间飞行项目，为资源余量的识别和管理提供定义、描述和指南，当然这里的原则也同样适用于机载系统和地面系统开发项目。许多（即使不是全部）NASA 中心都制定了相应指导方针或要求，用于解决整个项目寿命周期的余量问题，在某些情况下还需解决余量增额限制问题。本节的讨论试图包含这些文件中的所有余量问题。此外，美国航空航天学会（AIAA）还制定了质量和电功率的余量标准，分别归档记录在 AIAA S-120-2006 和 AIAA S-122-2007 中。这些文件为控制空间系统的质量和电功率余量提供了极好的指南。

7.8.2 定义

表 7.8-1 给出了余量的常用术语定义，而图 7.8-1 则以图形方式显示了这些常用术语之间的关系。这些定义主要来自 AIAA S-120-2006《空间系统的质量特性控制》。尽管 AIAA S-120-2006 是专门用于质量控制的，但相同的术语可以应用于大多数（即使不是全部）其他系统特性或系统资源。

每个项目都必须定义自身将要使用的术语，并应一以贯之地使用它们，这一点非常重要。本节列出的术语定义并不意味着所有这些术语都需要在项目中使用，或者必须得到严格遵守，但它们可以起到抛砖引玉的作用。

需要注意的是，除余量之外，余量额外增量（或称余量偶发增量）通常仅用于质量指标。一般情况下，对于所有其他资源，使用余量来计算资源的计划外增量和计划内增量已经足够。

表 7.8-1 余量的常用术语定义

术　语	定　义
余量	余量是项目寿命周期内需要考虑的资源消耗的可能意外增长。余量是资源需求和资源预测值之间的差异。其通常被看作与基准值、预测值或资源需求相关的百分比。 余量（%）=（需求值-预测值）/基准值（在余量管理方法中不考虑额外增量的情况下） 余量（%）=（需求值-预测值）/预测值 余量（%）=（需求值-预测值）/需求值

续表

术　语	定　义
基准值	基准值，也称为当前最佳估算值，基于最新的控制基线设计或设计概念得出。对于质量而言，这是由子系统相应分支确定的组件质量自下而上的估算值，通常在主设备列表中获取和跟踪。基准值应包括对尚未定义的设计细节的估计
当前最佳估算值	对于给定的资源，当前最佳估算值也称为基准值。参见术语“基准值”的定义
额外增量	余量增加的许可量，也称为偶发增量，是资源能够预期的增长量值。基于对设计成熟度或产品制造状态的评估，以及基于对预期范围内可能发生的设计变更做出的估计，预计的资源（质量、电力等）基准值在此作用下的变化。通常应在A阶段确定项目每个阶段额外增量所占百分比。 额外增量（%）=（预测值-基准值）/基准值
偶发增量	参见术语“额外增量”的定义
预测值	基准值和额外增量的总和。预测值是基于当前系统需求和设计方案对资源最终需求值的估计
管理层预留	管理层预留是管理层为超出范围和计划外的变更保留的资源预算。在项目内部，它通常由工程/项目负责人、责任系统工程师或使命任务牵头系统工程师、工程或项目的首席工程师控制掌握。在项目之外，管理层预留通常由NASA总部、工程管理办公室、运载火箭供应商或发射集成商控制掌握
资源限量	资源限量是由于合同限定、性能需求、控制要求、运输要求或其他要求而对设计方案施加的资源（质量、电力等）的最大（或最小）限量值
资源需求	资源需求是指在计算基准值、额外增量和其他不确定因素后，进行余量计算的限额和依据。注意：资源需求源于早期设计方案的需求，通常期望资源需求（或留量）保持不变，直到设计方案需求发生变化

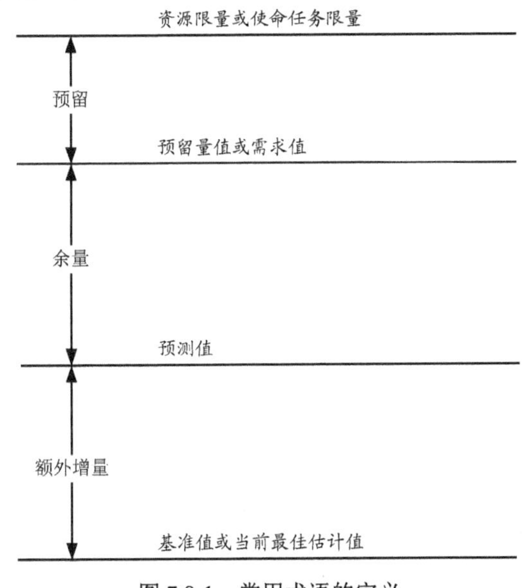

图 7.8-1　常用术语的定义

7.8.3　项目寿命周期全过程余量管理指南

7.8.3.1　质量余量和质量额外增量

质量余量和质量额外增量是两个密切相关的术语，用于解释系统中质量增长的不同方面。质量余量对应于预期之外的增长，而质量额外增量对应于预期中的增长。尽早确定适当的质量余量和质量额外增量，并在项目的整个寿命周期中进行有效管理，对于使命任务的圆满成功起着至关重要的作用。

考虑到当前设计方案成熟度的不足可能导致预期质量增长，项目应当明确质量额外增量。质量的增长通常与硬件类型及其开发成熟度相关。硬件开发的成熟度可以根据项目阶段分为新开发组件或既有组件改造，或通过技术成熟度水平（TRL）来衡量。质量额外增量（有时称为偶发增量）应用在最低层级，并在设计中跟踪；或在质量属性跟踪系统中报告。随着各阶段设计流程的推进，质量额外增量不断被消耗；随着硬件设计和分析的成熟，质量额外增量也最终耗尽，反映为对准确预测最终质量信心的增加。AIAA S-120-2006《空间系统质量特性控制》，按照系统开发阶段和子系统类型为质量额外增量提供了指南。在项目没有为子系统开发指定额外增量的情况下，AIAA S-120-2006 为子系统的开发提供了良好的指导或出发点。

为了计算出余量，将 AIAA S-120-2006 中给出的质量额外增量百分比应用于计算每个子系统或组件的基准值。系统级余量的计算直接取决于子系统质量基准值与子系统或组件质量额外增量两者之和，其使用依据是在项目寿命周期各阶段由项目定义的预留量释放时间线，如图 7.8-2 所示。

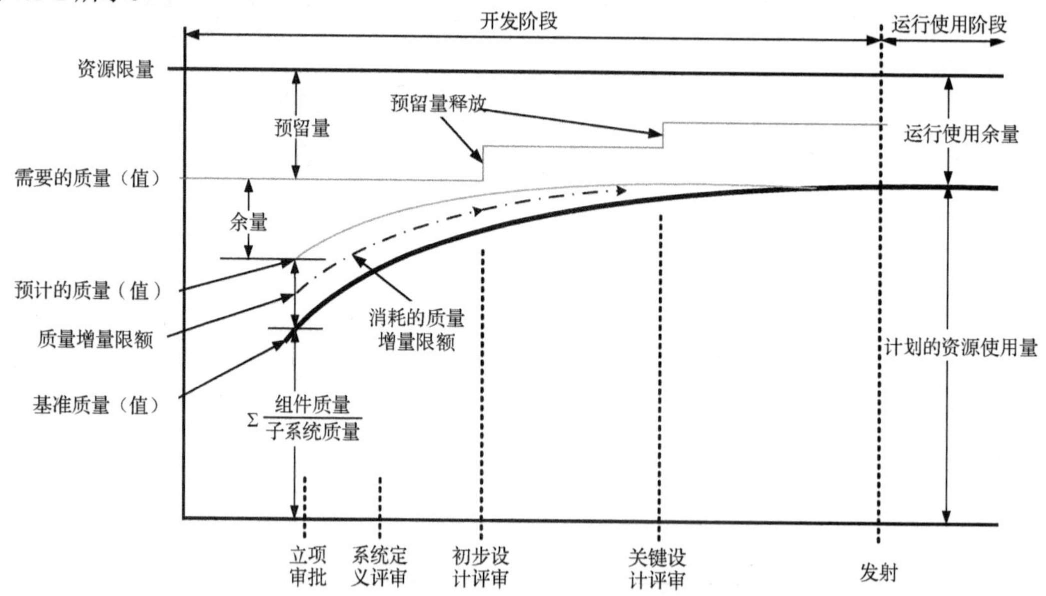

图 7.8-2　项目寿命周期全程的质量余量和质量预留量释放

表 7.8-2 给出了按项目里程碑计算质量余量和质量额外增量两者之和的指南，并展现了预测值增加的百分比，从而使得预测值加上余量等于所需的质量。至少，质量余量和质量额外增量之和应当如表中所给出的那样。强烈建议项目将质量额外增量与质量余量分开确定，特别是对于复杂程度更高、风险可接受性更低的项目而言。获取表中数值的方法与许多 NASA 中心采取的方法一致，并得到此前 NASA 使命任务相关研究的支持。[NASA/Aerospace Corp. 2008]

表 7.8-2　质量余量与质量额外增量之和

MCR	SRR/SDR/MDR	PDR	CDR	TRR
25%～40%	25%～35%	20%～25%	10%～15%	5%～10%

注：MCR—使命任务概念评审；SRR—系统需求评审；SDR—系统定义评审；MDR—使命任务设计评审；PDR——初步设计评审；CDR—关键设计评审；TRR—试验准备状态评审

7.8.3.2 电功率和能量余量

电力系统中的余量可能涉及 AIAA S-122-2007《无人航天器电力系统》中所讨论的各种主题。最常见的是基于电功率或能量平衡分析的余量，该分析旨在表明电力系统在使命任务寿命期间将始终为负载提供足够的电力。应当对整个系统中功耗或能耗进行最坏情况分析，以表明在所有情况下都会产生或提供足够的能量；最坏情况分析通过生成一组特定的运行使用场景或在轨运行场景（通常称为设计参考案例）来实施。表 7.8-3 按项目里程碑给出了关于电功率和能量余量的指南，并展示了预测值增加的百分比，从而使得预测值加上余量等于所需的电功率值。

表 7.8-3 电功率和能量余量

MCR	SRR/SDR/MDR	PDR	CDR	发射
20%～30%	20%～25%	15%～20%	15%	10%

注：MCR—使命任务概念评审；SRR—系统需求评审；SDR—系统定义评审；MDR—使命任务设计评审；PDR——初步设计评审；CDR—关键设计评审

7.8.3.3 其他资源

除质量余量和电功率余量之外，在项目寿命周期的早期为其他技术参数或资源确立余量也非常重要。技术参数的设定应当基于项目的具体设计方面。下面列出在许多项目中通用的技术参数示例：

- 推进剂；
- 定点能力；
- 定点精度；
- 控制稳定性；
- 数据吞吐量；
- 计算机内存；
- 数据存储；
- 射频链路；
- 温度控制；
- 散热能力；
- 响应时间；
- 遥测数据和指令的硬件通道；
- 可靠性；
- 可用性；
- 扭矩/力；
- 电池充放电时间/使用寿命。

7.8.4 一般性考虑

根据项目所处的特定环境氛围，可能需要超出前文中给出的余量值。例如，高度复杂的使命任务和/或系统设计、低成熟度水平的技术开发、现有系统设计方案的不确定性、紧缩的性能余量、低预算资源储备，以及紧张的进度安排余量，都可能是要求余量加上额外增量超出前文给定值的原因。同样在某些情况下，低于前文给定值的余量与额外增量之和也可能会被接受。例如，在准备重用前期飞行使命任务应用和环境中的既有系统设计方案及其有效载荷时，或者在其他环境条件下未知因素较少和/或项目策略采用成熟硬件不需要做更改时，也或者在其他技术性和工程性资源中有足够余量时，可以考虑减少余量和/或额外增量。

所有额外增量的标定线均假定了不确定性的平均水平：对于具有较高不确定性的项目，有必要调高额外增量；对于不确定性较低的项目，可考虑调低额外增量。另一种方法是分配增加的资金储备，抵消某些领域较低的余量，如分配到技术性能或未知的开发进度表。为了不超额预算，额外增量可以单独应用于系统的某些部分，然后再加上系统确定部分的额外增量。

7.8.5 余量管理计划（技术指标体系计划）

每个项目都应通过制定余量管理计划（有时称为技术指标体系计划，参见第 6.7.2.6 节）来定义和管理质量的余量和额外增量。通常质量有其自身的控制计划，但对于较小型的项目，这可能是余量管理计划的一部分；余量管理计划涵盖所有项目资源或技术指标。制定技术性能指标（TPM）涉及为每个需要跟踪的技术性能指标或资源定义必要的定量分析方法。通常的做法是建立门限值加以区分。例如，使用绿色标识工程/项目合规的概率高，无需采取行动；使用黄色标识工程/项目合规方面有中等风险，需采取观察行动；使用红色标识工程/项目有违规的高风险，必须立即采取缓解措施。

在某些情况下，项目中使用余量这一术语来涵盖在余量和额外增量上的预期目的。关键是项目中需要了解哪里可能发生资源消耗的增长，并开发相应方法，在整个项目寿命周期内将资源消耗增长控制在可接受的范围之内。根据需要，在整个项目寿命周期中控制和实现的关键参数，余量管理计划应制定出余量和额外增量的控制方法，用于提升满足项目功能需求、性能需求和/或安全需求的可能性。需要特别注意的是，计划可以是用 Word 或 Excel 开发的单页文档，也可以是详细文档，描述项目负责人、首席工程师或责任系统工程师的角色和责任，以及在整个项目寿命周期需要进行余量和额外增量管理与分配的子系统负责人的角色和责任。项目的管理策略可以是，项目负责人选择将大部分余量保留由自己掌控，同时将剩余余量分配给本级所属的首席工程师或责任系统工程师。其他项目中，可以在项目负责人、首席工程师或责任系统工程师、管理额外增量的子系统负责人之间更均匀地分配余量。每个项目都应当根据项目的风险状况、复杂性和成本确定适当的管理计划详细程度。余量管理计划应该在项目寿命周期的早期阶段（通常是阶段 A）开发，并在整个寿命周期阶段（阶段 B、C 和 D，某些情况下含阶段 E）中实施。

7.8.6 额外阅读资料和参考文献

表 7.8-4 中列出的文件为理解前文中给出的质量和电功率值提供了良好的背景和基础，同时也为其他技术参数或资源提供了余量控制方面的指导。这些文件可以在 NASA 技术标准中或在 NASA 工程网（NEN）网站上找到。

表 7.8-4 额外阅读资料和参考文献

文件号	文件名称
GSFC-STD-1000	戈达德空间飞行中心的黄金规则（《空间飞行系统设计、开发、验证和运行使用规则》）
D-17868	喷气推进试验室设计原则（《空间飞行系统设计、验证/确认与运行使用原则》）
APR 8070.2	艾默思研究中心技术规程要求（《D 级空间飞船设计和环境试验》）
AIAA S-120-2006	空间系统的质量特性控制
AIAA S-122-2007	无人空间飞船的电力系统
NASA/Aerospace Corp. paper; 2008	利用历史上的 NASA 成本和进度增长数据设定未来工程和项目储备指南
NASA/Aerospace Corp. ppt; 2008	早期概念设计及其对成本和进度增长影响的内在乐观评估
NASA Cost Symposium; 2014	NASA 空间飞船及其子系统质量增长分析

7.9 系统工程流程中的人因系统集成

人因系统集成是一个“跨学科的综合管理和技术流程，专注于将人的能力及局限性集成到系统采办和开发过程中，以增强人因系统设计，降低寿命周期成本，并优化整体系统性能。”（资料来源：NPR 7123.1。）

系统工程中人因系统集成的目标是，通过反复关注硬件和软件设计与整个系统中最关键、万能的和可变的元素——人类之间的有效交互，来平衡系统整体上的安全性和有效性，并确保使命任务成功。人因系统集成是一系列过程活动，确保在系统开发中考虑人员的生理、认知和社会特征，从系统总体性能、可靠性和安全性的综合视角，形成支持人类在系统中发挥作用的系统设计，对于所有需要进行人因系统集成的产品，在诸如用户界面、规程和培训等方面，系统设计是标准化的，且保持一致。

人因系统集成活动包括管理流程和技术流程，它们在系统工程流程和方法中起作用，以确保成功的人因系统集成。人因系统集成方法是跨学科和综合性的，适用于整个产品寿命周期中的管理流程和技术流程。人因系统集成可在系统设计和开发流程中应用，在目标产品的系统生产和交付中应用，在所有运行使用阶段及目标产品的退役处置中应用。

在系统工程中强调人因系统集成的道理是显而易见的，即所有工程开发都是为了满足人类需求并实现人类目标。人类是任何系统成功不可或缺的，也就是说，每个系统都包括使用该系统并帮助系统实现目标的人员。将人类用户、维护人员和运行使用人员视为系统的关键部分至关重要。人类能为任何项目带来独特的能力，例如，创造性思维、理解使命任务全局的能力、复杂的沟通能力等。在任何系统中人类都是最具韧性的部分，只有一线可能性便能够适应系统。同时，鉴于人类能力发挥的固有局限性，人类也是任何系统中最不可靠的部分。在系统的早期规划和设计中，承认这些能力和局限性，可以大大提高使命任务成功的机会。通常，与系统交互的人类是保持系统有效性的“最后一道防线”，人类最终承担使命任务成功完成的责任。然而，人类在许多方面有局限性，如记忆力（陈述性、回顾性和前瞻性）、保持一段时间的精力高度集中、疲劳、社会需求和生理需求。计算机芯片不需要感觉它的贡献是否有意义，但人类有感觉。训练可能是克服这些局限性的方法之一，但若要使训练有价值，人类就应该记住训练内容。训练内容可能需要以某种方式不断更新，全面的系统视角可以做到一点，如内置“帮助”

菜单。如果需要依赖人的能力，而在设计中人的局限性没有得到充分解决，那么系统的人因组分就更有可能失效，从而使系统使命任务的实际效果处于风险之中。

人因系统集成依靠四个关键概念来促进工程的有效性。首先是认识到系统包括硬件、软件和人类，所有这些要素都在系统环境中交互作用和运行使用。其次，需要考虑的人因交互作用应包括与系统交互的所有人员，即最终用户（宇航员）、维护人员、地面控制人员、后勤人员等。第三，成功的人因系统集成取决于与之相关的所有方面的集成和协作（参见第 7.9.1 节）。最后，人因系统集成方案应在系统设计阶段的早期确立，并反复应用在系统整个寿命周期的设计、开发和运行使用中。

7.9.1 人因系统集成的领域

人因系统集成的每个领域都是一个有助于设计决策的专业知识库（包括利益相关者和技术专家）。为了使人因系统集成能够优化系统整体（人类+硬件+软件）性能，在整个系统寿命周期中应当明确相应的人因系统集成领域。如图 7.9-1 所示，每个人因系统集成领域都可能与其他领域交互并产生潜在影响，这使得按照专业规则方法执行集成变得至关重要。人因工程（HFE）是核心领域，因为它负责表征人类能力和约束，并将这些知识应用于工程化的系统硬件/软件设计。人因工程领域的建议将会影响使命任务的成功和与其他领域相关的运行使用成本。

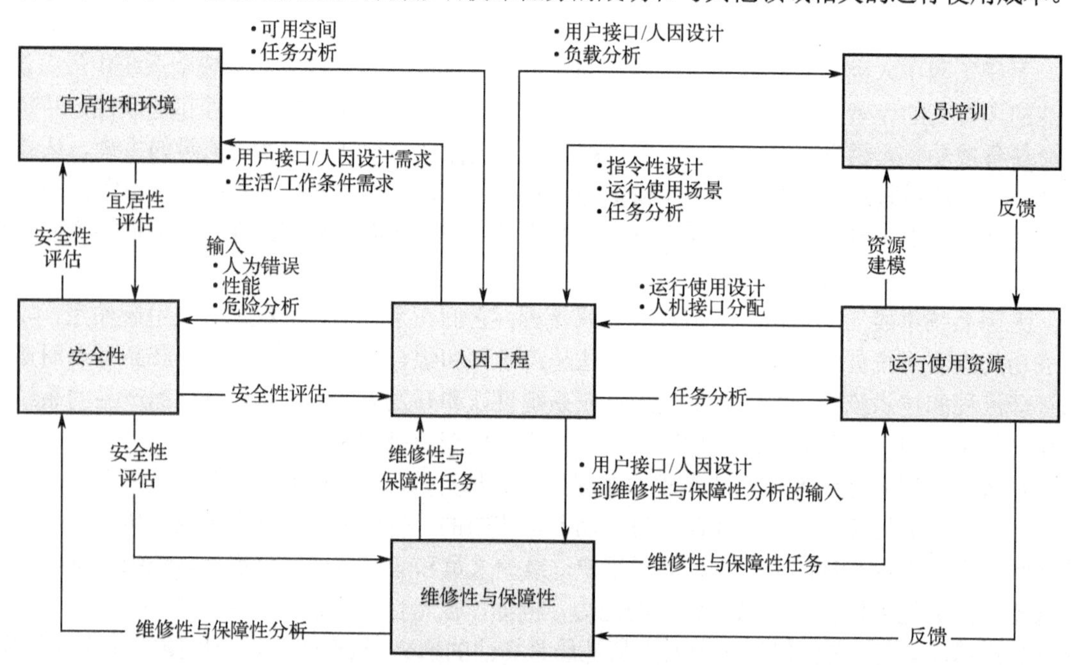

图 7.9-1　人因系统集成领域的交互关系示意图

NPR 7123.1《NASA 系统工程流程和要求》中要求工程/项目制定人因系统集成计划，展示如何进行人因系统集成（参见 7.9.5 节和附录 R）。可以建立一个由多学科领域专家或其代表组成的人因系统集成团队，以便与项目管理团队和系统工程人员协调满足这一要求。人因系统集成领域的专业知识可能会出现在多个 NASA 中心，人因系统集成团队的人员无须位于同一物理空间。每个工程/项目都必须剪裁出自身的适用领域，而剪裁应包含 NASA 机构技术授权内容，确保彻底而正确地实施人因系统集成。

NASA 人因系统集成领域在表 7.9-1 中列出。能够统揽集成领域的人因系统集成人员最适合实施人因系统集成流程和实践。人因系统集成人员在熟练掌握来自各个人因系统集成领域的工程/项目人因系统集成内容的同时，也可能在一个或多个单独的领域中具有深厚的专业知识。但对于负责进行人因系统集成的集成商，其主要任务是横向整合跨领域的集成内容，也就是说，集成商不必具备领域专业知识。人因系统集成的实施之所以能够发挥作用，是基于人因系统集成领域在提供人因系统专业知识方面频繁的定期沟通、协调和集成。

表 7.9-1 NASA 人因系统集成领域

领　域	定　义	领域知识示例
人因工程	通过强调人类能力和局限性来设计优化人类利益和系统整体安全性和性能，这些能力和局限性影响在使命任务环境和（设定的、意外的和紧急的）条件下的系统设计并受其影响，设计优化的目的是在系统全寿命周期中保障人类与系统所有交互作用集成的鲁棒性。人因工程解决方案遵循以下三个原则： ● 系统需求与人的能力和局限性相匹配； ● 系统能够在非常规和不可预测的情况下利用人的能力； ● 系统能够容忍人为错误并能够从中恢复	宇航员的工作量和可用性 人在回路评估 人为错误分析 人机界面和系统设计
运行使用资源	运行使用规划和执行所需考虑的因素和资源。其中包括宇航员和地面人员的操作能力和人员效率，以此推进系统设计和开发阶段，还包括在功能分配、自动化和自主性方面的权衡	地面人员和宇航员的操作流程设计、人力/机械资源分配、使命任务运行、资源建模、空间飞行中的系统运行使用
维修性和保障性	通过设计简化维护流程，并优化人力资源、备件、消耗品和物流，这在空间使命任务的可用时间、通道和距离有限的情况下至关重要	飞行中维护和管理，地面维护和装配，可持续性和物流
宜居性和环境	人类栖息和暴露于自然环境中，需要考虑的外部环境和内部环境因素，包括维持用户群体的士气、安全、健康和表现所必需的生活要素和工作条件，这些要素和条件直接影响人员的有效性	环境健康、辐射健康、毒理学、营养学、声学、宇航员健康与对策、舱外活动生理学
安全性	安全因素确保使命任务活动的执行，同时将人员风险降至最低。使命任务成功包括在完成使命任务目标后宇航员安全返回和保证地面人员的安全	安全性、可靠性、质量保证
人员培训	安排所需的指导和资源，为人员提供必要的知识、技能和能力，使其能正确操作、维护和保障系统	人员指导设计、培训设施开发

7.9.2 人因系统集成的角色和责任

在任何特定的工程/项目中，被认为是负责为人因系统集成提供集成内容综合输入的团体，同时负责在整个工程/项目的寿命周期中实施人因系统集成流程，这样做有利于与工程/项目管理和系统工程相结合。例如，在载人空间系统的设计中为确保人因系统集成领域的有效集成，可以降低飞行中人类健康和表现方面的风险。对于无人空间使命任务，操作人员位于地面，但人因系统集成流程对系统的整体性能和生存能力同样重要；人因系统集成是确保可运行使用的空间飞行系统设计，在人与系统之间明确分配功能，最大化使命任务回报，减小人为错误的可能性；因为对于无人使命任务而言，做不到通过飞船上的人员采取纠正措施来缓解人为错误产生的后果。

7.9.2.1 工程/项目管理

根据 NPR 7123.1 的要求，每项工程都将实施人因系统集成，也就是说，对于所有工程类型，工程/项目负责人和系统工程师都应在整个工程寿命周期中将人因系统集成与系统工程流程结合起来，从而积极影响系统总体效率和成本。NPR 7123.1 规定，“应在这些流程（指系统工程流程）的所有方面评估针对硬件、软件和人因系统所考虑的事项”。工程/项目负责人可能在系统寿命周期的早期便更深入地参与到人因系统集成流程中，确保人因系统集成的学科基础，也确保人因系统集成计划的开发与工程/项目的系统工程管理计划相一致。对于以人为主的空间系统，工程/项目负责人有责任在系统需求评审之前（根据 NPR 8705.2《空间系统人因评级要求》）组建人因系统集成团队。对于以人为主的工程/项目，在整个系统寿命周期中，工程/项目的管理依赖于人因系统集成团队，该团队保证设计专注于利益相关者和用户期望，负责将问题提交高层决策，并对正式接受或暂不接受人因系统集成的可交付成果的决定进行记录归档。

对于不需要根据 NPR 8705.2 做人因评级的工程/项目，工程/项目负责人有责任确定由哪个个人或团队负责整体工程/项目的人因系统集成，制定人因系统集成计划，承担人因系统集成的实施和结果。

7.9.2.2 人因系统集成团队

人因系统集成团队的组建可能是根据 NPR 8705.2 针对载人系统的需要，或者可能是工程/项目负责人认为人因系统集成团队是在工程中实施人因系统集成的最有效和最有价值的方法。根据 NPR 8705.2《空间系统人因评级要求》对以人为主的空间飞行工程的要求，对于规模上需要具备多门人因系统集成领域学科技能和专业知识的工程/项目，建立人因系统集成团队是值得推荐的做法。人因系统集成团队可以作为人因系统集成和以人为中心的设计模式的代表，向所有监督委员会和专家组提出建议，或直接向工程/项目负责人提出建议。人因系统集成团队可能被授权将涉及工程/项目管理的问题提交到高层解决，并对正式接受或暂不接受相关可交付产品的决定做记录归档。建立一个全面的人因系统集成团队应该包括人因系统集成参与者和集成商、系统开发人员、系统运行使用人员、人因系统集成领域专家和其他利益相关者。为避免混淆，人因系统集成团队及其成员的角色和职责应在工程/项目专有的人因系统集成计划中明确。如果不适合采用人因系统集成团队模式，则工程/项目负责人需要在阶段 A 结束之前指定负责实施人因系统集成的团队。

即使工程/项目在管理上选择不组建人因系统集成团队，也需要有人因系统集成计划，制定实施人因系统集成和交付人因系统集成产品的方法。人因系统集成团队（或其他相应实施者）在里程碑评审之间，管理人因系统集成领域内与系统设计人员的交互，提供人因系统集成指导和专业知识，并确保尽早确定以人为中心的设计流程，以最大限度地降低对成本和进度的影响。深入了解计划中的工程/项目里程碑之间的设计进展，有助于评审每个里程碑的相关材料，同时有助于强化在整个工程/项目寿命周期中有效纳入人因系统集成，并使其作为以人为中心的设计流程的一部分。

为了成功实施人因系统集成，人因系统集成团队（或其他相应实施者）应拥有或有权获取足够深度和广度的人因系统集成领域学科技术知识和专长，来实施人因系统集成计划并实现人因系统集成目标。

7.9.3 将人因系统集成映射到系统工程引擎

人因系统集成流程对于有效的系统工程不可或缺。人因系统集成的流程、最佳实践经验和工具可以无缝融入 NASA 标准系统工程框架，也就是通过如图 2.1-1 所示的系统工程引擎，执行人因系统集成流程。表 7.9-2 展示了人因系统集成主题到 NASA 系统工程流程的映射。在整个系统工程寿命周期活动中考虑人因系统集成，前提是确保在工程/项目论证过程中全寿命周期的利益相关者已经明确，以及确保利益相关者需求在寿命周期早期已确定并得到确认。人因系统集成重点关注将系统运行使用纳入 A 前阶段的设计决策中，将人因视为整个系统性能的一部分。在寿命周期早期考虑人因系统集成，为全寿命周期人因系统集成工作提供基础，可以产生人/机交互度量指标，支持经济高效的培训，提高系统的可靠性，进行更轻松、更有效的系统维护，以及获取更高的安全性和生存能力。

表 7.9-2 将人因系统集成映射到系统工程引擎

系统设计流程	人因系统集成工作
需求开发流程： （1）利益相关者期望开发；（2）技术需求开发	系统与人因之间的功能分配，定义角色和责任，开发需求，设定运行使用构想控制基线
技术解决方案开发流程： （3）逻辑分解；（4）设计解决方案开发	（逻辑分解期间的）功能分配，运行使用构想和运行使用目标，以人为中心的迭代设计，人在回路评估的设计原型
产品实现流程	**人因系统集成工作**
设计方案实现流程： （5）产品方案实施；（6）产品集成	针对所有的人机交互，将其视为集成单元进行设计确认
评价流程： （7）产品验证；（8）产品确认	人在回路的试验，基于运行使用构想进行确认
产品交付流程： （9）产品交付	准备进行运行使用，包括培训、仿真、确定技术规程
技术管理流程	**人因系统集成工作**
技术规划流程： （10）技术规划	寿命周期费用管理
技术控制流程： （11）需求管理；（12）接口管理；（13）技术风险管理； （14）技术状态管理；（15）技术数据管理	根据需要，人因系统集成参与到管理流程中
技术评估流程： （16）技术评估	人因系统集成产品，里程碑评审的启动条件和评审成功的评判准则，技术性能指标示例
技术决策分析流程 （17）决策分析	以人为中心的设计，人因系统集成全域参与

人因系统集成是一个横向关联的技术管理流程，在整个系统寿命周期中应用，考虑其中每个阶段的所有人因系统集成领域并运用相应的专业知识。通过系统地输入以往设计方案、运行使用和用户反馈等信息，可以创建一个最佳设计方案，并根据每个里程碑相应的运行使用和使命任务效能目标进行验证。

由人因系统集成实施者开发和应用的以人为中心的设计方法是人因系统集成方法的核心，

工程/项目特定的评定指标（如人员和培训量、工作量、周转时间等）可用于跟踪人因系统集成目标和要求的合规性。以人为中心的设计是一种交互式系统开发方法，专注于通过确保满足人类用户的需求、能力和局限性来开发可用系统。以人为中心的设计是一项多学科活动，涉及一系列在设计方面进行合作的专业技师和利益相关者。最重要的是，以人为中心的设计是一种反复迭代的活动，充分利用来自用户和评估的数据，为设计提供信息。以人为中心的设计方法的益处体现在成本控制、使命任务成功和客户满意度方面。以下各小节中提供了有关以人为中心设计的更多信息。

7.9.4 人因系统集成活动

实施人因系统集成的全部工作范围包括以下序列活动和迭代活动：

- 硬件/软件系统与人因之间的功能分配；
- 运行使用构想（应能处理非预设场景，同时包含培训、维护、后勤和持久使用的构想）；
- 需求解释；
- 任务和用户分析；
- 系统中相关人员之间的角色和责任分配；
- 反复迭代的概念设计（利用原型、建模、权衡）；
- 人在回路的试验；
- 基于模型的绩效评估；
- 在产品及设计解决方案验证和确认方面的保障；
- 在监测相应运行使用人员的生理和认知方面的保障；
- 运行使用数据收集和经验教训总结。

对于航空、无人科学使命任务和载人空间飞行而言，这些活动同等重要。NASA/SP-2010-3407《人因集成设计手册》的第 3.3 节“本手册在系统设计和开发中的应用”，描述了这些活动在 NASA 系统工程寿命周期每个阶段的应用。

这些以人为中心的设计活动应符合 NASA-STD-3001 的第 2 卷《空间飞行人因系统标准—人因、宜居性和环境健康》的第 3.5 节“以人为中心的设计流程”所提出的要求。更多细节可参考 JSC-65995《商业性人因系统集成流程》和 NASA / TM-2008-215126 /第 2 卷《安全可靠的以人为主的空间飞行器系统在设计开发试验和评价方面考虑因素》中第 11 节“人因工程”。

人因系统集成的主要贡献包括全寿命周期中人因系统集成需求的综合和管理，也就是功能需求分解到系统结构每个层级子系统的需求开发，以及需求解释和最终的需求验证。人因系统集成应该反映一个“自顶向下”的过程，该过程从工程/项目的高层级使命任务和目标开始。使命任务和目标被分解为实现目标所需的功能，然后分配给人力和系统资源。功能被进一步细分为人类任务和/或系统任务，通过分析确定有效的和安全的任务性能需求，既考虑了人类的能力/局限性，又保障集成系统的整体性能。分配给人类的任务对应于由个人和/或团队执行的工作活动。用户界面的详细设计（例如，警告、显示和控制信息）、技术规程和培训，代表了人因系统集成自顶向下过程的“底部”。在参与人因系统集成需求开发之后，人因系统集成还参与设计活动，以确保已记录归档的人因系统需求已经完全传送给所有系统设计团队成员（相应地传送到子系统），并得到有效实施。在需要时，应提供需求解释，以确保将 NASA 机构人因系统标准（如 NASA-STD-3001 或联邦航空管理局的人因设计标准）的意图转化到设计方案实施中。来自人因系统集成领域的专家和经验丰富的人因系统集成商，最适合直接与工程/项目高层级需求开发人员和系统设计人员合作开发和实施人因系统集成流程。

随着系统设计方案的成熟，应通过在辐射、人体测量/生物力学、环境因素（如空气、水、毒性、氧气、二氧化碳、湿度、温度）、照明、任务分析、人为错误分析、飞行中维护和地面维护、地面保障设备人体工程学等领域采用系统原型、人在回路的确认和分析方法，确认人因系统集成实施的有效性。人因系统集成有助于集成开发试验的计划和执行，确保人机系统接口和交互成为系统确认的部分内容。人因系统集成开发阶段试验的示例可能包括人在回路的评估、基于环境控制和生命支持系统测试床的人体测试、信息显示格式评估、工作负载/人员可用性/处理问题的质量评估、集成人在回路的整套运载火箭评估、无人使命任务飞行控制工作量和非预设运行使用评估、运载火箭（载人或无人）可操控性评估，以及地面操控强度和工作负荷评估。

人因系统集成人员参与到设计迭代活动中，旨在减少地面和飞行中的人员数量，减少地面和飞行训练需求，简化维护和后勤系统，避免（设计或运行使用方面）事故，将系统设计返工的可能性降至最低。这通常需要在寿命周期早期接触所有领域，直到备选方案分析。如果没有适当的权衡评估和因此产生的设计迭代，在设计阶段快速跳过这个过程可能会产生“技术债务”，即在生产、试验和运行使用阶段必须“付出代价”，如图 7.9-2 所示。人因建模可以在寿命周期的早期实施。随着设计方案的不断成熟，更多的人在回路试验将应用在对集成系统更深入的分析上。

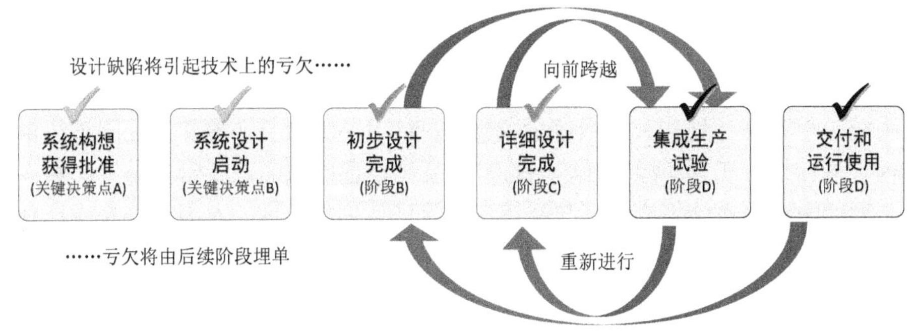

图 7.9-2　人因系统集成的目的：减少返工

除了参与早期设计活动之外，人因系统集成人员还参与产品实现流程（参见图 2.1-1）执行以下任务：

- 参与工程分析和需求验证回路：通过进行人因系统集成和权衡分析，支持设计分析回路和验证分析回路，这些是改进系统设计方案和验证系统能否满足控制基线及后续需求所必要的。
- 参与主要的评审活动：包括系统设计里程碑评审和系统安全性评审，确保满足这些评审在工程方面和系统工程方面的启动条件和评审成功评判准则。评审活动包括提交汇报演示材料，说明与人因系统集成相关的设计工作的成熟度。在工程的每个里程碑评审中评审可交付成果，确保对人因系统集成的设计考虑是经过迭代的且是充分的。
- 每套可交付硬件产品的验收试验：包括与人因相关的功能测试、硬件检查、极端条件试验和验收试验。
- 适应 NASA 机构内部流程：支持飞行准备状态评审和适航性安全性审查委员会飞行发

布流程，旨在记录归档空间飞行系统的准备状态和与人因系统集成需求及流程相关的使命任务准备情况。

- 参与运载火箭确认和验证活动：该活动覆盖运载火箭开发寿命周期，确保提出的设计解决方案不仅满足工程的使命任务要求，也适用于评估人因系统集成工作的有效性。

人因系统集成人员直接参与对人因系统集成需求的正式验证，并在验证的规划、评估和完成中起着重要作用。此外，人因系统集成人员还参与运载火箭设计和运行使用阶段的产品验证。人因系统集成人员应该参与工程/项目的确认活动，包括需求分析、功能演示、试验飞行、建模仿真、理论分析和人在回路评估。

7.9.5 产品和工具

工程/项目的人因系统集成方法应该经过剪裁，并适合各种产品和工具的使用。但是需要注意，人因系统集成数据通常与工程/项目标准产品中的其他数据集成在一起，而不是单独的人因系统集成产品数据。任何产品都可能具有人因系统集成含义，作为基于能力的有效的系统工程的组成部分，考虑人因非常自然。

7.9.5.1 人因系统集成计划

人因系统集成计划是工程/项目人因系统集成工作的重点产品，因为它被看作人因系统集成实现的路线图。工程/项目的人因系统集成计划大纲可参见本手册附录 R。一旦明确人因系统集成计划的意图和内容，该计划便可以形成一个单独的系统工程产品，也可以合并到同一工程/项目的系统工程管理计划或工程/项目工作计划中。（针对 NASA 工程和大型项目，推荐分别使用独立的系统工程管理计划和人因系统集成计划；针对小型项目，推荐将人因系统集成计划并入系统工程管理计划或工程/项目工作计划。）如果计划是单独的，负责系统工程和人因系统集成的各方，应确保人因系统集成计划与系统工程管理计划相一致。人因系统集成计划定义了如何将人因系统事项集成到完整的系统工程设计、验证和确认寿命周期中。人因系统集成计划是个开放的文件，在重要的工程/项目里程碑节点进行更新。NPR 7123.1 中规定，人因系统集成计划最初是为支持系统需求评审而制定的，在进行系统定义评审、使命任务定义评审/初步设计评审和关键设计评审时都需要更新，由此记录归档人因系统集成设计方法针对系统及其使命任务的实施情况，并演示证明设计方案如何适应人的能力和局限性。人因系统集成计划应该表明在寿命周期中将如何记录归档相关问题、风险及相应缓解措施。通过开发和实施人因系统集成计划，项目负责人与负责工程/项目系统工程和人因系统集成实现的指定团体共同努力，将相关工作扩展到在整个工程寿命周期中，整合、捕获和跟踪人因系统集成指标，提高安全性、系统总体性能和任务成功概率。

人因系统集成检查清单或电子记分卡可用于支持工程/项目特定人因系统集成计划的实施。检查清单可以作为系统工程寿命周期每个阶段人因系统集成事项的现场指南，并帮助度量设计方案是否符合人因系统集成需求。在每个系统工程里程碑节点，评估人员可能使用电子记分卡来填写特定问题的答案，用于跟踪需求满足度的进展情况。这些工具可以帮助显示设计方案的实施过程在寿命周期每个特定里程碑节点是否正常。

7.9.5.2 人因系统集成需求

人因系统集成需求是人因系统集成工作的重要产品。需求对系统设计和性能产生终极影响，通常也含有成本和进度方面的影响。人因系统集成需求确保在系统设计中充分考虑人类因素。人因系统集成需求在得到负责进行人因系统集成的单位、系统工程人员和人因系统集成每个领域学科专家支持的情况下，进行开发、集成和验证。

7.9.5.3 其他人因系统集成产品

其他人因系统集成产品可能随每个工程/项目和每个领域的不同而有所变化。例如，声学噪声控制计划、任务分析、人在回路验证计划、可用性分析结果、辐射屏蔽模型、宜居性评估、系统维护计划和信息显示标准等都是特定领域人因系统集成产品的示例。这些产品包含必要的基础数据，确保将人的能力和局限性充分考虑到整个系统的设计中。

7.9.5.4 人因系统集成工具

人因系统集成工具对有效实施人因系统集成起重要作用。与产品一样，工具中有专门的人因系统集成工具，也有可用于人因系统集成目的的系统工程工具。基于模型的系统工程人因系统集成组件目前还处于较低成熟度水平，但可以预期这将是一个快速发展的领域。

（美国）国防部人因系统集成工具资源
有关可用的人因系统集成工具的更多信息可以参考（美国）国防部国防技术信息中心（Defense Technical Information Center，DTIC）《设计支持方法名录》2007版。其前言中写到：“《设计支持方法名录》提供了由国防部、NASA、美国联邦航空管理局、北约国家、学术界和私营企业开发的人因系统集成设计支持工具和技能的带有注释说明的目录。”“《设计支持方法名录》包含对当前可用的、正在开发的设计工具或技术的引用。随着新的人因系统工具和技术的发展，将会陆续添加新的方法。”

7.9.5.4.1 人因系统集成关键性能指标

人因系统集成关键性能指标可以在整个系统开发过程中量化和跟踪，可以预测和表征运行使用阶段人力和系统总体绩效，是一个重要的人因系统集成工具。这些指标可转化为项目全寿命周期早期及后续的费用评估。这些指标允许人因系统集成工作产生对系统设计的可量化和可度量的影响。通过跟踪诸如系统培训所需时间、系统运行和维护所需时间及写入人因系统集成计划中的问题数量，工程师们可以确定人因系统集成投资的关键领域。此外，跟踪人因系统集成指标的当前状态，有助于在工程/项目向前推进时确定工程/项目的人因系统集成成熟度水平和有效性。

人因系统集成度量指标包括如下示例：

- 宇航员的时效性或任务效率（即衡量运行使用的实效与预期的比值）；
- 备选设计方案权衡研究过程中的培训时间；
- 所需的运行使用人员及其技能组合的总数；
- 人类因素与主系统和子系统的交互次数；
- 估算的寿命周期成本。

7.9.5.4.2　人因系统集成的其他工具

本手册第 4.3.2.2 节及附录 F 描述了系统工程工具的使用，如功能流框图（FFBD）、N 平方（N^2）图和时间基线分析。通过关注人类因素表现或功能的相关领域，这些工具中的每一个都可以专门用于人因系统集成。工具的输出与用于纯硬件系统时的输出相同，工具中人因系统集成方面的输出仅是人因系统和/或人机接口的输出。针对系统和/或人员共有的工具输出可以更容易地集成，用于对系统总体性能的度量。

7.9.6　人因系统集成与寿命周期费用缩减

在工程中，人因系统集成的良好实施执行可以显著地降低成本。通过在设计和开发过程中借鉴运行使用经验和目标，有效应用人因系统集成流程可以降低寿命周期成本。

在 NASA 系统（载人空间飞行、无人使命任务和航空系统）中，人因系统集成不仅应关注运行使用人员（如飞机驾驶员或航天器宇航员）与硬件/软件系统之间的交互，还应关注在系统使用寿命内与系统交互的所有地面人员和其他飞行人员。事实上，在整个系统开发、部署和运行使用的管理过程中，更大的节省可能来自仔细考虑整个系统后勤、维护和使命任务运行中所需的人类技能和能力。作为有效的人因系统集成计划，促使和保持系统全面可运行状态所需的人员和基础设施被视为系统的组成部分，并且与之相关的需求和期望在开发过程中应通过人因系统集成指标的跟踪、分析、人在回路试验和评估进行处理。对人因/系统总体绩效的任何量化，其准确性依赖于对“系统工作原理和依据”的完全适应。高效的人因/系统总体绩效是人因系统集成的目标，效率目标应在人因系统集成实施的早期建立，并在寿命周期全过程跟踪。许多人机工程设计已经能够保证系统正常工作，但是常伴随相当多的人员和培训资源浪费，并且易受人为错误的影响。

若在设计/生产周期的后期才明确，任何为改进人因/系统的运行效率而进行的系统返工都可能非常昂贵。由于标准运行使用流程（如维护活动）设计不当而产生的延迟，有可能会导致成本增加。糟糕的系统接口和人机系统接口设计可能导致系统损坏，从而会增加维修成本和时间，而且如果未注意到这种损坏，则可能会降低使命任务成功的可能性或增加使命任务的风险。

在系统寿命周期的后期，即使系统效率的改进成为考虑因素，也无法保证费用能够完全承担。图 2.5-3 表明“剔除缺陷（即改变系统设计）的成本”将随着寿命周期推进急剧上升。这表明，在工程/项目仍处于系统开发的最初阶段时，采用迭代设计和利益相关者评审能带来巨大的成本效益潜力。从设计一开始就设定人因/系统运行使用效率的目标，并在整个寿命周期中强化人因系统集成工作，有助于避免人员方面的意外成本开销，从而避免寿命周期运行使用阶段的额外改进工作。寿命周期中全面实施人因系统集成的目的是，确保和确认设计方案满足利益相关者的需求，并且在寿命周期的所有阶段，总有一个集成和平衡的方法来设计和实现由硬件、软件和人因单元构成系统整体。

通过在系统设计、系统管理和系统工程中运用人因系统集成方法，可以实现经济有效的目标。例如，新的空间探索工程可能要求宇航员控制远程机器人系统的精确运动，或者无人驾驶航空系统可能需要精确控制航空器的定位并实施监视，这都需要大量系统操控方面的培训。针对远程操控任务和工作站接口进行的人因系统集成分析可能表明，还有能够减少完成任务时间的备选设计解决方案可供选择。作为另一个例子，对于涉及人在回路的原型概念评估，在进行若干次设计迭代之后，相对于最初假设的情况，有可能在复杂和危险程度不那么高的系统解决方案中找出更经济有效的科学数据收集方法。这种有效工作产出的增加，可能需要额外的前期费用用于迭代开发，但却可以明显地节省全寿命周期费用。人因系统集成需要在权衡空间内考虑，并可作为帮助建立权衡空间的工具。人因系统集成的潜力在于，工程/项目的全寿命周期费用降低，最终系统设计方案对于人员使用而言不那么复杂，并且在实现使命任务目标方面风险较小。

人因系统集成可以被视为“在启动时便考虑最终结果。”任何系统的最终目标都是在满足期望的同时安全、高效和准确地运行。在利益相关者需要什么方面给予关注，根据这些需要不断评估设计方案（如根据运行使用构想进行验证），能够打开将人类因素纳入与硬件和软件相同水平的设计空间。

> 你要么在绘图桌上使用橡皮擦，要么在施工现场使用大锤。
>
> ——弗兰克·劳埃德·赖特[①]

7.9.7 NASA人因系统集成知识体系

表7.9-3中列出的文件有助于NASA的人因系统集成实施。特定的人因系统集成内容已编入每个具体文档中。

表7.9-3 具有人因系统集成内容的NASA文档

文 档	人因系统集成内容
NASA-STD-3001 《NASA空间飞行人因系统标准》	• NASA首席卫生和医疗官办公室强制执行NASA载人空间飞行工程标准。 • 确立NASA全机构的要求，最大限度地减小载人空间飞行工程中宇航员的健康和人体机能风险，包括（该文档第2卷第3章3.5节）强制要求载人空间飞行工程确立并执行以人为中心的设计流程
NPR 8705.2 《空间系统人因评级的要求》	• 明确生产以人为主的空间系统时所需的流程、规程和要求，以此保护NASA空间使命任务中宇航员和其他乘客的安全。 • 对于需要根据该文档进行人因评级的工程，该文档第2.3.8节要求空间飞行工程在系统需求评审之前组建人因系统集成团队
NPR 7123.1 《NASA系统工程流程和要求》	• 该文档附录A中包含对人因系统集成的定义。 • 该文档附录G“寿命周期和技术评审的启动条件与评审成功的评判准则”包含人因系统集成计划
NASA/SP-2010-3407 《人因集成设计手册》	所有NASA载人空间飞行系统的宇航员健康、宜居性、环境和人类因素设计指南
NASA/TP-2014-218556 《人因集成设计流程》	人因系统设计流程，包括NASA用于满足人因系统的设计方法和最佳实践经验，以及开发载人航天器的人因评级要求。人因集成设计流程内容围绕以人为中心的设计方法和流程展开
NASA/SP-2014-3705 《NASA空间飞行工程和项目管理手册》	包含能补充和促进空间飞行工程和项目实施的前提背景、具体要求、客观依据和指导意见，包括人因系统集成计划
NPR 8900.1 《NASA载人空间探索的健康和医疗要求》	确定载人空间飞行的健康和医疗要求，以及实施这些要求的责任，包括健康和医疗、人类机能状态、宜居性和环境标准，为开展与健康相关的研究及临床研究提供支持

① 弗兰克·劳埃德·赖特（1867—1959），美国建筑大师，著名的“田园建筑学派”代表人物，其代表作包括位于美国宾夕法尼亚州的流水别墅。

续表

文　档	人因系统集成内容
NPR 7120.11 《NASA 健康与医疗技术授权的实施》	在工程/项目管理中履行健康与医疗技术授权职责，以确保在适用的和适当的情况下，NASA 机构的健康和医疗政策、规程要求和标准得到遵守
NASA/SP-2015-3709 《人因系统集成参与者指南》	● 帮助人因系统集成参与者与相关工程或项目融合，并作为知识库，帮助人因系统集成参与者成为 NASA 使命任务中合格的人因系统集成牵头人或团队成员。 ● 该指南旨在说明人因系统集成在工程/项目管理和系统工程群体中的作用，并帮助理解如何通过将良好的人因系统集成实践经验纳入相应的工程/项目而提升工程/项目的价值

第 8 章　其他相关专题

本章中讨论的内容是一些特别感兴趣的专题，相对于 NASA 机构来说可能是较新的方法，或者可能是可以带来益处的新方法。这些专题代表了系统工程中有应用价值的方法，本章各节讨论有关统计工程和基于模型的系统工程（MBSE）在工程、项目或活动中应用的信息。由于在 NASA 机构内部，这些专题方法仍只是以其自身原有的存在形式和应用方式出现，因此在如何将这些方法应用于特定的工程、项目或活动方面存在灵活性。在当今计算机技术广泛应用且数据丰富的世界中，系统工程师需要处理各种工程学科中的统计信息，以及需要采用基于模型的工程方法。统计工程和 MBSE 的应用程度取决于系统工程师对这些方法在技术、进度和成本方面所能提升效益的判断。系统工程师还应考虑应用这些方法在组织方面的效应，包括组织效率和组织的文化接受程度。

8.1　作为工具的统计工程

统计工程是一门将工程学科和统计科学相结合的学科，以某种定量化的置信水平解决技术挑战。统计工程的目标是将统计方法工程化，从而产生更好的工程方法；通过提升对不确定性和模糊性理解的附加价值来实现研究目标，从而使开展工程活动的组织受益。从字面意义上看，通过将统计科学工程化，可以为大型非结构化问题提供更好的解决方案[Hoerl 2012]。统计工程支持在科学研究、工程开发和产品采购寿命周期中有效地应用统计思维和方法，能够得到如下结果：

- 经过改进的能实现高层级目标的需求规范；
- 通过加速特征化过程，能够更快地了解系统功能；
- 高效且有益的测试程序，可以最大限度地减少试验资源；
- 改进的风险量化方法，能够支持更好地做出决策。

关于统计工程的更多一般性信息，可参见由美国质量协会（ASQ）统计部门维护的书目资料网站。在 NASA 内部，统计工程已经在横跨 NASA 空间探索、科学研究和航空航天领域使命任务的众多项目中得到证明。有关 NASA 统计工程应用的更多信息，可参见 NASA 统计工程年会会议录。

虽然统计方法的应用在工程技术中无处不在，但统计工程提供的系统视角已经超越了统计方法在特定学科中的应用。考虑以机械工程学科为例进行类比可能会有所帮助，该学科在微积分、物理学和化学等基础科学的实际应用方面有良好的理论和实践开发经验。与此方式相类似，统计工程是一种从基础统计科学出发构建解决方案途径的方法，目的是生成有影响力的解决方案，特别是生成复杂非结构化问题的解决方案。

统计工程是从研究工作和开发工作中去寻求知识的系统视图。统计工程的基础是明确从正在开发的物理系统中，我们需要知道什么或需要学习什么。NASA 的愿景和使命是探索未知、造福人类、推动科学技术的进步，以及开发和增强知识。这些愿景的实现和使命的完成需要通过研究、分析和试验，以及通过观察和探索系统，找出影响因素与系统响应之间的因果关系。试验的主要目的是为了获取知识，理解并提供新的见解。从本质上讲，NASA 工程项目的本意是确认某些我们认为是真实的东西或是有所新的发现。认为进行试验是为了获取数据可能是一种常见的误解，相反，统计工程的视角侧重于知识、决策和影响。

在科学研究和技术开发工程的规划、论证、计划、实施、分析、运行和解释中，统计工程提供了一个识别和适应不确定性及模糊性的框架。这个框架支持视情风险决策、可靠性评估、概率分析，以及概率风险评估、预测和预报等活动，并通过有效实现工程目标和定量回答科学研究问题来确保技术的卓越性。统计工程的观点侧重于通过采用相应的流程和方法，确保科学研究结论和工程开发结论的完整性和一致性。始终如一地运用统计工程的原则，可以提升工程决策和技术决策的水平，使技术卓越性达到更高水平，从而提供更可靠的和可预测的结果，并确保更有效地利用可用资源。

从横贯寿命周期的技术管理流程看，统计工程与决策分析（见第 6.8 节）密切相关，因为它保证了正式决策分析中输入的严格性。统计工程确保决策具有坚实的基础，在工程中进行决策时能够确保在技术上经得起推敲。此外，统计工程对于成功的技术风险管理（参见第 6.4 节）至关重要；技术风险管理将非期望事件的概率与其产生的后果相结合，从而通过使用经过决策分析确定的系统技术规格需求来验证安全性需求或性能需求能否得到满足。它旨在确保结构化流程能够确定技术性风险和工程性风险，量化这些风险的规模，并将其与工程后果和产品后果联系起来。尽管决策分析和技术风险管理都是完善的流程，但统计工程的实践能够使这些流程更加一致且能够使特殊性降低，因而能够为支持和维护决策参数带来更多的严谨性。

实践经验表明，在工程规划和论证的早期阶段开始，并始终贯穿整个寿命周期整合统计工程的概念是个好做法。统计工程可以支持和增强系统设计流程。在正式的里程碑评审中，注入统计工程视角可以帮助项目回答根据海尔迈耶[①]问题改编的语言平实的基本问题，这些问题概述如下[Shapiro 1994]。

（1）工程和项目定义方面：

- 精确的目标是什么？
- 目标是否可以量化？
- 我们试图取得什么样的经验或新知识？
- 我们如何知道是否已经取得经验或新知识？
- 成功是否可以探知或度量？

（2）技术风险管理方面：

- 我们对问题的答案需要了解到何种程度？
- 如果我们得出错误结论，那么我们能够接受什么样的风险？
- 如果我们错了会有什么后果？

（3）规划和执行方面：

- 规划方法在应对已明确的目标和风险方面是否严谨？
- 资源的分配是否反映对目标的支持和对风险的应对？

① 乔治·海尔迈耶（George H. Heilmeier, 1936—2014）是液晶显示器的发明者，海尔迈耶问题是其在科学项目资助审查中的一大贡献，项目申请者必须回答九个问题：（1）你想做什么？（2）已有的相关研究现状如何？（3）你的方法有何创新？为什么？（4）你的研究成果有何价值？（5）如果项目申请成功，如何开展工作保证项目的完成？（6）项目的风险和收益是什么？（7）项目的成本预算是多少？（8）项目的研究计划如何安排？（9）如何通过中期检查和结题验收证明项目研究的成功？

- 资源使用是否正当且不怕被质疑？

虽然这些问题看起来很简单，但定量回答这些问题往往对工程或项目构成挑战，同时又促进开展有助于完善目标的实质性讨论。尽管具有挑战性，但是开发针对这些问题的答案是统计工程的一项职责，这样就有可能实现在整个组织内部清晰简洁地传达项目成功的评判标准，并且在定量上支持资源使用能够达到研究目标的正当性。此外，这些问题需要在整个项目阶段递归应用于各个系统和子系统。为了有效地引导项目进展，人们普遍认为这些问题需要在 NASA 工程和项目的每个阶段得到满意的解决。

总之，统计工程是系统工程流程中一个极具价值的学科，其提供了一个框架，用于将统计思维和工具进行整合、链接和排序，以此提高项目绩效，更可靠地实现系统研发目标。在战略上将统计工程实践制度化，从而提高 NASA 机构实现其使命任务的能力。

8.2 基于模型的系统工程

“基于模型的系统工程是在其他工程学科（包括机械工程、电气工程和软件工程）所采用的以模型为中心方法的长期趋势中形成的结果。特别是，基于模型的系统工程有望取代过去系统工程师们所采用的以文档为中心的方法，并通过全面集成到系统工程流程的定义中而影响系统工程的未来实践。”[INCOSE 2007]

8.2.1 引言

基于模型的系统工程（MBSE）被定义为“通过形式化地应用建模技术，支持系统需求、设计、分析、验证和确认活动，对这些活动的支持从概念设计阶段开始，一直持续到系统开发和寿命周期后期阶段。”[INCOSE 2007]。

系统工程师使用各种类型的模型来帮助理解、描述和分析系统的不同方面特性。事实上，每个人都在使用着某个系统的模型，这些模型可能在我们的脑海里，可能是图纸、预算或学术论文中的方程，可能是通过计算机获取和处理的信息。对于基于模型的系统工程来说，与传统的以文档为中心的方法相比，以模型为中心的方法特色就在于，模型的表达、开发和成熟都是以“计算机能够使用”为主，而不是以工程师为主。

传统的实践倾向于依赖多个独立的模型，从而导致互不相关的系统表达。这些模型通常是各学科——系统、机械、电气、热学等专有的模型，它们可能在工程师的意识中是相互连接的，但只有通过人类的劳动才能使它们真正相互关联和相互一致。不同工程团队之间的大部分交流都是在以学科为中心的视角下，以口头或视觉的方式进行的，借助于各种文档形式，包括人类可读的文本、图表和电子表格。在这种方法中，系统工程师可能会受到能否确保所有不同模型之间一致性的挑战，特别是当模型不停地被其管理员更改时。对于互不关联的系统表达，很难在系统顶层获得对技术性控制基线的准确理解。

MBSE 给出了从互不相连的系统表达到集成系统模型形式系统描述转换的范式。MBSE 使用形式化的系统模型作为表述系统、系统工程活动及其相应产品的首选方式，并使用形式化方式管理工程开发过程。由于形式化模型可以经受完整性、准确性和一致性的正式测试，MBSE 的集成系统模型可以作为一种改进的方法用于分析系统架构，提供在项目寿命周期早期对问题进行检测的能力。形式化的系统模型之所以具有上述优点，是因为它们引入了额外的严格性和灵活性，因为它们既可以被人类理解又可以被计算机理解，以及它们在逻辑上是可验证的。此外，当系统模型被计算机集成时，就有可能使工程信息快速保持一致。

集成系统模型能够帮助系统工程师管理规模和复杂性越来越大的系统中各种相互关联的信息。系统工程师总是必须以某种形式获取关于系统结构、行为、约束和需求的信息。考虑到诸如国际对象管理组织（OMG）的 SysML 等系统工程标准建模语言的现实存在，系统工程师可以据此指定和维护语义丰富的模型元素之间的关系，例如，某个组件如何成为另一个组件的一部分、某项功能如何依赖于另一项功能、哪些需求应指定组件接口、哪些工作资料指定子系统的职责、哪些分析表明性能需求能够得到满足等。

MBSE 将对系统描述的权限从文档转换成为模型。这并不意味着要消除所需的文档，或消除其他传统的系统工程交付产品。相反，这些描述性文档可能会越来越多地从模型的信息（“真理的源泉之一”）中自动生成，从而确保系统描述文档之间的一致性。

MBSE 方法的提出有一个关键的前提假设：用于描述系统的集成系统模型及其表达（或视图）能够比文档更有效地描述系统。在应用 MBSE 时，可以采用更广泛、更多样的系统视图来适应利益相关者的关切，而不是一组标准的能力有限的文档。当然，模型和从模型中生成的文档仍可能混合存在，有些内容可以用文档的形式做更好地表达，而有些内容可以用模型做更好地表达。MBSE 的好处在于，可以从各种模型的信息中生成格式一致的文档形式的报告，如图 8.2-1 所示。

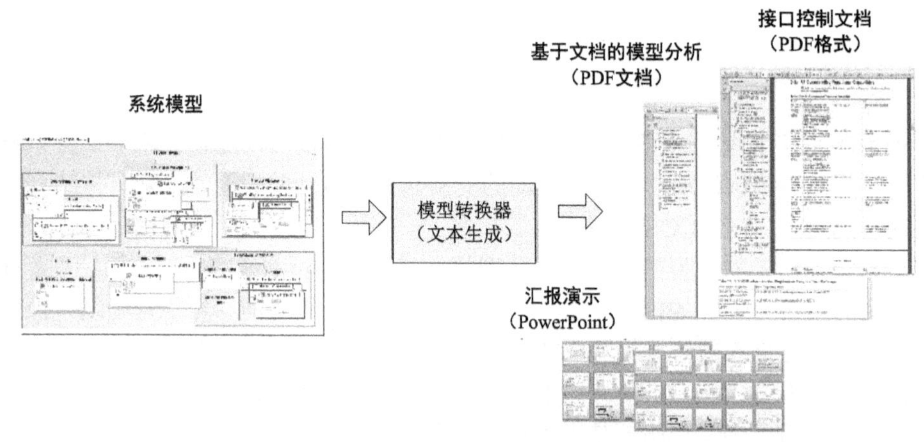

图 8.2-1　工程化模型文档的自动生成

文档和其他形式的系统描述方式（如文本报告、PowerPoint 演示文稿等）由系统模型生成，采用将系统模型转换为产品资料的自动化过程。

MBSE 的一个主要益处是将关于系统的所有信息融入一个集成的相互关联的模型集合中，这些模型从不同的角度（如构成、功能、运行使用、成本）对系统进行表达，能够增强关联和检索所需信息的能力。这样就确保在诸如里程碑评审、执行使命任务、异常发现或调查、决策分析和结果分析中，工程和项目所需的数据能够被识别和管理，从而为决策中使用的数据提供可追溯性。模型要素之间定义的互联关系能够增强整个系统维护表达一致性的能力，以保证变更的有效传播。

“模型多年来一直作为基于文档的系统工程方法的一部分使用，其中包括功能流程框图、行为图、示意图框图、N^2 图、性能仿真和可靠性模型，不一而足。然而，这些模型的使用通常局限在有限范围内，例如，支持特定类型的分析或系统设计的选定方面。单个模型还需要集成到整个系统的统一模型中。” [Friedenthal 2008]

8.2.2 实施基于模型的系统工程

在特定的工程或项目中使用 MBSE，需要具备数据和模型基础。这个基础的基本特征包括：（1）高层级系统模型/架构模型；（2）获取、管理和访问所有系统数据和工程数据的能力，以及获取、管理和访问这些数据之间关联关系的能力。

在广泛的工程开发活动中，有多个模型层级可以在活动全程使用。模型范围覆盖从最低的、最详细的、通常是学科专属的模型到一般描述性的、高层级的架构模型、功能模型、运用模型和工程模型。高层级架构模型包含来自系统模型的参数，可能还包括学科专属的模型，以便准确地表达系统。随着系统在整个寿命周期中的开发进展，抽象级别不断降低，逼真度不断增加。图 8.2-2 中所示的表格描绘并说明了三个层级的模型，它们有助于阐明与系统工程相关的针对模型的讨论。

- **第一层级**：基于模型的系统工程（MBSE）。通常包括若干个活动的组合，来自系统工程引擎中流程的并发和迭代，可以表征为系统行为描述、需求分析、系统架构、验证与确认试验的途径。在此高层级上，模型可以表达为独立形式的或组合形式的系统行为描述、需求模型、功能流程框图模型、运行使用构想模型、工程性工作分解模型等。
- **第二层级**：基于模型的系统工程（MBSE）和基于模型的设计（MBD）之间的“桥梁”。MBSE 中定义的系统架构提供了用于“放置”学科专属模型的组织结构。MBSE 系统架构还可以用于运用仿真手段进行设计空间探索和权衡研究。
- **第三层级**：基于模型的设计（MBD）。通常用于详细的分析和设计，一般涉及学科专属的模型和仿真软件。

寿命周期活动 抽象层级	模型层级	模型描述
概念开发与架构定义 功能架构 逻辑架构	1. 建模与明确规范 （MBSE：基于模型的系统工程）	系统被描述为更为定性的描述性模型，但某些模型对一阶或简单的系统关系采用定量描述。这些模型可能包括系统行为、系统高层需求、系统架构、功能性系统结构。此类模型某种程度上更通用且可执行。
设计方案开发 系统架构	2. 建模与初步仿真 （MBSE：基于模型的系统工程；MBD：基于模型的设计）	在与多个学科结合的前提下，大多数位于该层级的模型被更多地定量描述，可进行仿真计算并根据需求度量性能（如多学科物理模型）。此类模型可用于设计空间探索和权衡研究
详细设计	3. 学科领域特定建模 （MBD：基于模型的设计）	位于该层级的模型具有非常明显的学科特征，例如，产品几何模型和CAE模型。此类模型可用于详细分析和详细设计

自顶向下的集成方法

图 8.2-2 模型层级：在工程开发寿命周期中使用

MBSE 模型支持各种基于模型的工程领域，如图 8.2-3 所示。第 1 层模型支持系统工程的建模和制定规范两个方面（MBSE）、支持在基于模型的项目控制中使用。第 2 层模型在支持

MBSE 的同时，也支持基于模型的制造和运行使用。设计解决方案模型可以用于实现系统的完整制造及系统的集成运行。同样，第 3 层模型既支持基于模型的设计，也支持单个组件、组装件和子系统的专门制造和运行使用。未来在整个基于模型的工程（MBE）领域中，理解和应用这些模型层级能够扩展相关经验。

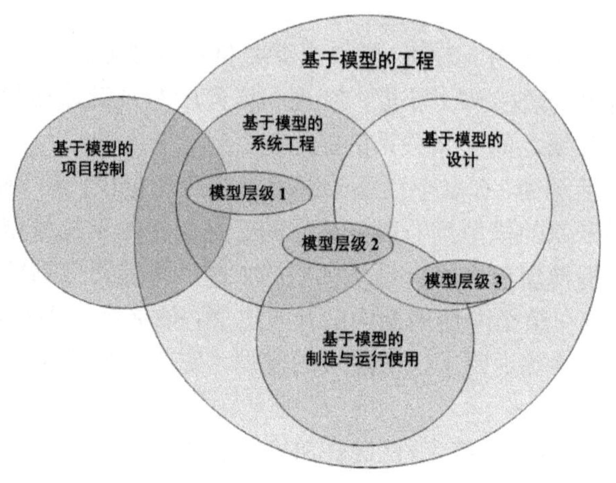

图 8.2-3　基于模型的工程关系：概念化视图

从 MBSE 的角度来看，重点是那些更高级别的模型。它们可能以独立或联合需求模型、功能流程框图模型、运行使用构想模型、工程性工作分解模型等形式存在。在这些模型之间，一个关键特性可能是技术规范和获取数据产品之间的相互关系。这个特性的好处在于，例如，在需求、功能和产品分解结构之间进行双向跟踪，而不管它们是否驻留在相同的模型或数据库中。

获取、管理和访问模型中数据/相互关系的能力可以通过各种方法来实现，这些方法涵盖从建立单个关系数据库到看似集成而实则分布的数据库。分布式数据库可以通过不同数据源的联合（或数据映射/索引）来实现（见图 8.2-4）。在所有情况下，在各种数据产品之间的（数据源内部和数据源之间的）相互关系都能获取到。针对所有这些数据产品及其相互关联关系，预先建立“主映射”或本体，即描述数据产品及其相互关联关系类型和属性的通用词汇表，有助于形成上述能力。

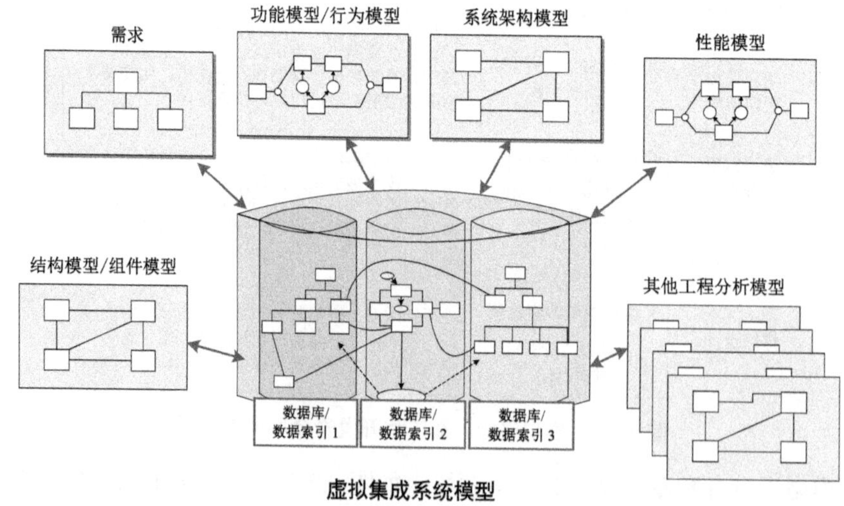

图 8.2-4　看似集成而实则分布的数据库

在寿命周期的早期使用 MBSE，可以给工程、项目或活动带来最大的好处。新的工程/项目启动时应考虑采用 MBSE 方法来暴露更多风险和提高设计效率。否则有可能需要在工程、项目或活动中对现有系统模型和文档进行大量返工。在寿命周期设计阶段的后期，已经做出许多系统集成决策，这极大地限制了 MBSE 的实用性。尽早使用 MBSE 可以让系统工程师对系统集成问题有更清晰的认识，并做出系统集成决策。

8.2.3 系统工程引擎和 MBSE

本节说明 MBSE 作为横向关联的工程方法，以及如何在系统工程引擎（系统设计、产品实现、技术管理）的流程中发挥作用。在以下各小节将分析传统方法的工作方式和存在的局限性，并探讨 MBSE 是如何提供帮助的。

8.2.3.1 系统设计

传统上，系统设计方案是使用各种各样的方法获取的，并且以不同的形式呈现，包括从叙述和图画到针对系统特定方面的某些局部模型，如状态图表或电子表格。这些描述方法带来的挑战在于它们难以集成，并且难以证明其一致性，更不用说对需求定义数据的可追溯性。描述不同数据源之间的关联和作用关系需采用以模型为中心的方法，该方法支持在各个信息库之间相关信息的交流、浏览、比较、版本管理/状态管理及聚合。以模型为中心的方法允许相关信息在技术报告中呈现为文档、绘图、动态视图，或适合该信息访问者（或机器）理解的任何其他形式。MBSE 在系统设计流程（包括利益相关者期望开发、技术需求开发、逻辑分解、设计方案开发）中的作用见表 8.2-1。

表 8.2-1　系统设计流程中 MBSE 的作用

系统设计流程中的系统工程引擎	MBSE 的作用
利益相关者期望开发	需要、目的和目标（NGO）在模型中得到保持，形成顶层的根本需求并可向下分解。能够对运行使用构想建模，展示功能性关联关系
技术需求开发	需求在模型中得到保持，保证双向可追溯性
逻辑分解	需求可以划分为功能需求、行为需求和性能需求等。这些需求可用于开发功能流程图，或模型的其他表述方式
设计方案开发	在满足相关支撑性分析的一致性和可追溯性的前提下，以及在保证单一的事实来源条件下，允许集成来自不同工程领域的信息和设计方案

基于模型的方法有助于处理项目中可能存在的各种文档与电子表格/图表之间不一致的问题。在需求分析的情况下，表示需求的模型要素与表示系统组件、功能、接口和设计分析的模型要素相关。如果使用明确定义的要素类型和关系类型（本体）构建这样的“系统模型”，并遵循统一的流程驱动建模模式，则在保证一定类型的流程驱动的一致性和完整性的情况下，能够对所得到的系统模型进行自动分析。

有了基于模型的方法，也有了现代标准与工具，系统工程师便可以用系统描述的方式表达设计方案，并在设计方案中定义较低层级的（通过逻辑分解的）设计方案。在表述设计方案时，系统工程师可以创建模型，为系统设计提供更加一致的描述；可以创建基础模型的多个视图，使得设计方案（包括从高层架构原则到组件层详细规范的多层级设计方案）能够被利益相关者理解并可沟通，从而使他们能够验证系统是否可以解决他们所关注的问题。一个视图可以选为模型要素（数据、元数据、关系等）的一种表达，用于证明设计方案确实能够解决某些特别关注的问题。

此外，基于模型的方法可以使用计算机辅助工具来增强处理复杂性的能力，检测在完整性、一致性和正确性方面的偏差。在整个设计过程中，需要对流程做出精确而清晰的表达，这项工作通常在系统模型中正式被定义，以便能够确定为什么要进行分析、分析什么内容，以及分析结果是什么等。

8.2.3.2 产品实现

使用传统方法的产品实现主要涉及用于建造产品的人工处理流程，以及基于系统设计流程的结果对产品的评估。多数技术学科已不再实行人工建造产品，例如，产品制造和某些类型的软件开发主要使用计算机辅助流程来进行，但是，这样做必须将以文档为中心的系统工程流程转换为用于这些计算机辅助流程的各种以模型为中心的形式。这可能是个需要 MBSE 规避的劳动密集型过程，避免在进入此阶段时的成本和转换错误。

以传统方法集成目标产品通常需要手工编制的集成计划。此外，由于在将传统表达方式转换为用于现代制造的基于模型的表达形式期间，系统设计方案产生的变化可能导致目标产品相对于设计方案的偏差。这些偏差将使集成流程变得复杂，或在随后的产品实现阶段和更高层级系统设计中发现错误。

使用 MBSE，可以在设计流程的早期指定集成架构，并且可以在使命任务的早期模拟中进行演练，从而消除系统设计偏差。如果系统设计是基于模型的，则可以避免将产品制造从传统方法转换为以模型为中心的实施步骤，从而降低方案实施阶段发生错误的可能性。正因如此，集成计划可以更快地开发；如果完全成功，则实现了“第一次集成便成功”。集成模型能够提供获取产品完成设计、完成建造和完成交付时所必要的技术状态。

基于模型的方法可以在各种系统工程流程之间维持目标、需求、设计方案、客观依据、性能估计等方面的关系。这样使得设计方案的变更能够更容易被理解和交流，并在需要时进行更正。

采用以文档为中心的方法评估产品，可能涉及将系统规范转换为验证计划和评判准则，这是个既费力又耗时的过程。在 MBSE 方法中，使用新兴工具。这些工具在很大程度上以自动化的方式直接从系统规范中产出。

MBSE 在产品实现流程（包括产品方案实施、产品集成、产品验证、产品确认、产品交付）中的作用如表 8.2-2 所示。

表 8.2-2 产品实现流程中 MBSE 的作用

产品实现流程中的系统工程引擎	MBSE 的作用
产品方案实施	系统模型中获取的信息能够补充得到附加的产品数据，有利于产品制造
产品集成	允许进行横跨所有学科的综合系统分析，支持系统集成活动（包括硬件集成、软件集成、硬件/软件混合集成、人因系统集成和装配集成）
产品验证	将产品试验/定量分析/功能演示/外观检视与特定需求相关联的能力，从而了解产品验证的进展
产品确认	将产品试验/定量分析/功能演示/外观检视与特定效能指标、用户期望、运行使用构想场景相关联的能力，从而了解产品确认的进展
产品交付	产品数据资料可以是在整个寿命周期中开发的完整集成模型

8.2.3.3 技术管理

在基于模型的方法中，仍然需要规划、控制、评估和决策分析等横向关联的技术管理功能。不同之处在于这些功能的实行是使用系统模型作为权威信息来源。

例如，与基于模型的方法相比，在传统方法中，需求通常首先被记录在系统需求文档中；一旦需求得到批准，这些需求文档可能会被存入数据资料库中。系统架构通常是独立开发的，并且有可能是并行开发的。一旦完成高层级的需求和系统架构的开发，系统工程师就会手动（或概念上）跟踪架构中各元素的需求并根据需要调整架构。这个流程在不同层级的系统、子系统和组件上重复，在跟踪需求的同时还要手动跟踪派生的需求。

在基于模型的方法中，需求首先在系统模型内表达，并追溯到不断发展的系统设计方案和系统工程流程的其他元素。系统模型自身能够驱动技术状态管理流程，当需求管理和接口管理需要系统描述资料时，它们可以从系统模型获取。通过消除耗费时间的在同步和协调不同管理流程方面的障碍，可以简化维护流程之间相互一致性的过程。在某些情况下，模型变成“需求”而不是衍生出需求报告。例如，在行为上的需求可以表示为模型中的一系列活动；在对该活动序列完成一次表述后，就不需要再添加其他需求陈述。可以使用模型作为参考来执行产品验证，在评估活动期间将模型与实际系统进行比较。

MBSE在技术管理流程（包括技术规划、需求管理、接口管理、技术风险管理、技术状态管理、技术数据管理、技术评估和决策分析）中的作用见表8.2-3。

表8.2-3 MBSE在技术管理流程中的作用

技术管理流程中的系统工程引擎	MBSE的作用
技术规划	可以针对系统工程流程建模，模型的元素可以与工作分解结构相关，以及与项目工作计划和进度安排相关，从而增强对项目规划改进与更新的深刻理解
需求管理	通过在跟踪需求来源和实现需求方面增强能力，可以对提出的需求变更进行建模，以确定变更对产品成本、进度和/或技术的影响
接口管理	针对模型中获取的接口可以自动检查其兼容性，能够进行接口变更并判别其影响
技术风险管理	模型可用于识别潜在风险并帮助确定风险在成本、进度和技术方面的影响
技术状态管理	通过在基于模型的系统中识别和管理单个来源的控制基线，可以优化和简化技术状态管理流程
技术数据管理	通过识别、表征和控制模型中的技术数据、元数据和数据交换，可以更好地实现数据优化和可视化，以及更好地将数据分发到数据关联者
技术评估	模型可用于在寿命周期评审中呈现和可视化相关信息，并为评审者提供检查缺陷的手段
决策分析	通过改变模型中的参数，可以快速进行权衡研究，以确定它们对系统整体设计的影响，从而为决策者提供关键信息

8.2.4 模型

顾名思义，基于模型的系统工程依赖于创建和使用一组已经明确的模型，这些模型针对特定的使命任务或系统，各自获取某个关键领域与计算和描述相关的数据和/或视图。模型应该是为了某种目的而开发，它们应该处理特定的利益相关者关切/需求，并对系统的工程开发有明确用处。在以模型为中心的环境中，数据一次获取却能基于给定的系统描述视点进行多次表达。模型的总集成代表整个系统，表达系统在某个时刻的存在状态或可能的存在状态。

借助于 NPR 7120.5 和 7123.1 中要求的其他常用结构（如工作分解结构和产品分解结构），针对那些明确且常规的使命任务和系统，辨明在整个寿命周期中使用和维护的一组参考模型，能够为工程开发流程提供进一步的结构和侧重点、能够增强系统变更可视化和系统复杂性管理的能力，并能够在使命任务寿命周期的早期提高工程化产品的质量。

当出现需要重用系统或体系结构模型的问题时，系统工程师应密切关注在原有模型中使用的关联关系和本体。在新的系统运行使用环境中明确对原有模型的必要更改可能很困难，应细致分析确保这项工作的完成。从软件方面看，经验法则是，如果必须重写超过 20%的代码，就应当构建新的软件。可以预计模型也可能有类似的门限，并且需要更多数据来建立重新建模的门限值。

8.2.4.1 建模语言

无论是“计算型的”模型，还是基于数学的模型，或仅仅是描述性模型，都可以明确一种图形建模语言并用于获取和表示每个模型中描绘的内容和关系。使用建模语言的正式组合结构或语法模式，以及使用其中定义的词汇和语义规则，可以记录每个模型中描述的对象和关系，并以结构化的格式进行约束，使计算机能够做到精确理解，从而能够以图形化方式表示流程和数据。

没有哪个通用语言能够涵盖所有可以想到的系统，因此合理的解决方案之一是定义特定领域的建模语言。如果涉及更加专业的小众领域，即使是特定领域的语言也可能变得过于笼统。更合理的做法是构思一种具有共同概念化内核并能扩展为更专业化概念的建模语言。目前，系统建模语言（SysML）是一种常用于系统设计领域的建模语言。

鉴于 SysML 在语义上不够精确，即使可以扩展语言以更好地表示它所应用的领域，仍然无法保证所建立的模型在语义上是准确的。使用具有可自动进行形式语义验证功能的建模语言，有可能缓解此问题。网络本体语言（OWL）是这种语言的一个例子。另一种可能的解决方案是将对象约束语言（OCL）与 SysML 结合使用，这是一种“在 SysML 内部使用”的方法。

8.2.4.2 基于模型的词汇表

对于使用特定使命任务模型或系统模型所需的内容和场景，为了通过交流达成共同理解，必须在参与使命任务的组织之间开发和共享对于模型中数据和所需内容的正式描述方式。通常，对于这些数据和内容的表示采用形式规范（本体）或常用词汇表的形式，如此可以标识多种类型的概念对象（对象类或事物集）、属性（性质），以及在特定领域或感兴趣领域中这些对象之间可能存在的关系。（参见图 8.2-5 中的示例。）

这里的词汇表可以作为在模型和领域之间组织信息的基础，根据特定的类别表示事物、思路、事件，以及表示它们的属性和相互关系，由此确保一致性和共同性。与建模对象的含义和模型间相互关系相关的附加信息及规则必须得到维护，这些对于支持跨学科和不同系统间的互操作性具有价值。在某些情况下，其中的部分信息通常可以使用相关组织的命名方式和数据标识约定在模型目录中记录，也可以采用业务参考架构或其他类似格式。

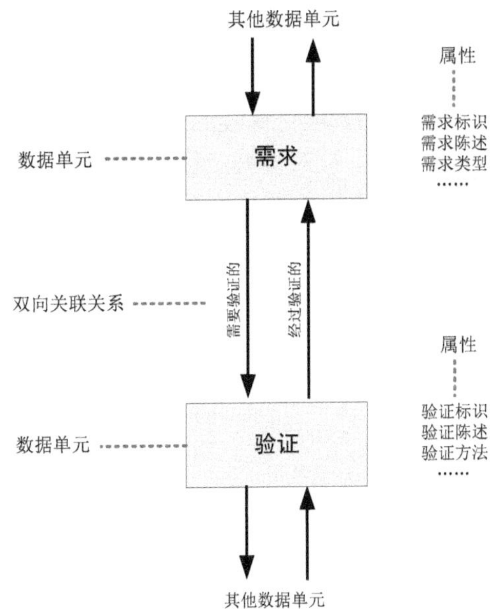

图 8.2-5 （需求和验证）数据本体示例

8.2.4.3 **建模标准**

建模标准在支持 MBSE 目标方面发挥着重要作用，它能够促进和增强模型的可理解性、可沟通性和可集成性。在各种建模领域中存在着有约束力的模型标准化形式，包括建模语言、从一个模型到另一个模型的信息传递，以及模型之间的互换。应用一致的、明确定义的本体和方法（或方法论）非常重要。

建模语言标准包括针对那些较为传统的系统工程方法定义的语言，如功能流程框图（FFBD）[Oliver 1997]和功能建模语言（IDEF0），以及最近出现的通用系统工程标准（基于 MBSE 提出），如 SysML 和 OWL。

系统架构是若干架构标准的作用对象，这些架构标准诸如(美国)国防部架构框架(DoDAF)和（英国）国防部架构框架（MODAF）的统一配置文件（UPDM），特别是 ISO/IEC/IEEE 42010:2011 标准《系统和软件工程：体系结构描述》。

对于通过模型之间的信息传递来实现模型互操作性，相应标准的示例包括系统工程数据交换应用协议（AP-233）和可扩展标记语言（XML）中的元数据交换（XMI）。

概念层级的模型互操作和模型互换性可以由通用标准提供支撑，如查询/视图/互换（QVT）标准，也可以由特定的互换标准提供支撑，如基于系统建模语言（SysML）和 Modelica 的互换。[Paredis 2010]

还有些标准的开发针对特定领域，如针对软件设计的架构分析和设计语言（AADL）[SAE 2012]、针对硬件设计的超高速集成电路（VHSIC）硬件描述语言（VHDL），以及针对业务流程的业务流程建模标记语言（BPMN）。

8.2.5 MBSE 方法论

传统上，系统工程采用以文档为中心的方法，通常使用纸质或电子文档开展工作。MBSE 的方法论将系统工程的最佳实践经验与系统的建模应用相结合。将组织中所运用的基于文档的系统工程方法转变为以模型/数据为中心的系统工程方法，不会改变已经存在的、正在实施的，以及易于理解的过程。

基于流程的方法论有助于理解工程/项目流程的有效执行需要什么样的信息，并为工程/项目流程信息环境的有效管理提供框架。针对横跨工程领域和技术领域的、支持产品数据寿命周期管理（PDLM）目标的信息，基于流程的方法论提供了信息识别、管理、互操作性和集成的途径。

NPR 7120.9《空间飞行工程和项目的产品数据寿命周期管理》，以及相关的NASA-HDBK-0008《NASA 产品数据和寿命周期管理手册》，针对整个寿命周期中用于定义、描述、分析和表征产品特征的权威数据，描述了有效管理这些数据的责任和要求。其中包括建立四个方面系统架构的需求：

- 安全保密架构；
- 信息支持系统架构；
- 流程架构；
- 数据架构。

前两个架构可以被视为 MBSE“使能”架构，并可被视为底层信息技术基础架构的一部分。工程/项目的关注点是建立流程架构和数据架构。

任何 MBSE 的开发基础都是一套明确且易于理解的流程和数据架构。这些架构针对实施基于模型的方法，提供了相关指南和路线图。在基于文档的系统工程（DBSE）方法论中，流程架构已经很好地建立，并且已经得到很好地使用。MBSE 不会更改已经定义和批准的基础流程。自然，将要进行变更的是实施这些流程的方法。

与流程架构的定义类似，从文档的角度来看，数据架构的许多元素和视点可能已经在 NPR 文件中定义。这些数据架构的元素可以从基于文档的表单、模板、Excel 电子表格等资料中轻松提取。此时的主要工作是将数据对象、数据属性及与其他数据对象的关联关系提取出来，这些数据对象包含在基于文档的表单和模板中。为此而生的“本体”是一种神奇的工具，它在以文档为中心的环境中展现了标准关系模式。例如，验证流程在验证需求时，需要指定相应架构，用于实现以需要、目的和目标（目标要求）为指导的使命任务。这是在目标要求、设计参考使命任务、产品/架构和需求之间建立实体关系模型的示例。重要的是要记住，以文档为中心和以模型为中心的系统工程共享相同的流程。不同之处在于实施这些流程的方法步骤。

接下来是确保人工生成的数据架构能够映射到流程架构并满足流程架构的意图。在某些情况下，基于文档的系统可能会掩盖因分布在多个文档中的大量不同数据而导致的流程缺陷。基于模型的系统工程（MBSE）工具需要能够支持向其他应用程序“公开”数据以便进行数据集成和审查。这些工具通常与特定的系统工程或工程管理功能相关，包括需求管理、风险管理、进度管理和预算管理等。市场上已经有可以广泛应用的软件能够满足多种功能，可以使数据集成变成一项不那么繁重的任务。对于较小规模的工程/项目，这种方法优先用于限制为集成不同数据而过度开发复杂的信息技术系统。

NPR 7123.1 确立了“通用技术流程和需求的内核，可以用于在 NASA 项目所有寿命周期阶段中的工程系统产品开发，以满足转阶段评判准则和项目目标”，这也是经 NASA 批准的系统工程流程。MBSE 方法论不会改变 NPR 7123.1 中表述的系统工程总体流程；相反，MBSE 提供了一种更有效的方式来执行部分流程，或者在某些情况下可以更有效地执行所有流程。实际上，NASA 系统工程流程期望在适当情况下使用基于模型的方法，如 NPR 7123.1 中的如下陈述所表明的那样：

> "……技术团队和个人应使用适当的、可用的工具和方法来完成所需的通用技术流程活动。这样做可能包括使用适用于产品线阶段的、适用于系统结构中工作分解结构模型的，以及适用于转阶段评判准则的建模和仿真技术。"
>
> （源自 NPR 7123.1 的 3.1.2.5 节）

作为 NASA 系统工程流程的一部分，在 NPR 7123.1 中明确提到的模型包括逻辑分解模型、功能流程框图模型、时间线模型、数据控制流模型、状态转移模型、行为图模型、运行使用人员任务模型和功能故障模式，尽管这些模型并非全部是 MBSE 可应用的模型。

需注意的是，基于文档的系统工程是一种使用文档来完成 NASA 系统工程流程的方法。NPR 文件和各种手册中提供的文档模板可以解释为视图规范，说明如何通过填充工程/项目数据来表达"模型"。不同之处在于，在基于文档的系统工程中，视图是以未定义的方式，甚至是以可能不一致或不完整的方式，依据位于各种模型中的工程/项目数据生成的，这些数据散布在诸多电子表格、软件工具和个人思想中。而在 MBSE 中，工程/项目数据驻留在底层的集成系统模型中，代表单一真实来源并拥有明确定义的规则，可以从模型中生成所需的系统资料。MBSE 与 MDSE 的另一不同之处在于，集成系统模型通常采用数字形式，为利用计算机代替手工执行数据访问提供机会，便于处理那些棘手的或过度费力的工作，如错误检查、变更审查、模型转换和系统资料的生成。

8.2.6 实施 MBSE 所面临的挑战

部分地采用 MBSE 方法论可以实现许多上述好处，但是要实现 MBSE 的全部价值，则需要建立更广泛的使能技术和支持能力。为了全面实施 MBSE，必须应对若干挑战，这些挑战包括使信息技术基础设施架构能够支持系统模型的开发，以及包括能够构建组织变革和文化变革的本体。

8.2.6.1 信息技术基础设施架构的确立

NPR 7120.9 定义了建立安全保密和信息支持系统架构的使能需求。随着这些信息技术基础设施架构的进一步开发和部署，更综合全面的 MBSE 文化得以实现。在此期间，工程需要对 MBSE 方法论进行剪裁以"适应"现有的信息技术能力，增强填补自身所存在差距的能力。采用类似的方式，工程需要提供对必要 MBSE 相关工具、应用程序和辅助设施的访问权，NASA 机构可能并未提供这些权利。

8.2.6.2 用户接口实用性

MBSE 能力是否有效的一个重要属性是，用户（如工程师、分析师、决策者等）能否以易于理解的形式，搜索和获取那些满足用户需求的数据/信息。根据 NPR 7120.9 所述："促进面向具有高度可用性数据的全面搜索和综合视图（包括报告）的能力。"使得随时能够访问的综合数据和信息易于理解，可能始终是一个挑战，不过适当关注底层数据架构和互操作性，对于开发改进的用户界面功能是有益的。

8.2.6.3 建立本体

促使 MBSE 起作用的关键因素是建立本体。不同的学科倾向于用不同的名称来称谓同一个组件、效应或事件。这在集成过程中可能会引起混淆。定义一个工程特有的本体（包括定义数据类型、属性和相互关系）对于帮助消除这种混淆现象非常重要。这可能需要付出很大的努力，最好在工程的早期阶段完成。尽早建立本体能够随着工程的进展而展现出益处，并能使本体变得更加详细和复杂。随着时间的推移，相近的工程和通用的流程/功能将集中在本体的共同核心部分，这个核心部分可以运用于最新启动工程，从而降低采用 MBSE 的障碍。

8.2.6.4 高层系统模型及相应数据库的开发

建模是一项专业技能，可能需要在系统顶层设置专职建模人员，负责处理来自于系统中每项功能或来自于相关学科主题专家的输入。这样要求所使用的系统建模工具具有完整语法，并且可以提升模型的集成水平。成熟的针对系统和架构的建模工具和建模人员还可以帮助将模型构造得更直观且易于可视化，有利于展现系统的关键特征。

8.2.6.5 技术状态管理

技术状态管理是基于模型的工程（MBE）环境所面临的新挑战。根据传统的技术状态管理实践经验，完整搜集的文档构成了能够定义任何特定技术状态控制项的技术状态信息。基于模型的工程环境改变了所开发的技术状态信息的范围，增加了性能和设计模型、数据库对象，以及更传统的书籍形式的对象和格式。通过使用已有的能力，必须能够识别和控制这些新增对象之间的可追溯性。此外，用户还可能需要各种视图和支撑技术能力，如控制基线的快照、版本的发布和冻结、每个已识别的技术状态控制项的当前状态和审核控制指标，以及技术状态报告。

8.2.6.6 约定惯例和技术数据管理

在传统意义上，数据需求只是在主要的数据管理流程中出现，该流程是在 NASA、开发任务承包商和内部设计活动之间进行文件和图纸方面技术管理的一部分。对电子文档和电子图纸（如计算机辅助设计 CAD 模型）进行技术数据管理时，使用相同的流程做简单转换并没有充分利用 MBE 的优越性。在所有层级的模型和数据库之间，做到双向数据交换或访问管理是一项技术上尚未实现的功能。为了支持基于模型的环境，必须加强对约定惯例和技术数据管理流程的改进，包括基本目标和相关流程，促进契约语言和技术支撑能力的开发。

8.2.6.7 组织上和文化上的挑战

任何新范式、新流程或新能力的实施，所面临的共同挑战是对组织上和文化上的变革进行管控。找到能够令人信服的“坚持到底”的理由和方法，对于制定有效且有说服力的方法来管理这些变化非常重要。在这方面，进行教育、培训和鼓励接触必要的软件工具、应用程序和辅助工具可能会有所帮助。总的来说，为采用和实施 MBSE 而降低障碍是必要的。

8.2.7 MBSE 的益处

基于模型的系统工程不会影响流程的执行，反而由于多种原因，它可以提供整体质量更好、成本更低、风险更小的机会。所带来的这些好处源自于以下方面：

- 所有产品的一致性可以更高，因为任何单一的设计信息都可以进行独有的权威表达，日后供其他人在工程产品的决策、改进或制作中进行参考。
- 可以更好地实现系统显著特征的可视化，因为可以创建多个视图，简明扼要地处理特定的利益相关者问题。
- 归档资料与现实之间可以达到更高的一致性：
  可以自动生成基于模型的产品文档资料，减小为保持产品文档资料始终与最佳可用信息相匹配的工作量或始终保持最新而需要的工作量。
- 基于模型的方法有助于信息的导航、追溯和查询。人们可以根据需要更快地访问他们被授权拥有的信息，而无须通过手动分发或搜索过程。
- 用于验证的模型可以具有更高的质量，并且如果在验证模型使用之前和使用之后精心设计和构造模型，则可以获得更大的信心。
- 模型本身可以帮助揭示隐藏在模型中的缺陷。
- 可以减少错误设计造成的投资损失。因为有时模型会在建立后立即显示出缺陷，利用 MBSE 能够在下游工作完成之前进行纠正，而如果上游错误未立即纠正则下游工作便无效。
- 产品文档资料之间的不一致性较低，从而降低了验证成本。
- 为了支持工程寿命周期的产品数据管理目标，能够提供跨业务部门或组织单元信息的识别、管理、互操作和集成能力。
- 确保工程和项目所需的数据（如里程碑评审、执行使命任务、异常发现或调查、决策和结果）能够被识别和管理，从而为决策中使用的数据提供可追溯性。

8.3 概念成熟度水平

本节引入概念成熟度水平①（CML），为使命任务架构师和系统工程师提供一种方法，能够在寿命周期的早期阶段度量和交流使命任务概念的保真度和准确性。概念成熟度水平代表一种尺度，提供可重复的方式来评估和描述概念的成熟程度，并将其表示为一种单一的数字量表，与技术成熟度水平量表相当，可以评估不同使命任务概念的成熟度。

使命任务概念开发团队在整个项目立项前的研究阶段及整个规划论证阶段（阶段 A/B）使用此方法和相关工具。在 CML 量表出现之前，并没有标准化的方法可用于：（1）确定在使命任务概念开发中做了多少工作；（2）明确了解在项目立项前寿命周期权衡研究的空间探索中，何时最有利于确保使命任务概念的相关性和成本效益是最科学的；（3）确定哪些概念具有相同的工作水平，并可以用相同的术语进行比较；（4）在使命任务概念开发方面还需要做多少工作，才能实现后续的概念成熟度水平。

随着系统的概念、设计方案、实施方案和风险不断得到分析，CML 的组织结构也相应地不断增长到新的成熟度水平。CML 的关键优势在于，能够以成熟度特征增量为指导来度量使

① 概念成熟度水平（CML）的概念是由 NASA 喷气推进试验室（JPL）战略规划和项目论证办公室的首席工程师 Mark Adler 博士于 2008 年提出的，CML 反映了他对于识别不断变化的使命任务成熟度并进行评估的构想。本节内容在极大程度上依赖这些构想，还有来自加利福尼亚州帕萨迪纳喷气推进试验室的 Randii Wessen 和 Jairus Hihn 的贡献。

命任务概念成熟度，这些成熟度特征是单独开发的且对应于特定使命任务类型，包括无人使命任务、载人使命任务、空中使命任务、地面使命任务。[Randii 2013]

概念的逼真度是指它与理想化系统的接近程度，而准确度是指在给定的门限值内估算的概念正确性。CML 词汇表提供了一种标准化机制，用于描述和协调为实现指定 CML 所需的产品/工作成果，用于在确认允许 CML 进入下一级别之前辨明需要完成的工作。CML 能够处理广泛的科学、技术和工程领域的参数，有助于识别分析结果的偏差和辨明需要更深入评估的领域。重要的是应注意，对于所达到的每个 CML 水平，系统逼真度和准确度及其如何实现都已得到更清楚的理解。因此，系统的风险态势通常会降低，也就能更好地理解“应该做的工作”。

图 8.3-1 显示了概念开发阶段和规划论证阶段的 CML 含义。每个等级的概念成熟度水平在表 8.3-1 中描述。

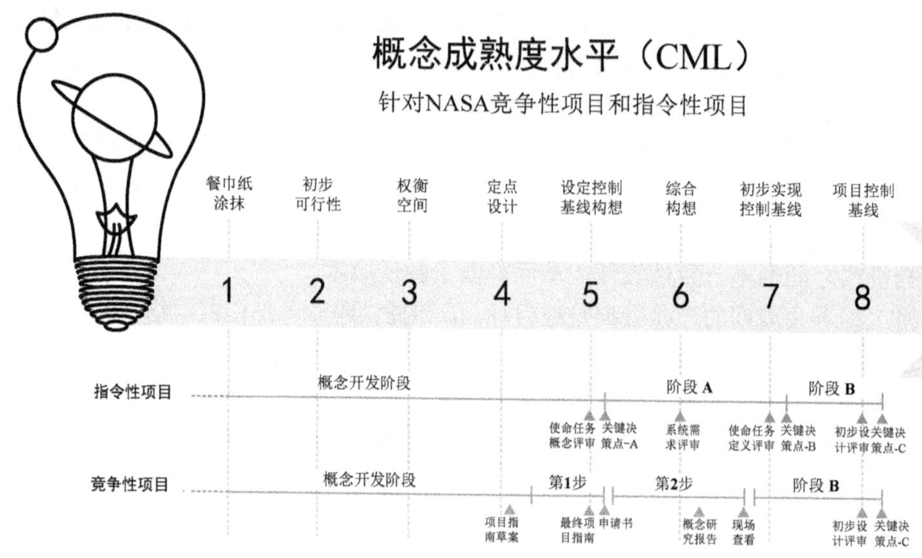

图 8.3-1　针对 NASA 竞争性项目和指令性项目的概念成熟度水平

表 8.3-1　概念成熟度水平的描述

CML	名　称	描　述
1	餐巾纸涂抹	科学问题得到了很好的阐述，解决这些问题所需的科学观察类型已经提出，同时构建了使命任务概念和高层级目标的初始草图。已经捕捉到了相关构思的本质，从而使这个构思变得独特而有意义
2	初步可行性分析	从科学上、技术上和工程上的可行性出发，上述构思得到了扩展和质疑。已经基本了解其中的科学需要和使命任务需要，以及实现这些需要的构想。较低层级的目标已经指定，关键性能参数已经量化，并进行了初步计算。这些计算是第一步，用于确定构想的适存性
3	权衡空间分析	围绕航天器系统、地面系统和使命任务设计方案之间的科学目标和架构，已经进行了探索和权衡，目标是发现和理解科学回报、成本和风险之间的关系及影响。通常，分析结果中明确的风险可能需要进行调查，还可能需要提出缓解方案
4	权衡空间定点设计	已经在权衡空间内选定能够得到所需科学回报的某个具体设计方案和相应成本，并且其定义已经细化到具有可接受余量和储备的主要子系统层级。子系统的权衡分析已经完成

续表

CML	名　称	描　述
5	设定控制基线的概念	实施方案和途径已经确定，包括合作伙伴、合同模式、集成和试验方法、成本和进度。该等级成熟度水平代表了能够编写 NASA 初步提案（针对竞争性项目）或进行使命任务概念审查（针对指令性项目）所需的级别
6	综合性概念	关于使命任务概念的技术上、管理上、成本上和其他方面要素的扩展细节已经定义并记录归档。NASA 的概念研究报告（CSR）正处于这种成熟度水平。指令性项目的相应里程碑是系统需求评审
7	设定初步实现控制基线	已经完成初步的系统级和子系统级需求开发和分析，余量和储量已经证明可行并可接受，已经完成原型设计和技术演示，已经进行风险评估并完成缓解计划的开发
8	初步设计评审（项目控制基线）	产品的设计方案和技术规划已经为初步设计评审（PDR）做好准备，初步设计评审由 NPR 7120.5 门户产品在项目实施阶段适时驱动
9	关键设计评审	产品的设计方案和技术规划已经为关键设计评审（PDR）做好准备，关键设计评审由 NPR 7120.5 门户产品在项目实施阶段适时驱动

事实证明，在比较不同并行工程团队或设计团队的产品时，CML 非常有用[Chattopadhyay 2009]。并行工程团队或设计团队通常是为了开发特定 CML 等级产品而成立的，因为并行工程团队在处理不同 CML 等级时可能需要差异性很大的基础设施、工具和流程。促使单一团队类型适合所有概念成熟度等级颇具挑战性。无论是较高层级的架构比较还是精心完成的定点设计，团队生成的产品类型都是对 CML 范围选择的结果。

举例来说，JPL 的 A-Team 和戈达德中心的架构试验室等架构团队主要工作在 CML 2，不超出 CML 1 至 CML 3 的范围。处于 CML 1 和 CML 2 的设计团队使用开放式思维，通常考虑更宽范围的科学目标和使命任务架构。CML 1 至 CML 3 流程的意图是创建全新的使命任务，响应科学上和工程上的要求（如成本上限），在足够详细的程度上对它们进行评估，以期确定最有希望的使命任务概念。关键参数（如质量、电功率和成本）的估算值具有相对较大的不确定性范围，甚至高达±50%或更高。

像戈达德中心使命任务设计试验室的团队和 JPL 的 Team X 这样的位于 CML 4 的团队主要开展定点设计，但范围可以跨越 CML 3 至 CML 5。与位于较低成熟度等级的团队相比，CML 4 团队围绕特定的定点设计，分析相应的变化。CML 4 团队的分析起始（输入内容）与 CML 3 团队的输出内容等价，因此已经确定特定的使命任务，并且已经识别出许多子系统要素。此时使用的工具具有更高估计值的逼真度和准确度，偏差不超过±25%。

以这种方式考察设计团队，可以清楚地看出，CML 2 团队永远不能同时作为 CML 4 团队的外围开展工作。不同等级的 CML 团队需要按顺序工作，因为较低等级 CML 团队的输出是较高等级 CML 团队的输入。

最终，CML 可以扩展为概念成熟度水平矩阵。该矩阵用于确定特定使命任务概念的 CML 级别。[Wessen 2013]

附录 A 英文缩略语

AADL	Architecture Analysis and Design Language	架构分析与设计语言
ABC	Agency Baseline Commitment	NASA 机构底线承诺
ACWP	Actual Cost of Work Performed	工作实际执行成本
AD^2	Advancement Degree of Difficulty Assessment	技术改进复杂度评估
AHP	Analytic Hierarchy Process	层次分析法
AIAA	American Institute of Aeronautics and Astronautics	美国航空航天学会
AO	Announcement of Opportunity	项目商机公告
AoA	Analysis (or Analyses) of Alternatives	备选方案分析
AS9100	Aerospace Quality Management Standard	航空航天质量体系管理标准
ASME	American Society of Mechanical Engineers	美国机械工程师学会
ASQ	American Society for Quality	美国质量协会
ASRB	Airworthiness Safety Review Board	适航安全性评审委员会
ATD	Advanced Technology Development	先期技术开发
BAC	Budget at Completion	完工成本预算
BAR	Basic and Applied Research	基础研究和应用研究
BCWP	Budgeted Cost for Work Performed	工作执行预算
BCWS	Budgeted Cost for Work Scheduled	工作进度预算
BPMN	Business Process Modeling Notation	业务流程建模表示方法
CAD	Computer-Aided Design	计算机辅助设计
CAE	Computer-Aided Engineering	计算机辅助工程
CAIB	Columbia Accident Investigation Board	哥伦比亚号事故调查委员会
CAM	Control Account Manager or Cost Account Manager	成本控制负责人 或 成本核算负责人
CATEX	Categorical l Exclusion (NEPA)	（NPEA 分析）直接排除层
CBE	Current Best Estimate	当前最佳估算值
CCB	Configuration Control Board	技术状态控制委员会
CDR	Critical Design Review	关键设计评审
CE	Concurrent Engineering or Chief Engineer	并行工程 或 首席工程师
CEQ	Council on Environmental Quality	环境质量管理委员会
CERR	Critical Event Readiness Review	关键事件准备状态评审
CHSIP	Commercial Human Systems Integration Processes	商业化人因系统集成流程

CI	Configuration Item	技术状态控制项
CM	Configuration Management	技术状态管理
CMC	Center Management Council	中心管理业务处
CML	Concept Maturity Level	概念成熟度水平
CMO	Configuration Management Organization	技术状态管理组织
CNM	(NASA) Center NEPA Manager	（NASA）中心环境政策主管
CNSI	Classified National Security Information	涉密国家安全信息
ConOps	Concept of Operations	运行使用构想
COSPAR	Committee on Space Research	空间研究委员会
COTS	Commercial Off-The-Shelf	商用现货
CP	Commercial Partner	商业伙伴
CPI	Critical Program Information	关键工程信息
CR	Change Request	变更请求
CRM	Continuous Risk Management	持续风险管理
CSA	Configuration Status Accounting	技术状态当前状况登记
CSR	Concept Study Report	概念研究报告
CWBS	Contract Work Breakdown Structure	合同约定工作分解结构

ΔV	Delta-Velocity	速度增量
D&C	Design and Construction	设计与构建
DBSE	Document-Based Systems Engineering	基于文档的系统工程
DCR	Design Certification Review	设计认证评审
DDT&E	Design, Development, Test, and Evaluation	设计、开发、试验与评价
DM	Data Management	数据管理
DMS	Diminishing Manufacturing Sources	产品制造源减少
DOD	Department of Defense	（美国）国防部
DODAF	DOD Architecture Framework	DOD 架构框架
DOE	(U.S.) Department of Energy	（美国）能源部
DR	Decommissioning Review	退役评审
DRC	Design Reference Case	设计参考案例
DRM	Design Reference Mission	设计参考使命任务
DRR	Disposal Readiness Review	废弃处置准备状态评审

EA	Environmental Assessment	环境评估
EAC	Estimate at Completion	完工成本估算
ECLSS	Environmental Control and Life Support Systems	环境控制和生命支持系统
ECP	Engineering Change Proposal	工程技术变更提议
ECR	Engineering Change Request	工程技术变更请求
EDL	Entry, Descent, and Landing	再入、下降和着陆
EDU	Engineering Development Unit	工程开发试样

EEE	Electrical, Electronic, and Electromechanical	电子、电气和电机
EFFBD	Enhanced Functional Flow Block Diagram	增强功能流框图
EIA	Electronic Industries Alliance	（美国）电子工业联合会
EIS	Environmental Impact Statement	环境影响公告书
EMC	Electromagnetic Compatibility	电磁兼容性
EMI	Electromagnetic Interference	电磁干扰
EMO	Environmental Management Office	环境管理办公室
EO	Executive Order	（美国）行政法令
EOM	End of Mission	使命任务终止
EPA	(U.S.) Environmental Protection Agency	（美国）环境保护署
EPS	Electrical Power System	电力系统
ESTEC	European Space Research and Technology Center	欧洲空间研究和技术中心
ET	External Tank	外部燃料箱
EV	Earned Value	挣值
EVM	Earned Value Management	挣值管理
FA	Formulation Agreement	规划论证协议
FAD	Formulation Authorization Document	规划论证授权文件
FAR	Federal Acquisition Regulation	联邦采办需求
FCA	Functional Configuration Audit	功能技术状态审核
FDIR	Failure Detection, Isolation, and Recovery	故障检测、定位和修复
FE	Flight Element	空间飞行单元
FFBD	Functional Flow Block Diagram	功能流框图
FIPS	Federal Information Processing Standard	联邦信息处理标准
FM	Fault Management	故障管理
FMEA	Failure Modes and Effects Analysis	故障模式与影响分析
FMECA	Failure Modes, Effects, and Criticality Analysis	故障模式影响及关键性分析
FMR	Financial Management Requirements	财务管理需求
FMSE	Fault Management Systems Engineer	故障管理系统工程师
FONSI	Finding of No Significant Impact	无重大影响发现
FRR	Flight Readiness Review	飞行准备状态评审
FSAR	Final Safety Analysis Report (DOE)	（美国能源部）安全分析最终报告
FTE	Full Time Equivalent	全时当量数
GEO	Geostationary	地球静止轨道
GFP	Government-Furnished Property	政府登记国有资产
GMIP	Government Mandatory Inspection Point	政府强制检查点
GOTS	Government Off-The-Shelf	政府选用货架商品
GPS	Global Positioning Satellite	全球卫星定位系统
GRC	Goddard Research Center	NASA 戈达德研究中心

GSE	Government-Supplied Equipment or Ground Support Equipment	政府供应设备 或 政府保障设备
GSFC	Goddard Space Flight Center	戈达德航天飞行中心
HCD	Human-Centered Design	以人为中心的设计
HF	Human Factors	人因
HFE	Human Factors Engineering	人因工程
HITL	Human-In-The-Loop	人在回路
HQ	Headquarters	总部
HQ/EMD	(NASA) Headquarters/Environmental Management Division	NASA 总部/环境管理事业部
HSI	Human Systems Integration	人因系统集成
HSIP	Human System Integration Plan	人因系统集成计划
HWIL	HardWare-In-The-Loop	硬件在回路
I&T	Integration and Test	集成与试验（测试）
I&V	Integration and Verification	集成与验证
ICD	Interface Control Document/Drawing	接口控制文件/图纸
ICP	Interface Control Plan	接口控制计划
IDD	Interface Definition Document	接口定义文件
IDEF0	Integration Definition (for functional modeling)	（功能建模的）集成定义语言
IEEE	Institute of Electrical and Electronics Engineers	（美国）电子与电气工程师协会
ILS	Integrated Logistics Support	综合后勤保障
INCOSE	International Council on Systems Engineering	国际系统工程协会
INSRP	Interagency Nuclear Safety Review Panel	跨机构核安全特别评审小组
IP	International Partner	国际合作伙伴
IPEP	IV&V Project Execution Plan	软件独立验证和确认项目执行计划
IPT	Integrated Product Team	一体化产品团队
IRD	Interface Requirements Document	接口需求文档
IRN	Interface Revision Notice	接口修订通告
ISO	International Organization for Standardization	国际标准化组织
Isp	Specific Impulse	比冲量
IT	Information Technology	信息技术
ITA	Internal Task Agreement	内部任务协议
ITAR	International Traffic in Arms Regulation	国际武器交易规章
IV&V	Independent Verification and Validation	独立验证与确认
IVHM	Integrated Vehicle Health Management	飞行器综合健康管理
IWG	Interface Working Group	接口工作小组
JCL	Joint (cost and schedule) Confidence Level	（费用和进度）联合置信水平

JPL	Jet Propulsion Laboratory	喷气推进试验室
KBSI	Knowledge Based Systems, Inc.	（美国）知识系统公司
KDP	Key Decision Point	关键决策点
KDR	Key Driving Requirement	关键导向需求
KPP	Key Performance Parameter	关键性能参数
KSC	Kennedy Space Center	NASA 肯尼迪航天中心
KSI	Kilopounds per Square Inch	千磅每平方英寸
LCC	Life-Cycle Cost	寿命周期费用
LCCE	Life-Cycle Cost Estimate	寿命周期费用估算
LEO	Low Earth Orbit or Low Earth Orbiting	近地轨道
LLIS	Lessons Learned Information System	（NASA）经验教训信息系统
LOC	Loss of Crew	飞行机组损失
LOM	Loss of Mission	使命任务失败
LP	Launch Package	发射承载包
LSE	Lead Systems Engineer	责任系统工程师
M&S	Modeling and Simulation or Models and Simulations	建模与仿真
MAUT	Multi-Attribute Utility Theory	多属性效用理论
MBD	Model-Based Design	基于模型的设计
MBE	Model-Based Engineering	基于模型的工程
MBSE	Model-Based Systems Engineering	基于模型的系统工程
MCDA	Multi-Criteria Decision Analysis	多准则决策分析
MCR	Mission Concept Review	使命任务概念评审
MDAA	Mission Directorate Associate Administrator	使命任务部门主管助理
MDR	Mission Definition Review	使命任务定义评审
MEL	Master Equipment List	主设备清单
MFR	Memorandum for Record (NEPA)	（NEPA）归档备忘录
MGA	Mass Growth Allowance	重量增长留量
ML/MP	Multi-Level, Multi-Phase	多层级、多阶段
MODAF	(U.K.) Ministry of Defense Architecture Framework	（英国）国防部架构框架
MOE	Measure of Effectiveness	效能指标
MOP	Measure of Performance	性能指标
MOTS	Modified Off-The-Shelf	改进的货架产品
MOU	Memorandum of Understanding	谅解备忘录
MRB	Material Review Board	材料评审委员会
MRR	Mission Readiness Review	使命任务准备状态评审
MSE	Mission Systems Engineer	使命任务系统工程师
MSFC	Marshall Space Flight Center	NASA 马歇尔航天飞行中心

N^2	N-squared (diagrams)	N 平方图
NASA	National Aeronautics and Space Administration	（美国）国家航空航天局
NASA-TLX	NASA Task Load Index	NASA 工作量评估工具
NEDT	NASA Exploration Design Team	NASA 探索性设计团队
NEN	NASA Engineering Network	NASA 工程技术网
NEPA	National Environmental Policy Act	国家环境政策法案
NETS	NASA Environmental Tracking System	NASA 环境跟踪系统
NFS	NASA FAR Supplement	NASA 联邦采办补充需求
NGO	Needs, Goals, and Objectives	目标需要（需要、目的和目标）
NIAT	NASA Integrated Action Team	NASA 一体化行动小组
NID	NASA Interim Directive	NASA 临时指令
NLSA	Nuclear Launch Safety Approval	涉核发射安全性审批
NOA	New Obligation Authority	新的专款授权
NOAA	National Oceanic and Atmospheric Administration	（美国）国家海洋大气局
NODIS	NASA Online Directives Information System	NASA 在线指令信息系统
NPD	NASA Policy Directive	NASA 政策指令
NPR	NASA Procedural Requirements	NASA 技术规程需求
NRC	Nuclear Regulatory Commission	（美国）核技术管制委员会
NSES	NASA Statistical Engineering Symposium	NASA 统计工程年会
NSTS	National Space Transportation System	国家空间运输系统
OCE	Office of the Chief Engineer	NASA 首席工程师办公室
OCHMO	Office of the Chief Health and Medical Officer	NASA 首席健康与医疗官办公室
OCIO	Office of the Chief Information Officer	NASA 首席信息官办公室
OCL	Object Constraint Language	对象约束语言
OCSO	Organizational Computer Security Officer	组织内计算机安全官员
OIIR	Office of International and Intergovernmental Relations	（NASA）国际和政府间公关办公室
OMB	Office of Management and Budget	（美国）行政事务管理与预算办公室
OMG	Object Management Group, Inc.	国际对象管理组织
ORR	Operational Readiness Review	运行使用准备状态评审
OSTP	(U. S.) Office of Science and Technology Policy	（美国）科学与技术政策办公室
OTS	Off-the-Shelf	商业现货
OWL	Web Ontology Language	网络本体语言
PA	Product Assurance	产品质量担保证书
PBS	Product Breakdown Structure	产品分解结构
PCA	Physical Configuration Audit or Program Commitment Agreement	物理技术状态审核 或 工程承诺协议

PDLM	Product Data Life-cycle Management	产品数据寿命周期管理
PD/NSC	Presidential Directive/National Security Council	（美国）总统指令/国家安全署
PDR	Preliminary Design Review	初步设计评审
PERT	Program Evaluation and Review Technique	工程计划网络评审技术
PFAR	Post-Flight Assessment Review	飞行后评估评审
PHA	Preliminary Hazard Analysis	预先危险性分析
PI	Performance Index or	性能指标 或
	Principal Investigator	首席研究员
PIR	Program Implementation Review	工程方案实施评审
PIRN	Preliminary Interface Revision Notice	初步接口修订通告
PKI	Public Key Infrastructure	关键公共基础结构
PLAR	Post-Launch Assessment Review	发射后评估评审
P(LOC)	Probability of Loss of Crew	航天机组损失概率
P(LOM)	Probability of Loss of Mission	使命任务失败概率
PM	Program Manager or	工程负责人 或
	Project Manager	项目负责人
PMB	Performance Measurement Baseline (EVM)	性能度量控制基线（挣值管理用）
PMC	Program Management Council	工程管理专家委员会
PPBE	Planning, Programming, Budgeting, and Execution	项目规划、计划、预算和执行
PPD	Presidential Policy Directive	（美国）总统政策指令
PPO	Planetary Protection Officer	星球保护执行官
PPP	Program/Project Protection Plan	工程/项目保护计划
PQASP	Program/Project Quality Assurance Surveillance Plan	工程/项目质量保证监督计划
PRA	Probabilistic Risk Assessment	概率风险评估
PRD	Project Requirements Document	项目需求文档
PRR	Production Readiness Review	产品生产准备状态评审
PSAR	Preliminary Safety Analysis Report (DOE)	（美国能源部）安全分析初步报告
PSI	Pounds per Square Inch	磅每平方英寸
PSR	Program Status Review	工程进展状态评审
QA	Quality Assurance	质量保证
QVT	Query View Transformations	查询/视图/转换
R&D	Research and Development	研究与开发（研发）
R&M	Reliability and Maintainability	可靠性与维修性
R&T	Research and Technology	研究与技术开发
RACI	Responsible, Accountable, Consulted, Informed	(责任、审批、咨询、通知)角色模型
REC	Record of Environmental Consideration	环保因素备案
RF	Radio Frequency	射频/无线电
RFA	Requests for Action	评审中需要采取行动纠正的偏差

RFI	Request for Information	信息咨询调查表
RFP	Request for Proposal	项目建议申请
RHU	Radioisotope Heater Unit	放射性同位素加热单元
RID	Review Item Discrepancy or Review Item Disposition	评审中必须纠正的偏差
RIDM	Risk-Informed Decision-Making	风险视情决策
ROD	Record of Decision	决策记录
ROM	Rough Order of Magnitude	粗略的量级
RM	Risk Management	风险管理
RMA	Rapid Mission Architecture	使命任务快速架构
RPS	Radioisotope Power System	放射性同位素电力系统
RTE	Responsible Test Engineer	负责测试的工程师
RUL	Remaining Useful Life	剩余可用寿命
SAR	System Acceptance Review or Safety Analysis Report (DOE)	系统验收评审 或 （美国能源部）安全性分析报告
SBU	Sensitive But Unclassified	敏感但未定密
SDR	Program / System Definition Review	工程/系统定义评审
SE&I	Systems Engineering and Integration	系统工程开发与集成
SE	Systems Engineering	系统工程
SECoP	Systems Engineering Community of Practice	系统工程实践团体
SEMP	Systems Engineering Management Plan	系统工程管理计划
SER	Safety Evaluation Report	安全性评价报告
SI	International System of Units (French: Système international d'unités)	国际单位体制（公制）
SIR	System Integration Review	系统集成评审
SL/SP	Single Level, Single Phase	单层级、单阶段
SMA	Safety and Mission Assurance	安全性和使命任务质量保证
SME	Subject Matter Expert	领域主题专家
SMSR	Safety and Mission Success Review	安全性和使命任务成功评审
SOW	Statement of Work	任务说明
SP	Special Publication	特别出版物
SPI	Schedule Performance Index	进度性能指标
SRB	Standing Review Board or Solid Rocket Booster	独立评审委员会 或 固体火箭助推器
SRD	System Requirements Document	系统需求文档
SRR	Program / System Requirements Review	系统需求评审
SRS	Software Requirements Specification	软件需求规格说明
SSA	Space Situational Awareness	空间态势感知
STI	Scientific and Technical Information	科学与技术信息

STS	Space Transportation System	空间运输系统
SysML	System Modeling Language	系统建模语言
T&E	Test and Evaluation	试验与评价
TA	Technical Authority	技术授权
TBA	To Be Announced	待要通告
TBD	To Be Determined	待要确定
TBR	To Be Resolved	待要解决
TD	Technology Development	技术开发
TDRSS	Tracking and Data Relay Satellite System	跟踪与数据中继卫星系统
TLA	Timeline Analysis	时间线分析
TLS	Timeline Sheet	时间线表单
TMA	Technology Maturity Assessment	技术成熟度评估
TOC	Turn Over Cart	反复验证
ToR	Terms of Reference	参考内容
TPM	Technical Performance Measure	技术性能指标
TPS	Thermal Protection System	热防护系统
TQM	Total Quality Management	全面质量管理
TRA	Technology Readiness Assessment	技术成熟度评估
TRAR	Technology Readiness Assessment Report	技术成熟度评估报告
TRL	Technology Readiness Level	技术成熟度水平
TRR	Test Readiness Review	试验准备状态评审
TVC	Thrust Vector Controller	推力矢量控制
UFE	Unallocated Future Expenses	不可预见费用
UML	Unified Modeling Language	统一建模语言
USML	United States Munitions List	美国军用品目录
V&V	Verification and Validation	验证与确认
VAC	Variance at Completion	完工成本偏差
VDHL	VHSIC Hardware Description Language	超高速集成电路硬件描述语言
VHSIC	Very-High-Speed Integrated Circuit	超高速集成电路
WBS	Work Breakdown Structure	工作分解结构
WP	Work Packages	工作负载包
WYE	Work Year Equivalent	以年计等价工作量
XMI	XML Metadata Interchange	XML 元数据交换
XML	Extensible Markup Language	可扩展标记语言

附录 B 专用术语表

B.1 专用术语列表

英 文 条 目	中 文 术 语
Acceptable Risk	可接受风险
Acquisition	采办
Activity	活动
Advancement Degree of Difficulty Assessment (AD^2)	技术改进难度评估
Allocated Baseline (Phase C)	配定控制基线（阶段 C）
Analysis	定量分析（用于验证和确认）
Analysis of Alternatives	备选方案分析
Analytic Hierarchy Process	层次分析法
Anomaly	异常
Approval	审批/批准
Approval (for Implementation)	审批（针对工程/项目实现和运用）
Architecture (System)	系统架构
Architecture (ISO Definition)	架构（ISO 定义）
As-Deployed Baseline	已部署控制基线
Automated	自动化
Autonomous	自主性
Baseline	控制基线
Bidirectional Traceability	双向可追溯性
Brassboard	硬试样
Breadboard	软试样
Component Facilities	分属设施
Concept of Operations (ConOps) (Concept Documentation)	运行使用构想
Concurrence	同意书
Concurrent Engineering	并行工程
Configuration Items	技术状态控制项
Configuration Management Process	技术状态管理流程
Context Diagram	运行使用背景图
Continuous Risk Management	持续风险管理
Contract	合同

续表

英 文 条 目	中 文 术 语
Contractor	承包商
Control Account Manager	账目控制/核算主管
Control Gate (or milestone)	控制节点（里程碑）
Cost-Benefit Analysis	费用效益分析
Cost-Effectiveness Analysis	费用效能分析
Critical Design Review	关键设计评审
Critical Event (or Key Event)	关键事件
Critical Event Readiness Review	关键事件准备状态评审
Customer	客户
Data Management	数据管理
Decision Analysis Process	决策分析流程
Decision Authority	决策权威
Decision Matrix	决策矩阵
Decision Support Package	决策支撑资料
Decision Tree	决策树
Decommissioning Review	退役评审
Deliverable Data Item	可交付数据产品
Demonstration	功能演示（用于验证和确认）
Derived Requirements	派生需求
Descope	项目降准
Design Solution Definition Process	设计方案开发流程
Designated Governing Authority	委任的权威主管
Detection	探查
Diagnosis	诊断
Discrepancy	不相符
Earned Value	挣值
Earned Value Management	挣值管理
Emergent Behavior	涌现行为
End Product	目标产品
Enabling Products	配套产品
Engineering Unit	工程试样
Enhanced Functional Flow Block Diagram	扩展功能流框图
Entrance Criteria	启动条件
Environmental Impact	环境影响
Environmental Management	环境管理
Establish (with respect to processes)	立规行动（流程相关）

续表

英 文 条 目	中 文 术 语
Evaluation	评价
Extensibility	扩展性
Failure	失效
Failure Tolerance	失效容错
Fault	故障
Fault Identification	故障识别
Fault Isolation	故障隔离
Fault Management	故障管理
Fault Tolerance	故障容错
Feasible	可行
Flexibility	柔性
Flight Readiness Review	飞行准备状态评审
Float	浮动时间
Formulation Phase	规划和论证阶段
Functional Analysis	功能分析
Functional Baseline (Phase B)	功能控制基线（阶段 B）
Functional Configuration Audit (FCA)	功能技术状态审核
Functional Decomposition	功能分解
Functional Flow Block Diagram	功能流框图
Gantt Chart	甘特图
Goal	目的
Government Mandatory Inspection Points	政府强制检查节点
Health Assessment	健康评估
Health Monitoring	健康监控
Heritage (or legacy)	固有能力
Human-Centered Design (HCD)	以人为中心的设计
Human Factors Engineering	人因工程
Human Systems Integration (HSI)	人因系统集成
Implementation Phase	实现与运用阶段
Incommensurable Costs	不可预计费
Influence Diagram	影响图
Inspection	外观检视（用于验证和确认）
Integrated Logistics Support	综合后勤保障
Interface Management Process	接口管理流程
Iterative	迭代
Key Decision Point	关键决策点

续表

英 文 条 目	中 文 术 语
Key Event (or Critical Event)	关键事件
Key Performance Parameter	关键性能参数
Knowledge Management	知识管理
Least-Cost Analysis	最小费用分析
Liens	留置项
Life-Cycle Cost	寿命周期费用
Logical Decomposition Models	逻辑分解模型
Logical Decomposition Process	逻辑分解流程
Logistics (or Integrated Logistics Support)	后勤（综合后勤保障）
Loosely Coupled Program	松耦合工程
Maintain (with respect to establishment of processes)	维护（与建立流程相关）
Maintainability	维修性
Margin	余量
Master Equipment List（MEL）	主设备清单
Measure of Effectiveness（MOE）	效能指标
Measure of Performance（MOP）	性能指标
Metric	指标体系
Mission	使命任务
Mission Concept Review	使命任务构想评审
Mission Definition Review	使命任务定义评审
Mitigation	缓解
Model	模型
Need	需要
Nonconforming product	不相容产品
Objective	目标
Objective Function (sometimes Cost Function)	目标函数（某些情况下为费用函数）
Operational Environment	运行使用环境
Operational Readiness Review	运行使用准备状态评审
Operations Concept	运行使用方式
Optimal Solution	最优解决方案
Other Interested Parties (Stakeholders)	其他涉利团体（其他涉利者）
Peer Review	同行评审
Performance Standards	性能标准
Physical Configuration Audits (or configuration inspection)	物理技术状态审核（技术状态检查）
Post-Flight Assessment Review	飞行后评估评审
Post-Launch Assessment Review	发射后评估评审

续表

英文条目	中文术语
Precedence Diagram	顺序图
Preliminary Design Review	初步设计评审
Process	流程
Product	产品
Product Baseline (Phase D/E)	产品控制基线（阶段 D/E）
Product Breakdown Structure	产品分解结构
Product Form	产品形式
Product Implementation Process	产品方案实施流程
Product Integration Process	产品集成流程
Product Realization	产品实现
Product Realization Process	产品实现流程
Product Transition Process	产品交付流程
Product Validation Process	产品确认流程
Product Verification Process	产品验证流程
Producibility	可生产性
Production Readiness Review	生产准备状态评审
Prognosis	预后
Program	工程
Program/System Definition Review	工程/系统定义评审
Program Requirements	工程需求
Program/System Requirements Review	工程/系统需求评审
Programmatic Requirements	工程性需求
Project	项目
Project Plan	项目工作计划
Project Requirements	项目需求
Phase Product	阶段产品
Prototype	原型
Quality Assurance	质量保证
Realized Product	已实现产品
Recovery	功能恢复
Recursive	递归
Relevant Stakeholder	直接利益相关者
Relevant Environment	关联环境
Reliability	可靠性
Repeatable	可复用
Requirement	需求

续表

英 文 条 目	中 文 术 语
Requirements Allocation Sheet	需求分配表单
Requirements Management Process	需求管理流程
Risk	风险
Risk Assessment	风险评估
Risk-Informed Decision Analysis Process	风险视情决策分析流程
Risk Management	风险管理
Safety	安全性
Search Space (or Alternative Space)	搜索空间（方案空间）
Single-Project Programs	单项目工程
Software	软件
Solicitation	项目招标
Specification	技术规范（技术规格）
Stakeholder	利益相关者
Stakeholder Expectations	利益相关者期望
Stakeholder Expectations Definition Process	利益相关者期望开发流程
Standing Review Board	独立评审委员会
State Diagram	状态图
Success Criteria	成功评定准则
Surveillance	监督
System	系统
System Acceptance Review	系统验收评审
System Definition Review	系统定义评审
System Integration Review	系统集成评审
System Requirements Review	系统需求评审
System Safety Engineering	系统安全性工程
System Structure	系统结构
Systems Approach	系统论方法
Systems Engineering Engine	系统工程引擎
Systems Engineering Management Plan	系统工程管理计划
Tailoring	剪裁
Technical Assessment Process	技术评估流程
Technical Cost Estimate	技术成本估算
Technical Data Management Process	技术数据管理流程
Technical Data Package	技术数据资料
Technical Measures	技术指标集
Technical Performance Measures	技术性能指标

续表

英 文 条 目	中 文 术 语
Technical Planning Process	技术规划流程
Technical Requirements	技术需求
Technical Requirements Definition Process	技术需求开发流程
Technical Risk	技术风险
Technical Risk Management Process	技术风险管理流程
Technical Team	技术团队
Technology Readiness Assessment Report	技术可用状态评估报告
Technology Assessment	技术评估
Technology Development Plan	技术开发计划
Technology Maturity Assessment	技术成熟度评估
Technology Readiness Level	技术成熟度水平
Test	试验/测试
Test Readiness Review	试验准备状态评审
Threshold Requirements	需求门限
Tightly Coupled Programs	紧耦合工程
Traceability	可追溯性
Trade Study	权衡研究
Trade Study Report	权衡研究报告
Trade Tree	权衡树
Transition	产品交付
Uncoupled Programs	非耦合工程
Utility	效用
Validated Requirements	已确认的需求
Validation (of a product)	产品确认
Variance	偏差
Verification (of a product)	产品验证
Waiver	免责说明
WBS Model	工作分解结构模型
Work Breakdown Structure (WBS)	工作分解结构
Workflow Diagram	工作流图

B.2 专用术语的释义

本节按汉语拼音顺序给出所有专用术语的定义和语境。

- **安全性（Safety）：**

避免下列情况的发生：导致死亡、受伤、职业病；设备和财产的毁坏或损失；环境遭到破坏。

- **备选方案分析（Analysis of Alternatives）：**

用于比较备选方案的正式分析方法。通过效能分析，评估备选方案满足使命任务需求的能力；通过费用分析，评估备选方案寿命周期费用。上述两个分析结果相结合，形成备选方案的费效比，使得决策者能够评定各备选方案的相对价值和潜在的工程性回报。备选方案分析针对工程或项目的所有备选方案，广泛检查多项要素（包括技术性能、风险、寿命周期费用和其他工程性评价指标）。

- **并行工程（Concurrent Engineering）：**

以并行的工程开发模式而非串行的工程开发模式开展的设计工作。这种产品开发方法将产品的制造、试验、质保、运行使用和其他相关领域工作组成设计回路，既确保设计方案中考虑了所有方面，又可以缩减产品的开发时间。

- **不可预计费（Incommensurable Costs）：**

不易度量的费用，例如，为控制发射造成的污染和减少残骸碎片所需要的花费。

- **不相符（Discrepancy）：**

相对于需要的或期望的技术状态和输出结果，任何可观测到的偏差、争议或矛盾。

- **不相容产品（Nonconforming product）：**

软件、硬件或两者组合，可能是生产的，可能是外购的，也可能是两者的组合，被判别为不符合已经归档的系统需求。

- **采办（Acquisition）：**

NASA 为了完成其使命任务而获取相关系统、研究成果、服务、构件和备件的过程。采办过程可能包括采购（通过产品合同和服务合同获取），起始于某个符合 NASA 战略规划且满足指定需求的构思或建议，结束于工程或项目的完成，或结束于最终不再使用相关产品或服务。

- **层次分析法（Analytic Hierarchy Process）：**

一种经过验证且有效的处理复杂决策问题的多属性评定方法，能够辅助确定评定标准并对评定标准赋权，能够辅助分析针对评定标准收集的数据，并加快决策过程。

- **产品（Product）：**

系统的组成部分，包括能够履行运行使用功能的目标产品，以及能够为相关目标产品提供寿命周期服务的配套产品，也可以是以某种形式工作产品（如计划、控制基线或试验结果）存在的技术工作成果。

- **产品方案实施流程（Product Implementation Process）：**

通过购买、制造或重用方式生成产品层级中特定产品的流程，所生成产品的存在形式符合产品寿命周期转阶段（阶段成功）评判准则并满足在设计方案中指定的需求（如图纸、技术规格）。

- **产品分解结构（Product Breakdown Structure）：**

对工程/项目中硬件和软件产品的层次化分解。

- **产品集成流程（Product Integration Process）：**

该流程通过组装和集成经过确认的低层级目标产品，将开发的设计方案转换成集成工作所在层级的目标产品，组装和集成的方式符合产品寿命周期转阶段（阶段成功）评判准则并满足在设计方案中指定的需求（如图纸、技术规格）。

- **产品交付**（Transition）：

将产品从一个地点移送到另一个地点的行为。该行为包括包装、搬运、储存、移动、运输、安装和维护活动。

- **产品交付流程**（Product Transition Process）：

该流程用于向位于系统结构上一层级的客户交付经过验证和确认的目标产品。该目标产品通过产品设计方案实施或产品集成而生成，可参与更高层级新的目标产品的集成，或参与向最终用户提交的顶层目标产品的集成。

- **产品控制基线（阶段 D/阶段 E）**（Product Baseline（Phase D/E））：

产品控制基线是一类被批准的技术文档，描述在寿命周期的生产、转场/部署和运行使用保障阶段，产品技术状态中各技术状态控制项的设定值。产品控制基线描述技术状态控制项的物理属性或外形、尺寸和功能的详细特征，描述生产验收试验选定的产品功能特征，以及描述生产验收试验的需求。

- **产品确认**（Validation（of a product））：

产品确认基于利益相关者的期望和运行使用构想，证明产品已经达到预期目的。确认可以通过产品试验、定量分析、功能演示、外观检视或其组合来确定。（确认过程中回答问题："这样做出来的产品是正确的吗?"）

- **产品确认流程**（Product Validation Process）：

该流程用于证实通过产品方案实施流程或产品集成流程生成的已通过验证的目标产品能够实现（满足）在预设环境中的预期使用要求，确保在产品交付之前（如果确认活动由产品供应商完成）或在与其他产品集成为更高层级的组装产品之前（如果确认活动由产品接收者完成），在产品验证流程中发现的任何异常都已经适当地解决。确认活动依据一组已确定控制基线的利益相关者期望实施和完成。

- **产品实现**（Product Realization）：

制造、购买或重用一个产品的行动，或将低层级已实现的产品组装和集成为本产品层级新产品，验证和确认新产品满足其相应需求，并将新产品交付到客户的行动。

- **产品实现流程**（Product Realization Process）：

通过应用产品实现的四个具体流程得到所期望的输出。此时产品的存在形式取决于产品所处寿命周期阶段和转阶段（阶段成功）判定准则。

- **产品形式**（Product Form）：

产品的展现形式依赖于所处的开发阶段、当前使用环境和产品成熟度。产品形式的示例包括工程初样、仿真模型、工程试样、原型样机和飞行正样。

- **产品验证**（Verification（of a product））：

证明产品符合技术规格。验证可以通过产品试验、定量分析、功能演示、外观检视或其组合来确定。（验证过程中回答问题："这样做产品的过程是正确的吗?"）

- **产品验证流程**（Product Verification Process）：

该流程用于证明通过产品方案实施流程或产品集成流程生成的目标产品符合其设计方案定义相应的需求，这些需求与产品寿命周期阶段及目标产品在系统结构中所处的层级和位置相关。

- **承包商（Contractor）：**

与 NASA 就某项工程或项目签订合同的个人、合伙人、商号、公司、协会或其他服务行业，按照合同要求进行相应产品的设计、研发、制造、维护、更新、运行和保障工作，或根据合同要求提供相应服务。研究成果转让、科研合同及科研子合同不包含在此定义中。

- **成功评定准则（Success Criteria）：**

需要令人信服地证明，项目特定技术成果已经实现技术评审的目标，从而技术工作能够推进到寿命周期的下一个阶段。成功评定准则在相应的技术评审计划中记录归档。该术语曾被称为“转阶段”评判准则，某些 NPD 文件/NPR 文件中仍然在使用这个术语。

- **持续风险管理（Continuous Risk Management）：**

伴随着设计、计划和流程的实施，对风险进行有效辨识、分析、计划、跟踪、控制、交流和归档的系统性的反复迭代过程。

- **初步设计评审（Preliminary Design Review）：**

该评审展示并证明初步设计方案在可接受的风险条件下和费用进度约束下能够满足所有系统需求，并为开展详细设计建立了稳固的基础。该评审需要证明设计方案选项是正确的，并且接口已经明确，验证方法已经阐明。

- **单项目工程（Single-Project Programs）：**

往往具有较长的开发和运行使用寿命的工程，表明需要 NASA 大量的资源投入，同时还有多个其他组织/机构的贡献。此类工程经常将工程管理方法和项目管理方法结合在一起，并进行剪裁而形成归档资料。

- **递归（Recursive）：**

递归是指流程重复应用在系统结构中，用于设计更低层级的系统产品或实现更高层级的目标产品，从而为系统增加附加价值，同时也是指在寿命周期下一阶段将同一流程重复应用到系统结构中，进而提高系统定义成熟度并满足转阶段（阶段成功）评判准则。

- **迭代（Iterative）：**

指流程多次应用于同一产品或同一组产品，纠正所发现的需求不相符或其他偏差情况。（参见本附录中术语“递归”和“可复用”）

- **定量分析（用于验证和确认）（Analysis）：**

基于计算数据和来自系统结构低层级目标产品的确认数据，运用数学模型和解析方法，预测系统设计方案与系统需求的符合程度。

- **独立评审委员会（Standing Review Board）：**

该委员会负责对一个工程或项目进行独立审查（寿命周期评审和特别评审），并向评审召集机构提供客观的专家判断。所进行的评审是依据经批准的授权评审范围和针对 NPR 7123.1 中各项寿命周期要求进行的。

- **发射后评估评审（Post-Launch Assessment Review）：**

用于评估航天器系统在发射后的部署过程中进行全面常规运行使用的准备情况。该项评审还评估项目工作计划的现状和执行使命任务的能力，重点是短期运行使用和使命任务中的关键事件。

- **非耦合工程（Uncoupled Programs）：**

在一个宽泛的主题和/或一个通用的工程实施理念下实施工程，例如，针对通过商机公告或NASA 研究公告遴选的总成本限额项目，为其产品提供频繁的作为空间飞行载荷的机会。在工程中每个这样的项目都独立于其他项目。

- **飞行后评估评审（Post-Flight Assessment Review）：**

用于评价在使命任务执行中使命任务目标达到的程度，明确所有飞行系统和地面系统在飞行任务期间出现的异常，并确定同一款设计的空间飞行器在未来飞行使命任务中减缓或消除这些异常现象所应采取的行动。

- **飞行准备状态评审（Flight Readiness Review）：**

该项评审检查产品试验、功能演示、定量分析和项目审核的结果，确定系统的准备状态已经达到安全和成功地起飞/发射条件及执行后续飞行任务的要求。该项评审同时保证所有飞行和地面相关硬件、软件、人员及程序已经准备就绪。

- **费用效能分析（Cost-Effectiveness Analysis）：**

对比各备选方案达到特定目标时相应等价效益所花费费用的一种系统定量分析方法。

- **费用效益分析（Cost-Benefit Analysis）：**

通过对比等价费用或等价效益来确定各备选方案之间优劣的方法。该方法需要考虑全部正面因素和负面因素来确定最终结果。

- **分属设施（Component Facilities）：**

隶属于 NASA 中心或机构的但在地理上分离的综合设施，这些设施始终归 NASA 机构所有。

- **风险（Risk）：**

在执行使命任务的情况下，针对已明确确定和规定应达到的系统性能要求，风险是指在将来可能出现的性能缺失。执行使命任务中性能缺失可能与以下任何一个或多个方面有关：(1) 安全性风险。(2) 技术性风险。(3) 成本性风险。(4) 进度性风险。（源自 NPR 8000.4《NASA 机构风险管理程序性要求》）

- **风险管理（Risk Management）：**

风险管理包括在同一个集成框架下的风险视情决策（RIDM）和持续风险管理（CRM）。风险视情决策通过在选择备选方案和建立需求控制基线时更好地利用风险信息和不确定性信息来为系统工程决策提供支撑。持续风险管理在产品开发进程中和寿命周期的方案实施阶段管理风险，确保在安全、技术、成本和进度方面的需求得到满足。这样做是为了促进主动风险管理，通过利用风险信息来更好地为决策服务，由此将持续风险管理的关注点集中在从风险视情决策流程中产生的性能需求控制基线上，从而更有效地管理产品方案实施阶段的风险。（源自 NPR 8000.4《NASA 机构风险管理程序性要求》。）这些流程应用的严格程度与工程的复杂性、成本和关键性相称。

- **风险评估（Risk Assessment）：**

对存在风险的产品项进行评价以确定：(1) 哪里可能出现错误。(2) 该错误可能如何发生。(3) 该错误产生的可能后果。(4) 与错误发生可能性和后果相关的不确定性。(5) 风险缓解计划。

- **风险视情决策分析流程（Risk-Informed Decision Analysis Process）：**

由五个步骤构成的决策过程，该流程首先关注目标，其次针对了然于胸的目标关注决策备选方案的开发，以及所开发的决策方案在其他系统工程流程中的应用。该流程的随后几个步骤与技术风险管理流程密切相关。

- **浮动时间（Float）：**

在项目的网络化进度安排中，在不会造成后续任务和项目整体延迟的前提下，某项任务许可的延迟时间量。

- **甘特图（Gantt Chart）：**

用于描述工作分解结构中活动和产品起始及结束日期的条状图。

- **工程（Program）：**

一项由使命任务主管部门（或使命任务保障办公室）负责的战略投资，需确定工程架构和技术途径、使命任务需求、投资水平及管理结构，从而启动并指导一个或多个项目的实施。工程对应于 NASA 总局已经明确的关键战略方向。

- **工程试样（Engineering Unit）：**

可运行使用单元开发中的一个高逼真度构件，能够演示涉及工程开发流程的关键内容。工程试验用试样应尽最大可能地接近最终产品（硬件/软件）进行制造和试验，据此可以建立“设计方案能够在预期环境中发挥作用”的信心。在某些情况下，只要对组件和硬件处理过程的可追溯性得到适当的保证，工程试样也可能成为最终产品。

- **工程/系统定义评审（Program/System Definition Review）：**

该项评审检查所提议工程的架构及直到系统功能单元的分解。该项评审对所提议工程的目标和实现这些目标的构想进行评价，对关键技术和相应风险进行辨识和评估。该项评审给出确定控制基线的工程计划、预算和进度安排。

- **工程/系统需求评审（Program/System Requirements Review）：**

该项评审评估所提出的工程需求/架构相对于使命任务主管部门要求的可信度和响应度，评估分配到各个项目的工程需求，评估工程使命任务定义/系统定义的成熟度。

- **工程性需求（Programmatic Requirements）：**

由使命任务主管部门、工程管理方、项目管理方和首席研究员根据情况确定的需求。这些需求包括战略性科学和探索需求、系统性能需求，以及进度、费用和其他类似的非技术约束。

- **工程需求（Program Requirements）：**

强加于工程管理办公室的一组需求，通常在工程的工作计划中找到，还包括工程强加于自身的派生需求。

- **功能分解（Functional Decomposition）：**

在设计方案开发流程和功能逻辑分解流程中获得的分系统功能。通过考察系统功能而明确分系统功能，这些分系统功能是实现系统功能及功能之间关联关系和接口关系所需要的。

- **功能分析（Functional Analysis）：**

辨识、描述和关联系统功能的过程，这些功能是为达到系统目的和目标必须实现的。

- **功能恢复（Recovery）：**

在发生故障/失效后采取的行动，目的是还原能够实现现有系统目标或重新定义的系统目标所必需的功能。

- **功能技术状态审核（Functional Configuration Audit，FCA）：**

针对在初步设计评审（PDR）和关键设计评审（CDR）中获得批准的功能控制基线文档中列入的需求，在技术状态已确定情况下检查产品的功能特性，通过试验结果验证产品满足指定需求，以及之后经批准的所有变更。功能技术状态审核将在硬件和软件技术状态固化的产品上实施，并在此类产品的物理技术状态审核（PCA）之前实施。

- **功能控制基线（阶段 B）（Functional Baseline（Phase B））：**

功能控制基线是一个已经批准的系统技术状态文档，针对系统或顶层技术状态控制项，描述其在功能、互操作性和接口特性方面的性能需求，以及为了证明这些专有特性已经实现而需进行的验证活动。

- **功能流框图（Functional Flow Block Diagram）：**

用于定义系统功能及功能事件时序的框图。

- **功能演示（用于验证和确认）（Demonstration）：**

展示目标产品的使用能够达到（验证时）单项特定需求或达到（确认时）利益相关者的期望。这是对产品性能和能力的基本认证方式，因无须采集详细数据而区别于产品试验。功能演示可能涉及物理模型或工程试样，如对于“所有控制装置应使航天员能够伸手触及”这项需求，可以通过让航天员在驾驶舱的工程试样或模拟驾驶舱内执行飞行相关任务来进行验证。功能演示可以让高水平人员如试飞员在目标产品上实际操作，试飞员能通过处理小概率事件来验证产品在极端条件下的性能和能力。

- **工作分解结构（Work Breakdown Structure，WBS）：**

以产品为导向的，对工程/项目中生产目标产品所需硬件、软件、服务和数据进行的分层划分，按照开展工作的方式进行结构化，反映工程/项目在费用、进度、技术和风险方面数据的收集、汇总和报告的方法。

- **工作分解结构模型（WBS Model）：**

用于描述系统，包括目标产品及其（完成系统运行使用功能的）子系统、保障和配套产品，以及系统开发中需要的各种其他工作产品（如技术工作计划、控制基线）。

- **工作流图（Workflow Diagram）：**

表明活动、活动相互依赖关系和里程碑的进度示意图。

- **固有能力（Heritage（or legacy））：**

指原始制造商所建造的部件所固有的质量水平和可靠性水平，通过以下指标验证：（1）服务时间。（2）服务单元数量。（3）平均无故障时间。（4）循环使用的次数。

- **故障（Fault）：**

用于解释某个失效在物理上的原因或逻辑上的原因。（来源：参考文献 Avizienis 2004）

- **故障隔离（Fault Isolation）：**

采取行动限制故障的影响，从而限制失效的程度。

- **故障管理（Fault Management）：**

一个专门的工程学科专业，对于可能干扰预定使命任务中系统运行使用的环境条件，该专业的实践经验能够保证可运行使用系统有能力包容、阻止、检测、诊断、识别、响应这些条件并从干扰影响中恢复。

- **故障容错（Fault Tolerance）：**

参见术语“失效容错”条目。

- **故障识别（Fault Identification）：**

确定引起失效或异常的可能原因，并对原因识别到给定的颗粒度。

- **关键决策点（Key Decision Point）：**

决策机构在该时刻点确定工程/项目是否已经具备推进到寿命周期下一阶段（或下一关键决策点）的条件。

- **关键设计评审（Critical Design Review）：**

该项评审用于展示并证明设计方案的成熟度已经适应支持系统进行全尺寸的制造、组装、集成和试验，技术工作成果进展正常，已经能够在给定的费用和进度约束下满足任务的性能需求。

- **关键事件（Critical Event（or Key Event））：**

参与使命任务过程中，预期在运行使用阶段发生的时间敏感事件，为了保证使命任务成功需要该事件成功发生，关键事件应当在寿命周期的早期考虑，作为系统设计的导向。

- **关键事件准备状态评审（Critical Event Readiness Review）：**

针对项目的空间飞行系统在运行使用中需要达成关键事件的任务要求，为评价空间飞行系统是否已经做好准备而进行的评审。

- **关键性能参数（Key Performance Parameter）：**

成功完成使命任务需要考虑的最重要的能力或特性（通常与系统的工程开发、健康安全或运行使用相关）。这些能力与特性刻画了运行使用性能、保障性和互操作性的主导因素。

- **关联环境（Relevant Environment）：**

即使并非所有的系统、子系统和组件都在运行使用环境中参与任务执行，也能令人满意地达到性能余量要求或利益相关者期望。因此，关联环境作为运行使用环境的特定子集，用于展示运行使用环境中致使最终产品的性能面临关键性“风险”的那部分环境。

- **规划和论证阶段（Formulation Phase）：**

NPR 7120.5 中定义的 NASA 管理寿命周期的前半部分。在该阶段中，需要明确系统需求控制基线、确定可行的系统构想、根据选定的构想明确系统定义的控制基线，并准备进入系统实施和运行阶段。

- **合同（Contract）：**

一种相互制约的法律关系，要求供应方提供应物和服务（包括货物组装），并要求购货方为此支付费用。除非有其他形式的授权，合同以书面形式明确政府拨付款项对应的所有类型的条件和承诺。除双方共有的法律文书之外，合同还包括（但不限于）以下内容：奖励和奖项说明、在基本订购协议下的工作清单和任务书、书面合同、订单（如采购订单，通过提供书面验收证明及合同履行证明使合同生效）、双方共有的合同变更书。合同中不包括转让与合作协议。

- **后勤（Logistics）：**

见本附录中术语“综合后勤保障”。

- **缓解（Mitigation）：**

为减轻故障对达到现有的或重新定义的系统目标所产生的影响而采取的行动。

- **环境管理（Environmental Management）：**

鉴于工程和项目中的行动或决策可能对环境产生的影响和破坏，本项活动确保在论证和规划阶段已对这些影响和破坏进行了评估，并且在实现和运用阶段进行再次评价。本项活动的实施必须遵从所有的 NASA 政策，遵从美国联邦、各州和地方的环境法律和规章。

- **环境影响（Environmental Impact）：**

一个行动对环境造成的直接的、间接的或累积的有益或有害影响。

- **活动（Activity）：**

一组任务，用于描述为完成流程并帮助产生期望结果的技术工作。

- **技术成本估算（Technical Cost Estimate）：**

由技术团队基于自身对系统需求和运行使用方式的理解，以及对系统架构的认知和期望，对项目中技术工作的成本做出的估算。

- **技术成熟度评估（Technology Maturity Assessment）：**

以技术成熟度水平（TRL）为指标确定系统技术可用程度的流程。

- **技术成熟度水平（Technology Readiness Level）：**

为度量技术成熟度提供可依据的尺度。技术成熟度水平的范围从 1 级（基础技术研究）到 9 级（系统试验、发射和运行使用）。通常，若试图将某项技术集成到系统工程流程中，其技术成熟度水平需要至少达到 6 级（关联环境中完成技术演示验证）。

- **技术风险（Technical Risk）：**

在达成技术目的、准则和目标方面成果过程中面临的相关风险。其表现为在技术性能、人身安全、使命任务资产和环境方面不希望发生的后果。

- **技术风险管理流程（Technical Risk Management Process）：**

该流程用于做出风险视情决策，并在持续管理的基础上检查项目计划中可能出现的偏差及发生偏差时可能产生的后果。

- **技术改进难度评估（Advancement Degree of Difficulty Assessment（AD^2））：**

研究促进系统成熟度水平提升需要什么技术，并形成统一认识的过程。

- **技术规范（技术规格）（Specification）：**

用于完整地、精确地、可实证地规定系统或系统组件的需求、设计、行为和特征的文档。在 NPR 7123.1 中，“技术规范”被当作“需求”处理。

- **技术规划流程（Technical Planning Process）：**

该流程是用于规划每个通用技术流程如何应用和管理的流程；其用于识别、定义和计划适用于产品生命周期各阶段，针对位于系统结构中产品各层级的技术工作，还用于满足项目目标和产品寿命周期转阶段（阶段成功）评判准则。该流程生成的关键文档是系统工程管理计划。

- **技术开发计划（Technology Development Plan）：**

系统从阶段 A 转入阶段 B 所要求的文档，用于明确需要开发的技术、需要改进的现有系统、需要寻求的备选开发路径、时间后墙位置，以及相应的性能降准、里程碑、指标体系和关键决策点。该计划是项目初步工作计划的一部分。

- **技术可用状态评估报告（Technology Readiness Assessment Report）：**

系统从阶段 B 转入阶段 C/阶段 D 所要求的文档，说明所有系统、子系统和组件已获得在关联环境中的合格证明，因而已经达到所要求的技术成熟度水平。

- **技术评估（Technology Assessment）：**

确定需要开发新技术或将新先进技术引入系统的系统化流程。技术评估流程在产品分解结构（PBS）框架内运用系统工程的基本原理和流程，其包含两个步骤：（1）以技术成熟度水平（TRL）为指标评估并确定当前的技术成熟度；（2）通过采用技术改进难度评估（AD^2）方法确定将技术从一个技术成熟度水平推进到下一个技术成熟度水平相应的难度。

- **技术评估流程（Technical Assessment Process）：**

该流程用于帮助监控技术工作的进展，并为支持系统设计流程、产品实现流程和技术管理流程提供技术工作的当前状态信息。该流程的一个关键内容是在全寿命周期中进行的寿命周期评审和技术评审。

- **技术数据管理流程（Technical Data Management Process）：**

该流程用于规划、获取、评估、管理、保护和使用反映技术本质的数据，以此支持系统的全寿命周期技术工作。该流程用于获取权衡分析、费用估算、技术分析的结果，以及用于获取技术报告和其他重要信息。

- **技术数据资料（Technical Data Package）：**

系统设计方案开发流程的输出，随系统阶段发展而演化，起始于概念草图和概念模型，结束时形成完整图纸、部件清单，以及产品方案实施流程和产品集成流程中所要求的其他细节。

- **技术团队（Technical Team）：**

由涉及多个学科专业，拥有相关领域知识、经验、资质和技能，能完成被赋予特定技术工作的个人组成的群体。

- **技术性能指标（Technical Performance Measures）：**

系统关键性能参数集，通过对比相关参数的当前实际指标值与预测的当前指标值和未来指标值进行监控。技术性能指标用于认证系统开发工作的进展，辨识可能对满足系统需求产生危害的缺陷。所评估的参数值相对于预测值的偏差超出预期的范围意味着需要进行评价和采取纠错行动。技术性能指标通常从已确定的性能指标集中选出。

- **技术需求（Technical Requirements）：**

对系统的目标产品施加的（包括对系统本身施加的）一组需求，又称为“产品需求”。

- **技术需求开发流程（Technical Requirements Definition Process）：**

该流程用于将利益相关者期望转换为经确认的技术需求完备集，技术需求表达为“需要能……”形式的陈述，用于定义产品分解结构（PBS）模型和相关配套产品的设计方案。

- **技术指标集（Technical Measures）：**

基于期望和需求而确立的度量指标集，并进行跟踪和评估。在此基础上确定全系统或产品的效能及客户满意度。通常这样的度量指标包括效能指标（MOE）、性能指标（MOP）和技术性能指标（TPM）。

- **技术状态管理流程**（Configuration Management Process）：

将管理科学应用到产品全寿命周期中，用于控制产品在性能方面、功能方面和物理方面特性的变更，并为这些特性提供直观可视性。该流程确保产品的技术状态可知并反映在产品的信息中，保证产品变更是有益的且没有相反结果的影响，并保证变更可控。

- **技术状态控制项**（Configuration Items）：

技术状态控制项是满足最终使用功能的硬件、软件或两者的组合，用于分项进行技术状态管理。例如，技术状态控制项可以表现为文字和数字标识，这种标识始终是为独立可辨识的单项技术状态控制项设定序号的基础。

- **架构**（ISO 定义） Architecture（ISO Definition））：

与系统所处环境相关的基本概念和基本性质，体现在系统元素及其相互关系中，以及体现在系统设计和演化的规律和原则中。（源自 ISO42010）

- **剪裁**（Tailoring）：

为适应某些特定任务或活动（如工程或项目）的需要而对规定的需求进行调整或寻求减少需求数量的过程。根据请求的时间，剪裁过程可能会产生偏差并需要免责。

（或）

用于从 NPR 7123.1 列出的需求中寻求符合工程或项目目标，且涵盖能够承受的风险和约束的那部分需求，从而减少需求数量的过程。

- **监督**（Surveillance）：

对承包商的工作进展和生产活动进行监控的活动（如现状讨论、评审、审核、场所巡视），证实其财务状况在可控范围，确保航天机组安全和使命任务成功，并决定合同执行中额外的奖励费（或未达到标准的罚金）。

- **健康监控**（Health Monitoring）：

在故障管理下开展的活动，利用传感技术和通信技术进行系统状态数据的收集、存储和报告。

- **健康评估**（Health Assessment）：

在故障管理下开展的活动，进行故障的探测、诊断和识别，预测故障在未来的传播状态。

- **阶段产品**（Phase Product）：

在给定的寿命周期阶段中作为相关活动结果所提供的目标产品。产品形式取决于所处的阶段——早期阶段的产品可能是仿真系统或工程模型；后期阶段的产品可能是目标产品本身。

- **接口管理流程**（Interface Management Process）：

该流程在将相关工作分解到多个参与单位（如政府部门、承包商、地理上分布的技术开发团队）时，辅助对产品开发进行控制，同时定义并维护有互操作需要的产品之间的兼容性。

- **紧耦合工程**（Tightly Coupled Programs）：

含有多个项目的工程，每个项目执行使命任务的一部分。没有一个项目能够单独实现完整的使命任务。通常，NASA 的多个中心将参与到此类工程中。每个项目可能在不同中心进行管理。此类工程还可能包括来自其他机构或国际合作伙伴的参与。

- **决策分析流程**（Decision Analysis Process）：

一种用于为决策问题提供数学建模方法及找到最优决策数值解方法的决策方法论。该方法论包括三项要素：一是备选方案，决策应当在其中选定一个方案；二是在选定的方案下将会顺序发生的可能事件；三是源自上述决策和事件组合的输出结果。

- **决策矩阵（Decision Matrix）：**

一种评价备选方案的方法。一般情况下，该方法中将评价准则放在矩阵的最左侧一列，备选方案放在矩阵最上方一行。通常需要对每一个评价准则赋予“权重”。

- **决策权威（Decision Authority）：**

由 NASA 机构授权的、能够根据其权利对工程和项目做出重要决策的人士。

- **决策树（Decision Tree）：**

一个图示的决策模型。该模型通过慎重考察各个决策选项的期望结果，形成所有“可能结果”节点构成的树状图，在此基础上通过适当赋权计算所有方案的可能结果。

- **决策支撑资料（Decision Support Package）：**

针对正式评审和变更请求所提交的决策支撑性文档资料。

- **可复用（Repeatable）：**

流程的特性，即流程能够应用于寿命周期任意阶段和系统结构任意层级的产品。

- **客户（Customer）：**

申请获取某个产品并将在交货时接收该产品的组织或个人。客户可能是产品的最终用户、产品最终用户的采办代理或某项技术成果中间产品的需求者。系统层级结构中的每个产品都有其客户。

- **可交付数据产品（Deliverable Data Item）：**

数据产品包括技术层面数据，如需求规格说明、设计文档、数据管理计划和度量标准报告，这些是需要被确定为与目标产品共同交付的内容。

- **可接受风险（Acceptable Risk）：**

已经被工程/项目管理团队、工程/项目授权管理机构、使命任务主管部门和其他客户了解并同意，不再需要进一步采取专门缓解行动的风险。

- **可靠性（Reliability）：**

系统在期望的寿命中通过正确执行功能而保证使命任务成功程度的度量。系统有一个最低可接受的失效概率，通过对可靠部件和材料的简化、适当设计和合理应用而达到。除长寿命之外，一个可靠的系统还应当是健壮的和容错的。

- **可生产性（Producibility）：**

系统在便利性和经济性方面的特征，由此可以实现将完整的设计方案（通过组装、制造、编码）转换为硬件和/或软件，从而实现产品。

- **可行（Feasible）：**

通过初步评估表明，被评估的概念完全符合项目在技术成本和进度方面的约束。

- **可追溯性（Traceability）：**

两个或多个逻辑实体（如需求、系统单元、验证活动、任务）之间的联系可以明确辨识。

- **控制基线（Baseline）：**

经各方同意的系统需求、设计方案或文档资料集合，通过正式的审批和对流程的监控保证系统需求、设计方案的变更能够受控。

- **控制节点（里程碑）（Control Gate（or milestone））：**

在工程/项目寿命周期内设定的时刻点，在该时刻决策机构完成对工程/项目进展的评价并决定是否开展下一阶段行动。这样的时刻点可能包括关键决策点、寿命周期评审和其他由工程/项目确定的里程碑。

- **扩展功能流框图（Enhanced Functional Flow Block Diagram）：**

能够同时表示系统功能流、控制流和数据流的框图。

- **扩展性（Extensibility）：**

将某项决策延伸和推广到其他应用的能力。

- **立规行动（流程相关）（Establish（with respect to processes））：**

为实施流程活动，制定开发策略、工作指导和技术规程的行为。

- **利益相关者（Stakeholder）：**

受工程或项目影响或在工程/项目中存在利益或利害关系的团体或个人。利益相关者主要有两类。参见本附录中的术语“客户”和“其他涉利团体”。

- **利益相关者期望（Stakeholder Expectations）：**

还没有表达为需求（尚未以“需要能……”形式陈述）的关于需要、愿望、能力和要求的阐述被看作“期望”。一旦完成对可征询的利益相关者的期望进行搜集和分析，并转换为“需要能……”形式的阐述，相应期望即变为需求。期望可以是定性的（不可度量）和定量的（可度量）陈述。需求通常是定量形式的阐述。期望可以采用功能、行为或约束的形式陈述，这些功能、行为或约束可能与将要进行工程开发的产品相关，也可能与用于产品工程开发的系统工程流程相关。

- **利益相关者期望开发流程（Stakeholder Expectations Definition Process）：**

该流程用于引出和定义相应产品寿命周期阶段及产品层级的使用用例、应用场景、运行使用构想和利益相关者期望。设定控制基线的利益相关者期望用于确认产品层级上的目标产品。

- **流程（Process）：**

用于将输入转换成所需要输出的一系列活动，目的是形成所期望的满足目标的结果。

- **留置项（Liens）：**

项目中未能满足的需求或未能得到满意结果的任务，必须在某段给定的时间内解决问题，项目才能够通过控制节点向前推进。

- **逻辑分解流程（Logical Decomposition Process）：**

逻辑分解流程用来提升对所定义技术需求的理解，以及对各类需求（如功能需求、行为需求、性能需求和时间需求）之间关系的理解，用来将所定义的技术需求转换为一组逻辑分解模型，由此得出一组衍生的面向系统较低层级的技术需求，可以作为较低层级设计方案开发流程的输入。

- **逻辑分解模型（Logical Decomposition Models）：**

针对逻辑分解流程中确定的需求之间的关系，采用数学表达方式或图形表示方式进行描述。

- **免责说明（Waiver）：**

一份经过授权的归档文件，在将需求置于相应层级的技术状态控制的情况下，放松对工程或项目满足需求的要求。

● **模型（Model）：**

模型是以物理形式、数学形式或逻辑形式对现实进行的表达。

● **目标（Objective）：**

系统的输出结果必须达到的具体目标水平。每个目标都应该与特定的目的相关。一般来说，目标应符合四个标准：

（1）具体。目标应该对准系统的结果，反映系统需要做什么，但不是概述如何实现解决方案。目标需要足够具体，能给出明确的方向，以便开发人员、客户和测试人员能够理解它们。

（2）可测。目标需要定量化且可验证。项目需要监控系统成功实现每个目标的过程。

（3）积极而可达。目标需要具有挑战性，但可以实现。目标是现实的，如"将要确定"的目标始终存在，直到完成权衡分析、运行使用构想固化或开发技术成熟，而在开始编写需求文档之前和开始设计系统之前，目标必须是可行的。

（4）以结果为导向。目标需要专注于期望的输出和结果（是什么），而不是集中在实现目标所用的方法（怎么做）。

● **目标产品（End Product）：**

在运行使用过程中能够实现并履行功能的硬件/软件或其他类型产品。该产品准备交付到系统结构的上一产品层级或交付给最终用户。

● **目标函数（某些情况下为费用函数）（Objective Function（sometimes Cost Function）：**

将可能结果的组合值表示为单一的费用-效能相关指标的数学表达式。

● **目的（Goal）：**

目的用于详细说明系统的需要，由此构成一套关于系统具体的期望，描述通过解决在问题评估中明确的关键问题，来确定我们希望实现的是什么。目的不需要以定量或可数的形式出现，但必须允许评估系统是否能够达到目的。

● **派生需求（Derived Requirements）：**

产生于以下四个方面的需求：（1）约束。（2）在 NASA 总部和中心明确的常规需求中隐性存在但未明确说明的需考虑的问题。（3）所选择系统架构中的影响因素。（4）设计方案。这些需求通过系统工程整体流程中的需求分析最终确定，并作为工程或项目需求控制基线的一部分。

● **配定控制基线（阶段 C）（Allocated Baseline（Phase C））：**

配定控制基线是已批准的面向性能的技术状态文档，用于开发技术状态控制项；该文档描述从较高层级需求文件或技术状态控制项分配到本层级的功能和接口特性，并描述为验证这些特性是否达到要求而需要进行的演示验证活动。配定控制基线是对功能控制基线的顶层性能要求的扩展，补充了着手进行技术状态控制项制造和编码的细节。配定控制基线由 NASA 控制，其通常在初步设计评审时确定。

● **配套产品（Enabling Products）：**

为可运行使用的目标产品全寿命周期开发和使用提供保障的产品和服务（如生产、试验、部署、训练、维护和处置）。目标产品和其配套产品是相互依赖的，因而被看作一个系统。这样，项目的职责就扩展到了在产品寿命周期的每个阶段从相关配套产品中获取服务。当市场上没有合适的配套产品时，则负责该目标产品的项目团队也同时负责建造并使用相应的配套产品。

- **偏差（Variance）：**

在工程控制术语中，表示计划的费用或进度与其实际表现出的状态之间的差别。

- **评价（Evaluation）：**

对工程或项目的实际效果持续进行的自我评价和独立评估，以及评价结果的整合，如此可以确保工程/项目各项计划的合理性，以及确保按计划推进工程/项目的适当性。

- **启动条件（Entrance Criteria）：**

每个项目在进行寿命周期评审之前，针对项目满足评审开始需要达到的最小成果给出的指导性评定标准。

- **其他涉利团体（其他涉利者）（Other Interested Parties（Stakeholders））：**

利益相关者的一个子集，是指那些不是计划中技术成果的客户，但可能被目标产品及产品的实现和使用方式所影响，或有责任提供寿命周期保障服务的组织和个人。

- **权衡树（Trade Tree）：**

备选方案权衡研究的一种展现方式，其中每一层代表系统需要进行权衡分析的某个方面，通过分层权衡研究确定最佳的系统方案。

- **权衡研究（Trade Study）：**

针对多个能够满足系统功能需求的系统备选设计方案进行评价的方法。该方法通过度量系统效能和系统费用来评价备选方案，采取适当的选取原则对备选方案进行排序，排除应用前景较差的备选方案，并且在必要时推进到系统结构下一层级实施。

- **权衡研究报告（Trade Study Report）：**

权衡研究中撰写并归档的报告。其中包括被分析的系统、系统目的与目标（或对应来自系统结构上一层级的需求）、系统约束、度量指标和度量方法（模型）、使用的全部数据源、待分析和备选的方案、计算结果（包括不确定性范围和敏感性分析结果）、采用的选取原则，以及最终推荐的方案。

- **人因工程（Human Factors Engineering）：**

研究人机系统接口的学科专业，给出相关需求、标准和指南，确保作为集成系统部件的人类因素能够按照预期发挥功用。

- **人因系统集成（Human Systems Integration（HSI））：**

一个跨学科的、综合的管理和技术过程，重点是将人类因素集成到系统的获取和开发流程中，增强载人系统的设计，降低寿命周期的综合成本，并优化系统的整体性能。

- **柔性（Flexibility）：**

一项决策除支持当前应用之外，还能支持多项其他应用的能力。

- **软件（Software）：**

与计算机系统的开发和运行相关的计算机程序、例程、规则和相关文档及数据[①]，还包括商用现货（COTS）软件、政府选用现货（GOTS）软件、现货改编（MOTS）软件、嵌入式软

① 仅就 NASA 软件发布计划而言，根据 NPR 2210.1《NASA 软件的发布》所定义，术语“软件”不包括计算机数据库或软件文档。

件、可重用软件、可继承软件、传统软件、自动生成的代码、固件和开源软件组件①。

- **软试样（Breadboard）：**

低逼真度的功能单元，仅仅展示功能，与所对应的硬件外形和尺寸无关，与所对应的软件平台也无关。软试样通常使用商用的或专用的部件，并且在使用过程中不必提供与运行使用性能相关的权威性信息。

- **设计方案开发流程（Design Solution Definition Process）：**

该流程基于系统逻辑分解流程的输出，确定系统设计方案，包括将定义好的系统逻辑分解模型及由此模型派生的技术需求集转换为备选的系统解决方案，对每个备选方案进行分析以便能选出一个相对满意的方案，并将备选方案定义成能够满足技术需求的最终解决方案。

- **审批/批准（Approval）：**

项目相关管理官员对执行所提议的系列行动方案进行授权。审批过程和结论需要归档。

- **审批（针对工程/项目实现和运用）（Approval（for Implementation））：**

决策机构对下述内容做出认可：工程/项目符合相关利益者期望和规划论证需求，并已准备就绪可推进到实现和运用阶段。通过批准工程/项目进入实现和运用阶段，决策机关承诺拨付该阶段所需要的经费和资源预算。对工程/项目进入实现和运用的审批需要归档。

- **生产准备状态评审（Production Readiness Review）：**

当项目需要开发或采办不少于三个（或由项目指定数量）各不相同或相近系统时进行的评审。生产准备状态评审决定系统开发者是否已准备就绪，能够有效地生产所需要数量的系统。该项评审确保生产计划，产品的建造、组装和集成能力，运行使用保障及生产人员已经准备就绪可开始生产产品。

- **使命任务（Mission）：**

为实现 NASA 的目标或有效地追寻直接与 NASA 目标相关的科学、技术、工程上的创造性成果而进行的主要活动。使命任务需求不受任何特定系统和技术解决方案的影响。

- **使命任务定义评审（Mission Definition Review）：**

针对使命任务进行的寿命周期评审，评估所提出的使命任务/系统架构是否能够响应工程使命任务需求、是否能够响应系统功能需求和性能需求、是否能够响应已经分配给使命任务/系统所有功能单元的需求。

- **使命任务构想评审（Mission Concept Review）：**

为认证使命任务/项目需求，考核所提出的使命任务目标，并考核使命任务构想能否实现目标而进行的评审。

- **实现与运用阶段（Implementation Phase）：**

在 NPR 7120.5 中定义的 NASA 管理寿命周期的第二部分。该阶段完成系统产品的详细设计，以及完成将要部署产品的制造、组装、集成和试验，根据运行使用和使命任务要求完成产品到客户/用户的交付并实施部署。

- **失效（Failure）：**

系统、子系统、组件或部件不能在规定的范围内履行并展现其被要求的功能。（来源：NPR

① 术语商用现货、政府选用现货、可继承软件、现货定制、传统软件、软件重用和软件类的定义在 NPR 7150.2《NASA 软件工程要求》中提供。（源自 7120.4《NASA 工程开发和工程/项目管理政策》）

8715.3 和参考文献[Avizienis 2004]）

- **失效容错（Failure Tolerance）：**

能够在维持一定数量失效的情况下仍然保持能力（来源：NPR 8705.2）。尽管在各种原因作用下存在一定数量同时发生的、相互独立的特定类型的失效，系统功能应该仍然被保留。

- **试验/测试（Test）：**

通过运行使用已实现的目标产品，期望获得详细数据来验证和确认产品性能，或通过进一步分析提供充足的信息来验证和确认系统性能。

- **试验准备状态评审（Test Readiness Review）：**

该项评审确保系统试样（硬件或软件）、试验设施、保障人员和试验技术规程已经准备就绪，可以进行试验，实现数据采集、还原和控制。

- **寿命周期费用（Life-Cycle Cost）：**

在项目的设计、开发、验证、生产、部署、执行核心使命任务、维护、保障和处置过程中产生的全部直接和间接费用、重复和非重复费用，以及其他已发生的相关费用和预计将发生的费用，包括项目终止的费用，但不包括延长运行使用期的费用。项目或系统的寿命周期费用还可以定义为项目或系统所计划的从规划和论证（不含 A 前阶段）到实现和运用（不含运行使用时间延长）全寿命周期中由项目支出的全部费用。

- **数据管理（Data Management）：**

数据管理针对支持系统全寿命周期的技术特性数据，对其进行计划、获取、访问、管理、保护和运用。

- **双向可追溯性（Bidirectional Traceability）：**

对于任何给定的需求/期望，明确其来自于哪个上层需求/期望，或分配到哪个下层需求/期望的追踪能力。

- **顺序图（Precedence Diagram）：**

将活动置入方框并用归属箭头相连的工作流图，是甘特图的特例。

- **松耦合工程（Loosely Coupled Program）：**

通过多个属于不同范围的空间飞行项目来实现特定目标的工程。虽然每个单独项目都有一组指定的使命任务目标，但在规划和论证阶段的流程中将会探索出它们在架构上和技术上的协同作用关系，使工程能够以整体形式运作。例如，将火星轨道飞行器的设计目标定为在轨运行一火星年以上，则需要携带通信系统为当前和未来的着陆器提供保障。

- **搜索空间（方案空间）（Search Space（or Alternative Space））：**

在设计约束和参数确定的情况下，能够产生系统构想的包络，即意味着在此包络中可以进行系统方案的概念开发和权衡分析。

- **探查（Detection）：**

确定系统状态和行为与期望的性能指标是否存在差异的过程。

- **同行评审（Peer Review）：**

由内部或外部的领域专家负责实施的独立评价，这些专家在被评审的产品上没有既得利益。同行评审可以是针对选定的未完成产品进行的有计划的专门评审，用于在该产品进入里程碑评审或审批环节之前辨识其存在的瑕疵和问题。

- **同意书（Concurrence）：**

项目管理官员关于接受系列行动方案建议的书面同意书。

- **退役评审（Decommissioning Review）：**

该项评审确认所做出的系统终止和退役的决定，并评估系统资产安全退役和处置的准备状态。退役评审通常在系统达到所规划的使命任务目标的基础上，在所执行例行任务接近结束时进行。退役评审可能在偶然事件引起使命任务过早终止时提前进行，也可能在需要附加研究而延长任务周期时推迟进行。

- **外观检视（用于验证和确认）（Inspection）：**

对已实现的目标产品的视觉检查。外观检视通常用于验证系统物理设计特性或制造商的专用标识。例如，某项需求是在有红色标记的安全保险销上镌刻黑色钢印："发射前解除"，对安全保险销上钢印标记的表观检查就可以用于确定需求是否满足。

- **维护（与建立流程相关）（Maintain（with respect to establishment of processes））：**

进行流程计划、资源供给、责任划分、人员训练、技术状态管理、辨识和联系利益相关者、流程效果监控等相关行动。

- **委任的权威主管（Designated Governing Authority）：**

相对于技术工作，是指 NASA 中心主任或由中心主任指派的个人代表，负责确保在技术管理方面的监督水平。对于大型工程，指派的个人代表通常是工程技术权威；对于小型项目，则由负责项目的部门经理代为管理。

- **维修性（Maintainability）：**

由具有专门技术水平的人员使用规定的技术规程和资源在规定的维修水平上进行维修，对于在这种条件下能够使产品保持或恢复特定水平的能力度量。

- **物理技术状态审核（技术状态检查）（Physical Configuration Audits（or configuration inspection））：**

物理技术状态审核的作用是考核技术状态已配定的产品当前物理技术状态，验证该产品是否与其硬件生产和软件编码的控制基线文件相对应，这些控制基线文件已在之前的关键设计评审中获得批准，此后的变更也得到批准。对于硬件技术状态已配定和软件技术状态已配定的产品都需要进行物理技术状态审核。

- **系统（System）：**

（1）由共同发挥作用的要素组成，这些要素的功能组合在一起而产生满足需要的能力。系统要素包括为实现上述目的所需的所有硬件、软件、设备、设施、人员、流程和技术规程。（2）由（实现运行使用功能的）目标产品和（为目标产品运行使用提供寿命周期保障服务的）配套产品组成（的系统）。

- **系统安全性工程（System Safety Engineering）：**

在系统全寿命周期各阶段的运行使用效能、适用性、时间和费用约束下，应用工程和管理的原理、准则和技术，使系统风险为低于可接受的轻微意外风险水平。

- **系统定义评审（System Definition Review）：**

使命任务定义评审（MDR）/系统定义评审（SDR）用于评估所提议的使命任务架构/系统架构是否响应工程中使命任务/系统的功能需求和性能需求，是否响应已分配给使命任务/系统所有功能要素的需求。该项评审用于松耦合多项目工程和单项目工程。

- **系统工程管理计划（Systems Engineering Management Plan）：**

系统工程管理计划明确技术工作在作用和责任方面的连接作用关系，并确定如何管理这些相互关系。系统工程管理计划是归档和交流技术途径的载体，包括通用技术流程的应用、资源的运用，关键技术任务、活动和事件，以及它们的评价指标体系和成功评定准则。

- **系统工程引擎（Systems Engineering Engine）：**

在图 2.1-1 中展示的系统工程模型，给出 17 个技术流程及流程之间的关系。模型之所以称为“系统工程引擎”是因为可以在产品的工程研发过程中应用这些流程的恰当组合驱动技术工作。

- **系统集成评审（System Integration Review）：**

系统集成评审确保系统各个部段、组件和子系统按进度计划集成到系统中，同时确保集成设施、保障人员、集成计划和技术规程按进度计划能够为产品集成提供保障。

- **系统架构（Architecture（System））：**

架构是用于定义系统的高层统一结构。架构通过提供一系列规则、指南和约束，定义一个内聚的和一致的结构，其中包括系统各组成部分及其相互关联关系，从而确立这些组分相互适配且共同工作的模式。架构处理系统的概念、性质和特征，通过诸如功能、功能流、接口、关系、资源流、物理单元、容器、模式、链接、通信资源等实体进行表达。这些实体不是独立的，通过彼此之间的两两互连在架构中相互关联。（源自 NASA 总部）

- **系统结构（System Structure）：**

系统结构是由基于产品的工作分解结构模型组成的层次化结构。（参见本附录的术语“工作分解结构”和“产品分解结构”）

- **系统论方法（Systems Approach）：**

一种系统的、严格的工程方法，在项目或工程的全寿命周期中可递归、迭代、复用于集成为整体的系统开发、运行和维护中。

- **系统需求评审（System Requirements Review）：**

对于一项工程，系统需求评审用于确保系统的功能需求和性能需求被适当地制定并与 NASA 机构和使命任务主管部门的战略目标相关联。

对于一个系统/项目，系统需求评审用于评估针对系统所定义的功能需求和性能需求是否响应工程的需求，并确保初步的项目工作计划和需求能够满足使命任务要求。

- **系统验收评审（System Acceptance Review）：**

系统验收评审用于验证特定目标产品的完备性及其与所期望成熟度水平的相关性，评估利益相关者期望的满足程度，确保系统达到充分的技术成熟度，能够授权运输到指定的运行使用设施或发射场所。

- **项目（Project）：**

有明确的目的、目标、需求、寿命周期成本、启动时间和结束时间的专项投资。项目产生新的产品或服务，或改进已有的产品或服务，直接满足 NASA 的战略需求。产品的生产或服务的实施可以完全由 NASA 内部执行，也可以与政府、工业部门或学术界合作进行，或者外包给私营企业完成。

- **项目工作计划（Project Plan）：**

记录已建立的项目实施控制基线的文档，根据需要由工程负责人、中心主任、项目负责人和使命任务主管部门相关负责人签署。

- **项目降准（Descope）：**

作为动词指在项目的工作范围中去除或移出部分工作。作为名词通常是指“性能降准”，表示缩减工作范围的流程和流程的结果，也可以说从最初的工作范围中去除一部分。

- **项目需求（Project Requirements）：**

强加于项目和开发人员的相关要求的集合，通常可以在项目工作计划中找到，还包括项目强加于自身的派生需求。项目需求可以是活动和可交付产品（目标产品和工作产品）的标识，也可以是开发和运行使用过程的输出。

- **项目招标（Solicitation）：**

针对某项产品或服务形成项目合同并拨款，向承包商征集相关信息的工具。向政府提交报价或估价单的任何申请书。不公开竞标程序的项目招标称为“邀请招标”。通过谈判程序进行的项目招标称为“征集项目建议”。根据简化的采办程序进行的招标可以要求仅提交报价或仅提交估价单。

- **效能指标（Measure of Effectiveness，MOE）：**

通过对根据相关技术工作所生产和提交的产品或系统进行评估，判断利益相关者的期望是否得到满足的度量指标。效能指标不仅是利益相关者判别能否接受产品的关键度量指标，而且是产品运行使用和执行使命任务的关键度量指标。效能指标本质上是定性的，不能直接用作产品的设计需求。

- **效用（Utility）：**

用于度量从一个备选方案中能够获得的相对价值。效用的理论度量（英文）单位是 util。

- **性能标准（Performance Standards）：**

定义由提供者实现的并可接受的性能。在性能标准中使用的通用指标包括成本和进度。

- **性能指标（Measure of Performance，MOP）：**

当设计方案完成时，为确保产品或系统的效能指标能够得到满足，需要度量的一种定量指标。在设计过程中，需要特别关注这些性能指标，确保与它们相关联的效能指标能够得到满足。对于每个效能指标，通常有两个或更多性能指标与之对应。

- **需求（Requirement）：**

经过商定的以“需要能……”形式陈述的对系统需要、期待、要求、能力、容量的描述，以及对人力、设备、设施或其他资源和服务的要求，在特定时期或特定时刻以定量形式描述。每个可接受的需求陈述形式应当是清晰的、正确的、可行的、可达到的、无歧义的，并且能够在提出需求陈述的系统结构层次上被确认。在将需求两两对比时，或在同一组需求陈述中，这些需求所用术语应当是适当关联的，且它们之间是互不冗余和互不冲突的。

- **需求分配表单（Requirements Allocation Sheet）：**

描述功能分配、性能分配和物理系统关联关系的文档。

- **需求管理流程（Requirements Management Process）：**

用于管理在系统设计过程中所识别的并设定控制基线的产品需求，这些需求可用于定义每个产品层级上的产品。该流程提供了对顶层产品需求的双向可追溯性，并且管理覆盖系统产品寿命周期的已设定的需求控制基线的变更。

- **需求门限（Threshold Requirements）：**

技术需求集和项目需求集中可接受的最低需求数量，该集合量可能对应项目需求降准的条件。

- **需要（Need）：**

一个简单陈述，引导出其他一切。需要与系统预期应解决的问题相关，但还不是解决方案。

- **已部署控制基线（As-Deployed Baseline）：**

已部署控制基线在运行使用准备状态评审时产生，在此时刻系统设计方案被认为能够实现功能并已做好飞行准备。所有变更应当已经归入技术文档。

- **异常（Anomaly）：**

系统预期的功能出现意料之外的性能表现。

- **已确认的需求（Validated Requirements）：**

经过良好定义的（清晰明确）、完整的（与客户和利益相关者的需要和期望相符）、一致的（无冲突），以及可以单独验证和追溯直到更高层级需求或系统目标的一组需求。

- **以人为中心的设计（Human-Centered Design，HCD）：**

开发交互式系统的一种途径，关注于系统可用性，确保在系统全寿命周期中人类用户的需要、能力和局限性能够得到充分考虑。

- **已实现产品（Realized Product）：**

已经完成产品方案实施/集成、产品验证、产品确认等流程，并已经交付到产品较高层级的目标产品。

- **硬试样（Brassboard）：**

中等逼真度的功能单元，通常试图使用尽可能多的可运行硬件和软件，用于处理系统运行使用时可能出现的与系统尺寸相关的问题。硬试样并非完全是工程上的产品，其结构能够在模拟的运行使用环境中进行操作，以此评估系统关键功能的性能表现。

- **影响图（Influence Diagram）：**

决策状态的简洁图形和数学表达。其中的元素包括决策节点、机会节点、值节点，以及指示这些元素之间关系的箭头。

- **涌现行为（Emergent Behavior）：**

由于系统中大量简单的组分之间的相互作用，系统所展现出的不可预测的行为。

- **预后（Prognosis）：**

对系统未来健康状态、退化和剩余使用寿命的预测。

- **余量（Margin）：**

考虑到不确定性和风险而在项目预算、进度安排、技术性能参数（如质量、能源、内存）方面的预留量。余量在规划论证过程中基于对风险的评估进行分配，并且通常在工程/项目的全寿命周期进程中耗费。

- **原型（Prototype）：**

原型试样用于被认为能够代表最终产品在其运行使用环境中执行任务的尺度来演示最终

产品的外形、尺寸和功能。预测一个全尺寸系统在运行使用环境中的行为可以使用解析模型，而较小尺度的试样便能够为解析模型的确认提供足够的逼真度。原型则用于对设计方案“每个角落”进行试验，而从原型试验中获得的经验可以反馈到设计更改中，这些更改能够改进单件飞行构件的制造、集成和可维护性，或改进多个飞行构件的生产运行。

- **运行使用背景图**（Context Diagram）：

  外部系统对所设计系统产生影响的图示说明。

- **运行使用方式**（Operations Concept）：

  描述飞行系统和地面系统如何共同使用，以确保运行使用构想是合理的。其中可能包括所关注的使命任务数据（如工程或科学数据）如何获取、如何返回地球、如何处理并提供给用户、如何存档以备将来参考。（源自 NPR 7120.5）

- **运行使用构想**（Concept of Operations（ConOps）（Concept Documentation））：

  运行使用构想在 A 前阶段的早期开发，通常以时间顺序的方式从顶层和整体上描述系统如何使用从而达到利益相关者的期望。它从运行使用的视角描述系统特性并促进对系统目标的理解。其激发与系统用户相关的系统需求和系统架构的开发，是后续各类概念定义文档的基础并为长远的运行使用规划活动提供保障。

- **运行使用环境**（Operational Environment）：

  最终产品运行使用时将要面临的环境。对于执行空间飞行使命任务的硬件/软件，环境就是太空。对于不直接参与空间飞行的地面系统或机载系统，环境由运行使用范围定义。对于软件，环境由操作系统平台定义。

- **运行使用准备状态评审**（Operational Readiness Review）：

  针对运行使用准备进行的评审，考核内容包括两个部分：一是实际系统的当前特征；二是在系统或产品运行使用过程中使用的技术规程。该评审确保所有系统和（飞行及地面）保障相关的硬件、软件、人员、技术规程、用户文档能精确反映系统的部署状态，并且已做好运行使用准备。

- **账目控制/核算主管**（Control Account Manager）：

  负责账目控制/核算的管理人员，责任是针对这些账目进行预算的规划、开发和执行。

- **诊断**（Diagnosis）：

  确定系统异常/故障可能发生的位置或引起异常/故障发生原因的过程。

- **政府强制检查节点**（Government Mandatory Inspection Points）：

  联邦法规所要求的检查时间节点，目的是确保系统完全遵从安全性和使命任务关键属性要求。如果不符合这些要求将可能导致使命任务失败和人员损失。

- **挣值**（Earned Value）：

  在给定的进度时刻，按预算费用进行计算，实际（已完成或正在进行中）执行的任务和生产的产品总和。

- **挣值管理**（Earned Value Management）：

  在项目实施执行过程中，通过将技术能力与进度和费用目标相结合来度量和评估项目实际效果的工具。挣值管理能够对技术进步进行定量化评估，以及能够辅助洞察项目当前状态和项目已完成的费用和进度比例。挣值管理成功的两个基本特征是挣值管理系统数据完整性和为挣值管理每月数据分析（针对有风险的工作分解结构单元）精心确定目标。

- **指标体系**（Metric）：

在一段时间内，针对反映系统、流程和活动的状态或性能的重要信息进行度量的结果。指标体系可以引导相应的行动。

- **直接利益相关者**（Relevant Stakeholder）：

术语“利益相关者”的子集，适用于在利益相关者参与计划中指定的人员或角色。由于“利益相关者”可能描述的是非常多的人，所以试图处理所有这些人会耗费大量时间和精力。因此，在大多数实践中，“直接利益相关者”用来描述已明确对特定任务有贡献的人员。

- **质量保证**（Quality Assurance）：

在产品全寿命周期中进行的独立评估，目的是能够确信实际系统是依据其功能、性能和设计需求而生产和部署的。

- **知识管理**（Knowledge Management）：

关于如何运用一个组织中累积的基于智力的和基于知识的（广义）财富的策略、流程和实践经验。

- **主设备清单**（Master Equipment List，MEL）：

主设备清单是系统中所有部件的清单，同时包括部件的相关信息，如序列号、模型编号、制造商、设备类型、所嵌入的系统/单元等。

- **状态图**（State Diagram）：

用于表示不同输入下的系统动态进展过程，从而能够进行系统行为特征化的图表。

- **自动化**（Automated）：

自动化是指将系统功能部署到机器上（硬件或软件上），而不需要人员参与。

- **自主性**（Autonomous）：

自主性是指能够在系统内或跨越系统边界的两个位置之间做出决策，且能控制功能的相对位置和范围。

- **综合后勤保障**（Integrated Logistics Support）：

综合后勤保障是针对根据空间飞行和地面系统保障目标明确的设计需求定义、材料获取和分配、维护保养、备件更换、运输和处置等内容，以及所实施的相关需求管理、工程开发、效用分析、信息管理等活动。

- **最小费用分析**（Least-Cost Analysis）：

用于明确既满足项目技术需求又费用最少的方案选项的方法。

- **最优解决方案**（Optimal Solution）：

在系统级达成各项指标平衡时最接近符合评判准则的可行解决方案。

附录 C　如何撰写一个好的需求——查验清单

C.1　使用正确的术语

- “需要能”（英文 Shall）：反映需求（要求）；
- “能够”（英文 Will）：反映事实上的或宣称的目的；
- “应当能”（英文 Should）：反映目标。

C.2　需求编写查验清单

1．人员需求

形式为“责任方需要能做到如此这些”的需求。换句话说，需求使用主动态语言，不使用被动态语言。需求首先应当表述“谁负责做（实施、执行、配备、赋权或其他行为动词）”，然后陈述应当去做什么事项。

2．产品需求

- 形式为“产品 ABC 需要做 XYZ”的需求。需求应当表述为“产品需要”去实施（执行、提供、权衡或其他动词），随后描述应当去完成的事项。
- 需求针对产品及其低层级的实体使用一致的术语。
- 需求包括定性评价/性能值计算的容许误差（如小于、大于或等于、正值或负值、3σ 准则）。
- 需求是否涉及实施过程？（需求应当表述需要什么，而不是如何提供它；也就是说，需求表述问题而不是解决方案。应询问“为什么提出这个需求？”，此时答案可能指向真实需求。）
- 需求是否涉及运行使用描述？（这是产品应当满足的要求，还是涉及产品的活动？像“操作人员需要执行……”这样的语句就是运行陈述而非需求陈述。）

3．产品需求示例

- 系统运行的能量水平需要达到……
- 软件获取的数据需要来自……
- 结构承受的载荷需要达到……
- 硬件的质量需要达到……

C.3 通用完好性准则

- 需求描述在语法上是正确的。
- 需求描述不存在键盘输入、拼写和标点错误。
- 需求描述遵从项目模板和文体规则。
- 需求是正面表述的（不是负面的，如表述为“不能”）。
- “待确定”参数的使用应减到最少。最好是使用参数值的最佳估算，并标记为“待解算”，同时推断出为消除“待解算”参数必须做什么，谁负责消除，以及应当什么时候消除。
- 需求中伴有的推断及所有假设应当可以理解。你能认同（同意）这些假设吗？在将假设作为研制基础前应当得到证实。
- 需求应位于文档中的合适章节（不能作为附录）。

C.4 需求确认的相关内容

1. 清晰性

- 需求是否清楚明晰？需求的所有方面是否都是可理解的，并且不会出现曲解？需求中是否未出现不定代词（这、这些）及模糊语（如“大约”、“等等”、“与/或”、“但不限于”）？
- 需求陈述是否简单明了？
- 需求中的每条需求表述是否仅表达唯一想法？单独一句表述中是否仅表达单一需求而不是多个需求，即使在一个包含需求和原由的段落中也仅表达单一需求？
- 需求陈述是否仅有一个主语和一个谓语？

2. 完整性

- 需求表述是否尽可能完整？是否所有不完整的需求陈述已被标记为“待确定”或“待解算”，此类需求的完整列表是否得到维护？
- 是否有需求被遗漏？例如，是否有任何下列需求内容可能被忽视：功能、性能、接口、（开发、制造、试验、运输、储存、运行）环境、（制造、试验、储存、运行）设施、（制造、组装、交付、储存、装载）过程中的运输、培训、人员、操作性、安全性、保密性、外观及物理特性、设计方案。
- 所有的前提假设是否被清晰表述？

3. 适用性

- 所有需求是否皆针对正确层级（如系统、部段、单元、子系统层级）？
- 所有需求是否皆不涉及实施细节？需求应当表述需要什么，而不是如何提供。
- 所有需求是否皆不涉及运行描述？不要将运行与需求混淆，运行描述可在运行使用构想中更新。
- 所有需求是否皆不涉及人员和任务安排？不要将人员/任务与产品需求混淆，人员和任务安排可以在任务书中更新。

4．一致性

- 需求描述是否一致，而不存在自相矛盾，且不存在针对其他相关系统的需求？
- 术语是否与用户和主管单位的术语一致？是否与项目词汇表中的术语一致？
- 术语在文档中的使用是否始终保持一致？关键词汇是否包含在项目词汇表中？

5．可追溯性

- 所有需求都是必须的吗？每项需求都需要满足其高层级需求吗？每项需求都是针对所需的功能或特征吗？要区别所需和所求。如果不是必要的，那就不是需求。应询问“如果不包括此需求，可能发生的最坏结果是什么？”
- 是否所有（功能、结构和约束）需求能够双向可追溯到高层需求，或双向可追溯到使命任务或对象系统的需求范畴（包括需要、目的、目标、约束、运行使用构想）？
- 每项需求的表述方式是否能够保证在被其他相关文档引用时的唯一性（如每项需求具有唯一标识号）？

6．正确性

- 每项需求陈述是否正确？
- 每项假设的表述是否正确？假设在作为研制基础前必须得到证实。
- 所有需求在技术上是否可行？

7．功能性

所有描述的功能都是必须的吗？所有功能是否充分满足使命任务、系统目的和目标？

8．性能

- 所有需要的性能规格和余量（如对时间限制、生产能力、储存空间、时间延迟、精确度等因素的考虑）是否列出？
- 每项性能需求是否是现实的？
- 误差许可是否过严？误差许可是否可推敲和经济有效？应询问：“如果误差许可扩大两到三倍，可能发生的最坏结果是什么？”

9．接口

- 所有外部接口是否清晰定义？
- 所有内部接口是否清晰定义？
- 所有接口是否必要、充分，相互之间是否一致？

10．可维修性

- 系统可维修性需求是否以可度量、可验证的方式规定？
- 需求是否形成书面形式，使得变更产生的连锁反应为最小（需求之间的耦合性尽可能弱）？

11．可靠性

- 所提出的可靠性需求是否清晰定义、可度量、可验证？
- 是否有对错误进行检测、报告、控制和修复方面的需求？
- 是否考虑了非期望事件（如单个出错事件、数据丢失或不规则、运行错误）及需要做出的响应？

- 关于功能预期结果的前提假设是否陈述？这些结果是必须的吗？
- 从硬件、软件、运行、人员和技术规程的角度看，这些需求是否适当强调了当出现硬件或软件故障时系统的生存能力？

12. **可验证性/可测试性**

- 系统可否通过产品试验、功能演示、外观检视或定量分析来表明其满足需求？这些是否能够在系统结构与所陈述需求对应的层级上完成？是否存在能够度量达到需求与否及验证系统对需求符合程度的方法？是否能够做出这种验证评判准则的陈述？
- 需求是否精确陈述，以便制定系统试验的成功判定准则和需求规范？
- 需求是否避免了不可验证词汇（如柔性的、容易的、充分的、安全的、特别的、适当的、适合的、友好的、可用的、按需的、若需的、恰当的、快速的、便携的、轻量的、微小的、最大的、最小的、健壮的、清晰的，以及其他相似词汇）？

13. **数据使用**

什么时候“无关”条件确实“不必关心”？（“无关”条件用于标识那些条件值或标记值不相关的情况，即使这些值对其他条件可能很重要）。无关条件值是否明确陈述？（正确标识“无关”条件可以提高设计方案的可移植性。）

附录 D　需求验证矩阵

在开发系统需求时，明确验证需求的方法是重要的事情。本附录给出一个矩阵方法示例，说明如何验证所有的系统需求。在这类矩阵中仅要求包括“需要……”形式表述的需求。该矩阵应该用单一的标识辨别每一个“需要”形式表述的需求，并且需求来源（获取需求相应的文档）是确定的。该矩阵可以根据项目的需要分解为多个子阵来刻画需求的来源（如每个需求文件一个子阵）。本附录的示例给出的建议仅是验证矩阵中应当包含信息相应最少的情况。

表 D-1　需求验证矩阵

需求序号①	项目-1	项目-i	系统-i（或其他独立标识）
归档号②	×××	×××	×××（其他规范、接口控制文件等）
章节号③	3.2.1.1 能力：支持上行链路传送数据	其他章节	其他章节
“需要……”陈述④	系统 X 需要提供地面到空间站的关于“……”的最大上行链路	阶段技术评审中其他以“需要……”形式表述的需求	在规范、接口控制文档等中其他以“需要……”形式表述的需求
成功通过验证评定准则⑤	（1）系统能以最大和最小容许数据率与上行链路稳定链接； （2）系统能以最大和最小容许处理频率与上行链路稳定链接	其他准则	其他准则
验证方法⑥	产品试验	×××	×××
设施或试验室⑦	×××	×××	×××
阶段⑧	5	×××	×××
是否有验收需求⑨	是	是/否	是/否
是否飞行前验收⑩	否	是/否	是/否
实施组织机构⑪	×××	×××	×××
验证结果⑫	技术问题摘要（×××号）	备忘录（×××号）	报告（×××号）

① 每个系统及其需求具有的单一标识。
② 该项需求所归入的存档文件编号。
③ 该项需求所在的章节编号。
④ 以“需要……”形式表述的该项需求的（合规）文本。
⑤ 需求验证通过的评判准则。
⑥ 需求验证采用的方法（定量分析、外观检视、功能演示或产品试验）。
⑦ 用于进行需求验证和确认的设施或试验室。
⑧ 实施需求验证和确认的阶段。阶段划分为：（1）开发前设计验证；（2）正式交付时功能性验证；（3）正式交付时环境性验证；（4）正式系统级环境性验证；（5）正式系统级功能性验证；（6）正式全系统端到端功能性验证；（7）集成飞行器功能性验证；（8）在轨飞行功能性验证。
⑨ 表明该需求是否应在每个工程试样的初始验收试验中进行验证。
⑩ 表明该需求是否应在每个工程试样的飞行前验收试验或再次飞行验收试验中进行验证。
⑪ 负责实施验证活动的组织。
⑫ 指定包含“需求已满足”的客观依据的文档。

注：参见附录 I 中关于验证与确认计划的提纲，本附录中的矩阵（表 D-1）是该份提纲中的附录 C。

附录 E　创建包含需求确认矩阵的确认计划

在开发系统需求时，选定确认方法是非常重要的，包括如何采用各种评价方法，以及适合于确认的产品试验、定量分析和演示验证手段，以确保客户/投资方满意。

制定产品确认计划需要的依据来源于以下内容：

- 运行使用构想；
- 归档记录的利益相关者/客户需要、目的和目标；
- 需求的合理陈述及验证需求的合理依据；
- 经验教训总结数据库；
- 系统架构模型及建模文档；
- 以按照实际飞行进行试验为宗旨，设计工作的目标和约束；
- 系统工程管理计划、人因集成系统计划、验证和确认计划。

确认所形成的产品，只要能够交付就可以采用多种形式，包括：

- 利益相关者的评价和反馈；
- 同行评审意见；
- 具有各种所需逼真度的物理模型；
- 仿真系统；
- 虚拟模型；
- 产品试验结果；
- 匹配检查结果；
- 技术规程演训结果；
- 集成活动（测试在轨维修技术规程）；
- 组织阶段性审查及相应反馈。

特别需要注意的是，寿命周期早期阶段对确认活动的规划能够对寿命周期后期阶段的设计和费用产生深刻影响。表 E-1 给出了确认矩阵的示例。

注： 参见附录 I 中关于验证与确认计划的提纲，本附录中的矩阵（表 E-1）是该份提纲中的附录 D。

表 E-1　确认矩阵

确认产品序号	所确认产品的单一标识	1
活动	描述将由客户/投资方实施的评价	客户/投资方将对备选显示装置进行评价
目标	客户/投资方的评价期望实现什么目标	（1）保证清晰度可接受；（2）保证整体外观可接受
确认方法	针对需求采用的确认方法（定量分析、外观检视、演示验证、产品试验）	产品试验
设施或试验室	用于进行确认活动的设施或试验室	×××
阶段	实施验证/确认的阶段①	阶段 A
实施组织	负责协调确认活动的组织	×××
结果	指明确认活动产生的客观证据	技术问题摘要（TPS 123456 号）

① 阶段可能有：

（1）在产品选择过程中；

（2）在最终产品（如果是现货产品）选择或初步设计评审之前；

（3）在关键设计评审之前；

（4）在功能组装过程中；

（5）在系统级功能实现过程中；

（6）在产品级端到端功能实现过程中；

（7）在运载器整体功能集成过程中；

（8）在轨飞行功能实现过程中

附录 F　功能分析、时序分析和状态分析

F.1　功能流框图

功能分析可以运用多种方法实施，其中之一便是功能流框图（FFBDs）。功能流框图定义系统功能并描述功能事件的时序。该方法仅用于明确“什么”应当发生，而对功能“如何”实现不做专门回答。该方法面向功能，而非面向解决方案。如图 F.1-1 所示，功能流框图由功能模块组成，每个功能模块分别代表一项明确且有限的、需要完成的离散化动作。功能架构可以开发成为一系列层次化的框图，用于说明功能分解流程并展示功能之间的逻辑关系和顺序关系。功能模块用统一编号标识。通过编号建立贯穿整个框图的功能标识和关系图，并利于从低层到顶层的追溯。第一层（顶层）框图的每个功能模块可以扩展为第二层框图的一个功能模块序列，以此类推。

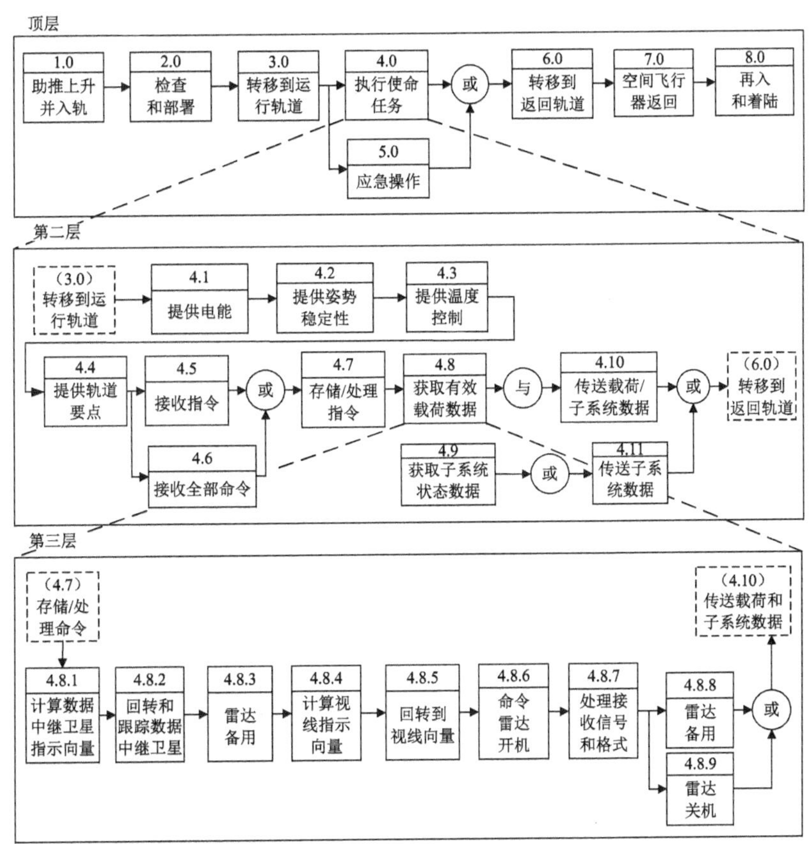

图 F.1-1　功能流框图分解实例

连接功能模块的线段表明功能流，而非时间推进或即时活动。箭头通常用于指示流向，一般情况下框图按流向自左向右展开。框图同时能够显示输入和输出（图 F.1-1 中的“转移到运行轨道”和“转移到返回轨道”分别是“执行使命任务”功能的输入和输出），这样有利于接口及控制流程的定义。

每个框图包含相对其他框图的参照模块，这样有利于在不同框图之间切换视线。框图中通常会使用逻辑门：“与（AND）门”、“或（OR）门”、“继续（GO）门”和“终止（NO-GO）门”，有时为了增强功能特性，还会用到“异或（XOR）门”、“迭代（IT）门”、“重复（RP）门”和“循环（LP）门”。通常使用圆形表示门，并加入“AND”字样标识相应的与门。与门用来呈现并行功能，所有条件都满足才能推进（并发）。或门用来表示有多个满足推进的路径可供选择。G 和 $\overline{G}$ 表示继续条件和终止条件。这两个符号位于连线附近表示路径选择。框图示例分别如图 F.1-2 和图 F.1-3 所示。

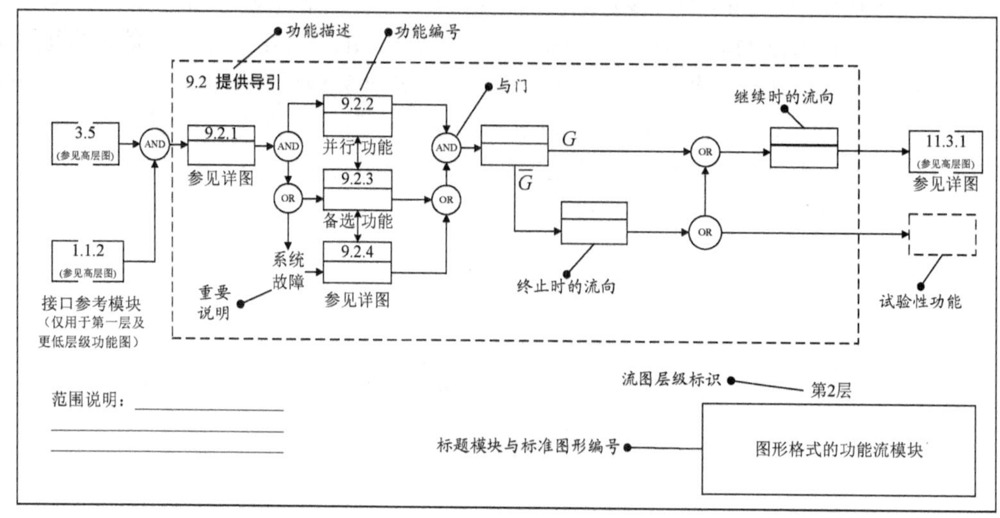

图 F.1-2 功能流框图：示例 1

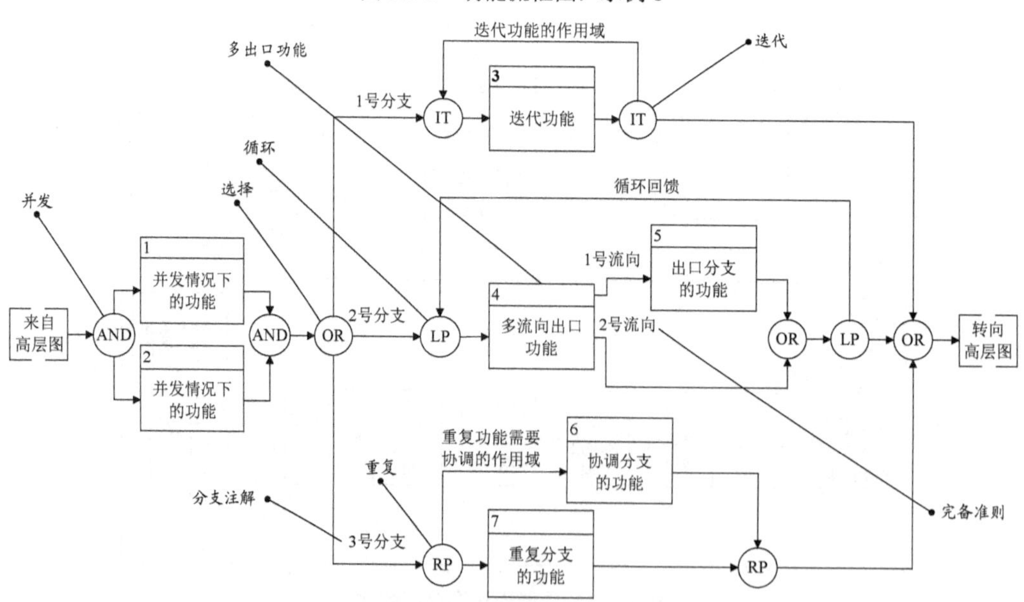

图 F.1-3 显示附加控制结构的功能流框图：示例 2

扩展功能流框图提供数据流覆盖，以此获得数据依赖关系。扩展功能流框图（图 F.1-4 给出相关示例）用于描述：

（1）功能；

（2）控制流；

（3）数据流。

系统的扩展功能流框图规范是完备的可执行离散事件模型，能够支持动态及静态确认。在指定系统功能执行条件时，扩展功能流框图既可以使用控制结构触发，也可以使用数据触发，或两种方式同时使用。触发数据和非触发数据的输入在扩展功能流框图上有区别。功能开始执行前需要触发数据。触发器实际上是带有控制含义的数据项。在图 F.1-4 中，触发数据输入使用来自深色背景数据框的双矢箭头表示。非触发数据输入使用来自浅色背景数据框的单矢箭头表示。扩展功能流框图必须具备的触发条件有：

（1）在控制结构中其前方功能执行完成；

（2）若有触发数据，应在功能执行之前触发。

例如，在图 F.1-4 中，在“3—并发功能”执行前，“1—串行功能”应当完成且“数据 3”准备就绪。应当注意输入到“1—串行功能”的外部输入数据，以及“6—输出功能”产生的外部输出数据不应与这些功能之间的功能性输入/输出相混淆。数据流用圆角矩形框表示，而功能以直角矩形框表示。

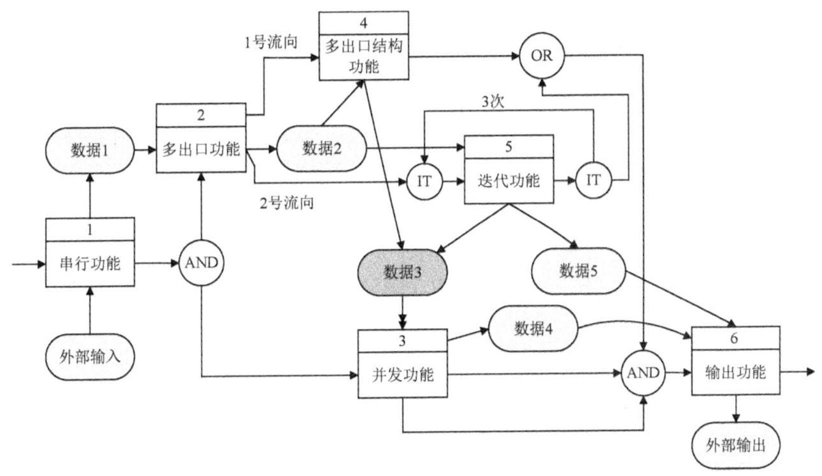

图 F.1-4 扩展功能流框图：示例 3

功能分析看来是跨越寿命周期全程的，而部署系统所需的功能与系统运行使用和最终废弃/处置所需的功能完全不同。在寿命周期的每个阶段及阶段过渡中，所生成的功能流框图需要绘制出全部需求。这些框图的作用体现在两个方面：一是开发需求；二是确定费效权衡研究结果。功能分析还需考虑选定的运行使用场景或应急运行使用场景，从而提高使命任务成功概率。功能流框图有助于对系统运行使用全过程的理解，可作为开发系统运行和应急技术规程的基础，并确定能够简化系统运行使用全过程的运行使用技术规程变更内容。在某些情况下，不同的功能流框图可能用于描述各种满足特定功能的方法，直到获取能辅助选定最终功能流框图的相关数据。关于功能流框图或扩展功能流框图的更多内容可参见 James Long 发表的文献[Long 2002]。

F.2 需求分配表单/模型

需求分配表单/模型归档记录所分配的功能、性能及物理系统三者之间的关联关系。需求分配表单/模型在技术需求开发流程中的功能分析活动与逻辑分解及设计方案开发两个流程中的活动之间提供可追溯关系，并维护流程关联关系的一致性；需求分配表单/模型还能展示不相关性。图 F.2-1 所示的是需求分配表单的示例。最右边标题为“参考”所对应的列显示的是在示例相应功能流框图（未给出）中的功能序号。

ID	描述	需求	追溯自	性能	余量	注释	参考
M1	使命轨迹	(575±15)km太阳同步轨道	S3, S11, P3	一致	NA	加长珀加索斯火箭与高空平台提供发射所需的精度	F.2.c
M2	运载工具	加长的珀加索斯火箭与高空平台	P2, P4	一致	NA		F.2.c
M3	观测卫星质量	观测卫星的总质量需不超过241kg	M1, M2	192.5kg	25.20%		F.5.b
M4	数据采集质量	完成使命需要以低于十万分之一的误码率传递95%的数据	P1	一致	NA	满足系统基准线的标准余量，应用初步设计评审所完成的正式系统分析	F.7
M5	通信带宽	使命任务需要使用S波段SQPSK调制体制以不低于5Mbps速率从空间飞行器下载数据，以不低于2Mbps速率上传数据	S12, P4	一致	NA	见SC27, SC28, 及G1, G2	F.3.f, F.7
M7	跟踪	在对观测卫星进行跟踪时需要使用北美防空司令部的二进制主操作控制器	P4	一致	NA	满足系统基准线的标准余量，应用初步设计评审所完成的正式系统分析	F.7
M8	数据潜伏期	数据潜伏期需少于72h	P12	一致	NA		F.7
M9	每日数据量	每日提供原始科学数据量的均值需要为10.8Gb左右	P1, S12	一致	12%	具体余量的确定要根据地面指令	F.3.e, F.7
M10	地面站	使命任务中的地面站需与卢瑟福实验室的地面站和阿拉斯加大学观测站匹配	P1	一致	NA		F.7
M11	轨道残片（伤亡区域）	设计观测卫星坠落地面时，造成毁伤的概率需小于1/10000	P3	1/51000	400%		F.2.e, App.6
M12	轨道残片（生命周期）	使命任务结束后，观测卫星在轨停留时间需小于25年	P3	小于10年	15年		F.2.e, App.6

图 F.2-1 需求分配表单

完成需求分配表单需要执行以下几步：

（1）列入功能流框图中的功能及功能序号。

（2）将功能上的性能需求与设计需求分配给适当的功能（多项需求分配到单项功能或单项需求分配给多项功能）。

（3）所有系统级的需求应被分配到一项功能，确保系统满足所有需求（没有分配到需求的功能应作为不需要的活动剔除）。

（4）分配所有派生需求到相应产生需求的功能。

（5）确定为满足需求所用到的物理装置、技术状态控制项、设施及技术规范。

（需求分配表单的更多参考内容可参见美国国防部发布的《系统工程基础指南》）。

F.3 N^2图

N 平方（N^2）图是用于在特定层次结构上表示系统单元之间功能接口和/或物理接口的矩阵。N^2图被广泛地应用于硬件、软件和人因系统领域的数据接口开发。图 F.3-1 展示了轨道设备的 N^2图示例。系统组件放置在 N×N 方阵的对角线上。方阵的剩余区域代表接口。N^2方阵中每一行与每一列交叉的方块中包含相应行与列上的组件之间的接口描述。例如，太阳能电池阵列与结构之间有机械接口，与电转换器之间有电气接口和保障服务接口。空白处代表相应组件之间没有任何接口。

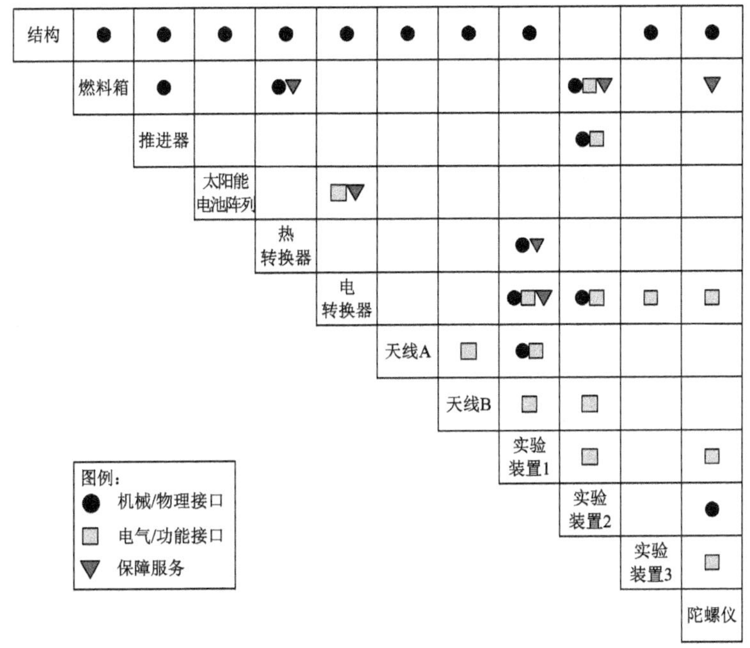

图 F.3-1 轨道设备的 N^2图

N^2图可以连续地分解为更低层级上的硬件、软件和人因组件之间的功能接口关系。通过显示数据流，除了能够定义应当通过接口提供的数据之外，N^2图还可以确定可能在接口之间引发冲突的区域，可以突出表现对输入与输出依赖关系的假设和需求。

F.4 时序分析

对系统中复杂的时序关系进行可视化可以有多种方法。其中两种比较重要的方法是时序图与状态转移图。

时序图（如图 F.4-1 所示）在时间轴上定义不同对象的行为。时序图为对象的状态改变和随时间的交互行为提供可视的图形化描述。时序图可用于定义硬件驱动的、软件驱动的和/或人因（包括航天机组、地面操作人员和维护人员）驱动的组件行为。

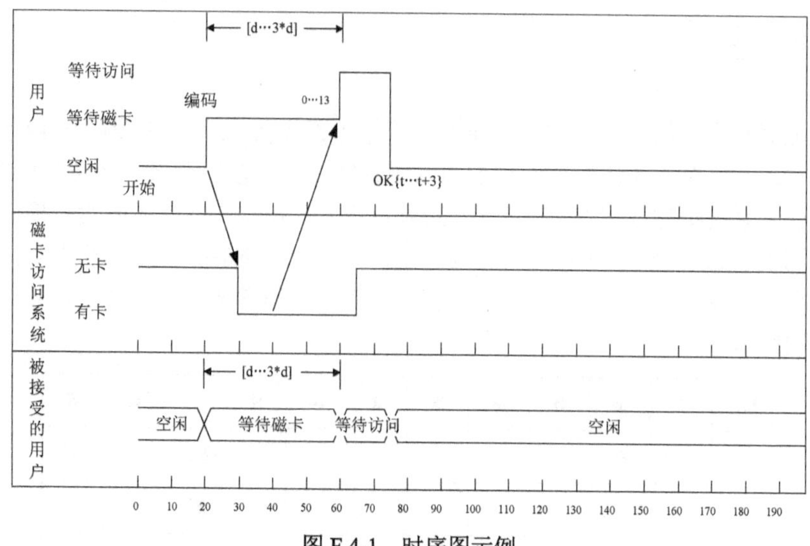

图 F.4-1　时序图示例

将时序信息加入功能流框图中可以进行时间线分析，在分配资源及生成特定的时间相关设计需求时，这样做十分有用。时间线分析同时能阐明性能特征及设计约束，然而它的支撑工具较为短缺。只要可以采购到商用现货产品，任何图形工具和好的表单工具都可以使用。

然而，时序图并不能给出系统的全面视图。尽管简单的时间线分析对理解系统活动之间关系（如并发、覆盖、顺序）很有用，但状态图（见图 F.5-1）更具灵活性，可以描述循环、决策等在时间线上变化较大的事件过程。在表现系统对变化的输入情况所做出的响应时，需要用到状态图。

时间线分析适合用于分析线性流，而状态图可以更好地描述循环、回路、多路径及其组合的情况。需注意的是，系统复杂性应保持分层描述并反映在功能流框图中。应用这些技术的最终目标是使系统的思考过程足够详细，以尽可能地避免出现大的意外。

F.5　状态分析

状态图是帮助理解与展示系统复杂时序关系的另一种有效的图形工具。状态图通过将复杂作用关系不断简化为较小的已知的行为响应，为理解系统提供简化的方法。这样有利于开发详细需求并验证其时序关系的实际效果。

图 F.5-1 所示是詹姆斯·韦伯空间望远镜的转向指令状态图。图中椭圆框代表系统状态，链接弧代表触发状态变化的事件，以及系统响应事件而采取的动作或输出。

状态图允许自循环。在图 F.5-1 所示示例中，转向状态不断自循环，直到达到正确位置，随后再次定向时又可以继续自循环。

当用来表示带时序有限状态机的行为时，状态图被称为状态转移图。时序有限状态机是无记忆的状态图，意味着当前输出仅取决于当前输入。状态转移图可以针对系统基于事件的时间依赖行为进行建模。

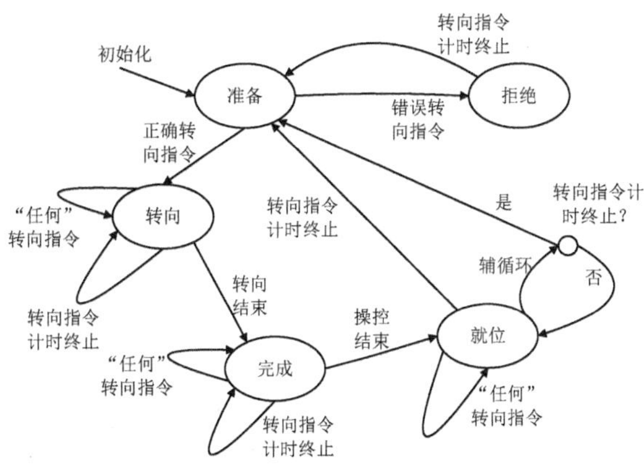

图 F.5-1 转向指令的状态图

运行场景图

当面对系统设计问题时，系统工程师的首要任务是真正地理解问题。这意味着要理解问题是在什么样的场景下出现的。为了掌握待要建造的系统，掌握与系统相关并与系统之间存在接口的外部环境，运行场景图是个有效工具。下图给出运行场景图的总体结构。图中系统被外部系统环绕，且外部系统与系统存在接口关系。这些外部系统不属于待要建造系统，但通过系统外部接口与待要建造系统交互。外部系统能影响待要建造系统，而待要建造系统同时影响外部系统。外部系统在确定系统需求时起重要作用。那些在系统运行使用场景中能影响系统却不受系统影响的实体被移出场景之外，在运行使用场景中剩下的实体便与系统的某个需求有关。

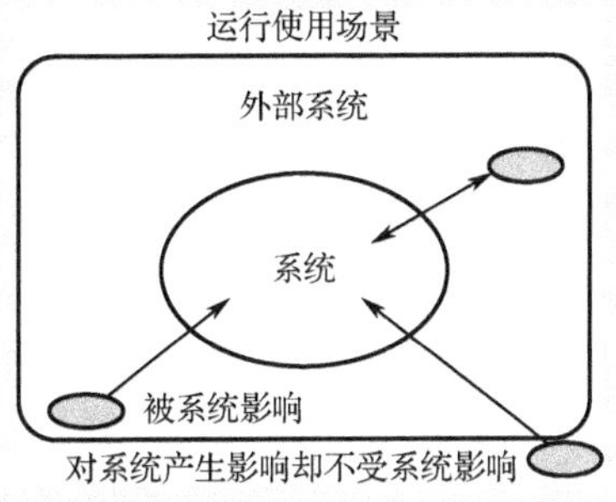

定义系统边界是一项关键却常被忽视的工作。以某卫星项目为例，受卫星影响的外部系统之一可能是跟踪与数据中继卫星系统。跟踪与数据中继卫星系统不属于当前卫星系统，但它可用于确定卫星系统的需求，同时因为需要做出卫星联络规划，接收和传送数据与指令，并将卫星数据下传到地面，因而受卫星系统的影响。全球定位卫星（GPS）系统是卫星系统运行使用背景中不受卫星系统影响的实体示例。GPS 完全不受卫星的影响，但如果卫星使用 GPS 信号导航，则 GPS 某些需求取决于卫星的应用。

（上图来自 Buede 的著作《系统的工程设计》第 38 页。[Buede 2000]）

附录G　技术评估/技术引入

G.1　引言、目的和范围

2014 年，NASA 总部的首席工程师办公室和首席工艺师办公室在全 NASA 范围进行了关于应用技术成熟度水平（TRL）和实施技术成熟度评估（TRA）的研究。研究中获得大量的发现和观察结果，提出了数量可观的建议；在如何解读技术成熟度水平和如何实施技术成熟度评估方面成果丰富，其中包括新的指南、最佳实践经验和相关概念的澄清。这些都已经收入（正在组织撰写的）NASA 技术成熟度评估手册中，该手册将最终取代本附录。在过渡期间，任何关于技术成熟度水平/技术成熟度评估解释和应用方面的问题，请与 NASA 总部的斯蒂芬·赫什霍恩①联系。尽管本附录所含信息将会变更，但其中的内容在技术成熟度评估手册发布之前仍然适用。

NASA 的工程和项目经常需要开发与注入新的技术进展以满足使命任务的目标、目的和特定需求。某些情况下，新的技术进展被引入实际上就是在既有系统最初设计方案基础上，采用不同的体系结构并使其在不同的环境条件下工作和运行。采用既有系统作为设计基础常常需要技术上的进步，能够认识到这一点是非常重要的。对于这种需求的错误认识可能导致对系统开发流程中关键步骤的关注不足，从而对工程/项目造成损害。不论是全新设计，还是传统改造，这两种情况下的技术引入都是复杂的过程，因而许多项目常常采用各不相同的特定方式开展技术引入活动，而成功程度也不尽相同。

通常技术引入会导致进度延误、成本超支，偶尔甚至使项目被迫取消或失败。事后检验表明，这些事件发生的根本原因常被归结为“需求定义不够充分”。如果失败根源确实如此，则纠正这种状况就简化为需要更好地定义需求的问题，但是似乎并非如此——至少不是全部。

实际上，导致进度延迟、成本超支、项目取消或失败的因素有很多，需求定义不充分只是其中之一。发生这种情况在于多数影响因素与项目启动初期的不确定性程度相关，致使主要因素处于不确定状态的原因可能是对取得项目预期成果所需技术成熟度缺乏充分理解，可能是对将技术成熟度推进到可引入状态所需成本余量和技术余量缺乏充分理解，这些理解本应使技术能够通过验证并高置信水平地成功引入到项目中。尽管这种不确定性难以消除，但通过尽早将系统工程成功实践经验应用到对技术需求的理解、对所需技术成熟度的理解，以及对如何满足工程/项目目的、目标和需求的理解，可以充分缩减这种不确定性。

---

① Steven R. Hirshorn
Chief Engineer, Aeronautics Research Mission Directorate (ARMD)
Office of the Chief Engineer
NASA Headquarters, Room 6D37
300 E St SW
Washington, DC 20546-0001
202-358-0775
steven.r.hirshorn@nasa.gov

将对成功技术引入所需的理解开发到适当层次有大量的流程可以应用。本附录的目的是描述一个系统化流程。以此流程作为示例，确定如何应用标准的系统工程成功经验开展综合技术评估。技术评估由两部分组成：一是技术成熟度评估；二是技术改进复杂度评估。该流程从技术成熟度评估开始，以 NASA 的技术成熟度水平为标度确定技术成熟度。随后该流程应用技术改进复杂度评估开发对于“提高技术成熟度需要什么”的理解。在工程/项目的各个阶段实施技术评估很有必要，这样可以获得工程/项目过渡到下一阶段所需要的关键决策点产品（参见表 G.1-1）。

表 G.1-1　技术评估为工程/项目各阶段提供的产品

控制节点	产品
关键决策点 A——从 A 前阶段到阶段 A 的过渡	需要对潜在的技术需求与计划的/当前的技术成熟度水平进行对比评估，并且需要对使用商业界、学术界及其他政府部门技术资源的可能性进行评估。该产品应作为集成控制基线草案的一部分。产品包括已经确定控制基线的技术开发计划，其中明确需要开发的技术、需要改进的既有系统、需要寻求的可选技术途径、出现性能未达标时应回退的位置、里程碑、度量指标和关键决策点。此时可以初步应用技术成熟度评估流程
关键决策点 B——从阶段 A 到阶段 B 的过渡	技术开发计划和技术成熟度评估方案已经更新。该产品作为项目初步工作计划的一部分记录归档
关键决策点 C——从阶段 B 到阶段 C/D 的过渡	需要形成技术成熟度报告，其中证明所有系统、子系统及组件已经达到所要求的技术成熟度水平，并给出在相关环境中能够合格应用的证据

注：来自 NPR 7120.5。

初始技术成熟度评估在工程/项目开始阶段提供系统所需的技术成熟度控制基线，并允许在系统开发全过程监控技术开发进展情况。最终的技术成熟度评估紧邻在初步设计评审之前实施。其是形成技术成熟度评估报告的基础，在报告中归档记录通过试验与分析得到的系统、子系统、组件所需的技术进步成熟度。初期的技术改进复杂度评估则提供开发初步成本与进度计划及进行初步风险评估所需的材料。在后续的评估中，相应信息可用于构建技术开发计划，并且在评估流程中，可以确定可选技术途径、可回退位置和性能需求降准等选项。这些信息在为后续的挣值管理流程准备里程碑和指标体系时十分关键。

技术成熟度评估需按照工程/项目的产品分解结构中硬件及软件产品的层级分解开展，从而达到对系统、子系统、组件层级的系统化全面理解（参见图 G.1-1）。

G.2　输入和启动准则

在工程/项目初始阶段定义技术评估流程，并在整个工程/项目中尽可能早的阶段（如概念开发阶段）实施技术评估，再通过初步设计评审贯穿工程/项目是极其重要的。在工程/项目的各阶段，技术评估流程的输入有不同的详细程度，或在 A 前阶段细节不足时，技术评估也可以得出所需的关键技术进步点。因此，在 A 前阶段开始时，应提供以下内容作为输入：

- 技术成熟度水平定义的细化。
- 技术改进复杂度的定义。
- 在评估流程中使用的术语定义。

- 所建立的可用的评价准则和指标体系，有利于明确性能的差距与不足。
- 所成立的技术评估团队。
- 所成立的独立的技术评估评审团队。

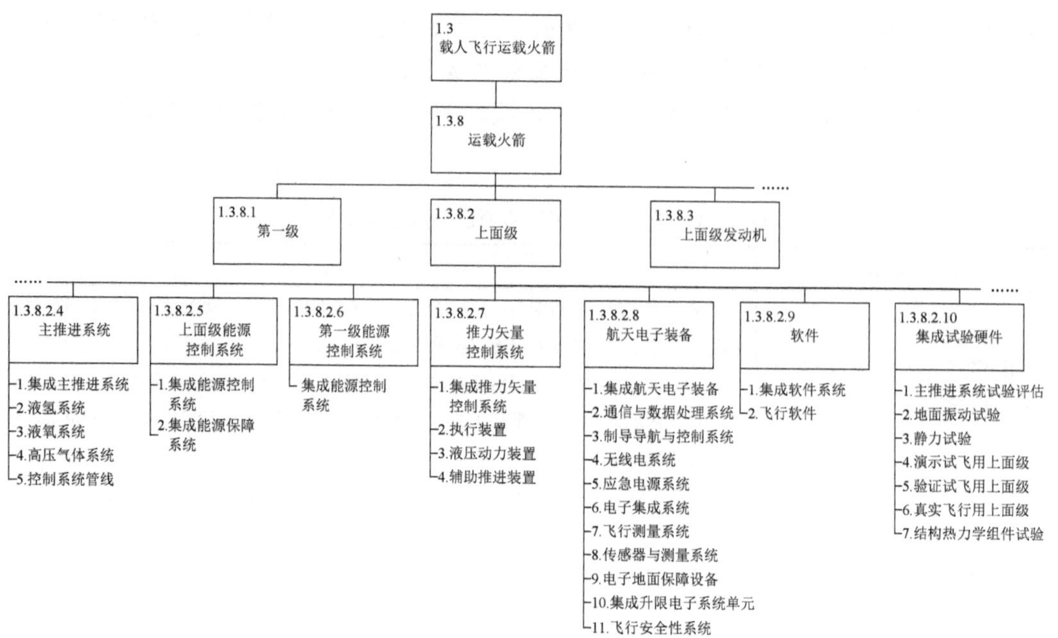

图 G.1-1　产品分解结构示例

G.3　如何进行技术评估

技术评估流程应用系统工程的基本原理与基本流程。如前所述，其在产品分解结构的框架结构之内形成和实施，这样易于评估结果的综合和集成。应用产品分解结构作为框架具有双重好处：（1）可以将“问题”分解到系统、子系统、组件，从而能够更精确地进行评估；（2）以能够直接用于可转换成工程/项目成本与进度的格式提供评估结果。另外，技术评估在为利用挣值管理来跟踪技术进展提供里程碑与指标体系方面具有很大益处。根据上述讨论，技术评估是由两阶段组成的流程：（1）以技术成熟度水平为指标确定当前的技术成熟度；（2）应用技术改进复杂度分析确定将技术水平从当前的技术成熟度水平提升到下一成熟度水平的难度。

1．概念层的技术评估活动

整个流程是反复进行的，开始于工程规划和论证的概念层，初步确定关键技术，初步建立费用、进度和风险规避计划。该流程在阶段 A 继续进行，用于确立成熟度控制基线，建立技术开发计划并确定相应的费用与进度。最终技术评估只包括技术成熟度评估，用来开发技术成熟度评估报告，确认所有单元处于需要的成熟度水平（见图 G.3-1）。

即使在概念层，使用形式化的产品分解结构也是非常重要的，如此可以避免重要技术的遗漏和在应用上的缺陷。考虑到概念只是初步形成的，对系统、子系统、组件的定义还只处于不可进行详细评估的水平，而在工程/项目后期进行系统更详细的定义时，相应的评估流程是相同的，只是在针对后续阶段实施时有更详细的步骤。

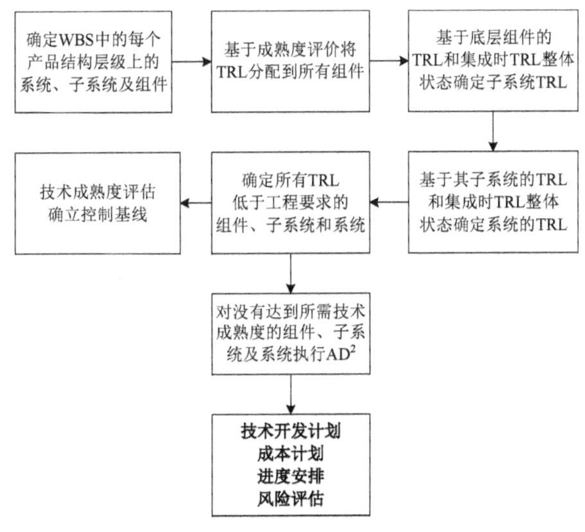

图 G.3-1 技术评估流程

2．系统架构研究

一旦概念已经形成，并且其中的关键技术已经初步确立，就需要应用相互密切关联的技术评估流程进行详细的系统架构研究（见图 G.3-2）。

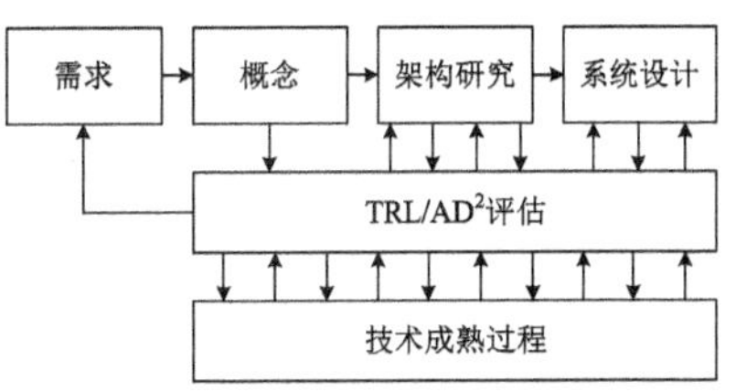

图 G.3-2 系统架构研究与技术开发

系统架构研究的目的是改进目标产品的系统设计方案，以满足所担负使命任务中的整体科学需求。在系统架构研究与不断成熟的技术进步之间建立持续的关联关系是极其重要的。系统架构研究应当结合利用技术成熟过程的成果，面对已经细化的架构，为系统的开发规划出可选的路径并确定所需的新领域。与此类似，在技术成熟度进步的过程中有义务做到明确不可行的需求及成效不大的开发路线，并将这些信息及时地传递到系统架构研究。同样在系统架构研究中有义务做到，向技术开发流程提供有关需求变更的反馈。对于“传统的”既有系统应当给予格外关注，因为此类系统的应用架构与环境常常不同于其最初设计时预想的运行使用架构与环境。

G.4 确定技术成熟度水平（TRL）

技术成熟度水平最基本的含义是，以一组水平值描述给定系统、子系统、组件的性能特性成长历史；20 世纪 80 年代，TRL 指标在 NASA 首次使用。技术成熟度水平主要描述给定技术的当前水平并提供计量技术成熟度及技术进步的控制基线（见图 G.4-1）。

许多工程常常在既不明确工程的关键技术成熟度，也不清楚为开发所需水准的技术应当做些什么的情况下便开工建设。如果对于系统中所有单元的基准技术成熟度没有清晰把握，就不可能了解工程的重要性与开发范围。确定技术成熟度水平是保证工程成功至关重要的第一步。常见的错误观念是，认为在实践中很难确定技术成熟度水平，并且这样做没有意义。恰恰相反，确定技术成熟度水平直接就是一个只需要确定展示和证明什么及在什么条件下进行证明的系统工程流程。

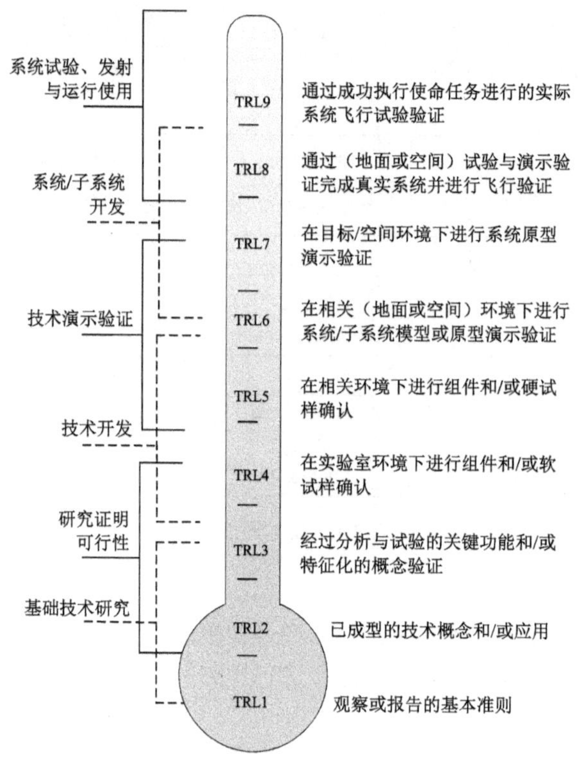

图 G.4-1　技术成熟度水平

1．术语

一眼看去，图 G4-1 中描述的技术成熟度水平显得直截了当，而问题出现在流程中试图将其分配到各层级时。产生困难的主要原因是术语。例如，人人都知道“软试样”这个术语，但是定义却不尽相同。同样，什么是“相关环境”？与某个应用相关却可能与其他不相关又意味着什么？许多术语来源于不同的工程背景，在特定时间和特定领域有特定的含义。它们最终却成为公共词汇，并在工程领域广泛应用，当然在不同学科有不同的含义，其差异可能很小，也可能很大。例如“软试样”一词，来源于电子工程领域，其本意是指利用电子元器件组装成试验电路板，在试验电路板上输入数据检验电路的设计方案，以验证设计的功能是否与预期一致。还有些具有其他含义的术语来自机械工程领域，是指在试验中承受不同级别压力的部件，这些压力可能包括鉴定试验、试飞试验和正样飞行。开发统一的技术成熟度水平评估流程（见图 G4-2）的第一步便是定义所用术语。在工程/项目活动中，开发并使用一致的概念定义集合至关重要。

2．判断准则

建立起通用的技术成熟度术语集之后，需要在前期经验的基础上，推进到下一步——量化判断准则。即使有清晰的定义，在评估给定单元与所需单元的相近程度时（系统原型是否与期望的原型相近，或者它仅像是工程试样？），仍需要有判断准则。描述在外形、尺寸和功能方面已完成的工作，是检验系统单元是否符合设计意图及是否达到相应性能指标的手段之一，而软件技术成熟度水平的定义已包含在 NPR 7123.1《NASA 系统工程流程和要求》中。

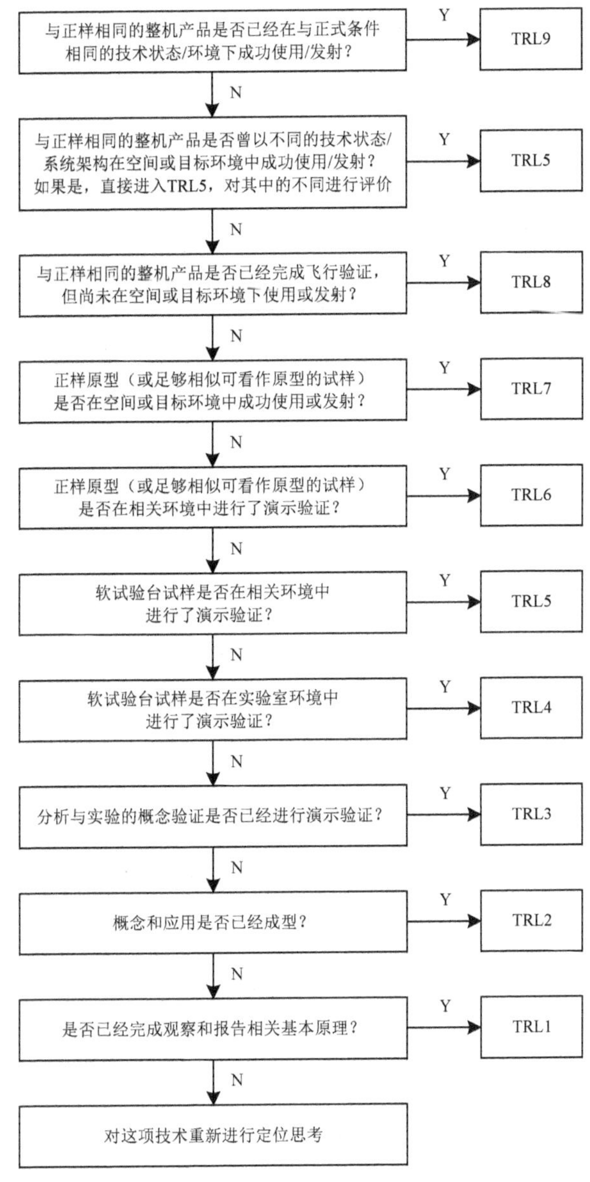

图 G.4-2 技术成熟度评估流程图

3. 评估团队

技术成熟度评估的第三个关键因素与回答“谁最适合针对出现问题的技术确定当前状况的判断准则”这个问题相关。在这一步，拥有能力均衡的经验丰富的评估团队极其重要。评估团队成员不必是学科专家。技术成熟度水平评估所需的主要专业知识是系统工程师/用户对当前技术应用状况的理解和掌握。用户方面的考虑由人因工程分析师进行评价，人因工程分析师还负责评估产品寿命周期各个阶段技术引入面临的挑战。建立了术语定义集，定义了量化判断准则，并组成了专家评估团队，接下来的主要流程就是提出正确的问题。图 G.4-2 所示的流程图呈现了评估过程中，为确定技术成熟度是否位于当前水平所需要提出的问题。

4．重用既有系统

注意，图 G.4-2 中第二个方框是特别针对既有系统的。如果系统架构和环境发生变化，则既有系统的技术成熟度水平应降到 TRL 5，至少开始时如此。针对新应用和新环境需要对既有系统进行附加试验。如果后续分析中新环境充分接近原使用环境或新架构充分接近原有应用架构，则相应的评价结果可以定为 TRL 6 或 TRL 7，而最为重要的是应明白此时不会再有 TRL 9。首先在系统层应用技术成熟度评估流程，继而将流程应用到更低层级的子系统和组件，从而确定需要开发的单元并设定后续开发阶段的等级，最后确定技术改进复杂度。

5．确定技术成熟度水平的正式流程

形成技术成熟度评估流程的方法如图 G.4-3 所示。图中，流程以表格形式呈现，每一“行”标出需要评价的系统、子系统、组件。每一“列”标明用于确定技术成熟度水平的度量指标种类，即已构建了哪些元件、达到了何种程度、在什么环境中进行过试验。对这些问题的回答将确定所考察产品的技术成熟度水平。系统技术成熟度水平取决于系统各组分中的最低技术成熟度水平。举例来说，如果系统中技术成熟度最低的单元处于 TRL 2，则系统的技术成熟度也处于 TRL2。多个单元处于低技术成熟度水平出现的问题在技术改进复杂度流程中解决。注意集成中的问题会影响每个系统、子系统、组件的技术成熟度水平。所有单元可能处于较高技术成熟度水平，但若未集成为整件，则整件的技术成熟度处于较低水平，低到何种程度取决于集成复杂性。集成复杂度应根据工程师的综合判断进行评估。重要的是应有一位知识面丰富的高层人员参与判断。

技术成熟度水平（TRL）评估

R 红色=TRL3级以下 Y 黄色=TRL3、4、5级 G 绿色=TRL6级（含）以上 空白=未知 X 存在	整机演示验证						环境				整机描述				
	概念	软试验台	硬试验台	开发模型	物理原型	飞行验证	实验室环境	相关环境	空间环境	发射与运行使用环境	外形	尺寸	功能	适用尺度	总体技术成熟度
1.0 系统															
1.1 子系统一															R
1.1.1 机械组件															
1.1.2 机械系统															
1.1.3 电子组件					X				X		X	X	X		G
1.1.4 电子系统															
1.1.5 控制系统															
1.1.6 热力学系统							X				X	X			Y
1.1.7 流体系统		X													R
1.1.8 光学系统															
1.1.9 光电系统															
1.1.10 软件系统															
1.1.11 操纵系统	X														R
1.1.12 系统集成															
1.2 子系统二															Y
1.2.1 机械组件															
……															

图 G.4-3　技术成熟度水平评估矩阵

附录 H 集成计划编写提纲

H.1 目的

集成计划用于在项目中的系统设计和系统分解进行到较低层级单元时，定义项目接口的集成与验证策略[①]。集成计划在结构上将各个单元聚在一起组装成相应子系统，并将所有的子系统合并起来组装为系统/产品。集成计划的主要目的是：（1）描述支持设计方案实施策略的协同集成工作；（2）为参与者描述在集成工作的每个步骤中需要完成的工作；（3）确定所需的资源及其使用时机与使用场合。

H.2 问题/查验清单

- 集成计划是否包含和覆盖对项目中所有组件与子系统的集成，不论它们是自行开发还是外购获取？
- 集成计划是否考虑了参与系统集成的所有外部系统（如通信网络、场站设施及其他由政府部门或政府委托单位所拥有的完整系统）？
- 集成计划是否完全支持产品方案实施策略，例如，子系统和系统在何时何地使用？
- 集成计划是否与验证计划吻合？
- 对于集成的每一个步骤，集成计划是否定义了需要集成的组件或子系统？
- 对于集成的每一个步骤，集成计划是否明确了所有必要的参与者并定义了他们的角色和职责？
- 集成计划是否安排了所有集成步骤的顺序与进度？
- 集成计划是否阐明了集成中可能出现的问题应当如何解决与归档？

H.3 集成计划的内容

标题页

标题页应该遵循 NASA 的技术规程和行文指南。至少应该包括以下内容：

- [XX 组织]和[XX 项目]的集成计划；
- 合同编号；
- 集成计划文档正式批准的日期；
- 负责编写集成计划文档的组织名称；

① 本附录材料采自联邦高速公路管理局和加利福尼亚州运输管理部门的《智能交通系统的系统工程指导书》，2.0 版。

- NASA 内部文档控制编号（如果有）;
- 修订的版本号及发布日期。

1.0 **文档的目的**

本节给出集成计划文档目的简要陈述。说明这是对项目中组件和子系统进行集成并随后进行验证的计划。

2.0 **项目的范围**

本节给出已经规划项目的简要描述及待建造系统的目的。需特别强调的是应说明项目部署的复杂性及挑战性。

3.0 **集成策略**

本节告知读者集成任务的高层计划是什么，最重要的是告知集成计划为什么是目前所见的结构。集成计划需服从若干可能是相互冲突的约束。同时集成计划是包含制造、集成、验证和部署环节的更大流程的一部分，所有这些环节应当同步支持同一个项目策略。因此，即使是相当复杂的项目，集成策略也应基于清晰简明的项目开发目的和目标陈述，并且在系统高层描述，而非在所包含的各个层级进行描述。还有必要描述对其他备选集成策略的分析，说明为什么选择当前特定的策略。

这里的集成策略还是产品建造计划、验证计划及部署计划的基础。本节涵盖并描述产品集成流程中的每一步骤。具体来说，它描述每一步骤中参与集成的组件，给出能够覆盖所需运行使用能力（需求）的总体集成思路。它将集成计划与之前确定的目标连接起来，使得利益相关者可以理解每个集成步骤的客观依据。本节的概要描述中还需定义所有集成工作的进度安排。

4.0 **第一阶段集成**

本节及后续各节定义并解释集成流程中的每个步骤。这样做的目的是确定所有需要参与集成活动的人员并向他们描述其必须完成的工作。

一般而言，每个集成步骤的描述应该包含以下内容:

- 实施集成活动的场所。
- 项目中开发的需集成的硬件和软件产品。最初这仅是一份高层清单，而最终这份清单会精确、完整地展示出部件的数量和质量。
- 在当前集成步骤中需要的所有保障设备（如模拟尚未集成的软件组件的专用软件、试验用硬件、软件模块、驱动程序及外部系统）。相同的保障设备在后续的验证过程中也极有可能用到。
- 所有在系统安装后需要进行的集成活动，包括与安装现场的系统集成和与其他地点的外部系统之间的集成。
- 对将在当前集成步骤之后发生的，并在相应验证计划中已经定义的验证活动的描述。
- 当前集成步骤中，每项活动的负责单位。
- 所有活动的进度安排。

5.0 **多阶段集成**（多个阶段情况下）

本节及可能的附加后续章节与 4.0 节的格式保持一致。每一节对应于多阶段集成工作中每个阶段的步骤。

附录 I　验证和确认计划编写提纲

I.1　提纲范例说明

验证和确认计划需要在初步设计评审之后纳入相关结论，确定控制基线。本附录的提纲中带有内容说明（用楷体书写），其中使用术语“系统”表明开发验证和确认计划的整个范围。系统可能是一个完整的航天器，也可能仅仅是一个航空电子系统，或可能是航空电子系统中的一张板卡。类似地，术语“目标产品”、“子系统”或“单元”意味着低层级产品，它们集成在一起时将产生“系统”。在相关活动中使用通用术语“目标产品”时，既可以指硬件单元，也可以指软件单元。

提纲范例中各个章节的安排旨在从高层级的通用描述过渡到低层级更详细的描述。这些章节还从产品树的低层级构件过渡到越来越大的组装件，最终过渡到完全集成的系统。各章节中还描述系统如何集成，以及在通过接口与外部元素集成时如何进一步开展验证/确认工作。这个推进过程有助于构建对系统验证和确认总体计划的完整理解。

I.2　验证和确认计划编写提纲范例

第 1 章　引言

1.1　目的和范围

本节说明所编写的验证和确认计划的目的和适用范围（就是全系统）。验证和确认计划的目的是明确能够使系统符合设计需求（验证）且能够使系统满足客户期望（确认）的活动。

1.2　职责和变更授权

本节明确负责维护验证和确认计划的责任人，以及明确有权批准对此项计划做出任何变更的人员或委员会。

1.3　定义

本节给出此项计划中使用的所有关键术语的定义。本节可能包括对系统验证、系统确认、定量分析、外观检视、功能演示和产品试验的定义。关于这些术语和其他可能用到的术语参见本手册附录 B 中给出的术语定义。

第 2 章　适用的文件和参考文献

2.1　适用文件

本节列出可能会带来额外需求的文件，以及那些“系统的某些需求是从中提取”的文件。

2.2 参考文献

本节列出在验证和确认计划中参考引用的文档，它们不会提出需求，但可能有额外的可用信息。

2.3 优先序

本节明确当存在相互冲突的需求时，哪些文档优先。

第3章 系统描述

3.1 系统需求的向下分解

本节描述系统需求从何而来，以及它们是如何向下分解到子系统和低层级单元的。本节还应该指出执行需求的向下分解将采用什么方法，以及保证双向可追溯性的方法，如电子表格、模型或其他手段。本节还需要指出能获取实际需求的电子文档、纸质文件或电子表格。

3.2 系统架构

本节描述在验证和确认计划范围内的系统。系统描述应该足以使验证和确认活动有清晰的运行使用背景且易于理解。

3.3 目标产品架构

本节描述每个主要的目标产品（子系统、单元、元件、模块等），当它们集成在一起时，能够形成系统整体。这个系统整体就是验证和确认计划的范围。

3.3.1 系统目标产品A

本节更详细地描述第一个主要目标产品/子系统，从而能够明确验证和确认活动的运用背景并使之易于理解。

3.3.n 系统目标产品n

本节以类似前一节的方式按顺序更详细地描述每个目标产品/子系统。

3.4 地面保障设备

本节描述将在验证和确认活动中使用的所有主要地面保障设备，其中可能包括提供电力或燃料的车辆、特殊的试验装置、起重设备、模拟器，以及其他类型的保障设备。

3.5 其他架构描述

本节描述所有对于验证和确认活动有重要意义但不包含在上述各节中的其他事项。其中可能包括现有的控制中心、培训设施或其他保障设施。

第4章 验证和确认流程

本章描述将用于实施验证和确认活动的流程。

4.1 验证和确认管理职责

本节描述验证和确认活动中关键角色的职责。这些角色可能包括试验的主管/指挥、项目管理者、设施所有者、相关委员会和其他关键利益相关者，同时需要对这些角色的职责做出鉴别和描述。

4.2 验证方法

本节定义和描述在验证活动中使用的方法。

4.2.1 定量分析

本小节针对待要验证的系统，定义将采用定量分析形式（见本手册附录B）的验证方法是什么及如何使用。

4.2.2 外观检视

本小节针对待要验证的系统，定义将采用外观检视形式（见本手册附录B）的验证方法是什么及如何使用。

4.2.3 功能演示

本小节针对待要验证的系统，定义将采用功能演示形式（见本手册附录B）的验证方法是什么及如何使用。

4.2.4 产品试验

本小节针对待要验证的系统，定义将采用产品试验形式（见本手册附录B）的验证方法是什么及如何使用。这类方法可能需要细分为更多类别的方法。

4.2.4.1 产品鉴定试验

本小节描述环境试验和其他试验的理念，这类试验在高出产品所处的层级上实施，从而能确定在最坏情况下的产品性能余量和实际效果。内容包括描述如何确定各种类型试验（热力学、振动等）的最小和最大极端状况，描述这类试验是否会发生在组件、子系统或系统层级，确定将要进行上述试验的相关整件产品的形式（如飞行试样、试验样机、工程试样等）。

4.2.4.2 其他试验

本小节描述那些将在验证活动中使用却又不属于产品鉴定试验的其他试验。内容包括在目标产品的正常运行使用范围内针对其需求的所有试验，还可能包括某些工程试验，这些试验将构成正式验证试验的基础或为正式验证试验提供预先演练的基础。

4.3 确认方法

本节定义和描述在确认活动中使用的方法。

4.3.1 定量分析

本小节针对待要确认的系统，定义将采用定量分析形式（见本手册附录B）的验证方法是什么及如何使用。

4.3.2 外观检视

本小节针对待要确认的系统，定义将采用外观检视形式（见本手册附录B）的验证方法是什么及如何使用。

4.3.3 功能演示

本小节针对待要确认的系统，定义将采用功能演示形式（见本手册附录B）的验证方法是什么及如何使用。

4.3.4 产品试验

本小节针对待要确认的系统，定义将采用产品试验形式（见本手册附录B）的验证方法是什么及如何使用。这类方法可能需要细分为更多类别的方法，如系统端到端试验、有人类参与的试验等。

4.4 认证流程

本节描述如何使用上述验证和确认活动的结果来证实系统满足其需求和期望，并做好投入使用或飞行准备的完整流程。除验证和确认结果之外，认证材料还可能包括特殊表格、报告、安全性文档、图纸、免责说明或其他支撑文档。

4.5 验收试验

本节描述针对每个可运行使用的整机产品将要执行哪些验证/确认活动及如何执行，由此证明它们已经通过制造/编码获得，并且已经为飞行/运行使用做好准备。本节内容包括描述是否需要及如何开发数据资料，并将其作为产品交付的一部分提供给客户。

第 5 章 验证和确认实施

5.1 系统设计到验证和确认的流转过程

本节针对系统整机/模块，描述从制造/编码到验证和确认的流转过程，内容包括每个整机产品是需要单独进行验证/确认，还是需要组装到某个更高层级，然后随更高层级产品进行评价和流转。

5.2 试验件

本节描述将参与验证/确认活动的系列试验件的来源。其中可能包括对软试样、工程原型、工程试样、整机鉴定样机、飞行样机、飞行正样或其他特殊用途试验件的描述。可能需要包含对上述术语含义的定义，确保清晰地掌握每种试验件的预期形式。本节还包括描述对于每种类型的试验件，将采用何种类型的试验/分析活动。

5.3 保障设备

本节描述实施验证/确认活动可能需要的所有特殊保障装备。这里的描述将比本附录编写提纲范例中第 3.4 节所描述的更详细。

5.4 设施

本节明确并描述完成验证和确认活动可能需要的主要设施。这些设施可能包括环境试验设施、计算设施、模拟仿真设施、培训设施、试验台和其他必要设施。

第 6 章 低端产品验证和确认

本章详细描述将应用于较低层级上子系统/单元/低端产品的验证和确认活动。如果可以把每个产品层级上的产品看作有机整体，而这些活动中的试验对象是其中的一部分，那么相关试验可以分别独立描述。

6.1 低端产品 A

本节逐个重点介绍较低层级低端产品，详细描述它将经历的验证活动类型。

6.1.1 工程开发过程中的试样评价

本小节描述在进行正式的验证和确认活动之前，原型样机/工程样机或其他形式样机/模块将经历何种类型的产品试验、定量分析、功能演示或外观检视。

6.1.2 验证活动

本小节详细描述将在此低端产品上进行的验证活动。

6.1.2.1 通过产品试验完成验证

本小节描述将在此低端产品上实施的所有验证试验。

6.1.2.1.1 产品鉴定试验

本小节描述在比产品所处层级更高的层级上实施的环境试验和其他试验，从而确定在最坏情况下产品的性能余量和实效，内容包括描述在该低端产品（热力学、振动等方面）鉴定试验中使用哪些最小和最大极端状况，说明这类试验是否会发生在组件、子系统或系统层级，描述将要进行上述试验的低端产品的形式（如飞行正样、整机鉴定样机、工程样机等）。

6.1.2.1.2 其他试验

本小节描述不属于产品鉴定试验的所有其他验证试验。这些试验可能包括对正常运行使用范围内需求的验证。

6.1.2.2 通过定量分析完成验证

本小节描述那些将通过定量分析来实施的验证活动（包括相似度验证）。此类验证可能包括热力学分析，应力分析，断裂控制分析，材料分析，电气、电子和机电（EEE）部件分析，可能包括验证该低端产品所需的其他分析。

6.1.2.3 通过外观检视完成验证

本小节描述那些将采用外观检视对此低端产品实施的验证活动。

6.1.2.4 通过功能演示完成验证

本小节描述那些将采用功能演示对此低端产品实施的验证活动。

6.1.3 确认活动

6.1.3.1 通过产品试验完成确认

本小节描述那些将对此低端产品实施的所有确认试验活动。

6.1.3.2 通过定量分析完成确认

本小节描述那些将采用定量分析对此低端产品实施的确认活动。

6.1.3.3 通过外观检视完成确认

本小节描述那些将采用外观检视对此低端产品实施的确认活动。

6.1.3.4 通过功能演示完成确认

本小节描述那些将采用功能演示对此低端产品实施的确认活动。

6.1.4 验收试验

本小节描述将在低端产品的飞行版本/最终版本上实施的产品试验、定量分析、功能演示和外观检视活动，表明该产品与其经过验证的设计版本相同，该低端产品的制造工艺良好且能正常执行所确定的功能。

6.n 低端产品 n

按照与上面各小节类似的方式，描述组成系统的每个低端产品将要进行的验证和确认活动。

第 7 章 全系统验证与确认

7.1 低端产品集成

本节描述如何将各种低端产品组装/集成在一起并进行验证和确认。例如，可以将航空电子设备和电力系统集成在一起并做试验，确保在与更大的单元集成之前它们的接口和性能符合要求和预期。本节描述那些将在这些主要集成件上进行的验证和确认活动。完整的系统集成将在后面章节中描述。

7.1.1 工程开发过程中的试样评价

本小节描述那些将在一起进行试验的集成件上需要实施的非官方（未列入正式的验证/确认活动）的试验/分析，描述将要使用的试样的形式，其中可能包括进行系统级技术状态试验使用的工程样机、软试样、模拟器或其他组合形式。

7.1.2 验证活动

本小节描述将在各个集成件上进行的验证活动。

7.1.2.1 通过产品试验完成验证

本小节描述将在各个集成件上进行的验证流程中所有产品试验活动。本小节内容可以分为描述在各个集成件上进行的鉴定试验，以及其他类型的试验。

7.1.2.2 通过定量分析完成验证

本小节描述将在各个集成件上进行的验证流程中的所有定量分析活动。

7.1.2.3 通过外观检视完成验证

本小节描述将在各个集成件上进行的验证流程中的所有外观检视活动。

7.1.2.4 通过功能演示完成验证

本小节描述将在各个集成件上进行的验证流程中的所有功能演示活动。

7.1.3 确认活动

7.1.3.1 通过产品试验完成确认

本小节描述将在各个集成件上进行的确认流程中的所有产品试验活动。

7.1.3.2 通过定量分析完成确认

本小节描述将在各个集成件上进行的确认流程中的所有定量分析活动。

7.1.3.3 通过外观检查完成确认

本小节描述将在各个集成件上进行的确认流程中的所有外观检查活动。

7.1.3.4 通过功能演示完成确认

本小节描述将在各个集成件上进行的确认流程中的所有功能演示活动。

7.2 系统完整集成

本小节描述将所有集成件集成到一起形成完整的集成系统后，将在系统整体上进行的验证和确认活动。在某些情况下，这样做可能是不切实际的。对于无法做到的事情，应该掌握并记录其原由。

7.2.1 工程开发中的试样评价

本小节描述将在完整的集成系统上进行的非官方（未列入正式的验证/确认活动）试验/分析，描述将要使用的试样的形式。其中可能包括进行系统级技术状态试验使用的工程样机、软试样、模拟器或其他组合形式。

7.2.2 验证活动

本小节描述将在完整的集成系统上进行的验证活动。

7.2.2.1 验证中的产品试验

本小节描述将在集成系统整体上进行的验证流程中的所有产品试验活动。本小节内容可以分为描述在集成系统层级进行的鉴定试验，以及其他类型的试验。

7.2.2.2 验证中的定量分析

本小节描述将在集成系统整体上进行的验证流程中的所有定量分析活动。

7.2.2.3 验证中的外观检视

本小节描述将在集成系统整体上进行的验证流程中的所有外观检视活动。

7.2.2.4 验证中的功能演示

本小节描述将在集成系统整体上进行的验证流程中的所有功能演示活动。

7.2.3 确认活动

本小节描述将在完整的集成系统上进行的确认活动。

7.2.3.1 通过产品试验完成确认

本小节描述将在集成系统整体上进行的确认流程中的所有产品试验活动。

7.2.3.2 通过定量分析完成确认

本小节描述将在集成系统整体上进行的确认流程中的所有定量分析活动。

7.2.3.3 通过外观检视完成确认

本小节描述将在集成系统整体上进行的确认流程中的所有外观检视活动。

7.2.3.4 通过功能演示完成确认

本小节描述将在集成系统整体上进行的确认流程中的所有功能演示活动。

第 8 章 工程的验证与确认

本章描述系统整体需要进一步进行的所有试验。例如，如果系统是一部仪器，则本章包括的内容可能有在将仪器系统集成到航天飞行器/平台上时，需要对集成系统进行的所有验证/确认活动。如果系统是一个航天飞行器，则本章包括的内容可能有飞行器系统与运载火箭集成时，需要对集成系统进行的所有验证/确认活动。

8.1 外部系统（运载火箭）集成

本节描述当航天飞行器系统通过其外部接口与外部系统（如运载火箭）集成时，需要进一步进行的验证或确认活动。

8.2 系统端到端集成

本节描述系统可能进行的端到端试验。例如，这种端到端的技术状态可能包括数据从地面控制中心通过一个或多个中继卫星接力发送到航天飞行器系统，或数据从航天飞行器系统发送返回到地面控制中心。

8.3 在轨验证和确认活动

本节描述工程中剩余的验证/确认活动，这些活动在系统进入工作轨道或被放置在运行使用场所后实施。

第 9 章 系统认证产品

本章描述在产品认证流程中生成和提供的产品类型。这些产品可能包括验证矩阵和确认矩阵、验证结果和确认结果、压力容器认证证书、特殊表格、材料认证证书、测试报告或适合于系统验证和确认的其他产品。

附录 A 缩略语和简写词汇

本附录给出验证和确认计划中使用的所有缩略语和简写词汇，同时给出它们的特定含义。

附录 B 术语的定义

本附录给出验证和确认计划中使用的关键术语的定义。

附录 C 需求验证矩阵

在初步设计评审的结论做出之后，需要确定验证和确认计划的控制基线。本附录中的信息可能采取多种形式。本附录可以是指向另一个文档或模型的指针，在指向的文档或模型中可以找到矩阵及其结果。此时使用需求跟踪应用程序对于大型项目非常有效。本附录中的信息也可以是使用（除结果信息之外）所有信息填充的需求矩阵，以及指向验证结果地址的指针。这样做便于在确定控制基线时使用关键信息。对于较小规模的项目，本附录可能是完整的验证矩阵。在这种情况下应在验证和确认计划中尽可能多地填入内容。验证矩阵的示例参见本手册附录 D。

附录 D 确认矩阵

与验证矩阵一样，本附录中的信息可能会以各种形式出现，可能是一个完整矩阵或一个指针，指示在哪里可以找到信息。本手册附录 E 给出了一个确认矩阵的示例。

附录 J　系统工程管理计划编写提纲

J.1　系统工程管理计划的内容

系统工程管理计划是在项目实施过程中进行技术活动与工程活动的基础文档。系统工程管理计划在项目工作计划的框架下，向所有相关人员提供关于项目所需的综合技术方法与活动的信息。系统工程管理计划的内容可以单独形成一个文档或在小型项目情况下编入高层项目文档。

系统工程管理计划提供技术工作细节，描述需要采用哪些技术流程，以及技术流程如何应用于相应的活动，描述为完成这些活动应当如何对项目进行组织管理，以及为完成这些活动所需要的资源。系统工程管理计划为实现相应工作产品提供框架，使这些工作产品满足项目寿命周期阶段的启动条件和顺利完成的评判标准，为管理层提供评估技术进展所需的信息。

系统工程管理计划提供特定的技术信息与管理信息，可以帮助对技术集成及接口的理解。因此，可以把该项计划的归档和审批看作项目内部在技术工作如何进行方面达成的一致结果。对于将要由指定技术团队开展的技术工作，系统工程管理计划是团队自身及其与项目负责人、客户和其他利益相关者进行沟通交流的桥梁。

在工程/项目整体工作计划的指导下，技术团队负责开发并根据需要更新系统工程管理计划。技术团队应与项目负责人协同工作，审议系统工程管理计划的内容并取得一致意见。系统工程管理计划主要包括以下三个部分：

（1）技术性工程规划与控制，用于描述与系统设计、开发、试验和评价相关的工程技术工作的规划与控制流程。

（2）系统工程流程，包括针对 NPR 文件中描述的系统工程流程所做的专门剪裁，以及实施所使用的技术流程而必需的技术规程、权衡方法、分析工具及模型。

（3）工程技术专业集成，描述多学科专业技术工作如何集成到系统工程流程中，总结每个专业技术学科的工作，并交叉引用系统工程流程产生的专门计划和相关计划。

本附录中的系统工程管理计划编写提纲是项目准备采用独立系统工程管理计划时的参考指南。项目系统工程管理计划的详细程度应当根据项目的规模进行调整。对于小型项目，系统工程管理计划的内容可以编入项目工作计划的技术摘要中，而本附录中带注释说明的提纲应当用作主题指南。

系统工程管理计划还有以下几个额外要点：

- 系统工程管理计划是一个开放文档。初始系统工程管理计划用于在项目的规划和论证阶段早期确立工程技术工作内容，并在项目寿命周期中根据需要更新。表 J.1-1 按照项目寿命周期阶段给出关于系统工程管理计划内容范围的高层级指南。
- 经过剪裁的项目需求和影响显著的系统工程流程客户定制应当在系统工程管理计划中描述。
- 对于多层级的项目，低层级项目的系统工程管理计划应当与高层级的系统工程管理计划和项目工作计划保持一致。

表 J.1-1　寿命周期各阶段系统工程管理计划内容编写指南

章标题	节标题	A前阶段 关键决策点A	阶段A 关键决策点B		阶段B 关键决策点C	阶段C 关键决策点D
		MCR	SRR	SDR/MDR	PDR	CDR
目的和范围		定稿	定稿	定稿	定稿	定稿
适用文件		初稿	初稿	初稿	定稿	定稿
技术工作摘要		定稿	定稿	定稿	定稿	定稿
系统描述		初稿	初稿	初稿	定稿	定稿
系统结构	产品集成	在系统定义评审之前完成定义	在系统定义评审之前完成定义	在系统定义评审之前完成定义	在系统集成评审之前更新定义	在系统集成评审之前更新定义
	规划背景条件	在系统定义评审之前完成定义	在系统定义评审之前完成定义	在系统定义评审之前完成定义	在系统集成评审之前更新定义	在系统集成评审之前更新定义
	技术工作边界	初稿	初稿	初稿	定稿	定稿
	交叉引用文献	初稿	初稿	初稿	定稿	定稿
技术工作集成	责任与权利	在系统定义评审之前完成定义	在系统定义评审之前完成定义	在系统定义评审之前完成定义	在系统集成评审之前更新定义	在系统集成评审之前更新定义
	承包商集成	定义所需的采办活动		在系统集成评审之前定义承包商采办活动的巡查和监督活动		
	保障集成	定义所需的采办活动		在系统集成评审之前定义承包商采办活动的巡查和监督活动		
公共技术流程实施		为概念开发和规划论证阶段定义的流程		为设计阶段定义的流程		为集成和运行使用阶段附加的流程
技术引进		定义需要开发的技术		为进展顺利和遭遇困难的技术工作定义决策流程		
附加的系统工程功能和活动	系统安全性	在关键设计评审前完成流程定义				
	工程开发方法和工具	在关键设计评审前完成流程定义				
	专业工程技术	在关键设计评审前完成流程定义				
与项目计划集成和技术资源分配		在系统定义评审前完成定义			在系统集成评审之前更新定义	在系统集成评审之前更新定义
合规矩阵		初稿	初稿	初稿	定稿	定稿
附录		根据需要	根据需要	根据需要	根据需要	根据需要
模板		根据需要	根据需要	根据需要	根据需要	根据需要
参考文献		根据需要	根据需要	根据需要	根据需要	根据需要

注：MCR—使命任务概念评审；SRR—系统需求评审；SDR—系统定义评审；MDR—使命任务定义评审；PDR—初步设计评审；CDR—关键设计评审

续表

章标题	节标题	阶段C 关键决策点D	阶段D 关键决策点E		阶段E 关键决策点F	阶段F
		SIR	ORR	MRR/FRR	DR	DRR
目的和范围		定稿	定稿	定稿	定稿	定稿
适用文件		定稿	定稿	定稿	定稿	定稿
技术工作摘要		定稿	定稿	定稿	定稿	定稿
系统描述		定稿	定稿	定稿	定稿	定稿
系统结构	产品集成	在系统集成评审之前更新定义	定义维持不变直到工程结束	定义维持不变直到工程结束	定义维持不变直到工程结束	定义维持不变直到工程结束
	规划背景条件	在系统集成评审之前更新定义	定义维持不变直到工程结束	定义维持不变直到工程结束	定义维持不变直到工程结束	定义维持不变直到工程结束
	技术工作边界	定稿	定稿	定稿	定稿	定稿
	交叉引用	定稿	定稿	定稿	定稿	定稿
技术工作集成	角色和职责	在系统集成评审之前完成定义	定义维持不变直到工程结束	定义维持不变直到工程结束	定义维持不变直到工程结束	
	承包商集成		定义承包商活动巡查/监督直到工程结束			
	保障集成		定义承包商活动巡查/监督直到工程结束			
公共技术流程实施			更新运行使用流程。定义处置流程和维护工程流程			
技术引进			定义技术维护工作并维持到工程结束			
附加的系统工程功能和活动	系统安全性		定义作用和职责并维持到工程结束			
	工程开发方法和工具		定义作用和职责并维持到工程结束			
	专业工程技术		定义作用和职责并维持到工程结束			
与项目计划集成和技术资源分配	在系统集成评审之前更新定义	在系统集成评审之前更新定义	定义维持不变直到工程结束	定义维持不变直到工程结束	定义维持不变直到工程结束	定义维持不变直到工程结束
合规矩阵		定稿	定稿	定稿	定稿	定稿
附录		根据需要	根据需要	根据需要	根据需要	根据需要
模板		根据需要	根据需要	根据需要	根据需要	根据需要
参考文献		根据需要	根据需要	根据需要	根据需要	根据需要

注：SIR—系统集成评审；ORR—运行使用准备状态评审；MRR—使命任务准备状态评审；FRR—飞行准备状态评审；DR—退役评审；DRR—废弃处置准备状态评审。

- 对于合同外包的技术工作，系统工程管理计划应当包括开发需求的细节描述，用于对NASA外部生产产品的商源选择、性能监控、产品接收与集成。

J.2 术语使用

系统工程管理计划中使用的术语应当与NPR 7123.1《系统工程流程和要求》中使用的术语有相同的含义。

J.3 带注释说明的系统工程管理计划编写提纲

标题页

系统工程管理计划

（给出相应工程/项目的标题，可以在括号中指定一个短标题或在合适情况下提出可用的缩略语）

指定的管理机构/技术管理机构负责人	签署日期
工程/项目负责人	签署日期
首席工程师	签署日期
校核工程师	签署日期
编写工程师	签署日期

签署本文件的含义是，签署者愿意证明文件中的内容作为本工程/项目的工程和技术管理指导是可行的，签署者确保本文件将由受签署者管辖的人员负责实施。

第 1 章　目的与范围

本章简要描述系统工程管理计划的目的、范围与内容。

- 目的：本章应当突出系统工程管理计划的意图，为技术工作的实施和交流提供基础。
- 范围：所描述的工作范围包括生成工作产品所需的全部系统工程技术工作。本计划由技术团队使用，为其成员提供成功完成规定任务所必要的信息。
- 内容：本章应当简要描述本计划文档的组织结构。

第 2 章　适用文件

系统工程管理计划中，本章列出指定项目适用的文件及实施计划适用的文件。本章应当列出本计划专指项目相关技术工作应当遵循的主要标准和技术规程。例如，列出的专用技术规程可能包括用于危险材料的处置、控制室操作人员培训计划、特殊仪器度量技术、运输工具的特别接口文件归档、项目专项维护的技术规程。

第 3 章　技术性概要

本章包含一个综合摘要，描述项目技术工作需要解决的问题，描述项目的目的和背景条件，以及描述待开发和集成的产品与其他相关系统的接口。

需要回答的关键问题包括：

（1）我们试图解决的问题是什么？

（2）影响因素有哪些？

（3）关键性问题是什么？

（4）项目在费用、进度和技术性能方面的整体约束是什么？

（5）我们如何知道什么情况下算是恰当地给出了问题定义？

（6）项目的客户有哪些？

（7）项目的用户是谁？

（8）客户和用户的优先排序是什么样的？

（9）本项目与其他项目是什么关系？

3.1　系统描述

本节包括明确描述所要开发系统的目的，简要描述系统分解结构中各产品层级上产品的目的，系统工程管理计划将应用在此结构上。每个产品层级包括系统目标产品、目标产品的子系统和保障/配套产品，以及包括系统开发所需要的所有其他工作产品（如计划、控制基线）。描述内容应当包括所有带有接口的系统和系统产品（包括人员），从而保证系统产品可以进行物理、感知、功能及电子形式的交互。

3.2　系统结构

本节包含的说明有，描述产品层级的技术管理部分（包括配套产品、技术成本和技术进度）将如何开发，描述开发得到的产品层级如何与项目工作分解结构的项目管理部分集成，以及描述整体系统结构将如何开发。本节包含的说明还有，描述系统结构中产品技术规范结构和技术图纸结构的关系，以及描述系统目标产品与其寿命周期配套产品之间的关系和接口如何通过规划的技术工作进行管理。

3.3　产品集成

本节包括说明产品如何集成，清晰描述产品的组织管理责任和相互依赖关系，以及描述集成活动的组织管理是在地理上分布实施还是跨中心集中管理。本节还应当说明在诸多各不相同的外包合同下由承包商制造的产品是如何集成的，包括说明产品承包商的作用与责任。本节内容包括确定具体的组织（NASA 内部和外部的组织、其他政府部门、合同承包商或其他合作伙伴），以及对他们承担的角色与职责的描述（参见本手册 7.1 节）。产品集成包括解析类型产品的集成。

系统组件或单元何时可用于集成，需要清晰掌握并确定进度表，创建进度安排的关键事项表。

3.4 规划背景条件

本节包含工程性约束（如 NPR7120.5《NASA 空间飞行工程和项目管理要求》）的说明，这些约束影响到开展技术工作所应用的通用技术流程的计划与实施。这些约束提供技术工作与系统工程管理计划所确定的相关产品寿命周期阶段之间的联系，相应地包括里程碑决策控制节点、主要技术评审、影响项目完成的关键中间事件、寿命周期阶段、各类事件的触发准则和成功评判准则、主要控制基线及其他需交付到技术工作承担者和客户的工作产品。

3.5 技术工作的边界

本节描述通过技术工作能够解决的一般问题的边界，内容包括影响项目规划的技术约束和项目约束。具体来讲，边界用于确定技术团队（在边界之内）可以控制什么；在技术团队不能控制（在边界之外）的情况下，技术工作会产生什么影响或受到什么影响。应当给予特别关注的是沿着边界分布的物理形式的、感知形式的、功能形式的、电子形式的接口。

系统边界的描述可以包括如下内容：

- 为实现系统目的而涉及的内部和外部要素/事项的定义，以及以空间、时间、物理、运行等形式表现的系统边界的定义。
- 确定什么情况下触发系统转换到可运行使用状态，以及确定什么情况下触发系统退役处置，这是非常重要的。
- 边界之内子系统的整体及功能性描述。
- 当前的和此前已建立的子系统性能特征。
- 接口和接口特征。
- 功能接口描述及功能流图。
- 关键性能接口特征。
- 当前的集成策略及架构。
- 已归档的人因系统集成计划。

3.6 交叉引用

本节包含对与技术工作相关的非技术工作计划和关键参考材料的交叉引用。本节包含一个摘要总结，描述在其他计划中定义的技术活动是怎样实现并作为完整部分集成到当前技术工作中的。

第 4 章 技术工作集成

本章描述技术工作的各种输入如何集成到项目协同工作中，使之满足成本、进度和性能目标要求。

本章应当描述在系统工程流程的每一次迭代过程中，多个专业工程技术学科在系统工程流程中的集成和协调。在各专业技术工作之间可能存在交叉，系统工程管理计划应当定义各专业技术的相关责任与权利。根据需要，本节还应当包含对以下与项目相关的技术方法的描述：

- 并行工程；
- 专业工程技术活动的阶段划分；
- 参与协同工作的专业学科；
- 专业学科的融合；
- 专业学科的作用与责任；
- 在系统分解与定义流程中专业学科的参与；
- 在验证与确认流程中专业学科的作用；
- 可靠性；
- 维修性；
- 综合后勤保障；
- 人因工程；
- 安全性；
- 生产率；
- 生存能力/脆弱性；
- 遵从国家环境政策法案；
- 批准发射/飞行准备状态。

应当描述不同专业技术学科的协调方法和开发任务的集成途径。例如，描述的内容可能包括如何应用多学科集成团队方法（如人因系统集成团队），以及描述如何组织专门的集成控制委员会。在描述专业工程技术任务的范围和时间要求的同时，应当描述如何使专业工程技术学科在所有技术团队和项目全寿命周期的各个阶段得到适当体现。

4.1 责任与权利

本节描述由技术团队确定的承担技术工作的组织结构，包括描述技术团队的人员安排和管理方式。

需要回答的关键问题包括：

（1）被政府指派拥有项目控制权限的是哪个组织/专家组？

（2）多学科专业团队协作如何完成？

（3）对于规划的每个通用技术流程，实施流程中活动所需的角色、责任和权利是什么？

（4）按照学科和专业水平，规划的技术人员配备应该是什么？

（5）技术人员培训需要什么支撑？

（6）如何实现为项目的利益相关者或技术团队分配相应的角色、责任和权利？

（7）如何确定项目的管理结构，并且在项目费用和进度的约束下做到这一点？

（8）系统工程管理能够带来什么？

本节应当提供组织结构图，并标明对每项活动具体负责的团队成员。本节应当标明权利和责任的限度，应当定义制定决策/决策流程的授权权限，以及应当展示工程师/工程学科之间的关联性。

需要表述下列人员和单位的系统工程角色及责任：项目管理办公室、用户、合同主管办公室代表、系统工程师、设计工程师、专业工程技术人员和合同承包商。

4.2 承包商集成

本节描述内部和外部承包商的技术活动如何与NASA技术团队的技术工作集成。在明确所建立的技术协议的同时，应当描述如何根据协议对承包商的产品开发工作进展进行监督，如何处理技术工作及产品需求的变更请求，以及如何验收可交付的产品。本节还需特别描述NASA技术团队与承包商之间的接口如何在17个通用技术流程中逐个实现。例如，本节可以描述NASA技术团队如何参与对承包商生成和提交的设计方案定义文档进行评审和控制，或者描述技术团队如何参与产品验证与产品确认活动。

对于承包商所承担的系统关键可交付产品，以及承包商需要向其他项目参与者提供的关键可交付产品，其实现方式应该在项目进度表中明确和设定。

4.3 支持集成的分析工具

本节描述用于保障技术工作集成的方法（如一体化的计算机辅助工具集、集成工作产品数据库、技术管理信息系统）。

第5章 通用技术流程的实施

17个通用技术流程中的每一个分别在不同小节描述，内容包括开展所需的经适当剪裁的流程活动的计划（所需流程活动及其剪裁参见NPR 7123.1）。实施17个通用技术流程的输出包括：（1）生成满足在NPR 7123.1中确定的相关产品寿命周期阶段的启动条件与成功完成评判准则所需的结果；（2）其他流程所需要的输入。每个流程对应的小节中包含对相应途径、方法和工具的描述，包括如下内容：

- 确定并获得适当的人力资源及非人力资源，实施所计划流程，开发工作产品，并提供流程中的服务。
- 为执行所计划的流程、开发工作产品、提供流程中的服务指派责任与权限（如利用RACI角色模型矩阵）。
- 针对技术流程的实施和保障培训技术人员，如何培训根据需要确定。
- 在适当的技术状态管理层级上指定并安排相应的流程工作产品。
- 确定流程涉及的利益相关者并使之发挥作用。
- 对系统工程流程进行监督和控制。
- 明确、定义并追踪流程进展度量指标和成功评判准则。
- 客观评价流程及相关工作的产品和服务相对于系统的需求、目标和标准的满足程度，处理需求不相符问题。
- 对相应管理层次上流程的活动、状态及结果进行评审，并解决存在的问题。

本节还应该包含项目专有的对所用17个流程的逐个描述，内容包括对系统需求和项目需求的专项剪裁，包括实施流程所使用的技术规程、内部文档、权衡研究方法，包括所用数学模型与仿真模型类型，以及包括技术规格的生成。

需要回答的关键问题如下：

（1）本项目相应的系统工程流程有哪些？

（2）每一项系统工程任务可能采用的方法是什么？

（3）支撑上述方法的工具是什么？如何集成这些工具？

（4）如何控制技术状态的发展变化？

（5）何时进行技术评审，以及如何进行？

（6）如何确定及管理所需要进行的权衡研究？

（7）谁拥有控制技术变更的管辖权？

（8）如何管理需求、接口及归档文件？

第 6 章　技术引入

本章描述用于确定关键技术及其相关风险的途径和方法，以及描述评估和引入新技术的准则，包括从技术开发项目中引入关键技术的准则。应当描述如何开发用于确定所引入技术水平及引进时机的相应方法，其中可能包括评价采用新技术的优势在满足系统需求方面的各种可选方法，以及可能包括如果证明相关技术在结果上和时间上不合适时的替代选项。应当在项目需求的范围内提供初始技术评估策略，用于确定系统的技术约束。

需要回答的关键问题如下：

（1）何时在项目中引入新的专门技术？如何引入？

（2）技术研究工作与工程开发工作的关系是什么？它们如何共同支撑项目的推进？工作成果如何合并？

（3）如何将项目之外的单位或个人所提供的单元合并到系统中？如何证明这些单元的适用性？

（4）技术引入需要哪些设施？

（5）这些待要集成的单元应在何时及如何能成为技术状态管理的一部分？

第 7 章　附加的系统工程功能与活动

本章描述以上各章中未专门描述的但对于制定恰当的系统工程管理计划及实施全面技术工作必不可少的其他方面相关内容。

7.1　系统安全性

本节描述进行安全性分析的途径和方法，以及用于评估运行使用人员、系统、环境或公众所面临风险的途径和方法。

7.2　工程技术方法与工具

本节描述未包括在“技术引入”一章中的但需要支持整体技术工作的方法和工具。本节中应当确定那些需要获取的工具及在工具使用方面培训的需求。

本节定义项目的开发环境，包括自动化环境、仿真环境和软件工具。如果需要，本节还描述针对项目中所有学科专业需要开发或获取的工具和设备。本节描述重要的项目保障策略，如贯穿项目始终的标准化工具、采用公共输入和输出格式支持项目能够更广泛使用的工具。本节定义信息管理系统的需求及应用既有系统单元的需求，明确对项目中所应用的工具及技术需要进行的培训并制定相应计划。

7.3　专业工程技术

本节描述在整个项目进程中对工程技术学科和专业的应用需求，以及描述系统结构的工作分解结构模型。专业需求涉及的领域实例包括安全性、可靠性、人因、后勤、维修性、质量保证、操作性及保障性。本节包括对技术人员在这些专业领域能力水平的评估，并且将评估结果结合到项目需求中。

7.4　技术性能指标

本节描述根据效能指标（MOE）和性能指标（MOP）得出的项目技术性能指标（TPM）。TPM 用于定义和跟踪系统工程工作的进展。技术性能指标集应当满足在 NPR

7123.1 中定义的 TPM 指标集的最低数量要求值。其中包括如下指标：

（1）项目所包含硬件的质量余量。

（2）项目中需要的动力余量。

（3）评审动态指标，包括针对所有软件项目和硬件项目，以及最终定案的评审活动归档文件（评审活动申请、被评估指标项的偏差、由项目确定的参评指标项）。

项目中其他需要考虑的性能指标包括以下内容：

- 需求动态指标（需求增长率、待定/待处理的问题归零、需求变更的数量）；
- 接口动态指标（接口控制文档审批率、待定/待处理的外部终止、接口需求变更的数量）；
- 验证动态指标（外部终止情况下的内部处理、审批/启动的允偏声明/免责声明的数量）；
- 软件独有的动态指标（每编制/发布一份软件，其相应需求数目与计划的需求数目对比）；
- 问题报告/偏差报告动态指标（触发数量、解决数量）；
- 费用动态指标（计划费用、实际费用、不可预见费、挣值管理、新的拨款授权）；
- 进度动态指标（关键路径松弛/浮动、关键里程碑日期）；
- 人员动态指标（全时等价工作量，以年计等价工作量）。

需要回答的关键问题如下：

（1）哪些指标用于度量技术进展？

（2）哪些指标用于辨识提升流程效果的机遇？

（3）如何根据计划和进度表度量项目进展？

（4）如何确定提交进展报告的频次？由谁提交？提交给谁？

7.5 已有产品的使用

本节描述将在项目中使用的既有产品或传统产品，其中应当包括对于计划使用哪些产品的讨论，使用这些产品的客观依据，以及为确保这些产品能在使用中取得期望的效果而需要进行的分析和测试。

7.6 其他

本节的目的是描述项目中系统工程的独特功能和活动，这些在其他章节中均未提及。

第 8 章 项目计划集成和技术资源分配

本章描述技术工作如何与项目管理进行集成，同时明确相关角色和责任，此外还需描述技术需求如何与项目计划进行集成，从而决定资源（包括费用、进度、人员）的分配，同时确定分配的变更如何协调。

需要回答的关键问题如下：

（1）如何评估风险？触发风险缓解活动的门限值是多少？如何将风险管理集成到技术决策流程中？

（2）如何实现项目内部的交流？如何实现项目与外部的交流？

（3）如何记录和归档所做出的决策？

（4）如何从其他项目中汲取经验教训？

本章描述在系统工程的各项规划活动和规划更新期间，在项目所有与技术开发相关的内容和全面项目管理流程之间的接口，其中包括协调整个项目技术工作需要开展的所有管理活动，如与外部的利益相关者、用户及承包商之间的技术交流活动。

第 9 章　合规矩阵

NPR 7123.1A 的附录 H.2 给出了系统工程管理计划中合规矩阵描述的基础。项目实施过程中需要从项目的视角和技术范畴完成该矩阵。系统的每一项需求都应在矩阵中填写为合规、部分合规或不合规。填入合规时应当说明哪个流程或活动用来处理该合规需求。例如，通过应用某个 NASA 中心的流程、应用系统工程管理计划中其他章节描述的项目流程，或参照已经归档的其他流程，使得需求合规。填入不合规的部分需要说明不合规的客观依据。

附录

根据需要可在系统工程管理计划中编入附录，提供为方便文档维护而分别给出的术语表、首字母缩写和缩略语及其他正式发布的信息。内容包括：（1）与多个主题领域相关的信息（如对方法或技术规程的描述）；（2）可用于系统工程管理计划中所需技术工作的图表和专用数据；（3）与项目相关的技术工作计划的概要总结。每个附录都应在系统工程管理计划的某一章节中引用，通常在该章节提供数据。

模板

针对技术团队需要填写的相关表格、计划或报告，本部分给出相应的模板，如验证与确认计划的格式，模板可以包含在附录中。

参考文献

本部分包含在系统工程管理计划正文中所引用的所有文档。

附录 K 技术工作计划

表 K-1 中给出一个典型的部分关键技术工作计划的期望成熟度示例，这些计划在系统工程流程中开发。本附录给出的是空间飞行项目的示例。工作产品成熟度的要求可以参考针对相应项目类型的工程/项目管理文档（也就是 NPR7120.5）。

表 K-1 部分关键技术工作计划的期望成熟度示例

计划	A 前阶段	阶段 A		阶段 B	阶段 C		阶段 D		阶段 E	阶段 F
	MCR	SRR	MDR/SDR	PDR	CDR	SIR	ORR	FRR	DR	DRR
系统工程管理计划	P	B	U	U	U	U	U	U	U	U
风险管理计划	A	B	U	U	U					
综合后勤保障计划	A	P	P	B	U					
技术开发计划	B	U	U	U						
技术评审计划	P	B	U	U	U	U	U	U	U	U
验证和确认计划	A	A	P	B	U					
产品集成计划			P	B	U					
技术状态管理计划		B	U	U						
数据管理计划		B	U	U						
人因系统集成计划		B	U	U	U					
软件管理计划		P	B	U						
可靠性与维修性计划			P	B	U					
使命任务运行计划						P	B	U		
项目保护计划			P	B	U	U	U	U	U	U
退役计划			A					B	U	
处置计划			A					B	U	U

注：A—明确技术途径；B—确立控制基线；P—初步开发；U—修正更新。

附录L　接口需求文档编写提纲

第1章　引言

1.1　目的和范围

本节阐述当前接口需求文档的目的，并简要说明需要定义的接口。（例如，“此接口需求文档的目的是定义和控制在______和______之间的接口需求。”）

1.2　优先权

本节定义当前接口需求文档与本项工程内其他文档的关系，指定在发生冲突事件时哪一个文档有优先控制权。

1.3　责任和授权变更

本节阐述开发接口需求文档及其内容的相关接口开发组织的责任。定义接口需求文档批准权限（包括变更批准权限）。

第2章　文档

2.1　适用文档

本节列出当前接口需求文档规定的范围内所引用的书面文件，应当列出最终的修订版本和最新版本。更高层次（高阶优先权）的文档中引用的文件和所提出的需求不需要重复。

2.2　参考文档

本节列出当前接口需求文档参考引用的所有文档。

第3章　接口

3.1　总体描述

在本节的各小节中，提供与接口接触面相关联的详细接口描述、接口职责、参照系和接口量化需求。

3.1.1　接口描述

本小节描述在系统技术规范中定义的接口。根据需要适当使用表格、图形和示意图。

3.1.2　接口职责

本小节定义接口硬件和接口边界的职责，用于刻画接口接触面。根据需要适当使用表格、图形和示意图。

3.1.3　参照系

本小节定义在接口两端的端口上接口需求所使用的参照系。根据需要适当使用表格、图形和示意图。

3.1.4　工程单位、公差和转换

本小节定义度量单位及其公差。如果需要，可定义度量体制之间的转换。

3.2　接口需求

在本节的各小节中，定义接口在结构上的限定值，如接口载荷、加载函数和动态条件。定义在接口接触面两端的接口需求。

3.2.1 质量属性

本小节根据接口相应的技术规范中包含的已分配的系统需求，定义与质量属性相关的派生接口需求。例如，本小节应当涵盖对接口单元质量的要求。

3.2.2 结构/机械属性

本小节根据接口相应的技术规范中包含的已分配的系统需求，定义与结构/机械属性相关的派生接口需求。例如，本小节应当涵盖对配件、硬度、锁闭和机构的要求。

3.2.3 流体属性

本小节根据接口相应的技术规范中包含的已分配的系统需求，定义与流体属性相关的派生接口需求。例如，本小节应当涵盖流体范畴，如对温度控制、氧气和氮气、饮用水和污水、液态燃料电池和大气采样的要求。

3.2.4 电气（电力）属性

本小节根据接口相应的技术规范中包含的已分配的系统需求，定义与电气（电力）属性相关的派生接口需求。例如，本小节应当涵盖对各类电流、电压、电功率和电阻水平的要求。

3.2.5 电子（信号）属性

本小节根据接口相应的技术规范中包含的已分配的系统需求，定义与电子（信号）属性相关的派生接口需求。例如，本小节应当涵盖对各种信号类型，如音频、视频、控制指令数据及导航指令数据的要求。

3.2.6 软件和数据

本小节根据接口相应的技术规范中包含的已分配的系统需求，定义与软件和数据相关的派生接口需求。例如，本小节应当涵盖对各类数据标准、信息同步、通信协议、错误诊断/修正、功能函数、初始化和运行状态的要求。

3.2.7 环境属性

本小节根据接口相应的技术规范中包含的已分配的系统需求，定义与环境属性相关的派生接口需求。例如，本小节应当涵盖对接口界面本方端口上英制度量单位或等价公制度量单位的动态包络。

3.2.7.1 电磁效应

3.2.7.1.a 电磁兼容性

本小节定义相应的电磁兼容性需求。例如，目标产品 1 与目标产品 2 的接口应当满足系统需求中与电磁兼容性相关的某项（内容待定）需求。

3.2.7.1.b 电磁干扰

本小节定义相应的电磁干扰需求。例如，目标产品 1 与目标产品 2 的接口应当满足系统需求中与电磁兼容性相关的电磁发射和磁化率方面的某项（内容待定）需求。

3.2.7.1.c 接地

本小节定义相应的接地需求。例如，目标产品 1 与目标产品 2 的接口应当满足某项（内容待定）接地需求。

3.2.7.1.d 连接

本小节定义相应的连接需求。例如，目标产品 1 与目标产品 2 的接口应当满足电路连接需求的某项（内容待定）需求。

3.2.7.1.e 电缆/电线设计

本小节定义相应的电缆/电线设计需求。例如，目标产品1与目标产品2的接口应当满足与电磁兼容性相关的电缆/电线设计和控制方面的某项（内容待定）需求。

3.2.7.2 声效应

本小节定义相应的声效应需求。根据工程/项目的需求，定义接口两端的噪声水平。

3.2.7.3 结构载荷

本小节定义相应的结构载荷需求。定义接口两端的每个产品应当能够承受的来自接口另一端的载荷作用。

3.2.7.4 振动声学

本小节定义相应的振动声学需求。定义接口两端的每个产品应当能够承受的振动声学载荷。

3.2.7.5 人因可操作性

本小节定义相应的人因接口需求。定义以人为中心的设计理念下相关的注意事项、约束和能力。

3.2.8 其他类型的接口需求

本小节定义其他类型可能适用的独有接口需求。

附录 M　技术状态管理计划概要

一个综合的技术状态管理计划应该反映出技术状态管理原则和实践经验能够得到有效应用，因而通常应当包括以下主题内容：

- 总体性的产品定义和范围；
- 技术状态管理活动的描述和技术状态管理每项主要功能的技术规程；
- 组织管理、角色作用、职责和资源；
- 技术状态控制项的定义；
- 程序化接口和组织管理接口；
- 可交付产品、里程碑和进度表；
- 分包合同向下分解的需求；

如果有显著的变更影响到了系统运行使用背景和运行环境，如供应商的变更或供应商职责的变更、因产品制造源的减少/部件过时而产生的变更、资源可用性的变更、客户合同的变更、产品的变更等，则应当对已编写归档的技术状态管理计划重新评价。技术状态管理计划还应当定期评审，确保相关组织所用的技术状态管理计划的现实可用性。

关于技术状态管理计划的更多信息，可参见 SAE EIA-649《技术状态管理手册》的修订版 B 版。

附录 N　技术同行评审/检查指南

N.1　引言

技术同行评审/检查的目标是，在系统开发过程中尽可能早地去除缺陷。同行评审/检查是非常有效的发现并定位缺陷的评审流程，由派定角色的一组同行执行。同行评审/检查针对已完成的产品或部分完成的产品，在产品开发阶段进行，或介于里程碑评审之间进行。同行评审/检查的结果可以在进行里程碑评审时报告。在同行评审/检查中广泛使用检查清单，以提高评审质量。

长期以来，技术同行评审/检查已被证明是确保产品质量及保证产品按时交付的最有效方法之一。在 NASA 内部和整个工业界，许多研究已经证明同行评审/检查的价值。同行评审/检查的目的是减少归零返工并提升质量和降低成本。研究表明，相应评审/检查的益处不仅是减少归零返工，而且对节省项目成本有益。通过从根源上（如需求和设计文档、试验计划与技术规程、软件代码等）去除缺陷，这种检查可以阻止缺陷在多个阶段和工作产品中传播，并减少项目中归零返工总量。另外，提高团队效率也是同行评审/检查的附加效益，包括加强团队交流，使团队新成员更快地融入角色，向项目团队成员传授高效的开发经验等。

下一节中给出正式评审流程的一个示例。流程的具体形式会随着项目的规模和复杂度而变化。

N.2　如何开展技术同行评审/检查

图 N.2-1 给出同行评审/检查的阶段图，本节解释其中各个阶段评审如何实施（图 N.2-2 总结了相应信息，可以作为快速参考指南）。

通常采取的做法是，主审人在评审计划阶段开始前通读图 N.2-2 中的标题为“计划检查进度和估算人工工时”、“实施成功检查的指导方针”和“检查应遵循的 10 条基本规则”文本框。（注意：NPR 7150.2《NASA 软件工程要求》定义了 NASA 机构针对软件开发运用同行评审/检查的要求。NASA 同行评审/检查的培训由 NASA 首席工程师办公室负责。）

> **注：下文中带有★的活动，需要主审人记录时间并写入检查总结报告中。**

1．计划阶段

同行评审/检查的主审人开展下列活动。（参见 NASA 兰利研究中心的《正式检查指导手册》。该文件对如何开展技术同行评审/检查提供更详细的指导，同时提供同行评审/检查流程中使用的模板形式：检查通告、独立检查日志、检查缺陷列表、详细检查报告和检查总结报告。）

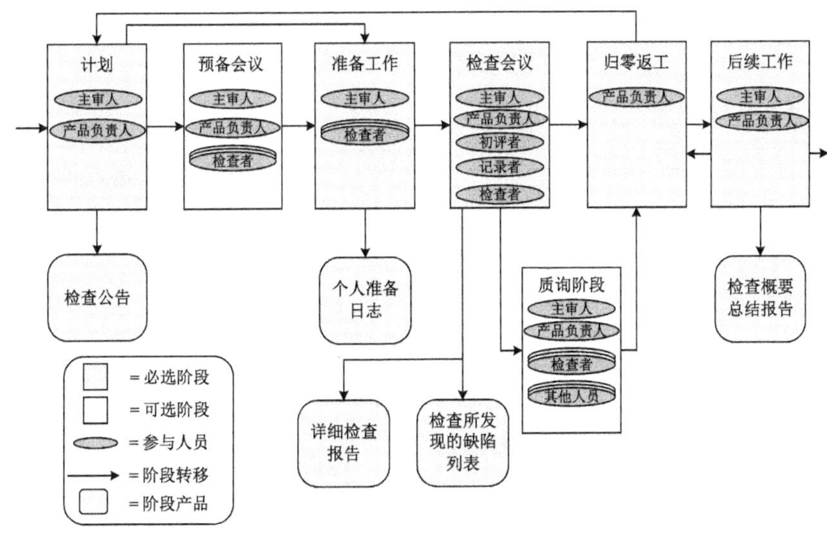

图 N.2-1 同行评审/检查的阶段图

（1）确定同行评审/检查的启动条件是否得到满足。

（2）决定是否需要进行产品概要评审。

（3）选择同行评审/检查小组成员并分配角色。关于角色的分配，参见图 N.2-2 中标题为“参与者的角色”文本框。评审人对工作产品有既得利益，也就是说，他们是寿命周期阶段中受被评审材料影响的某个方面的同行代表。

（4）参照根据检查类型确定的检查率指针，确定产品的规模是否在既定指针之内（参见图 N.2-2 中标题为“会议检查率指针”文本框，其中描述每一种检查类型对应的理想情况下应检查的文本页数或代码行数）。如果产品超出既定指针范围，应将产品分解并分别检查各个部分（强烈建议同行评审/检查会议不超过 2 小时）。

（5）（如果需要）计划并安排概要评审。

（6）计划并安排同行评审/检查会议的时间地点。

（7）准备并分发检查通告和评审材料。材料包括需要检查评审的产品及相应同行评审/检查的查询清单。例如，当对一份需求文档进行同行评审时，评审人员可以依据本手册附录 C 或根据产品所在 NASA 中心给出的需求文档纲要，准备同行评审查询清单。当对系统工程管理计划进行同行评审时，相关要求在 NPR 7123.1 中给出，评审人员可以依据 NPR 7123.1 中给出的系统工程管理计划纲要准备同行评审查询清单。

（8）★记录计划阶段所花费的总时间。

2．概要评审会

（1）主审人召集会议，产品负责人向评审者/检查者汇报项目背景信息。

（2）★记录概要评审所花费的总时间。

3．同行评审/检查准备

（1）同行专家对缺陷定义清单进行评审。

（2）检查评审材料，对材料加深了解，检查可能的缺陷。

（3）为同行评审/检查中所分配的角色做准备。

（4）完成准备工作并向主审人提交个人准备日志。

（5）主审人检查所有评审人的个人准备日志，做出是否继续评审的决策，并组织正式检查会议。

（6）★记录准备工作所花费的总时间。

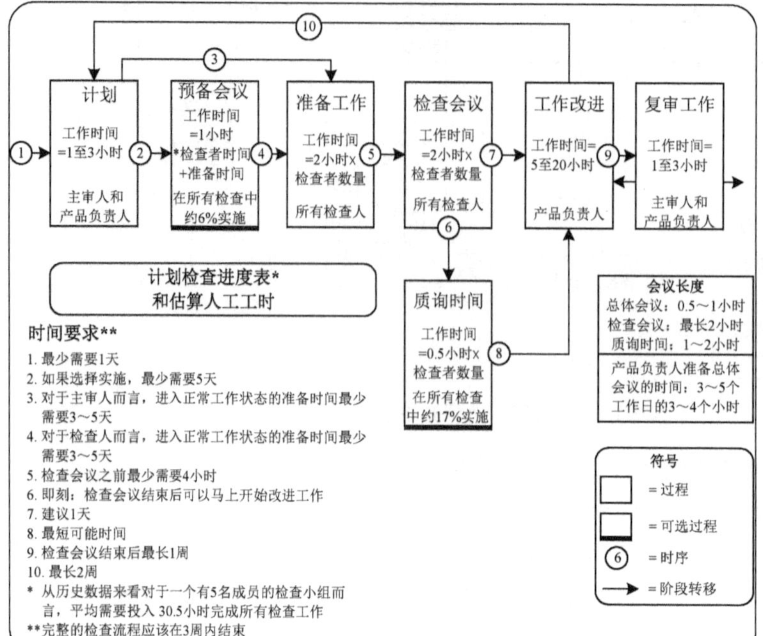

技术同行检查/评审

快速参考指南

检查的类型

SY1	系统需求
SY2	系统设计
SU1	子系统需求
SU2	子系统设计
R1	软件需求
I0	架构设计
I1	详细设计
I2	源代码
IT1	试验计划
IT2	试验流程与功能

实施成功检查的指导方针

- 对主审人、检查人和负责人进行相关培训
- 开发者应付检查的时间不多于开发时间的25%
- 要对100%的产品进行检查
- 做好充分的准备
- 明确分工与职责
- 要注意进行良好的协作与沟通
- 避免武断的言语
- 不要对产品负责人品头论足
- 至少要有一个积极的输入和消极的输入
- 只负责提出问题，并不负责解决问题
- 避免风格方面的讨论
- 坚持标准，否则就去改变它
- 技术上要能胜任
- 对所有问题进行公开记录
- 只考虑技术上的事宜
- 尽快发布检查结果文档
- 由产品负责人决定产品什么时候具备检查条件
- 保持进行精确的统计

不同检查类型的会议*检查率指针

类型	检查会议	
	目标/2小时	范围/2小时
R2	20页	10—30页
R1	20页	10—30页
I0	30页	20—40页
I1	35页	25—45页
I2	500行代码**	400—600行代码**
IT1	30页	20—40页
IT2	35页	25—45页

*假设会议时间2小时，对于小型产品的持续时间可以缩短

**飞行软件及其它高度复杂的代码段速率要求可以减半

检查应遵循的10条基本规则

- 检查是在项目寿命周期各个阶段的多个不同节点上展开的，其不可以代替里程碑评审
- 检查是由在项目中受所检查产品影响的部门技术人员（通常在6人以下）实施的，这些检查人员所在部门会受到产品质量的直接影响
- 在检查内容中不存在管理方面的工作，检查不应作为考核人员的依据
- 检查由一名训练有素的主审人总负责
- 应为受过培训的检查人分配不同的角色
- 检查应按照事先规定好的步骤展开
- 检查会议一般限定在2小时以内
- 问题清单用来定义检查任务并促进缺陷问题的发现
- 检查会议期间要尽可能审阅所有必需的材料，从而使得具有最大的缺陷发现能力
- 需要对缺陷的数目和缺陷的类型，以及工程人员所花费的时间进行统计

参与者的角色

主审人

负责检查的全过程并收集检查数据，在除改进工作之外的所有阶段都起到至关重要的作用。在检查过程中，需要执行一些特殊的使命

检查人

负责从通常的视角发现产品中存在的缺陷，包括那些影响到其相关领域的缺陷

产品负责人

在检查过程中的所有阶段负责提供产品的相关信息，负责收集产品的主要缺陷和微小缺陷及其带来的成本和进度上的代价

初评人

在检查会议中对检查小组起到引导作用，详细解释产品的有关细节在履行其基本职责之外还要承担一部分检查人的责任

记录人

确切地说，他们的职责就是将发现的每一个缺陷记录下来成为清单，在其基本职责之外还要履行检查人的职责

缺陷的分类

按严重程度

重大缺陷

- 引起功能失效的缺陷，或阻碍达到期望和指定结果的缺陷
- 未来可能的错误导致必须做出变更和给出失效报告

次要缺陷

- 对于标准、指针或规则的偏离，如果不改正，虽不至于导致与需求的偏离，但是可能会在将来增加操作、保障、进一步开发工作的难度

微不足道的缺陷

- 诸如一些拼写、句点、语法错误，不会引起不良后果，这些缺陷只需用红线标出，直接呈现给产品负责人即可

产品负责人需要改正所有的重大缺陷，根据成本和进度要求决定次要缺陷和微不足道的缺陷要不要改正

按类别目录

- 缺失
- 错误
- 多余

按缺陷类型

建议采用以下缺陷分类标准

●清晰性	●接口
●完整性	●详细程度
●一致性	●保障性
●连贯性	●性能
●正确性/逻辑性	●可靠性
●可测试性	●数据效用
●可追溯性	●容错度
●功能性	●其他

实例

以下是在记录缺陷时将缺陷进行分类的实例

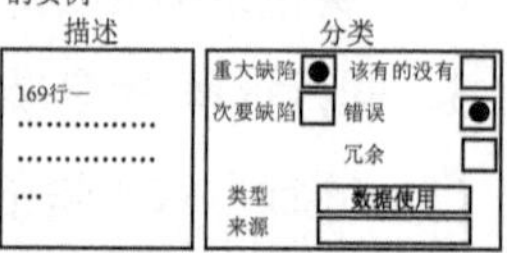

图 N.2-2　同行评审/检查快速参考指南

4．同行评审/检查正式会议

（1）主审人介绍参会人员并明确同行评审/检查中的角色。

（2）初评人以符合逻辑顺序的方式将工作产品呈现给同行评审/检查小组。

（3）同行评审/检查人员找出缺陷并根据其严重性、种类及形式进行分类（参见图N.2-2中标题为“缺陷的分类”图文框）。

（4）记录员将主要缺陷和次要缺陷写入检查所发现缺陷列表中（主要缺陷/次要缺陷的定义参见图N.2-2中标题为“缺陷的分类”图文框内的“按严重程度”区块）。

（5）重复（1）～（4）步，直到完成产品的评审。

（6）如果出现明显的不相符情况，由同行评审/检查人员将其确定为未解决问题。

（7）在详细检查报告中汇总缺陷的数量及其分类。

（8）决定是否需要进行复评或进入质询时段。可选的选项：微小缺陷（如在文档中的红线标注）可在评审结束后直接转达产品负责人。

（9）主审人与产品负责人估算并商定复评所需时间及完成日期，适当时可对复评的细节做出估计。

（10）如果需要，主审人安排撰写变更请求和问题报告。

（11）★记录同行评审/检查会议花费的总时间。

5．质询时段

（1）完成质询行动内容安排并将信息提供给产品负责人。

（2）按产品负责人请求参加质询时段会议。

（3）★记录质询时段花费的总时间。

6．归零阶段

（1）产品负责人解决检查缺陷列表中的所有主要缺陷。

（2）在时间和成本允许的情况下，次要或微小缺陷（不会引起运行使用故障）根据产品负责人的意见解决。

（3）记录将检查缺陷列表中的缺陷归零所花费的总时间。

7．后续工作

（1）主审人证实所有的主要缺陷已更正，且没有引出新的缺陷。

（2）主审人应确保所有未解决问题已被解决，并证实所有同行评审/检查成功通过的评判准则已满足。

（3）★记录归零工作与后续工作所花费的时间总和。

（4）将评审/检查材料形成文件资料。

（5）分发评审/检查总结报告。

（6）经沟通后宣布同行评审/检查工作结束。

附录O 权衡示例①

表 O-1 空间系统的典型权衡内容

研发相关	使用与保障相关
• 用户定制与商用现货之间权衡； • 轻便（贵重）部件与沉重（便宜）部件之间权衡； • 星上处理与远程处理之间权衡； • 无线电射频与光学链路之间权衡； • 余量水平与费用/风险分析之间权衡； • 微小问题部件与较大问题部件之间权衡； • 抗辐射加固与标准部件之间权衡； • 冗余度权衡； • 质量保证水平权衡； • 联机测试与远程诊断之间权衡； • 运行使用前环境暴露类型权衡； • 试验水平（系统与子系统之间）权衡； • 各类寿命周期表达方法（如瀑布式、螺旋式与递增式）之间权衡	• 升级型号与新型号之间权衡； • 载人与无人之间权衡； • 自主控制与远程控制之间权衡； • 体系与单机系统之间权衡； • 单次长寿命样机与多次短寿命样机之间权衡； • 地球低轨道、地球中高轨道、地球同步静止轨道与地球高轨道之间权衡； • 单颗卫星与星座之间权衡； • 运载火箭类型（Atlas 与 Titan 之间)权衡； • 单级发射与多级发射之间权衡； • 在轨维修与返回地面维修之间权衡； • 商用设施与政府资产之间权衡； • 限制访问与公开访问之间权衡； • 可控返回与不可控返回之间权衡

表 O-2 采办过程中的典型权衡内容

采办阶段	权衡研究目的
使命任务需求分析	确定用户需求的优先次序
概念探索（概念研究和技术开发）	（1）对比新技术与已经过验证的概念； （2）选择满足使命需求的最佳概念； （3）选择备选系统技术状态； （4）聚焦可行性和负担能力
演示验证/确认	（1）选择技术； （2）备选方案技术状态缩减到可测数量
全尺寸研发（系统研发和演示验证）	（1）选择组件/部件设计方案； （2）选择试验方法； （3）选择使用试验和评价指标量
生产	（1）检查所有设计变更提议能够达到的效能； （2）进行制造/购买、工序、比例和场所的决策

① 在 2016 年版《NASA 系统工程手册》中，附录 O 被标注为“未公开”。
这里给出的是 2007 年版《NASA 系统工程手册》中的附录 O。

表 O-3 贯穿项目寿命周期的典型权衡内容

A 前 阶 段	阶 段 A	阶 段 B
• 问题选定； • 升级与新型号权衡	• 星上处理与地面处理权衡； • 低地球轨道与地球静止轨道权衡	• 冗余度权衡； • 无线电射频链路与光学链路权衡
阶段 C 和阶段 D	**阶段 D 和阶段 E**	**阶段 E 和阶段 F**
• 单源与多源权衡； • 试验等级权衡	• STS-28 平台①与 STS-3a 平台权衡； • 发射权衡（发射或不发射）	• 轨道每日修正与每周修正权衡； • 即时变轨与稍后变轨权衡

① STS-28 是哥伦比亚号航天飞机的第 8 次飞行（航天飞机第 30 次飞行），1989 年 8 月 8 日发射，执行美国国防部秘密任务，8 月 13 日结束任务返回地面。

附录 P　任务说明评审内容清单

P.1　格式检查清单

（1）任务说明中的需求是否以“**谁**需要**做**什么”的形式陈述？例如，“承包商需要（实施、提供、开发、试验、分析或其他动词）……（对需要做什么的描述）。”

任务说明中的需求陈述示例：

- 承包商需要设计 XYZ 飞行软件；
- 承包商需要运行 ABC 地面系统；
- 承包商需要提供维护的事项包括……；
- 承包商需要每月报告软件的指标值；
- 承包商需要在航天飞船上集成 PQR 仪器。

（2）任务说明中的需求是否为仅包含单一需求的简单语句？任务说明中包含多个需求的复合句应当拆成若干简单语句（例如，“承包商需要做 ABC 并开展 XYZ 活动”应当重写为“承包商需要做 ABC”和“承包商需要开展 XYZ 活动”两个陈述语句）。

（3）任务说明是否由简单、紧凑的段落组成，且每个段落仅包含一个主题？包含许多个需求的段落应当拆分为若干子段落，以保证需求的清晰。

（4）每个段落或子段落是否有独自的数字或字母标识？数字或字母标识是否正确？

（5）任务说明中需求是否以主动语态而非被动语态给出？被动语态可能导致模糊陈述（例如，应当用陈述“承包商需要每月举行管理评审会议”替代“管理评审会议需要每月举行”）。

（6）任务说明中需求是否正面陈述而非负面陈述（例如，应当用陈述“承包商需要遵从指定的预算限制”替代“承包商不应超出指定的预算限制”）？

（7）任务说明中需求陈述在语法上是否正确？

（8）任务说明中需求陈述是否已清除在文字及标点方面的错误？

（9）是否已定义首字母缩写清单或在首次出现时给出完整拼写？

（10）任务说明中每个交付件是否已明确数量、交付计划及交付方法，或在附件中单独给出？

（11）需要交付的文档内容是否已分别在任务说明的相关章节/附件中做出规定？

（12）以电子版形式交付的文件是否已规定格式（如 Microsoft 的 Project、Adobe 的 Acrobat PDF、National Instruments 的 Labview VIs）？

P.2　内容检查清单

（1）需求的定义是否使用了正确的术语？

- 用“需要……”形式陈述需求（约束承包商）；
- 用“应当……”陈述目标（由承包商决策，通常避免使用该词）；

- 用“可以……”陈述适合采取的行动（由承包商决策，通常避免使用该词）；
- 用“要求……”陈述反映政府意图的事实或声明（仅用于与政府部门有关的内容）；
- 陈述句仅用于描述性文本（避免在需求陈述中使用普通陈述句，用“需要……”形式陈述代替）；
- 绝不使用“必须……”。

（2）任务说明的范围是否明确界定？是否清楚准备接受什么条件？

（3）归档文件的内容叙述与组织结构是否符合逻辑并易于理解？（若需帮助请参见 LPR 5000.2《采购发起者指南》第 12 节。）文本内容是否与章节标题相符？副标题与主标题是否相符？

（4）任务说明中需求陈述是否清晰且易于理解？

- 每个语句是否只有一个含义？
- 在不给出定义的情况下，使用的所有术语对不同读者是否有相同含义？是否存在个别术语，其含义与任务说明中（如在章节或词汇表中）给出的定义不同？
- 是否已清除未提前说明的不定代词（“这个”、“那个”、“这些”、“那些”）？（如“这些需要每年检查”替换为“风机叶片需要每年检查”。）
- 需求陈述是否简明？

（5）是否已去除冗余的需求？冗余需求会降低清晰性，增加模糊性，并导致矛盾的出现。

（6）需求是否与任务说明中的其他需求一致，没有自相矛盾；是否排除用同一术语表达不同含义；是否排除不同术语表达同一含义？

（7）若任务说明中包含产品交付内容（相对于仅有服务的任务说明）：

- 技术产品需求是否与承包商需要开展的活动相分离，并在单独章节或附录中陈述？这样做的目的是清晰地反映技术产品需求与承包商需要开展活动需求之间的不同（例如，任务说明中将“承包商需要……”类陈述与诸如“系统需要……”或“软件需要……”的技术产品需求陈述区分开来）。
- 任务说明中引用的产品及其组成元素是否处在技术产品需求所描述的层级上？
- 任务说明是否使用与技术产品需求陈述相同的术语，是否与此术语保持一致？

（8）任务说明中，需求是否没有歧义？确保任务说明中需求没有使用模糊的词汇（如“适当时”、“任何”、“任意”、“等等”、“和/或”、“支持”、“必要”、“但不限于”、“可能”、“能够”）。

（9）任务说明中，需求是否可以验证？确保任务说明中需求不存在无法证实的词语（如“灵活”、“简便”、“充分”、“安全”、“特别”、“恰当”、“满足”、“界面友好”、“可用”、“需要时”、“若需要”、“合适”、“快捷”、“可移植”、“轻便”、“小的”、“大的”、“最大”、“最小”、“最优”、“鲁棒”、“快速”、“容易”、“清晰”及其他类似词汇）。

（10）任务说明中，需求是否没有工程实施方面的限制？需求应当陈述承包商做什么，而不是告诉他们如何做。（如“承包商需要设计 XYZ 飞行软件”陈述承包商做什么，而“承包商需要用面向对象设计方法设计 XYZ 飞行软件”则陈述承包商如何实施软件设计活动。此外，若活动分解的层级过低，可能导致指定的是活动如何完成而不是完成什么活动。）

（11）任务说明中，需求的陈述方式是否以遵从需求可验证的原则？度量或评价需求完成程度的手段是否存在？验证的方法是否适用于所定义（如在质量保证监督计划中所描述）的需求？

（12）背景材料是否被清晰标注（如在需要用到时，可以在任务说明里叙述背景的章节中找到）？

（13）所有前提假设是否能被确认而改为需求形式陈述？若否，这些前提假设应当从任务说明中删除。前提假设应当记录在任务说明之外的其他文档中。

（14）任务说明是否完整，覆盖承包商应做的所有工作？

- 是否包括开发产品需要开展的所有活动（如针对系统、软件、硬件和人因开展的如下活动：需求、架构与设计的开发，方案实施与产品制造，验证与确认，集成试验与合格试验）？
- 是否针对合同全寿命周期给出安全性、可靠性、维修性（如平均修复时间）、可用性、质量保证及安全需求的定义？
- 任务说明中是否包括对承包商的质量体系（如经 ISO 认证）的需求，以备可能的需要？
- 是否所有必要的管理和保障需求（如项目管理，技术状态管理，系统工程管理，系统集成与试验，风险管理，接口定义与管理，指标值采集、报告、分析与使用，验收试验，NASA 独立验证与确认保障任务）已包含在任务说明中？
- 是否包含清晰的绩效标准（如针对进度、进展、规模、稳定性、成本、资源及缺陷，在系统、软件、硬件和服务性能方面明确的标准）？能否充分度量承包商的绩效？（参见 NASA 兰利中心的《系统和软件合同性能指标指南》获取更多信息和实例。）
- 是否包括所有必要的服务活动（如交付使用、运行使用、使用维护、数据库管理、系统管理及数据管理）？
- 是否包括所有政府监管活动（如项目管理会议，决策时间点，系统、软件、硬件需求和设计的同行评审，演示验证，试验准备状态评审，其他必要的会议（如技术交流会议），系统、软件、硬件和服务相应指标的采集与分发（提供开发进展及成本的清晰度），技术数据与管理数据的电子访问，以交流为目的对分包商及其他团队成员进行访问）？
- 是否能在必要时表述政府对承包商的检查和试验要求？
- 是否能在必要时表述承包商保障政府验收活动的要求？

（15）任务说明是否仅包括对承包商的要求？其中不应当包括对政府方面的要求。

（16）任务说明是否给予承包商完全管理职责，并使他们对最终结果承担责任？

（17）任务说明是否足够详细，以便能对完成每项活动需要的成本、劳动力及其他资源做实际估算？

（18）所有交付件（如当前状态、财政、产品方面可交付件）是否确定？以下是有时可能被忽略的可交付件：管理与开发计划，确定当前工作状态、问题及纠错行动、计划工作的技术进展报告，分类（如软件、硬件、质量保证）确定（计划、实际、规划）成本的财务报告，产品（源代码、维护/用户手册、试验设备），偏差数据（如缺陷报告、异常）。

（19）是否每个技术与管理交付件都可以在任务说明中具体追溯到段落？每个可交付件应当有相应的任务说明需求便于其做准备（在明确任务需要提交可交付件时，应在任务说明中给出交付件的标识）。

（20）所有的参考引文是否完整？

- 参考文献的标号、标题、日期或版本是否完整给出？
- 任务说明是否在适当的段落中参考引用了相关标准和其他相应文档？
- 参考文献是否被正确引用且至少引用一次？
- 参考文档是否随任务说明发布或可在任务说明指定的位置获得？
- 如果参考的标准或相应文档只是部分适用，那么任务说明中是否明确而无歧义地指出承包商所需参考的部分？

附录 Q 项目防护规划编写提纲①

本附录给出的提纲帮助系统工程师制定项目防护规划。该规划是一个动态文件，在项目经历主要里程碑时，以及项目最终结束时撰写和更新。

第 1 章 引言

1.1 防护规划概述

1.2 项目概述

1.3 采办状态

第 2 章 参考

2.1 指示和指令

2.2 需求

2.3 研究与分析

第 3 章 参考

3.1 威胁：敌意行动

3.1.1 概述

3.1.2 威胁特征

3.1.2.1 网络攻击

3.1.2.2 电子攻击

3.1.2.3 激光

3.1.2.4 地面攻击

3.1.2.5 对关键商业基础设施的非对称攻击

3.1.2.6 反卫星武器

3.1.2.7 高能电磁辐射武器

3.1.2.8 人工增强的辐射环境

3.2 威胁：环境

3.2.1 概述

3.2.2 威胁特征

3.2.2.1 自然环境风暴

3.2.2.2 地震

3.2.2.3 洪水

3.2.2.4 火灾

3.2.2.5 自然环境的辐射影响

①在 2016 年版《NASA 系统工程手册》中，附录 Q 被标注为“未公开”。这里给出的是 2007 年版《NASA 系统工程手册》中的附录 Q。

第 7 章 关键工程信息和技术

7.1 关键工程信息单元

7.2 关键信息计划

第 8 章 工程防护成本

8.1 系统权衡分析

8.2 成本/收益分析

附录 R　人因系统集成计划编写提纲

R.1　人因系统集成计划概述

人因系统集成计划针对在特定的工程/项目寿命周期中人因系统集成（Human Systems Integration，HSI），编写并存档相应的策略和实施计划。人因系统集成的目的是：

- 确保整个系统中人类因素能够有效地与系统中的硬件和软件单元集成在一起；
- 确保在系统开发和运行使用中所有需要的人力资本已经在全寿命周期费用中考虑；
- 确保系统建成后，能够容纳下负责系统运行、维护和保障的全体人员。

人因系统集成计划针对具体的工程和项目，并根据 NPR7123.1《NASA 系统工程流程和要求》应用于相应的系统工程工作。人因系统集成计划应当说明以下内容：

- 在人因系统集成领域开展系统集成工作的作用和职责；
- 在人因系统集成领域与工程开发团队和利益相关者协调输入的作用和职责；
- 寿命周期各阶段人因系统集成的目标和交付的产品；
- 定义的评价指标体系中，每个阶段、每次评审、每个里程碑的启动和结束判断准则；
- 已经规划的实施人因系统集成的方法、工具、需求、流程和标准；
- 识别和消解人因系统集成中风险的策略；
- 与系统工程管理计划保持一致的策略。

负责实施工程/项目中人因系统集成的团体（如人因系统集成专家/团队）应当经过工程/项目负责人的确认。人因系统集成专家/团队开发和维护人因系统集成计划时，应当与项目管理者和系统工程师保持良好的协调，并得到他们的支持。

在工程/项目中实施人因系统集成需运用到诸多工具和产品，这些可能已经在系统工程工作中获得，如运行使用构想的开发、针对系统中每个单元（硬件、软件和人员）的功能分配、用于确认和验证人因系统集成效果的贯穿全寿命周期的关键性能参数的度量。人因系统集成计划及其实施不应是对其他系统工程计划和流程的复制，而应当定义独有的人因系统集成工作，确保已明确的人类因素在工程/项目中得到与硬件/软件单元同等重要程度的考虑。

R.2　人因系统集成计划的内容

每项工程/项目中人因系统集成计划应当是根据工程/项目的规模、范围和目的经过剪裁而独有的。如下示例给出了以空间飞行或大型航天工程为例的人因系统集成计划提纲。

第 1 章　引言

1.1　目的

本节简要描述本项工程/项目人因系统集成计划的最终目标。本节同时介绍所期望的人因系统集成计划的实施者和用户。

1.2 范围

本节描述人因系统集成计划（包括已归档的人因系统集成的策略和实施方案）的适用范围。总体上，本节描述的人因系统集成计划具有如下特点：

- 是一个动态的文档，在确定寿命周期关键里程碑时需要更新；
- 是一个规划和管理的指导书，描述人因系统集成如何与工程/项目目标相关联；
- 描述已经规划的人因系统集成方法、工具、进度安排和应交付的产品；
- 阐明已知工程/项目中存在的人因系统集成问题，以及这些问题如何得到处理和解决；
- 确定工程/项目中负责组织管理人因系统集成的单位及其作用和职责；
- 可能作为审核依据，存档那些在其他工程/项目文档中不曾涉及的人因系统集成数据源，分析、活动、权衡结果和相应决策。

1.3 定义

本节定义人因系统集成关键术语及所引用的相关工程/项目专用术语。

第 2 章 适用文件

本章列出在工程/项目的人因系统集成实施中所引用的所有文件、参考文献和数据源，这些对人因系统集成的结果有直接影响，同时又被人因系统集成工作所影响。

第 3 章 人因系统集成目标

3.1 系统描述

本节描述需要开发的系统、需要执行的使命任务、预期的运行使用环境、前期的已有系统（及总结的经验教训）、能力差距、开发的阶段等。此外，应当确定系统采办策略的参照标准，例如，可能是在 NASA 内部开发或项目中的主要系统倾向于外购。应当参照工程的全局性集成策略。

注意，上述信息中有些可能是从其他工程/项目文档中获取的，只能作为人因系统集成计划的参考，而不是照搬。

3.2 人因系统集成相关性

从高层看，本节描述人因系统集成与工程/项目的相关性，即人因系统集成策略是如何改进工程/项目结果的。在描述人因系统集成所面临的已知挑战时，还要描述在哪些领域预期的系统运行使用中人类实际能力可能直接影响系统整体性能和使命任务成功的概率。

人因系统集成相关性

要点

- 描述人类因素的性能特征，这可能会成为使系统性能达到所需要结果的关键动因。
- 描述需要人因系统集成支撑的所有系统性能目标。
- 明确与人因系统集成相关的现有系统。例如，在下述方面是否超出预期：运行使用与后勤保障、人力资源、技能遴选、必要的培训、操作人员工作时长、系统维护、安全性和使命任务成功方面的风险。
- 明确与人类单元（如运行使用人员、维护人员、地面控制人员的素质和技能）集成相关的可能发生的费用、进度、风险和权衡结果。

第4章　人因系统集成策略

4.1　人因系统集成策略概要

本节概要说明工程/项目中人因系统集成的途径、计划、管理和策略。应当描述需要集成的人因系统产品如何在人因系统集成领域进行集成，说明人因系统到工程/项目系统工程流程和管理流程中的输入如何在系统效能和控制寿命周期费用方面起到作用。本节（或本提纲中的6.1节“人因系统集成实施概要”）应当包括顶层的进度安排，展现人因系统集成的关键里程碑。

人因系统集成策略
要点 ● 明确重要工程/项目中人因系统集成关键决策点，该决策点可用于跟踪人因系统集成实施过程，判断集成是否成功。 ● 明确关键的配套技术和方法，特别是涌现的技术和方法，它们可能被硬件/软件系统权衡分析漏过，但却可能对人因系统集成的实施起到积极作用，如在人员绩效、工作负荷、人员管理、培训、安全和生存方面的技术和方法。 ● 描述将要集成到工程/项目中与系统工程产品、分析、风险、权衡和活动进行交互的人因系统产品。 ● 描述能够确保人因系统集成在极其重要的阶段A和A前阶段中能够为经济有效的概念设计研究做出贡献的相关工作。 ● 描述在工程/项目寿命周期中对更新人因系统集成计划所做出的计划安排和进度表。

4.2　人因系统集成领域

本节描述适用于工程/项目的人因系统集成领域（参见表7.9-1），包括与此相关的合理依据。

人因系统集成领域
要点 ● 描述与人员的实际能力和局限性相关的领域。在这些领域中，工程/项目的人因系统集成似乎会对工程/项目获得成功结果的概率直接产生影响。 ● 给出可能需要应用、归档、确认、评价和减轻人因系统集成领域知识的相关流程的概要描述，该流程在实施人因系统集成时将上述领域知识输入到工程/项目及系统工程流程中。

第5章　人因系统集成需求、组织和风险管理

5.1　人因系统集成需求

本节引用适用于工程/项目的人因系统集成要求和标准，并确定使用它们的权限。例如，在NASA技术规程需求文件（NPR）中引用适用性要求。

5.2　人因系统集成组织、角色和职责

在本节中，给出为工程/项目中人员（如人因系统集成专家或根据需要按照NPR 8705.2建立的团队）安排的角色和职责，如此能够促进和管理人因系统集成任务。本节描述人因系统集成专家/团队在工程实施中功能方面的职责，同时明确具有人因系统

集成责任的组织和单位，描述人因系统集成专家/团队、利益相关者、工程技术团队、政府部门（工程控制委员会）之间的关系。

人因系统集成需求

要点

- 描述在工程/项目中启用的人因系统集成需求如何有助于使命任务成功、系统承受能力、运行使用效能和安全性。
- 人因系统集成需求应当包括在以下方面对系统设计有影响的需求：适度人力（运行使用人员、维护人员、系统管理员、保障人员）、所需的技能（具有高级资质或技能要求的专职技能）、培训要求。
- 如有可能，依据 NASA-STD-3001《NASA 空间飞行人因系统标准》第 2 卷《人类因素、宜居性和环境健康》第 3.5 项标准：以人类为中心的设计流程，定义工程/项目专有的人因系统集成策略。
- 针对在所有 NASA 标准中不存在的工程/项目中特定的需求，获取其开发流程及合理依据。特别地，在人因系统集成的人力、技能和培训方面的需求及目标可能就是工程/项目专有的，因而没有 NASA 层面的标准和需求。
- 对用于进行需求验证的人因系统集成效能指标和在全寿命周期中作为人因系统集成总体效能指针的关键性能参数，应明确两者之间的功能性关联关系。

5.2.1 人因系统集成组织

本小节描述工程/项目中人因系统集成管理架构，明确管理架构的负责人和成员。

借用工程（含工业部门中的合作伙伴）的组织结构，在此结构下描述人因系统集成专家/团队的角色和职责。描述负责人因系统集成的团体与其他团队之间的关系，这些团队包括系统工程团队、后勤保障团队、风险管理团队、试验与评价团队、需求验证团队。

给出人因系统集成的人员与 NASA 技术管理机构（包括工程管理、安全管理、健康/医疗管理）的关系。

明确工程/项目是否需要 NASA（或政府部门）及承包商发布的人因系统集成计划，并且明确该计划的责任撰写者。描述 NASA 的人因系统集成人员是否会监控和评估承包商的人因系统集成活动。对于承包商发布的人因系统集成计划，应明确其需求和流程，以供 NASA 执行监督和评估分包商的人因系统集成工作。

5.2.2 人因系统集成的角色和职责

- 描述负责实施人因系统集成的人员在工程/项目中的功能性职责，（作为案例）需要说明以下内容：
  - 开发人因系统集成工程文档；
  - 确认对人员实际能力的需求；
  - 进行人因系统集成分析；
  - 定义人机接口，给出系统运行使用、维护和保障、进行培训所需要的人员实际能力等级。
  - 描述人因系统集成专家的作用，编写试验和评价结果的报告并存档。
- 确定在人因系统集成团队中和在跨工程/项目的集成产品团队中如何实现协同，确定人因系统集成团队如何与工程/项目负责人及工程师之间实现协同。
  - 确定人因系统集成计划与系统工程管理计划如何保持相互一致。

  ○ 确定在工程/项目全寿命周期中维护和更新人因系统集成计划的职责。

5.3 人因系统集成中的问题和风险处理

本节描述所有人因系统集成所独有的流程，用于识别和缓解人因系统的风险。人因系统集成风险的处理应当与工程/项目中其他（技术性、工程性和进度性）风险的处理方式和处理系统相同。然而，人因系统风险可能只有在人因系统集成领域由集成专家才能识别。因此，归档那些专有的技术规程就显得非常重要。基于这些技术规程，工程/项目的人因系统集成专家/团队才能利用工程/项目的风险管理系统来识别、确认、评估和跟踪人因系统集成特有风险的当前状态。工程/项目人因系统集成专家/团队在进行人因系统集成风险的管理时，有责任保持与工程/项目整体风险管理相协调。

- 确保可能发生的，与在整个系统中的集成人因单元（运行使用人员、维护人员、地面控制人员等）相关的，在费用和进度安排方面的风险已经识别且已经进行权衡处理。
- 确保在系统设计中出现的和在方案实施中涌现的安全、健康和生存方面的问题担忧已经得到识别、跟踪和管控。
- 明确并描述因为在工程/项目人因系统集成整体工作中（时间、资金、可用信息不充分、专业知识等方面）的局限性而产生的所有风险。
- 描述人因系统集成专家/团队将人因系统集成风险升格为工程/项目风险时，所依赖的流程具有的独特属性。
- 描述在促使人因系统风险缓解策略产生效果方面人因系统集成的独特作用。

第6章 人因系统集成的实施

6.1 人因系统集成实施概要

本节概要总结工程/项目各个阶段中人因系统集成实施的途径，针对特定的工程/项目，展示如何有效启用所规划的人因系统集成策略，即确立人因系统集成的优先序，描述所规划的特定活动、工具和产品，确保达成人因系统集成目标。本节还展示为达到人因系统集成目标所应用的技术及人因系统集成风险处理策略，使之能够在风险出现时识别并缓解其对技术方面和进度方面的影响。

人因系统集成实施

要点

- 将人因系统集成策略目标与实现这些目标所规划的技术途径挂钩。
- 在工程/项目进度表上加入人因系统集成里程碑（如需求定义、验证、权衡分析等），突出任何不一致和冲突之处或其他预期对进度的挑战。
- 描述重要的人因系统集成关键决策点将如何随着工程/项目寿命周期的推进而得到处理。说明在全寿命周期中跟踪人因系统集成关键性能指标的计划，即通过设计、试验和运行使用阶段的准备状态评估，从需求到人因/系统功能性能分配进行相应跟踪。
- 明确人因系统集成独有的系统工程流程，如利用人在回路中的评价进行验证，此类流程可能需要与工程/项目的通用系统工程流程进行特殊协调。
- 系统集成后，说明如何确认在工程/项目中实施人因系统集成时，在人因系统集成方面总结的经验教训。
- 需要包括所需资源的高层级概要总结。

6.2 人因系统集成活动和产品

在本节中，将与所规划的人因系统集成技术实施方案相关的活动、资源和产品映射到工程/项目的每个系统工程阶段，同时可能需要考虑按阶段映射每个人因系统集成领域的需要和产品。人因系统集成活动的示例包括定量分析、基于模型/原型的人在回路评价、建模与仿真、参与系统设计和设计评审、可行性评价、技术交流和权衡分析。人因系统集成资源的示例包括人因系统集成独有/特定技能、领域专业知识、设施设备、试验器材、专门分配的时间等的获取。

当活动、产品和风险与寿命周期紧密结合时，就应当对人因系统集成的启动准则和终止准则有个明确描述，从而清晰确定每个阶段的边界，还需描述与每项活动和产品相关的（时间、资金、数据可用性等）资源的局限性。表 R.2-1 给出了一个高层级的概要示例，按照寿命周期阶段列出人因系统集成的活动、产品和已知风险的缓解措施。

6.3 人因系统集成计划更新

在工程/项目的寿命周期管理和系统工程流程的关键里程碑节点，应当更新人因系统集成计划。NPR7123.1《NASA 系统工程流程和要求》的附录 G 中给出了进行人因系统集成计划更新的里程碑建议。

人因系统集成计划更新

处理每一项更新的要点

- 明确当前工程/项目阶段，距前一次人因系统集成计划更新的时间（天数），明确人因系统集成计划版本号，更新人因系统集成计划修订历史记录。
- 描述当前阶段人因系统集成的启动准则，以及描述在当前阶段开始之前尚未完成的工作。
- 描述当前工程/项目阶段人因系统集成的终止准则，描述成功结束当前工程/项目阶段必须完成的人因系统集成相关工作。

表 R.2-1 按照寿命周期阶段列出的人因系统集成活动、产品和已知的风险缓解措施

寿命周期阶段	阶段描述	活动、产品和风险缓解措施
A 前阶段	概念探索	运行使用构想（初步构想，考虑培训、维修和后勤保障等。）
阶段 A	概念开发和技术开发	• 人因系统集成计划（设定控制基线） • （初步的）运行使用构想 • 在系统需求评审之前确定的人因系统责任单位/团队 • 为人因系统集成评价开发工程试样 • 宇航员工作负荷评价计划 • 功能分配，宇航员任务清单 • 确认运行使用构想（计划的）
阶段 B	初步设计和技术开发完成	• （更新的）人因系统集成计划 • 运行使用构想（设定控制基线） • 为人因系统集成评价开发工程实物模型 • 确定宇航员所处环境和健康保障需要（如航天飞机驾驶舱、人类空间飞行使命任务） • 通过人物分析评估操作界面（如评估航天飞机驾驶舱操作、空中交通管理，航天器环境、载人航天飞行使命任务控制） • 人在回路适用性计划 • 初步设计评审的人类因素报告

续表

寿命周期阶段	阶段描述	活动、产品和风险缓解措施
阶段 C	详细设计和生产制造	• （更新的）人因系统集成计划 • 人因系统集成的首个产品测试 • 详细设计评审的人类因素报告
阶段 D	系统组装、集成和试验，发射与交付使用	• 运行使用准备状态评审的人类因素报告 • 以人为中心的设计活动的确认 • 运行使用构想确认
阶段 E	运行使用与维护	监控以人为中心设计方案的实效
阶段 F	退役处置	经验教训总结报告

附录 S　带注释说明的运行使用构想编写提纲

本附录给出针对运行使用构想的带注释说明的编写提纲，描述应当包含在运行使用构想中的信息类型和顺序。当然，精确的内容和顺序与项目的类型、规模和复杂度相关。本附录中楷体文本描述相应小节中应当提供的信息类型。必要时可以添加额外的小节，以充分描述所设想的系统。

封面

目录

第 1 章　引言

1.1　项目描述

本节简要概述项目开发活动和系统开发前提背景，并在以下两个小节中对此进行详细介绍。

1.1.1　背景

概要总结生成新系统所需要的条件。提供系统运行使用的高层级使命任务目的和目标。提供进行系统开发的合理依据。

1.1.2　前提条件和约束

陈述运行使用构想开发中的基本假设和约束条件。例如，某些技术在系统准备投入使用时应已足够成熟，或者为了完成使命任务，系统必须在某个日期之前交付。

1.2　所设想系统的概览

本节给出所设想系统总体情况的概要摘编。更详细的描述将在运行使用构想的第 3 章中提供。

1.2.1　概览

本小节提供系统及其运行使用的高层级概述。本小节可以使用图像、图形、视频、模型或其他手段来提高对运行使用构想的基本理解。

1.2.2　系统范围

本小节给出对系统规模和复杂性的估计。其中应定义系统的外部接口和配套系统，同时应描述哪些内容包含在项目之内，哪些内容不属于项目。

第 2 章　文档

2.1　适用文件

本节列出所有适用的文件、模型、标准或其他材料，其中部分或全部将构成项目需求的一部分。

2.2 参考文献

本节提供可能对于理解系统或系统运行使用场景有帮助的补充信息。

第 3 章 所设想系统的描述

本章提供对所设想的系统及其运行使用更详细的描述，包括以下各节内容。

3.1 所设想系统的需要、目的和目标

本节描述为实现系统能力、行为和运行使用而预期的需要、目的和目标。这部分内容可以作为独立的文档或模型，其中包含当前最新的获得一致认可的期望。

3.2 系统级关键要素概览

本节从功能级别描述组成系统的各种要素，包括用户和运行使用人员。这些描述的形成应当是与工程/项目无关的，也就是说，它不是特定于某个方案设计或实施，而是对系统及其元素的行为做一般性描述。可以使用图形、图像、视频和模型来辅助描述。

3.3 接口

本节描述系统与项目外部的所有其他系统的接口，还可能包括系统中设想的主要元素之间的高层级接口。接口形式可能包括机械、电气、人类用户/运行使用人员、流体、射频、数据或其他交互类型。

3.4 运行使用构想的模式

本节描述系统可能需要的各种运行模式或技术状态，从而能在整个寿命周期中实现其预期目的。其中可能包括系统开发中需要的模式，如测试或培训模式，还可能包括在其运行使用和退役处置阶段需要的各种模式。

3.5 提出的能力需求

本节描述所设想的系统能够提供的各种能力。这些能力涵盖系统运行使用的整个寿命周期，包括系统验证/确认所需的特殊能力、运行使用期间的预期能力，以及退役处置过程中需要的全部特殊能力。

第 4 章 物理环境

本章应当描述系统在整个寿命周期（包括集成、试验和运输）中预期可能遇到的环境。其中可能包括能预见到的和非预期的温度、压力、辐射、风和其他大气、空间或水声条件。应该说明系统的运行使用是否需要忍受性能下降，或者只是要求在这些条件下能够生存。

第 5 章 支撑环境

本章描述所设想的系统在部署完毕后如何得到保障。内容包括如何执行运行使用计划，以及如何根据需要确定和提供所需的指令和上传数据，可能包括讨论所设想的系统如何维护、修复、更换，这涉及备件理念，以及未来如何进行升级，还可能包括对设计团队所具备持续保障能力水平的假设。

第 6 章 运行使用场景、用例或使命任务设计参考

本章讨论运行使用的关键场景、用例或使命任务设计参考，并讨论所设想的系统能够提供什么，或者其如何在使命任务中发挥作用。所讨论的场景、用例或使命任务设计参考的数量应该涵盖预设的和非预设的条件，并涵盖所有预期的功能和能力。一个好的实践经验是标记这些场景以便于对需求的追踪，如将场景标记为[DRM-0100]、[DRM-0200]等。

6.1 预设条件

预设条件下的场景、用例或使命任务设计参考涵盖所设想的系统如何在没有问题或异常发生的正常情况下运行。

6.2 非预设条件

非预设条件下的场景覆盖的用例包括某些需要系统以不同于正常方式执行的情况发生，如出现故障、性能降低、意外的环境条件或人员错误操作。这些场景应该揭示出系统中需要的所有额外能力或保护措施。

第 7 章 对影响的考虑

本章描述对环境和其他领域的潜在影响，包括正面影响和负面影响。

7.1 环境影响

描述所设想的系统如何影响当地区域、州、国家、全球、太空和其他与系统预期用途相对应的行星体的环境，其中包括产生各种轨道碎片的可能性，对其他行星体或大气造成污染的可能性，产生需要在地球上处理的危险废弃物的可能性，以及产生其他因素的可能性。环境影响可能涵盖系统从开发到处置的整个寿命周期。

7.2 组织管理的影响

描述所设想的系统在组织管理方面现有或未来的影响是如何产生的。其中可能包括需要延请具有专业知识的专家或雇用经过基础培训的操作人员，还可能包括对多个组织的管理。

7.3 科学/技术影响

描述预期成功的使命任务或成功的系统部署对科学或技术的影响；描述应该回答哪些科学问题，将会填补哪些知识空白及将提供哪些服务。如果系统的目的是改善运行使用或后勤保障效果，而不是科学技术创新，则需要描述系统在科学技术方面预期的影响。

第 8 章 风险和潜在的问题

本章描述在所设想系统的开发、运行使用或处置过程中，所有相关的风险和潜在问题，还描述在项目进度、人员配备水平、实施途径方面的风险和需关注的问题。根据需要针对每个风险或问题分别编写一个小节。特别要注意在项目结束时所有问题需处理完毕。

附录 A 缩略语

本附录列出在运行使用构想中用到的缩略语并给出它们的全文。

附录 B 术语表

本附录列出在运行使用构想中用到的关键术语，并给出对每个术语含义的描述。

附录T 项目阶段E中的系统工程

T.1 概述

一般来讲，阶段E的常规活动反映出对系统设计流程关注的减少，转而持续关注产品实现和技术管理。在阶段E中实施的产品实现流程采取持续生成（更新）使命任务规划的方式，响应空间飞行条件的变更（和飞行异常的发生），并且基于所获得的运行使用经验对使命任务中操作技术、操作规程和操作指南的更新。技术管理流程能够确保在产品实现流程中应用的是相当严谨的和风险管理下的实践经验。

成功完成阶段E的工作需要在四个各不相同的方面明确执行使命任务的能力：工具、流程、产品和经过培训的人员。这四个方面的能力可能分别在不同的实体单位开发，但需要在阶段E相互融合，形成贯彻始终的运行使用能力。

尽管系统工程活动和流程在整个项目寿命周期中受到约束，但在阶段E仍然可能会遇到额外的压力。

- **资源约束的增加**。即使能够获得额外的资金或人员保证，构建新的能力和培训新的人员仍可能需要超出范围的时间和精力，而在进入阶段E之时或之前，项目预算和人员通常会减少，多数人员通常被集中于执行使命任务。
- **无情的进度表**。与飞行前的试验活动不同，暂停执行过程中的使命任务，去处理飞船运行使用方面出现的问题，这可能非常困难甚至不可能。通常很难甚至不可能在发射后真的把正在执行中的使命任务停下来。

在考虑那些可能引起变更和风险的阶段E中的活动时，上述因素必须得到处理。

> **注**：在阶段E中需要做出显著的硬件或软件变更时的逻辑分解流程可能更像是在项目早期阶段实施的样子。在这种情况下，将这些修订变更看作一个新的并行进行的项目可能更合适，并且两个进行中的项目应当是协调的。

T.2 从系统开发转换到运行使用

从开发阶段到运行使用阶段的有效转换需要利益相关者之间的事先规划和协调。其中，规划不仅应当注重硬件和软件系统有效地转为服务阶段，而且应当注重知识、技能、经验和流程有效地传承为支持飞行任务中系统运行使用相关需求的角色。

开发阶段的活动中需要清晰而简明地记录归档所用到的系统知识，记录的形式包括与运行使用相关的技术、特征、限制和约束，这些是为飞行系统运行使用人员构建运行使用工具和技术时所需要的关键输入。阶段D（集成和试验阶段）中的活动与阶段E（运行使用阶段）中的活动有许多共同需求，但如果没有事先的规划和协议，在这两个阶段中使用的类似作用的产品可能会有大不相同的格式，致使同一套产品无法应用于两个阶段的相同目的。相关产品的重叠常常是意料之外的，这会增加成本和进度风险。相反，系统工程师应在开发过程的早期明确产品重用的可能性，并建立所期望的通用标准、格式和内容，支持上述转阶段活动和产品的重用。

类似地，技能和经验的传承也应进行认真规划并安排关键人员来管理。在某些情况下，设计、集成和试验的关键人员可能直接转换为使命任务执行团队角色，而在其他情况下，可能会安排专门的使命任务执行人员在阶段 A 至阶段 D 之间的活动中跟随或协助开发团队。在这两种情况下，所安排的人员都应将知识、技能和经验带入空间飞行使命任务系统的运行使用环境中。转阶段过程的管理可能是复杂的，因而不论是正在进行的集成与试验，还是准备即将到来的运行使用，这些人员都可能被认为是关键。早期的精心人事安排和细致的转阶段计划是成功传承技能和经验的关键。

T.3 阶段 E 中的系统工程流程

T.3.1 系统设计流程

一般来说，系统设计流程在阶段 E 开始之前就已经完成了。然而，运行使用中发生的事件可能需要这些流程在阶段 E 中重新考察和使用。

T.3.1.1 利益相关者期望开发

利益相关者期望应该已经在开发阶段的活动中明确，包括运行使用构想的开发和使命任务设计参考的开发。这些开发活动的核心是针对使命任务成功评判准则和所有预期运行使用的优先等级达成一致意见。在使命任务执行计划中，应该陈述并处理利益相关者的期望，计划中应包括风险管理实践经验、适时更新计划的灵活性和可能性、响应时间和当前状态沟通的时间/范围，以及使命任务执行的其他相关关键参数。以运行使用参考和限制的形式给出的其他细节应列入使命任务执行规程和空间飞行守则中。

应该实施运行使用准备状态评审（ORR）确认利益相关者认可、接受使命任务执行计划及执行使命任务所需相关产品。

然而，对于阶段 E 中发生的事件，可能需要重新评估利益相关者的期望。执行空间飞行任务过程中出现的重大异常或科学发现，可能会改变使命任务的性质和目标。使命任务系统工程师、使命任务执行管理者和工程管理者需要在整个阶段 E 中与利益相关者保持接触，以便能识别潜在的期望变化，并在使命任务执行过程中确定是否接受或拒绝这些变更。

T.3.1.2 技术需求开发

在系统运行使用过程中，可能会发现新的技术和针对现有需求的变更，这可能是由于以下原因引起的：

- 在获取飞行经验后对系统特性有了新的理解；
- 飞行过程中发生异常；
- 使命任务目标和参数发生变更（如使命任务周期延长）。

这些变更或新增需求通常会处理为对运行使用控制基线的变更请求，而控制基线已经处于技术状态管理之下，并且可能已经作为组成部分用于正在进行的空间飞行任务中。这些变更通常会与地面系统及运行使用关联产品（技术规程、运行使用约束等）相关。飞行软件的变更同样需要考虑，但对于硬件，即使是人类控制的空间飞行器，实现变更几乎是不可能的。

技术需求变更评审在阶段 E 中更具挑战性，因为可以用于实施全面评审的资源更少。安全性与使命任务保证（SMA）人员能够在早期密切参与，对于确保所提出的变更的适当性，以及确保变更在项目允许的风险承受范围内起到关键作用。

T.3.1.3　逻辑分解

一般来说，使命任务执行中相关系统功能的逻辑分解是在开发阶段实施的。在系统运行使用期间，对于运行使用关联产品（如技术规程、用户界面和运行使用约束）常常还需要进行额外的逻辑分解。这些产品的生产者和用户通常是最有资格判断能否将新功能或变更后的功能适当分解为一系列技术规程或类似产品的人。

T.3.1.4　设计方案开发

与逻辑分解类似，开发和使用产品的人员应当能够更好地处理设计方案开发变更的任务。次要的改动可以完全在运行使用团队中处理（包括内部评审），而更大的需求修改或增加可能必须有工程顶级系统工程师和安全性与使命任务保证人员的参与。

在阶段 E，时间和资源的稀缺可能使得这些设计方案的实施具有挑战性。设计方案中需要考虑资源的可用性和约束。

T.3.1.5　产品方案实施

负责实现使命任务中系统运行使用关联产品（如技术规程和航天器指令脚本）的人员应接受过培训，并获得项目规定的相应技能水平的认证。对运行使用关联产品的更新和创建实施管控的流程，应该在阶段 E 之前准备就绪并经过演练。

T.3.2　产品实现流程

阶段 E 中的产品实现流程通常由技术状态管理人员和试验人员执行。这些人作为“共享资源”是很常见的，也就是说，除了技术状态管理和试验的角色之外，他们还扮演其他角色。

T.3.2.1　产品集成

阶段 E 中的产品集成通常涉及将多个运行使用关联产品（一些已经存在，另一些是新的或修改过的）合并，形成一个更新的使命任务中系统运行使用能力的控制基线。

将一组产品集成到何种程度可能因项目的规模和复杂性而不同。小型项目可能会定义一个控制基线并随时更新，该控制基线跨越运行使用关联产品的完整集合。更大或更复杂的项目可以选择创建依据物理边界划分的逻辑控制基线子集。例如，在一组地理上分散且使命任务独立的运行使用主管中心，每个中心最初可能单独集成自身的产品。同样，在一个大型控制中心内的不同功能（空间任务计划、飞行动力学、指挥和控制等）可以作为单独控制基线产品建立。当然，最终需要确立某些方法来确保产品实现流程能够识别和评估系统变更的所有潜在影响。

T.3.2.2 产品验证

阶段 E 中的产品验证通常采取的形式有单元测试工具、数据集、技术规程和其他在模拟条件下进行试验的手段。这种“线程式试验”可以对单个特定任务或功能进行演练。验证所需的仿真逼真度随产品的性质和重要性而变化。需要考虑的关键特征包括以下内容。

- 实时性。通过在空间飞行中的运行使用对产品进行验证可能会明显受到时间的限制。更高的仿真逼真度可能会导致仿真性能下降。对于某些验证活动，这种性能下降可以接受，而对于其他活动就可能过于受限了。
- 细致性。简单计划和技术规程的试验可能不需要高逼真度系统的动力学仿真。例如，简单的状态变化过程可以在相对较低逼真度的仿真系统中进行试验。然而，涉及动态系统属性（如压力、温度或其他物理属性的变化）的运行使用活动，可能需要使用更高逼真度的仿真系统进行试验。
- 集成度。某些运行使用可能仅影响一个子系统，而有些则会影响多个系统甚至整个宇宙飞船。
- 环境影响。某些运行使用关联产品和技术规程可能对环境条件高度敏感，而另一些则可能不会。例如，进入大气并减速的事件序列可能需要精确的天气数据。相比之下，简单的系统重构技术规程可能根本不受环境条件的影响。

T.3.2.3 产品确认

产品确认的实施通常是在集成的运行使用场景中使用产品，这些场景包括使命任务模拟、运行使用准备状态试验和空间飞行器全系统端到端试验。在这些运行使用场景的环境中，操作人员组成的团队使用组合在一起的产品来模拟某个运行使用活动或一组活动，如发射、变轨、交会、科学试验，或是再入、下降和着陆。多个团队成员和运行使用关联产品的集成为确定产品是否合适并满足真正的运行使用需求提供了必要的条件。

T.3.2.4 产品交付

阶段 E 中新的运行使用能力的交付通常由使命任务中系统运行使用管理者负责监督，或由以运行使用管理者/项目管理者任主席的技术状态控制委员会负责监督。

适当的产品交付管理包括产品试验（验证和确认）结果的检查，以及当前正在运行使用的系统是否做好接受变更的准备。在阶段 E 中的产品能力交付可能特别具有挑战性，因为使用这些能力的人员也需要因此改变其技能、日常实践经验或其他行为。应仔细关注所计划的运行使用场景，如空间飞行器机动或其他关键使命任务事件，以及在接近这些事件时执行产品能力交付的风险。

T.3.3 技术管理流程

技术管理流程通常由项目管理者和使命任务中系统运行使用管理者共同负责。在两个管理者所代表的团体之间达成明确的协议，对于确保有效地管理阶段 E 的工作至关重要。

T.3.3.1 技术规划

在阶段 E 中的技术规划一般集中于使命任务执行期间对全新产品开发所需资源的管理。关键的决策者，包括使命任务中系统运行使用管理者和较低层级的运行使用团队负责人，需要审查实现变更所获得的利益与资源消耗之间的关系。在阶段 E 中共享了许多资源（例如，产品开发人员还同时担任运行使用中某个实时操作的角色），在运行使用期间，应该将这些资源的额外负担视为一种需要减缓的风险。

T.3.3.2 需求管理

在阶段 E 中的需求管理本质上与阶段 E 之前的工作相似。尽管可以在阶段 E 中实现一些简化以减少流程开销，但是仍然需要对未实现的需求进行评审和确认。由于阶段 E 中大多数变更来自于一个明确需求，工程管理可能会减少或放弃对完整需求的可追溯性分析和归档。

T.3.3.3 接口管理

在阶段 E 中更改接口相对少见，但是当软件工具被修改或发现新的需求时可能会发生这种情况。接口定义应该以类似于在其他项目阶段使用的方式进行管理。

T.3.3.4 技术风险管理

在阶段 E 管理运行使用期间的技术风险，比在其他阶段对风险进行管理更具挑战性。在运行使用过程中发现的新风险可能是系统故障或周围环境变化的结果。即使在项目的其他阶段能够有额外的时间来评估和减缓风险，空间飞行运行使用的性质也可能会限制实施风险管理的时间。基于此原因，每个项目都应该开发一个正式的流程来处理异常和管理运行使用中的风险。这个流程应该在正式空间飞行之前进行演练，决策者应该非常熟悉这个流程的细节。

T.3.3.5 技术状态管理

在产品运行使用过程中，有效的技术状态管理是必不可少的。关键的运行使用材料（包括技术规程、计划、飞行数据集和技术参考材料）需要是安全的和最新的，并且容易被那些制定和实行关键任务决策的人员访问。技术状态管理系统（在其预定的飞行技术状态下）应该作为运行使用准备状态试验的一部分进行演练，确保系统、流程和参与者做好了空间飞行的准备。

对此类运行使用所需产品的访问通常是与时间相关的，支持上述访问的技术状态管理系统应该相应地进行管理。定期维护或其他“停机”维护应与空间飞行的运行使用计划相协调，以尽量减小关键活动期间数据无法访问的风险。

T.3.3.6 技术数据管理

技术数据管理的工具、技术规程和其他基础设施必须在空间飞行器运行使用之前确定控制基线、实施完成并通过验证。由于在运行使用过程中进行变更时可能会有产生数据丢失或运行效率降低的高风险，所以在阶段 E 中很少对这些能力做出变更。

如果技术数据管理基础设施发生强制性的变更，则那些定期与数据进行交互的人员应该仔细审查这些变更。这些人员不仅包括运行使用人员，还包括工程和科学领域中与数据相关的客户。

T.3.3.7 技术评估

在阶段 E 中的正式技术评估通常集中于即将执行的具体运行使用活动，如发射、入轨或退役。在飞行器正常进行运行使用过程中执行的评审应该限定在回答关键问题的范围内，同时注意不要给项目或运行使用团队增加过多的负担。

在阶段 E 中的技术性能指标可能与项目其他阶段的技术性能指标有很大区别。在阶段 E，技术性能指标可能集中于使命任务事件的完成、系统在运行使用中的性能，以及预设事件即将发生时，运行使用团队能够给予支持的能力。

T.3.3.8　决策分析

在阶段 E 中的决策分析流程与项目其他阶段的决策分析相似，但可能强调不同的评判准则。例如，改变进度安排的能力可能受到诸如进入轨道或在行星表面着陆等事件的绝对时间限制。由于无法增加训练有素的人员来支持活动，所以基于费用的权衡可能受到更大的限制。技术性权衡可能受到运行使用中硬件无法修改的限制。

参考文献

（按章节排序）

前言

[1] NPR 7123.1, Systems Engineering Processes and Requirements.

[2] NASA Chief Engineer and the NASA Integrated Action Team (NIAT) report, Enhancing Mission Success -- A Framework for the Future, December 21, 2000. Authors: McBrayer, Robert O and Thomas, Dale, NASA Marshall Space Flight Center, Huntsville, AL United States.

[3] NASA. Columbia Accident Investigation Board (CAIB) Report, 6 volumes: Aug. 26, Oct. 2003.

[4] NASA. Diaz Report, A Renewed Commitment to Excellence: An Assessment of the NASA Agency-wide Applicability of the Columbia Accident Investigation Board Report, January 30, 2004. Mr. Al Diaz, Director, Goddard Space Flight Center, and team.

[5] International Organization for Standardization (ISO) 9000:2015, Quality management systems-Fundamentals and vocabulary. Geneva: International Organization for Standardization, 2015.

第 1 章　绪论

1.1　目的

[1] NPR 7123.1. Systems Engineering Processes and Requirements.

1.2　本手册的适用范围

[1] NASA Office of Chief Information Officer (OCIO), Information Technology Systems Engineering Handbook Version 2.0.

[2] NASA-HDBK-2203, NASA Software Engineering Handbook (February 28, 2013).

第 2 章　系统工程基础

[1] NPR 7120.5, NASA Space Flight Program and Project Management Requirements.

[2] NPR 7120.7, NASA Information Technology and Institutional Infrastructure Program and Project Management Requirements.

[3] NPR 7120.8, NASA Research and Technology Program and Project Management Requirements.

[4] NPR 7123.1, NASA Systems Engineering Processes and Requirements NASA Engineering Network (NEN) Systems Engineering Community of Practice (SECoP).

[5] Griffin, Michael D., NASA Administrator. “System Engineering and the Two Cultures of Engineering.” Boeing Lecture, Purdue University, March 28, 2007.

[6] Rechtin, Eberhardt. Systems Architecting of Organizations: Why Eagles Can't Swim. Boca Raton: CRC Press, 2000.

2.1 通用技术流程和系统工程引擎

[1] NPR 7123.1, NASA Systems Engineering Processes and Requirements.

[2] Society of Automotive Engineers (SAE) and the European Association of Aerospace Industries (EAAI). AS9100C Quality Management Systems (QMS) - Requirements for Aviation, Space, and Defense Organizations Revision C: January 15, 2009.

2.3 运用系统工程引擎的示例

[1] NPD 1001.0, 2006 NASA Strategic Plan.

[2] NPR 7120.5, NASA Space Flight Program and Project Management Requirements.

2.5 费用和效能方面的考虑

[1] Department of Defense (DOD) Defense Acquisition University (DAU). Systems Engineering Fundamentals Guide. Fort Belvoir, VA, 2001.

[2] INCOSE-TP-2003-002-04, Systems Engineering Handbook: A Guide for System Life Cycle Processes and Activities, Version 4, edited by Walden, David D., et al., 2015.

2.6 系统工程流程中的人因系统集成

[1] NPR 7120.5, NASA Space Flight Program and Project Management Requirements.

[2] NPR 7123.1, NASA Systems Engineering Processes and Requirements.

第 3 章　NASA 工程/项目寿命周期

[1] NPR 7120.5, NASA Space Flight Program and Project Management Requirements.

[2] NPR 7120.8, NASA Research and Technology Program and Project Management Requirements.

[3] NASA Office of the Chief Information Officer (OCIO), Information Technology Systems Engineering Handbook Version 2.0.

[4] NASA/SP-2014-3705, NASA Space Flight Program and Project Management Handbook.

3.1 工程规划和论证阶段

[1] NPR 7120.5, NASA Space Flight Program and Project Management Requirements

[2] NPR 7120.7, NASA Information Technology and Institutional Infrastructure Program and Project Management Requirements.

[3] NPR 7120.8, NASA Research and Technology Program and Project Management Requirements.

[4] NPR 7123.1, NASA Systems Engineering Processes and Requirements.

3.2 工程实现和运用阶段

[1] NPR 7120.5, NASA Space Flight Program and Project Management Requirements.

[2] NPR 7123.1, NASA Systems Engineering Processes and Requirements.

3.3 项目 A 前阶段：概念探索

[1] NPR 7120.5, NASA Space Flight Program and Project Management Requirements.

[2] NPR 7123.1, NASA Systems Engineering Processes and Requirements.

3.4 项目阶段 A：概念研究和技术开发

[1] NPD 1001.0, 2014 NASA Strategic Plan.

[2] NPR 2810.1, Security of Information Technology.

[3] NPR 7120.5, NASA Space Flight Program and Project Management Requirements.

[4] NPR 7123.1, NASA Systems Engineering Processes and Requirements.

[5] NPR 7150.2, NASA Software Engineering Requirements.

[6]NASA-STD-8719.14, Handbook for Limiting Orbital Debris. Rev A with Change 1. December 8, 2011.

[7] National Institute of Standards and Technology (NIST), Federal Information Processing Standard Publication (FIPS PUB) 199, Standards for Security Categorization of Federal Information and Information Systems, February 2004.

3.5 项目阶段 B：初步设计和技术完善

[1] NPR 7120.5, NASA Space Flight Program and Project Management Requirements.

[2] NPR 7123.1, NASA Systems Engineering Processes and Requirements.

3.6 项目阶段 C：详细设计和生产制造

[1] NPR 7120.5, NASA Space Flight Program and Project Management Requirements.

[2] NPR 7123.1, NASA Systems Engineering Processes and Requirements.

3.7 项目阶段 D：系统组装、集成、试验和发射

[1] NPR 7120.5, NASA Space Flight Program and Project Management Requirements.

[2] NPR 7123.1, NASA Systems Engineering Processes and Requirements.

[3] NASA Office of the Chief Information Officer (OCIO), Information Technology Systems Engineering Handbook Version 2.0.

3.8 项目阶段 E：运行使用与维护

[1] NPR 7120.5, NASA Space Flight Program and Project Management Requirements.

[2] NPR 7123.1, NASA Systems Engineering Processes and Requirements.

3.9 项目阶段 F：项目终止（退役处置）

[1] NPR 7120.5, NASA Space Flight Program and Project Management Requirements.

[2] NPR 7123.1, NASA Systems Engineering Processes and Requirements.

[3] NPD 8010.3, Notification of Intent to Decommission or Terminate Operating Space Systems and Terminate Missions.

[4] NPR 8715.6, NASA Procedural Requirements for Limiting Orbital Debris.

3.10 经费：预算周期

[1] NASA's Financial Management Requirements (FMR) Volume 4.

3.11 NPR 7123.1 中相关需求的剪裁和客户定制

[1] NPD 1001.0, 2014 NASA Strategic Plan.

[2] NPR 7120.5, NASA Space Flight Program and Project Management Requirements.

[3] NPR 7120.7, NASA Information Technology and Institutional Infrastructure Program and Project Management Requirements.

[4] NPR 7120.8, NASA Research and Technology Program and Project Management Requirements.

[5] NPR 7123.1, NASA Systems Engineering Processes and Requirements.

[6] NPR 7150.2, NASA Software Engineering Requirements.

[7] NPR 8705.4, Risk Classification for NASA Payloads.

[8] NASA-HDBK-2203, NASA Software Engineering Handbook (February 28, 2013).

[9] NASA Engineering Network (NEN) Systems Engineering Community of Practice (SECoP).

第 4 章 系统设计流程

4.1 利益相关者期望的开发流程

[1] NPR 7120.5, NASA Space Flight Program and Project Management Requirements.

[2] NASA Science Mission Directorate strategic plans.

[3] Presidential Policy Directive PPD-4 (2010), National Space Policy.

[4] Presidential Policy Directive PPD-21 (2013), Critical Infrastructure Security and Resilience.

[5] Ball, Robert E. (Naval Postgraduate School), The Fundamentals of Aircraft Combat Survivability Analysis and Design, 2nd Edition, AIAA Education Series, 2003.

[6] Larson (Wiley J.), Kirkpatrick, Sellers, Thomas, and Verma. Applied Space Systems Engineering: A Practical Approach to Achieving Technical Baselines. 2nd Edition, Boston, MA: McGraw-Hill Learning Solutions, CEI Publications, 2009.

4.2 技术需求开发流程

[1] NPR 7120.10, Technical Standards for NASA Programs and Projects.

[2] NPR 8705.2, Human-Rating Requirements for Space Systems.

[3] NPR 8715.3, NASA General Safety Program Requirements.

[4] NASA-STD-3001, NASA Space Flight Human System Standard - 2 volumes.

[5] NASA-STD-8719.13, Software Safety Standard, Rev C. Washington, DC, May 7, 2013.

[6] NASA/SP-2010-3407, Human Integration Design Handbook (HIDH).

4.3 逻辑分解流程

[1] Department of Defense (DOD) Architecture Framework (DODAF) Version 2.02 Change 1, January 2015.

[2] Institute of Electrical and Electronics Engineers (IEEE) STD 610.12-1990, IEEE Standard Glossary of Software Engineering Terminology. Reaffirmed 2002. Superseded by ISO/IEC/IEEE 24765:2010, Systems and Software Engineering – Vocabulary.

4.4 设计方案开发

[1] NPD 8730.5, NASA Quality Assurance Program Policy.

[2] NPR 8735.2, Management of Government Quality Assurance Functions for NASA Contracts.

[3] NASA-HDBK-1002, Fault Management (FM) Handbook, Draft 2, April 2012.

[4] NASA-STD-3001, NASA Space Flight Human System Standard – 2 volumes.

[5] NASA-STD-8729.1, Planning, Developing, and Maintaining an Effective Reliability and Maintainability (R&M) Program. Washington, DC, December 1, 1998.

[6] Code of Federal Regulations (CFR), Title 48 – Federal Acquisition Regulation (FAR) System, Part 46.4 Government Contract Quality Assurance (48 CFR 46.4).

[7] International Organization for Standardization, ISO 9001:2015 Quality Management Systems (QMS) Society of Automotive Engineers and the European Association of Aerospace Industries.

[8] AS9100C Quality Management Systems (QMS) - Requirements for Aviation, Space, and Defense Organizations Revision C: 2009-01-15.

[9] Blanchard, Benjamin S., System Engineering Management. 4th Edition, Hoboken, NJ: John Wiley & Sons, Inc., 2008.

第 5 章　产品实现流程

5.1　产品方案实施

[1] NPR 7150.2, NASA Software Engineering Requirements NASA Engineering Network (NEN) Systems Engineering Community of Practice (SECoP).

[2] NASA Engineering Network (NEN) V&V Community of Practice.

[3] American Institute of Aeronautics and Astronautics (AIAA) G-118-2006e. AIAA Guide for Managing the Use of Commercial Off the Shelf (COTS) Software Components for Mission-Critical Systems. Reston, VA, 2006.

5.2　产品集成

[1] NASA Lyndon B. Johnson Space Center (JSC-60576), National Space Transportation System (NSTS), Space Shuttle Program, Transition Management Plan, May 9, 2007.

5.3　产品验证

[1] NPR 7120.5, NASA Space Flight Program and Project Management Requirements.

[2] NPR 7120.8, NASA Research and Technology Program and Project Management Requirements.

[3] NPR 7123.1, NASA Systems Engineering Processes and Requirements.

[4] NPR 8705.4, Risk Classification for NASA Payloads.

[5] NASA-STD-7009, Standard for Models and Simulations. Washington, DC, October 18, 2013.

[6] NASA GSFC-STD-7000, Goddard Technical Standard: General Environmental Verification Standard (GEVS) for GSFC Flight Programs and Projects. Goddard Space Flight Center. April 2005.

[7] Department of Defense (DOD). MIL-STD-1540D, Product Verification Requirements for Launch, Upper Stage, and Space Vehicles. January 15, 1999.

5.4　产品确认

[1] NPD 7120.4, NASA Engineering and Program/Project Management Policy.

[2] NPR 7150.2, NASA Software Engineering Requirements.

5.5　产品交付

[1] (The) National Environmental Policy Act of 1969 (NEPA). See 42 U.S.C. 4321-4347.

第 6 章　横向关联的技术管理

6.1　技术规划流程

[1] NPR 7120.5, NASA Space Flight Program and Project Management Requirements.

[2] NPD 7120.6, Knowledge Policy on Programs and Projects.

[3] NPR 7123.1, NASA Systems Engineering Processes and Requirements.

[4] NASA-SP-2010-3403, NASA Schedule Management Handbook.

[5] NASA-SP-2010-3404, NASA Work Breakdown Structure Handbook.

[6] NASA Cost Estimating Handbook (CEH), Version 4, February 2015.

[7] DOD. MIL-STD-881C, Work Breakdown Structure (WBS) for Defense Materiel Items. Washington, DC, October 3, 2011.

[8] Institute of Electrical and Electronics Engineers (IEEE) STD 1220-2005. IEEE Standard for Application and Management of the Systems Engineering Process, Washington, DC, 2005.

[9] Office of Management and Budget (OMB) Circular A-94,"Guidelines and Discount Rates for Benefit-Cost Analysis of Federal Programs" (10/29/1992).

[10] Joint (cost and schedule) Confidence Level (JCL).

6.3　接口管理流程

[1] NPR 7120.5, NASA Space Flight Program and Project Management Requirements.

6.4　技术风险管理流程

[1] NPR 8000.4, Agency Risk Management Procedural Requirements.

[2] NASA/SP-2010-576, NASA Risk-Informed Decision Making Handbook.

[3] NASA/SP-2011-3421, Probabilistic Risk Assessment Procedures Guide for NASA Managers and Practitioners.

[4] NASA/SP-2011-3422, NASA Risk Management Handbook.

[5] Code of Federal Regulations (CFR) Title 22 – Foreign Relations, Parts 120-130 Department of State: International Traffic in Arms Regulations (ITAR) (22 CFR 120-130). Implements 22 U.S.C. 2778 of the Arms Export Control Act (AECA) of 1976 and Executive Order 13637, “Administration of Reformed Export Controls," March 8, 2013.

6.5　技术状态管理流程

[1] NPR 7120.5, NASA Space Flight Program and Project Management Requirements.

[2] NASA. Columbia Accident Investigation Board (CAIB) Report, 6 volumes: Aug. 26, Oct. 2003.

[3] NASA. NOAA N-Prime Mishap Investigation Final Report, Sept. 13, 2004.

[4] SAE International (SAE) / Electronic Industries Alliance (EIA) 649B-2011, Configuration Management Standard (Aerospace Sector) April 1, 2011.

[5] American National Standards Institute (ANSI) / Electronic Industries Alliance (EIA). ANSI/EIA-649, National Consensus Standard for Configuration Management, 1998-1999.

6.6　技术数据管理流程

[1] NPR 1441.1, NASA Records Management Program Requirements.

[2] NPR 1600.1, NASA Security Program Procedural Requirements.

[3] NID 1600.55, Sensitive But Unclassified (SBU) Controlled Information.

[4] NPR 7120.5, NASA Space Flight Program and Project Management Requirements.

[5] NPR 7123.1, NASA Systems Engineering Processes and Requirements.

[6] NASA Form (NF) 1686, NASA Scientific and Technical Document Availability Authorization (DAA) for Administratively Controlled Information.

[7] Code of Federal Regulations (CFR) Title 22 – Foreign Relations, Parts 120-130 Department of State: International Traffic in Arms Regulations (ITAR) (22 CFR 120-130). Implements 22 U.S.C. 2778 of the Arms Export Control Act (AECA) of 1976 and Executive Order 13637, "Administration of Reformed Export Controls," March 8, 2013.

[8] The Invention Secrecy Act of 1951, 35 U.S.C. §181-§188. Secrecy of Certain Inventions and Filing Applications in Foreign Country; §181 - Secrecy of Certain Inventions and Withholding of Patent.

[9] Code of Federal Regulations (CFR) Title 37 – Patents, Trademarks, and Copyrights; Part 5 Secrecy of Certain Inventions and Licenses to Export and File Applications in Foreign Countries; Part 5.2 Secrecy Order. (37 CFR 5.2).

6.7 技术评估流程

[1] NPR 1080.1, Requirements for the Conduct of NASA Research and Technology (R&T).

[2] NPR 7120.5, NASA Space Flight Program and Project Management Requirements.

[3] NPR 7120.7, NASA Information Technology and Institutional Infrastructure Program and Project Management Requirements.

[4] NPR 7120.8, NASA Research and Technology Program and Project Management Requirements.

[5] NPR 7123.1, NASA Systems Engineering Processes and Requirements.

[6] NPR 8705.4, Risk Classification for NASA Payloads.

[7] NPR 8705.6, Safety and Mission Assurance (SMA) Audits, Reviews, and Assessments.

[8] NPR 8715.3, NASA General Safety Program Requirements.

[9] NASA-HDBK-2203, NASA Software Engineering Handbook. February 28, 2013.

[10] NASA/SP-2012-599, NASA's Earned Value Management (EVM) Implementation Handbook.

[11] NASA Federal Acquisition Regulation (FAR) Supplement (NFS) 1834.201, Earned Value Management System Policy.

[12] NASA Engineering Network (NEN) EVM Community of Practice.

[13] American National Standards Institute/Electronic Industries Alliance (ANSI-EIA), Standard 748-C Earned Value Management Systems. March, 2013.

[14] International Council on Systems Engineering (INCOSE). INCOSE-TP-2003-020-01, Technical Measurement, Version 1.0, 27 December 2005. Prepared by Garry J. Roedler (Lockheed Martin) and Cheryl Jones (U.S. Army).

6.8 决策分析

[1] NPR 7120.5, NASA Space Flight Program and Project Management Requirements.

[2] NPR 7123.1, NASA Systems Engineering Processes and Requirements.

[3] Brughelli, Kevin (Lockheed Martin), Deborah Carstens (Florida Institute of Technology), and Tim Barth (Kennedy Space Center), "Simulation Model Analysis Techniques," Lockheed Martin presentation to KSC, November 2003 (see Figure 6.8-4.).

[4] Saaty,Thomas L. The Analytic Hierarchy Process. New York: McGraw-Hill, 1980.

第 7 章　项目管理的相关专题

7.1　与合同相关的工程技术

[1] NPR 7123.1, NASA Systems Engineering Processes and Requirements.

[2] NPR 8735.2, Management of Government Quality Assurance Functions for NASA Contracts.

[3] NASA-STD-7009, Standard for Models and Simulations. Washington, DC, October 18, 2013.

[4] NASA Langley Research Center (LARC) Guidance on System and Software Metrics for Performance-Based Contracting. 2013.

7.2　并行工程方法

[1] Karpati, G., Martin, J., Steiner, M., Reinhardt, K., "The Integrated Mission Design Center (IMDC) at NASA Goddard Space Flight Center," IEEE Aerospace Conference 2003 Proceedings, Volume 8, Page(s): 8_3657 - 8_3667, 2003.

[2] Kluger, Jeffrey with Dan Cray, "Management Tips from the Real Rocket Scientists," Time Magazine, November 2005.

[3] McGuire, M., Oleson, S., Babula, M., and Sarver-Verhey, T., Concurrent Mission and Systems Design at NASA Glenn Research Center: The origins of the COMPASS Team, AIAA Space 2011 Proceedings, September 27-29, 2011, Long Beach, CA.

[4] Moeller, Robert C., Chester Borden, Thomas Spilker, William Smythe, Robert Lock , "Space Missions Trade Space Generation and Assessment using the JPL Rapid Mission Architecture (RMA) Team Approach", IEEE Aerospace Conference, Big Sky, Montana, Mar 2011.

[5] Mulqueen, J.; R. Hopkins; D. Jones, "The MSFC Collaborative Engineering Process for Preliminary Design and Concept Definition Studies." 2012.

[6] Oberto, R.E., Nilsen, E., Cohen, R., Wheeler, R., DeFlorio, P., and Borden, C., "The NASA Exploration Design Team; Blueprint for a New Design Paradigm", 2005 IEEE Aerospace Conference, Big Sky, Montana, March 2005.

[7] Pennell, J. and Winner, R., "Concurrent Engineering: Practices and Prospects", Global Telecommunications Conference, (GLOBECOM '89), 1989.

[8] Wall, S., "Use of Concurrent Engineering in Space Mission Design," Proceedings of EuSEC 2000, Munich, Germany, September 2000.

[9] Warfield, K., "Addressing Concept Maturity in the Early Formulation of Unmanned Spacecraft," Proceedings of the 4th International Workshop on System and Concurrent Engineering for Space Applications, October 13-15, 2010, Lausanne, Switzerland.

[10] Wessen, R., Borden, C., Ziemer, J., Kwok, J., "Space Mission Concept Development Using Concept Maturity Levels", AIAA Space 2013 Proceedings, September 10-12, 2013, San Diego, CA.

[11] Winner, R., Pennell, J., Bertrand, H., and Slusarczuk, M., The Role Of Concurrent Engineering In Weapons System Acquisition, Institute for Defense Analyses, IDA REPORT R-338, Dec 1988.

[12] Ziemer, J., Ervin, J., Lang, J., Exploring Mission Concepts with the JPL Innovation Foundry ATeam, AIAA Space 2013 Proceedings, September 10-12, 2013, San Diego, CA.

[13] National Research Council (NRC) of the National Academy of Sciences (NAS), The Planetary Decadal Survey 2013-2022, Vision and Voyagers for Planetary Science in the Decade 2013-2022, The National Academies Press: Washington, D.C., 2011.

7.3 选择工程设计工具需考虑的事项

[1] NPR 2810.1, Security of Information Technology.

[2] NPR 7120.7, NASA Information Technology and Institutional Infrastructure Program and Project Management Requirements.

7.4 环境、核安全和行星保护政策方面的约束

[1] NPR 8000.4, Agency Risk Management Procedural Requirements.

[2] NPD 8020.7, Biological Contamination Control for Outbound and Inbound Planetary Spacecraft.

[3] NPI 8020.7, NASA Policy on Planetary Protection Requirements for Human Extraterrestrial Missions.

[4] NPR 8020.12, Planetary Protection Provisions for Robotic Extraterrestrial Missions.

[5] NPR 8580.1, NASA National Environmental Policy Act Management Requirements.

[6] NPR 8710.1, Emergency Preparedness Program.

[7] NPR 8715.2, NASA Emergency Preparedness Plan Procedural Requirements.

[8] NPR 8715.3, NASA General Safety Program Requirements.

[9] NASA Science Mission Directorate, Risk Communication Plan for Planetary and Deep Space Missions, 1999.

[10] National Environmental Policy Act of 1969 (NEPA). See 42 U.S.C. 4321-4347.

[11] Code of Federal Regulations (CFR), Title 14 – Aeronautics and Space, Part 1216.3 NASA Environmental Quality: Procedures for Implementing the National Environmental Policy Act (NEPA) (14 CFR 1216.3).

[12] Code of Federal Regulations (CFR), Title 40 – Protection of Environment, Part 1508.27 Council on Environmental Quality: Terminology "significantly." (40 CFR 1508.27).

[13] Executive Order (EO) 12114, Environmental Effects Abroad of Major Federal Actions. January 4, 1979.

[14] Presidential Directive/National Security Council Memorandum No. 25 (PD/NSC-25), "Scientific or Technological Experiments with Possible Large-Scale Adverse Environmental Effects and Launch of Nuclear Systems into Space," as amended May 8, 1996.

[15] United Nations, Office for Outer Space Affairs. Treaty of Principles Governing the Activities of States in the Exploration and Use of Outer Space, Including the Moon and Other Celestial Bodies. Known as the "Outer Space Treaty of 1967".

[16] The Committee on Space Research (COSPAR) Planetary Protection Policy. March 24, 2005.

7.5 公制度量单位的使用

[1] NPD 8010.2, Use of the SI (Metric) System of Measurement in NASA Programs.

[2] National Institute of Standards and Technology (NIST) Special Publication 330: The International System of Units (SI) Barry N. Taylor and Ambler Thompson, Editors, March 2008. The United States version of the English text of the eighth edition (2006) of the International Bureau of Weights and Measures publication Le Système International d' Unités (SI).

[3] National Institute of Standards and Technology (NIST) Special Publication 811: NIST Guide for the Use of the International System of Units (SI) A. Thompson and B. N. Taylor, Editors. Created July 2, 2009; Last updated January 28, 2016.

[4] The Metric Conversion Act of 1975 (Public Law 94-168) amended by the Omnibus Trade and

Competitiveness Act of 1988 (Public Law 100-418), the Savings in Construction Act of 1996 (Public Law 104-289), and the Department of Energy High-End Computing Revitalization Act of 2004 (Public Law 108-423). See 15 USC 205a et seq.

[5] Executive Order (EO) 12770 Metric Usage in Federal Government Programs, July 25, 1991.

[6] Department of Defense (DOD) Office of the Under Secretary of Defense, Acquisition, Technology, & Logistics. SD-10. Defense Standardization Program: Guide for Identification and Development of Metric Standards. Washington, DC, April, 2010.

7.6 多层级/多阶段工程中的系统工程

[1] NPR 7123.1, NASA Systems Engineering Processes and Requirements.

7.7 故障管理

[1] NASA-HDBK-1002, Fault Management (FM) Handbook, Draft 2, April 2012.

[2] Jennions, Ian K. editor. Integrated Vehicle Health Management (IVHM): Perspectives on an Emerging Field. SAE International, Warrendale PA, 2011 IVHM Book, September 27, 2011.

[3] Jennions, Ian K. editor. Integrated Vehicle Health Management (IVHM): Business Case Theory and Practice. SAE International, Warrendale PA, 2012 IVHM Book, November 12, 2012.

[4] Jennions, Ian K. editor. Integrated Vehicle Health Management (IVHM): The Technology. SAE International, Warrendale PA, 2013 IVHM Book, September 5, 2013.

7.8 技术性余量

[1] NASA Cost Symposium 2014, NASA “Mass Growth Analysis - Spacecraft & Subsystems.” LaRC, August 14th, 2014. Presenter: Vincent Larouche – Tecolote Research, also James K. Johnson, NASA HQ Study Point of Contact.

[2] APR 8070.2, EMI/EMC Class D Design and Environmental Test Requirements. NASA Ames Research Center (ARC).

[3] NASA Goddard Space Flight Center, GSFC-STD-1000, Rules for the Design, Development, Verification, and Operation of Flight Systems. February 8, 2013.

[4] NASA Jet Propulsion Laboratory (JPL), JPL-D-17868 (REV.1), JPL Guideline: Design, Verification/Validation and Operations Principles for Flight Systems. February 16, 2001.

[5] Aerospace Conference 2007 IEEE Big Sky, MT 3-10 March 2007. NASA/Aerospace Corp. paper: “Using Historical NASA Cost and Schedule Growth to Set Future Program and Project Reserve Guidelines,” by Emmons, D. L., R.E. Bitten, and C.W. Freaner. IEEE Conference Publication pages: 1-16, 2008. Also presented at the NASA Cost Symposium, Denver CO, July 17-19, 2007.

[6] Planetary Science Subcommittee, NASA Advisory Council, 23 June, 2008, NASA GSFC. NASA/Aerospace Corp. presentation; “An Assessment of the Inherent Optimism in Early Conceptual Designs and its Effect on Cost and Schedule Growth,” by Freaner, Claude, Bob Bitten, Dave Bearden, and Debra Emmons.

[7] American Institute of Aeronautics and Astronautics (AIAA) S-120-2006, Mass Properties Control for Space Systems. Reston, VA 2006.

[8] American Institute of Aeronautics and Astronautics (AIAA) S-122-2007, Electrical Power Systems for Unmanned Spacecraft. Reston, VA 2007.

7.9 系统工程流程中的人因系统集成

[1] NPR 7120.5, NASA Space Flight Program and Project Management Requirements.

[2] NPR 7120.11, NASA Health and Medical Technical Authority (HMTA) Implementation.
[3] NPR 7123.1, NASA Systems Engineering Processes and Requirements.
[4] NPR 8705.2, Human-Rating Requirements for Space Systems.
[5] NPR 8900.1, NASA Health and Medical Requirements for Human Space Exploration.
[6] NASA-STD-3001, Space Flight Human System Standard. Volume 2: Human Factors, Habitability, and Environmental Health. Rev. A, February 10, 2015.
[7] NASA Lyndon B. Johnson Space Center (JSC-65995), Commercial Human Systems Integration Processes (CHSIP), May 2011.
[8] NASA/SP-2010-3407, Human Integration Design Handbook (HIDH).
[9] NASA/SP-2014-3705, NASA Space Flight Program and Project Management Handbook.
[10] NASA/SP-2015-3709 Human Systems Integration Practitioners Guide.
[11] NASA/TM-2008-215126/Volume II (NESC-RP-06-108/05-173-E/Part 2), Technical Memorandum: Design Development Test and Evaluation (DDT&E) Considerations for Safe and Reliable Human-Rated Spacecraft Systems. April 2008.Volume II: Technical Consultation Report. James Miller, Jay Leggett, and Julie Kramer-White, NASA Langley Research Center, Hampton VA, June 14, 2007.
[12] NASA/TP-2014-218556, Technical Publication: Human Integration Design Processes (HIDP).
[13] NASA ISS Program, Lyndon B. Johnson Space Center, Houston TX, September 2014.
[14] Federal Aviation Administration (FAA), HF-STD-001, Human Factors Design Standard (HFDS). Washington, DC, May 2003. Updated: May 03, 2012.
[15] Department of Defense (DOD) Defense Technical Information Center (DTIC). Directory of Design Support Methods (DDSM). 2007.

第 8 章　其他相关专题

8.1　作为工具的统计工程

[1] American Society for Quality (ASQ), Statistics Division, Statistical Engineering.
[2] Hoerl, R.W. and R.S. Snee, Statistical Thinking - Improving Business Performance, John Wiley & Sons. 2012.
[3] NASA 2011 Statistical Engineering Symposium, Proceedings.
[4] Shaprio, J. (1994), “George H. Heilmeier,” IEEE Spectrum, 31(6), pg. 56 – 59.

8.2　基于模型的系统工程

[1] NPR 7120.5, NASA Space Flight Program and Project Management Requirements.
[2] NPR 7123.1, NASA Systems Engineering Processes and Requirements.
[3] Department of Defense (DOD) Architecture Framework (DODAF) Version 2.02 Change 1, January 2015.
[4] Friedenthal, Sanford, Alan Moore, and Rick Steiner. A Practical Guide to SysML: Systems Modeling Language, Morgan Kaufmann Publishers, Inc., July 2008.
[5] Institute of Electrical and Electronics Engineers (IEEE) STD 1076-2008 IEEE Standard VHDL Language Reference Manual, 03 February 2009.
[6] International Council on Systems Engineering (INCOSE). INCOSE-TP-2004-004-02, Systems Engineering Vision 2020, Version 2.03, September 2007.

[7] International Organization for Standardization (ISO) 10303-AP233, Application Protocol (AP) for Systems Engineering Data Exchange (AP-233) Working Draft 2 published July 2006.

[8] International Organization for Standardization (ISO) ISO/TS 10303-433:2011 Industrial automation systems and integration – Product data representation and exchange – Part 433: Application module: AP233 systems engineering. ISO: Geneva, 2011.

[9] International Organization for Standardization (ISO). ISO/IEC/IEEE 42010:2011. Systems and Software Engineering – Architecture Description.

[10] Knowledge Based Systems, Inc. (KBSI), Integration Definition for functional modeling (IDEF0) ISF0 Function Modeling Method.

[11] Oliver, D., T. Kelliher, and J. Keegan. Engineering Complex Systems with Models and Objects. New York, NY, USA: McGraw-Hill. 1997.

[12] Paredis, C., Y. Bernard, R. Burkhart, H.P. Koning, S. Friedenthal, P. Fritzon, N.F. Rouquette, W. Schamai. "Systems Modeling Language (SysML)-Modelica Transformation." INCOSE 2010.

[13] SAE International, SAE Standard AS5506B: Architecture Analysis & Design Language (AADL) 2012-09-10.

[14] UPDM: Unified Profile for the (US) Department of Defense Architecture Framework (DoDAF) and the (UK) Ministry Of Defense Architecture Framework (MODAF).

[15] XMI: Extensible Markup Language (XML) Metadata Interchange (XMI).

[16] XML: Extensible Markup Language (XML).

8.3 概念成熟度水平

[1] Wessen, Randii R., Chester Borden, John Ziemer, and Johnny Kwok. "Space Mission Concept Development Using Concept Maturity Levels," Conference paper presented at the American Institute of Aeronautics and Astronautics (AIAA) Space 2013 Conference and Exposition; September 10-12, 2013; San Diego, CA. Published in the AIAA Space 2013 Proceedings.

[2] Chattopadhyay, Debarati, Adam M. Ross, and Donna H. Rhodes, "A Method for Tradespace Exploration of Systems of Systems," presentation in Track 34-SSEE-3: Space Economic Cost Modeling, AIAA Space 2009, September 15, © 2009 Massachusetts Institute of Technology. SEARI: Systems Engineering Advancement Research Initiative, MIT. seari.mit.edu.

附录 B　专用术语表

[1] NPR 2210.1, Release of NASA Software.

[2] NPD 7120.4, NASA Engineering and Program/Project Management Policy.

[3] NPR 7120.5, NASA Space Flight Program and Project Management Requirements.

[4] NPR 7123.1, NASA Systems Engineering Processes and Requirements.

[5] NPR 7150.2, NASA Software Engineering Requirements.

[6] NPR 8000.4, Agency Risk Management Procedural Requirements.

[7] NPR 8705.2, Human-Rating Requirements for Space Systems.

[8] NPR 8715.3, NASA General Safety Program Requirements.

[9] International Organization for Standardization (ISO). ISO/IEC/IEEE 42010:2011. Systems and Software Engineering – Architecture Description. Geneva: International Organization for Standardization, 2011.

[10] Avizienis, A., J.C. Laprie, B. Randell, C. Landwehr, "Basic concepts and taxonomy of

dependable and secure computing," IEEE Transactions on Dependable and Secure Computing 1(1), 11-33, 2004.

附录 F　功能分析、时序分析和状态分析

[1] NASA Reference Publication 1370, Training Manual for Elements of Interface Definition and Control. 1997.

[2] Defense Acquisition University. Systems Engineering Fundamentals Guide. Fort Belvoir, VA, 2001.

[3] Buede, Dennis. The Engineering Design of Systems: Models and Methods. New York: Wiley & Sons, 2000.

[4] Long, James E. Relationships Between Common Graphical Representations in Systems Engineering. Vienna, VA: Vitech Corporation, 2002.

[5] Sage, Andrew, and William Rouse. The Handbook of Systems Engineering and Management. New York: Wiley & Sons, 1999.

附录 G　技术评估/技术引入

[1] NPR 7120.5, NASA Space Flight Program and Project Management Requirements.

[2] NPR 7123.1, NASA Systems Engineering Processes and Requirements.

附录 H　集成计划编写提纲

[1] Federal Highway Administration and CalTrans, Systems Engineering Guidebook for ITS, Version 2.0. Washington, DC: U.S. Department of Transportation, 2007.

附录 J　系统工程管理计划纲要

[1] NPR 7120.5, NASA Space Flight Program and Project Management Requirements.

[2] NPR 7123.1, Systems Engineering Processes and Requirements.

附录 K　技术工作计划

[1] NPR 7120.5, NASA Space Flight Program and Project Management Requirements.

附录 M　技术状态管理（CM）计划概要

[1] SAE International (SAE) / Electronic Industries Alliance (EIA) 649B-2011, Configuration Management Standard (Aerospace Sector) April 1, 2011.

附录 N　技术同行评审/检查指南

[1] NPR 7123.1, Systems Engineering Processes and Requirements.

[2] NPR 7150.2, NASA Software Engineering Requirements.

[3] NASA Langley Research Center (LARC), Instructional Handbook for Formal Inspections.

附录 P　任务说明（SOW）评审内容清单

[1] NASA Langley Research Center (LaRC) Procedural Requirements (LPR) 5000.2 Procurement Initiator's Guide.

[2] NASA Langley Research Center (LaRC) Guidance on System and Software Metrics for Performance-Based Contracting.

附录 R 人因系统集成计划纲要

[1] NPR 7123.1, NASA Systems Engineering Processes and Requirements.

[2] NPR 8705.2, Human-Rating Requirements for Space Systems.

[3] NASA-STD-3001, Space Flight Human-System Standard, Volume 2: Human Factors, Habitability, and Environmental Health, Section 3.5 [V2 3005], "Human-Centered Design Process." February 10, 201.